国家卫生健康委员会"十四五"规划教材
全国高等学校药学类专业第九轮规划教材
供药学类专业用

生物制药工艺学

第3版

主　编　夏焕章

副主编　陈永正　董悦生

编　者（以姓氏笔画为序）

叶　丽（复旦大学药学院）　　　　　夏焕章（沈阳药科大学）

生举正（山东大学药学院）　　　　　倪现朴（沈阳药科大学）

张会图（天津科技大学生物工程学院）　葛立军（浙江中医药大学）

陈永正（遵义医科大学）　　　　　　董悦生（大连理工大学生物工程学院）

人民卫生出版社
·北京·

图书在版编目（CIP）数据

生物制药工艺学 / 夏焕章主编 . —3 版 . —北京：
人民卫生出版社，2023.2（2024.7重印）
ISBN 978-7-117-33342-9

Ⅰ . ①生…　Ⅱ . ①夏…　Ⅲ . ①生物制品–工艺学–高
等学校–教材　Ⅳ . ①TQ464

中国版本图书馆 CIP 数据核字（2022）第 120219 号

人卫智网　**www.ipmph.com**	医学教育、学术、考试、健康， 购书智慧智能综合服务平台
人卫官网　**www.pmph.com**	人卫官方资讯发布平台

生物制药工艺学
Shengwu Zhiyao Gongyixue
第 3 版

主　　编：夏焕章
出版发行：人民卫生出版社（中继线 010-59780011）
地　　址：北京市朝阳区潘家园南里 19 号
邮　　编：100021
E - mail：pmph @ pmph.com
购书热线：010-59787592　010-59787584　010-65264830
印　　刷：北京顶佳世纪印刷有限公司
经　　销：新华书店
开　　本：850×1168　1/16　印张：26
字　　数：751 千字
版　　次：2007 年 8 月第 1 版　　2023 年 2 月第 3 版
印　　次：2024 年 7 月第 2 次印刷
标准书号：ISBN 978-7-117-33342-9
定　　价：89.00 元
打击盗版举报电话：010-59787491　E-mail：WQ @ pmph.com
质量问题联系电话：010-59787234　E-mail：zhiliang @ pmph.com
数字融合服务电话：4001118166　E-mail：zengzhi @ pmph.com

出 版 说 明

全国高等学校药学类专业规划教材是我国历史最悠久、影响力最广、发行量最大的药学类专业高等教育教材。本套教材于1979年出版第1版，至今已有43年的历史，历经八轮修订，通过几代药学专家的辛勤劳动和智慧创新，得以不断传承和发展，为我国药学类专业的人才培养作出了重要贡献。

目前，高等药学教育正面临着新的要求和任务。一方面，随着我国高等教育改革的不断深入，课程思政建设工作的不断推进，药学类专业的办学形式、专业种类、教学方式呈多样化发展，我国高等药学教育进入了一个新的时期。另一方面，在全面实施健康中国战略的背景下，药学领域正由仿制药为主向原创新药为主转变，药学服务模式正由"以药品为中心"向"以患者为中心"转变。这对新形势下的高等药学教育提出了新的挑战。

为助力高等药学教育高质量发展，推动"新医科"背景下"新药科"建设，适应新形势下高等学校药学类专业教育教学、学科建设和人才培养的需要，进一步做好药学类专业本科教材的组织规划和质量保障工作，人民卫生出版社经广泛、深入的调研和论证，全面启动了全国高等学校药学类专业第九轮规划教材的修订编写工作。

本次修订出版的全国高等学校药学类专业第九轮规划教材共35种，其中在第八轮规划教材的基础上修订33种，为满足生物制药专业的教学需求新编教材2种，分别为《生物药物分析》和《生物技术药物学》。全套教材均为国家卫生健康委员会"十四五"规划教材。

本轮教材具有如下特点：

1. 坚持传承创新，体现时代特色　本轮教材继承和巩固了前八轮教材建设的工作成果，根据近几年新出台的国家政策法规、《中华人民共和国药典》(2020年版)等进行更新，同时删减老旧内容，以保证教材内容的先进性。继续坚持"三基""五性""三特定"的原则，做到前后知识衔接有序，避免不同课程之间内容的交叉重复。

2. 深化思政教育，坚定理想信念　本轮教材以习近平新时代中国特色社会主义思想为指导，将"立德树人"放在突出地位，使教材体现的教育思想和理念、人才培养的目标和内容，服务于中国特色社会主义事业。各门教材根据自身特点，融入思想政治教育，激发学生的爱国主义情怀以及敢于创新、勇攀高峰的科学精神。

3. 完善教材体系，优化编写模式　根据高等药学教育改革与发展趋势，本轮教材以主干教材为主体，辅以配套教材与数字化资源。同时，强化"案例教学"的编写方式，并多配图表，让知识更加形象直观，便于教师讲授与学生理解。

4. 注重技能培养，对接岗位需求　本轮教材紧密联系药物研发、生产、质控、应用及药学服务等方面的工作实际，在做到理论知识深入浅出、难度适宜的基础上，注重理论与实践的结合。部分实操性强的课程配有实验指导类配套教材，强化实践技能的培养，提升学生的实践能力。

5. 顺应"互联网＋教育"，推进纸数融合　本次修订在完善纸质教材内容的同时，同步建设了以纸质教材内容为核心的多样化的数字化教学资源，通过在纸质教材中添加二维码的方式，"无缝隙"地链接视频、动画、图片、PPT、音频、文档等富媒体资源，将"线上""线下"教学有机融合，以满足学生个性化、自主性的学习要求。

众多学术水平一流和教学经验丰富的专家教授以高度负责、严谨认真的态度参与了本套教材的编写工作，付出了诸多心血，各参编院校对编写工作的顺利开展给予了大力支持，在此对相关单位和各位专家表示诚挚的感谢！教材出版后，各位教师、学生在使用过程中，如发现问题请反馈给我们(renweiyaoxue@163.com)，以便及时更正和修订完善。

人民卫生出版社

2022年3月

主 编 简 介

夏焕章

　　沈阳药科大学二级教授,博士生导师。教育部高等学校药学类专业教学指导委员会委员、生物制药专业教学指导分委会副主任委员,辽宁省生物工程类专业教学指导委员会副主任委员,中国药学会抗生素专业委员会副主任委员,中国药学会药学教育专业委员会委员。国务院政府特殊津贴专家,辽宁省"兴辽英才计划"教学名师,辽宁省教学名师。

　　长期从事生物制药教学和科研工作,主持完成多项国家和省部级科研项目,国家一流本科专业生物工程专业负责人,作为课程负责人主讲的"生物技术制药"课程先后入选国家精品课程、国家级精品资源共享课程、国家级一流本科课程。获国家级教学成果奖二等奖 1 项,省级教学成果奖一等奖 4 项。

副主编简介

陈永正

二级教授,博士生导师,现任遵义医科大学教务处处长、贵州省生物催化与手性药物合成重点实验室主任。担任中国药学会药学教育专业委员会委员、教育部高等学校药学类专业教学指导委员会(大)药学专业分委会委员、中国生物化学与分子生物学会酶学专业分会委员。主要从事生物催化与手性药物合成研究,先后主持国家级科研项目 5 项,工作以来以通讯作者在 *ACS Catalysis* 等期刊上发表 SCI 论文 60 余篇,实现成果转化 3 项。先后入选教育部新世纪优秀人才,贵州省省管专家、核心专家,国务院政府特殊津贴专家,入选国家高层次人才特殊支持计划。2017 年获贵州省科学技术进步奖一等奖(排名第一)、2019 年获贵州省研究生教学成果奖特等奖(排名第一)。

董悦生

大连理工大学生物工程学院副教授,博士生导师。曾在华北制药集团新药中心工作。教龄 17 年,主讲"生物技术制药""天然活性物质"等本科和研究生课程。主要研究方向为生物药物分离纯化新技术的研究及应用。作为负责人、子课题负责人和技术骨干承担国家"重大新药创制"科技重大专项、"973 计划"、国家自然科学基金面上项目等多项科研项目。已发表学术论文 80 余篇,其中 SCI 论文 60 余篇;授权专利 20 余项。作为副主编编写国家卫生健康委员会规划教材 1 部,作为副主编和主要参编人员撰写学术专著 2 部。

前　言

　　生物药物是综合利用微生物学、化学、生物化学、生物技术、药学等科学的原理和方法制造的一类用于预防、治疗和诊断疾病的制品。生物制药原料以天然的生物材料为主,包括微生物、动物、植物等。

　　本书以微生物来源的微生物药物制造为主要内容。微生物在其生命活动过程中产生的生理活性物质及其衍生物形成的代谢产物在医疗健康领域发挥着巨大的作用。微生物可以产生抗感染抗生素、抗肿瘤抗生素、特异性的酶抑制剂、免疫调节剂、受体拮抗剂和抗氧化剂、氨基酸、维生素等药物。微生物药物作为重要的药物类别具有重要的地位,在抗感染治疗领域中,直接来源于微生物代谢产物的抗生素及其衍生物用量大、品种多;在其他治疗领域如抗肿瘤、免疫调节、降血糖、降血脂等的应用范围也在不断扩大。

　　本书的编写注重知识的系统性、完整性和连贯性,将理论与生产实践密切联系,以实际应用为重点,结合近年来微生物制药工艺和技术的发展,系统地介绍了微生物药物工业生产过程中所涉及的工艺原理和生产技术。

　　本书分为两篇,共二十章。第一篇生物药物发酵工艺,包括微生物代谢产物的生物合成与调控、菌种选育的理论与技术、菌种保藏、培养基、灭菌与除菌、生产种子的制备、发酵过程与控制、基因工程菌发酵、生物催化等方面的理论与技术;第二篇生物制药分离纯化工艺,包括液-固分离技术、膜分离法、溶剂萃取法、双水相萃取法、离子交换法、吸附分离法、沉淀分离法、色谱分离法和结晶。

　　本书主要编写分工为:第一、三章由夏焕章编写,第二、八章由葛立军编写,第四、五章由倪现朴编写,第六、七章由叶丽编写,第九、十章由陈永正编写,第十一、十四、十七、二十章由董悦生编写,第十二、十八、十九章由张会图编写,第十三、十五、十六章由生举正编写。全书由夏焕章统稿。

　　本书可作为药学、制药工程、生物制药、生物工程和生物技术等专业的教材,亦可供从事生物制药及相关领域的研究生、科技工作者和技术人员参考使用。

　　生物制药行业技术创新日新月异,限于编者知识水平,书中难免有错误和不足之处,敬请读者批评指正并提出宝贵的修改意见。

编　者
2023 年 1 月

目 录

第二篇　生物制药分离纯化工艺

第一篇

生物药物发酵工艺

第一章

绪　论

第一章
教学课件

一、生物制药的发展历程

1929 年，英国的细菌学家弗莱明（Fleming）发现了青霉素，并鉴定了其产生菌为点青霉（*Penicillium notatum*），但是由于青霉素不稳定，当时没有提取到青霉素的纯品。1940 年，由弗洛里（Florey）和钱恩（Chain）再次对青霉素进行了研究，成功地提取出了青霉素的结晶，并证实了它的临床效果，从此世界上真正具有临床价值的抗生素就产生了。第二次世界大战期间，战场上的伤员需要大量的抗感染药，青霉素发酵生产成功拯救了无数伤病员的生命，为人类治疗细菌感染性疾病开创了新的时代。

20 世纪的 40—60 年代是抗生素工业发展的黄金时代，在这段时间里，大批的新抗生素被发现，并在临床上得到了应用。1944 年，美国的放线菌专家瓦克斯曼（Waksman）从土壤中分离出一株灰色链霉菌，并从它的发酵液中发现了链霉素，链霉素成为第一个用于治疗结核病的抗生素。1947 年，人们找到了第一个广谱抗生素氯霉素，之后又陆续发现了多黏菌素（1947 年）、金霉素（1948 年）、新霉素（1949 年）、制霉菌素（1950 年）、土霉素（1950 年）、红霉素（1952 年）、四环素（1953 年）、卡那霉素（1957 年）、利福霉素（1957 年）、庆大霉素（1963 年）等。

20 世纪 50 年代以来，维生素、氨基酸、酶制剂等生物药物的发酵生产得到了迅速的发展。采用棉阿舒囊霉深层发酵，生产维生素 B_2（核黄素）的发酵工艺进一步完善，产量显著提高。用丙酸杆菌直接发酵生产维生素 B_{12} 的生产工艺也被建立起来。自从谷氨酸发酵生产首先在日本取得成功后，关于各种氨基酸产生菌的筛选和生物合成机制的研究也日益深入，到目前为止，赖氨酸、苏氨酸等18 种氨基酸均可用微生物发酵法进行生产，并实现了发酵生产的规模化、自动化。

酶制剂的工业生产起始于 α- 淀粉酶，其后葡萄糖异构酶、蛋白酶、纤维素酶、果胶酶、转化酶、凝乳酶、脂肪酶、青霉素酰胺酶、天冬酰胺酶等品种陆续实现工业化的发酵生产。此后，有机酸、肌苷、肌苷酸、三磷酸腺苷（ATP）、辅酶 A（CoA）等重要医药品的发酵生产技术也日益成熟，满足了市场的需求。

20 世纪 60 年代以来，一些新的抗肿瘤抗生素、抗病毒抗生素、抗虫抗生素和农牧业用抗生素等被开发出来。抗肿瘤抗生素如丝裂霉素、柔红霉素、博来霉素；抗病毒抗生素如阿糖腺苷、偏端霉素A。还有畜牧业用的抗虫抗生素如盐霉素、莫能菌素、阿维菌素和农业上用的抗菌抗生素如春雷霉素、有效霉素、井冈霉素等。

20 世纪 70 年代，由我国研究成功的维生素 C "两步发酵法" 处于国际领先地位，其发酵技术已转让国外。此外，我国在甾体激素药物的微生物转化、有机溶剂的发酵生产方面都取得了长足的发展。

20 世纪 80 年代以后,生物技术迅速发展,形成了一个以基因工程为主导,细胞工程、酶工程、发酵工程为中心的现代生物技术体系。主要的生物技术包括:重组 DNA 技术、原生质体制备与原生质体融合技术、突变生物合成技术、组合生物合成技术、选择性生物催化合成技术、代谢途径工程技术、基因工程疫苗技术、单克隆抗体技术、组织培养技术、基因治疗技术等。这些新的生物技术在生物制药领域得到了应用和发展,促进了微生物制药中新菌种的研究和开发,极大地提高了菌种的生产能力。礼来公司与牛津大学合作构建了生产头孢菌素 C(cephalosporin C,简称"头 C"或"CPC")的基因工程菌,通过增加另一套扩环酶(作用为催化青霉素 N 转化为脱乙酰氧头孢菌素 C)基因,可使头孢菌素 C 的产量提高 15%,并成功用于大规模生产。俄罗斯和德国科学工作者根据维生素 B_2(核黄素)合成遗传学研究结果构建出芽孢杆菌工程菌株,可使维生素 B_2 产量达 10g/L 以上。运用突变生物合成和组合生物合成技术研制出了结构新颖的微生物药物;利用生物转化技术选择性合成手性药物中的各种复杂的立体异构体,解决了有机化学方法很难合成,甚至是很难进行的不对称合成的问题。

二、生物制药工艺的改进与创新

青霉素发酵生产的初期采用表面培养法,生产水平很低,为了满足市场的需求,必须改进方法和设备,进行大规模生产。1941 年成功地研究出深层培养法,并取得一定的成果,制造出带有搅拌和通风装置的发酵罐,采用培养基和制药设备的灭菌技术、空气的净化除菌工艺、无菌接种技术,制定和完善了发酵过程中 pH、温度、营养物质浓度等参数的监控系统,逐渐发展起完整的液体深层发酵技术,使得需氧菌的发酵生产从此走上了大规模工业化生产途径。这是生物制药工业史上的重大变革和成就,也为后来其他生物药物的工业化发酵生产奠定了基础。

生物制药工业在几十年的历史发展过程中,生产工艺不断改进,技术不断创新。主要体现在以下几个方面。

(一)微生物发酵技术的发展

微生物发酵技术是利用微生物的特定性状和功能,通过现代化工程技术和设备来生产有用物质或将微生物直接用于工业化生产获得目标产物的技术体系。发酵生产由最初的表面培养法,发展到深层培养法,生产能力得到了极大的提高。随着发酵品种的增加,需要不同的培养方式,因而产生了补料分批发酵、连续发酵、高密度发酵等新的培养方式。补料分批发酵,可以延长发酵周期,显著提高了发酵的水平;连续发酵,有利于生产的连续化、自动化;高密度发酵,产量高,常用于基因工程菌的发酵。

(二)发酵控制技术的发展

发酵生产过程受许多因素的影响和工艺条件的制约,需要对生产过程进行必要的控制。

通气搅拌发酵技术,始于 20 世纪 40 年代,其技术特征为:成功地建立起深层通气进行微生物发酵的一整套技术,有效地控制了微生物有氧发酵的通气量、温度、pH 和营养物质的供给。通气搅拌发酵技术的建立是现代发酵工业的开端。通气搅拌发酵技术的建立,不仅促进了抗生素发酵工业的兴起,而且可以利用液体深层通气培养技术对各种有机酸、酶制剂、维生素、激素等产品进行大规模生产。

代谢调控发酵技术,始于 20 世纪 60 年代,其技术特征为:以生物化学和遗传学为基础,研究代谢产物的生物合成途径和代谢调节机制,控制微生物的代谢途径,使之进行最合理的代谢,在人工控制的条件下,选择性地大量积累人们所需要的代谢产物。代谢调控发酵技术的建立形成了一个较完整的、利用微生物发酵的工业化生产体系。通过对微生物进行人工诱变,改变微生物代谢途径,最大限度地积累产物。

随着人们对发酵过程认识的不断深入,同时也伴随着其他领域的科学技术的不断发展,生物制药工作团队控制发酵过程的能力不断加强。各种发酵参数(如温度、搅拌转速、通气量、罐压等)从最初的人工测量与控制,发展到使用自动化仪表进行测量与控制,再发展到目前的计算机控制。这些进步都极大地提高了发酵过程控制的水平,从而显著提高了发酵水平。

发酵控制水平的提高得益于计算机技术的发展、测量仪器制造技术的发展,特别是高性能计算机的普及和传感器制造技术的发展,为发酵过程的计算机控制开创了新的局面。例如,耐高温 pH 电极、溶氧电极的成功研发,实现了在线测定 pH 和溶解氧浓度;使用二氧化碳分析仪和氧分析仪,可以对发酵排气中的二氧化碳含量和氧含量进行在线测定,从而可以随时计算出发酵过程的摄氧率、呼吸熵等参数,为发酵过程的控制提供了更多、可利用的参数。

近年来,采用气相色谱 - 质谱联用技术对发酵尾气进行在线测定,从而有助于分析发酵过程和控制发酵过程。如用此技术在阿维菌素的发酵中测定的数据更为全面和精确,由此计算的间接参数更为合理;计算出的呼吸熵可以作为葡萄糖浓度过低的预警,参与补料速率控制;同时还找到了临界通气量的数值。

（三）生物反应器制造技术的发展

在现代生物技术发展中,高效率低能耗生物反应器的成功研制起了重要的作用,它的高效率取决于它的自动化程度和精细控制系统。传统的混合式发酵罐是发酵工业中最常用的生物反应器,大容量的发酵罐可以提高发酵生产效率,降低生产成本。但是大容量的发酵罐制造难度大,工艺要求高。随着我国机械制造技术的进步,发酵罐的制造技术也不断提高。过去只能制造 $50\sim100m^3$ 的发酵罐,现在已经能够制造 $200m^3$ 甚至更大容量的发酵罐。此外,发酵罐的大型化、多样化、连续化、自动化等方面也得到了极大的发展,工艺控制精度的提高,使得对发酵过程的控制更为合理,进一步提高了菌种的生产能力。

（四）分离纯化技术的发展

在生物药物生产中,提取和精制是最终获得商业产品的重要环节,也是生物制药产业核心技术之一,分离纯化技术的水平与生物药物的质量和收率有着密切的关系。从分离纯化机制上划分,生物制药行业现行的分离纯化技术主要有五大类:基于溶解度差异的分离纯化技术、基于分子大小差异的分离纯化技术、基于选择性吸附差异的分离纯化技术、基于电荷不同的分离纯化技术、基于对配体亲和力差异的分离纯化技术。

20 世纪 70 年代之后,随着生物技术的高速发展,新的后处理技术不断涌现,在原有基础上,多级连续萃取、双水相萃取等新技术不断发展;絮凝分离技术采用絮凝剂,使细胞或溶解的大分子聚结成较大的颗粒,加大沉降速率易于过滤,强化菌体分离;膜分离新技术发展迅速,高强度、抗污染的各种膜不断出现,其中又以超滤膜发展较快,可根据膜孔度将分子量大小不同的分子进行分离,研发并运用了平板、板框、中空纤维和螺旋形等多种类型的成套超滤器。

三、生物制药产品的类别

生物制药产品种类繁多,品种极其广泛。按类型可分为下列几种:微生物发酵产物、生物转化药物、基因工程药物、动植物组织培养药物、疫苗及抗体药物等。其中微生物发酵产物是产品种类最多的一类生物药物,它又包括微生物菌体药物、微生物酶制剂、酶活调节剂、微生物代谢产物等。

（一）微生物发酵产物

1. 微生物菌体药物　微生物菌体具有不同的用途,可以根据不同微生物的生理特性采用不同的生产工艺大量生产菌体药物。传统的菌体药物有酵母菌体、单细胞蛋白,它们都可以通过发酵进行生产。现在,多种真菌菌体药物研制成功,如灵芝、寄生于蝙蝠蛾科昆虫幼虫上的冬虫夏草菌、与天麻共生的密环菌、多孔菌科的茯苓,还有香菇、猴头菇等。这些药用真菌现在可以通过人工培养的方式生产,它们与天然产品具有同等或类似的功效,在医疗上得到广泛的应用。如人工发酵生产的冬虫夏草菌,其含有的氨基酸、微量元素、虫草素、甘露醇等与天然虫草相同;其制剂(宁心宝胶囊、金水宝胶囊等）可用于心律不齐、气喘等疾病的治疗,同时具有提高机体免疫功能的功效。从药用真菌中提取出来的多种真菌多糖,如香菇多糖、灵芝多糖、云芝多糖、虫草多糖等能提高人体的免疫功能,可用于辅助治疗肿瘤。

农用微生物菌体药物近年来也得到快速的发展,如苏云金芽孢杆菌、蜡样芽孢杆菌等细胞中的伴胞晶体可毒杀鳞翅目、双翅目等害虫,在农业生产上得到广泛的应用。丝状真菌白僵菌、绿僵菌及其发酵菌体可杀死松毛虫等农业害虫。

苏云金芽孢杆菌之所以能够杀虫,是因为它们的细胞内含有毒蛋白质,称作"伴胞晶体",昆虫吞食后会因中毒而死亡。该菌活细胞对环境无毒无害,而且在哺乳动物胃肠道内的酸性环境下,其伴胞晶体不能溶解,从而对人畜无毒,所以是一种高效安全的生物杀虫剂,可用来防治农作物害虫。

2. 微生物酶制剂　酶是由活细胞产生的蛋白类生物催化剂,普遍存在于动物、植物和微生物的细胞中。最早人类是从动植物组织中提取某些酶,如从动物胃膜和胰腺中提取蛋白酶、从植物麦芽中提取淀粉酶等。随着酶制剂的广泛应用,这种提取酶的方法已经不能满足市场的需求,而采用微生物发酵法可大量地生产各种酶制剂,进而满足市场的需求。微生物的种类多,可产生各种各样的酶;发酵生产能力可以不受限制地扩大;生产技术稳定;生产成本低。因此,越来越多的酶制剂采用发酵法进行生产,形成了酶制剂工业。微生物酶制剂被广泛用于医药、食品和轻工业中。如糖化酶、氨基酰化酶、青霉素酰胺酶、葡萄糖氧化酶等都在医药和制药领域得到了广泛的应用。

3. 酶活调节剂　酶活调节剂包括酶的抑制剂与酶的激活剂。近年来,该类药物在医药领域应用广泛、发展迅速。20 世纪 60 年代,梅泽滨夫发现从链霉菌代谢产物中分离出的二肽化合物 bestatin 对氨肽酶 B 及亮氨酸氨肽酶有特异性抑制作用,后来的研究表明,该活性物质还可以刺激细胞免疫,增加巨噬细胞和脾细胞对白细胞介素 I 及 II 的释放。受到这一研究成果的启发,越来越多的酶活调节剂被开发,并得到广泛应用。如用于治疗高血压的血管紧张素转换酶抑制药（ACEI）;可降低血糖,用于治疗糖尿病的 α- 葡糖苷酶抑制药（阿卡波糖、米格列醇、野尻霉素）;用于治疗高胆固醇血症和动脉粥样硬化的胆固醇合成酶抑制剂（洛伐他汀、辛伐他汀、普伐他汀）。

β- 内酰胺酶抑制药也是近年来研究和开发的热点。β- 内酰胺类抗生素的长期应用使得出现了大量耐药菌株,这些耐药菌分泌的 β- 内酰胺酶使这类抗生素的 β- 内酰胺环开环而失去抗菌活性。β- 内酰胺酶抑制药可抑制 β- 内酰胺酶的活性,提高青霉素、头孢菌素类药物的抗菌性能。如 β- 内酰胺酶抑制药——克拉维酸和 β- 内酰胺类抗生素——阿莫西林的混合制剂阿莫西林克拉维酸钾对耐药菌有很强的杀灭作用,因而在临床上得到了广泛的应用。

此外,有的酶抑制剂是免疫抑制剂,如环孢素专门抑制 T 淋巴细胞的免疫功能,它的临床应用大幅度地提高了器官移植的成功率,是器官移植的一场"革命"。

4. 微生物代谢产物　微生物在代谢活动中产生种类繁多的代谢产物,这些代谢产物可分为两大类,即初级代谢产物与次级代谢产物。

微生物的初级代谢产物包括氨基酸、蛋白质、核苷酸、核酸、酶类、糖类、脂类等,这些代谢产物也是重要的医药产品。次级代谢产物包括抗生素、色素、生物碱、酶抑制剂、植物生长素等。从现有的研究报道看,次级代谢产物的产生菌一般是放线菌、丝状真菌和产孢子的细菌。其中放线菌中的链霉菌属产生的次级代谢产物最多,丝状真菌中不完全菌纲、担子菌纲产生的次级代谢产物最多。近年来还从稀有放线菌和某些产孢子的细菌中发现了许多次级代谢产物。从海洋微生物中也发现了不少具有生物活性的次级代谢产物。从稀有放线菌和海洋微生物中寻找具有特异生物功能且结构新颖的次级代谢产物已成为当前研究的热点。

在次级代谢产物中,数量最多的是抗生素,它也是由发酵生产的微生物次级代谢产物中最大的一类,据不完全统计其结构类型有 14 类。抗生素不仅有广泛的抗菌作用,而且还有抗肿瘤、抗病毒、抗虫及其他生物活性,抗生素的生产已成为发酵工业的最重要部分。

（二）生物转化药物

生物转化就是利用生物代谢过程中的某一种酶或酶系将底物转化成含有特殊功能基团的产物。生物转化方法有分批培养转化法、静止细胞转化法、干细胞转化法、孢子转化法、渗透细胞转化法、固定化细胞转化法等。

生物转化反应在药物合成中的应用越来越广，其特点是在立体结构合成上具有高度的专一性。生物转化反应条件温和，无污染，其生化反应类型主要有氧化、还原、水解、缩合、胺化、酰基化、降解、脱水等。能够进行上述各种转化的微生物主要有霉菌、酵母、细菌和放线菌。

生物转化反应在药物研制中的应用始于 20 世纪 30 年代，20 世纪 50 年代形成了大规模工业生产。现已被广泛用于激素、维生素、抗生素和生物碱等多种药物的生产中。如在维生素 C 生产中，应用醋酸杆菌将山梨醇转化为山梨糖，再用氧化葡萄糖酸杆菌与巨大芽孢杆菌自然组合进行第二步转化，将山梨糖转化成维生素 C 的前体 2- 酮基 -L- 古龙酸。我国发明的这种维生素 C 两步发酵法已推广到世界各国。该方法不仅简化了"莱氏法"生产工艺，避免了有毒化学药品的污染，而且该工艺还易于实现工业生产的连续化、自动化，大大提高了维生素 C 的产量。

甾体激素类药物的工业生产主要是改造天然的甾体化合物。甾体激素包括醋酸可的松皮质激素和黄体酮等，在临床上被广泛应用。用单纯化学方法在天然甾体母核 C_{11} 位上导入一个氧原子改造成醋酸可的松需要 37 步反应，收率为十万分之二，用黑根霉进行生物转化，一步就在 C_{11} 位上导入一个羟基，使原来的合成过程减少到 11 步，收率达 90%。从胆固醇化学合成雌酮，要进行 6 步反应，采用生物转化法可省去 3 步。

（三）基因工程药物

20 世纪 70 年代基因工程诞生以来，最先应用该技术的就是医药领域，迄今累计已有 100 余种基因工程药物投放市场，如人胰岛素、人生长因子、白介素、干扰素、促红细胞生成素等。这类药物是通过基因工程菌的发酵而得到的。

四、生物制药的工艺过程

生物药物的种类很多，各类药物的制备工艺过程也各不相同。微生物发酵产物的生产由微生物菌种开始，其主要过程如下所示。

菌种→斜面培养→种子制备→发酵→发酵液预处理→提取和精制→成品检验→成品包装

（一）菌种

菌种是从自然界土壤样品中分离获得的能产生发酵代谢产物或具备某种转化能力的微生物，再经过分离纯化和菌种选育等工作得到的。优良的菌种具有较强的自身生长繁殖能力，并能大量生物合成目标产物，其发酵过程易于控制。菌种在多代的繁殖过程中会发生变异而退化，故在生产过程中必须经常进行菌种的选育工作，采用自然分离和诱变育种等手段保持和提高菌种的生产能力和产品质量。此外还需要在低温、干燥、真空条件下保藏菌种，以减少菌种的变异。

（二）斜面培养

斜面培养是发酵生产开始的一个重要环节。将处在休眠状态的菌种接种到斜面培养基上，经过培养，使其从长期的休眠状态苏醒过来，并开始生长繁殖，这是斜面培养的主要目的。有的时候，仅仅经过一代斜面的培养，菌种还不能完全恢复活力，菌体的数量也较少，为此常将第一代成熟的斜面菌株，再接种到第二代斜面上。人们将第一代斜面称为"母斜面"，而将第二代斜面称为"子斜面"。子斜面长好后可将斜面培养物接入下一道工序。母斜面可以在 4℃保存起来，在一定时间内再接种子斜面。

（三）种子制备

种子的制备可以直接在种子罐中进行。也可以先在玻璃摇瓶中进行，待菌体长到一定数量后再移种到种子罐中。采用哪种方法,取决于菌种的生长速度和繁殖能力。生长速度快、繁殖能力强的菌种,可以将斜面培养物直接接种到种子罐中进行培养;而生长速度慢、繁殖能力弱的菌种,可以先接入较小的玻璃摇瓶中进行培养,待菌体长到一定数量后再接入种子罐中。玻璃摇瓶就相当于一个小的种子罐,这样可以节省动力消耗、减少种子罐的占用时间。

种子的培养可以采用一级种子罐,待种子长好后直接接入发酵罐中。也可以采用二级种子罐,即一级种子长好后不接入发酵罐中,而是接入放大了的二级种子罐中,待二级种子长好后再接入发酵罐中。必要时还可采用三级种子罐培养种子,这取决于生产的规模和菌种的生长速度。种子制备过程中要定时取样做无菌检查、菌体浓度测定、菌丝形态观察和生化指标分析,以确保种子的质量。

（四）发酵

发酵过程在发酵罐中进行,这一过程的主要目的是使微生物积累大量的代谢产物。发酵开始前,所用的培养基和相应设备必须先经过灭菌,然后将种子罐种子接入发酵罐中进行培养。发酵过程中需要通入无菌空气并进行搅拌。发酵过程中要对发酵的各种参数进行控制,如控制菌体浓度、各种营养物质的浓度、溶解氧浓度、发酵液的 pH、发酵液黏度、培养温度、通气量等。为了延长发酵周期,增加代谢产物的产量,在发酵过程中还要补入适当的新鲜料液。

（五）发酵液预处理

发酵结束后,需要对发酵液进行预处理。发酵液预处理的目的,在于改变发酵液的性质,以利于液 - 固分离,同时,也可以去除发酵液中的部分杂质。预处理方法要根据发酵产品、所用菌种和发酵液特性来选择。大多数发酵产品存于发酵液中,少数存于菌体中,而发酵液和菌体中都有产物存在的情形也比较常见。如果目标产物是胞外产物,则通过离心或过滤实现液 - 固分离,使其转入液相;而对于胞内产物而言,收集细胞是预处理的首要一步。细胞经破碎或整体细胞萃取使目标产物释放,转入液相,再进行细胞碎片的分离。为了释放胞内的代谢产物或为了沉淀可溶性的蛋白质,避免它们影响提取过程,可在发酵液中加入草酸、硫酸锌、黄血盐等;或加入絮凝剂,使细胞或溶解的大分子聚结成较大的颗粒。对化学性质比较稳定的代谢产物还可以通过短时间加热的方法使蛋白质变性沉淀。为了加快过滤的速度,还可以在发酵液中加入硅藻土、珍珠石等助滤剂。

（六）提取和精制

提取和精制是为了从发酵液中获得高纯度的、符合质量标准要求的产品。一般采用板框压滤机和真空鼓式过滤机过滤分离,或离心分离的方法,将菌体和发酵上清液分开。若产物在上清液中需进一步处理,除掉部分杂质,以利于下一步的提取;如产物在菌体内,需经细胞破碎、碎片分离等,通常先用有机溶剂进行萃取,然后采用相应的方法进行初步纯化。初步纯化常用的方法有沉淀法、溶剂萃取法、双水相萃取法、离子交换法、吸附法等。提取脂溶性的代谢产物,常采用溶剂萃取法、大孔吸附树脂法;提取水溶性的代谢产物,则常采用离子交换法、沉淀法或大孔吸附树脂法。

提取后得到的粗品纯度一般不高,为了制成符合《中华人民共和国药典》规定纯度的药品,还要将粗品进行高度纯化,即精制。采用对产品有高度选择性的分离技术,除去与产物理化性质相近的杂质,精制的方法常采用离子交换、层析、色谱分离、结晶、重结晶等方法。成品加工是为了获得质量合格的产品,常用浓缩、结晶、干燥等技术。

（七）成品检验

发酵产品为医药品时,要按《中华人民共和国药典》上的质量标准逐项对产品进行检验分析,包括产品的外观性状检查、产品的鉴别、有关物质检查、含量测定、毒性检查、热原检查、无菌检查、升降压物质检查等。非医药用的微生物产物按各行业的质量标准逐项进行产品的质量分析。

（八）成品包装

微生物药物一般有大包装和小包装两种包装方法。依产品的稳定性采用不同的包装材料和包装形式,如产品的吸湿性强,要采用防湿包装材料。

思 考 题

1. 生物制药产品包括哪些主要种类?
2. 生物药物生产包括哪些主要工艺过程?

第一章
目标测试

（夏焕章）

第二章

微生物代谢产物的生物合成与调控

学习目标

1. **掌握** 初级代谢产物与次级代谢产物及其特点,初级代谢产物与次级代谢产物的关系,分叉中间体,前体。
2. **熟悉** 次级代谢产物的构建单位,微生物代谢调节方式,酶合成的诱导调节,磷酸盐调节作用机制,碳分解产物的调节,氮分解产物的调节,菌体生长速率的调节,化学因子的调节。
3. **了解** 次级代谢产物多组分混合物形成的原因,次级代谢产物的生物合成过程。

第二章
教学课件

第一节 微生物的代谢产物

　　微生物的代谢是指微生物在存活期间的代谢活动。根据与生长繁殖关系是否密切,可将微生物的代谢活动分为初级代谢和次级代谢。微生物在代谢过程中产生多种多样的代谢产物,也可以相应地分为初级代谢产物(primary metabolite)和次级代谢产物(secondary metabolite)。初级代谢产物是指微生物通过代谢活动所产生的,自身生长和繁殖所必需的物质;次级代谢产物是指微生物生长到一定阶段才产生的,化学结构十分复杂,对该微生物无明显生理功能,或并非微生物生长和繁殖所必需的物质。

一、初级代谢产物及其特点

　　初级代谢是与生物的生长繁殖有密切关系的代谢活动,在细胞生长繁殖期表现旺盛且普遍存在于一切生物中。营养物质的分解和细胞物质的合成构成了微生物初级代谢的两个主要方面。在代谢过程中,凡是能释放能量的物质(包括营养和细胞物质)的分解过程被称为分解代谢;吸收能量的物质的合成过程被称为合成代谢。细胞的分解代谢可为微生物提供能量、还原力(NADH、FADH2 和 NADPH)和小分子前体,用于细胞物质的合成,使细胞得以生长和繁殖。而合成代谢必须与分解代谢相偶联才能满足合成代谢所需的前体和能量。生长和产物合成所需的前体决定了细胞所需养分的种类和数量,细胞生长速率也基本上和生物合成的净速率相等,整个代谢过程呈现出复杂性和整体性。

　　初级代谢是指与微生物的生长繁殖有密切关系的代谢活动。初级代谢产物指的是与微生物的生长繁殖有密切关系的代谢产物,例如:氨基酸、蛋白质、核苷酸、核酸、多糖、脂肪酸、维生素等。这些代谢产物往往是各种不同种生物所共有的,且受生长环境影响不大。

　　微生物初级代谢产物具有如下特点:①是菌体生长繁殖所必需的物质;②是各种微生物所共有的产物。微生物初级代谢产物,不仅是菌体生长繁殖所必需的产物,同样也是具有广泛应用前景的化合物。例如,氨基酸、核苷酸、脂肪酸、维生素、蛋白质、多糖、有机酸等被分离精制成各种功能食品、医药产品、轻工产品、生物制剂等。菌体对初级代谢活动有着严格的调控系统,一般不能积累多余的初级代谢产物。能积累这些代谢产物的微生物都是代谢失控的突变菌体,如营养缺陷型菌体、结构类似物抗性突变株、代谢控制发酵的突变株等。因此,人们为了获得上述有重要作用的初级代谢产物,就必须了解其代谢调控机制,打破菌体的调控,让其积累更多的、有益的初级代谢产物,提高产量,为人类的生活和健康造福。

二、次级代谢产物及其特点

次级代谢是与生物的生长繁殖无直接关系的代谢活动,是某些生物为了避免初级代谢中间产物的过量积累或由于外界环境的胁迫,而产生的一类有利于其生存的代谢活动。例如,某些微生物为了竞争营养物质和生存空间,分泌抗生素来抑制其他微生物的生长甚至杀死它们。与初级代谢产物相比,次级代谢产物种类繁多、类型复杂,主要包括:抗生素、色素、生物碱、毒素、酶抑制剂等。微生物次级代谢产物具有如下的特点。

(一)特定菌种产生的代谢产物

产生次级代谢产物的特定菌种多数来自土壤微生物,如放线菌中的链霉菌属、稀有放线菌,不完全菌纲和担子菌纲的真菌,以及产孢子的细菌等。目前,科学工作者也在积极开发海洋微生物,寻找结构新颖的次级代谢产物。表 2-1 列举了一些特定微生物产生的次级代谢产物。

表 2-1　一些特定微生物产生的次级代谢产物

微生物	次级代谢产物
产黄青霉(*Penicillium chrysogenum*)	青霉素(penicillin)
灰色链霉菌(*Streptomyces griseus*)	链霉素(streptomycin)
阿维链霉菌(*Streptomyces avermitilis*)	阿维菌素(avermectin)
生米卡链霉菌(*Streptomyces mycarofaciens*)	麦迪霉素(midecamycin)
东方拟无枝酸菌(*Amycolatopsis orientalis*)	万古霉素(vancomycin)

(二)菌体特定生长阶段的产物

在菌体生长阶段不产生或极少产生次级代谢产物,只有进入产物合成阶段才开始大量产生,在菌体衰亡(自溶)阶段停止产生。菌体由生长阶段转入次级代谢产物合成阶段是因为微生物生理状况发生了变化,如菌体生长速率减慢、积累了相当数量的某些代谢中间体、与菌体生长有关的酶活力开始下降、与次级代谢有关的酶开始出现等。这种生理阶段的转变对合成次级代谢产物极其重要。

(三)多组分的混合物

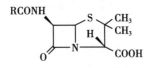

图 2-1　天然青霉素的结构

天然微生物产生的次级代谢产物是结构极其相似的多组分混合物。如产黄青霉可以产生 6 种天然次级代谢产物,主要差异是侧链取代基(R)不同(图 2-1,表 2-2);阿维链霉菌能够产生 8 种组分,差异仅在 R_1、R_2 和 X-Y 基团的不同(图 2-2)。

产生这种现象的原因主要有以下方面。

1. 次级代谢产物的合成酶对底物的要求特异性不强。见图 2-3,青霉素生物合成中的酰基转移酶可以将不同的酰基侧链转移到青霉素母核 6- 氨基青霉烷酸(6-APA)的 7 位氨基上,因而天然青霉素发酵形成了多种不同的组分,如青霉素 G、青霉素 V、青霉素 X(为明确指示合成路径,便于读者学习,本书均采用药物原始名称,后同)等。

2. 次级代谢产物的合成酶对底物作用不完全。见图 2-4,阿维菌素生物合成中,由于甲氧基转移酶催化反应进行得不完全,使得 A、B 组分同时存在于发酵产物中,因而形成了多种组分的抗生素。

3. 同一种底物可以被多种酶催化进行次级代谢过程。由于该原因导致的次级代谢过程是多代谢作用,代谢呈网络或栅栏状。

表 2-2　天然青霉素的侧链取代基和生物活性

侧链取代基（R）	通用名	其他名称	相对分子质量	生物活性 /U·(mg 钠盐)⁻¹
$C_6H_5CH_2$—	青霉素	青霉素 G	334.38	1 667
$C_6H_5OCH_2$—	青霉素 V	苯甲氧青霉素	350.38	1 595
$p\text{-}HOC_6H_4CH_2$—	阿莫西林	青霉素 X，羟氨苄青霉素	350.38	970

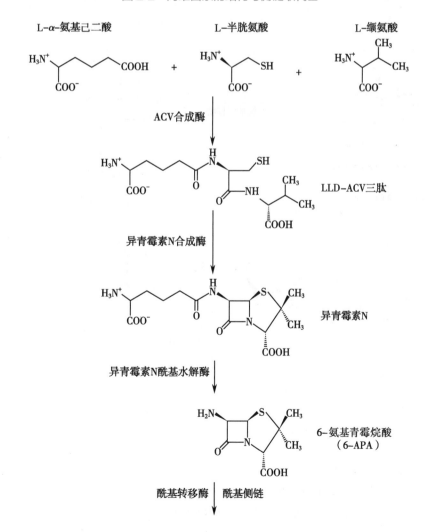

	R₁	R₂	X—Y
A1a	CH₃	CH₂CH₃	CH=CH
A1b	CH₃	CH₃	CH=CH
A2a	CH₃	CH₂CH₃	CH₂—CHOH
A2b	CH₃	CH₃	CH₂—CHOH
B1a	H	CH₂CH₃	CH=CH
B1b	H	CH₃	CH=CH
B2a	H	CH₂CH₃	CH₂—CHOH
B2b	H	CH₃	CH₂—CHOH

图 2-2　阿维菌素的结构与侧链取代基

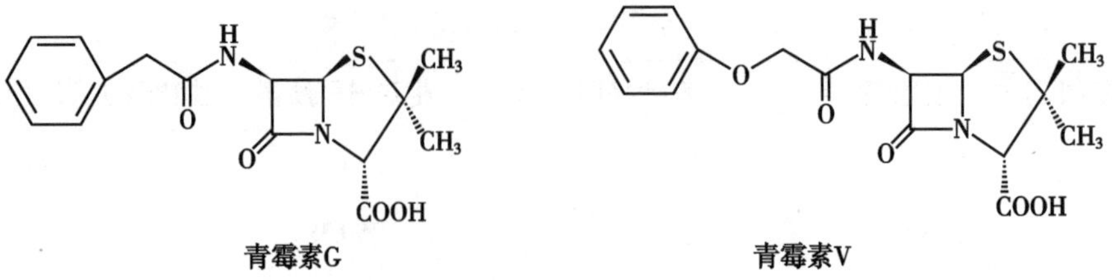

青霉素G　　　　　　　　　　　　**青霉素V**

ACV—δ-（L-α-氨基己二酰）-L-半胱氨酰-D-缬氨酸；ACV合成酶—δ-（L-α-氨基己二酰）-L-半胱氨酰-D-缬氨酸合成酶；LLD-ACV三肽—三肽中间体，即LLD是指三种氨基酸缩写。

图2-3　青霉素G和青霉素V的生物合成途径

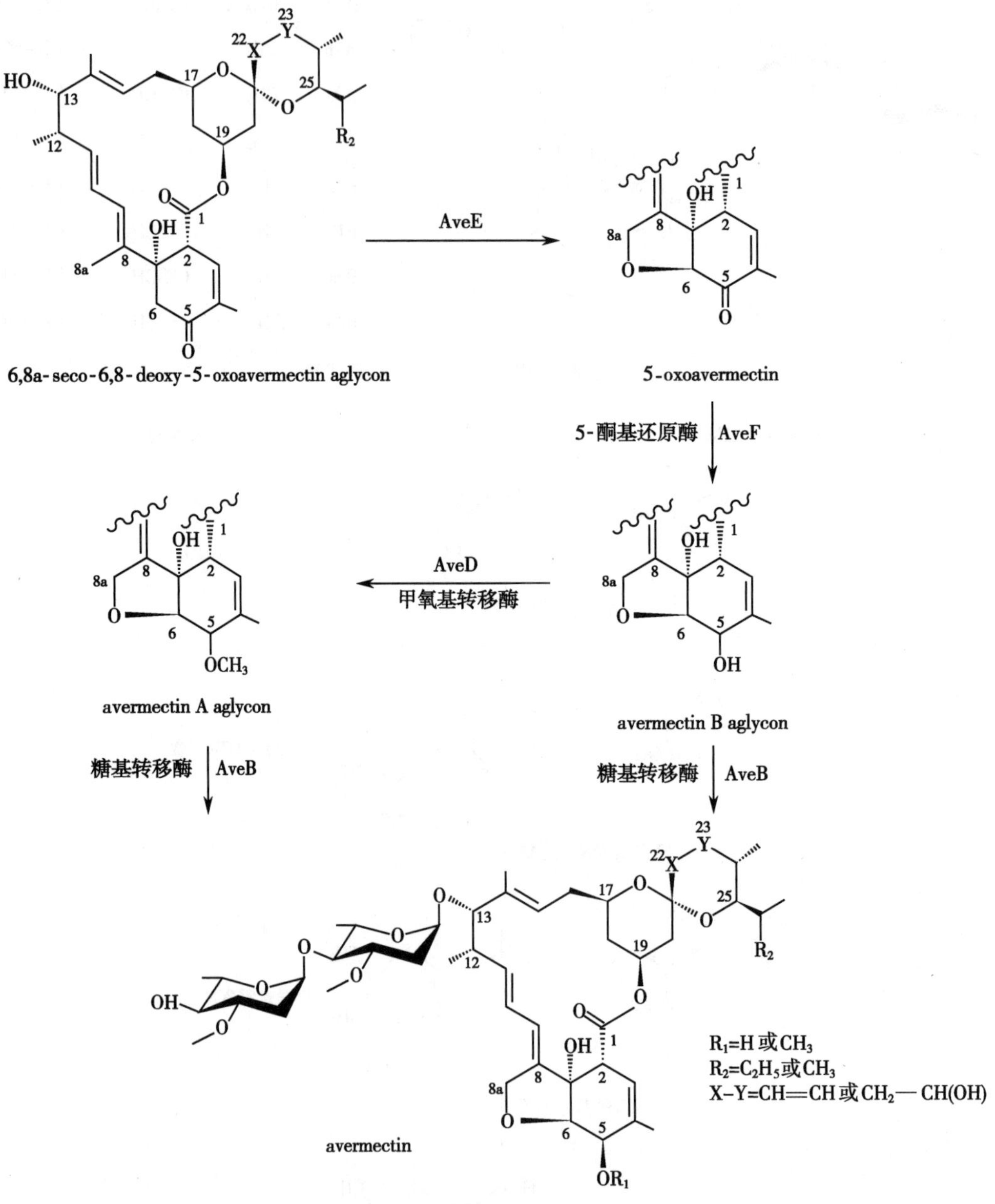

6,8a-seco-6,8-deoxy-5-oxoavermectin aglycon—6,8a-呋喃环-6,8-脱氧-5-氧代阿维菌素苷元；AveE—阿维菌素聚酮合成酶E；5-oxoavermectin—5-氧代阿维菌素；avermectin A aglycon—阿维菌素糖苷配基A；avermectin B aglycon—阿维菌素糖苷配基B；AveF—阿维菌素聚酮合成酶F；AveD—阿维菌素聚酮合成酶D；AveB—阿维菌素聚酮合成酶B。

图2-4　阿维菌素的生物合成途径

三、初级代谢产物与次级代谢产物的关系

虽然初级代谢产物和次级代谢产物与菌体生长繁殖的关系不同,但两者之间有着密切的联系。

(一)初级代谢产物是次级代谢产物的前体或起始物

以 β- 内酰胺类抗生素的生物合成为例,青霉素生物合成的起始物是:α- 氨基己二酸、L- 半胱氨酸和 L- 缬氨酸。这 3 种氨基酸都是微生物的初级代谢产物,但是它们又被作为原料来合成青霉素、头孢菌素 C 等次级代谢产物。大环内酯类抗生素阿维菌素的生物合成是以异亮氨酸和缬氨酸为起始物,经过聚酮体途径生物合成的。多肽类抗生素是由多种氨基酸通过酰胺键首尾相连接而合成的。短杆菌酪肽 A 是由几种氨基酸通过肽键连接而形成的(图 2-5)。除了氨基酸被广泛用作合成次级代谢产物的原料或起始物,初级代谢的其他代谢产物或中间体也可合成次级代谢产物,如糖类代谢中间产物,被用于合成氨基糖苷类抗生素。

此外,可以通过图 2-6 的合成路线图,更全面地了解初级代谢产物与次级代谢产物的关系。

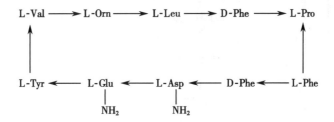

L-Val—L- 缬氨酸;L-Orn—L- 鸟氨酸;L-Leu—L- 亮氨酸;D-Phe—D- 苯丙氨酸;L-Pro—L- 脯氨酸;L-Phe—L- 苯丙氨酸;L-Asp—L- 天冬氨酸;L-Glu—L- 谷氨酸;L-Tyr—L- 酪氨酸。

图 2-5 短杆菌酪肽 A 的化学结构

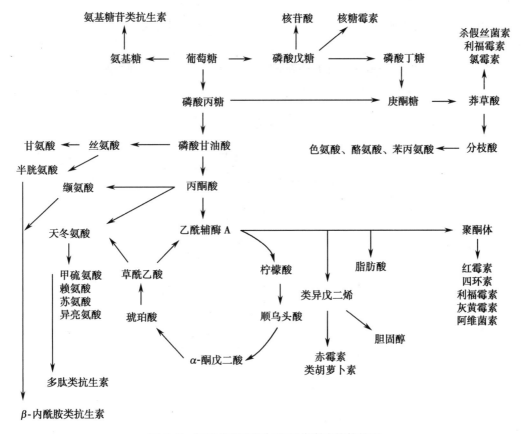

图 2-6 初级代谢产物与次级代谢产物的关系

（二）初级代谢的调控影响次级代谢产物的生物合成

初级代谢产物往往会受到较为严格的代谢调控，次级代谢产物的生物合成也会受此影响。例如初级代谢产物赖氨酸和缬氨酸对青霉素的生物合成具有调控作用，见图 2-7，代谢从 α-氨基己二酸开始出现分支，一个方向合成赖氨酸，一个方向合成青霉素 G，赖氨酸和青霉素 G 共同合成途径的第一个酶——高柠檬酸合成酶受赖氨酸的反馈抑制和反馈阻遏，使得 α-氨基己二酸合成速率减慢，合成量减少，影响青霉素 G 的生物合成，使青霉素 G 产量降低。缬氨酸是合成青霉素 G 的前体物，但它对自身合成途径中的乙酰羟酸合成酶有反馈抑制作用（图 2-8），故缬氨酸不会过量积累，进而影响青霉素 G 的生物合成，使青霉素 G 产量降低。

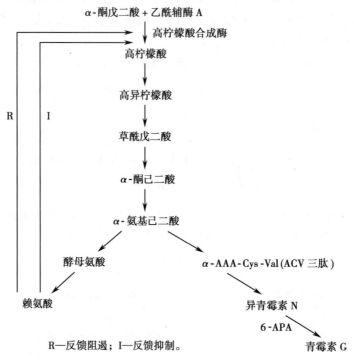

图 2-7　赖氨酸对青霉素生物合成的调控作用

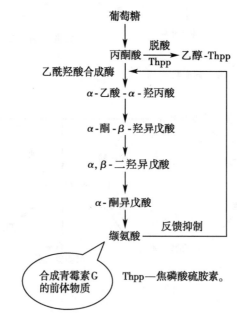

图 2-8　缬氨酸的生物合成

在微生物的代谢过程中,一些中间代谢产物同 α- 氨基己二酸一样,既可以被微生物用来合成初级代谢产物,也可以被用来合成次级代谢产物,这样的中间体被称作分叉中间体,表 2-3 列出了一些常见的分叉中间体。

表 2-3　初级代谢和次级代谢的分叉中间体

分叉中间体	初级代谢产物	次级代谢产物
α- 酮戊二酸	赖氨酸	青霉素、头孢菌素 C
丙二酰辅酶 A	脂肪酸	大环内酯类抗生素、四环素类抗生素、多烯类抗生素、蒽环类抗生素
莽草酸	芳香族氨基酸	氯霉素、杀假丝菌素、西罗莫司
戊糖	核酸、核苷酸	核苷类抗生素（嘌呤霉素）
甲羟戊酸	胆固醇、甾族化合物	赤霉素、胡萝卜素

第二节　次级代谢产物的构建单位与合成途径

次级代谢产物是以初级代谢产物或其中间代谢产物为原料合成的。合成次级代谢产物的起始物又称为构建单位,次级代谢产物就是由不同的构建单位连接而形成的。

用来合成次级代谢产物的构建单位主要有:氨基酸及其衍生物,糖及氨基糖,聚酮体及其衍生物,甲羟戊酸衍生物,环多醇和氨基环多醇,莽草酸及其衍生物,核苷衍生物等。次级代谢产物的生物合成涉及起始物。

一、氨基酸及其衍生物

许多次级代谢产物如多肽类抗生素基本上是以氨基酸及氨基酸的衍生物为原料合成的。

氨基酸及其衍生物包括天然氨基酸,天然氨基酸有 20 种,一般情况下是 L- 型的,如 L- 色氨酸、L- 赖氨酸、L- 苯丙氨酸等;非天然氨基酸如 D- 氨基酸、N- 甲基氨基酸、β- 氨基酸等;天然氨基酸合成的中间产物如鸟氨酸和 α- 氨基己二酸。代表产物主要是肽类抗生素,如达托霉素和万古霉素。达托霉素是具有独特环结构的酸性环脂肽类抗生素,为放线菌科玫瑰孢链霉菌发酵产物脂肽类化合物的 N- 癸酰基衍生物。达托霉素含有 13 个氨基酸,其中 10 个氨基酸形成环十脂肽,另外 3 个氨基酸与癸酰基相连形成侧链（图 2-9）。

二、糖及氨基糖

次级代谢产物中糖的种类非常多,有些糖的结构是非常特殊的,它们在初级代谢产物中根本不存在,如构成氨基糖苷类抗生素的碳霉糖、竹桃糖、链霉糖等,它们以氧苷、氮苷、硫苷、碳苷等与次级代谢产物分子中的糖苷配基连接。

葡萄糖和戊糖是这些糖类或氨基糖的前体。葡萄糖的碳架一般经过异构化、氨基化、脱氧、碳

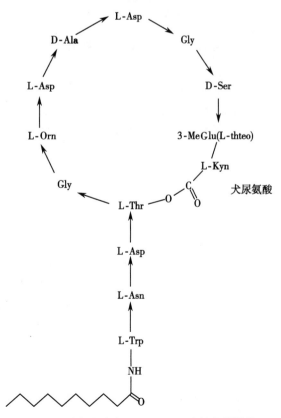

图 2-9　达托霉素（daptomycin）的化学结构

原子重排、氧化还原或脱羧等反应后形成各种糖类构建单位。氨基糖的合成是先将葡萄糖活化成己酮糖，然后经过转氨作用将谷氨酰胺或谷氨酸的氨基转移到己酮糖的分子上。代表产物是氨基糖苷类抗生素，如链霉素（图 2-10），以及大环内酯类抗生素。链霉素中的链霉糖一般由葡萄糖合成胸苷二磷酸（TDP）- 鼠李糖的中间体，即 α-TDP-4- 酮基 -6- 去氧 -L- 艾杜糖（α-TDP-4-keto-6-deoxy-L-idose）衍生而来，该中间体经 C_3、C_4 之间分子重排形成链霉糖，其反应过程见图 2-11。阿卡波糖的构建单位脱氧胸苷二磷酸（dTDP）-4- 氨基 -4，6- 双脱氧 -D- 葡萄糖是由葡萄糖在 D- 葡萄糖 -1- 磷酸 - 胸腺嘧啶转移酶（AcbA）、dTDP-D- 葡萄糖 -4，6- 脱水酶（AcbB）、dTDP-4- 酮基 -6- 脱氧 -D- 葡萄糖氨基转移酶（AcbV）作用下经过磷酸化、脱水、转氨基过程合成的，见图 2-12。

	R_1	R_2	R_3	R_4
链霉素	CH_3	CHO	CH_3	H
二氢链霉素	CH_3	CH_2OH	CH_3	H
甘露糖基链霉素	CH_3	CHO	CH_3	α-D-4-甘露糖基

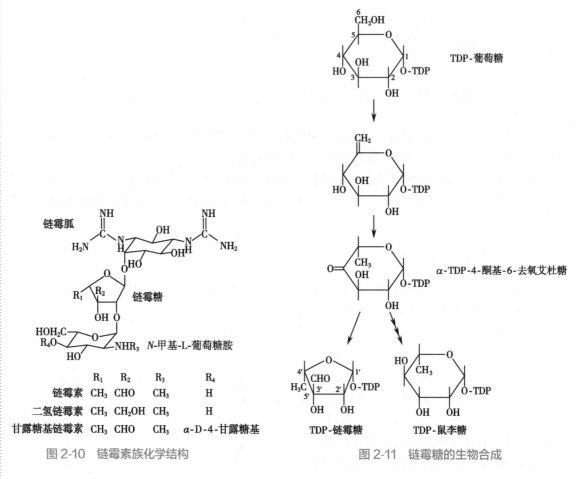

图 2-10　链霉素族化学结构

图 2-11　链霉糖的生物合成

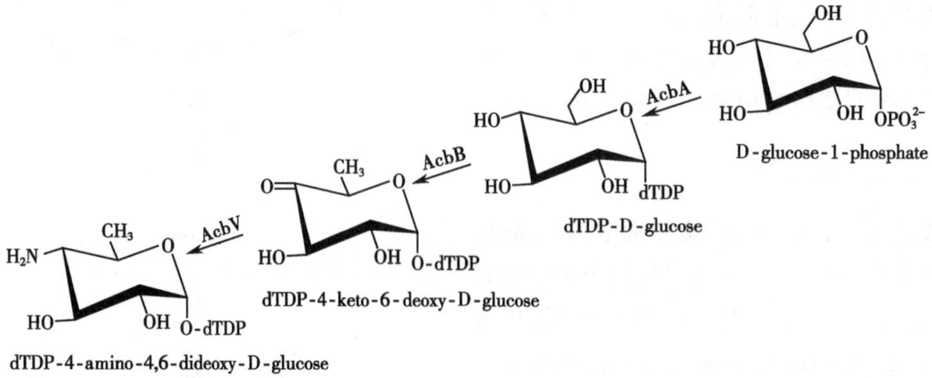

D-glucose-1-phosphate—D- 葡萄糖 -1- 磷酸；dTDP-D-glucose—dTDP-D- 葡萄糖；dTDP-4-keto-6-deoxy-D-glucose—dTDP-4- 酮基 -6- 脱氧 -D- 葡萄糖；dTDP-4-amino-4，6-dideoxy-D-glucose—dTDP-4- 氨基 -4，6- 双脱氧 -D- 葡萄糖。

图 2-12　阿卡波糖的构建单位 dTDP-4- 氨基 -4，6- 双脱氧 -D- 葡萄糖的生物合成

三、聚酮体及其衍生物

聚酮体及其衍生物是乙酸、丙酸、丁酸和某些短链脂肪酸缩合反应的产物。该反应均由多酶复合体——聚酮体合成酶（polyketide synthetase，PKS）催化。在缩合过程中，小分子有机酸中的羧基被转化为合成产物中的酮基，随着小分子有机酸的不断被缩合，合成产物的碳链不断延长，合成产物中的酮基也逐渐增多，所以该合成途径被称为聚酮体途径或多聚乙酰途径（polyketide synthesis pathway）。

聚酮体途径的代表产物有大环内酯类抗生素、多烯类抗生素、蒽环类抗生素、四环素类抗生素等。聚酮体合成的起始单位有：乙酰辅酶 A、丙酰辅酶 A 和丁酰辅酶 A；而作为链的延长单位有丙二酰辅酶 A、甲基丙二酰辅酶 A、乙基丙二酰辅酶 A 等，它们分别是二碳、三碳、四碳单位的供体，聚酮体合成的基本步骤见图 2-13。

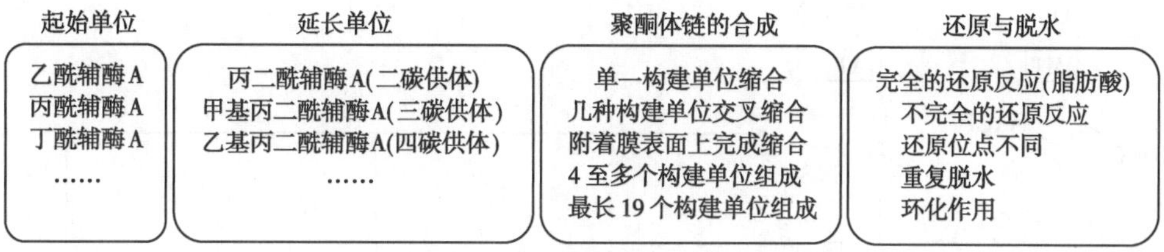

起始单位	延长单位	聚酮体链的合成	还原与脱水
乙酰辅酶A 丙酰辅酶A 丁酰辅酶A ……	丙二酰辅酶A(二碳供体) 甲基丙二酰辅酶A(三碳供体) 乙基丙二酰辅酶A(四碳供体) ……	单一构建单位缩合 几种构建单位交叉缩合 附着膜表面上完成缩合 4 至多个构建单位组成 最长 19 个构建单位组成	完全的还原反应(脂肪酸) 不完全的还原反应 还原位点不同 重复脱水 环化作用

图 2-13　聚酮体合成的基本步骤

大环内酯类抗生素阿维菌素 A 组分的生物合成起始单位是异亮氨酸，B 组分是缬氨酸，经 PKS 催化，以 7 个乙酸和 5 个丙酸单位逐步延伸、环化形成苷元，再对苷元进行修饰——呋喃环的环化、C_5 酮基还原、甲基化和糖基化，最后形成阿维菌素（图 2-4）。

四环素类抗生素（图 2-14）中的聚酮体链是丙二酰辅酶 A 经过酰胺基转移酶形成丙酰胺，作为起始单位，再与其他 9 个丙二酰辅酶 A 经 PKS 催化形成。

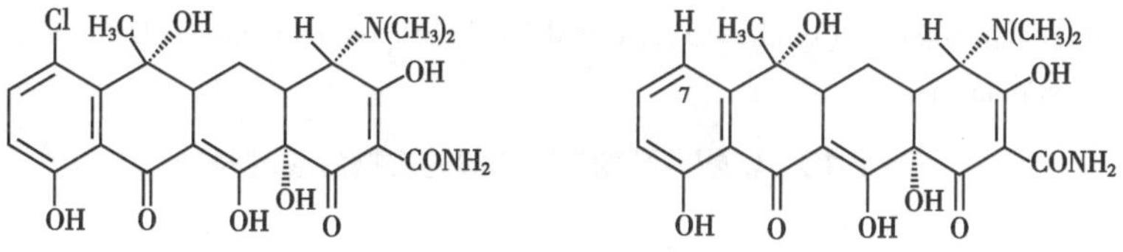

金霉素　　　　　　　　　　四环素

图 2-14　四环素类抗生素

起始单位乙酰辅酶 A 可由糖分解代谢和脂肪分解代谢产生；丙酰辅酶 A 可由琥珀酰辅酶 A 转化、奇数脂肪酸降解和支链氨基酸降解等过程形成；甲基丙二酰辅酶 A 可由丙酰辅酶 A 通过丙酰辅酶 A 羧化酶或丙酰辅酶 A 与草酰乙酸在羧基转移酶作用下合成。

丙二酰辅酶 A 可由乙酰辅酶 A 在乙酰辅酶 A 羧化酶的作用下生成：

$$乙酰辅酶A + ATP + CO_2 + H_2O \xrightarrow{\text{乙酰辅酶A羧化酶}} 丙二酰辅酶A + ADP + Pi$$

甲基丙二酰辅酶 A 的生成过程有：

$$丙酰辅酶A + ATP + CO_2 + H_2O \xrightarrow{\text{丙酰辅酶A羧化酶}} 甲基丙二酰辅酶A + ADP + Pi$$

$$丙酰辅酶A + 草酰乙酸 \xrightarrow{\text{羧基转移酶}} 甲基丙二酰辅酶A + 丙酮酸$$

以乙酰辅酶 A 为起始单位，丙二酰辅酶 A 为延长单位，可在聚酮体合成酶 / 脂肪酸合成酶（PKS/

FAS）催化下合成各种不同的聚酮体和脂肪酸，见图 2-15。PKS/FAS 包含 6 个酶域，酮脂酰合成酶（ketoacyl synthase，KS）、酰基转移酶（acyl transferase，AT）和酰基载体蛋白（acyl carrier protein，ACP），它们是必需的，可以完成小分子脂肪酸的缩合反应；另外 3 个是：酮基还原酶（ketoreductase，KR）催化酮基还原成羟基，脱水酶（dehydratase，DH）催化羟基脱水形成烯基，烯酰还原酶（enoyl reductase，ER）催化烯基还原成饱和脂肪链，它们并不是必需的，如果缺少这三个酶，仍可以合成简单聚酮体，反之，则进行完全的还原反应，产物是长链饱和脂肪酸；如果缺少 DH 和 ER，则产物结构中含有羟基；如果缺少 ER，产物结构中含有双键。由于 PKS 是多酶复合体，每条肽链上 KR、DH 和 ER 种类不同，导致产物结构不同，即可以得到各种不同、丰富多样的聚酮体。由聚酮体途径合成的产物见图 2-16。

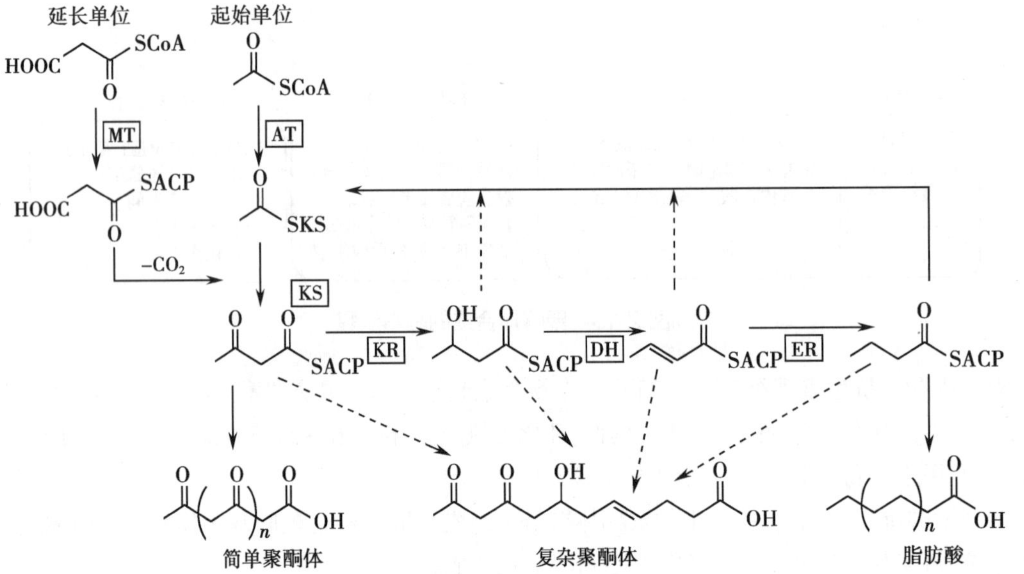

MT—金属硫蛋白（metallothionein）；AT—酰基转移酶（acyl transferase）；ACP—酰基载体蛋白（acyl carrier protein）；KS—酮脂酰合成酶（ketoacyl synthase）；KR—酮基还原酶（ketoreductase）；DH—脱水酶（dehydratase）；ER—烯酰还原酶（enoyl reductase）。

图 2-15　聚酮体产物与脂肪酸的生物合成过程

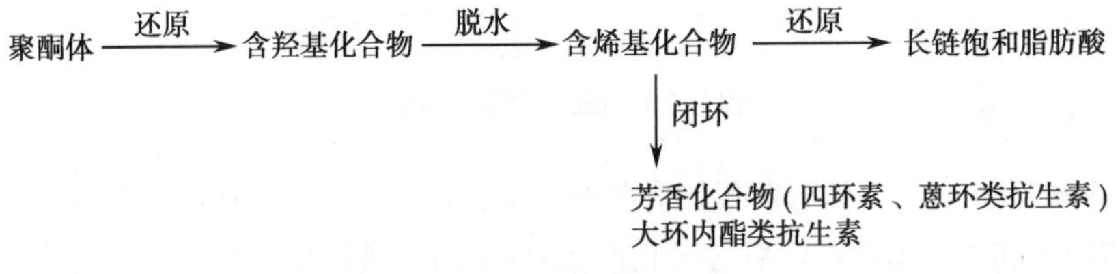

图 2-16　聚酮体产物与脂肪酸生物合成示意图

在聚酮体形成的过程中，往往伴随着一系列的修饰作用，如引进各种基团和原子：O—CH$_3$、C—CH$_3$、Cl、O 等。这些修饰过程更增加了衍生物的多样性。由聚酮体形成的化合物还可以通过糖苷键与多种糖连接，或以酰胺键与氨基连接，从而形成各种各样的化合物。

四、甲羟戊酸及其衍生物

甲羟戊酸（mevalonic acid，MVA）即 3- 甲基 -3，5- 二羟基戊酸，是由乙酰 CoA 缩合而成，见图 2-17。

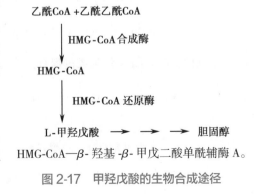

HMG-CoA—β- 羟基 -β- 甲戊二酸单酰辅酶 A。

图 2-17　甲羟戊酸的生物合成途径

甲羟戊酸经磷酸化、脱水和脱羧后形成具有生物活性的异戊二烯焦磷酸（C_5 单位）。异戊二烯焦磷酸与相应分子结合，形成各种次级代谢产物（图 2-18），如甾醇、胡萝卜素、赤霉素和生物碱等。赤霉烷与几种代表性的赤霉素结构见图 2-19。

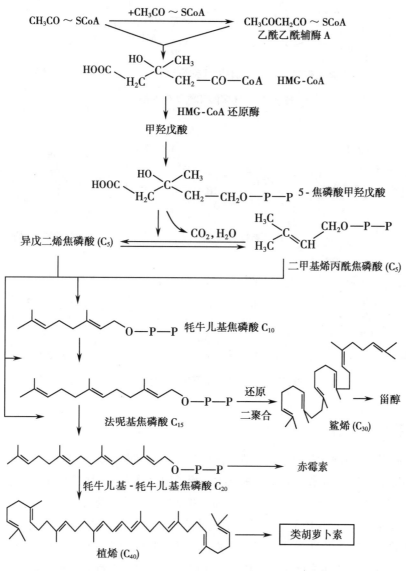

图 2-18 类胡萝卜素和甾醇的生物合成途径

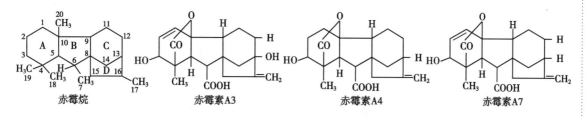

图 2-19 赤霉烷与几种代表性的赤霉素结构

五、环多醇和氨基环多醇

环多醇是一些带有羟基的环碳化合物。氨基环多醇是环多醇分子中的一个或多个羟基被氨基取代的衍生物（图 2-20）。在氨基糖苷类抗生素（如链霉素、庆大霉素、卡那霉素等）中最常见的环多醇部分是由葡萄糖衍生出来的,如 α-脱氧链霉糖、链霉胍都是由葡萄糖经过磷酸化、环化等反应形成环多醇,再经过氨基化等反应形成氨基环多醇(图 2-21)。

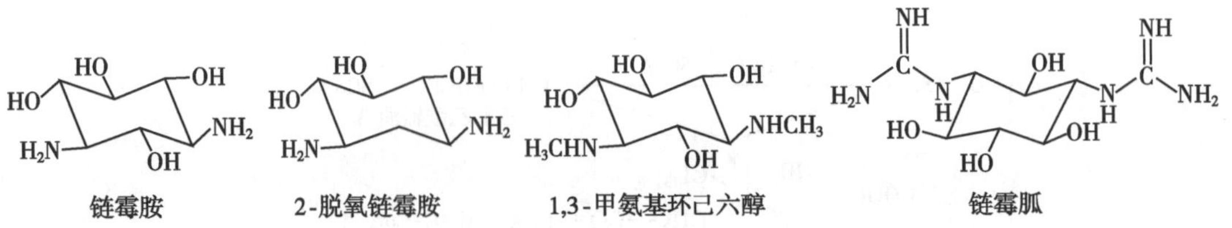

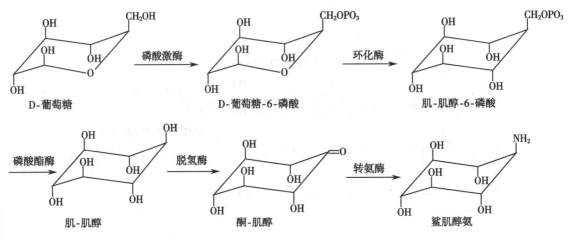

图 2-20　环多醇和氨基环多醇

图 2-21　氨基环多醇的生物合成

六、碱基及其衍生物

正常核酸嘌呤碱基和嘧啶碱基,或由合成核酸的嘌呤碱基和嘧啶碱基经过化学修饰而形成的非核酸嘌呤碱基和嘧啶碱基,均可作为核酸与核苷类药物的构建单位。如肌苷(inosine)是由次黄嘌呤与核糖结合而成的,又称"次黄嘌呤核苷"。肌苷和肌苷酸的化学结构见图 2-22。

嘌呤霉素(puromycin)(3′-脱氧嘌呤核苷类抗生素)的生物合成过程中,腺嘌呤核苷酸直接被产生菌作为前体并入嘌呤霉素的分子中,而不是由产生菌先将腺嘌呤核苷酸水解成腺嘌呤和核糖后再用于抗生素的合成。$C_{3'}$ 的还原反应是在核苷酸还原酶的催化下进行的。嘌呤霉素的化学结构见图 2-22。

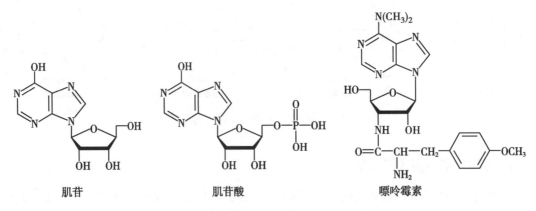

图 2-22　肌苷、肌苷酸和嘌呤霉素

阿糖腺苷（vidarabine）是通过 2'- 羟基腺苷的差向异构化合成的。该反应包括腺苷羟基氧化为酮基,酮基异构化为烯醇式以及双键的还原（图 2-23）。

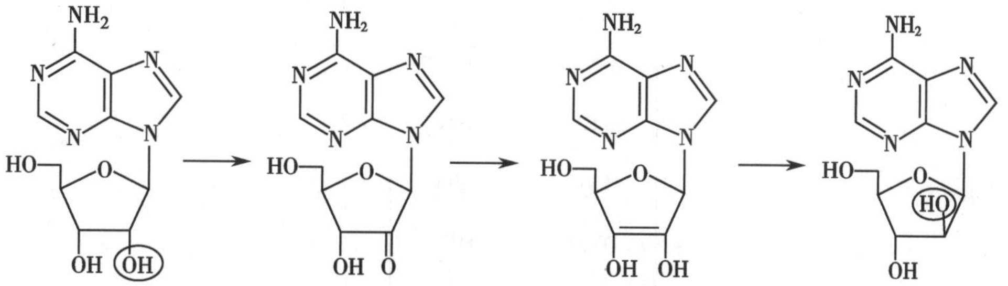

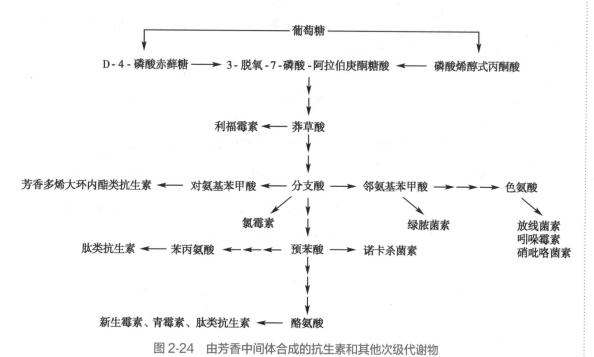

图 2-23　由腺苷向阿糖腺苷的转化

七、莽草酸及其衍生物

莽草酸是许多芳香化合物（包括芳香氨基酸、肉桂酸和某些多酚类化合物）的前体,源自葡萄糖。芳香族氨基酸合成时有一段相同的途径称作"莽草酸途径"。代表产物有利福霉素、绿脓菌素和新生霉素等（图 2-24）。利福霉素的芳香成分来自莽草酸;绿脓菌素的吩嗪骨架来自邻氨基苯甲酸;新生霉素和青霉素的芳香部分来自酪氨酸;放线菌素、吲哚霉素、硝吡咯菌素的芳香环来自色氨酸。

图 2-24　由芳香中间体合成的抗生素和其他次级代谢物

八、吩噁嗪酮

吩噁嗪酮是构成某些次级代谢产物的基本结构,如放线菌素的发色团中就具有一个吩噁嗪酮的结构。代表产物有放线菌素 D（图 2-25）。色氨酸和其他一些代谢物是吩噁嗪酮生物合成的前体,它们先形成 4- 甲基 -3- 羟基 - 邻氨基苯甲酸（图 2-26）,然后两分子的 4- 甲基 -3- 羟基 - 邻氨基苯甲酸五肽在吩噁嗪酮合成酶的催化下氧化脱水形成吩噁嗪酮五肽（图 2-27）。

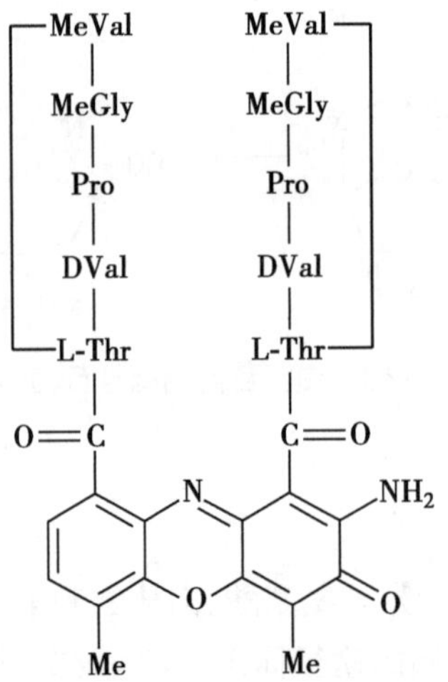

图 2-25　放线菌素 D（actinomycin D）

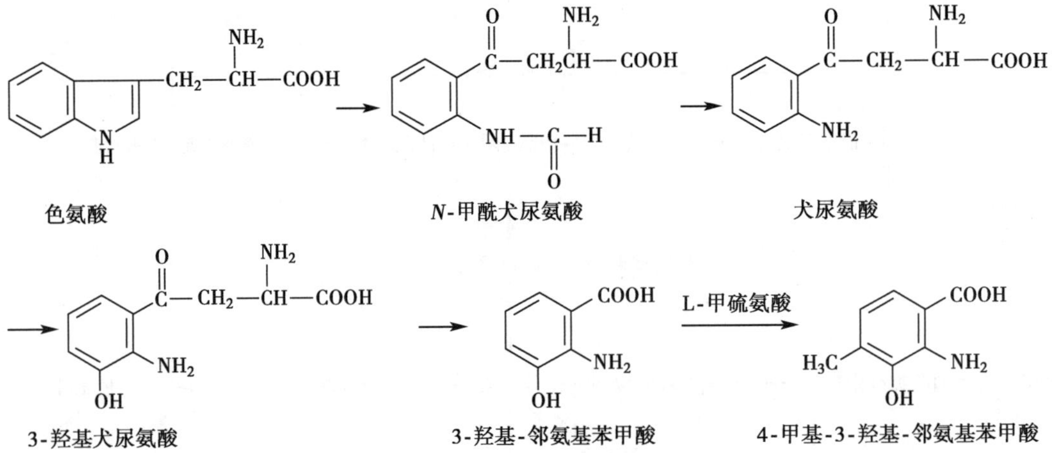

图 2-26　吩噁嗪酮的前体 4- 甲基 -3- 羟基 - 邻氨基苯甲酸合成途径

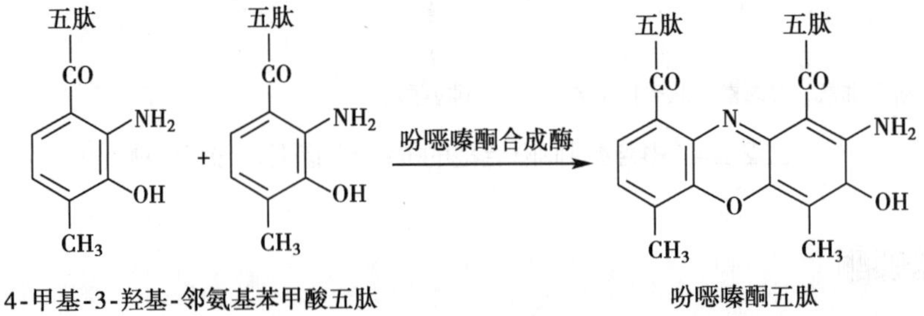

图 2-27　吩噁嗪酮的生物合成

第三节 次级代谢产物的生物合成过程

一、构建单位的合成

由上一节可见,次级代谢产物的合成首先是要合成各个构建单位,然后再由构建单位进一步合成种类繁多的次级代谢产物。

二、构建单位的连接

构建单位合成后,在合成酶、连接酶、脱水酶、氨基转移酶等酶的作用下相互连接,形成次级代谢产物的基本框架。例如青霉素构建单位 L-α-氨基己二酸、L-半胱氨酸和 L-缬氨酸在 δ-(L-α-氨基己二酰)-L-半胱氨酰-D-缬氨酸(ACV)合成酶催化下合成 LLD-ACV 三肽,缬氨酸在消旋酶作用下由 L 构型转变成 D 构型。LLD-ACV 三肽在异青霉素 N 合成酶作用下发生闭环反应形成异青霉素 N,完成青霉素构建单位的组装过程,见图 2-3。多数肽类抗生素如青霉素等通常不是在核糖体上以蛋白质合成的模式进行合成的,而是采用硫代模板机制进行合成的,参与其中的酶系称为非核糖体多肽合成酶(nonribosomal peptide synthetase,NRPS),ACV 属于 NRPS 类型。

阿维菌素的生物合成是先经聚酮体途径合成大环内酯环,同时经葡萄糖的衍生过程形成竹桃糖,然后在糖基转移酶的催化下,将竹桃糖通过糖苷键连接在 C_{13} 位和 C_4 位上,最后形成阿维菌素,见图 2-4。

链霉素的生物合成过程也是先分别合成 3 个构建单位,它们是链霉胍,链霉糖和 N-甲基-L-葡萄糖胺。三个构建单位的连接是先由链霉胍与链霉糖通过糖苷键形成假二糖,然后再与 N-甲基-L-葡萄糖胺连接形成链霉素,见图 2-10。

三、母核合成后的修饰

次级代谢产物是以初级代谢产物或其中间代谢产物为原料合成的,不同的构建单位合成后的母核结构类型和生物活性也不同。一般次级代谢产物的母核结构合成后,往往还不具有生物活性,还要经过后修饰过程才能产生具有生物活性的代谢产物,这些后修饰的过程包括:氨基化、甲基化、酰基化、羟基化等。

例如红霉素的生物合成过程中,先经聚酮体途径合成 14 元大环内酯环——红霉内酯 B,然后在糖基转移酶的作用下,进行不同位点的糖基化,先后形成 α-糖基红霉内酯 B 和红霉素 D。然后在羟化酶和甲基化酶的催化下先羟化后甲基化或先甲基化后羟化,最后形成有活性的红霉素 A,见图 2-28。

6-脱氧红霉内酯B   →(EryF)→   红霉内酯B   →(EryBV)→   3-α-碳霉糖基红霉内酯B

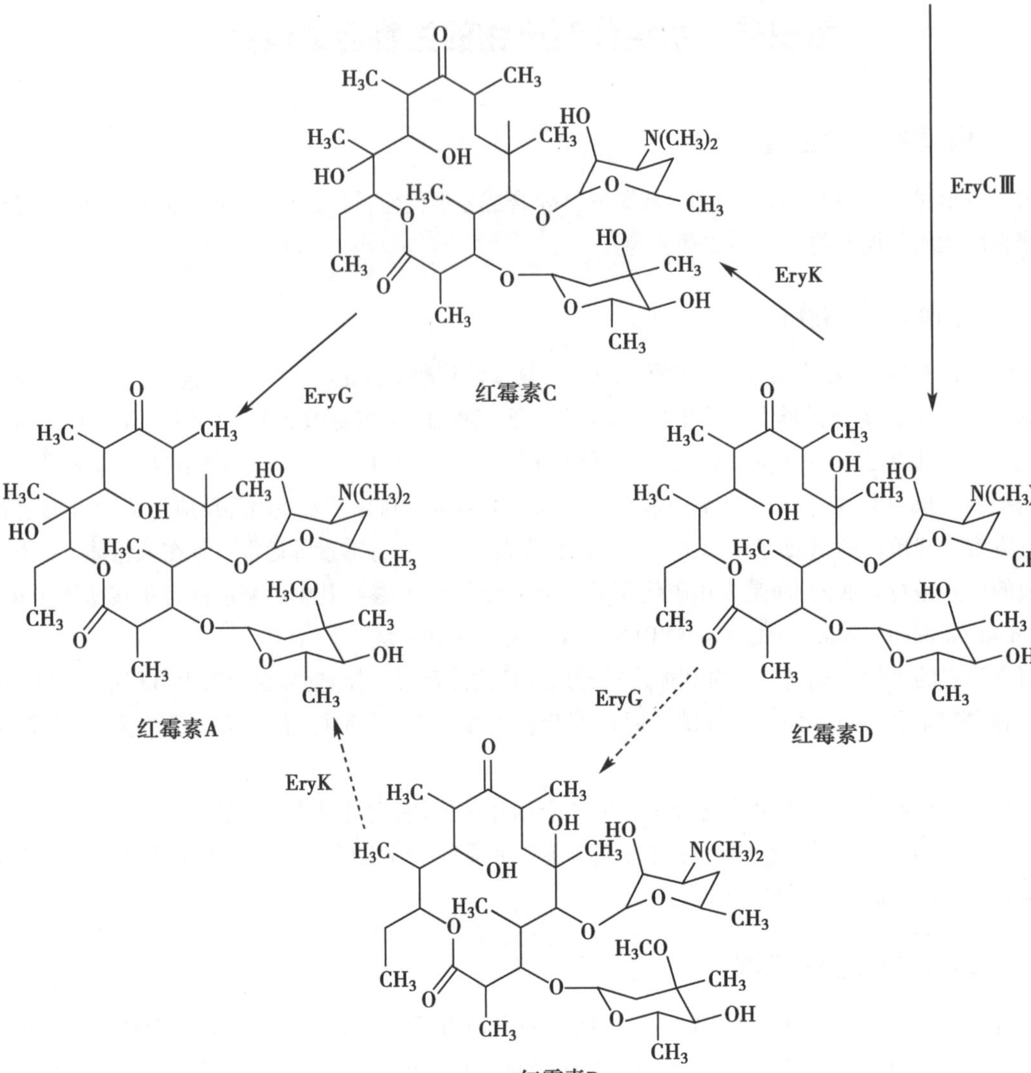

EryF—C-6 羟化酶；EryBV—糖基转移酶；EryCⅢ—糖基转移酶；EryK—羟化酶；EryG—甲基化酶。

图 2-28 由 6- 脱氧红霉内酯 B 经过后修饰合成红霉素 A 的过程

第四节　次级代谢产物生物合成的调控

微生物的生命活动是通过各种代谢途径组成的网络相互协调来维持的,每一条代谢途径都由一系列连续的酶促反应构成。微生物能严格控制代谢活动,使之有序地运行,并能快速适应环境,最经济地利用环境中的营养物。微生物对次级代谢活动的调控主要有 2 种调节方式:一种是酶合成的调节,即调节酶的合成量,这是一种"粗调";另一种是酶活力的调节,即调节已有的酶的活力,这是一种"细调"。微生物通过对其自身系统的"粗调"和"细调"从而达到最佳的调节效果。

合成次级代谢产物的一些基因已经被发现,然而其基因启动、合成过程调节与控制比初级代谢产物复杂,故对其机制仍不是完全清楚。就现有的研究结果,其调节机制的类型包括整体调节控制和个别途径调节,前者是调节菌体的整个生长过程;后者是调节次级代谢产物合成的个别途径。调节方式也不尽相同,归纳起来有以下几个方面。

一、酶合成的诱导调节

次级代谢产物合成途径中的某些酶是诱导酶,需要在底物(或底物的结构类似物)的诱导作用下才能产生,如卡那霉素 - 乙酰转移酶是在 6- 氨基葡萄糖 -2- 脱氧链霉胺(底物)的诱导下合成的;在头孢菌素 C 的生物合成中,甲硫氨酸可诱导异青霉素 N 合成酶(环化酶)、脱乙酰氧头孢菌素 C 合成酶(扩环酶)的合成。

二、反馈调节

在次级代谢产物的生物合成过程中,反馈抑制和反馈阻遏起着重要的调节作用。

(一)自身代谢产物的反馈调节

自身代谢产物的反馈调节是指次级代谢产物(如青霉素、链霉素、卡那霉素等)能抑制或阻遏其自身生物合成酶的调节作用。如卡那霉素能反馈抑制合成途径中 N- 乙酰卡那霉素酰基转移酶的活性;氯霉素终产物的调节是通过阻遏其生物合成过程中的第一个酶——芳香胺合成酶的合成而使代谢朝着芳香族氨基酸的合成途径进行。许多次级代谢产物能够抑制或阻遏它们自身的生物合成酶(表 2-4)。

表 2-4　次级代谢产物的自身反馈调节

次级代谢物	被调节的酶	调节机制
氯霉素	芳香胺合成酶	阻遏
放线菌酮	未知	未知
红霉素	O- 甲基转移酶	抑制
吲哚霉素	第一个合成酶	抑制
卡那霉素	酰基转移酶	阻遏
嘌呤霉素	O- 甲基转移酶	抑制
四环素	脱水四环素氧化酶	抑制
泰乐菌素	O- 甲基转移酶	抑制

由于存在自身代谢产物的反馈调节,产生菌不会过量积累次级代谢产物,其生产能力受限。长期的实践表明,抑制抗生素的自身合成需要的抗生素浓度与产生菌的生产能力呈正相关性。即低产菌株抑制抗生素的自身合成需要的抗生素浓度低,高产菌株抑制抗生素的自身合成需要的抗生素浓度高。因此,可以通过提高对自身产物的抗性来提高产量。

(二)前体的反馈调节

前体(precursor)是能够直接被菌体用来合成代谢产物而自身的分子结构没有显著改变的物质。如前面提到的青霉素生物合成起始物或构建单位 L-α- 氨基己二酸、L- 半胱氨酸和 L- 缬氨酸即为前体。前体自身的反馈调节意指合成次级代谢产物的前体对其自身生物合成具有反馈调节(反馈抑制或反馈阻遏)作用。如缬氨酸是合成青霉素的前体,它能自身反馈抑制合成途径中的第一个酶——乙酰羟酸合成酶的活性(图 2-8),控制自身的生物合成,从而影响青霉素的合成。

(三)支路产物的反馈调节

已知微生物代谢中产生的一些中间体,既可用于合成初级代谢产物,又可用于合成次级代谢产物,这样的中间体被称为分叉中间体。在某些情况下,这些分叉中间体的支路产物往往具有反馈调节作用,如赖氨酸反馈抑制青霉素的生物合成(图 2-7),是由于赖氨酸反馈抑制合成途径中的第一个酶——高柠檬酸合成酶的活性,进而抑制了青霉素生物合成的起始单位 α- 氨基己二酸的合成,结果影响到青霉素的生物合成。

三、磷酸盐调节

在抗生素等多种次级代谢产物合成中,高浓度磷酸盐表现出较强的抑制作用,称为磷酸盐调节。磷酸盐是微生物生长繁殖必需的营养成分,通常磷酸盐浓度为 0.3~300mmol/L 时,能支持大多数微生物的生长,但当浓度超过 10mmol/L 时,会对许多次级代谢产物(如抗生素)的生物合成产生阻遏或抑制作用,见表 2-5。因此,磷酸盐是一些次级代谢产物生物合成的限制因素,由于微生物生物合成次级代谢产物的途径不同,磷酸盐表现的调节位点也不同。

表 2-5   适合抗生素合成的磷酸盐浓度

抗生素	产生菌	磷酸盐浓度 /(mmol/L)
放线菌	抗生素链霉菌(S. antibiotics)	1.4~17.0
新生霉素	雪白链霉菌(S. niveus)	9.0~40.0
卡那霉素	卡那霉素链霉菌(S. kanamyceticus)	2.2~5.7
链霉素	灰色链霉菌(S. griseus)	1.5~15.0
万古霉素	东方链霉菌(S. orientalis)	1.0~7.0
杆菌肽	地衣芽孢杆菌(B. licheniformis)	0.1~1.0
金霉素	金霉素链霉菌(S. aureofaciens)	1.0~5.0
短杆菌肽 S	短小芽孢杆菌(B. pumilus)	10.0~60.0
两性霉素 B	结节链霉菌(S. nodosus)	1.5~2.2
制霉菌素	诺尔斯链霉菌(S. noursei)	1.6~2.2

一般认为,磷酸盐调节作用的机制可能有下列几个方面。

(一)磷酸盐促进初级代谢,抑制菌体的次级代谢

在微生物的代谢中,磷酸盐除影响糖代谢、细胞呼吸及细胞内 ATP 水平外,还控制着产生菌的 DNA、RNA、蛋白质和次级代谢产物的合成。向正在合成杀假丝菌素的灰色链霉菌培养液中添加 5mmol/L 的磷酸盐,产生菌对氧的需要量显著增加,抗生素的合成立即停止,同时细胞内的 DNA、RNA 和蛋白质的合成速率恢复到菌体生长期的速率。当磷酸盐被耗尽时,菌体的呼吸强度,DNA、RNA 和蛋白质的合成速率又降到较低的水平,抗生素重新开始合成。

(二)磷酸盐抑制次级代谢产物前体的生物合成

在链霉素合成中,肌醇是合成链霉胍的前体,该前体是由葡萄糖衍生来的。过量的磷酸盐能使菌体内焦磷酸浓度增高,而焦磷酸是催化 6- 磷酸葡萄糖向 1- 磷酸肌醇转化的 6- 磷酸葡萄糖环化醛缩酶的竞争性抑制剂。因此,当培养液中磷酸盐浓度高时,肌醇的形成会受到抑制,则链霉素的产量必然会受到影响。

(三)磷酸盐抑制磷酸酯酶的活性

在链霉素生物合成途径中有三步是在磷酸酯酶作用下的去磷酸反应,这些磷酸酯酶的活性受磷酸盐的调节。该途径中,无生物活性的磷酸化产物链霉素磷酸酯在磷酸酯酶的作用下水解生成相应的链霉素和磷酸。当磷酸盐浓度高于一定限度时,磷酸酯酶的活性会受到强烈抑制,所以发酵生产链

霉素等氨基糖苷类抗生素时,要很好地控制发酵培养基中的磷酸盐浓度。

（四）三磷酸腺苷的调节作用

在四环素的生物合成过程中,三磷酸腺苷（ATP）水平调节四环素的合成。已知丙二酰辅酶 A（CoA）是四环素合成的前体。菌体内合成丙二酰辅酶 A 的途径有两条,见图 2-29,其中一条途径是磷酸烯醇式丙酮酸经丙酮酸生成乙酰辅酶 A,乙酰辅酶 A 在羧化酶的作用下生成丙二酰辅酶 A。另一条途径是磷酸烯醇式丙酮酸在磷酸烯醇式丙酮酸羧化酶作用下生成草酰乙酸,再经羧基转移酶等的作用生成丙二酰辅酶 A。

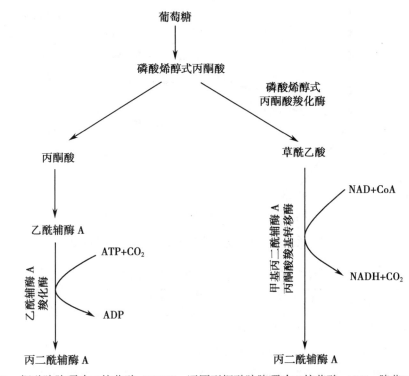

NAD—烟酰胺腺嘌呤二核苷酸；NADH—还原型烟酰胺腺嘌呤二核苷酸；ADP—腺苷二磷酸。

图 2-29　丙二酰 CoA 形成的可能途径

实践证明,在菌体生长旺盛期,乙酰辅酶 A 羧化酶活性高,而磷酸烯醇式丙酮酸羧化酶和羧基转移酶的活力很低；而在四环素合成期,情况与上述相反。这表明,在四环素合成期中是由磷酸烯醇式丙酮酸→草酰乙酸→丙二酰辅酶 A 途径提供丙二酰辅酶 A,促进四环素的合成。

草酰乙酸是三羧酸循环的重要中间产物,因此,四环素类抗生素的生物合成与三羧酸循环有着密切的关系,见图 2-30。过量的磷酸盐或 ATP 对磷酸烯醇式丙酮酸羧化酶有强烈的抑制作用,使草酰乙酸的生成量明显减少；同时过量的 ATP 对柠檬酸合成酶有反馈抑制作用,使柠檬酸和异柠檬酸的合成数量下降,因而会进一步降低柠檬酸和异柠檬酸对草酰乙酸脱羧酶的激活作用,也可使草酰乙酸合成能力降低。

（五）磷酸盐对次级代谢产物合成酶的调节

磷酸盐对许多次级代谢产物（如抗生素）的生物合成酶有调节作用。这种调节作用表现在 2 种不同的水平上。一种是作用于生物合成酶的基因,对生物合成酶基因的表达起负调节作用,即阻遏其生物合成酶的转录过程。如棒状链霉菌在高浓度磷酸盐（25mmol/L）培养时,合成克拉维酸的基因表达受到抑制,而合成头霉素的基因表达不会受到影响。因此可通过调节培养基中磷酸盐的水平,使头霉素与克拉维酸的合成分开进行。另外一种则是磷酸盐对已经产生的酶的活性也有调节作用（表 2-6）。

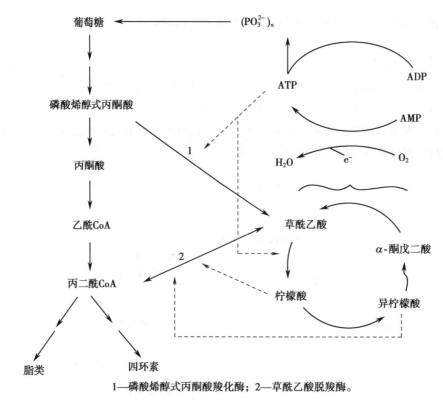

1—磷酸烯醇式丙酮酸羧化酶；2—草酰乙酸脱羧酶。

图 2-30　金色链霉菌中可能存在的三羧酸循环调节机制

表 2-6　受磷酸盐调节的有关生物合成酶

抗生素	产生菌	靶酶	调节机制
杀假丝菌素	灰色链霉菌	对 - 氨基苯甲酸合成酶	R
头孢菌素	顶头孢霉菌	脱乙酰氧头孢菌素 C 合成酶（扩环酶）	D
头霉素	棒状链霉菌	δ-（L-α- 氨基己二酰)-L- 半胱氨酰 -D- 缬氨酸（ACV）合成酶（LLD- 三肽合成酶）	D I
		脱乙酰氧头孢菌素 C 合成酶	I
		异青霉素 N 合成酶（环化酶）	I
短杆菌肽 S	短芽孢杆菌	短杆菌肽 S 合成酶	D
新霉素	弗氏链霉菌	磷酸新霉素磷酸转移酶	R
链霉素	灰色链霉菌	6- 磷酸链霉素磷酸转移酶	R
四环素	金霉素链霉菌	脱水四环素加氧酶	R
泰乐菌素 A	弗氏链霉菌	缬氨酸脱氢酶	D
		甲基丙二酰 CoA：丙酮酸转羧酶	D
		丙酰 CoA 羧化酶	D
		泰乐内酯合成酶	D

注：R—阻遏；I—抑制；D—有酶合成阻遏发生，但现有证据还不能明确证实阻遏机制的存在。

（六）磷酸盐调控的分子机制

　　磷酸盐调控的分子机制一般认为是作用在基因的转录水平上。例如，磷酸盐对多烯大环内酯类抗生素杀假丝菌素（candicidin）生物合成中的对氨基苯甲酸（p-aminobenzoic acid，PABA）合成酶具有强烈的反馈阻遏，它是在转录水平上进行调控的。杀假丝菌素由灰色链霉菌（S. griseus IMRU 3570）产生。在灰色链霉菌分批培养中，12 小时 PABA 合成酶的 mRNA 合成达到顶峰，补入磷酸盐使其浓度达 7.5mmol/L，总 RNA 的合成显著增加，但 PABA 合成酶的 mRNA 的合成下降95%。启动子实验证实，在磷酸盐浓度为 0.1mmol/L 的培养基中，PABA 合成酶的表达被阻遏50%以上。分离到一个富含 A-T 碱基对的 114bp 的启动子 p114，p114 中存在着磷酸盐调控（phosphate control，PC）顺序，该顺序和已报道过的大肠埃希菌等许多基因中的磷酸盐调控有极高的同源性。磷酸盐在转录水平上对抗生素生物合成调控似乎是像在大肠埃希菌中一样，即通过 DNA 结合蛋白对磷酸盐调控顺序结合引起的 DNA 弯曲，或通过与 RNA 聚合酶的专一 δ 亚基相互作用的方式，改变 RNA 聚合酶与 DNA 作用的专一性，进而发挥作用。

四、碳分解产物调节

（一）碳源对次级代谢产物生物合成的调节

碳分解产物的调节作用是指易被菌体迅速利用的碳源及其降解产物对其他代谢途径酶的调节。早期研究青霉素生产的最适碳源时，发现葡萄糖有利于菌体生长繁殖，却显著抑制青霉素的合成，而乳糖有利于青霉素的合成。这种现象称为"葡萄糖效应"。

青霉素发酵试验表明，葡萄糖达到一定浓度不仅能降低 δ-L- 氨基己二酸 -L- 半胱氨酰 -D- 缬氨酸（LLD 三肽）的合成，也能阻遏脱乙酰氧头孢菌素 C 合成酶（扩环酶）和异青霉素 N 异构酶的合成。在链霉素发酵后期必须控制发酵液中葡萄糖浓度低于某一水平，如果葡萄糖浓度高于 10mg/ml，甘露糖苷酶的合成受到阻遏，就不能将副产物甘露糖链霉素水解成链霉素和甘露糖，链霉素的产量会显著降低。

一般次级代谢产物的生物合成是在葡萄糖等速效碳源被消耗到一定浓度时才开始的。在次级代谢产物抗生素发酵时发现，当培养基中含有 2 种以上碳源时，产生菌首先利用葡萄糖，葡萄糖消耗完后再利用其他碳源。这些实践结果表明，抗生素等次级代谢产物的生物合成受到葡萄糖等速效碳源的调节。表 2-7 列出一些碳分解产物调节次级代谢产物合成酶的例子。

表 2-7　碳源对次级代谢产物生物合成的影响

次级代谢产物	干扰碳源	非干扰碳源	靶酶
放线菌素	葡萄糖、甘油	半乳糖、果糖	羟基犬尿素酶（R）、犬尿素甲酰胺酶（R）、色氨酸吡咯酶（R）
头孢菌素	葡萄糖、甘油、麦芽糖	蔗糖、半乳糖	脱乙酰头孢菌素 C 合成酶（R）、乙酰水解酶（R）
金霉素	葡萄糖	蔗糖	—
环丝氨酸	甘油	—	—
红霉素	葡萄糖、甘油、甘露糖、2- 脱氧葡萄糖	乳糖、山梨糖、蔗糖	
庆大霉素	葡萄糖、木糖	果糖、甘露糖、麦芽糖、淀粉	
卡那霉素	葡萄糖	—	
米尔贝霉素	葡萄糖	果糖	
竹桃霉素	葡萄糖	蔗糖	—
嘌呤霉素	葡萄糖	—	O- 脱甲基嘌呤霉素甲基酶（R）
链霉素	葡萄糖	—	甘露糖苷酶（R）
四环素	葡萄糖	—	
泰乐菌素	葡萄糖	脂肪酸	脂肪酸氧化酶（R、I）

注：R—阻遏；I—抑制。

（二）碳分解产物调节的分子机制

目前,研究得比较清楚的是葡萄糖对放线菌素生物合成的调控作用。放线菌素生物合成分为3个阶段,首先是通过犬尿氨酸途径合成 4- 甲基 -3- 羟基 - 邻氨基苯甲酸,然后在非核糖体酶系装配下生成 4- 甲基 -3- 羟基 - 邻氨基苯甲酸 - 环五肽内酯,最后两个 4- 甲基 -3- 羟基 - 邻氨基苯甲酸 - 环五肽内酯缩合形成吩噁嗪酮发色团。其中合成放线菌素的关键酶吩噁嗪酮合成酶（phenoxazone synthetase, PHS）受到碳分解产物的调控（图 2-31）。

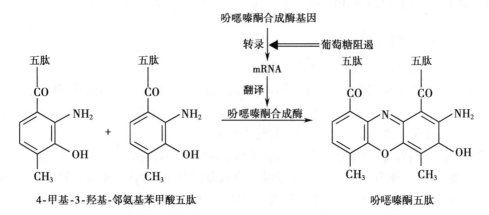

图 2-31　吩噁嗪酮合成酶参与的放线菌素生物合成

Jones 等用克隆的 2.45kb PHS 基因片段作为探针进行 RNA 印迹法（Northern blotting）分析,发现以葡萄糖作为碳源时杂交带的浓度比以半乳糖作为碳源的浓度低,PHS 的 mRNA 水平只是在培养基中的葡萄糖耗尽以后才开始上升。这表明葡萄糖是作用在 mRNA 转录水平上,一定浓度的葡萄糖阻遏了吩噁嗪酮合成酶的生物合成（图 2-32）。

五、氮分解产物调节

在抗生素的生物合成中,当发酵培养基中存在多种氮源时,微生物总是先利用简单的氮源,然后再分解利用复杂的氮源;并且当这些简单的氮源（如 NH_4^+、氨基酸）浓度高时,几乎不合成抗生素,只有在较低的浓度时,抗生素才开始合成。人们把这种现象称作"铵离子阻遏作用"或"氮阻遏作用"。

能够被快速利用的氮源（如 NH_4^+、硝酸盐、某些氨基酸）对许多种次级代谢产物的生物合成有较强烈的调节作用,如青霉素、头孢菌素、红霉素等（表 2-8）。可被快速利用的氮源（如 NH_4^+、硝酸盐、某些氨基酸）对许多种次级代谢产物的生物合成的较强烈的调节作用称为"氮分解产物调节作用"。

1—葡萄糖为碳源；2—乳糖为碳源。

图 2-32　吩噁嗪酮合成酶 mRNA 水平的 RNA 印迹法分析

表 2-8　氮源对次级代谢产物合成的影响

次级代谢产物	影响次级代谢的氮源	不影响次级代谢的氮源
放线菌素	L- 谷氨酸、L- 丙氨酸 L- 缬氨酸、L- 苯丙氨酸	L- 异亮氨酸
放线紫红素	NH_4^+	—
杀假丝菌素	L- 色氨酸、L- 酪氨酸 L- 苯丙氨酸、对氨基苯甲酸	—

续表

次级代谢产物	影响次级代谢的氮源	不影响次级代谢的氮源
头孢菌素	NH_4^+	L-门冬氨酸、L-精氨酸、D-丝氨酸、L-脯氨酸
氯霉素	NH_4^+	DL-苯丙氨酸、DL-亮氨酸、L-异亮氨酸
红霉素	NH_4^+	—
吉他霉素	NH_4^+	尿素
利福霉素	NH_4^+	硝酸盐
螺旋霉素	NH_4^+	—
链霉素	NH_4^+	脯氨酸
硫链丝菌素	NH_4^+	DL-门冬氨酸、L-谷氨酸、DL-丙氨酸、甘氨酸
四环素	NH_4^+	—
泰乐菌素	NH_4^+	缬氨酸、L-异亮氨酸、L-亮氨酸、L-苏氨酸

氮分解产物对次级代谢产物生物合成的调节作用,特别是铵离子(NH_4^+)的调节作用是多向性的。从已报道的研究结果分析,其调节机制有以下几种。

（一）阻遏次级代谢产物生物合成酶的合成

如谷氨酸和苯丙氨酸能阻遏参与放线菌素生物合成的犬尿氨酸甲酰胺酶Ⅱ的形成;半胱氨酸和甲硫氨酸能够阻遏参与链霉素生物合成的甘露糖苷链霉素合成酶的形成;NH_4^+能阻遏 β-内酰胺类抗生素生物合成酶-ACV 合成酶和脱乙酰氧头孢菌素 C 合成酶的形成;NH_4^+还能阻遏赤霉素生物合成酶的合成。

（二）调节初级代谢进而影响次级代谢产物的合成

在阿维菌素生物合成中,NH_4^+能使戊糖磷酸途径中的葡糖-6-磷酸脱氢酶活性显著降低,相反可使琥珀酸脱氢酶的活性显著提高,从而影响阿维菌素生物合成前体的合成。

在带小棒链霉菌生物合成 β-内酰胺类抗生素中,当培养中 NH_4^+ 达到某一浓度时,菌体内的谷氨酰胺合成酶活力显著降低直至消失,抗生素产量显著下降,丙氨酸脱氢酶活性显著提高。在泰乐菌素发酵中,NH_4^+能抑制缬氨酸脱氢酶活性,抗生素产量下降。在利福霉素、诺尔丝菌素、青霉素、麦迪霉素、螺旋霉素等的发酵过程中均有类似现象。

以缬氨酸脱氢酶的 DNA 片段为探针,与螺旋霉素产生菌的 mRNA 进行杂交,发现当发酵培养基中加入 NH_4^+ 时,菌体合成少量缬氨酸脱氢酶的 mRNA,而当发酵培养基中不加 NH_4^+ 的时候,mRNA被大量合成。因此,NH_4^+是作用在缬氨酸脱氢酶的 mRNA 转录水平上,较高浓度的 NH_4^+ 阻遏了缬氨酸脱氢酶的生成,见图 2-33。

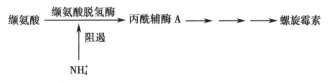

图 2-33　NH_4^+ 对缬氨酸脱氢酶的阻遏作用

六、菌体生长速率的调节

菌体的生长速率是控制次级代谢的重要因素。次级代谢产物受菌体生长速率调节,在生长期次级代谢产物合成酶受到阻抑作用,次级代谢产物不被合成。较低的菌体生长速率和缺乏某一特定营养,有利于次级代谢产物的合成,见表2-9。例如,用恒化器培养法研究短杆菌肽 S 合成酶的合成时发现,调节短杆菌肽 S 合成酶合成的是菌体的生长速率。稀释率 D 高于45%/h 时,合成的酶量很少,降低稀释率,酶量就增加。限制不同营养成分,出现最高酶的比活力的稀释率是不同的。限制碳源时,酶的比活力最高。

表 2-9　菌体生长期中受阻抑的抗生素合成酶

抗生素	受阻抑的酶	效应
青霉素	酰基转移酶	阻遏
头孢菌素	β- 内酰胺合成酶	抑制
链霉素	脒基转移酶、链霉胍激酶	阻遏
卡那霉素	6- 乙酰卡那霉素酰胺水解酶	阻遏
新霉素	新霉素磷酸转移酶	抑制
放线菌素	吩噁嗪酮合成酶	碳分解产物阻遏
杆菌肽	合成酶	阻遏
短杆菌肽 S	合成酶	阻遏
短杆菌酪肽	合成酶	阻遏
杀假丝菌素	合成酶	抑制
泰乐菌素	TDP- 葡萄糖氧化还原酶甲基转移酶	阻遏
桑吉瓦霉素	GTP-8- 甲酰水解酶	阻遏
展青霉素	6- 甲基水杨酸合成酶	抑制

注:TDP—胸苷二磷酸;GTP—鸟苷三磷酸。

七、化学调节因子的调节

化学调节因子是微生物自身产生的小分子调节物如 A 因子、B 因子等。化学调节因子对次级代谢产物的生物合成起着重要的调节作用。如灰色链霉菌产生的 A 因子有利于灰色链霉菌孢子形成、次级代谢产物链霉素合成、链霉素抗性产生及黄色色素分泌,一旦缺失 A 因子,上述功能减弱或消失。A 因子的产生与灰色链霉菌质粒上的 *afs*A 基因有关。基因 *afs*A 经转录、翻译,调节 A 因子合成酶(301aa),它催化1分子甘油、2分子乙酸、1分子异丁酸形成 A 因子(图 2-34)。因此,A 因子产生受到质粒基因的控制。

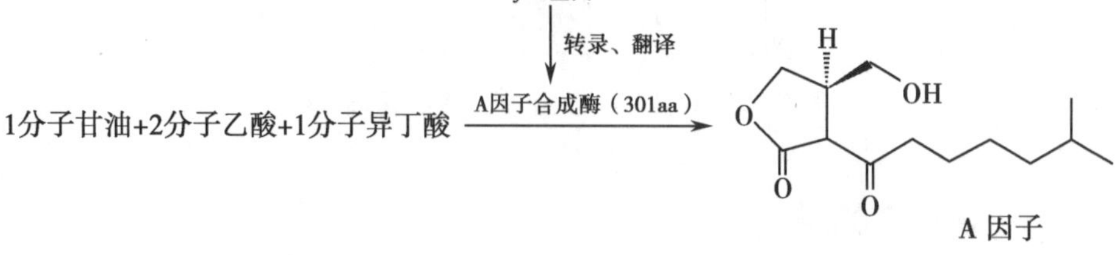

图 2-34　A 因子的化学结构及其产生的遗传基础

　　A 因子的作用机制是 A 因子启动了 mRNA 的转录。灰色链霉菌对链霉素的抗性是由链霉素 -6-磷酸转移酶所决定的。链霉素在该酶的催化下,将磷酸基团转移到链霉素的 C_6 位上,使有活性的链霉素转变成无活性的 6- 磷酸链霉素(表 2-10)。

　　A 因子能够起到链霉素 -6- 磷酸转移酶 mRNA 转录的开关作用。因此把 A 因子看作是抗生素合成与抗性基因转录的调节因子。在灰色链霉菌中,A 因子能在转录水平上诱导至少 10 种蛋白质的合成,其控制的表型及控制方式见图 2-35。

表 2-10　A 因子与链霉素抗性的关系

菌株	链霉素抗性	6- 磷酸转移酶 mRNA
野生型菌株	有	大量
光秃型菌株	无	无
光秃型菌株 +A 因子	3~5h 后产生	3~5h 后出现

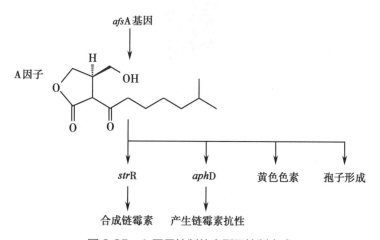

图 2-35　A 因子控制的表型及控制方式

八、控制次级代谢产物生物合成的因素

　　为了提高次级代谢产物合成量,要加强诱导,并解除自身代谢产物的反馈调节,解除前体自身的反馈调节,解除支路产物的反馈调节,解除磷酸盐调节,解除碳、氮分解产物调节,控制菌体生长速率等。控制的方法可以从遗传和环境两方面考虑。

（一）遗传方面

　　采用传统的、现代的基因突变技术,对遗传物质进行改变,获得大量基因突变株,从中筛选出解除各种调节机制的突变株,提高次级代谢产物合成量,有关这方面内容详见第三章描述。

（二）环境方面

　　控制培养基组成和发酵条件。培养基组成应提供诱导物、前体,对起调节作用的营养物质,如磷酸盐、葡萄糖、硫酸铵等物质的浓度要低或避免使用,或在发酵过程中以流加或滴加等方式补入;发酵过程应合理控制 pH、温度、基质浓度、菌体浓度、菌体形态、溶解氧、二氧化碳(CO_2)等参数,缩短菌体生长期,延长产物合成期,进而达到大量合成次级代谢产物的目的。

思　考　题

1. 解释下列名词：初级代谢产物、次级代谢产物、分叉中间体。

2. 次级代谢产物有哪些特点？

3. 次级代谢产物为什么常常是多组分的混合物？

4. 次级代谢产物的构建单位有哪些？与其对应的代表产物是什么？各举一个产品。

5. 聚酮体生物合成的起始单位有哪些？延长单位有哪些？

6. 次级代谢产物生物合成的主要调控机制有哪些？

7. 次级代谢产物生物合成的主要过程是什么？

8. 磷酸盐对次级代谢产物合成的调节机制具体表现在哪几个方面？如何解除磷酸盐的调节作用？

第二章
目标测试

（葛立军）

第三章

菌种选育的理论与技术

学习目标

1. **掌握** 诱变育种和分子育种的原理,各种诱变剂的作用机制。
2. **熟悉** 菌种筛选的方法和技术。
3. **了解** 杂交育种和原生质体育种的方法。

第三章
教学课件

　　菌种的选育是运用遗传学原理和技术对某个用于特定生物技术目的的菌株进行的多方位的改造。通过改造可强化现有的优良性状,或去除不良性状,或增加新的性状。工业微生物育种方法包括诱变育种、代谢控制育种、杂交育种、原生质体育种、分子育种等。如果对特定菌种的基本性状及其工艺知晓甚少,则多半采用随机诱变、筛选及选育等技术;如果对其遗传及生物化学方面的性状已有较深的认识,则可选择基因重组等手段进行定向育种。

第一节　概　　述

　　从自然界分离所得的产生某种代谢产物的菌种,不论在产量上或质量上均不能满足工业化生产的实际需要。为生产目标产物,一般都要对筛选出来的菌种进行菌种选育,以提高其产率和改善其工艺性能。

　　一株优良的产生菌菌种应该具备如下的特性,这些都是对菌株特性的基本要求,也是菌种选育工作需要研究和解决的问题。

　　1. 菌种的生长繁殖能力强,具较强的生长速率,产生孢子的菌种应具有较强的产孢子能力。这样有利于缩短发酵培养周期,减少种子罐的级数,最终得以减少设备投资和运转费用。同时,还可以减少菌种在扩大生产过程中发生产物产量下降或杂菌污染的可能性。

　　2. 菌种能够利用廉价的原料、简单的培养基大量高效地合成产物。有利用广泛来源原料的能力,并对发酵原料成分波动的敏感性较小。

　　3. 对需要添加的前体具有耐受能力,且不能将这些前体作为一般碳源利用。

　　4. 菌种应具有在较短的发酵周期内产生大量发酵产物的能力,选用高产菌株可以在不增加投资的情况下,大幅度提高企业的生产能力。

　　5. 能高效地将原料转化为产品,这样可以降低生产成本,提高产品的市场竞争力。

　　6. 在发酵过程中不产生或少产生与目标产品性质相近的副产物及其他产物,这样不但可以提高营养物质的有效转化率,还会减少分离纯化的难度,降低成本,提高产品质量。

　　7. 在发酵过程中产生的泡沫要少,这对提高装料系数,提高单罐产量,降低成本具有重要意义。

　　8. 具有抗噬菌体感染的能力。

　　9. 菌株遗传特性稳定,以保证发酵能长期、稳定地进行,有利于实施最佳的工艺控制。

　　10. 菌种纯,不易变异退化,不产生任何有害的生物活性物质和毒素,以保证安全。

一、菌种选育的目的

（一）提高发酵产物产量

进行工业化的发酵生产要求菌种具有较高的发酵单位。由于工业化的发酵生产成本较高，需要投入大规模的生产设备并需要较高的运转维持费用。如果菌种的发酵单位低，就难以收回投入的运转维持费用，更难以收回大型设备的投资费用。因此，菌种只有具备较高的发酵单位，才能够进行工业化的发酵生产。

菌种选育是一个需要长期进行的工作，也是一个永无止境的工作。菌种的发酵单位不会永远停留在一个水平上，只要长期坚持菌种选育工作，菌种的发酵单位就会不断地提高。例如，青霉素发酵生产的初期（1943 年），其菌种的发酵单位只有 20U/ml，经过近 80 年的菌种选育，同时结合发酵工艺的改进，其发酵单位已经达到 85 000U/ml，提高了 4 000 多倍。表 3-1 列出了一些常用抗生素菌种选育的历史进程。从表 3-1 中可以看出菌种选育工作对提高发酵单位的重要性。在不增加原材料和动力消耗，不增加人工费用的情况下，优良的高产菌种可以成倍地提高发酵产物产量，给制药企业带来更高的经济效益。

表 3-1   一些抗生素发酵水平提高的历史进程

抗生素	投产时发酵单位 /（U/ml）	中期发酵单位 /（U/ml）	目前发酵单位 /（U/ml）	相对于投产时的提高倍数
青霉素	20（1943 年）	8 000（1955 年）	85 000	4 250
链霉素	50（1945 年）	5 000（1955 年）	35 000	700
金霉素	200（1949 年）	4 000（1959 年）	20 000	100
土霉素	400（1950 年）	6 000（1959 年）	33 000	82.5
红霉素	100（1955 年）	2 000（1961 年）	8 000	80

菌种选育工作大幅度提高了微生物发酵产物的产量，促进了微生物发酵工业的迅速发展。通过菌种选育，抗生素、氨基酸、维生素、药用酶等药物的发酵产量提高了几十倍、几百倍甚至几千倍。

（二）改进菌种的性能

菌种选育在提高产品质量、改善发酵生产工艺条件等方面也发挥了重大作用。例如青霉素的原始产生菌菌种产生黄色色素，使成品带黄色，经过菌种选育，产生菌不再分泌黄色色素；土霉素产生菌在培养过程中产生大量泡沫，经诱变处理后改变了遗传特性，发酵泡沫减少，可节省大量消泡剂并增加培养基的装量；红霉素等品种的发酵过去常遇到噬菌体侵袭，发酵产量大幅度下降，甚至被迫停产，经诱变育种获得抗噬菌体的菌株，避免了噬菌体的侵染，保证了发酵生产的正常进行。

（三）产生新的发酵产物

随着技术进步及相关学科的发展，菌种选育的目的已不仅仅局限于提高产量、改进质量，还可用来开发新产品。例如以庆大霉素产生菌为出发菌株，经过诱变育种得到了产生小诺霉素（micronomicin）的菌株。

（四）去除多余的组分

由微生物发酵生产的抗生素通常具有多组分的特征，如大环内酯类抗生素、氨基糖苷类抗生素等。不同的抗生素组分通常具有不同的生物学活性及不同的毒性作用，保证多组分抗生素组成比例的恒定是保证其临床疗效的基础。因此，对多组分抗生素不仅要求控制主组分的含量，而且对其中的小组分和未知组分的含量均需要分别加以控制。通过菌种的选育，可以去除多余的无用组分，提高有用组分的含量,从而提高产品质量。例如黑暗异壁链霉菌(*Streptoalloteichus tenebrarius*)最初发现菌种产生的抗生素为15个组分的混合物,后经过菌种选育,变成只产生3个组分(氨甲酰妥布霉素、氨甲酰卡那霉素B和阿泊拉霉素)的菌种。该菌种经过进一步的诱变和筛选分别得到了只产生阿泊拉霉素的菌种和只产生氨甲酰妥布霉素的菌种,使得阿泊拉霉素和妥布霉素的生产摆脱了柱层析的分离过程,大大提高了生产效率。

二、菌种选育的基本理论

从人类进行工业化微生物发酵生产的开始,菌种选育就成为与之相伴的一项重要内容。经过近1个世纪的菌种选育实践,人们对菌种选育理论的了解和认识在不断地深入。这种认识上的进步得益于菌种选育的实践,同时也得益于其他自然科学学科的进步和发展。特别是微生物学、生物化学、遗传学和分子生物学的发展,使人们能够深入到分子的水平上去认识菌种选育的本质,极大地丰富了菌种选育的理论知识,有效地推动了菌种选育的进程,并逐步形成了菌种选育的理论体系。

(一)遗传与变异

遗传(heredity)与变异(variation)是生命的基本特征,也是菌种选育的理论基础。遗传是指子代和亲代间的连续性,相似性的现象。现代遗传学理论告诉我们,遗传的本质是亲代的遗传基因传递给了子代,使子代具有和亲代相同的基因,从而发育成相似的个体。微生物菌种的遗传特性使得菌种能够不断地延续其后代,保持菌种的稳定性,同时也使获得的高产菌株得以保存下来。变异指子代与亲代间的不连续性、差异性。由于遗传基因改变,子代与亲代就有差异。可见遗传是遗传基因的遗传,变异也是遗传基因的变异。遗传基因的改变是通过性状的改变而被认识的。遗传学上把一个个体所具有的内在的遗传基础,称为基因型(genotype)。基因型在一定条件下表现出来的个体性状,称为表型(phenotype),表型是基因型和环境相互作用的结果。基因突变后产生新的表型的个体,称为突变体(mutant)。基因突变包括遗传物质改变过程和突变体的形成过程。

遗传与变异是矛盾的,也是统一的。如果没有遗传性,选育出的高产菌种就不能够保留下来供后续使用。如果没有变异性,产生菌菌种就不能够通过诱变育种来提高发酵水平。因此,遗传与变异的理论是菌种选育最基本的理论。

(二)遗传与变异的物质基础

遗传的物质基础是细胞中的脱氧核糖核酸(DNA)。核苷酸在DNA中具有特定的排列顺序,它对遗传起着决定性作用。遗传的基本单位是基因,每个基因在DNA中各占有一定的位置。基因的产物为蛋白质或酶,基因的改变,导致相应蛋白质或酶发生改变(包括酶数量的改变或酶活性的改变),从而引起生物体表型的改变。

(三)遗传变异的类型

DNA中4种核苷酸碱基的化学结构和排列顺序或数目发生变化,导致生物体表型改变,通常称为基因突变。这种表型改变可稳定地一代一代传递下去,故这种改变也可称为遗传变异。对遗传变异的分类可从两个角度进行。按引起突变的原因分类,可分为自发突变(spontaneous mutation)和诱发突变(induced mutation)2种。

1. 自发突变 微生物未经人为诱变剂处理或杂交等手段而自然发生的突变。引起自发突变的原因大致有几个方面:①微生物生活的环境中存在着一些低剂量的物理、化学诱变因素,如宇宙间的紫外线、短波辐射及高温、病毒等;②在生长过程中,DNA多聚化作用使复制过程中碱基配对错误或修复过程中发生错误而造成突变;③微生物自身代谢过程中产生一些具有诱变作用的物质,如过氧化氢、硫氰化合物、咖啡因、二硫化二丙烯等。微生物体内经常会产生这些物质并分泌到培养基中,使微生物在培养过程或培养液存放期间受到诱变作用而产生突变。自发突变发生的突变速度慢、时间长、突变频率低,一般为$10^{-7} \sim 10^{-9}$。

2. **诱发突变**　人为用物理、化学诱变剂（紫外线、亚硝酸等）去处理微生物而引起的突变。

诱发突变与自发突变在效应上几乎没有差异，突变基因的表型和遗传规律本质上是相同的。只是人工诱发突变速度快、时间短、突变频率高，一般超过 10^{-4}。因此，在工农业生产上进行微生物的菌种选育常常采用人工诱变育种，其诱变效果是非常显著的。按遗传变异后 DNA 结构发生改变的程度，突变又可分为基因突变（gene mutation）、染色体畸变（chromosome aberration）和染色体组突变（chromosome set mutation）。

（1）基因突变：包括碱基置换，移码突变和易位突变。

1）碱基置换：DNA 链上的碱基序列中一个碱基被另一个碱基代替的现象称为置换（replacement）。其中嘌呤与嘌呤（A 与 G）之间或嘧啶与嘧啶（T 与 C）之间发生的互换称为转换（transition）。一个嘌呤替换另一个嘧啶或一个嘧啶替换另一个嘌呤的称为颠换（transversion）。碱基置换仅改变突变位点所在的三联密码子结构，而对邻近的三联密码子结构没有影响。一个密码子（codon）的变化，从而引起多肽链上的一个氨基酸的改变，多肽性质也就与原来的多肽不相同，从而引起了变异。

2）移码突变：DNA 分子中的每一个碱基都是三联密码中的一个成员，遗传信息为 DNA 链上的碱基排列顺序所控制，在碱基序列中因一个或几个碱基增加或减少而产生的变异，称移码突变（frameshift mutation）。

3）易位突变：易位（translocation）是指 DNA 链上一个密码子中的某个碱基和邻近密码子中的一个碱基对换，造成两个密码子编写的氨基酸都发生改变，从而引起突变。有时，当基因内某个密码子中失去一个碱基，在另一个密码子中又加入一个碱基，造成碱基序列异常，也属于易位突变。

（2）染色体畸变：染色体畸变是染色体结构的变化，与其他突变一样可以引起遗传信息的改变，也具有遗传效应。染色体结构的改变多数是染色体受到巨大损伤，使其断裂，根据断裂的数目、位置、断裂端连接方式等可以形成各种不同的突变，包括染色体的缺失（deletion）、重复（duplication）、倒位（inversion）、易位（translocation）等。

1）缺失：缺失是在同一条染色体上具有一个或多个基因的 DNA 片段丢失引起的突变，这种变异是不可逆的。缺失突变往往是有害的，会造成遗传平衡失调。

2）重复：重复是在同一条染色体的某处增加一段 DNA 片段，使该染色体上的某些基因重复出现而产生突变。缺失和重复主要是在 DNA 复制和修复系统在进行修饰的过程中产生错误造成的。

3）倒位：倒位是染色体受到外来因素的破坏，造成染色体部分节段的位置顺序颠倒，极性相反。这一倒转的节段在进行 mRNA 复制时，和它两端相连的染色体转录方向恰好相反，形成一段不正常的染色体。

4）易位：易位是指同源染色体之间部分连接或交换。是断裂后的一段染色体，加入另一条非同源染色体的某个位置中。这一现象有 2 种情况：一种是两条非同源染色体相互间进行部分交换，称为相互易位（reciprocal translocation）。另一种是一条染色体的部分片段连接到另一条非同源染色体上，称为单向易位。

（3）染色体组突变：是指染色体数目的变化，它可以分为整倍体和非整倍体，前者又分为单倍体、三倍体、同源多倍体和异源多倍体等。

（四）突变的过程

基因突变是微生物育种的基础，但不论是自发的突变，还是人工诱发的突变，在微生物细胞内都经过了复杂的生物化学反应过程。从突变开始到得到稳定的突变体，中间要经历许多不确定因素的影响，常常包括如下的过程。

1. **诱变剂与微生物细胞的作用**　用化学诱变剂处理微生物细胞时，诱变剂首先和细胞充分接触，通过扩散作用穿过细胞壁、细胞膜及细胞质，才能达到核质体与 DNA 接触。这个过程可能与诱变剂扩散速度的快慢、诱变效应的强弱,以及细胞壁的结构组成成分及细胞的生理状态等有关。诱变剂停留在细胞质中,受到各种因素的影响,如亚硝酸和蛋白质或游离氨基酸起反应,使它们氧化脱氨基,影响诱变的效果。

2. 诱变剂与 DNA 的作用　DNA 是否处在复制状态与其接触诱变剂后能否发生基因突变有密切的关系。如大肠埃希菌的 β-半乳糖苷酶结构基因 lacZ 的诱变效应,与培养基中加诱导物或不加诱导物有关。加诱导物以后,用亚硝基胍、硫酸二乙酯和甲基硫酸乙酯等诱变剂处理,诱变效果比不加诱导物的高 6~8 倍。产生这一现象原因可能是加入诱导物,促进了 DNA 的转录,此时双链解开,使以上诱变剂的诱变效果处于最为有利的状态。但用 5-溴尿嘧啶、X 射线等诱变剂处理时,加诱导物则对诱变效果没有影响,这表明不同的诱变剂和 DNA 双链的构型对突变都有影响。从诱变剂进入细胞,到突变发生,会受到多种酶的影响。在酶的作用下,有的诱变剂诱变作用加强了,有的却减弱了,有的甚至完全变成另一种物质。细胞内对酶的活性有影响的物质及培养条件都会影响诱变剂的诱变效果。

3. 突变体的形成　诱变剂和 DNA 接触后发生化学反应,从而改变 DNA 碱基的结构,产生突变。但是从突变到突变体的形成要经过相当复杂的过程,并不是所有的突变都能形成突变体。当突变发生后,只有经过复制,才能成为突变体。在复制前后过程中,生物细胞有一整套修复系统对突变进行修补,还有某些校正的作用以及细胞中一系列酶的作用,都有可能使突变了的 DNA 结构复原,以保证遗传物质的相对稳定和生物自身的存活。

（五）突变的修复

DNA 结构被改变后有 2 种可能:一种是突变的 DNA 分子在复制过程中克服了修复系统的作用而成为突变体;另一种是突变的 DNA 分子被修复系统修补后恢复原有 DNA 分子结构,不能形成突变体。

1. 光复活　微生物经波长 220~300nm 的紫外线照射后,接着经波长 310~600nm 的光照射,与不经光照射的微生物对照相比,其存活率大幅度提高,突变率相应地下降,此现象称光复活作用(photoreactivation),又称光修复作用。

实验证明光复活是一种酶促反应,光复活酶可以将单链的嘧啶二聚体分解成单体。光复活酶和嘧啶二聚体形成一种复合物,当这种复合物暴露在可见光下,酶即被活化,将二聚体分解成为单体,使其恢复正常的 DNA 双链结构。

2. 切除修复　切除修复(excision repair)可先切后补或先补后切。这 2 种修复过程都是在限制性内切核酸酶、外切核酸酶、DNA 聚合酶及连接酶协同作用下进行的。整个修复过程不需要可见光,在黑暗条件下就可以修补,因此也称为暗修复。

3. 重组修复　损伤的 DNA 经过复制后完成修复过程,称为重组修复(recombination repair)。光复活是把嘧啶二聚体分解成单体,切除修复是切除嘧啶二聚体修复 DNA 分子。而重组修复是在DNA 复制过程中通过类似于重组的作用,在不切除二聚体的情况下完成的。重组修复的结果是使DNA 分子中的一个链的结构完整,另一个链的分子结构仍然带有母链遗留下来的二聚体。经过多代复制后,原先的二聚体虽然还存在,但随着复制代数的增多,带有二聚体的 DNA 分子在新合成的DNA 分子总数中的比例越来越少,直至稀释到不影响生物细胞的正常功能。

4. SOS 修复　SOS 修复是 DNA 受到严重损伤、细胞处于危急状态时所诱导的一种 DNA 修复方式。受到损伤的 DNA 发出信号,使 recA 基因的产物活化,而使 SOS 修复酶的阻遏物不活化,结果诱导产生 SOS 修复酶并对 DNA 损伤进行修复。

5. DNA 聚合酶的校正作用　在大肠埃希菌中,DNA 复制依赖于 3 种 DNA 聚合酶(polymerase)(聚合酶Ⅰ、Ⅱ、Ⅲ)的作用,这 3 种聚合酶除了具有对多核苷酸的聚合作用外,还具有 3′到 5′外切核酸酶作用,它们能在复制过程中随时切除不正常的核苷酸。

光复活、切除修复和重组修复都属于校正错误的修复,但是生物体内修复系统的修复作用不全是有效的,有时也会在修复过程中发生碱基错配而造成变异。

从微生物育种角度来说,促使 DNA 修复基因发生突变或使用某些化学物质抑制突变的 DNA 修复都可以导致超突变的发生。咖啡因、异烟肼等化学物质是修复的抑制剂。加入咖啡因能抑制大肠埃希菌切除修复而提高突变率,咖啡因也能增加紫外线对链霉菌的诱变效果。诱变前如将菌体与咖啡因接触进行预处理,诱变效果会更好。

但是,有的物质也能加强重组修复功能。如在含氯霉素的培养基中进行诱变,氯霉素能抑制细胞蛋白质的合成,在蛋白质缺乏的情况下,不利于细胞复制,有利于重组修复进行,使突变的 DNA 恢复正常,导致突变频率下降。

（六）突变后的表型变化

由基因突变引起的变异,能否产生表型改变,有以下几种情况。

1. 突变不改变遗传性状　由于遗传密码的简并,产生同义突变,是一种没有遗传效应的突变。有时变异后合成新的氨基酸没有影响多肽的正常功能也是一些无效的变异,因此不能改变微生物的遗传性状和表型。

2. 显性突变和隐性突变的表型效应　在二倍体细胞中,突变发生在显性基因或隐性基因,其表型效应不同。在纯合体中,无论是显性基因或是隐性基因发生突变都有表型效应。在杂合子中,显性基因突变使微生物产生一定的表型,而隐性基因突变其表型和野生型相同。野生型基因决定正常酶的合成,具有维持细胞的正常功能的作用;当突变型基因同时存在时,其基因产物是一种丧失酶活性的蛋白质,不具有生理功能。因此,在二倍体细胞中,细胞的表型是由野生型基因决定的,突变型基因是一种次要的基因或是无效的基因。在单倍体微生物中,如细菌、噬菌体,不管显性基因突变还是隐性基因突变都出现突变型的表型。

3. 突变的表型与环境　细胞内的所有基因虽然具有各自的功能,但它们的作用并不是孤立的,而是彼此协调、相互制约,且与环境相适应,共同控制着微生物的生长发育。对一个高产突变株,要想使其优良性能充分发挥作用,产物大幅度提高,就要改变环境条件(培养基和培养条件),创造一个适合突变株充分表达的环境。其中尤其是培养基的改良和培养条件的调节,可使突变体表现出高产的性能。许多抗生素产生菌经过诱变后,刚得到的菌株其产量提高的幅度并不高,但经过发酵培养基和发酵条件的改变后,发酵产量有了大幅度的提高。有些微生物突变后的表型随着环境条件变化而改变,如脉孢菌生长在有光线的环境中,菌落颜色为红色,移到黑暗处就变成白色。这表明具有突变基因的生物,其表型必须在相应的环境中才能表现。

（七）表型延迟

表型延迟(phenotypic lag)是指微生物表型的改变总是落后于基因型改变的现象。通过自发突变或人工诱变产生新的基因型个体所表现出来的遗传特性不能在当代出现,其表型的出现必须经过两代以上的繁殖复制。产生这种现象的原因如下。

1. 诱变剂作用的延迟　有些诱变剂进入微生物细胞的速度相当慢,等它们穿过细胞壁、细胞膜、细胞质,与遗传物质进行反应后,才能使 DNA 分子结构发生变化。这个过程可能需要几代的时间,因此,表型不能在当代出现。

2. 多核细胞中的单个核突变　在多核细胞中,如果只有一个核发生了突变,细胞就成了杂核细胞。如果突变的基因是唯一控制突变表型的基因,那么突变是隐性的,微生物仍然会出现野生型的表型。只有通过几代繁殖分裂,等到一个细胞中所有细胞核都含有突变基因时,才能表现出由该突变基因控制的突变表型。

3. 原有基因产物的影响　一个野生型的微生物细胞,其每个基因都有自己的功能产物(如某种酶)聚积在细胞内,当某个基因突变后,虽然失去了产生这种酶的能力,但是原来产生的酶仍然起着支配野生型细胞表型的作用。要经几代繁殖后,使原有酶的浓度逐步稀释到一定程度后,才能表现出突变基因的表型。

第二节　自然选育

自然选育(natural selection)是利用微生物在一定条件下产生自发突变的原理,通过分离、筛选排除衰退型菌株,从中选出维持或高于原有生产水平菌株的过程。在工业生产和发酵研究中应经常进行产生菌菌种自然选育,保证生产水平稳定并逐步提高。

自然选育的目的和意义:①提高生产能力。受各种条件因素的影响,菌种经常发生自然突变,造成生产水平波动。因此需从高生产水平的批次中,分离出生产能力高的菌种,再将其用于生产,从而稳定生产提高产品产量。②复壮菌种,防止菌种退化。高产菌种退化一直是很严重的问题,防止菌种退化采用自然选育是一项积极且有效的措施。自然选育不但能保持原菌种的生产能力,有时还可能选育到超过原有生产能力和质量的优良菌种。③纯化菌种,稳定生产,并作为诱变育种的出发菌种。自然选育的效率低,因此经常与诱变育种交叉使用,以提高育种效率。作为出发菌,经自然选育获得的纯菌种比用遗传性能差的异核体效果要好。④巩固变种和杂种的优良特性。通过诱变、杂交及其他遗传方法选育的突变株,其遗传特性往往不太稳定,易发生回复突变现象,导致生产能力下降。通过自然选育,可以纯化、巩固变种和杂种的优良遗传性,有效地选择分离高性能的突变株。

一、自然选育的一般过程

一般菌种的自然选育流程如图 3-1 所示。

二、自然选育的操作方法

(一)单孢子(或细胞)悬浮液的制备

用无菌生理盐水或缓冲液将斜面上生长成熟的孢子洗下,倒入装有玻璃珠的三角瓶中,充分振摇 15~20 分钟,使孢子彼此分开形成单孢子悬浮液,用血球计数板在显微镜下计数,也可经稀释后在平板上进行活菌计数。

(二)稀释及单菌落培养

根据计数结果,将单孢子悬浮液定量梯度稀释,使其浓度达到每毫升 50~200 个单孢子(或细胞),取适量加到平板培养基上,培养后长出分离的单菌落。以每皿生长 10~50 个菌落为宜。

(三)单菌落传斜面

用接种环挑取培养后的各型单菌落,接入斜面培养基中并将斜面恒温培养,每个单菌落传一只斜面,挑取的数量一般不少于 100 个。

(四)摇瓶初筛

初筛系指初步筛选,以多量筛选为原则。因此,初筛时一般不经过种子摇瓶,将斜面培养成熟后用接种铲铲取适当大小的一块培养物,直接接入装有发酵培养基的发酵摇瓶中,于恒温摇床培养,发酵结束后,取发酵液测定发酵单位。初筛高产菌株挑选量以 5%~20% 为宜。

(五)菌种保藏

根据初筛的结果,挑选较高产的菌株采用合适的方法进行菌

生产菌种斜面
↓
制备单孢子(或细胞)悬浮液
↓
涂布分离平板,培养后挑取单菌落
↓ 单菌落接种
斜面种子培养(初筛斜面)
↓
摇瓶发酵
↓
高产菌株初选
↓
菌种保藏
↓ 接种
斜面种子培养(复筛斜面)
↓
摇瓶种子培养
↓
摇瓶发酵
↓
高产菌株复选
↓
高产菌株验证
↓
放大试验　　进一步选育或保藏

图 3-1　自然选育的一般过程

种保藏。

（六）摇瓶复筛

复筛是对初筛得到的高产菌株的验证，以挑选出稳定高产菌株为原则。每一初筛通过的菌种可接种 2~3 只摇瓶，最好使用种子摇瓶、发酵摇瓶两级发酵，并要重复 3~5 批，以确保实验结果的可靠性，并用统计分析法确定产量水平。

初筛、复筛都要同时与出发菌株做对照。复筛选出的高产菌株至少要比对照菌株产量提高 5%，并经过菌落纯度、摇瓶发酵单位波动情况以及糖、氮代谢等考察，合格后方可在生产罐上放大试验。复筛得到的高产菌株应制成沙土管、冷冻管或液氮管进行保藏。

（七）放大试验

将得到的高产菌株在实验罐上进行放大发酵试验，并不断改进发酵条件，直至达到工业化生产的能力。

第三节 诱 变 育 种

诱变育种（mutation breeding）是利用物理、化学、生物诱变剂处理均匀分散的微生物细胞群体，促进其突变率大幅度提高，然后采用简便、高效的筛选方法，从中选出少数具有优良性状的高产菌株。

诱变育种是提高菌株生产能力，改进产品质量，扩大品种代谢，简化生产工艺，使所需要的某种特定的代谢产物过量积累的有效方法之一，具有速度快、收效大、方法简单等优点。诱变育种在发酵工业菌种的选育上取得了卓越的成就，迄今为止，国内外发酵工业中所使用的产生菌菌种绝大部分是人工诱变选育出来的。诱变育种在抗生素工业生产上的作用更是无可比拟，几乎所有的抗生素产生菌都离不开传统的诱变育种。目前，诱变育种仍是大多数工业微生物育种重要、有效的技术，在生产中得到广泛的应用。

一、常用的诱变剂

在微生物的诱变育种工作中，常用的诱变剂可分为 3 类，它们分别是：物理诱变剂、化学诱变剂和生物诱变剂。

（一）物理诱变剂

物理诱变剂主要包括物理辐射中的各种射线，如紫外线、快中子、X 射线、α 射线、β 射线、γ 射线、微波、超声波、电磁波、激光和宇宙射线等。物理辐射可分为电离辐射（ionizing radiation）和非电离辐射（non-ionizing radiation），它们都是以量子为单位的可以发射能量的射线。电离辐射的射线在照射并穿过物质的过程中，能够击中该物质分子或原子上的电子并产生正离子，产生的离子数量随着射线发射的能量增高而增加。非电离辐射的射线在照射并穿过物质时，并不使被照射的物质获得或失去电子，即不产生离子。

1. 紫外线

（1）紫外线（ultraviolet, UV）的有效波长：紫外线的波长范围在 40~390nm，而 DNA 可以吸收的紫外线波长通常为 260nm，因此能诱发微生物突变的紫外线有效波长范围是 200~300nm，最有效的波长为 253.7nm。紫外线照射微生物细胞，使 DNA 大量吸收 260nm 光线，从而引起突变或杀伤作用。15W 紫外灯管，放射出来的紫外线大约有 80% 波长集中在 253.7nm，因此诱变效果较好。而一般用来消毒的 30W 紫外灯管，光谱分布范围较平均，诱变效率较差。

（2）紫外线的诱变机制：在紫外线的照射下，DNA 分子可能发生多种形式的结构改变，如 DNA 链的断裂、DNA 分子内或分子间交联、DNA 和蛋白质交联、胞嘧啶水合作用以及形成嘧啶二聚体等，这些变化都有可能引起基因突变,其中形成嘧啶二聚体(如胸腺嘧啶二聚体)是引起突变的主要原因。DNA双链之间胸腺嘧啶二聚体的形成,会阻碍双链的分开和下一步的复制。同一条链上相邻胸腺嘧啶之间二聚体的形成,会阻碍碱基的正常配对和腺嘌呤的正常加入,使复制在这个点上停止或发生错误,于是新形成的链上便出现改变了的碱基顺序,在随后的复制过程中就会产生一个在两条链上碱基顺序都改变了的分子,从而导致基因突变。

(3)紫外线的辐射剂量:用于微生物诱变的紫外线剂量的表示方法,可分绝对剂量和相对剂量。绝对剂量单位用 erg/mm^2 表示,需要用一种测量仪来测定。相对剂量单位用照射时间或杀菌率表示。

紫外线处理微生物时,微生物吸收射线的剂量取决于紫外灯的功率、灯管与被照微生物的距离及照射的时间。在灯管的功率和灯管的距离都固定的情况下,剂量大小由照射的时间决定,即剂量与照射时间成正比关系。照射时间越长,剂量就越大。因此,照射时间可以作为相对剂量单位。另外,紫外线照射剂量与杀菌率在一定范围内成正比,剂量越高,杀菌率也越高,因此可用紫外线的杀菌率表示相对剂量。根据菌种选育的经验,一般认为杀菌率以 90.0%~99.9% 效果较好。但也有报道认为较低的杀菌率有利于正突变菌株的产生,以 70%~80% 或更低的杀菌率为好。

紫外线对各种微生物的诱变效应是不同的,在 15W 功率的紫外灯管和固定距离为 30cm 的条件下照射微生物,使杀菌率达 90.0%~99.9% 时所需的时间随微生物种类而异,一般芽孢菌约需 10 分钟可全部被杀死,而一般微生物营养体照射 3~5 分钟即可全部被杀死。因此,一种微生物所用的诱变剂量,不一定适用于另一种微生物的诱变,需要通过实验来确定合适的诱变剂量。

(4)紫外线诱变的一般过程:①出发菌株的培养。将霉菌或放线菌培养到孢子成熟;细菌培养到对数生长期。②孢子悬液或菌悬液的制备。用生理盐水洗下斜面孢子,放在加有玻璃珠的摇瓶中振荡 15 分钟,使孢子分散成单孢子悬液。细菌培养物用生理盐水洗去培养基成分,离心后重新悬浮在生理盐水中。然后,以无菌滤纸或脱脂棉过滤,除去未分散的菌丝或菌丝团,使其成为单孢子或单细胞悬液。菌悬液的合适浓度为:细菌 10^8/ml;放线菌 10^7~10^8/ml;霉菌 10^6~10^7/ml。③紫外线照射。取制备好的菌悬液(或孢子悬液)5ml 于直径 9cm 的培养皿中,置于已经预热 20 分钟的紫外灯下,平皿与灯管保持一定的距离,打开皿盖,于紫外光下照射一定时间,照射过程中保持搅拌,使细胞均匀吸收紫外线光波。照射必须在有红光的暗室中进行,以避免光复活作用。④紫外线照射后培养。将照射完的菌悬液加入适于正突变体增殖的液体培养基中,在适宜温度下暗培养 1~2 小时,有利于通过 DNA 的复制形成突变体。在增殖培养基中加入色氨酸或异烟肼等物质,可以抑制修复作用,提高突变频率。⑤稀释涂平皿。将经过后培养的菌悬液以生理盐水或液体培养基进行梯度稀释,取适当稀释度的菌液涂布平皿,以未经紫外线照射的菌液做对照。经过培养后,挑取单菌落进行筛选。

2. 电离辐射　X 射线、γ 射线、α 射线、β 射线和中子等都是人们常用的微生物诱变电离射线(表 3-2)。

(1)电离辐射的波长:X 射线和 γ 射线都是高能量电磁波,能发射一定波长的射线。X 射线波长为 0.06~136nm,由 X 线机产生。γ 射线波长为 0.006~1.4nm,由铀、镭等放射性物质产生。快中子是不带电荷的粒子,不直接产生电离,但能从吸收中子物质的原子核中撞击出质子。

(2)电离辐射的诱变机制:电离辐射作用于生物体时,首先从细胞中各种物质的原子或分子的外层击出电子,引起这些物质的原子或分子的电离和激发。当细胞内的染色体或 DNA 分子在射线的作用下产生电离和激发时,它们的结构就会改变,这是电离辐射的直接作用。此外,电离辐射的能量可以被细胞内大量的水吸收,使水电离,产生各种游离基团,游离基团作用于 DNA 分子,也会引起 DNA 分子结构的改变。研究表明,电离辐射诱发基因突变的频率,在一定范围内和辐射剂量成正比;电离辐射有累加效应,小剂量长期照射与大剂量短期照射的诱变效果相同。

表 3-2　电离辐射的种类、特性和来源

辐射的种类	放射源	性质	能量范围	危险性	透过组织的深度
X 射线	X 线机	电离辐射	通常为 50~300keV	危险,有穿透力	几毫米至几厘米
γ 射线	放射线同位素及核反应	与 X 射线相似的电离辐射	几十 eV~ 几 MeV	危险,有穿透力	>1cm
中子,包括:快中子、慢中子、热中子	核反应堆或加速器	不带电子的粒子,比氢原子略重,只有通过它与被它击中的原子核的作用才能观察到	小于 1eV~ 几百万 eV	危险,穿透力强	>1cm
β 粒子,快速电子或阴极射线	放射线同位素和加速器	高速的电子,带负电荷,比 α 粒子的电离密度小得多	几百万 eV	有时危险	>1cm
α 粒子	放射线同位素	带正电的氦核,电离密度大	4~8MeV	内照射,很危险	>1cm

（3）电离辐射的剂量：X 射线和 γ 射线的剂量单位通常以伦琴（R）来表示,即 $1cm^3$ 干燥空气在 0℃, $1.013 \times 10^5 Pa$（760mmHg 气压下）产生 2.08×10^9 离子时所需的能量。一般常用剂量掌握在致死率 90%~99.9% 为宜,切忌用高剂量进行处理。要达到这一致死率,剂量为 1 万 ~20 万伦琴（R）。快中子的剂量通常以拉德（rad）表示,1g 被照射物质吸收 100 尔格（erg）辐射能量的射线剂量为 1rad。转换为伦琴（R）单位,即快中子照射时产生的离子数与 1R 射线所产生的离子数相当时的剂量为 1R。在诱变育种中,快中子照射的致死率达到 50%~85% 比较合适,采用的诱变剂量在 15~30krad（千拉德）。使用快中子更有利于产生正突变,正突变率可达 50% 左右。因此,快中子作为微生物诱变剂得到较为广泛的利用。

（4）电离辐射诱变的一般过程：直接对平皿上生长的菌落进行照射,或者用直径 6~10mm 的打孔器把菌落连琼脂一同取出,置于灭菌平皿内进行照射,也可制成菌悬液,取 1~2ml 置于试管内并浸入冰水中,从上面、侧面或下面进行短时间照射。试管内的菌悬液不宜过多,否则液层太厚,氧气供给不足,诱变效应和重复性都将比较差。处理完毕后,把盛有菌体细胞的试管继续冰浴 2~3 小时。低温可降低或抑制修复酶的活性,防止突变体因修复酶的修复而还原为正常细胞。

3. 离子注入　利用离子注入设备产生高能离子束（40~60keV）,注入生物体引起遗传物质的改变,导致性状的变异,然后从变异菌株中选育优良菌株。离子注入诱变技术具有高线性能量转换值、集束性好、射程可控、能量沉积和质量沉积区域集中,能量、质量、电量、剂量具有多种组合等优点,因此具有突变率高、突变谱广、死亡率低、正突变率高、性状稳定等特点,是一种很有潜力的微生物诱变选育新方法。

（1）离子注入的诱变机制：离子注入对生物体的作用是集动量传递、能量沉积、质量沉积、电荷中和与交换于一体的联合作用。能量沉积是指注入的离子与生物体大分子发生一系列碰撞并逐步失去能量,而生物大分子逐步获得能量进而发生键断裂、原子被击出位、生物大分子留下断键或缺陷的过程;质量沉积是指注入的离子与生物大分子形成新的分子;动量传递会在分子中产生级联损伤:电荷交换会引起生物分子电子转移而造成损伤,从而使生物体产生死亡、自由基间接损伤、染色体重复、易位、倒位或 DNA 分子断裂、碱基缺失等多种生物学效应。

（2）离子注入诱变的一般过程：用离子注入法进行微生物诱变育种,一般采用生理状态一致、处于对数生长期菌体的单细胞进行处理,这样才能使菌体均匀接触诱变剂,减少分离现象的发生,获得较理想的效果。以菌丝生长的菌体,则利用孢子来诱变。离子注入机装置固定、操作程序规范,因此菌体的前处理——获得高活性的单细胞是离子注入法育种微生物的关键。许多研究证明利用菌膜法或干孢法进行离子注入效果较好。首先,取培养活化的菌体种子液或斜面活化的孢子进行稀释,一般是 10^{-2}~10^{-3} 的稀释度,菌体浓度为 10^8~10^9/ml 为宜。然后,吸取适量的菌体稀释液涂布于无菌的玻璃片或无菌培养皿上,显微镜检验保证无重叠细胞,自然干燥或用无菌风吹干形成菌膜;放入离子注入机的靶室(具有一定的真空度)进行脉冲注入离子。要有无离子注入的真空对照和空气对照。此外还有涂孢法和培养法。涂孢法是将稀释的菌体或孢子悬液涂布于合适的琼脂平皿上,尽量减少细胞重叠,置于离子注入机靶室,抽真空进行离子注入;培养法是将菌悬液接种于培养基平皿上,待长出菌落并产生大量孢子后,将平皿置于靶室,抽真空后注入离子诱变。

H^+、N^+、Ar^+ 这些离子是常用的离子注入诱变剂,其中 N^+ 最常用。注入能量为 20~30keV,注入剂量 0(对照)~10^6ion/cm^2,脉冲式注入,每次连续注入的时间和间隔时间因处理的菌种不同而异,诱变过程温度应控制在 50℃以下,真空度为 10^{-3}Pa,可针对不同菌种进行适当的调节。

4. 微波　微波是指频率范围为 300MHz~300GHz 的电磁辐射,由于它的频率很高,在电磁波谱中属于超高频电磁波。微波诱变技术具有操作简便、快速、高效、安全、节能的优点,常被用于工业微生物育种。

微波能刺激水、蛋白质、核苷酸、脂肪和碳水化合物等极性分子快速振动。如在 2 450MHz 频率作用下,水分子能在 1 秒内 180° 来回振动 24.5×10^8 次,从而引起摩擦,使 DNA 分子氢键和碱基堆积化学力受损,造成 DNA 断裂和重组,从而诱发遗传基因突变,或染色体畸变甚至断裂。

微波对生物体具有热效应和非热效应。热效应是指它能引起生物体局部温度上升,从而引起生理生化反应;非热效应指在微波作用下,生物体会产生非温度关联的各种生理生化反应。在这 2 种效应的综合作用下,生物体会产生一系列突变效应。微波对微生物有一定的致死能力和诱变效应,选择适当的剂量和处理方法,可起到较好的诱变效果。在辐射过程中可采用分散低温干燥法,消除微波热效应的影响。

5. 常压室温等离子体　常压室温等离子体(atmospheric and room temperature plasma, ARTP)能够在标准大气压下产生温度在 25~40℃的,具有高活性粒子(包括处于激发态的氦原子、氧原子、氮原子、羟自由基等)浓度的等离子体射流。采用氦气为工作气体的常压室温等离子体源中含有多种化学活性粒子成分,如羟自由基、氮分子二正系统、氮分子一负系统、激发态氦原子、氢原子和氧原子等。ARTP 富含的活性能量粒子作用于微生物,能够使微生物细胞壁 / 膜的结构及通透性改变,并引起基因损伤,进而使微生物基因序列及其代谢网络显著变化,并诱发生物细胞启动 SOS 修复机制。SOS 修复过程为一种高容错率修复,因此修复过程中会产生种类丰富的错配位点,并最终稳定遗传进而形成突变株。ARTP 对生物的遗传物质损伤效果明显、损伤机制丰富,尤其是对染色体等真核生物的遗传物质均有很强的损伤效果;因而 ARTP 较其他诱变方法显示出更高效的突变性能、更广谱的适用范围。经基因组测序得知,经 ARTP 诱变处理获得的突变株,具有更丰富的基因突变位点。与传统诱变方法相比,ARTP 诱变能够有效造成 DNA 多样性的损伤,突变率高,并易获得遗传稳定性良好的突变株。

(二)化学诱变剂

化学诱变剂是一类能与 DNA 发生作用,改变其结构,并引起遗传变异的化学物质。

化学诱变剂的诱变效应和它们的理化特性有很大关系。它们的作用往往具有专一性,对基因的某些部位发生作用,对其余部位则无影响;引起的突变大多为基因突变,并且主要是碱基的改变。故使用前必须了解和掌握这些化学诱变剂的理化特性、作用机制、稳定性等,以便最大限度地发挥它们的诱变作用。

化学诱变剂种类非常多,但真正有应用价值的诱变剂只有少数几种。根据作用机制的不同,化学诱变剂主要分为以下几类。

1. 烷化剂 烷化剂是诱变作用非常显著的一类化学诱变剂,这类诱变剂具有一个或多个活泼烷基,它们容易取代 DNA 碱基上的氢,使碱基烷基化,从而改变 DNA 的结构,引起突变效应。这类化学诱变剂主要包括:1- 甲基 -3- 硝基 -1- 亚硝基胍(1-methyl-3-nitro-1-nitrosoguanidine, NTG)、硫酸二乙酯(diethyl sulfate, DES)、甲基磺酸乙酯(ethyl methanesulfonate, EMS)、甲基磺酸甲酯(methyl methanesulfonate, MMS)、硫酸二甲酯(dimethyl sulfate, DMS)、重氮甲烷、乙烯亚胺、氮芥等。

(1)1- 甲基 -3- 硝基 -1- 亚硝基胍

1)NTG 的理化性质:NTG 为黄色结晶状物质,性质不稳定,遇光易分解,放出 NO,颜色由黄色变为绿色,诱变效果降低。故须保存在棕色瓶中,并在避光、干燥、低温条件下贮存。NTG 不溶于水,常加少量的甲酰胺作助溶剂,使用时现配现用。NTG 的诱变作用极强,故有超诱变剂之称。NTG 的诱变效应与其作用的 pH 有关。当溶液的 pH 低于 5.5 时,NTG 分解成 HNO_2,HNO_2 本身就具诱变作用。当溶液 pH 在 8.0 以上时,NTG 会分解产生重氮甲烷,以烷化剂的形式对碱基起作用,造成突变。当溶液 pH 为 6.0 时,NTG 本身和 DNA 起烷化反应而导致突变。通常在 pH 为 6.0 的条件下进行 NTG 的诱变处理。pH 条件影响 NTG 的诱变效果,因此,常采用缓冲溶液配制 NTG 溶液,并用缓冲溶液制备菌悬液,常用的有磷酸缓冲液和三羟基甲基氨基甲烷(Tris)缓冲液。

2)NTG 诱变处理过程:①制备菌悬液。用一定 pH 的磷酸缓冲液或 Tris 缓冲液洗下细菌,制成菌悬液。如果处理真菌或放线菌孢子最好进行预培养,孢子培养时间控制在大部分孢子处在萌发阶段,经离心、洗涤,用缓冲液制成孢子悬液,浓度在 10^6~10^7/ml。②配制 NTG 母液。由于 NTG 不溶于水,配制时需加助溶剂甲酰胺或丙酮少许,然后加缓冲溶液,其比例为 9∶1(缓冲溶液 9ml∶NTG 1ml),NTG 母液一般配成高浓度 5~10mg/ml,使用时与适当体积的孢子悬液或菌悬液混合后自动稀释到所需的作用浓度。③NTG 与菌体的作用。NTG 作用浓度随菌种不同而异,放线菌、真菌孢子的作用浓度一般为 1~3mg/ml,处理时间一般为 30~120 分钟,温度一般 26~32℃。④NTG 作用的终止。处理完成后,通过用生理盐水洗涤菌体然后离心的方式,除去残留的 NTG,然后将菌体重新制备成菌悬液。⑤稀释涂平皿。将菌悬液以生理盐水进行梯度稀释,取适当稀释度的菌液涂布平皿,以未经 NTG 处理的菌液做对照。经过培养后,挑取单菌落进行筛选。

NTG 是一种强烈的致癌物质,操作时要戴橡皮手套,穿工作服,戴口罩。称量时,最好在通风橱中进行,防止吸入 NTG 粉末。凡接触过 NTG 的器皿要在 1~2mol/L 的氢氧化钠溶液中或 2% 的硫代硫酸钠($Na_2S_2O_3$)溶液中浸泡过夜,然后再用清水洗净。

(2)硫酸二乙酯

1)DES 的理化性质:DES 是无色的液体,不溶于水,溶于乙醇,具有一定的毒性,不稳定。DES 在水中的半衰期很短,常温下其半衰期为 0.3~3 小时。因此,要严格做到现用现配,并且要在低温、干燥条件下避光保存。DES 的诱变效果同样受酸碱条件的影响,中性 pH 时效果最好,配制溶液和制备菌悬液一般用 0.1mol/L、pH 7.2 的磷酸缓冲液。

2)DES 诱变处理过程:①取 DES 原液 0.4ml 于灭菌试管中,加入少量乙醇使其溶解,再加入 pH 7.2 的磷酸缓冲液 19.6ml,配成 DES 体积分数为 2% 的溶液。②用同一种磷酸缓冲液将新鲜斜面的细菌或真菌孢子洗下,制成菌悬液。取等体积的 2% DES 溶液和菌悬液混合,此时的 DES 处理浓度为 1%,如果需要其他浓度的 DES 处理,可调节 DES 溶液与菌悬液的体积比。③在一定的温度下,振荡处理 20~60 分钟。④诱变处理后加入 2% 的 $Na_2S_2O_3$ 溶液 0.5ml 终止反应。⑤将菌悬液以生理盐水进行梯度稀释,取适当稀释度的菌液涂布平皿,以未经 DES 处理的菌液做对照。经过培养后,挑取单菌落进行筛选。

2. 脱氨剂 这类诱变剂以亚硝酸为代表。亚硝酸可直接作用于正在复制或未复制的 DNA 分子,脱去碱基中的氨基,使其变成酮基,引起碱基的配对错误,造成突变。例如,经亚硝酸脱氨基后,腺嘌呤(A)变成次黄嘌呤(H);胞嘧啶(C)变为尿嘧啶(U);鸟嘌呤(G)变为黄嘌呤(X)。当腺嘌呤

（A）经亚硝酸脱氨基变成次黄嘌呤（H）时，第一次 DNA 复制后次黄嘌呤不与胸腺嘧啶配对，而与胞嘧啶配对，第二次复制后 A：T 转换为 G：C。同样，当胞嘧啶变为尿嘧啶（U）时，第一次 DNA 复制后尿嘧啶不与鸟嘌呤配对，而与胸腺嘧啶配对，第二次复制后 G：C 转换为 A：T。由上例可以看出，用亚硝酸处理时，既可引起 A：T 转换为 G：C，也可引起 G：C 转换为 A：T，因此亚硝酸不但可以诱发突变，还可诱发回复突变。亚硝酸还可引起 DNA 两条链之间的交联而造成 DNA 结构缺失。亚硝酸在化学诱变剂中，既可以单独使用，也可以同其他诱变剂联合使用。可作用于任何状态的 DNA，对处于非复制状态的孢子诱变效果更好。

（1）亚硝酸的理化性质：亚硝酸是一种常用的诱变剂，毒性较小，不稳定。亚硝酸容易分解为水和硝酸酐（$2HNO_2 \rightarrow N_2O_3+H_2O$），硝酸酐继续分解放出 NO 和 NO_2（$N_2O_3 \rightarrow NO+NO_2$）。因此，在临用前可将亚硝酸钠放到 pH 4.5 的乙酸缓冲液中生成亚硝酸（$NaNO_2+H^+ \rightarrow HNO_2+Na^+$）；欲终止其诱变作用时，用 Na_2HPO_4 调高 pH 至碱性即可（$HNO_2+Na_2HPO_4 \rightarrow NaNO_2+NaH_2PO_4$）。

亚硝酸的常用剂量为 0.01~0.025mol/L，在亚硝酸的作用浓度、作用温度和作用方式相同的条件下，亚硝酸诱变程度可由亚硝酸的处理时间来控制。从诱变效果看，开始有一段较长的延迟时间，之后则与处理时间成直线关系。HNO_2 容易挥发，处理时应在密闭的小瓶内进行。

（2）亚硝酸诱变处理过程（以处理链霉菌孢子为例）：亚硝酸诱变处理时，在保证无菌操作的同时操作速度要快。①配制 0.01mol/L 的亚硝酸钠溶液和 pH4.5 乙酸缓冲液。②预热：取灭过菌的 100ml 三角瓶，向每个三角瓶中加入 0.01mol/L 的亚硝酸钠溶液 1ml 及 pH4.5 乙酸缓冲液 7ml，混合后成为 0.01mol/L 亚硝酸溶液；将该溶液（装在三角瓶内）和需要处理的单孢子悬浮液（装在三角瓶内）一起，置于 28℃恒温水浴中，保温 2 分钟。③诱变：向每个含有亚硝酸溶液的三角瓶中，依次加入 2ml 单孢子悬浮液，摇匀，置于 28℃恒温水浴中，振荡计时，当作用到 5 分钟、10 分钟、15 分钟、20 分钟、25 分钟和 30 分钟时，分别取出一瓶，终止反应。④终止反应：向经过 HNO_2 处理的三角瓶中，加入 0.07mol/L pH8.6 磷酸氢二钠缓冲液 10ml，以停止亚硝酸的诱变作用。⑤稀释涂平皿：将经亚硝酸诱变处理的单孢子悬浮液，和未经亚硝酸诱变处理的单孢子悬浮液分别用生理盐水按 10 倍梯度稀释，分别取 10^{-4}、10^{-5} 和 10^{-6} 稀释度的孢子悬液 0.1ml，加到分离培养基平板上，然后用三角涂布棒涂布均匀。经过培养后，挑取单菌落进行筛选。

3. 羟化剂　这类诱变剂以羟胺为代表，羟胺是具有特异诱变效应的诱变剂。羟胺能与胞嘧啶上的氨基反应，使氨基被羟化。正常时，胞嘧啶与鸟嘌呤配对，当胞嘧啶羟基化后，它不再与鸟嘌呤配对，而与腺嘌呤配对，这样就引起 G：C → A：T 的转换。

羟胺的处理方法：常用浓度为 0.1%~5%，可直接在溶液中处理，时间 1~2 小时，然后分离培养。也可将羟胺加到琼脂平板或振荡培养基中，然后接入孢子或细菌，在适温下培养，生长过程中处理，所用浓度比直接处理时低些。

4. 碱基类似物　碱基类似物的分子结构与 DNA 分子中的碱基十分相似。当将这类物质加入培养基中，在繁殖过程中可以掺入 DNA 分子中，但不影响 DNA 的复制。它们的诱变作用是取代核酸分子中碱基的位置，再通过 DNA 的复制，引起突变，因此，也称作掺入诱变剂。显然这一类诱变剂要求微生物细胞必须处在代谢的旺盛期，才能获得最佳的诱变效果。

常见的碱基类似物有 5- 溴尿嘧啶（5-bromouracil，5-BU）、2- 氨基嘌呤（2-Aminopurine，2-AP）等。5- 溴尿嘧啶是胸腺嘧啶的结构类似物，2- 氨基嘌呤是腺嘌呤的结构类似物。5- 溴尿嘧啶导致 DNA 分子中 A：T → G：C 的转换，2- 氨基嘌呤则可以诱发 DNA 分子中 G：C → A：T 的转换。

5- 溴尿嘧啶的诱变处理方法：将微生物液体培养到对数期，离心除去培养液，加入生理盐水或缓冲液，饥饿培养 8~10 小时，消耗其体内的贮存物质，将 5- 溴尿嘧啶加入经饥饿培养的培养液中，作用浓度为 25~40μg/ml，混合均匀。取 0.1~0.2ml 菌悬液加入琼脂培养基上涂布培养。在适宜温度下，使之在生长过程中诱变处理。培养后挑取单菌落，进行筛选。如果是处理真菌、放线菌孢子，则要提高

5-溴尿嘧啶的浓度,常为 0.1mg/ml。

5. **移码诱变剂**   常用的移码诱变剂是具有芳香环结构的吖啶类化合物,其分子的大小恰好与 DNA 双螺旋两条链之间的距离相近,并且具有碱性基团,可以插入 DNA 双链之间。从而造成 DNA 链上碱基的插入或缺失,使突变位点后的所有碱基向前或向后移动,故称为移码诱变剂。移码诱变剂的嵌入并不导致突变,必须通过 DNA 的复制才形成突变,因此这类诱变剂只能作用于生长态的细胞。

移码诱变剂主要有吖啶类染料(acridine dye)、溴化乙锭(ethidium bromide)和一系列 ICR 类化合物〔由美国某肿瘤研究所合成的一些由烷化剂与吖啶类化合物相结合的化合物〕。

使用化学诱变剂注意事项:烷化剂具有很高的活性,而且能与水起作用,所以溶液必须现用现配,而且还要注意介质的 pH。碱基类似物只对生长态的微生物细胞起作用。移码诱变剂作用于生长态的细胞,须通过 DNA 的复制才形成突变。化学诱变剂多数是极毒的致癌药品,应重视化学诱变剂的操作安全,在进行诱变操作后的处置以及诱变剂的保藏等方面的安全防护也都是极其重要的。化学诱变剂一般要求避光、密封、低温、干燥保存,使用时尽可能不触及人体任何部位,对残余物要及时进行消毒、稀释处理。

(三)生物诱变剂

生物诱变剂指的是一些能引起 DNA 结构改变,从而造成突变效应的生物体或生物分子,主要包括能引起 DNA 突变的温和噬菌体。此外,采用基因工程技术人工构建的、可以对特定生物体的特定基因进行定向或不定向突变的生物分子(如人工构建的质粒、转座子)也可包括在内。

Mu 噬菌体是典型的生物诱变剂。Mu 噬菌体是大肠埃希菌的温和噬菌体,为线性双链 DNA 分子,但不同于 λ 噬菌体,其 DNA 几乎可插入宿主染色体的任何一个位点上,当 Mu 噬菌体发生转座插入宿主染色体上时催化一系列染色体的重新排列引起突变。

二、诱变处理过程

诱变育种涉及的环节很多,完成一轮诱变和筛选需要的时间也比较长。而且,仅靠一轮的诱变筛选也难以大幅度提高产量。特别是对于已经具有较高生产能力的菌种,再进一步提高难度就比较大,因此菌种选育是一个长期的工作。诱变育种主要包括出发菌株的选择、诱变处理和突变株的筛选三个环节。

(一)出发菌株的选择

用来进行诱变处理的菌株称为出发菌株(starting strain)。选择理想的出发菌株是诱变育种工作成败的关键。由同一亲本诱变产生的不同突变株,其产量进一步提高的潜力可能有较大的差异。有的突变株长期诱变筛选也提高不了产量,而有的突变株在短时间内就提高了产量,这就是选用不同的出发菌株所致的。挑选出发菌株可根据如下几点经验。

1. **选择纯种菌株**   选择纯种作为出发菌株,借以排除异核体或异质体的影响。在吉他霉素产生菌选育过程中,采用不纯的出发菌株,经过 36 代诱变,发酵单位提高幅度不大,仅由 30μg/ml 提高至 2 000~2 500μg/ml。而采用去除异核体的纯种出发菌株后,经过 32 代诱变,由 30μg/ml 提高到 12 000μg/ml。出发菌株是否为纯种,不但要从菌落的大小、形态和颜色方面进行判断,还必须考察其产量性状。如将出发菌株进行自然分离后,考察一定数量自然分离菌株的发酵产量,并将发酵产量用统计学的方法处理,如果所有菌株的产量无显著性差异,并且所有菌株的形态外观、菌落大小和颜色都一致,那么就可以认为是纯种菌株。否则就认为可能是不纯的菌株,可以用自然分离的方法得到纯种菌株后再作为出发菌株。这样虽然要花一些时间,但效果更好。

2. **选择具有优良性状的菌株**   优良性状不仅指的是产量高,还应该考虑其他因素,如产孢子早而多、色素较少、生长速度快等。有时还要求出发菌株具有耗氧量低、适合补料工艺(特别是补氨水)、在产物合成期糖和氮代谢速度较快、耐消泡剂、发酵副产物较少等优良特性。

3. **选择对诱变剂敏感的菌株**　选择对诱变剂敏感的菌株作为出发菌株,不但可以提高突变频率,而且高产突变株的出现概率也大。生产中经过长期选育后,有的菌株会对诱变剂产生抗性。在此情况下,细心地挑选对诱变剂敏感的菌株,或通过杂交、原生质体融合等手段改变菌种的遗传背景,往往可提高菌株对诱变剂的敏感性。

4. **同时选择几株不同的优良菌株**　有些菌株在诱变剂处理的过程中,一些具有提高产量潜力的基因受到了损伤,虽然该菌株目前的产量还比较高,但已经丧失了进一步提高的潜力。如果选到这样的菌株作为出发菌株,进行长时间的菌种选育之后才会发现产量并没有显著的提高。为了避免这种情况,同时选择几株优良的菌株混合起来作为出发菌株是一种较好的办法。一般可以选择3~5株不同的优良菌株,如果其中有一株是没有潜力、不能再提高产量的菌株,就会在以产量为目标的选育过程中被淘汰掉,而几株同时丧失提高产量潜力的可能性比较小。

（二）诱变处理

1. **诱变剂的选择**　诱变剂的选择要"量体裁衣",没有一种诱变剂是万能的。常常是对某个菌株很有效的诱变剂,用于处理另一个菌株,效果并不好。"量体"就是看出发菌株的"历史背景",看其过去已用了哪些诱变剂处理。"裁衣"就是根据该菌株的遗传背景,选择一些没有用过或很少用过的诱变剂进行处理,往往能收到较好的效果。根据出发菌株的诱变系谱,不采用同一种诱变剂反复处理,以防止诱变效应饱和。其原因是经常使用某种诱变剂后,对诱变剂敏感的菌株首先因超剂量而死亡,长期单一诱变剂的诱变处理和筛选使得对该种诱变剂有抗性的菌株存活下来,此时会发现要达到同样的死亡率,诱变剂的剂量需要大幅度地提高。因此,诱变剂的选择要参照菌株的"历史背景",定期更换诱变剂的种类,有利于提高菌株对诱变剂的敏感性,降低耐受性。但也不宜过于频繁地更换诱变剂的种类,使菌种的遗传背景过于复杂。

诱变剂的使用方法有单一诱变剂处理和复合诱变剂处理。复合诱变剂处理分为同一诱变剂多次处理,2种以上诱变剂先后分别处理,2种以上诱变剂同时或多次处理。

一般对于遗传不稳定的菌株,可采用温和的诱变剂,或采用已见效果的诱变剂;对于遗传较稳定的菌株则可采用强烈的、不常用的、诱变谱广的诱变剂。选择诱变剂时,还应该考虑诱变剂本身的特点。例如紫外线主要作用于DNA分子的嘧啶碱基,而亚硝酸则主要作用于DNA分子的嘌呤碱基。紫外线和亚硝酸复合使用,突变谱宽,诱变效果好。

2. **诱变剂量的选择**　关于诱变剂的最适剂量,有人主张采用致死率较高的诱变剂量,例如采用致死率90%~99.9%的诱变剂量,认为致死率高的诱变剂量虽然负变株多,但变异幅度大;也有人主张采用致死率中等的诱变剂量,如致死率75%~80%或更低的诱变剂量,认为这种诱变剂量不会导致太多的负变株和形态突变株,因而高产菌株出现率较高。在实际诱变育种工作中,诱变剂量可根据菌种的特性及筛选的能力而定。如果是高通量筛选,采用致死率高的诱变剂量较好,可以从大量的突变株中筛选到少数的高产菌株。如果筛选的速度慢、效率不高则适宜采用致死率中等的诱变剂量。

3. **影响诱变效果的因素**　除了出发菌株的遗传特性和诱变剂会影响诱变效果之外,菌种的生理状态、被处理菌株的预培养和后培养条件以及诱变处理时的外界条件等都会影响诱变效果。

（1）菌种的生理状态与诱变效果有密切关系,例如有的碱基类似物、NTG等只对复制中的DNA有效,对静止的或休眠的孢子或细胞无效;而另外一些诱变剂,如紫外线、亚硝酸、烷化剂、电离辐射等能直接与DNA起反应,因此对静止的细胞也有诱变效应,但是对分裂中的细胞更有效。因此,放线菌、真菌的孢子诱变前经培养稍加萌发可以提高诱变率。

（2）诱变处理前后的培养条件对诱变效果有明显的影响。可有意地在培养基中添加某些物质（如核酸碱基、咖啡因、氨基酸、氯化锂、重金属离子等）来影响细胞对DNA损伤的修复作用,使之出现更多的差错,从而达到提高突变频率的目的。例如菌种在紫外线处理前,在富含核酸碱基的培养基中培养,能增加其对紫外线的敏感性。相反,如果菌种在进行紫外线处理以前,在含有氯霉素的培养基中培养,则会降低突变率。紫外线诱变处理后,将孢子液分离到富含氨基酸的培养基中,则有利于菌种发生突变。

4. 诱变的一般过程

（1）单孢子（细胞）悬浮液的制备:单孢子（细胞）悬浮液的制备在菌种的选育过程中起着非常重要的作用。只有处理单孢子悬浮液,才能保证在分离平板上形成的每一个菌落是由单个孢子繁殖长大的,这样的菌落才是纯种的菌落。如果不是单孢子悬浮液,几个或更多个孢子聚集在一起,经过诱变处理后每个孢子的突变情况都不相同。其中有没发生突变的原始菌株,也有发生突变的突变菌株,并且每个突变菌株的突变位点都不相同,当它们被涂布在分离平板后,这几个聚集在一起的孢子长大后就形成了一个混合的菌落。当把混合菌落接种到斜面上,经过培养后形成的斜面就是不纯的菌种。不纯的菌种即使是高产,也会在传代的过程中,逐渐丧失其高产的特性。这是因为低产的原始菌株一般生活能力强、生长速度快,经过传代后在数量上逐渐占优势,导致生产能力逐渐降低。

（2）诱变剂处理:将单孢子（细胞）悬浮液与诱变剂接触,使其发生作用。作用过程中力求孢子（细胞）与诱变剂均匀接触。因各种诱变剂的作用浓度、作用方式不同,具体操作时可参考相关内容。

（3）梯度稀释:将诱变剂处理后的单孢子（细胞）悬浮液以生理盐水进行梯度稀释。根据显微镜计数的结果控制稀释度,稀释到孢子（细胞）数达到100~500/ml。

（4）涂布分离平板:取适当量（一般为0.1ml）稀释后的孢子（细胞）悬浮液加到制备好的分离平板上,用三角涂布棒涂布均匀后进行培养。

（三）突变株的筛选

经过诱变剂处理、涂布分离平板并经过培养后,在上述分离平板上长出的每一个菌落都可以看作一个独立的菌株,且不同菌落可以看作是遗传物质结构上彼此不同的菌株。筛选就是要从大量的单个菌落中,把具有优良性状的突变菌株挑选出来。对整个菌种选育工作来说,诱变处理只是完成了极小的一部分工作,对大量的菌株进行筛选,并获得理想的优良菌株才是最艰苦和最费时间的工作。

所有的微生物育种工作都离不开菌种筛选。尤其是在诱变育种工作中,筛选是最为艰难也是最为重要的步骤。经诱变处理后,突变细胞只占存活细胞的百分之几,而能使生产状况提高的细胞又只是突变细胞中的少数。要在大量的细胞中寻找真正需要的细胞,就像是"大海捞针",工作量很大。简洁而有效的筛选方法无疑是育种工作成功的关键。为了花费最少的工作量,在最短的时间内取得最大的筛选成效,就要求采用效率较高的科学筛选方案和手段。

在实际的菌种筛选工作中,为了提高筛选效率,往往可将筛选工作分为初筛和复筛两步进行。初筛的目的是删去明确不符合要求的大部分菌株,把生产性状类似的菌株尽量保留下来,使优良菌种不至于漏网。因此,初筛工作以量为主,测定的精确性还在其次。初筛的手段应尽可能快速、简单。复筛的目的是确认符合生产要求的菌株。所以,复筛步骤以质为主,应精确测定每个菌株的生产指标。

1. 筛选数量　突变的发生是随机的、不定向的。每个微生物细胞内有数千个基因,任何一个基因都可能发生突变,而且任何一个基因突变的方向也是不确定的。能发生产量突变的菌株只是极少的一部分,而在极少量产量突变的菌株中,绝大多数是产量降低的负变菌株,只有极少数是正变的高产菌株。因此,筛选高产菌株需要有"大海捞针"的思想准备和具体措施。期望着筛选一二百个菌株就能得到高产菌株的想法是不切实际的。筛选数量越大,获得高产菌株的概率越大。沈阳药科大学的研究人员在筛选克拉维酸高产菌株的过程中,由发酵单位650U/ml的低产菌株出发,每一轮筛选2000个菌株,通过6轮的筛选,得到了发酵单位为1200U/ml的高产菌株。足够大的筛选数量是得到高产菌株的必要条件。

2. 筛选方法的设计原则

（1）筛选方法要简便、高效:设计的筛选方法首先要满足简便、高效的要求。为了完成足够大的筛选数量,除了需要安排一定数量的工作人员外,设计高效的筛选方法对筛选的成功也起着重要的作用。

高效的筛选方法需要根据具体产物的性质及其生物活性的特点进行设计。具有抗菌活性的抗生素高产菌株的筛选是比较容易的,因为抑菌圈的直径和抗生素产量一般呈正比例关系,可以设计高效的筛选方法,如采用琼脂块固体发酵的方法,在一周的时间内可对几千个菌株进行初步筛选。

但有些代谢产物没有抑菌作用,其生物活性的测定需用采用其他方法,比如高效液相色谱法。在这样的情况下,就限制了筛选的数量,其每天可以检测的样品数量是有限的,不可能在短时间内完成数千株菌的筛选。而得到高产菌株是建立在大规模筛选的基础上的,没有一定的筛选数量,很难得到高产菌株。在这种情况下就需要研究人员根据代谢产物的特点,创造性地设计一些简便的、快速的、能对大量的样品进行筛选的方法。

如具有杀线虫活性的阿维菌素高产菌株的筛选,采用薄层层析的方法进行检测,每天可检测上百个样品。而使用高效液相的方法进行活性的检测,每台仪器每天可检测 30~40 个样品,但高效液相法可准确检测阿维菌素各组分的含量。

另一个例子是黑暗链霉菌的菌种选育,我国发酵生产所用的黑暗链霉菌主要产生两个组分,分别是阿泊拉霉素和氨甲酰妥布霉素。过去为了筛选产生单一组分的菌株,需要对大量的发酵样品用薄层层析的方法检测每个样品的组分变化,但一直没能得到理想的单一组分高产菌株。沈阳药科大学的研究人员选育出一株对阿泊拉霉素具有抗性,同时对氨甲酰妥布霉素敏感的金黄色葡萄球菌抗性突变株。然后以该菌株作为鉴定菌,采用琼脂块固体筛选法,首先筛选到了一些没有抑菌圈的突变菌株。这表明这些突变菌株已经丧失了生物合成氨甲酰妥布霉素的能力。再把这些菌株挑选出来,然后用普通的金黄色葡萄球菌作为鉴定菌进行检测,挑选有抑菌活性的菌株。用此筛选模型只筛选了 1 个月,就得到了 7 株只产阿泊拉霉素的菌株,并且发酵单位高、产孢子能力强。这一设计的指导思想是依据氨甲酰妥布霉素与阿泊拉霉素在化学结构上有比较显著的差异,因此有可能筛选到对这 2 种抗生素有显著抗性差异的试验菌株。实践结果表明,这一设想是正确的。

（2）筛选方法要准确、可靠:除了筛选数量要足够大之外,设计的筛选方法也要准确、可靠才能达到预期的筛选结果。筛选过程涉及较多的操作环节,每个环节都需要准确,才能保证最后结果的准确。例如,用摇瓶发酵的方法进行筛选时,从培养基的配制、灭菌,接种,到摇瓶恒温培养和发酵产物活性的检测,每个环节的操作都将影响最后的结果。只有将每步的误差降到最低,最后的结果才是可信的,筛选出的高产菌株才具有可重复性。如配制培养基时称量是否准确;培养基配制后分装时是否均匀;灭菌时各个摇瓶的灭菌时间、温度是否统一;摇瓶培养时摇床各个部位的温度是否一致;活性测定时方法是否准确。这一系列操作的误差,都会影响筛选的结果和效率。

3. 筛选方法

（1）随机筛选:随机筛选即菌种经诱变处理后,进行平板分离,经培养后随机挑选单菌落,从中筛选出具有优良性状的菌株。通常采用的筛选方法有以下几种。

1）菌体形态变异分析筛选法:有些菌体的形态变异与产量的变异存在着一定的相关性,这就能很容易地将变异菌株筛选出来。尽管相当多的突变菌株并不存在这种相关性,但是在筛选工作中应尽可能捕捉、利用这些直接的形态特征性变化。当然,这种鉴别方法只能用于初筛。如在灰黄霉素产生菌荨麻青霉（*Penicillium urticae*）的育种中,菌落的棕红色变深往往产量有所提高。

2）摇瓶筛选法:这是生产上一直使用的传统方法。将分离平板上长出的每个单菌落接种到斜面培养基上,待菌种在斜面上长好后,再接入摇瓶中进行发酵培养,发酵结束后测定其生物活性物质的含量。摇瓶发酵是依靠摇动代替发酵罐的搅拌作用,同时依靠摇动使发酵液与其上方的空气相接触代替通气的作用。摇瓶发酵具有通气量充足、溶解氧状况好、培养条件与生产培养条件相似的优点,是需氧性微生物模拟生产发酵理想的试验手段。

摇瓶筛选法通常可分为初筛和复筛。初筛的目的是从大量的菌株中发现有潜力的优良菌株,需要筛选的菌株数量大,但对试验的准确度要求不是很高。因此,初筛时一支斜面菌种对应接种一个发酵摇瓶,不需要种子摇瓶的步骤。初筛结果较好的菌株才进入复筛。复筛注重试验的准确性和可重复性,力求得到可靠的试验结果。因此,复筛时一支菌种要接种 3~5 个发酵摇瓶,采用种子摇瓶和发酵摇瓶两级发酵,必要时采用 2 种以上的发酵培养基,力求试验结果的准确可靠。

摇瓶筛选法实际上是大量菌株之间的对比试验,通过对比从中选出优良的菌株。因此要求摇瓶的规格、装量、瓶塞厚度保持一致,以避免人为引进试验误差。如果使用两台以上的摇床,则要确保所有摇床的转数和温度一致,同时还要避免摇床不同层次上、不同位置上的温度和湿度差异,只有在完全相同的条件下,各个菌株发酵试验的结果才具有可比性。

3）琼脂块筛选法:这是一种简便、迅速的初筛方法。我国已将该方法广泛地应用在抗生素和酶类等突变株的筛选中,并取得了很好的效果。琼脂块筛选法的最大优点是操作简便、一次性筛选量大,一次试验可筛选 1 000~3 000 个菌株甚至更多。

琼脂块筛选法的具体操作方法见图 3-2。琼脂块筛选法又称固体琼脂块发酵法,固体发酵培养基的组成一般参照液体发酵培养基的成分再加入琼脂。但由于琼脂块上生长的菌体数量很少,所需要的营养也很少,完全采用液体发酵培养基的组成常常会因营养过剩导致在琼脂块上不能形成孢子。因此,常将液体发酵培养基稀释 2~4 倍后,再加入正常量的琼脂作为固体发酵培养基。

单孢子悬液经过诱变处理、梯度稀释后,涂布在固体发酵培养基上（培养基的厚度为 6~8mm）。培养 2~3 天后,当刚看到微小的单个菌落时,用灭过菌的直径 6~8mm 的玻璃打孔器将菌落连同琼脂块一起打出,并转移到无菌的空培养皿中。每个空培养皿可放置 30~50 个这样的琼脂块,但要使琼脂块间保持距离,避免连到一起。然后将多个装满琼脂块的培养皿放到带盖的容器（或塑料袋）内,并在容器或塑料袋内放置一块湿的纱布,保持湿度以使琼脂块在培养过程中不干瘪、不变形。将该容器或塑料袋封闭后,放在培养箱内恒温培养数天（培养的天数一般与液体发酵的天数相同）。培养后在无菌的条件下,用无菌的镊子将琼脂块转移到制备好的生物效价测定培养基上。经过培养后,根据抑菌圈的大小判定生物效价的高低（适用于有抑菌活性的代谢产物）,挑出生物效价高的琼脂块,小心地用接种环将其表面生长的突变菌株接种到斜面培养基上,待长好后进行摇瓶发酵筛选。

需要注意的是,要避免琼脂块上长的菌株被生物效价测定培养基上的试验菌所污染,特别是在用镊子夹取琼脂块的时候,要始终保持镊子处于无菌状态,避免接触到生物效价测定培养基表面的试验菌。

4）筛选自动化和筛选工具微型化:近年来,在研究筛选自动化方面有了很大的进展,某些发达国家的菌种筛选实现了自动化和半自动化,省去了烦琐的人工筛选,大大提高了筛选效率。筛选工具的微型化极大地增加了筛选的通量,例如用青霉素小瓶代替发酵摇瓶;用 96 孔板进行预筛选等。自动化分析仪器的应用也提高了筛选的速度,如带自动进样的高效液相色谱仪。

在随机筛选的过程中,如果能结合菌种选育的经验则会收到更好的效果。长期从事某一菌种选育的人员,往往能在选育的实践中积累许多经验,特别是对菌落的形态与产量之间的关系有更深入的了解。某些菌落形态的菌株可能全是低产菌株,在挑取单菌落传斜面时,如能排除低产菌株,可提高高产菌株的选出率,进一步提高筛选的效率。

（2）理性化筛选:理性化筛选指的是运用遗传学、生物化学的原理,根据产物已知的或可能的生物合成途径、代谢调控机制和分子结构设计的一些筛选方法,以打破微生物原有的代谢调控机制,获得能大量形成发酵产物的高产突变株。

随着遗传学、生物化学知识的积累,人们对于代谢途径、代谢调控机制了解得更为深入,因而理性化的筛选方法逐渐得到了应用,并取得了很好的效果。根据微生物代谢产物的不同,其理性化筛选的方法也有所不同。

1）初级代谢产物高产菌株的筛选:初级代谢产物指的是与菌体的生长繁殖有密切关系的代谢产物,如氨基酸、核苷酸、维生素等小分子初级代谢产物,以及蛋白质、多肽、核酸等大分子产物。

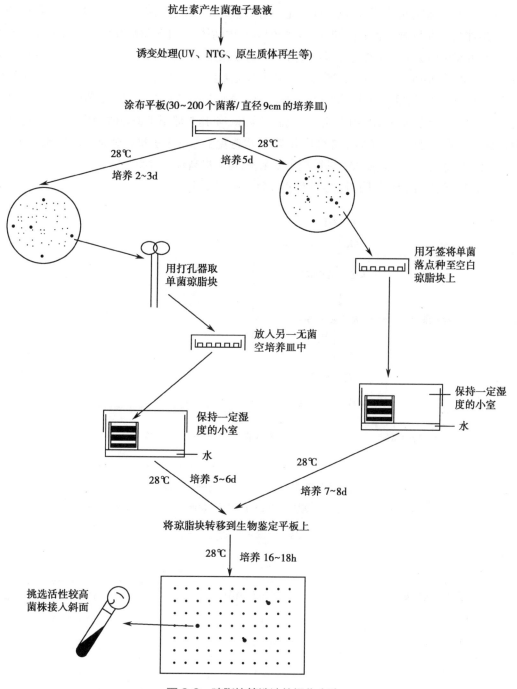

图 3-2　琼脂块筛选法的操作方法

　　微生物对初级代谢产物的生物合成有着非常严格的代谢调控机制,使得各种代谢产物的合成仅仅能满足菌体自身的需要,不会过量积累,以免造成能量和细胞营养物质的浪费。但发酵生产的目的就是要让菌体大量积累某种代谢产物。为此,就需要采取适当的措施和方法,打破微生物原有的代谢调控机制,让微生物能够积累更多的、人们需要的代谢产物。对于初级代谢产物产生菌的育种,通常采用的理性化筛选方法如下。

　　①营养缺陷型突变菌株的筛选:这种方法常用来筛选氨基酸、核苷酸等初级代谢产物的高产菌株。其机制是:当某种氨基酸与发酵产物(如另一种氨基酸)是由一个共同的中间产物形成的时候,这种氨基酸的生物合成不但与该发酵产物竞争底物的来源,而且当这种氨基酸过量的时候会反馈阻遏或反馈抑制它们共同中间产物的生物合成,由此抑制了该发酵产物的生物合成。

以赖氨酸的生物合成为例,黄色短杆菌能利用天冬氨酸生物合成赖氨酸(图 3-3)。可以看出,天冬氨酰 -β- 半醛是生物合成赖氨酸和高丝氨酸的分叉中间体,由高丝氨酸又可以生物合成甲硫氨酸和苏氨酸,由苏氨酸又可以生物合成异亮氨酸。当苏氨酸积累后会抑制生物合成途径第一个酶天冬氨酸激酶(AK)的活性,进而抑制了所有天冬氨酸族氨基酸的生物合成。为了选育高产的赖氨酸产生菌,可以筛选高丝氨酸的营养缺陷型突变菌株,由于高丝氨酸营养缺陷型突变菌株中的高丝氨酸脱氢酶(HD)失活,天冬氨酰 -β- 半醛不能合成高丝氨酸,使其全部用于赖氨酸的生物合成,有利于提高赖氨酸的产量。同时由于菌体不能合成苏氨酸,也避免了苏氨酸积累后对天冬氨酸激酶的反馈抑制作用。因此,通过选育高丝氨酸的缺陷型突变菌株,可以提高赖氨酸的产量。

表 3-3 是一些采用营养缺陷型突变菌株提高氨基酸产量的例子。

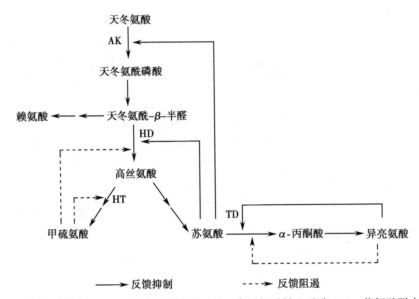

AK—天冬氨酸激酶;HD—高丝氨酸脱氢酶;HT—高丝氨酸转乙酰酶;TD—苏氨酸脱水酶。

图 3-3   黄色短杆菌中赖氨酸的生物合成

表 3-3   利用营养缺陷型突变株生成氨基酸

生产的氨基酸	营养缺陷型	产生菌名称
酪氨酸	丙氨酸、嘌呤	谷氨酸棒状杆菌
苯丙氨酸	酪氨酸	谷氨酸棒状杆菌
缬氨酸	亮氨酸	谷氨酸棒状杆菌
亮氨酸	苯丙氨酸	谷氨酸棒状杆菌
瓜氨酸	精氨酸	谷氨酸棒状杆菌
鸟氨酸	瓜氨酸或精氨酸	谷氨酸棒状杆菌
脯氨酸	异亮氨酸	谷氨酸棒状杆菌
高丝氨酸	苏氨酸	谷氨酸棒状杆菌

②氨基酸结构类似物抗性突变菌株的筛选:某些氨基酸作为初级代谢途径的终端产物,当其积累后会抑制生物合成途径中第一个酶的活性。若要大量积累这种氨基酸,就要解除氨基酸的反馈抑制或反馈阻遏作用。通常采用的办法是筛选这种氨基酸结构类似物的抗性突变株。

氨基酸结构类似物指的是与某种氨基酸在化学结构上仅有微小差异的化合物。它们虽然不能被菌体用来合成蛋白质,却有着与这种氨基酸相似的生物学功能,如也能像该种氨基酸一样产生反馈抑制或反馈阻遏作用。如果在基本培养基的平板上,加入这种氨基酸结构类似物,然后将氨基酸产生菌涂布在这种培养基的表面。由于氨基酸结构类似物反馈阻遏或反馈抑制了对应氨基酸的生物合成,使这种氨基酸产生菌不能在该平板上生长。但如果将诱变剂处理过的氨基酸产生菌涂布在这种培养基平板上,经过培养,就会发现有少数的突变菌株生长,这些突变菌株常常是解除了氨基酸终产物反馈调节的突变菌株。这样的菌株由于解除了终产物的反馈调节,可以积累过量的相应氨基酸。表3-4是一些氨基酸结构类似物抗性突变株提高氨基酸产量的例子。

表3-4　利用氨基酸结构类似物抗性突变株生产氨基酸

生产的氨基酸	结构类似物	产生菌名称
苯丙氨酸	对-氟苯丙氨酸（PFP）	黄色短杆菌
色氨酸	5-甲基色氨酸	黄色短杆菌
苏氨酸	α-氨基-β-羟基戊酸（AHV）	黄色短杆菌
赖氨酸	S-（2-氨基乙基）-L-半胱氨酸（AEC）	乳糖发酵短杆菌
酪氨酸	对-氨基苯丙氨酸	黄色短杆菌
亮氨酸	2-噻唑丙氨酸（2-TA）	乳糖发酵短杆菌
甲硫氨酸	乙硫氨酸	黄色短杆菌

　　③细胞膜通透性突变株的筛选:微生物产生的代谢产物如果在细胞内积累的浓度高,就容易产生反馈调节作用阻止这种代谢产物的继续合成。如果能改变细胞膜的通透性,使发酵产物大量分泌到细胞外,就能够降低细胞内产物的浓度,从而避免终产物反馈调节。改变细胞膜的通透性可采用以下营养缺陷型的菌株。

　　油酸缺陷型突变株:在谷氨酸产生菌的选育中采用选育油酸缺陷型突变株的方法。油酸缺陷型突变株切断了油酸的后期合成,丧失了自身合成油酸的能力,即丧失脂肪酸的合成能力,须由外界供给油酸才能生长。通过控制培养基中油酸的含量,使磷脂合成量减少到正常量的50%左右,细胞变形,形成渗漏型的细胞,使谷氨酸大量合成。

　　生物素缺陷型突变株:生物素是乙酰CoA羧化酶的辅酶,参与脂肪酸的合成,进而影响磷脂的合成,最终改变细胞膜的结构。生物素缺陷型菌株发酵时,通过控制培养基中生物素的浓度来控制细胞膜的通透性。在谷氨酸发酵中,控制生物素浓度为5~10μg/L时,细胞的通透性显著提高,谷氨酸向膜外漏出,解除了反馈抑制作用,使发酵产量提高。

　　此外,为了改变细胞膜的通透性还可以筛选甘油缺陷型的突变株。初级代谢产物高产菌株的筛选还有许多可行的方法,如筛选营养缺陷型菌株的回复突变株等。

　　2）次级代谢产物（主要是抗生素）高产菌株的筛选:次级代谢是与菌体的生长繁殖没有密切关系的一类代谢活动。次级代谢产物是与菌体的生长繁殖没有密切关系的一类代谢产物,主要包括抗生素、色素、毒素、酶的抑制剂等。

　　次级代谢有不同于初级代谢的特点,因此其筛选方法也和初级代谢有所不同。常用的理性化筛选方法有以下几种。

　　①筛选营养缺陷型突变株:抗生素产生菌的营养缺陷型大多为低产菌株,但当次级代谢产物合成和初级代谢产物合成处于同一分支合成途径时,筛选初级代谢产物的营养缺陷型常可使相应的次级代谢产物增产。例如,氯霉素是莽草酸途径合成的,同样经莽草酸途径合成的还有微生物的初级代谢产物芳香族氨基酸。当芳香族氨基酸合成过量时形成的反馈抑制就会影响氯霉素的生物合成。同时

芳香族氨基酸的生物合成还与氯霉素的生物合成使用共同的前体。因此,芳香族氨基酸的积累会影响氯霉素的生物合成。通过诱变处理,阻断由莽草酸至芳香族氨基酸的生物合成途径,菌体不能合成芳香族氨基酸,从而避免了芳香族氨基酸对莽草酸生物合成的反馈调节,进而合成大量的氯霉素。

有许多微生物的次级代谢产物是由聚酮体途径(polyketone pathway)合成的,如大环内酯类抗生素、四环素类抗生素、多烯大环内酯类抗生素以及蒽环类抗生素等。它们是由共同的中间代谢产物丙二酰CoA、乙酰CoA等前体合成的。而脂肪酸的生物合成途径与聚酮体途径不仅所用的起始原料相同,而且生物合成的过程与所需的酶也相似。通过筛选脂肪酸合成的营养缺陷型菌株,可使前体丙二酰CoA、乙酰CoA等较多地流向次级代谢产物的生物合成。

完全的营养缺陷型对菌体的损伤较大,常常影响菌体的生长进而影响代谢产物的生物合成。筛选渗漏缺陷型是一种较好的方法。所谓渗漏缺陷型是遗传上不完全的营养缺陷型,突变使某一种酶的活性下降但没有完全失活,所以这种缺陷型还能够少量地合成某一代谢产物,能在基本培养基上少量地生长。但不会产生反馈调节而影响中间代谢产物的积累。

②筛选生物合成阻断变株的回复突变株:生物合成阻断变株是指经过诱变剂的处理后,从遗传上丧失了合成某种次级代谢产物能力的菌株,有时也称作“零变株”。将这样的菌株再进行诱变处理,挑选恢复生产能力的菌株,往往可以得到高产菌株。因为二次突变都发生在与次级代谢产物生物合成有关的基因上,有可能改变该生物合成酶的构象,产生不受代谢产物反馈调节的突变株。

③筛选去磷酸盐调节突变株:许多抗生素等次级代谢产物的生物合成明显受磷酸盐的调控,当培养基中磷酸盐含量超过一定限度,这种代谢产物的合成就受到明显的抑制作用。为此,筛选去磷酸盐调节突变株对于提高这些次级代谢产物的产量很有实际意义。筛选时,可用琼脂块筛选法,在琼脂块培养基中,加入适当过量的磷酸盐,经过固体发酵及生物效价测定后,会发现绝大多数琼脂块周围的抑菌圈都明显地比对照(加入正常量的磷酸盐)小。但如果大量筛选,会发现个别的琼脂块周围的抑菌圈并没有变小,这样的菌株往往就是解除了磷酸盐抑制作用的高产菌株。

此外,还可以采用筛选磷酸盐结构类似物(如砷酸盐、钒酸盐)抗性突变株的方法。磷酸盐结构类似物(如砷酸盐、钒酸盐)对菌体细胞具有毒性,其抗性菌株可能对磷酸盐调节不敏感。例如,钒酸钠是一种ATP酶的抑制剂。粗糙脉孢菌(Neurospora crassa)细胞内有2种磷酸盐转运系统:一种是低亲和力的磷酸盐转运系统I,另一种是高亲和力的磷酸盐转运系统II。钒酸钠抗性突变株缺失磷酸盐转运系统II,因而避免了过多地吸收钒酸钠而导致菌株的死亡,同时也避免了过多地吸收磷酸盐而导致磷酸盐抑制。

④筛选去除碳源分解代谢调节突变株:许多能被菌体快速利用的碳源往往对许多次级代谢产物的合成产生阻遏或抑制作用。如青霉素发酵中的“葡萄糖效应”,过量的葡萄糖除了抑制抗生素的生物合成外,同时也抑制某些碳源、氮源的分解利用。将菌体接种在含有葡萄糖(唯一碳源)和组氨酸(唯一氮源)的培养基中。由于葡萄糖对菌体内分解氮源的酶产生抑制作用,菌体不能分解利用唯一的氮源组氨酸,菌体不能够生长。若将诱变处理后的菌液涂布在此培养基上,经过培养后会发现有极少数的菌落生长,这些菌株由于解除了葡萄糖的阻遏或抑制作用,组氨酸得以分解利用,因此可以在平板上生长。这些菌株由于解除了“葡萄糖效应”,次级代谢产物的合成不再受碳源分解产物的调节,因此成为“去碳源分解代谢调节突变株”,这样的菌种常常是高产菌株。分析其突变的原因,有2种可能:一是组氨酸分解酶发生了突变,不再受到原有的分解代谢物阻遏;二是葡萄糖分解代谢有关的酶发生了突变,不再产生或积累那么多的分解代谢阻遏物。后一种解释符合许多去葡萄糖分解代谢调节突变株的特性,因为同时有许多酶(受碳分解代谢调节的酶)的生成都不再受到葡萄糖分解代谢物阻遏。这种现象也是筛选去除碳源分解代谢调节突变株的依据。

筛选去除碳源分解代谢调节突变株的另一个方法是筛选葡萄糖结构类似物抗性突变株。葡萄糖的结构类似物是2-脱氧葡萄糖。它与葡萄糖的结构仅有微小的差别,不能被菌体作为碳源利用,但具有葡萄糖的碳源分解产物阻遏作用,对菌体的生长具有毒性作用。将正常的菌体涂布在含有乳糖和 2- 脱氧葡萄糖作为碳源的基本培养基中,由于 2- 脱氧葡萄糖阻遏了乳糖分解酶的产生,菌体不能分解利用乳糖,所以绝大多数的菌株不能在此平板上生长。将诱变处理后的菌体涂布在这样的培养基平板上,经过培养,会发现有少数的菌落生长,这些菌株就是解除了碳源分解产物调节的突变株。

此外,筛选淀粉酶活性高的突变菌株,可以在发酵培养基中以淀粉作为碳源代替葡萄糖,以避免葡萄糖作为碳源时产生的碳分解产物调节作用。

⑤筛选氨基酸结构类似物抗性突变株:许多次级代谢产物的生物合成是建立在初级代谢的基础上的,以初级代谢产物如氨基酸等作为前体生物合成这些次级代谢产物。当某种氨基酸前体成为次级代谢产物生物合成的限制因素的时候,筛选这种氨基酸的结构类似物抗性突变株,解除这种氨基酸的反馈调节,可提高这种氨基酸在胞内的量,进而促进代谢产物的合成。

例如,在青霉素生物合成途径中,半胱氨酸和缬氨酸是青霉素母核的前体,筛选抗半胱氨酸结构类似物或抗缬氨酸结构类似物的抗性突变株,可以提高半胱氨酸或缬氨酸的生成量,进而提高青霉素产量。

有的氨基酸虽然不是次级代谢产物生物合成的前体,但其积累会反馈调节次级代谢产物的合成,降低其产量。如在产生青霉素的产黄青霉中,赖氨酸和青霉素的生物合成有共同的中间代谢产物 α- 氨基己二酸,赖氨酸的过量积累会反馈调节高柠檬酸合成酶的活性,从而使 α- 氨基己二酸的生成量减少,进而影响青霉素的产量。在这种情况下,筛选赖氨酸结构类似物抗性突变株,可以解除赖氨酸的反馈调节,使 α- 氨基己二酸生成量增加进而促进青霉素的合成。

将青霉素产生菌诱变处理后,涂布在含抑制浓度的赖氨酸结构类似物 [S-2-(氨基乙基)-L- 半胱氨酸,AEC] 的基本培养基平板上,正常菌株由于氨基酸结构类似物的反馈抑制作用,不能合成相应的氨基酸,所以不能生长。有少数突变菌株,由于高柠檬酸合成酶调节位点的突变,不再受赖氨酸结构类似物的反馈调节,因而可以在基本培养基平板上合成赖氨酸而生长。这样的氨基酸结构类似物抗性突变株,解除了赖氨酸的反馈调节,有可能成为青霉素的高产菌株。

⑥筛选二价金属离子抗性突变株:过量的二价金属离子对产生菌具有毒性作用,一般的菌株难以在含高浓度二价金属离子的培养基上生长。但有些次级代谢产物(如某些抗生素)可以与二价金属离子形成盐,降低了二价金属离子的毒性作用。产生的这种代谢产物越多,解毒作用就越强。因此将这种抗生素产生菌经诱变后,涂布在含有高浓度二价金属离子的培养基平板上,能生长出来的菌株,往往是与二价金属离子结合能力强的高产菌株。此方法有时会将一些因细胞膜通透性改变而对二价金属离子具有抗性的菌株保留下来,因此,得到抗性菌株后,还需要进一步进行摇瓶筛选,通过产量的比较去除产量低的抗性突变株。

采用上述方法曾筛选出青霉素和杆菌肽等抗生素的高产菌株。杆菌肽能和二价金属离子结合,具有将二价金属带出胞外的作用。选育杆菌肽高产菌株时,于培养基中添加适量的硫酸亚铁或硫酸锌,在此条件下筛选到的抗性菌株多数表现出高产的特性。

⑦筛选前体或前体结构类似物抗性突变株:前体是能够直接被菌体用来合成代谢产物而自身的分子结构没有显著改变的物质。前体在提高代谢产物产量的同时,也对产生菌具有一定的毒性作用。筛选前体或前体结构类似物的抗性突变株,可以消除前体对产生菌的毒性作用,提高代谢产物的产量。例如,灰黄霉素发酵使用的氯化物为前体,但氯化物浓度高时,对菌体生长有抑制作用,筛选抗氯化物的突变株,提高了灰黄霉素的产量。苯氧乙酸为青霉素 V 的前体,筛选抗苯氧乙酸的突变株,提高了青霉素 V 的发酵产量;缬氨酸为青霉素的前体,筛选抗缬氨酸结构类似物的抗性突变株,提高了青霉素的产量。

前体分为外源性前体与内源性前体。外源性前体一般是菌体不能合成或合成的量极少,而必须由外界加入培养基中,以提高抗生素或某种代谢产物的产量。例如青霉素生物合成的前体苯氧乙酸、苯乙酸等。这一类前体通常对产生菌的生长具有毒性作用。筛选这一类前体的抗性突变株,应注意避免筛选出由于细胞膜通透性下降使前体吸收减少的低产突变株或由于加强了对前体氧化分解能力的低产突变株。

内源性前体是指菌体能够自身合成,但不能大量积累的中间产物,发酵生产中也需要在发酵培养基中补充这一类前体以提高抗生素产量。例如红霉素发酵生产中添加正丙醇以提高发酵产量。对这类前体具有抗性的菌株之所以能够高产,可能是因为其能够迅速将正丙醇掺入红霉素的分子中,从而减轻了它对菌体生长的影响。

⑧筛选自身代谢产物抗性突变株:抗生素生产能力不同的菌株,对自身所产抗生素的耐受能力也不同。一般来说,高产菌株需要耐受浓度高的自身代谢产物才能够生存,而低产菌株不需要耐受浓度高的自身代谢产物就能够生存。因此,筛选抗自身代谢产物浓度高的菌株容易得到高产菌株。例如有人把金霉素产生菌多次移种到金霉素浓度不断提高的培养基中去,最后获得一株生产能力提高了4倍的突变株。此方法在抗生素高产菌株选育中得到了广泛应用,青霉素、链霉素、庆大霉素等抗生素的产生菌均有用此方法来提高产量的例子。

微生物的某些抗生素抗性突变会直接影响其产物的代谢调控系统,从而改变突变株代谢产物的产量,因此抗性筛选法可用于有用产物产生菌优良菌株的选育和改良。抗生素抗性筛选是基于微生物对抗生素产生耐药性发展起来的菌株选育技术,因其实验操作简便、效果显著而在有用微生物菌株选育中得到广泛应用。而筛选方法一般包括单一抗性筛选如链霉素抗性筛选,多种抗生素的多重抗性筛选,以及与其他诱变技术相结合的抗性筛选。

以玫瑰孢链霉菌(*Streptomyces roseosporus*) ATCC 11379 为出发菌株,通过在不同浓度梯度的达托霉素和链霉素复合抗性平板上进行抗性筛选,结果筛选到一株高产达托霉素的突变株 D1000-S3-2,经摇瓶发酵验证达托霉素发酵单位可达 59mg/L,比出发菌株提高了 63.8%。

除了以上的理性化筛选方法外,还有许多的理性化筛选方法也在育种的实践中得到了应用。如筛选耐受铵离子或其结构类似物的抗性突变株以解除铵离子对次级代谢产物生物合成的抑制或阻遏作用,筛选能有效利用廉价碳源或氮源的突变株,筛选细胞形态改变而更有利于分离提取工艺的突变株,以及筛选抗噬菌体的突变株等。这些筛选方法虽然不以产量为主要目标,但突变株所具有的优良特性却往往能使产量提高。

(3)高通量筛选:高通量筛选(high throughput screening),具有微型化、微量化、廉价化和自动化等优点,已被广泛应用于生物活性物质筛选和新药研发,显著提高了工作效率。目前用于微生物菌种高通量筛选的装置及相关技术不断发展和成熟,实现了培养基灭菌、倒平板、挑取单菌落、分装培养基、对发酵过程进行监控等一系列全自动筛选菌种过程,但其仪器设备价格昂贵。

高通量筛选的关键要素包括两方面:检测方法的构建;准确预测药物-标靶相互作用的高通量筛选能力。

1)高通量筛选系统

①自动化操作系统:自动化操作系统利用计算机通过操作软件控制整个实验过程。操作软件采用实物图像代表实验用具,简洁明了的图示代表机器的动作。自动化操作系统的工作能力取决于系统的组分,根据需要可配置加样、冲洗、温解、离心等设备以进行相应的工作。自动化操作系统的一个重要组成部分是堆栈(hotel)。所谓堆栈是指在操作过程中用来放置样品板、反应板以及对它们进行转移所需的腾挪空间。因此,高通量筛选的样品数量取决于堆栈的容量。由此可见,高通量药物筛选的自动化操作系统由计算机及其操作软件、自动化加样设备、温孵离心等设备、堆栈4个部分组成。不同的单位可根据主要筛选模型类型、筛选规模,选购不同的部分整合成为一个完整的操作系统。

②高灵敏度检测系统:快速、高灵敏度的检测技术是高通量药物筛选的关键技术之一。高灵敏度检测系统一般采用液闪计数器、化学发光检测计数器、宽谱带分光光度仪、荧光光度仪等。检测仪器灵敏度的不断提高,使得即使对微量样品的检测,也可以得到很好的检测效果。

2）高通量筛选阿维菌素高产菌株：利用阿维菌素在245nm处有最大吸收峰的特性，建立高通量筛选模型。阿维菌素经诱变剂处理后，挑选突变菌株。突变菌株在96孔板中经固体发酵产生阿维菌素后，培养物用甲醇浸提，取其上清液经酶标仪检测245nm光密度（OD）值，筛选OD值提高的突变株即可能为阿维菌素高产菌株。与高效液相色谱检测相比，无须色谱柱分离，分析时间短。而且同时可以检测多个样品，实现了阿维菌素高产菌株快速、准确、微量初筛。高通量筛选阿维菌素高产菌株示意图见图3-4。

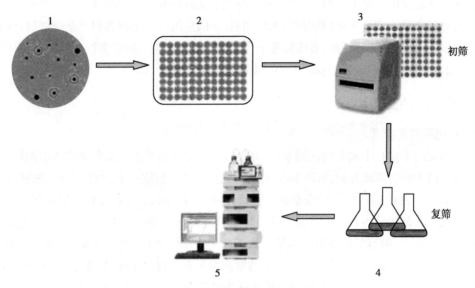

图3-4　高通量筛选阿维菌素高产菌株示意图

三、突变菌株高产基因的表达

经过诱变和筛选得到的菌株具有优良的遗传特性，但如果不改变原有发酵培养基的成分及发酵工艺条件，往往不能发挥菌种的最大潜力。这是由于突变菌株在决定产量性状的基因发生突变的同时，往往还伴随着其他生理、生化代谢的变化。此时，原有的发酵条件已经不适应新菌种的代谢需求了。突变株遗传特性改变了，其培养条件也应当作出相应的改变。此时，如能对发酵培养基及发酵条件进行系统的优化和筛选，可使高产基因在新的发酵条件下得到充分的表达，进一步提高菌种的生产能力。例如，诱变处理四环素产生菌得到的突变株，在原培养基上与出发菌株相比较，发酵单位的提高并不明显，但是在原培养基配方中提高碳源、氮源的浓度，调整磷的浓度，该菌株就表现出代谢速度快、发酵产量高的特性。用该菌株进行生产，并采用通氨补料的工艺来适应该突变株代谢速度快的特点，使四环素发酵产量有了新的突破。

另外，在菌种选育的每个阶段，都需不断地改进培养基和培养条件，以发现带有新特点的突变株，寻找在生产上符合某些特殊要求的菌株。

第四节　杂　交　育　种

诱变育种是菌种选育的主要方法，在许多工业化菌株的育种工作中，发挥了巨大的作用。但是，一个菌种长期使用诱变剂处理之后，会产生诱变饱和现象，即对诱变剂不敏感，导致诱变剂对产量基因影响的有效性降低；另外，长期使用诱变剂，也会导致菌种的生活能力逐渐下降，例如生长周期延长，孢子量减少，代谢减慢，产量增加缓慢等。在这种情况下，如能进行杂交育种，有可能显著改变菌株的遗传背景，为以后的菌种选育工作打开崭新的局面。

杂交育种是指将两个基因型不同的菌株经接合使遗传物质重新组合，从中分离和筛选出具有新性状菌株的过程。杂交育种虽然不像诱变育种那样得到广泛应用,但它具有一些独特的优点:①通过具有不同遗传性状菌株的杂交,使遗传物质进行交换和重新组合,改变亲株的遗传物质基础,扩大变异范围,使两个亲株的优良性状集中于重组体内,获得新品种。②通过杂交后获得具有新遗传特性的重组体(recombinant),不仅可克服因长期诱变造成的生活能力下降、代谢缓慢等缺陷,也可以提高对诱变剂的敏感性。

微生物杂交的本质是基因重组,但是不同类群微生物进行基因重组的过程不完全相同。其中原核生物中的细菌和放线菌由于细胞核结构大致相同,基因重组过程也很相似。杂交过程是两个亲本菌株细胞间接合,染色体部分转移,形成局部杂合子(merozygote),最后经交换、重组直至重组体的产生;真菌是通过有性生殖(sexual reproduction)或准性生殖(parasexuality)来完成的。

一、细菌的杂交育种

(一)细菌杂交的原理

微生物杂交的本质是不同菌株之间遗传物质的转移、交换和重组。细菌遗传物质的转移不同于其他微生物。以大肠埃希菌为例,当两个不同菌株接合时,遗传物质是单向的、不可逆的转移,由供体菌转移到受体菌。进行接合的大肠埃希菌需要致育因子(fertility factor,又称"性因子""F因子"),它是菌株杂交行为的决定因素。致育因子是一种质粒,它存在于细胞质中,是一种稳定的遗传物质。一般以游离状态存在,但有时和染色体以结合状态存在。致育因子具有多个基因,为环状DNA双链结构,复制时与染色体不同步。具有致育因子的细胞称为有致育因子菌株(F⁺菌株),不具备者称为无致育因子菌株(F⁻菌株)。通常有致育因子菌株为供体菌,其细胞表面着生性伞毛,而无致育因子菌株为受体菌。当供体菌的致育因子整合到细胞染色体DNA上时,F⁺菌株就成为高频重组(high frequency of recombination,Hfr)菌株,称为Hfr菌株。F⁺菌株、F⁻和Hfr菌株三者之间关系如图3-5所示。供体菌致育因子之所以能够嵌入受体菌染色体中,是因为它们的DNA具有同源性。

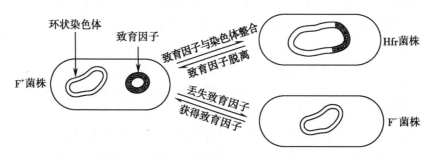

图3-5　F⁺菌株、F⁻菌株和Hfr菌株之间的关系

(二)细菌杂交的过程与方法

1. 细菌杂交的过程　细菌杂交的过程主要有:选择杂交亲本菌株、确定亲本菌株遗传标记、获得重组体。

(1)选择杂交亲本菌株:选择具有不同遗传特性的两个亲本菌株为杂交亲本菌株。

(2)确定亲本菌株遗传标记:通过诱变和选育使菌株带有一定的遗传标记,常用的遗传标记有营养缺陷型标记和抗生素抗性标记。

(3)获得重组体:F⁻菌株可以用低浓度(约30μg/ml)的吖啶橙处理F⁺菌株来获得。Hfr菌株可通过F⁺菌株和F⁻菌株的杂交获得:可将A平皿上的F⁺菌株菌落影印到铺有F⁻菌株的基本培养基B平板上,经培养后,在B平板上因个别细胞杂交而出现了重组菌落,这样就可以在A平板上相应的位置处获得Hfr菌株。

2. 细菌杂交的方法　细菌的杂交一般采用直接混合法:将两个直接亲本菌株,如Hfr菌株和F⁻菌株分别培养至对数期,取适量移入新鲜肉汤培养液中,置于37℃下振荡培养,细胞浓度约达 2×10^8/ml。然后将 Hfr 菌株和 F⁻ 菌株细胞以 1:10 或 1:20 的比例混合,在 37℃ 水浴中缓慢振荡,以利于菌株细胞间接触和接合,培养一定时间,让两个亲本菌株间的染色体进行连接、交换和重组。杂交后的混合液用缓冲液稀释,分离到基本培养基上或其他选择性培养基上,培养后可得到各种原养型的重组体的菌落。在基本培养基上,带有营养缺陷型标记的两个亲本都不能生长,从基本培养基分离得到的就是各种重组菌株或其他杂交后代。

二、放线菌的杂交育种

(一)放线菌杂交的原理

放线菌是原核生物,没有完整的细胞核结构,有一条环状染色体核。它的遗传结构与细菌相似,所以基因重组过程也类似于细菌。但放线菌的细胞形态和生长习性与霉菌很相似,具有较复杂的形态分化,生长过程中产生菌丝体和分生孢子。所以放线菌与霉菌在杂交育种原理上虽差别较大,但育种操作方法基本相同。

放线菌杂交在原理上基本上类似于大肠埃希菌,通过供体向受体转移部分染色体,经过遗传物质交换,最终达到基因重组。有一部分放线菌在杂交过程中会形成异核体,但这种异核体与霉菌异核体不同,在复制过程中染色体不发生交换。在基本培养基上表现为形成的菌落都是原养型,当它们产生的分生孢子进一步培养时,形成的菌落却都分别属于两亲本类型。因此,在放线菌杂交重组过程中,异核体的作用不大。只有经部分染色体转移途径形成的局部杂合子,才是亲本间遗传信息传递和基因重组的关键,如图 3-6 所示。另一部分放线菌杂交过程不形成异核体,真正类似于大肠埃希菌杂交,两个不同基因型的菌株通过接合,细胞间沟通,供体菌株的部分染色体转移到受体菌细胞中,染色体发生交换,最后达到重组,获得各种重组体。

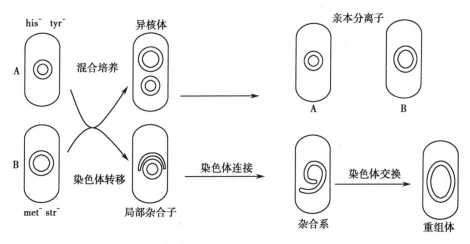

图 3-6　放线菌的杂交原理

(二)放线菌杂交的方法

放线菌的基因重组于 1955—1957 年首先在天蓝色链霉菌(*S. coelicolor*)中发现,以后在其他科、属、种中相继发现。常用的放线菌杂交方法主要有 3 种:混合培养法、平板杂交法和玻璃纸转移法。

1. 混合培养法　使用的两亲株必须是互补的营养缺陷型。将两亲株混合接种到丰富的完全培养基斜面上,孢子形成后制成单孢子悬浮液,然后再将混合培养的孢子稀释液涂布到基本培养基平板上培养 7~15 天后,出现较大的菌落,这些菌落除了回复突变和互养杂合子菌株之外都是原养型重组体。原养型重组体具有两亲本的优良性状。如抗生素产生菌,重组体的生产水平常常超过直接亲本。

2. 平板杂交法　该方法是先将菌落培养在非选择性培养基上,在菌落形成孢子以后,用影印平板培养,将菌落影印至已铺有试验菌孢子(浓度为 10^7~10^9/ml)的完全培养基平板上,再培养至孢子形成。然后把这上面的孢子影印到一系列选择性培养基上,以利于各种重组体子代的生长。

平板杂交法的优点是能迅速地进行大量杂交,可方便确定大量菌落与一个共同试验菌配对时的致育能力。

3. 玻璃纸转移法   采用该方法时要求两个直接亲本都带有营养缺陷型标记,其中一个亲本还要带有抗药性标记。用于筛选的是选择性培养基,即在基本培养基中加入同一种药物的补充培养基。操作时,将两亲本孢子混合液接种到覆盖于固体完全培养基上的玻璃纸表面,经过一定时间的培养,将玻璃纸转移到含有相应药物的补充培养基上,继续培养后,其他类型的菌株都不能生长,只有带抗药性等位基因的部分结合子所形成的杂合子菌株能够生长。

三、霉菌的杂交育种

真核微生物杂交的发现是在细菌之后。1952 年,Pontecorvo 首先在构巢曲霉(*Aspergillus nidulans*)中发现准性生殖,从而证实不产生有性孢子的微生物除了主要进行无性繁殖外,还能进行准性生殖。此后,利用真菌的准性生殖进行杂交的研究得到了快速发展,特别是产生许多重要工业发酵产品的不完全菌纲,其繁殖方式主要是准性生殖。通过杂交来提高菌种的发酵水平,对改进产品的质量具有重要的意义。

(一)准性生殖的过程

所谓准性生殖(parasexuality)是指真菌中不通过有性生殖的基因重组过程。准性生殖的整个过程包括 3 个相互联系的阶段,即异核体的形成、杂合二倍体的形成、体细胞重组。

1. 异核体的形成   在基本培养基上,接种两个营养缺陷型菌株,强制其互补营养。当具有不同性状的两个细胞或两条菌丝相互联结时,导致在一个细胞或一条菌丝中并存有 2 种或 2 种以上不同遗传型的核。这样的细胞或菌丝体称为异核体(heterocaryon),这种现象叫异核现象。这是准性生殖的第一步。这现象多发生在分生孢子发芽初期,有时在孢子发芽管与菌丝间也可见到。

2. 杂合二倍体的形成   在异核体菌丝繁殖过程中,偶尔发生 2 种不同遗传型核的融合,形成杂合细胞核。由于组成异核体的两个亲本细胞核各具有一个染色体组,所以杂合核是二倍体。杂合二倍体形成之后,随异核体的繁殖而繁殖,这样就在异核体菌落上形成杂合二倍体的斑点或扇面。将这些斑点或扇面的孢子挑出进行单孢子分离,即可得到杂合二倍体菌株。在自然条件下,形成杂合二倍体的频率通常是很低的。因此,需要人为地采取措施提高杂合二倍体形成的频率。

3. 体细胞重组   杂合二倍体只具有相对的稳定性,在其繁殖过程中可以发生染色体交换和染色体单倍化,从而形成各种分离子。染色体交换和染色体单倍化是两个相互独立的过程,有人把它们总称为体细胞重组(somatic recombination),这也是准性生殖的最后阶段。

染色体交换:由准性生殖第二阶段形成的杂合二倍体并不进行减数分裂,却会发生染色体交换。由于这种交换发生在体细胞的有丝分裂过程中,它们被称为体细胞交换(somatic crossing over)。杂合二倍体发生了体细胞交换后所形成的两个子细胞仍然是二倍体细胞,但其基因型不同于原来的细胞。

染色体单倍化:杂合二倍体除了发生染色体交换外,还能发生染色体单倍化。这过程不同于减数分裂。在减数分裂过程中,全部染色体同时由一对减为一个,所以通过一次减数分裂,由一个二倍体细胞产生四个单倍体细胞。而染色体单倍化则不同,每一次细胞分裂后,往往只有一对染色体变为一个,而其余染色体则仍然都是成双的。这样经过多次细胞分裂,才使一个二倍体细胞转变为单倍体细胞。通过单倍化过程,形成了各种类型的分离子,它包括非整倍体、二倍体和单倍体。

从上述准性生殖的整个过程可以看到,准性生殖具有和有性生殖相类似的遗传现象,如核融合、形成杂合二倍体,随后染色体再分离,同源染色体间进行交换,出现重组体等。有性生殖和准性生殖最根本的相同点是它们均能导致基因重组,从而产生子代的多样性,不同的是有性生殖通过典型的减数分裂,而准性生殖则是通过体细胞交换和单倍化。

(二)霉菌的杂交方法

1. 选择直接亲本　与常规的杂交育种一样,选择亲和力强又携带明显营养标记和辅助标记的菌株作为杂交的直接亲本。作为直接亲本的遗传标记有多种,如营养缺陷型、抗药性突变型、形态突变型等。当前应用较普遍的是营养缺陷型菌株。但是在选择遗传标记时还要注意到进一步杂交育种的要求。如菌株形态特征必须稳定,能在基本培养基上形成丰富的分生孢子,标记最好不影响产量,以及配对过程中必须较容易形成异核体等。

2. 异核体的形成与验证　要形成异核体,首先要将两个直接亲本的分生孢子或菌丝体进行混合接种、培养,使两个配对菌株的细胞彼此接触,进而发生细胞壁融合和细胞质的交流。异核体形成的方法主要有完全培养基的混合培养法,基本培养基衔接培养法和有限培养基培养法。为了进一步验证异核体,可以把初步选出的异核体菌落上的分生孢子稀释、涂布到基本培养基平板上,能在基本培养基平板上生长的为真正的异核体。

3. 杂合二倍体的形成与验证　异核体形成杂合二倍体的频率很低,研究证明,人工合成异核体的方法对形成杂合二倍体的频率有明显的影响,如采用基本培养基衔接培养法合成异核体时,有利于提高形成杂合二倍体的频率。杂合二倍体常常在异核体菌落上以角变或斑点形态出现,这种角变或斑点常常使野生型亲本的孢子颜色或菌落结构与异核体不同。因此,可以用接种环挑取上面的分生孢子,用自然分离法进行分离、纯化,即可获得杂合二倍体;也可以将异核体菌丝打碎,于基本培养基和完全培养基平板上进行分离,经培养长出异核菌落。在个别异核菌落上长出野生型、原养型的斑点和扇面,将其挑出进行分离纯化即可。

4. 分离子的形成与检出　杂合二倍体经过体细胞交换和单倍化后产生的子细胞,称为分离子(segregant)。分离子根据其营养要求、菌落或孢子颜色等可分为:亲本分离子、原养型分离子和异养型分离子。亲本分离子的营养要求、孢子颜色都和直接亲本相同,基因型也和亲本一样。原养型分离子在培养过程中表现不出两个直接亲本具有的营养缺陷型特征,能在基本培养基上正常生长,菌落孢子颜色一般是野生型的。从基因型分析,这种分离子由于基因重新组合,或许已不带营养缺陷型的隐形标记,或者营养缺陷型标记依然存在,但处于隐性状态。异养型分离子在培养过程中表现出与两个直接亲本部分相同的营养缺陷,说明基因型虽然是重建了,但还是带有部分原有的营养缺陷型标记。原养型分离子和异养型分离子由于基因型发生了重建,又称为重组型分离子。

检出分离子常用的方法是将杂合二倍体菌落产生的分生孢子分离在完全培养基平板上,经过培养,在大量菌落中找到个别菌落上带有颜色隐形标记突变的角变或斑变,挑取其上的分生孢子移接到完全培养基斜面,进一步分离纯化、鉴别。如果要检出抗性分离子,可以将杂合二倍体孢子分离在选择性培养基平板上,则可以筛选到抗药性分离子。

我国在霉菌杂交育种方面做了大量的工作。先后对青霉素产生菌产黄青霉和灰黄霉素产生菌荨麻青霉进行了杂交育种,获得了高产重组体菌株,大幅度地提高了发酵单位。

第五节　原生质体育种

原生质体(protoplast)是指微生物在酶的作用下,脱去细胞壁,剩下由原生质膜包围着的原生质部分。原生质体融合(protoplast fusion)指通过人为方法,使遗传性状不同的两个细胞的原生质体融合,从而获得兼有两个亲本遗传性状的稳定重组体的过程。原生质体融合打破了微生物的种界限,能够完整地传递遗传物质,可实现远缘菌株的基因重组,获得更多基因重组的机会进而提高育种速度,成为微生物育种的一种重要方式。随着对放线菌以及其他抗生素产生菌原生质体研究的进行,人们发现原生质体再生过程并非仅仅是细胞壁脱去与再生的改变,可能对菌体的遗传也有深刻的影响,因而有可能据此建立一种新的筛选和育种方法。同时,利用原生质体对诱变剂的敏感性高于孢子,将原生质体再生与常规诱变结合也取得了一些成果。

一、原生质体的制备

获得有活力、去细胞壁较为完全的原生质体对于随后的原生质体融合和原生质体再生是非常重要的。细菌和放线菌,制备原生质体主要采用溶菌酶;酵母菌和霉菌,制备原生质体则一般采用蜗牛酶和纤维素酶。影响原生质体制备的因素很多,主要有以下几个方面。

(一)培养基组成

制备原生质体首先要培养菌体或菌丝体。培养菌体的培养基成分对原生质体的制备有较大的影响。为了增强破壁的效果,常常在培养基中加入细胞壁合成的抑制剂甘氨酸。甘氨酸可以代替丙氨酸参与细胞壁合成初期短肽的合成,其结果是干扰了细胞壁肽聚糖的相互交联,便于形成原生质体。一般的放线菌只有在加入甘氨酸的培养基培养后,破壁酶才能更容易渗入和分解细胞壁,释放出原生质体。甘氨酸加入的浓度,通常宜控制在能明显抑制菌丝生长,并可获得适量的菌丝体为好。此外,培养基的其他成分对破壁酶的活性和对原生质体的稳定性也有一定的影响。例如用乙二胺四乙酸(EDTA)、青霉素或 D- 环丝氨酸等,可使菌体的细胞壁对酶的敏感性增加。EDTA 能与多种金属离子形成络合物,避免金属离子对酶的抑制作用,从而提高酶的脱壁效果。

(二)菌龄

微生物的生理状态对原生质体的制备量有着显著的影响,特别是菌龄的影响较大,菌龄过长不利于释放原生质体,过短则菌丝体容易破裂。大多数的微生物在对数生长期对溶菌酶的作用最敏感,而到了静止期则对酶渗入细胞产生一定的抗性,使酶的效果大大降低。丝状真菌一般选择孢子萌发形成年轻的尖端生长点的菌丝;细菌与霉菌一般采用对数生长期,而放线菌以对数期到静止期的转换期为好,不仅制备量多,而且细胞再生能力也强。

(三)酶浓度

各种微生物的细胞壁组成不同,破壁用的酶也不同。细菌和放线菌使用溶菌酶来水解细胞壁;真菌使用蜗牛酶、纤维素酶、β- 葡聚糖酶来水解细胞壁。一般而言,酶浓度增加,原生质体的形成率增大;酶浓度超过一定范围,原生质体形成率的提高不明显,但原生质体的再生率却降低。酶浓度过低,则不利于原生质体的形成。为了兼顾原生质体形成率和再生率,建议以使原生质体形成率和再生率之乘积达到最大时的酶浓度为最适酶浓度。

(四)酶解温度和 pH

不同的酶有不同的最适温度,这是在酶解细胞壁时首先要考虑的。此外,不同的微生物也有不同的最适培养温度。温度对酶解有双重影响,一方面随着温度升高,酶解反应速率加快;另一方面,随着温度升高,酶因蛋白质变性而失活,因此需要确定一个最适的酶解温度。总的来说,细菌的酶解温度可高一些,一般在 35~37℃。霉菌、酵母菌则要低些,一般在 25~30℃。放线菌的酶解温度介于两者之间,一般在 28~32℃。酶解的最适 pH 也随着酶的特性和菌种特性的不同而异。青霉菌酶解的最适 pH 为 5.4~6.5;放线菌酶解的最适 pH 为 6.5~7.0。

(五)酶解时间

充足的酶解时间是形成原生质体的必要条件。但是如果酶解时间过长,则再生率随酶解的时间延长而显著降低。其原因是当酶解进行了一定的时间后,绝大多数的菌体细胞均已形成原生质体,再继续进行酶解会进一步对原生质体发生作用而使细胞质膜受到损伤,造成原生质体失活。

(六)渗透压稳定剂

原生质体失去了细胞壁,因此对溶液和培养基的渗透压很敏感,必须在高渗透压或等渗透压的溶液或培养基中才能维持生存。在低渗透压溶液中,原生质体会破裂而死亡。对于不同的菌种,采用的渗透压稳定剂不同。细菌或放线菌,一般采用蔗糖、丁二酸钠等为渗透压稳定剂;酵母菌则采用山梨醇、甘露醇等;霉菌采用氯化钾和氯化钠等。稳定剂的使用浓度一般为 0.3~0.8mol/L。一定浓度的 Ca^{2+}、Mg^{2+} 等二价阳离子可增加原生质膜的稳定性,是高渗培养基中不可缺少的成分。

（七）原生质体形成率的测定

原生质体比菌体细胞对渗透压敏感得多。要计算原生质体溶液中含有的菌体细胞数,可将制备后的原生质体溶液悬浮在蒸馏水中,使原生质体破裂死亡。然后再将溶液接种到普通培养基平板上,此时只有剩余的菌体细胞能形成菌落。

用血球计数板分别计算加入蒸馏水前(用 A 表示)和加入蒸馏水后(用 B 表示)的完整细胞数,则原生质体形成率可用下式计算。

$$原生质体形成率 = [(A - B) \div A] \times 100\%$$

二、原生质体的再生

原生质体具有细胞的全部功能,但本身不能立即进行分裂、增殖,必须先在再生培养基上重新形成细胞壁,恢复到正常的细胞生活状态,才能进一步生长、分裂和增殖,这一过程就是原生质体再生。研究发现,原生质体再生的过程也有类似诱变剂处理的作用,有的菌种仅仅通过原生质体的制备和再生过程,就得到了发酵水平显著提高的菌株。

（一）影响原生质体再生的因素

1. 菌体的生理状态　一般来说,由孢子萌发形成的新菌丝制备的原生质体再生能力强,由菌丝顶端释放出的原生质体细胞的再生能力比较强。而具有残留细胞壁的原生质体比完全酶解细胞壁的容易再生。

2. 渗透压稳定剂　因为原生质体对渗透压比较敏感,在低渗溶液中容易破裂,所以再生培养基必须是高渗溶液。细菌、放线菌和酵母菌多用糖类、醇类作渗透压稳定剂,如常用 10%~15% 的蔗糖溶液。霉菌常用盐类溶液作渗透压稳定剂,如 NaCl、KCl、$MgSO_4$ 组成的稳定液,浓度一般为 0.3~1.0mol/L。

3. 酶浓度及酶解时间　酶解时,酶的浓度不宜过高,酶解的时间不宜过长,否则会降低原生质体的再生率。

4. 再生培养基的组成　再生培养基的成分对再生有很大的影响。培养基中碳源的种类和浓度对再生率的影响较大,需要通过实验确定。此外,培养基中的 Ca^{2+}、Mg^{2+} 的离子浓度对再生率的影响也比较大。适当低浓度的磷酸盐对提高再生率也是必要的,放线菌原生质体再生所需的磷酸浓度一般是 0.01%~0.001%。

5. 培养基中水分　再生培养基制备好以后,常需要放置数天,使其表面的水分挥发掉。有时还需要在净化工作台上吹干再生培养基表面的水分后,才能涂布制备好的原生质体,否则再生率低。有的菌种再生时,需要将再生培养基的重量吹干到原有培养基重量的 80% 才能得到较高的再生率。

（二）原生质体再生率的测定

$$原生质体的再生率 = [(C - B) \div A] \times 100\%$$

式中,A 为原生质体总数(采用血球计数板计算);B 为未形成原生质体的菌落数,即用蒸馏水与原生质体混合后,在再生平板上生长的菌落数;C 为再生菌落数,酶解液涂布于再生培养基上长出的菌落数。

各类微生物的再生频率是不同的。细菌原生质体的再生频率在 90% 以上,放线菌为 50%~60%,真菌为 20%~70%。

三、原生质体融合育种

原生质体融合技术是 20 世纪 70 年代出现的一种新的育种方法。原生质体融合是把两个亲株的原生质体混合在一起,在融合剂聚乙二醇和 Ca^{2+} 作用下,发生原生质体的融合,促使两亲本的遗传物质进行交换,从而实现遗传重组。在适宜的条件下,融合细胞可再生成新的完整细胞,从而获得具有新的遗传性状的重组菌株。

原生质体融合育种的基因重组频率高于普通的杂交方法,目前报道的以种间的融合研究较多,在属间实现融合的也有报道。因此,原生质体融合技术为实现亲缘关系较远、属性差异较大的菌株之间杂交开辟了一条有效的途径。

(一) 原生质体融合的方法

原生质体融合分为化学融合法和点融合法。

化学融合法是利用化学融合剂促使原生质体融合。化学融合剂主要为聚乙二醇(polyethylene glycol, PEG),PEG 以分子桥的形式在两个相邻的原生质体膜间起到中介作用,改变质膜的流动性能,降低表面势能,使膜中镶嵌的蛋白质颗粒凝聚,形成一层易于融合的无蛋白颗粒的磷脂双分子层。在 Ca^{2+} 的存在下,使膜表面电子分布改变,使得接触的质膜形成局部融合,进而凹陷构成原生质桥,作为细胞间通道并扩大,直到全部融合。一般情况下,不同原生质体融合选用 PEG 的分子量有所不同:放线菌选用 PEG 的分子量为 1 000~1 500,真菌选用 PEG 的分子量为 4 000~6 000,细菌选用 PEG 的分子量为 1 500~6 000。常用 PEG 的浓度为 30%~50%,但因微生物种类而异。由于 PEG 有一定的毒性,融合时间不宜过长,一般为 1~10 分钟。温度对原生质体融合也有一定的影响,细菌和放线菌往往偏低,20℃为好,真菌 30℃较合适。原生质体融合需要一定量的 Ca^{2+} 和 Mg^{2+} 促进融合,而 K^+、Na^+ 会显著抑制融合。但无机离子的浓度不宜过高,否则会干扰融合,一般以 $MgCl_2$ 20mmol/L、$CaCl_2$ 50mmol/L 为宜。

电融合就是原生质体悬浮液在交流非均匀电场的作用下,受到电介质电泳力的作用,根据双向电泳现象,原生质体向电极的方向泳动。同时,细胞内发生偶极化,原生质体相互粘连,将细胞沿电场线方向排列成串,待细胞间紧密接触,再外加瞬间高频直流强电压作用,以 $50\mu s$ 的脉冲冲击原生质体粘连位置,使之发生穿孔,然后原生质体膜复原,相连接的原生质体发生融合。

(二) 原生质体融合的一般过程

原生质体融合步骤可分为五大步骤:直接亲本及其遗传标记的选择、两亲本原生质体的制备、两亲本原生质体的融合、原生质体的再生和融合子的选择。

1. **直接亲本及其遗传标记的选择**　供原生质体融合用的两个亲株要求性能稳定并带有选择性的遗传标记,以便能顺利地筛选到融合子。目前,大多数采用营养缺陷型标记或抗药性标记,也有的采用温敏型标记、色素标记等。在有可能的情况下,如能利用亲本菌株的颜色、色素、孢子颜色等自身的遗传标记,就可以省去添加遗传标记带来的麻烦。

2. **两亲本原生质体的制备**　将两亲株分别用酶处理。一般细菌和放线菌多用溶菌酶处理,酵母菌用蜗牛酶或纤维素酶,霉菌用蜗牛酶、几丁质酶、壳聚糖水解酶、纤维素酶等。为了使菌体易于原生质体化,在用酶处理之前,常常在培养基中添加 EDTA、甘氨酸、青霉素或 D- 环丝氨酸等。此外,还要注意酶解的温度、时间以及酶的用量对原生质体制备的影响。

3. **两亲本原生质体的融合**　将两亲本的原生质体等量混合,可以加入 PEG 融合剂,也可以用电融合促进原生质体的融合。

4. **原生质体的再生**　将融合的原生质体涂布在再生培养基上。融合原生质体的再生包括融合体细胞壁和融合体的再生,融合体细胞壁再生只是原生质体再生的一步。原生质体再生后发育形成菌落,整个过程为复原。复原不仅指原生质体本身长出细胞壁,而且指细胞能够繁殖生长,形成菌落。

5. **融合子的选择**　融合子的选择主要依靠两个亲本的选择性遗传标记,在选择性培养基上,通过两个亲本的遗传标记互补而挑选出融合子。但是,由于原生质体融合后会产生 2 种情况,一种是真正的融合,即产生杂合二倍体或单倍重组体;另一种是暂时的融合,形成异核体。两者均可以在选择性培养基上生长,一般前者较稳定,而后者不稳定,会分离成亲本类型,有的甚至能以异核体状态移接几代。因此,要获得真正融合子,必须在融合体再生后,进行几代自然分离、选择,才能最后确定融合子。目前,选择融合子的方法主要有以下几种。

（1）利用营养缺陷型作为遗传标记进行检出:营养缺陷型标记是传统而有效的标记方法。进行融合的两亲本带有不同的缺陷型标记,不能单独在基本培养基上生长,而融合后形成互补可在基本培养基上生长,因此基本培养基上能够萌发长成菌落的就是融合体。

（2）利用抗药性作为遗传标记进行检出:不同微生物的抗药性是不同的,是由其遗传物质决定的,因此,不同微生物对某一药物的抗性存在着一定的差异,利用这种差异可以将两亲本和融合体区别出来,进而达到检出的目的。

（3）利用灭活原生质体作为遗传标记进行检出:灭活标记是指在原生质体融合前,使两亲本经紫外线照射、加热或某些化学处理,使得两亲本丧失在基本培养基上生长的能力,形成灭活标记。在发生融合后,遗传物质进行互补,能够正常生长。

（4）利用荧光染色进行检出:在酶解细胞壁时,向溶液中加入荧光色素,使两亲本带上不同的荧光标记,且仍能发生原生质体融合。融合后,在荧光显微镜下,直接挑选出带有两亲本荧光标记的融合体即可。

（5）利用特殊生理特征进行检出:不同微生物有着独特的生理特征,将这些生理特征与另一亲本的抗药性或营养缺陷型结合起来可以达到筛选融合体的目的。

（6）利用其他遗传标记进行检出:除了上述遗传标记外,微生物还有很多其他遗传标记,如菌落大小、颜色、形状等。根据这些性状,可将亲本和融合体区分开,达到检出的目的。

四、原生质体诱变育种

原生质体诱变育种已成为一种常用的育种技术。原生质体由于失去了细胞壁,对外界环境的影响更加敏感。此外,制备原生质体的菌体一般处于对数生长期,代谢旺盛、DNA复制活跃,极易与诱变剂相互作用。同时,原生质体还是单个的分散细胞,与诱变剂接触面积大,诱变后易于形成单菌落。因此,原生质体就成为了诱变处理理想的细胞形式。

由于原生质体对外界环境的影响更加敏感,所以应用原生质体再生并结合物理化学诱变能够得到产量较高、稳定性较好的菌株。

将普那霉素产生菌始旋链霉菌11-2（*Streptomyces pristinaespiralis* 11-2）在含0.5%甘氨酸的种子培养基中培养到对数生长期,收集菌丝体,经2mg/ml溶菌酶在30℃下作用90分钟可获得大量的原生质体,其再生率为5.1%。始旋链霉菌11-2原生质体经UV诱变并在含普那霉素的再生平板上筛选普那霉素抗性菌株,从中获得一高产突变株始旋链霉菌ZP-07,普那霉素产量达到1.59g/L,比出发菌株提高了101.3%。

对米曲霉31042（*Aspergillus oryzae* 31042）的原生质体进行紫外线和氯化锂、NTG复合诱变,筛选到8株高产中性蛋白酶突变株群,其中最高产酶活力为出发菌株的1 162倍。

五、原生质体再生育种

随着原生质体融合技术的应用,研究发现经原生质体再生可以提高抗生素产生菌的生产能力。如阿司米星产生菌制备原生质体后经再生,产量分布分散,类似于诱变育种后的产量分布,为两个正态的混合分布。推测原生质体再生过程可能对细胞具有诱变作用。与一般的诱发突变不同的是,再生菌落的正变率较高,这可能是原生质体再生过程中生命力弱的菌株被自然淘汰,生命力旺盛的菌株得以保留下来,从而使正变率提高。

在阿司米星产生菌小单孢菌sp.SIPI4812（*micromonospora* sp.SIPI4812）的原生质体再生试验中,将纯化后的原生质体涂布于再生培养基上,经培养一定时间后,长出菌落。对再生菌落随机挑选进行摇瓶发酵试验的结果表明,原生质体再生的菌落其产量分布分散,正变率近60%。在甲砜霉素产生菌的选育中,出发菌株卡特利链霉菌358(*Streptomyces cattleya* 358)经过原生质体再生处理后,对再生菌株进行效价测定,结果表明,抗生素产量有较大幅度的提高。

第六节　核糖体工程育种

核糖体工程(ribosome engineering)是从核糖体蛋白结构上的突变对微生物次级代谢调控作用的影响机制出发,利用微生物的各类抗性突变作为筛选标记,高效获得次级代谢产物合成能力提高的突变株的推理育种新方法。微生物核糖体突变诱导抗生素耐药性的同时,也导致核糖体功能的改变,从而影响微生物的其他一些生理活性,因此,核糖体工程在微生物活性产物高产菌株的选育方面受到了关注。

一、核糖体工程的作用机制

在营养极度缺乏的条件下,原核生物可以分泌抗生素、生成产物、合成酶,形成孢子和气生菌丝等,有非常广泛的适应能力。微生物具有对营养物质匮乏的环境进行严紧反应(stringent response)或称严紧控制(stringent control)的反应机制。微生物生长的环境中缺少氨基酸,会导致微生物产生一系列的细胞反应,如迅速中止RNA的积蓄和蛋白质合成,同时还伴随着细胞的形态分化(如形成气生菌丝和孢子)和启动次级代谢产物(如抗生素、色素和酶等)的生物合成。在这个反应过程中,四磷酸鸟苷酸(ppGpp)起着非常重要的作用,其合成基因是*rel*A。当微生物处于营养缺乏的环境时,它的生长由对数期进入稳定期,在这一变化中,由于环境中缺少氨基酸,蛋白质合成的装配车间也就是核糖体的A部(氨酰-tRNA的结合部位)会与游离的tRNA结合,因此导致肽链的延伸被迫停止,进而终止了蛋白质的合成。这一信息传递到它的合成基因*rel*A,触发合成ppGpp,从而激活微生物的次级代谢产物的生物合成。核糖体不仅是蛋白质的合成机器,也是细胞感知营养水平和对生长速率进行调控的重要位点,因此核糖体突变(包括核糖体蛋白和rRNA)带来的蛋白合成能力的改变,对次级代谢产物生物合成的代谢调控方面也起着关键性的作用。

核糖体突变通常发生在*rpo*B基因(编码RNA聚合酶β亚基)和*rps*L基因(编码核糖体蛋白S12)上。*rel*A突变株中引入*rps*L基因发生突变的链霉素抗性后,在ppGpp合成能力没有恢复的情况下就能恢复产次级代谢产物的能力。在已经知道的部分*rps*L基因突变株中,有些突变是可以通过增加翻译因子来提高稳定期蛋白质的翻译活性进而来活化其次级代谢调控过程。*rpo*B基因发生点突变后,RNA聚合酶能模仿与ppGpp结合的形式,增加与次级代谢产物启动子区域亲和力,激活次级代谢产物的合成。

微生物核糖体工程中最主要的两个细胞器即核糖体和RNA多聚酶,以引入的抗生素抗性突变为外在表征,定向筛选次级代谢产物合成能力提高的突变菌株。常用于抗性筛选的抗生素主要包括链霉素(streptomycin, Str)、利福平(rifampicin, Rif)、庆大霉素(gentamicin, Gen)、巴龙霉素(paromomycin, Par)、夫西地酸(fusidic acid, Fus)、硫链丝菌素(thiostrepton, Tsp)、林可霉素(lincomycin, Lin)和遗传霉素(geneticin, Gnt)等。单个或组合抗生素筛选条件下,都可得到大量表达目标产物的抗性突变株,其中以链霉素、利福平的研究开展较多,筛选效果最佳。

二、提高代谢产物产量

某些核糖体突变可以反映为作用于核糖体上的抗生素的抗性变化,因此通过筛选或构建相应的抗性突变,可获得核糖体功能突变的菌株,进而获得次级代谢产物合成能力提高的菌株。

产生南昌霉素A的南昌链霉菌(*Streptomyces nanchangensis*)经NTG诱变处理后,分别涂布在含Str和不含Str的平板上进行突变株筛选,结果显示非抗性选育得到的突变菌株大多是负突变株,而抗性选育得到的菌株中正突变率明显增高,最高产量也高于非抗性选育突变株。利用链霉素和利福平组合抗性筛选,结合高能电子诱变改造东方拟无枝酸菌,获得了去甲万古霉素效价提高 45.8% 的突变菌株。以白色链霉菌为出发菌株,诱变筛选链霉素、庆大霉素和利福平等单一、双重或三重抗性突变株,盐霉素产量均得到了不同程度提高,最高达 23mg/ml,比出发菌株产量提高 2.3 倍。

三、产生新的代谢产物

众所周知,微生物基因组中存在暂时丧失表达活性而静默的沉默基因,沉默基因在受到某些诱发因子刺激或者发生基因突变时能够被活化而实现表达,因此有可能产生新的代谢产物。所谓沉默基因(silent gene)是存在于微生物基因组中不表达或极低水平表达的 DNA 序列,它们能在特定条件下被激活而表达活性产物,沉默基因激活机制在自然界早已存在。

20 世纪 80 年代初就已提出了通过激活沉默基因来获取新型抗生素的方法,如通过基因克隆、诱变处理、菌株或种间自然接合、原生质体融合等方法来激活沉默基因。遗传学分析表明,菌体性状的调控是通过多层次的链锁调节操纵实现的;低表达水平时,抗生素的生物合成基因和抗性基因可激活酶结构基因;较高表达水平时,则有激活沉默基因的作用。通过激活沉默基因产生新抗生素的理论依据是微生物次级代谢的特点:一种微生物能产生多种抗生素或次级代谢产物,而相同或不同的菌种又可以产生极相似的一类化合物。

变铅青链霉菌(*Streptomyces lividans*)TK24 正常情况下不产生放线紫红素,在引入链霉素抗性之后,突变株获得了放线紫红素产生能力,这可能是引入抗生素抗性后,引起核糖体结构的变化,激活了沉默基因所致。以土壤中 1 株无活性苯胺紫链霉菌(*Streptomyces mauvecolor*)为出发菌株,筛选链霉素和利福平双重抗性突变株,结果突变株产生了新的化合物 piperidamycin。

第七节　分子育种

目前,抗生素菌种选育技术发展迅速,取得了令人瞩目的成就,许多优良的产生菌菌种被选育出来并用于工业化生产。但还存在一些问题,如传统诱变育种随机性大,在提高了抗生素产量的同时也伴随着有害突变的产生;原生质体融合技术只局限于 2 个菌之间的融合,没有扩展到 3 个以上菌之间的融合等。随着基因工程技术的发展,大量有用的载体系列已形成,对抗生素产生菌的基因表达调控研究及抗生素生物合成的分子遗传学研究不断深入,多种微生物次级代谢产物生物合成途径的克隆、序列测定、基因功能分析和组合生物合成探索,一方面生物合成途径和调控机制的阐明使提高次级代谢产物的产量、定向提高活性组分成为可能;另一方面大量基因资源、遗传操作体系、基因操作原理、产物分离系统的积累与优化,为次级代谢产物的进一步结构和活性的组合生物合成改造铺平了道路。这是传统诱变 - 筛选育种模式发展到一定阶段的一种必然的理性需求,是科学发展的必然。

一、提高代谢产物产量

目前利用基因重组技术改良抗生素的产生菌包括:①提高限速酶的活力,解除抗生素生物合成中的限速步骤,改变细胞内代谢流的方向,提高抗生素的产量;②引入抗性基因和调控基因,增加抗性基因拷贝,提高产生菌自身耐受性;③引入氧结合蛋白来提高抗生素的产量;④增强正调控作用或者解除负调控基因的阻遏作用,提高抗生素的产量;⑤通过敲除或破坏次要组分的生物合成基因来消除或减少次要组分。

（一）增加参与生物合成限速阶段基因的拷贝

增加生物合成中限速阶段酶系基因剂量有可能提高抗生素的产量。抗生素生物合成途径中的某个阶段可能是整个合成中的限速阶段,如果能够确定生物合成途径中的"限速瓶颈"(rate-limiting bottleneck),并设法提高这个阶段酶系的基因拷贝,提高限速酶活力,在中间产物增加对合成途径中某步骤不产生反馈抑制的情况下，就有可能增加最终抗生素的产量。

抗生素的产量与许多基因有关，甚至与有些不一定属于生物合成的基因有关。因此，单靠增加个别基因的拷贝，来改善"限速瓶颈"效应是不大容易的，然而确有成功的例子。

泰乐菌素（tylosin）发酵初期生物合成以泰乐菌素 A 为主，随着发酵周期的延长，泰乐菌素 A 组分与泰乐菌素 C 组分比例发生转化，泰乐菌素 A 相对减少，泰乐菌素 C 相应增多。由于泰乐菌素 A 具有最强的生物活性，发酵后期需将泰乐菌素 C 向泰乐菌素 A 定向转化，使泰乐菌素 A 含量达 80% 以上，方能放罐。要使泰乐菌素 C 转化为泰乐菌素 A，必须促使泰乐菌素 C 进行 3‴-O- 甲基化反应。泰乐菌素 C 在 3‴-O- 甲基转移酶（TylF）催化下转化为泰乐菌素 A（图 3-7）。泰乐菌素 A 产量高的弗氏链霉菌（S. fradiae）中 3‴-O- 甲基转移酶比活性也高，但与泰乐菌素 A 产量不成比例，并积累有较多的泰乐菌素 C，故推测泰乐菌素 C 甲基化这一步反应可能是限速阶段。通过克隆 3‴-O- 甲基转移酶基因，增加其拷贝，提高了泰乐菌素 A 的产量。

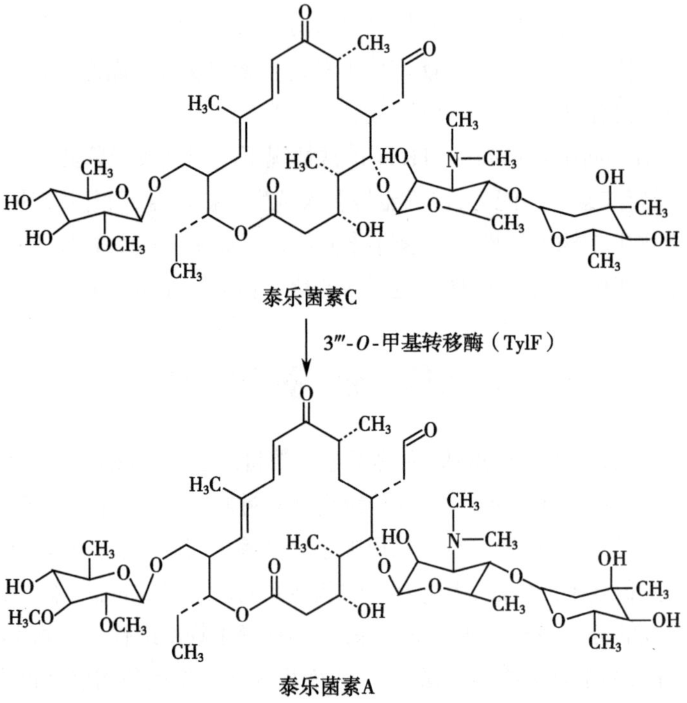

图 3-7　3‴-O- 甲基转移酶催化泰乐菌素 C 生成泰乐菌素 A

在青霉素的生物合成过程中，第一步由 pcbAB 编码的非核糖体聚肽合成酶催化三个氨基酸缩合成为三肽是生物合成的限速步骤。用强启动子替换该基因的原有启动子，使得 pcbAB 蛋白高表达，生物合成瓶颈效应的解除使得构建的代谢工程菌株青霉素的产量提高了 30 倍。

头孢菌素 C 生物合成途径如图 3-8 所示。分析高产头孢菌素 C 工业菌株发酵液，发现还有青霉素 N 积累，表明合成途径中的下一步反应限制了这一中间体的转化。利用基因工程手段将一个带有 cefEF 基因的整合型重组质粒转入头孢菌素高产菌株顶头孢霉 394-4（Cephalosporium acremonium 394-4）中，所得的转化子产量提高 25%；在实验室小罐中产量提高最大达到 50%，而青霉素 N 的产量却降低了。这说明脱乙酰头孢菌素 C 合成酶（dacetylcephalosporin C synthase，DACS）/ 脱乙酰氧基头孢菌素 C 合成酶（deacetoxycephalosporin C Synthetase，DAOCS）活性的增加使其底物的消耗也相应增加，由此认为从异青霉素 N（isopenicillin N，IPN）到脱乙酰氧基头孢菌素 C（deaetoxycephalosporin C，DAOC）可能是生物合成中的限速阶段。一株含有重组质粒的转化子 LU4-79-6 的详细分析表明，它有一个已整合到染色体Ⅲ上的附加 cefEF 基因拷贝，而内源 cefEF 基因拷贝则位于染色体Ⅱ上。由于

cef EF 基因拷贝的增加，该菌株的细胞抽提液中 DACS/DAOCS 的活力提高了 1 倍，在中试罐发酵，无青霉素 N 中间体积累，头孢菌素 C 的产量提高了 15% 左右（图 3-9）。这些结果说明，在重组体顶头孢霉菌 LU4-79-6 中已有效地解除了头孢菌素 C 生物合成中的限速步骤。虽然在工业发酵中产量仅仅提高了 15% 左右，但对于已高度开发的头孢菌素 C 菌株来说，这仍然是重大的改进。这株工程菌现已应用于工业生产。

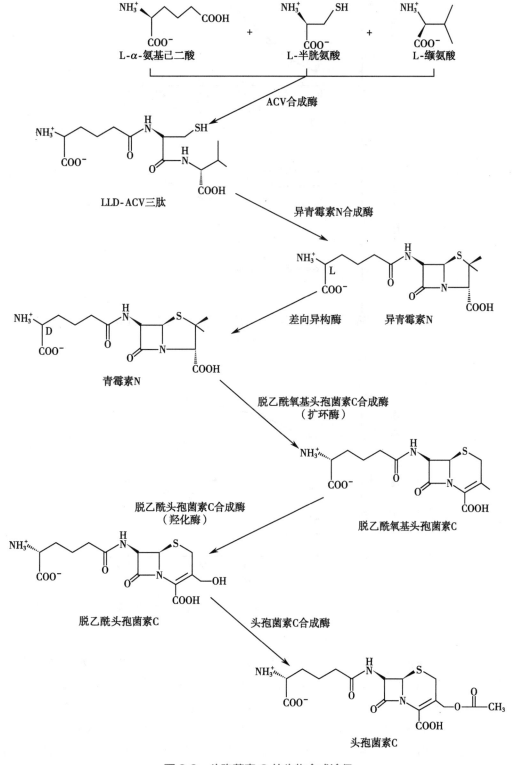

图 3-8 头孢菌素 C 的生物合成途径

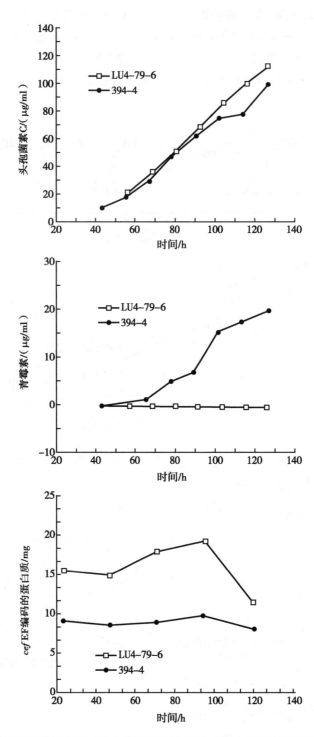

图 3-9 产生头孢菌素的重组菌株 LU4-79-6 与受体菌株 394-4 在中试罐中的发酵过程中不同产物的产量

（二）增加正调控基因和敲除负调控基因

生物合成基因簇携带编码调控因子的调控基因。调控因子是一类在转录水平调控基因表达的蛋白质,它们能特异性地结合到该基因簇中的核酸调控元件,激活或阻碍抗生素结构基因转录成 mRNA。在许多链霉菌中,关键的调控基因嵌在控制抗生素产生的基因簇中,它常常是抗生素生物合成和自身抗性基因簇的组成部分。正调控基因可能通过一些正调控机制对结构基因进行正向调节,加速抗生素的产生。负调控基因可能通过一些负调控机制对结构基因进行负向调节,降低抗生素的产量。因此,过量表达正调控基因或敲除负调控基因,是增加抗生素的产量最为直观的方法。

1. 增加正调控基因 将额外的正调控基因引入野生型菌株中,为获得高产量产物提供了最简单的方法。

在放线紫红素(actinorhodin)产生菌天蓝色链霉菌(*S. coelicolor*)中,*actⅡ*调节 *actⅠ*、*actⅢ*和其他 *act* 基因的表达,将 *actⅡ* 转入 *S. coelicolor* 中,尽管 *actⅡ* 的拷贝仅增加了 1 倍,但放线紫红素的产量提高了 20~40 倍。

那他霉素(natamycin),其他名称为纳他霉素、匹马霉素(pimaricin),是由纳塔尔链霉菌(*Streptomyces natalensis*)合成的二十六元环多烯大环内酯类抗生素,能抑制酵母和霉菌的生长,广泛应用于食品业的防腐防霉。那他霉素的基因簇中有两个正调节子 *pim*R 和 *pim*M,构建 *pim*M 和 *pim*R 过表达突变株,*pim*M 过表达的突变株在液体培养基中那他霉素产量为 200mg/L,野生型和 *pim*R 过表达的突变株产量均为 80mg/L,说明 *pim*M 比 *pim*R 对那他霉素的产量影响大。这是由于两个调节子的调控层级不同,*pim*R 调控 *pim*M 的表达,而 *pim*M 调控整个那他霉素基因簇基因的表达。

2. 敲除负调控基因 敲除负调控基因,可以提高目标产物生物合成基因簇的转录与表达水平,从而提高目标产物的产量。

平板霉素和平板素具有阻断细菌脂肪酸生物合成的作用,是对革兰氏阳性菌敏感的广谱、强效抗生素,它对某些耐药菌,如耐甲氧西林金黄色葡萄球菌和耐万古霉素肠球菌同样有效。普拉特链霉菌 MA7327(*Streptomyces platensis* MA7327)产生平板霉素(platensimycin)和平板素(platencin),2 种抗生素产量都很低,只有 1~3mg/L。在合成平板霉素和平板素的基因簇中发现了编码 GntR 家族类似的转录抑制子 *ptm*R1 基因。基因敲除 *ptm*R1 基因,产生的突变株 *Streptomyces platensis* SB12001 平板素产量为(255±30)mg/L,突变株 *Streptomyces platensis* SB12002 平板霉素产量为(323±29)mg/L(图 3-10)。2 种突变株产量都得到显著提高,比野生型菌株产量约高 100 倍。

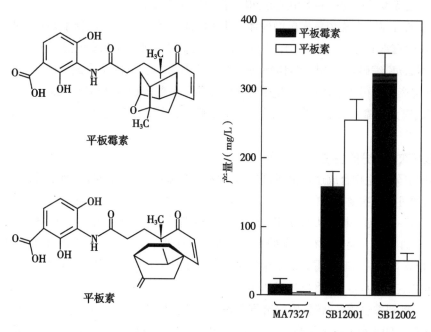

图 3-10 *Streptomyces platensis* MA7327、SB12001 和 SB12002 平板霉素和平板素的产量

(三)增加抗性基因

抗生素生物合成基因簇内有一个或多个基因负责编码修饰抗生素靶点的酶系统,包括抗生素失活酶和转运酶等,使菌体产生抗生素抗性,称为自身抗性基因(self-defense gene)。该抗性基因能够提高菌体对自身抗性,保护自身免受产物的毒性作用。抗性基因不但通过它的产物灭活胞内或胞外的

抗生素,保护自身免受所产生的抗生素的杀灭作用,有些抗性基因的产物还直接参与抗生素的合成。抗性基因经常和生物合成基因连锁,而且它们的转录有可能也是紧密相连的,是激活生物合成基因进行转录的必需成分。因此,抗性基因必须首先进行转录,建立抗性后,生物合成基因的转录才能进行。抗生素的产生与菌种对其自身抗生素的抗性密切相关。抗生素的生产水平是由抗生素生物合成酶和对自身抗性的酶共同确定的,这就为通过提高菌种自身抗性水平来改良菌种、提高抗生素产量提供了依据。

　　从卡那霉素产生菌中克隆了 6′-N- 氨基糖苷乙酰转移酶 AAC6′的基因(aacA),该基因在乙酰辅酶 A 存在下,可将氨基糖苷类抗生素分子中 2- 脱氧链霉胺的氨基乙酰化。将 aacA 基因转入新霉素和卡那霉素产生菌中,结果转化子对许多氨基糖苷类抗生素的抗性有所提高,新霉素和卡那霉素的发酵效价也有明显提高。

二、改善代谢产物组分含量

　　一株菌种产生多种类型的化合物是自然界普遍存在的现象,链霉菌产生的次级代谢产物常常是一组结构相似的混合物,每个化合物称为它的一个组分。多组分产生的分子基础是次级代谢产物的合成酶对底物的选择性不强以及合成途径中分支途径的存在。由于这些组分的化学结构和性质非常相似,而其生物活性有时却相差很大,这给有效组分的发酵、提取和精制带来很大不便。随着基因重组技术的不断发展以及对各种抗生素生物合成途径的深入了解,人们应用基因工程方法可以定向地改造抗生素产生菌,获得只产生有效组分的菌种。

(一)破坏分支途径的生物合成基因

　　如果不同组分的生物合成具有相同的中间体,再经不同的分支途径生物合成不同的组分,则可通过基因工程手段,灭活某分支途径的酶,定向改变微生物代谢途径,就可以去除该分支途径的产物。此策略常用来去除发酵产物中的无用组分,提高有用组分的含量。

　　庆大霉素 C1a 是半合成依替米星的前体。庆大霉素 C 产生菌发酵产物主要有庆大霉素 C1a、庆大霉素 C2、庆大霉素 C2a、庆大霉素 C1 等组分,从中分离庆大霉素 C1a 较困难。庆大霉素生物合成基因研究证明 genK 编码 $C_{6′}$ - 甲转移酶,负责庆大霉素 X2 至 G418 的合成。通过框架内敲除 genK 基因,导致发酵产物不再产生在 $C_{6′}$ 发生甲基化修饰的庆大霉素 C 组分(C2、C2a、C1),使细胞代谢过程集中向合成庆大霉素 C1a 的方向,提高了庆大霉素 C1a 产量,获得主要产生庆大霉素 C1a 的高产菌种。

(二)破坏次要组分的生物合成基因

　　如果不同组分的生物合成途径不同,它们的生物合成基因位于不同的基因簇时,利用同源重组进行基因破坏,通过破坏次要组分的生物合成基因,阻断其生物合成途径,获得主组分产生菌。

　　妥布霉素是一种氨基糖苷类抗生素,抗菌谱广,特别是对铜绿假单胞菌有较强的抗菌活性,多用于烧伤等疾病的感染。生产妥布霉素的黑暗链霉菌产生妥布霉素、卡那霉素 B 和阿泊拉霉素等组分。通过鸟枪克隆法从黑暗链霉菌 H-6 中克隆到了阿泊拉霉素抗性基因 aprR,在抗基因上游找到一个完整的 ORF,定名为 aprA。将抗性基因上游片段和报告基因 ermE、xylE 插入带有 aprA 片段的质粒 pHZ132 中,得到重组质粒,转化黑暗链霉菌得到双交换的突变菌株,对突变菌株发酵产物的分析表明,只产生单一的组分——氨甲酰妥布霉素,即破坏了突变菌株阿泊拉霉素生物合成基因,阻断了阿泊拉霉素生物合成,获得主要产生氨甲酰妥布霉素的菌种。

　　带小棒链霉菌同时合成 2 种结构上无关的次级代谢产物头霉素 C 和克拉维酸,虽然这 2 种次级代谢产物的生物合成具有完全独立的途径,但它们通过竞争初级代谢产物的能量和碳源来进行次级代谢的合成活动。通过敲除头霉素 C 合成所必需的基因 lat,可以使头霉素 C 的合成完全停止,而在 lat 突变株中克拉维酸的产量提高了 2~2.5 倍。

（三）优化生物合成代谢流

红霉素是一类在临床上广泛使用的、用于治疗革兰氏阳性菌感染的广谱大环内酯类抗生素。目前我国红霉素生产存在的主要问题，一是菌株发酵产量低，与国外红霉素发酵单位相比，存在较大差距；二是有效组分比例偏低，发酵粗产物中有效组分红霉素 A 的含量只有 70%，无效组分红霉素 B+ 红霉素 C 的含量约为 25%。为了达到出口标准（《欧洲药典》要求红霉素成品中红霉素 A 应高于 95%，红霉素 B+ 红霉素 C 的含量应低于 3%），红霉素的生产需经多步纯化，在分离的过程中其他红霉素相关组分没有被很好地利用，造成严重的环境污染和浪费，使产品成本增加，这是红霉素发酵工业中亟须解决的问题之一。根据红霉素生物合成途径（图 2-28），通过在红霉素产生菌体内进行遗传操作来提高红霉素的产量和改善红霉素 A 的比例，以解决传统诱变育种和化学合成难以解决的问题。在该工程改造中，首先构建一系列重组菌株，经系统性地调控红霉素 A 产生过程中两个后修饰酶（P450 氧化还原酶 EryK 和氧甲基化酶 EryG）的表达量和比例，发现红霉素 B 和红霉素 C 的含量均有不同程度的转化，红霉素 A 的含量均有一定程度的提高。其中的两株菌株红霉素 B+ 红霉素 C 基本消失，而红霉素 A 的发酵效价提高了 25%~30%（图 3-11）。

原始霉素（pristinamycin）ⅡA 是半合成抗生素的重要原料，而ⅡB 组分是生物合成过程中修饰不完全的中间体，原始霉素产生菌发酵得到的是原始霉素ⅡA 和ⅡB 比例为 80∶20 的混合物。在其生物合成研究中，发现基因 snaA、snaB 编码的原始霉素ⅡA 合成酶催化由前体原始霉素ⅡB 到终产物原始霉素ⅡA 的氧化过程（图 3-12）。通过将 snaA、snaB 整合到产生菌的染色体上，获得的重组菌株只产生被完全转化的原始霉素ⅡA。

三、改进代谢产物生产工艺

微生物代谢产物的生物合成一般对氧的供应较为敏感，不能大量供氧往往是高产发酵的限制因素。为了使细胞处于有氧呼吸状态，传统方法往往只能改变最适操作条件、降低细胞生长速率或培养密度。提高供氧水平通常只从设备和操作角度考虑，着眼于提高溶解氧水平或气液传质系数，提高发酵罐中无菌空气的通入量，并采用各种各样的搅拌装置，使空气分散，以满足菌体的需氧要求。空气的压缩、冷却、过滤和搅拌都消耗大量的能源，而结果只有一小部分的氧得到利用，造成能源浪费。

进入液相的氧分子，需穿过几层界膜，进入菌体后，再经物理扩散，才能到达消耗氧并产生能量的呼吸细胞器。如在菌体内导入与氧有亲和力的血红蛋白，呼吸细胞器就能容易地获得足够的氧，降低细胞对氧的敏感程度，进而改善发酵过程中溶解氧的控制强度。因此，利用重组 DNA 技术克隆血红蛋白基因到抗生素产生菌中，在细胞中表达血红蛋白，可望从提高细胞自身代谢功能入手解决溶解氧供求矛盾，提高氧的利用率，具有良好的应用前景。

将一种丝状细菌——透明颤菌（Vitreoscilla）的血红蛋白基因克隆到放线菌中，可促进有氧代谢、菌体生长和抗生素的合成。Vitreoscilla 为一种专性好氧细菌，生存于有机物腐烂的死水池塘，在氧限量的条件下，透明颤菌血红蛋白（Vitreoscilla hemoglobin，VHb）受到诱导，合成量可扩增几倍。该血红蛋白已经得到纯化，被证明含有两个亚基和 146 个氨基酸残基，分子量为 1.56×10^5。这个血红蛋白基因已在大肠埃希菌中得到克隆，经细胞内定位研究，证明大量的 VHb 存在于细胞间区，其功能是为细胞提供更多的氧给呼吸细胞器。VHb 最大诱导表达是在微氧条件下（溶解氧水平低于空气饱和时的 20%），调节发生在转录水平，转录在完全厌氧条件下降低很多，而在低氧又不完全厌氧的情况下，诱导作用可达到最大，在贫氧条件下对细胞生长和蛋白合成有促进作用。

将血红蛋白基因克隆到天蓝色链霉菌（S. coelicolor）中，在氧限量的条件下，血红蛋白基因的表达可使放线紫红素的产量提高 10 倍之多（图 3-13）；将血红蛋白基因引入顶头孢霉（Acremonium chrysogenum）中，限氧时，血红蛋白表达量较高，头孢菌素 C 的产量比对照菌株提高 5 倍。

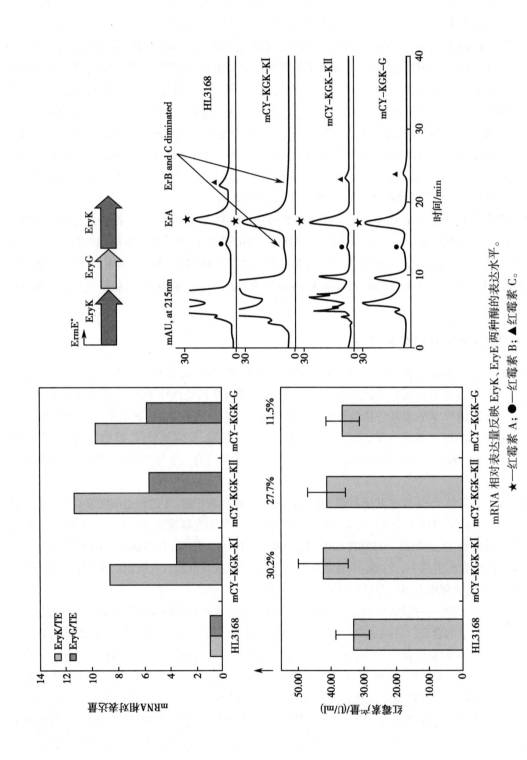

mRNA 相对表达量反映 EryK、EryE 两种酶的表达水平。

★—红霉素 A; ●—红霉素 B; ▲—红霉素 C。

图 3-11 基因重组改善有效成分红霉素 A 比例

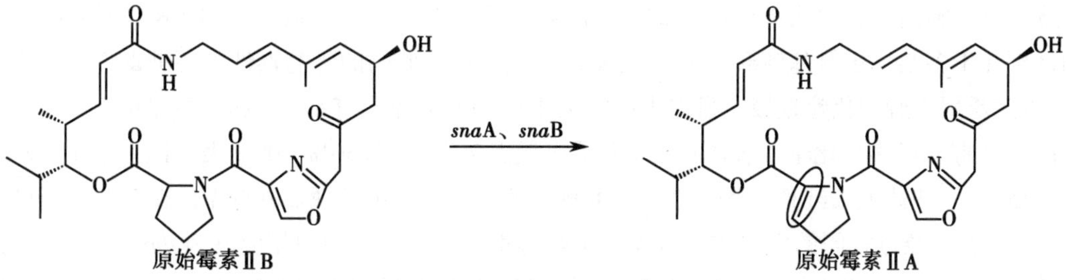

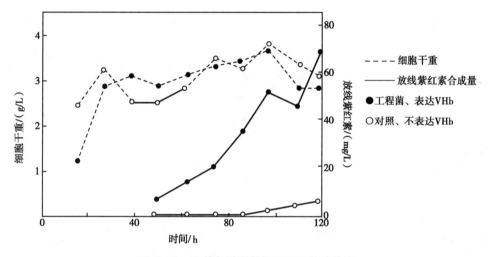

图 3-12 原始霉素ⅡB 合成原始霉素ⅡA

图 3-13 天蓝色链霉菌氧限量下发酵曲线

四、产生新的代谢产物

自 20 世纪 70 年代开始,基因工程技术的发展使人类有可能通过基因操作对微生物基因组进行改造。从那以后,借助基因操作技术改造微生物染色体,使其能够直接产生人类需要的、疗效更好、毒性更低的"非天然"的天然化学药物,就成为高端生物技术药物的研究热点。

采用基因工程技术,克隆了耐温链霉菌的十六元环大环内酯碳霉素的部分生物合成基因,将编码异戊酰辅酶 A 转移酶的 carE 基因转到产生类似结构的十六元环大环内酯抗生素螺旋霉素产生菌生二素链霉菌中,其转化子产生了异戊酰螺旋霉素(图 3-14)。这是第一个有目的改造抗生素而获得新杂合抗生素的成功例子。在此基础上,中国医学科学院医药生物技术研究所王以光教授研究开发了国家一类化学新药异戊酰螺旋霉素(可利霉素),药效学研究表明可利霉素的抗菌活性及治疗效果优于乙酰螺旋霉素、麦迪霉素和红霉素,已经获得国家一类新药证书。这是迄今为止国内外唯一一个利用"合成生物学技术"研制的实现产业化的"杂合抗生素"。

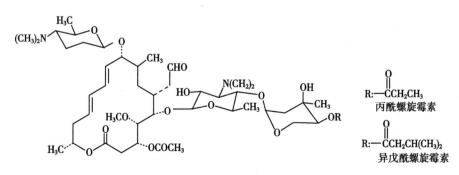

图 3-14 丙酰螺旋霉素和异戊酰螺旋霉素的结构

　　蒽环类抗肿瘤药表柔比星（epirubicin, epiDXR）是多柔比星（doxorubicin, DXR）的换代产品，两者的区别在于多柔比星氨基糖部分中 C$_4$ 羟基的反式构型。此药的骨髓毒性和心脏毒性均比多柔比星低，被广泛用于肿瘤化疗领域。目前生产多柔比星（14-羟基柔红霉素）和表柔比星主要是由发酵产生的柔红霉素经多步化学半合成得到（多柔比星需 7 步，产率 30%~40%；表柔比星至少 10 步，产率低于 20%）。在研究柔红霉素和阿维菌素的糖基的生物合成中发现 2 种构型的糖基起源于同种原料（图 3-15），且经过相同的中间体。首先使柔红霉素生物合成途径中相应基因 *dnm*V 失活，得到的突变菌株只产生糖基化的前体 RHO；然后将阿维菌素生物合成途径中相应基因 *avr*E 转入上述突变菌株，得到的突变体通过发酵可以直接生产表柔比星（图 3-15）。

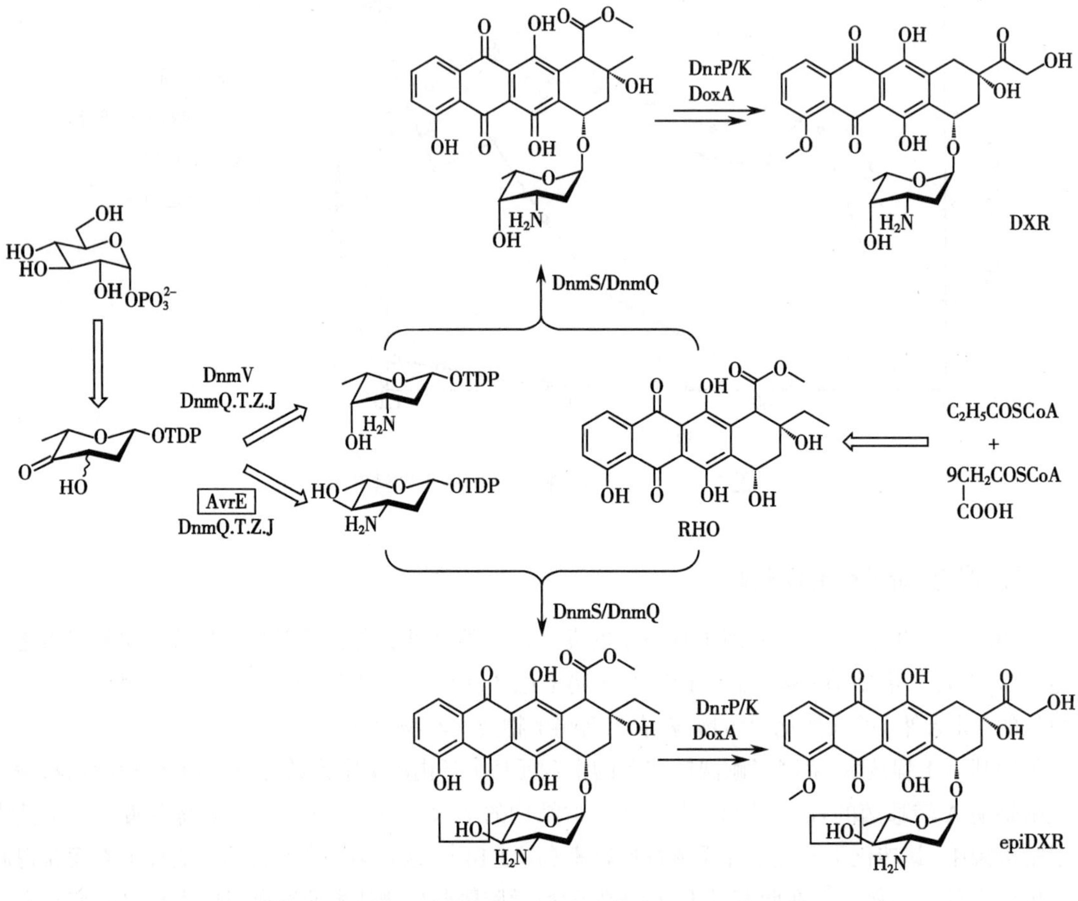

图 3-15　基因工程技术获得直接生产表柔比星的菌种

思 考 题

1. 解释下列名词：自发突变、诱发突变、表型延迟、原生质体、理性化筛选。
2. 菌种选育在发酵生产上的主要作用有哪些？
3. 微生物对突变的修复是通过哪些作用实现的？
4. 写出自然选育的流程和具体操作要点。
5. 烷化剂的诱变机制是什么？常用的烷化剂类诱变剂有哪些？
6. 亚硝酸的诱变机制是什么？它可以引起哪种类型的突变？
7. 紫外线诱变主要引起遗传物质哪些变化？紫外线的有效诱变波长是多少？
8. NTG 的作用方式与 pH 有什么样的关系？

9. 初级代谢产物的理性化筛选有哪些方法？

10. 抗生素等次级代谢产物的理性化筛选有哪些方法？

11. 影响原生质体制备的因素有哪些？

12. 影响原生质体再生的因素有哪些？

13. 说明原生质体融合的一般过程与主要影响因素。

14. 基因工程技术在菌种选育中有哪些方面应用？

第三章
目标测试

（夏焕章）

第四章

菌 种 保 藏

第四章
教学课件

第一节　菌种保藏的目的和管理规程

一、菌种保藏的目的

微生物菌种是国家的重要资源之一,在工业、农业、食品及医疗保健中具有重要的作用。微生物菌种是有生命的,其世代周期一般很短,在传代过程中易发生变异、污染甚至死亡,造成产生菌种的退化,并有可能使菌种的优良性状丧失,甚至丧失生产能力。因此世界各国对菌种的保藏极为重视,许多国家建立了专门的菌种保藏机构。

菌种保藏(culture preservation)是指将微生物菌种用各种适宜的方法妥善保存,避免死亡、污染,保持其原有性状基本稳定。其目的是尽可能保持菌种的存活率和优良性能,保证菌种经过较长时间的保藏后仍保持存活和生产能力。

二、菌种保藏的管理规程

菌种保藏对于基础研究和实际应用具有重要的意义。在基础研究中,菌种保藏可保证研究结果具有良好的重复性;对于有经济价值的产生菌菌种,好的保藏条件可保证菌种的高产稳产,有利于生产的连续和稳定。

菌种保藏应该符合国家相关法律法规,符合环境保护要求,不能对周围环境造成污染和危害。而且菌种保藏机构所保藏的菌种的生物危害性应与其实验室生物防护水平相适应,实验室的装备和管理应符合国家《实验室　生物安全通用要求》(GB 19489—2008)和《病原微生物实验室生物安全管理条例》的相关规定。保藏的菌种应进行复核、鉴定、纯度检验以及资源信息整理。

菌种信息包括菌种的中英文名称、菌种编号、菌种分离介绍或者菌种来源、生物活性或者代谢产物、保守基因信息、菌株生长特征描述、菌落形态描述和照片、菌丝体或者孢子丝、孢子、孢子梗形态等描述和照片、生物安全性、菌种提供人的信息等。

菌种保藏方法应该依据被保藏菌种特性进行选择,同一菌株应该选用 2 种或者 2 种以上的方法进行保藏;菌种入库和出库应记录入档,实行双人负责制管理;重要菌种应该异地保藏备份;高致病性病原微生物和专利菌种应由国家指定的保藏机构保藏;菌种保藏设施应确保运行正常,设专人管理,定期维护;菌种保藏设施应有备用电源,防止断电事故发生。

保藏的菌种,应定期检查其纯度、生物学活性,如有污染或者退化,要及时纯化分离、复壮,每次检查要有详细记录。

三、菌种的生物安全性分类

不同微生物的生物安全性不同,对应地应该在不同生物安全级别防护设施中进行微生物的操作。此操作包括对微生物菌种的分离、培养、鉴定和保藏。

（一）一类微生物

一类微生物是指对个体和群体危害程度高,通常引起人和／或动物严重疫病且暂时无有效的预防和治疗措施的致病微生物;通过气溶胶传播的,有高度传染性、致死性的人和／或动物致病微生物;未知危险的人和／或动物致病微生物;我国尚未发现或已经宣布消灭的微生物。使用四级生物防护设施可保证操作安全。

（二）二类微生物

二类微生物是指对个体危害程度高,对群体危害程度较高,能通过气溶胶传播引起严重或致病性疫病,导致严重经济损失的致病微生物,或者比较容易直接或间接在人与人、动物与人、动物与动物间传播的微生物。对人引发的疾病具有有效的预防和治疗措施。

（三）三类微生物

三类微生物是指对个体危害程度为中度,对群体危害程度较低,主要通过皮肤、黏膜、消化道传播。对人和／或动物有致病性,但一般对实验人员、动物、环境不会造成严重危害,传播风险有限的致病微生物,具有有效的预防和治疗措施。

（四）四类微生物

四类微生物是指对个体和群体危害程度低,通常情况下不会对人和／或动物致病的微生物。工业生产上发酵用的微生物基本都属于这类微生物。

四、菌种的防护级别

（一）一级生物防护

一级生物防护（biosafety level 1）指能够安全操作的,对实验室工作人员和／或动物无明显致病性的,对环境危害程度微小的,特性清楚的病原微生物的生物安全水平。

（二）二级生物防护

二级生物防护（biosafety level 2）指能够安全操作的,对实验室工作人员和／或动物致病性低的,对环境有轻微危害的病原微生物的生物安全水平。

（三）三级生物防护

三级生物防护（biosafety level 3）指能够安全地从事本国和外来的、具有可能经呼吸道传播以及引起严重的或致死性疾病的,对人引发疾病具有有效的预防和治疗措施的病原微生物工作的生物安全水平。与上述相近的或有抗原关系的,但尚未完全认知的病原体,也应在此种水平条件下进行操作,只有取得足够的数据后才能确定最后的生物安全水平等级。

（四）四级生物防护

四级生物防护（biosafety level 4）指能够安全地从事从国外传入的,能通过气溶胶传播的,实验室感染高度危险,严重威胁人和／或动物生物和危害环境的,没有特效预防和治疗方法的微生物工作的生物安全水平。与上述相近的或有抗原关系的,但尚未完全认知的病原体,也应在此种水平条件下进行操作,只有取得足够的数据后才能确定最后的生物安全水平等级。

第二节 菌种保藏的原理、方法及注意事项

微生物菌种常规保藏是一类重要的基本操作技术,广泛应用于科学研究、生产、教学、医疗等各个

领域,是保护微生物菌种资源的重要手段,是科研教学及生物技术产业正常运转的重要保障。

一、菌种保藏的原理

根据微生物的生理特性,人为地创造条件,使微生物处于代谢不活跃、生长繁殖受抑制的休眠状态,以减少菌种的变异、退化、死亡、污染。有利于微生物休眠的条件包括低温、干燥、缺氧和缺乏营养物质等。

二、菌种保藏的方法

菌种的保藏方法很多,一个好的保藏方法除了能长期保持菌种原有的优良性状外,还应简便、经济,以便在生产上能广泛使用。在实践中,可根据具体工作的需要选择不同的保藏方法。

(一)斜面低温保藏法

斜面低温保藏法是一种简单常用的保藏方法,广泛应用于细菌、放线菌、酵母菌等菌种的短期保存。此方法对科研与教学工作中不要求长期保藏的菌种更是方便,特别是对不易用冷冻干燥保藏的菌种,斜面低温保藏较好。

斜面低温保藏可将菌种接种于适宜的斜面培养基中,也可进行穿刺培养,待菌体生长成熟后,放入 4℃冰箱中保藏。为了长期保持菌体存活,每间隔一定时间需重新移植培养一次:芽孢杆菌需 3~6 个月移种一次,其他细菌每月移种一次,如保藏温度高,则间隔的时间要短;放线菌 4~6℃保藏 3 个月移种一次;酵母菌 4~6℃保藏 4~6 个月移种一次;某些种类的酵母,如阿氏假囊酵母则需每 1~2 个月移种一次;丝状真菌 4~6℃保藏 4 个月移种一次;担子菌 4~6℃保藏 3 个月移种一次。

斜面低温保藏宜处于相对湿度为 50%~70% 的环境中,且斜面菌种应保藏相继三代的培养物以便对照,防止因意外和污染造成损失。

影响斜面低温保藏效果的因素很多,主要受保藏培养基和培养条件的影响。保藏培养基的营养成分贫乏一些,氮源略多,糖类少,可减少因培养基 pH 下降对菌种性能的影响。经验表明,保藏斜面在传代过程中,营养贫乏和营养丰富的培养基交替使用,有利于保持菌种的优良特性。常见微生物菌种保藏培养基列于表 4-1 中。英联邦的真菌研究所(CMI)对真菌的保藏提出两项意见:①斜面培养基的成分以控制既有利于菌丝生长又有利于孢子形成为原则;②采用贫乏和丰富培养基交替培养和保藏,可以延缓菌种衰退。

表 4-1 常见微生物菌种保藏培养基

微生物类型	保藏培养基的组成
好气性细菌	胰蛋白胨 5g、酵母汁 5g、葡萄糖 1g、K_2HPO_4 1g、琼脂 20g、水 1 000ml
有孢子杆菌	蛋白胨 5g、牛肉汁 3g、豆汁 250ml、琼脂 15g、水 750ml,pH7.0
放线菌	Emerson 培养基:NaCl 2.5g、蛋白胨 4.0g、酵母汁 1.0g、牛肉汁 4.0g、琼脂 20g、水 1 000ml,pH7.0; 高氏合成琼脂(Gause's synthetic agar):可溶性淀粉 20g、KNO_3 1g、K_2HPO_4 0.5g、$MgSO_4 \cdot 7H_2O$ 0.5g、NaCl 0.5g、$FeSO_4$ 0.01g、琼脂 20g、水 1 000ml,pH7.2
丝状真菌	玉米粉琼脂(corn meal agar,CMA):玉米粉 6.0g、水 1 000ml,搅拌成糊状,文火煮沸 1h,用 4 层纱布过滤,加入琼脂 20g 并加热溶化,恢复至原体积,0.1MPa 灭菌 20min; 马铃薯琼脂(potato dextrose agar,PDA):200g 未去皮马铃薯切块,在 1 000ml 水中煮沸 30min,过滤。滤液加入葡萄糖 20g、琼脂 20g,0.1MPa 灭菌 20min
曲霉	察氏琼脂(Czapek Agar,CZA):蔗糖 30g、$NaNO_3$ 3g、K_2HPO_4 1g、$MgSO_4 \cdot 7H_2O$ 0.5g、KCl 0.5g、$FeSO_4 \cdot 7H_2O$ 0.01g、琼脂 20g、水 1 000ml,pH6.0

续表

微生物类型	保藏培养基的组成
青霉	麸皮培养基（wheat bran Medium）：新鲜麸皮与水 1∶1 混合，121℃灭菌 30min
毛霉	菠菜 - 胡萝卜琼脂培养基：菠菜（薄切）200g 和胡萝卜（去皮薄切）200g，放在 1 000ml 水中煮沸 1h 后用布过滤，加琼脂 20g，0.1MPa 灭菌 20min
酵母	蛋白胨 3.5g、麦芽汁 3g、K_2HPO_4 2g、$MgSO_4 \cdot 7H_2O$ 1.0g、葡萄糖 20g、$(NH_4)_2SO_4$ 1.0g、琼脂 20g，水 1 000ml

该方法的优点是简便易行，成本低，能随时观察菌株是否死亡、变异、退化或染菌。缺点是由于斜面含有营养和水分，菌种生长和繁殖还没有完全停止，代谢活动尚能微弱进行，因此存在自发突变的可能；短期内多次传代易引起菌种发生变异和退化，污染杂菌的机会也会随之增多。斜面菌种在保藏期间，培养基的水分易蒸发而收缩、干涸，使得浓度增高，渗透压加大，因而易引起菌种退化甚至死亡。如采用无菌的橡皮塞代替棉塞，以避免水分蒸发，可延长保藏期。

（二）液体石蜡保藏法

液体石蜡又名"矿油"，所以该法又称"矿油保藏法"。用液体石蜡保藏菌种的方法是由法国的 Lumière 于 1914 年创造的，也是工业微生物菌种保藏的常用方法。

该方法使用的液体石蜡应选优质化学纯，若含有杂质，尤其是有毒物质，会影响菌种的生产性能。液体石蜡能防止培养基水分的蒸发，隔绝氧气，降低微生物的代谢，延长保藏时间，因此保藏效果比斜面保藏效果好。在保藏期间如发现液体石蜡减少，应及时补充。该方法的使用范围较广，但对不同的微生物保藏期有很大的差异。如有的真菌可保持十余年，对一些形成孢子能力很差的丝状真菌，液体石蜡保藏更有效。但液体石蜡保藏法不适合能够利用石蜡作为碳源的微生物，如分枝杆菌、毛霉、根霉等。

该方法中斜面培养基的选择、配制方法以及保藏条件与斜面保藏法几乎相同。但石蜡在使用前需先做灭菌处理，并验证无菌。具体方法是：将液体石蜡 100ml，装入 250ml 锥形瓶内，瓶口加棉塞，于 0.1MPa 灭菌 30~60 分钟；然后置于 160℃烘箱中放置 1~2 小时，见瓶内液体石蜡呈澄清透明，液层中无白色雾状物时即可，其目的是使灭菌时进入瓶内的水分蒸发。待灭菌后的石蜡冷却至室温，无菌条件下用无菌吸管吸取少量液体石蜡滴入空白麦芽汁平板上，涂布后于 30℃条件下培养 1~3 天，检查无菌落长出后方可使用，如有杂菌长出则需要重新灭菌。

灌注石蜡保藏菌种的具体方法：在无菌条件下，将液体石蜡倾注或用无菌吸管移入生长成熟、丰满的斜面菌种上，使液体石蜡高出斜面顶端 1cm 左右，加塞并用固体石蜡封口，将其直立放在试管架上低温保藏。移种时，直接取 1 小块菌种，移接到新的斜面培养基上，室温培养。余下的菌种仍在原液体石蜡中贮藏。因贮藏后的菌丝沾有石蜡，移种后生长慢且弱，需再继续接传 1 次方可使用。

为确保菌种活性，采用该法保藏之前要做预备试验。菌种保藏期间要定期做存活率和活性试验，一般 2~3 年 1 次，以考察该法的保藏效果与菌种的适应性。

该方法的缺点是必须直立放在冰箱内，占据了比较大的空间。部分工业上的产生菌株也不宜用此法保藏，因其容易造成生产能力下降。

（三）沙土管保藏法

土壤是自然界微生物的共同活动场所，土壤颗粒对微生物具有一定的保护作用，其原理是提供干燥和寡营养的保藏条件。干燥能使微生物的代谢活动水平降低但不会死亡，只是处于休眠状态，延长了其存活期。不少微生物如产孢子的放线菌、霉菌和形成芽胞的细菌，在干燥环境中抵抗力强，不易死亡。因此可以把菌种接种到一些适宜的载体上，人为创造一个干燥环境，就能达到菌种保藏的目的。

具体制备方法如下。

1. 沙土的制备　取河、海黄沙1 000~1 500g,放入容器内,加入10%盐酸溶液浸泡,24小时后倒掉溶液,置于自来水下冲洗至pH为中性,烘干。通过60目筛,弃去大颗粒及杂质,再用80目过筛,并用磁铁除去黄沙中的铁质,放入容器中用10%盐酸浸泡,如河沙中有机物较多可用20%盐酸浸泡,24小时后倒掉盐酸,用水洗泡数次至中性,将沙子烘干或者晒干。另取未被污染的较瘠薄的地表以下土壤(最好是山坡上,或深挖40~60cm的非耕作层土壤),用自来水浸泡冲洗,直至pH为中性,烘干、碾细,通过120目筛。将以上处理过的沙与土以1:1或3:2的比例混合均匀,分装于100mm×10mm的小试管中,每管装量为1.5~2.0g,分装高度约为1cm,加棉塞,包上牛皮纸,121℃高压灭菌1~1.5小时,间歇灭菌2~3次,50℃烘干,经检查无误后备用。

2. 菌种的制备　供沙土保藏的菌种质量要求高,首先使斜面菌种生长成熟,孢子丰满,菌龄或孢子龄要适宜。供保藏的菌种要采用分离纯化后的纯种,并且要测定其生产力,不能污染杂菌。

3. 沙土管的制备　取培养好的新鲜斜面,加入适量的无菌水,轻轻刮下孢子(严防菌丝和培养基带入),制成孢子悬液(孢子浓度为10^8~10^{10}/ml),每支沙土管中加入0.2~0.3ml的孢子悬液,搅拌混匀,置于真空干燥器中抽干约4小时,干燥后的沙土管用火焰熔封管口,放置低温保藏,保藏时间可达数年。

本方法的保藏条件是干燥、低温、隔氧、无营养物,保藏的效果较好,制备也较简单,为一种长期保藏菌种的方法。该方法适用于保藏产孢子或形成芽胞的微生物,如芽孢杆菌、放线菌、丝状真菌等,不适于对干燥敏感的细菌及酵母的保藏,该方法缺点是存活率较低。

(四)麸皮保藏法

麸皮保藏法又称"曲法保藏",常用于放线菌和霉菌的保藏。本法以麸皮作为载体,吸附接入的孢子,然后在低温干燥条件下保存。其操作方法是按照不同菌种对水分要求的不同,将麸皮与水或其他培养基成分以一定的比例1:(0.8~1.5)拌匀,装量为试管体积的2/5,湿热灭菌后经冷却,接入新鲜培养的菌种,适温培养至孢子长成熟。将试管置于盛有氯化钙等干燥剂的干燥器中,于室温下干燥数日后移入低温下保藏;干燥后也可将试管用火焰熔封后再保藏,则效果更好。麸皮保藏法因操作简单、经济实用,是实际生产中较多采用的方法。此法适用于产孢子的霉菌和某些放线菌,保藏期在1年以上。中国科学院微生物研究所采用麸皮保藏法保藏曲霉,如米曲霉、黑曲霉、泡盛曲霉等,其保藏期可达数年至数十年。

(五)冷冻干燥保藏法

微生物菌种的冷冻干燥(freeze-drying)保藏是目前较为常用的非常有效的微生物菌种保藏方法,适用于绝大多数微生物菌种的保藏,为各类菌种保藏机构广泛采用。该法简称"冻干法",是将菌液在冻结状态下升华其中的水分,获得干燥的菌体样品。该法同时具备了干燥、低温、缺氧的菌种保藏条件,保藏期长、变异小、适用范围广,为目前较理想的保藏方法。

该方法是用保护剂制备拟保藏菌种的细胞悬液或孢子悬液后,将其分装于安瓿管中,在低温下快速冻结,并在真空下使水分升华,将样品脱水干燥,形成完全干燥的固体菌块。同时在真空条件下立即熔封,造成无氧真空环境,最后置于低温下保藏。冻干管的制作过程如下。

1. 安瓿管的处理　安瓿管的内径一般为8~10mm,长度不小于100mm。预先将安瓿管用2%盐酸浸泡,用蒸馏水洗净烘干后,加入菌种标签纸条,加棉塞,湿热灭菌后,60℃烘箱干燥备用。

2. 保护剂的选择和配制　保护剂的作用是保持菌种细胞的生命状态,稳定细胞膜,推迟或逆转膜成分的变性,同时还可以使细胞免于冰晶损伤而死亡。在菌种保藏和复苏过程中,保护剂不仅起到稳定细胞的作用,还有支持作用,可以使微生物疏松地固定在上面。

保护剂的选择和配制因所保藏的菌种的不同有所变化。最常用的保护剂是脱脂牛奶,脱脂牛奶可由新鲜的牛奶制备。将新鲜牛奶冷藏过夜,除去表面脂肪膜,或用微火加热30分钟,在加热过程中不断用接种铲除去表面的脂肪膜,再以 3 000r/min 的转速,离心 20~30 分钟,离心 2~3 次,彻底去除脂肪,然后于 115℃高压灭菌 15~20 分钟。也可用脱脂奶粉制备保护剂,用蒸馏水配制成 10% 或 20%(质量分数)浓度的溶液后,在上述条件下灭菌。配制保护剂时应注意保护剂材料的搭配、保护剂浓度及 pH(一般为中性)。厌氧微生物冷冻干燥所用的保护剂在使用前应在 100℃的沸水中煮沸 15 分钟左右,脱气后放入冷水中急冷,以除掉保护剂中的溶解氧。

3. 菌悬液的制备　在无菌条件下,取少量的保护剂加入生长成熟、孢子(菌体或芽胞)丰满的斜面上,轻轻刮下菌苔或孢子(注意不能使菌悬液中带入培养基,也不能有过多的气泡),制成菌悬液,菌悬液的细胞浓度以 10^8~10^{10}/ml 为宜。用较长滴管,直接将菌液滴入安瓿管底部,注意不要溅到管壁,每个管分装取 0.1~0.2ml,若是球形安瓿管,装量为半个球体。分装后用脱脂棉堵住安瓿管口,注意不要过紧或者过松。分装时间尽量要短,最好在 1~2 小时分装完毕并预冻。

4. 预冻　一般预冻 2 小时以上,温度达到 -40℃左右。装入菌悬液的安瓿管应尽快预冻,以防菌体沉淀为不均匀的菌悬液或微生物再次生长。预冻温度一般应该在 -30℃以下,如在 0~10℃范围冻结,所形成的冰晶颗粒较大,易造成细胞损伤;-30℃以下冻结,冰晶颗粒细小,对细胞损伤小。目前有 3 种常用降温方法:①程序控温降温法。应用程序控制降温仪,可以稳定连续降温,能很好地控制降温速率。②冷冻干燥机自行冷冻。某些冷冻干燥机具有冷冻功能,在真空泵不开启的情况下,可将菌种冷冻到 -40℃左右。③将菌种放入 -80℃冰箱预冻。预冻速度控制在每分钟下降 1℃,使样品冻结在 -40~-35℃。

5. 冷冻干燥　预冻结束后,立即转入冷冻干燥机中。启动真空泵,进行真空干燥,在 15 分钟内使真空度达到 66.7Pa,并逐渐达到 13.31~26.6Pa。在 26.6Pa 真空度下,水分大量升华。抽真空过程中样品应始终保持冷冻状态。当样品基本干燥后,样品温度上升,加速了样品残留水分的蒸发。一般干燥时间在 8~20 小时。判断冷冻干燥已完全的指标:①安瓿管内冻干物呈疏松块状或松散片状;②真空度接近空载时的最高值;③冷冻干燥机显示的样品温度与舱内温度接近;④蒸馏水对照管中的水分已完全挥发掉或者 1%~2% 氯化钴的对照管已呈深蓝色。

6. 真空封口　将已经抽干的安瓿管在真空度达到 1.33Pa 后,一边抽气,一边熔封安瓿管口。然后以高频电火花真空检测仪检查各安瓿管的真空情况,管内呈灰蓝色光表示已达真空。检查时电火花应射向安瓿管的上半部,切勿直射样品。

7. 安瓿管的保藏　安瓿管在 4~5℃下可保藏 5~10 年或更长的时间,室温下保藏效果不佳。影响保藏效果的因素除菌种、菌龄外,还包括样品中的含水量,通常含水量在 1%~3% 时保藏效果较好,5%~6% 时保藏效果相应降低,含水量达到 10% 以上,样品就很难保藏了。

冻干法保藏菌种的存活率受到多方面的影响,不同的菌种承受冻干处理的能力不同,有些菌种不适合用冻干法保藏。冻干前的培养条件和培养时间对冻干后菌种的存活率影响较大,适宜条件下培养至稳定期的细胞和成熟的孢子具有较强的耐受冻干的能力。提倡使用浓度较高的菌(孢子)悬液,从而增加存活细胞的绝对数量。冻结速度也影响冻干的效果,冻结速度慢会损伤细胞,而冻结速度过快也会在细胞内形成冰晶,损害细胞膜,影响存活率。此外,干燥样品中残留少量水分(0.9%~2.5%)对生物的生存有利;冻干管应避光保藏,尤其避免直射光。适宜的恢复培养条件可以提高存活率。

该保藏方法的缺点是操作比较烦琐,技术要求较高,且需要冷冻干燥设备。

(六)液氮超低温保藏法

液氮超低温保藏法简称"液氮保藏法"或"液氮法",是国际常用的菌种保藏方法。特别适用于其他方法不能长期保藏,而又不宜采用冷冻干燥保藏法保藏的微生物,是一种根据液氮保存精子和血液的经验而发展起来的菌种保藏方法。在菌种细胞降到低温之前,要使细胞内的自由水通过细胞膜外渗出来,以免膜内因自由水凝结成冰晶而使细胞损伤。该法保藏菌种的效果好,方法简单,保藏对象也最为广泛,几乎所有微生物及动植物细胞均可采用该方法。该法的另一优点是可利用各种培养形式的微生物进行保藏,不论保藏孢子或菌体、液体培养物或固体培养物,均可采用该法。因此该法被认为是当前最有效、最可靠的长期保藏菌种的方法之一。

其方法一般是将浓度较高的菌悬液(10^7/ml)加入灭菌的防冻保护剂中,如将细菌加入终浓度为10%~20%的甘油或5%~10%的二甲基亚砜中。每个安瓿管或塑料的液氮保藏管(材料应能耐受较大气温的骤然变化)分装0.2~1ml菌悬液,立即封口。封口后要严格检查安瓿管,不能有裂纹,确保液氮不渗入安瓿管。经过检验的安瓿管开始以每分钟降低1℃的速度冷冻至-25℃左右再放入液氮罐中。有的菌种在放入液氮罐之前,须用干冰-乙二醇等制冷剂冷却至-78℃。安瓿管保藏在-150℃至-196℃的液氮罐中,保藏期一般可达到15年以上。液氮有一定的蒸发量,保藏中要注意补充液氮,使罐内的液氮保持一定的体积。

细胞解冻的速度对细胞的复苏影响很大。因为缓慢解冻会使细胞内再生冰晶或冰晶的形态发生变化而损伤细胞。所以一般采用快速解冻。从液氮罐中取出安瓿管应立即放在38~40℃的温水中振荡1~2分钟,使之完全融化,这样有利于细胞的复苏。

此法的优点是操作简便、高效,且可使用各种培养形式的微生物进行保藏。缺点是需购置超低温液氮设备,且液氮消耗较多,操作费用较高。

(七)甘油管保藏法

甘油管保藏法与液氮超低温保藏法类似。将拟保藏菌种的对数期培养液直接与经121℃蒸汽灭菌20分钟的甘油混合,使甘油的终浓度为10%~15%,再分装于小试管中,置低温冰箱中保藏,保藏温度若采用-20℃,保藏期为0.5~1年,而采用-70℃,保藏期可达10年。该法操作简便,保藏期较长,但需要有超低温冰箱。

在上述的菌种保藏方法中,斜面低温保藏法、液体石蜡保藏法最为简便;沙土管保藏法、麸皮保藏法和甘油管保藏法次之;冷冻干燥保藏法和液氮超低温保藏法最为复杂,但其保藏效果最好。应用时,可根据实际需要选用,表4-2中归纳比较了常用的菌种保藏方法。

表4-2　常用菌种保藏方法的比较

保藏方法	措施	保藏菌种	保藏期	备注
斜面保藏法	低温(4℃)	各类微生物	1~6个月	简便,常用
斜面保藏法(穿刺培养)	低温(4℃)	细菌、酵母菌	6~12个月	简便
液体石蜡保藏法	低温,隔氧	各类微生物	1~2年	简便
沙土管保藏法	干燥,无营养	产孢子微生物	1~10年	较简便,有效
麸皮保藏法	低温,干燥	产孢子微生物	1~10年	简便
冷冻干燥保藏法	干燥,低温,无氧	各类微生物	5~10年	高效,烦琐
液氮超低温保藏法	超低温	各类微生物	大于15年	高效,烦琐
甘油管保藏法	低温	细菌、酵母菌	1~10年	简便

三、菌种保藏的注意事项

如前所述,菌种保藏的目的是使菌种长期保藏之后,仍然保持原有的生命力、优良生产性能、形态特征,以及不污染杂菌等。所以在菌种的保藏过程中应注意以下几个方面的问题。

1. **菌种保藏前的培养**　菌种保藏前的培养对菌种的保藏效果有很大的影响。首先要使用良好的培养基和合适的培养条件,培养的时间也要适当,使孢子成熟、丰满。细菌要生长至稳定期,菌体成熟,以便能抵抗保藏过程中的干燥、缺氧及冷冻环境,以减少死亡。对产孢子的放线菌要控制好孢子的生长数量,孢子量不宜过多,生长不宜过密,使每个孢子长成的菌落有充分的营养和空间,以便获得高质量的孢子。

2. 无菌操作　在各种保藏方法的操作过程中,要进行严格的无菌操作。并且保藏过程中要防止杂菌污染,并定期做无菌检查。

3. 制备过程　在冻干管、沙土管、甘油管、液氮超低温保藏等制备过程中,制备方法是否得当合理也可影响菌种的保藏效果。如在冷冻干燥菌液时,要做到分装后及时进行冷冻,不宜在室温放置时间过长;在用液氮保藏菌种时,降温的速度要合理控制,以避免损伤细胞。

4. 菌种的存放与使用　不论以哪种方式保藏的菌种,总的原则是尽可能存放在低温、密闭、干燥、避光的环境中。这样可延长菌种的保藏期,提高存活率,减少突变。

需要使用保藏的菌种时,要将菌种接种到保藏以前所用的同样培养基上,以利于菌种的生长和稳定。此外,还要尽量减少打开沙土管或斜面菌种的次数,以延长菌种的保藏期,减少污染和突变的可能。

第三节　国内外菌种保藏机构

世界各国对菌种的保藏极为重视,目前已有包括中国在内的 50 多个国家设立了菌种保藏机构。国际微生物学会联合会设有世界微生物菌种保藏联合会,简称 WFCC,编写有《世界菌种保藏名录》。我国菌种保藏工作由中国微生物菌种保藏管理委员会(设在北京)主管。我国主要菌种保藏机构见表 4-3,国外常用的微生物菌种保藏机构见表 4-4。

表 4-3　我国主要菌种保藏机构

缩写	全称
CGMCC	中国普通微生物菌种保藏管理中心
CPCC	中国药学微生物菌种保藏管理中心
CMCC	中国医学细菌保藏管理中心
CCTCC	中国典型培养物保藏中心
CICC	中国工业微生物菌种保藏管理中心
ACCC	中国农业微生物菌种保藏管理中心
CFCC	中国林业微生物菌种保藏管理中心
CVCC	中国兽医微生物菌种保藏管理中心

表 4-4　国外常用的微生物菌种保藏机构

缩写	名称
ATCC	American Type Culture Collection 美国典型微生物菌种保藏中心
NRRL	Agricultural Research Service Culture Collection 美国农业研究菌种保藏中心
DSMZ	German Collection of Microorganisms and Cell Cultures 德国生物资源中心

续表

缩写	名称
CBS-KNAW	Westerdijk Fungal Biodiversity Institute 荷兰真菌生物资源中心
NCTC	National Collection of Type Cultures 英国典型菌种保藏中心
NBRC/IFO	NITE Biological Resource Center 日本技术评价研究所生物资源中心
JCM	Japan Collection of Microorganisms 日本微生物菌种保藏中心
KCTC	Korean Collection for Type Cultures 韩国典型菌种保藏中心

思 考 题

1. 微生物菌种保藏的目的是什么？
2. 微生物菌种纯度检测和复核检测包括哪些内容？
3. 常用的微生物菌种保藏方法有哪些？
4. 试比较不同菌种保藏方法的优缺点。
5. 菌种保藏时冷冻、干燥、加保护剂的目的和作用是什么？
6. 试阐述保藏方法的大概过程。
7. 国内外有哪些主要的菌种保藏中心？

第四章
目标测试

（倪现朴）

第五章

培 养 基

第五章
教学课件

培养基(medium)是人工配制的、供微生物生长繁殖和生物合成各种代谢产物所需的多种营养物质的混合物。培养基对菌体的生长繁殖、产物的生物合成、产品的分离精制,以及产品的质量和产量都有显著的影响。在微生物药物的发酵生产中,由于各种产生菌的生理生化特性、发酵设备和工艺条件不同,所采用的培养基是各不相同的。即使同一个菌种,不同的培养目的、不同的发酵阶段,其培养基组成也不完全一样。应用合适的培养基能充分发挥产生菌合成目标产物的能力,提高产品的质量和产量。反之,不适合的培养基,不仅使产量降低,而且还会影响后续的提取过程,甚至影响产品的质量。

对于某个特定的菌种,往往要经过较长时间的实验室研究,并经过生产实践的检验,才能确定一个适合菌体生长和产生目标产物的培养基配方。然而,培养基配方也不是一成不变的,随着菌种遗传特性的改变、培养基原料来源的变化、发酵工艺条件的改进,以及发酵罐结构的不同,需要不断进行改进和完善。

第一节 培养基的成分

任何生物的生长与繁殖都需要从外界吸收营养物质和水。营养物质进入生物体后,一方面为生物自身的合成代谢提供物质源,另一方面为生命活动提供能量。为了大量培养微生物,就需要根据微生物的营养需求配制一组营养物质——培养基。培养基根据其使用的目的不同被分为许多种,制定生产用培养基成分的组合首先是考虑微生物在其生长繁殖过程中对营养物质的需求,其次是考虑目标代谢产物的分子结构、生物合成途径和代谢调控机制,设计营养物质的成分,使这些营养物质的组合在发酵前期有利于微生物的快速生长,在发酵中后期有利于目标产物的大量积累,同时使副产物最少。除了培养基中各营养成分要有一个合适的比例外,对培养基的另一个基本要求是能够在发酵过程中维持发酵液的酸碱度在一定的范围内。微生物药物的产生菌绝大部分都是异养型微生物,其培养基成分主要包括碳源、氮源、磷源、硫源、无机离子(包括微量元素)、生长因子、前体、诱导物、促进剂、抑制剂、水分和氧气。

一、碳源

碳源(carbon source)是培养基的主要营养成分之一,用于构成菌体细胞和代谢产物的碳素来源,并为微生物的生长繁殖和代谢活动提供能源。常用的碳源有糖类、脂肪、有机酸、醇类和碳氢化合物等。在特殊情况下(如碳源贫乏时),蛋白质、氨基酸等也可以被某些菌种用作碳源。不同微生物所含的碳源分解酶并不完全一样,因此它们对各种碳源的利用能力是不完全相同的。

（一）糖类

单糖（如葡萄糖、果糖、木糖）、二糖（如蔗糖、乳糖、麦芽糖）和多糖（如淀粉、糊精）等糖类物质可以作为微生物药物发酵生产中常用的碳源。

葡萄糖是最常用也是最易利用的碳源。几乎所有的微生物都能利用葡萄糖。但是,在发酵过程中,如果葡萄糖浓度过高会加快菌体的代谢,导致培养基中的溶解氧不能满足菌体的有氧呼吸,葡萄糖分解代谢就会进入不完全氧化途径,一些酸性中间代谢产物如丙酮酸、乳酸、乙酸等累积在菌体或培养基中,导致 pH 降低,影响某些酶的活性,从而抑制微生物的生长和产物的合成。另外,葡萄糖的中间分解产物虽然不会导致 pH 下降,但能阻遏某些产物的生物合成酶,产生葡萄糖效应（glucose effect）。其他单糖在生产中应用得很少。

蔗糖、乳糖、麦芽糖也是工业发酵中较常用的碳源。蔗糖有纯制产品,但生产中使用更多的是糖蜜。糖蜜是蔗糖生产时的结晶母液,除了含有丰富的蔗糖外,还含有氮源、无机盐和维生素等成分,是发酵生产中价廉物美的原料。乳糖作为发酵生产的碳源,成本相对较高,而乳清是乳制品企业利用牛奶提取酪蛋白以制造干酪或干酪素后留下的溶液。干乳清含 65%~75% 的乳糖,其他成分还有乳清蛋白、无机盐等。因此可以利用乳清替代乳糖作为碳源。结晶麦芽糖价格很高,生产上多用麦芽糖浆。麦芽糖浆是以淀粉为原料、以生物酶为催化剂,经液化、糖化、精制、浓缩等工序生产而成的。高麦芽糖浆的麦芽糖含量超过 50%。

常用的淀粉有玉米淀粉、大麦淀粉、小麦淀粉、甘薯淀粉和马铃薯淀粉等多种,它们一般经菌体产生的胞外酶水解成单糖后再被吸收利用。淀粉不仅来源丰富、价格低廉,而且能克服葡萄糖代谢过快的弊病,因此在发酵生产中被普遍使用。淀粉难溶于水,但在高温（120~130℃）灭菌的过程中一般可完全膨胀成胶状物。应该注意的是,当培养基中淀粉的含量大于 30g/L 时,最好先用淀粉酶糊化,然后再和其他营养成分混合、灭菌,这样可以避免淀粉的结块。有些微生物还可以直接利用玉米粉、大麦粉、小麦粉、甘薯粉和马铃薯粉作为碳源。

根据微生物利用碳源速度的快慢,可将碳源分为速效碳源（readily metabolized carbon source）和迟效碳源（gradually metabolized carbon source）。葡萄糖和蔗糖等被微生物利用的速度较快,它们是速效碳源;而乳糖、淀粉等被利用的速度相对较为缓慢,它们是迟效碳源。在微生物药物的发酵生产中应考虑速效碳源和迟效碳源对目标产物合成的影响。例如,在青霉素的生产中,葡萄糖阻遏青霉素的合成,而乳糖被利用的速度较为缓慢,对青霉素生物合成的阻遏作用较弱,因此即使乳糖浓度较高,仍能延长发酵周期,提高产量。

（二）脂肪

许多微生物能利用脂肪作为碳源。在微生物药物的发酵生产中,常用的脂肪大多为植物油,如花生油、玉米油、豆油、菜籽油、棉籽油和米糠油等,猪油、牛油、羊油和鱼油等动物油也有一定的应用。植物油或动物油的主要成分是不饱和脂肪酸和饱和脂肪酸的甘油酯。在溶解氧的参与下,脂肪酸完全氧化成 CO_2 和 H_2O,并释放出能量。因此,当以脂肪为碳源时,要供给微生物更多的氧,否则脂肪酸及其代谢中间产物有机酸的积累会引起发酵液 pH 下降,影响微生物酶的活性。此外,脂肪酸也可以被氧化成短链脂肪酸,参与微生物目标产物的合成。

除了作为碳源,脂肪酸还具有消泡作用,从而增加发酵罐的装料系数,改善发酵过程中的溶解氧状况。

（三）有机酸和醇类

有些微生物对有机酸（如乙酸、琥珀酸、柠檬酸、乳酸等）和醇类（如乙醇、甘油、山梨醇等）有很强的利用能力,因此有机酸和醇类也可以作为菌体生长和代谢的碳源。例如,乙醇在青霉素发酵中用作碳源,甘油常用于抗生素和甾类转化的发酵生产。有时人们把有机酸和醇类作为补充碳源。应注意的是,有机酸及有机酸盐的利用常会使发酵液 pH 改变而影响微生物酶的活性。

（四）碳氢化合物

碳氢化合物主要是一些石油产品,是某些微生物(如霉菌、酵母)喜欢利用的一类碳源。正烷烃是从石油裂解中得到的 $C_{14}\sim C_{18}$ 的直链烷烃混合物,在某些抗生素的发酵中有所应用,并取得了较好的效果。当以碳氢化合物作为碳源时,在培养基中添加脂肪酸往往有利于菌体的生长和代谢产物的合成。

二、氮源

氮源(nitrogen source)是培养基的主要营养成分之一,主要用于构成菌体细胞物质和代谢产物的氮素来源。常用的氮源可分成有机氮源和无机氮源两大类。

（一）有机氮源

常用的有机氮源(organic nitrogen source)有花生饼粉、大豆饼粉、棉籽饼粉、玉米浆、玉米蛋白粉(即玉米麸质粉)、蛋白胨、酵母粉、鱼粉、蚕蛹粉、尿素、废菌丝体和酒糟等。它们在微生物分泌的蛋白酶作用下,水解成氨基酸被菌体吸收利用,或进一步分解,最终用于合成菌体的细胞物质和含氮的目标产物。

有机氮源除了含有丰富的蛋白质、多肽和游离氨基酸外,往往还含有少量糖类、脂肪、无机盐、维生素及某些生长因子,因而微生物在有机氮源丰富的培养基上常表现出生长旺盛、菌丝浓度增长迅速等特点。

某些氨基酸不仅能作为氮源,而且是微生物药物的前体,因此在培养基中直接加入这些氨基酸可以提高代谢产物的产量。例如,在培养基中加入缬氨酸可以提高红霉素的发酵单位,因为在此发酵过程中缬氨酸既是菌体的氮源,又是红霉素生物合成的前体。同样,缬氨酸和半胱氨酸既可以作为青霉素和头孢菌素产生菌的营养物质,又可以作为青霉素和头孢菌素的主要前体。但是,由于氨基酸成本高,一般不直接使用,而是通过有机氮源的分解来获得氨基酸。

大豆饼粉(soybean cake powder)是发酵工业中最常用的一种有机氮源。但是,大豆的产地和加工方法不同,营养物质种类、水分和含油量也随之不同,对菌体的生长和代谢有很大影响。

玉米浆(corn steep liquor, CSL)是玉米淀粉生产中的副产品,为黄褐色的浓稠不透明的絮状悬浮物,是一种很容易被微生物利用的氮源。玉米浆有干玉米浆和液态玉米浆(固体物含量在 50% 左右)2 种,它们除了含有丰富的氨基酸(主要含丙氨酸、赖氨酸、谷氨酸、缬氨酸、苯丙氨酸)外,还含有还原糖、有机酸、磷、微量元素和生长因子。由于玉米浆含有较多的有机酸(如乳酸),其 pH 偏低,一般在 4.0 左右。玉米的来源和加工条件不同,玉米浆的质量常有较大的波动,对菌体生长和代谢有很大的影响。

蛋白胨(peptone)是由动物蛋白或植物蛋白经酶或酸水解而获得的由肽、氨基酸等组成的水溶性混合物,经真空干燥或喷雾干燥后制得的产品。由于原材料和加工工艺的不同,蛋白胨中营养成分的组成和含量差异较大。

酵母粉(yeast powder)一般是啤酒酵母和面包酵母的菌体粉碎物。而酵母膏(yeast extract)也称酵母膏粉、酵母浸膏或酵母浸出粉,是以酵母为原料,经酶解、脱色脱臭、分离和低温浓缩(喷雾干燥)而制成的。酵母粉和酵母膏都含有蛋白质、多肽、氨基酸、核苷酸、维生素和微量元素等营养成分,但质量有很大的差异。

鱼粉(fish powder)是一种优质的蛋白质原料,含 60% 左右的粗蛋白,还含有游离氨基酸、脂肪、氯化钠和微量元素等成分。尿素也是一种常用的有机氮源,成分单一,在青霉素的生产中常被使用。

这些有机氮源在微生物药物的发酵生产中,不仅具有营养作用,提供菌体生长繁殖所需的氮素,有利于微生物合成菌体,而且提供次级代谢产物的氮素来源,影响微生物次级代谢产物的产量和组分。更为重要的是,它们还含有目标产物合成所需的诱导物、前体等物质。例如,玉米浆中含有的磷酸肌醇对红霉素、链霉素、青霉素和土霉素等的生产有促进作用;植物蛋白胨能够提高麦白霉素 A_1 组分的产量;酵母膏含有利福霉素生物合成的诱导物。因此,有机氮源是影响发酵水平的重要因素之一。

（二）无机氮源

常用的无机氮源（inorganic nitrogen source）有铵盐（如氯化铵、硫酸铵、硝酸铵、磷酸铵）、硝酸盐（如硝酸钠、硝酸钾）和氨水等。

无机氮源被微生物利用后常会引起 pH 的变化,如用 $(NH_4)_2SO_4$ 或 $NaNO_3$ 作为氮源时,其反应式如下:

$$(NH_4)_2SO_4 \longrightarrow 2NH_3 + H_2SO_4$$

$$NaNO_3 + 4H_2 \longrightarrow NH_3 + 2H_2O + NaOH$$

反应中所产生的 NH_3 被菌体作为氮源利用后,培养液中就留下了酸性或碱性物质。因此,这种经过微生物代谢作用后,能形成酸性物质的营养成分称为生理酸性盐（physiologically acid salt）,如硫酸铵。经微生物代谢后能产生碱性物质的营养成分称为生理碱性盐（physiologically alkaline salt）,如硝酸钠。正确使用生理酸性物质和生理碱性物质,对稳定和调节发酵过程的 pH 有积极作用。微生物对铵盐和硝酸盐的利用速度也有不同。铵盐中的铵氮可以直接被菌体利用,而硝酸盐中的硝基氮必须先被还原成氨以后才能被利用,因此铵盐比硝酸盐能更快地被微生物利用。

氨水是一种容易被利用的氮源,在发酵过程还可作为 pH 调节剂。在许多微生物药物的发酵生产中采用了通氨工艺。例如,在青霉素、链霉素、四环素类抗生素的发酵生产中采用通氨工艺后,发酵单位均有不同程度的提高。在红霉素的发酵生产中,通氨工艺不仅可以提高红霉素的产量,而且可以增加有效组分的比例。在采用通氨工艺时应注意两个问题:一是氨水碱性较强,因此在使用时要防止局部过碱,应少量多次加入,并加强搅拌;二是氨水中含有多种嗜碱性微生物,因此在使用前应用石棉等过滤介质进行过滤除菌,防止因通氨而引起的染菌。

根据被微生物利用的速度,氮源可分为速效氮源和迟效氮源。无机氮源或以蛋白质降解产物形式存在的有机氮源可以直接被菌体吸收利用,这些氮源被称为速效氮源（readily metabolized nitrogen source）。花生饼粉、酵母膏等有机氮源中所含的氮存在于蛋白质中,必须经微生物分泌的蛋白酶作用,水解成氨基酸和多肽以后,才能被菌体直接利用,它们则被称为迟效氮源（gradually metabolized nitrogen source）。速效氮源通常有利于菌体的生长,但在微生物药物的发酵生产中也会出现类似于葡萄糖效应的现象,即由于速效氮源被微生物快速吸收利用而使其中间代谢物阻遏了次级代谢产物的合成酶,使次级代谢产物的产量大幅度下降。迟效氮源一般有利于代谢产物的形成。例如:土霉素产生菌利用玉米浆比大豆饼粉和花生饼粉的代谢速度快,这是因为玉米浆中的氮源物质主要是以较易吸收的蛋白质降解产物形式存在的。这些降解产物,特别是氨基酸,可直接被菌体吸收利用,而大豆饼粉和花生饼粉中的氮主要以大分子蛋白质的形式存在,需进一步降解成小分子的肽和氨基酸后才能被微生物吸收利用,因而对其利用的速度较慢。因此,玉米浆为速效氮源,有利于菌体生长,而大豆饼粉和花生饼粉为迟效氮源,有利于代谢产物的形成。在发酵生产土霉素的过程中,往往将两者按一定比例配成混合氮源,以控制菌体生长与目的代谢产物的形成,达到提高土霉素产量的目的。

三、磷源和硫源

尽管在培养基的天然原料中含有一定量的磷元素和硫元素,但磷源（phosphorus source）和硫源（sulfur source）往往以磷酸盐和硫酸盐的形式（如磷酸二氢钾、磷酸氢二钠、硫酸镁）加入培养基中。

（一）磷源

在微生物生长和代谢调节中,磷具有重要的生理功能。首先,磷是核酸、磷脂、辅酶或辅基（如辅酶I、辅酶II、辅酶 A）等物质的组成成分,也是能量传递物质——三磷酸腺苷（ATP）的组成成分。其次,磷酸盐在代谢调节方面起着重要的作用。磷酸盐能促进糖代谢的进行,因此它有利于微生物的生长繁殖;磷酸盐对次级代谢产物的合成具有调节作用,如在链霉素、土霉素和新生霉素等抗生素的生物合成中,低浓度的磷酸盐能促进产物的合成,高浓度的磷酸盐则抑制产物的合成;磷酸盐能调节代谢途径中的代谢流向,如在金霉素发酵过程中,金色链霉菌能通过糖酵解途径和单磷酸己糖途径利用糖类,而且金霉素的生物合成与单磷酸己糖途径密切相关。磷酸盐浓度较高,有利于糖酵解途径的进行,导致初级代谢旺盛、菌丝大量生成和丙酮酸积累,使单磷酸己糖途径受到抑制,进而降低了金霉素的合成。此外,磷酸盐是重要的缓冲剂之一,可以缓冲发酵过程中 pH 的变化。

（二）硫源

硫是蛋白质中含硫氨基酸和某些维生素的组成成分。半胱氨酸、甲硫氨酸、辅酶 A、生物素、硫胺素和硫辛酸等都含有硫,活性物质谷胱甘肽中也含有硫,硫还是某些抗生素如青霉素、头孢菌素的组成元素。

四、无机离子

微生物药物的产生菌在生长繁殖和代谢产物的合成过程中,还需要某些无机离子(mineral ion),如镁、钙、钠、钾、铁、铜、锌、锰、钼和钴等。这些离子主要用于调节细胞的渗透压、作为细胞内各分子的组成部分、参与酶的催化活性中心或维持酶的三维空间结构。各种不同的产生菌以及同一种产生菌在不同的生长阶段对这些物质的最适浓度需求是不相同的。一般它们在低浓度时对微生物生长和目标产物的合成有促进作用,在高浓度时常表现出明显的抑制作用。镁、钙、钠、钾等元素所需浓度相对较大,一般在 10^{-3}~10^{-4}mol/L 范围,属大量元素(macroelement),在配制培养基时需以无机盐的形式加入。而铁、铜、锌、锰、钼和钴等所需浓度在 10^{-6}~10^{-8}mol/L 范围,属微量元素(microelement)。由于微量元素都以杂质等状态存在于天然原料和天然水中,因此,在配制复合培养基时一般不需单独加入,配制合成培养基或某个特定培养基时才需要加入。不同的微生物对于一种元素的需求有很大的差别,例如,有的微生物对铁的需求量大,属大量元素;而有的微生物需要量很少,对这些微生物而言,铁只是微量元素。无机离子在菌体生长繁殖和代谢活动中的生理功能是多方面的。

镁(magnesium)是代谢途径中许多重要酶(如己糖激酶、柠檬酸脱氢酶、烯醇化酶、羧化酶等)的激活剂。镁离子不但影响基质的氧化,还影响蛋白质的合成。对一些氨基糖苷类抗生素(如卡那霉素、链霉素、新霉素)的产生菌,镁离子能提高菌体对自身所产生抗生素的耐受能力,促使与菌体结合的抗生素向培养液中释放。镁常以硫酸镁的形式加入培养基中,但在碱性溶液中会生成氢氧化镁沉淀,因此配制培养基时要注意。

铁(iron)是细胞色素、细胞色素氧化酶和过氧化氢酶的组成部分,是菌体生命活动必需的元素之一。当工业上采用铁制的发酵罐时,发酵罐内的溶液即使不加任何含铁化合物,其铁离子浓度也已达 $30\mu g/ml$,另外,一些天然原料中也含有铁,所以发酵培养基一般不再加入含铁化合物。有些发酵产物对铁离子很敏感,如青霉素发酵生产中,Fe^{2+} 含量要求在 $20\mu g/ml$ 以下,当 Fe^{2+} 含量达 $60\mu g/ml$ 时青霉素产量下降 30%。在四环素和麦迪霉素的发酵中也存在着高含量 Fe^{2+} 对抗生素的生物合成的抑制作用。因此,这些产品的发酵应使用不锈钢发酵罐,若需用铁罐进行发酵,应用稀硫酸铵或稀硫酸溶液对发酵罐进行预处理,然后才能正式投入生产。

钠(sodium)、钾(potassium)虽不参与细胞的组成,但仍是微生物发酵培养基的必要成分。钠离子与维持细胞渗透压有关,故在培养基中常加入少量钠盐,但用量不能过高,否则会影响微生物的生长。钾离子也与细胞渗透压和细胞膜的通透性有关,并且还是许多酶(如磷酸丙酮酸转磷酸酶、果糖激酶)的激活剂,能促进糖代谢。

钙(calcium)也不参与细胞的组成,但也是产生菌发酵培养基的必要成分。钙离子是某些蛋白酶的激活剂、参与细胞膜通透性的调节,并且是细菌形成芽胞和某些真菌形成孢子所必需的。常用的碳酸钙不溶于水,几乎是中性的,但它能与微生物代谢过程中产生的酸起反应,形成中性盐和二氧化碳,后者从培养基中逸出。因此碳酸钙对培养液 pH 的变化有一定的缓冲作用。在配制培养基时应注意三点:一是钙盐过多会形成磷酸钙沉淀,降低培养基中可溶性磷的含量,因此当培养基中磷和钙浓度较高时,应将两者分别灭菌或逐步补加;二是先将除 $CaCO_3$ 以外的培养基用碱调到 pH 接近中性,再将 $CaCO_3$ 加入培养基中,这样可防止 $CaCO_3$ 在酸性培养基中被分解而失去其在发酵过程中的缓冲能力;三是要严格控制碳酸钙中 CaO 等杂质的含量。

锌(zinc)、钴(cobalt)、锰(manganese)、铜(copper)等微量元素是酶的辅基或激活剂。如锌是碱性磷酸酶、脱氢酶、肽酶的组成元素;钴是甲基转移酶、肽酶的组成元素;锰是超氧化物歧化酶、氨肽酶的组成元素;铜是氧化酶、酪氨酸酶的组成元素。

此外,有些培养基成分还含有氯元素。氯一般不具有营养作用,但对一些嗜盐菌来讲是需要的。氯是某些代谢产物如金霉素和灰黄霉素的组成元素,因此在这些含氯代谢产物的发酵中,需要加入一定量的氯化物以补充氯离子,提高产物的产量。

对于某些特殊的菌株和产物,有些微量元素具有独特的作用,能促进次级代谢产物的生物合成。例如,微量的锌离子能促进青霉素、链霉素的合成;微量的锰离子能促进芽孢杆菌合成杆菌肽;钴是维生素 B_{12} 的组成元素,在发酵液中加入一定量的钴离子能使维生素 B_{12} 的产量提高数倍;微量的钴离子还能增加庆大霉素和链霉素的产量。

五、生长因子

生长因子(growth factor)是微生物生长代谢必不可少,但不能用简单的碳源或氮源生物合成的一类特殊的营养物质。根据化学结构及代谢功能,生长因子主要有三类:维生素(vitamin)、氨基酸(amino acid)、碱基(base)。此外还有脂肪酸、卟啉、甾醇等。

(一)维生素

维生素是被发现的第一类生长因子。大多数维生素是辅酶的组成成分,例如维生素 B_1 是脱羧酶、转醛酶、转酮酶的辅基,维生素 B_2 是黄素单核苷酸(FMN)和黄素腺嘌呤二核苷酸(FAD)的组成成分,烟酸是辅酶I和辅酶II的组成成分。微生物对维生素的需求量较低,一般是 $1\sim50\mu g/L$,有的甚至更低。

(二)氨基酸

L- 氨基酸是蛋白质的主要组成成分,有的 D- 氨基酸是细菌细胞壁和生理活性物质的组成成分。作为生长因子的氨基酸的添加量一般为 $20\sim50\mu g/L$。添加时,可以直接提供氨基酸,也可以提供含有所需氨基酸的小肽。

(三)碱基

碱基包括嘌呤(purine)和嘧啶(pyrimidine),其主要功能是用于合成核酸和一些辅酶或辅基。有些产生菌可利用核苷、游离碱基作为生长因子,有些产生菌只能利用游离碱基。核苷酸一般不能作为生长因子,但有些菌既不能合成碱基,又不能利用外源碱基,需要外源提供核苷或核苷酸,而且需要量很大。

不同的产生菌所需的生长因子各不相同,有的需要多种生长因子,有的仅需要一种,有的不需要生长因子。同一种产生菌所需的生长因子也会随生长阶段和培养条件的不同而有所变化。生长因子的需要量一般很少。天然原料如酵母膏、玉米浆、麦芽浸出液、猪或牛肝浸液或其他新鲜的动植物浸液都含有丰富的生长因子,因此配制复合培养基时,不需单独添加生长因子。

六、前体

在微生物药物的生物合成过程中,有些化合物能直接被微生物利用构成产物分子结构的一部分,而化合物本身的结构没有大的变化,这些物质称为前体(precursor)。前体最早是从青霉素生产中发现的。在青霉素发酵培养时,人们发现添加玉米浆后,青霉素发酵单位可从 20μg/ml 增加到 100μg/ml。进一步研究表明,发酵单位增加的主要原因是玉米浆中含有苯乙酸,它能被优先结合到青霉素分子中,从而提高了青霉素 G 的产量。

前体必须通过产生菌的生物合成途径,才能掺入产物的分子结构中。在一定条件下,前体可以起到控制菌体代谢产物的合成方向和增加产量的作用。例如,在青霉素发酵中加入苯乙酸或苯乙酰胺可以提高青霉素的产量,而且使青霉素 G 的比例提高到 99%,若不加入前体,青霉素 G 只占青霉素总量的 20%~30%。

根据前体的来源,可分为外源性前体和内源性前体。外源性前体(exogenous precursor)是指产生菌不能合成或合成量极少,须由外源添加到培养基中供给其合成代谢产物。如青霉素 G 的前体苯乙酸,青霉素 V 的前体苯氧乙酸。内源性前体(endogenous precursor)是指产生菌在细胞内能自身合成的、用来合成代谢产物的物质。如头孢菌素 C 生物合成中的 α-氨基己二酸、L-半胱氨酸和 L-缬氨酸是内源性前体。表 5-1 为一些发酵产物的前体。外源性前体是发酵培养基的组成成分之一。需要注意的是,有些外源性前体,如苯乙酸、丙酸等浓度过高会对菌体产生毒性。此外,有些产生菌能分解利用前体,因此在生产中为了减少毒性和提高前体的利用率,补加前体宜采用少量多次的间歇补加方式或连续流加的方式。

表 5-1　前体及其发酵产物

前体	发酵产物	产生菌
苯乙酸、苯乙酰胺	青霉素 G	产黄青霉(*Penicillium chrysogenum*)
苯氧乙酸	青霉素 V	产黄青霉(*Penicillium chrysogenum*)
氯化物	金霉素	金霉素链霉菌(*Streptomyces aureofaciens*)
氯化物	灰黄霉素	灰黄青霉(*Penicillium griseofulvin*)
丙醇、丙酸、丙酸盐	红霉素	红色糖多孢菌(*Saccharopolyspora erythraea*)
肌醇、精氨酸、甲硫氨酸	链霉素	灰色链霉菌(*Streptomyces griseus*)
肌苷酸	放线菌素 C_3	抗生链霉菌(*Streptomyces antibioticus*)
山梨醇	维生素 C	普通生酮古龙酸菌(*Ketogulonicigenium vulgare*)
钴化物	维生素 B_{12}	费氏丙酸杆菌(*Propionibacterium freudenreichii*)
β-紫罗兰酮	类胡萝卜素	布拉克须霉(*Phycomyces blakesleeanus*)

七、诱导物

诱导物(inducer)一般是指一些特殊的小分子物质,在微生物发酵过程中添加这些小分子物质后,能够诱导代谢产物的生物合成,从而显著提高发酵产物的产量。

根据诱导物的来源,可将诱导物分为内源性诱导物(endogenous inducer)和外源性诱导物(exogenous inducer)。内源性诱导物又称为内源性诱导因子或自身调节因子,是在微生物的代谢过程中产生的调节因子,如链霉素的产生菌灰色链霉菌的发酵液中有一种被称为 A 因子的物质能够级联调控孢子分化和调控链霉素等次级代谢产物的生物合成,其他还有 I 因子、L 因子、Gräfe 因子等。外源性诱导物又称为外源性诱导因子,是添加在培养基中的外源性物质,如存在于酵母膏中的 B 因子(3′-1-磷酸丁酰-腺苷),添加 B 因子可使利福霉素产生菌的生产能力成倍增长。

八、促进剂和抑制剂

在发酵培养基中加入某些微量的化学物质,可促进目标代谢产物的合成,这些物质被称为促进剂

（accelerant）。例如，在四环素的发酵培养基中加入促进剂硫氰化苄或 2- 巯基苯并噻唑可控制三羧酸循环中某些酶的活力，增强戊糖循环，促进四环素的合成。表 5-2 列出了一些微生物药物生物合成的促进剂。

表 5-2　微生物药物生物合成的促进剂

促进剂	微生物药物	促进剂	微生物药物
β- 吲哚乙酸、α- 萘乙酸、硫氰酸苄酯	金霉素	巴比妥	链霉素
硫氰化苄、2- 巯基苯并噻唑	四环素	巴比妥	利福霉素
甲硫氨酸、亮氨酸	头孢菌素	巴比妥	加利红菌素
丙氨酸、异亮氨酸	阿维菌素	环糊精	兰卡霉素
色氨酸	麦角甾醇类	苯丙氨酸	圆弧菌素

在发酵过程中加入某些化学物质会抑制某些代谢途径的进行，同时会使另一代谢途径活跃，从而获得人们所需的某种代谢产物，或使正常代谢的中间产物积累起来，这种物质被称为抑制剂（inhibitor）。如在四环素发酵时，加入溴化物可以抑制金霉素的生物合成，而使四环素的合成加强。在利福霉素 B 发酵时，加入二乙基巴比妥盐可抑制其他利福霉素的生成。

九、水和氧气

水是微生物机体必不可少的组成成分。培养基中的水在产生菌生长和代谢过程中不仅提供了必需的生理环境，而且具有重要的生理功能。主要体现在以下几个方面：①水是一种最优良的溶剂，产生菌没有特殊的摄食及排泄器官，营养物质、氧气和代谢产物等必须溶解于水后才能进出细胞内外；②通过扩散进入细胞的水可以直接参与一些代谢反应，并在细胞内维持蛋白质、核酸等生物大分子稳定的天然构象，同时又是细胞内几乎所有代谢反应的介质；③水的比热较高，是一种热的良导体，能有效地吸收代谢过程中所放出的热量，并及时将热量迅速散发出细胞外，从而使细胞内温度不会发生明显的波动；④水从液态变为气态所需的汽化热较高，有利于发酵过程中热量的散发。由于水是配制培养基的介质，因此，当培养基配制完成后，培养基中的水已足够微生物需要。而在微生物的培养过程中，特别是液体培养过程中，必须依靠特殊的装置来保证提供足够的氧气。

第二节　培养基的种类

用于微生物药物研究和生产的培养基种类繁多，可按培养基的组成物质来源、物理状态和用途进行分类。按培养基组成物质的来源，可分为合成培养基和复合培养基（天然培养基）；按物理状态，可分为固体培养基和液体培养基；按工业发酵中的用途，可分为孢子培养基、种子培养基、发酵培养基和补料培养基。

一、合成培养基和复合培养基

合成培养基（synthetic medium）所用物质的化学成分明确、稳定。用这种培养基进行实验重现性好，但营养成分单一，而且价格昂贵，适用于研究菌种的营养需求、新陈代谢及其代谢过程中物质的变化，以及进行菌种选育等方面的科研工作，一般不适用于大规模工业生产。但是，在某些菌苗和疫苗的生产过程中，为了防止抗原性杂蛋白的混入，常使用合成培养基。

复合培养基（complex medium）是由化学成分还不清楚或化学成分不恒定的天然有机物组成的培养基。这是大规模工业发酵中使用最普遍的培养基，其原料是一些天然产品，如花生饼粉、酵母膏、玉米浆、蛋白胨等。复合培养基的优点是：①原料来源丰富，价格低廉；②营养丰富、成分复杂，一般不需要另外添加微量元素、维生素等物质，有利于微生物的生长繁殖和目标产物的合成。其缺点是每批原料的质量都有差异，若对原料不加以控制会严重影响生产的稳定性。

二、固体培养基和液体培养基

固体培养基（solid medium）是加入一定量的凝固剂（如琼脂等）的培养基，适用于菌种的培养、分离，无菌试验和菌种保藏等工作。

液体培养基（liquid medium）是未加任何凝固剂的培养基。在培养过程中，通过振荡或搅拌，培养基中营养物质分布均匀，溶解氧量增高，传递加快，有利于培养液中菌体对溶解氧的利用。液体培养基常用于大规模的工业生产以及在实验室进行的微生物研究。

三、孢子培养基、种子培养基、发酵培养基和补料培养基

（一）孢子培养基

孢子培养基（spore medium）是供繁殖孢子用的培养基。孢子培养基的作用是：能使菌体生长良好；产生较多的优质孢子；不易引起菌种的变异。

对孢子培养基的营养要求是：①营养成分不要太丰富，碳源和氮源（特别是有机氮源）的浓度要低，否则不易产生孢子。如灰色链霉菌在合成培养基上能很好地生长和产孢子，但若加入 15g/L 酵母膏或酪蛋白后，就只长菌丝而不产孢子。②无机盐浓度要适量，否则会影响孢子量和孢子颜色。③培养基的 pH 和湿度要适宜，否则孢子的生长量会受到影响。如培养青霉菌产孢子的大米培养基，其水分需控制在 21%~25%。

不同菌种的孢子培养基是不相同的。如产黄青霉和金色链霉菌用的是麸皮培养基和小米培养基；球状青霉用大米培养基；灰色链霉菌用豌豆浸液 - 葡萄糖 - 氯化钠 - 蛋白胨琼脂培养基。

（二）种子培养基

种子培养基（seed medium）是供孢子发芽和大量繁殖菌丝体用的培养基。它一般指种子罐的培养基和摇瓶种子的培养基，其作用是进行种子的扩大培养，增加细胞数量，使菌体长成年轻、代谢旺盛、活性高的种子。

配制种子培养基时应考虑的是：①营养成分要比较丰富和完全，含容易被利用的碳源、氮源、无机盐和维生素等。氮源和维生素的含量要高些。氮源一般既含有机氮源又含无机氮源，因为天然有机氮源中的氨基酸能刺激孢子萌发，无机氮源有利于菌丝体的生长。②培养基组成能在微生物代谢过程中维持发酵液的 pH 稳定在一定范围，以保证菌体生长时初级代谢的酶活力。③营养物质的总浓度以略稀薄为宜，使发酵液中溶解氧水平较高，有利于大量菌体的生长繁殖。④最后一级种子培养基的营养成分要尽可能接近发酵培养基，使种子进入发酵培养基后能迅速适应，快速生长。

（三）发酵培养基

发酵培养基（fermentation medium）是供菌种在进一步的生长繁殖后合成目标产物用的培养基。它除了要使种子转接后能迅速生长达到一定的菌丝浓度，更要使菌体迅速合成所需的目标产物。

对发酵培养基的营养要求是：①营养成分要适当丰富和完全，既有利于菌丝的生长繁殖又不导致菌体向着大量繁殖菌丝的方向发展，而抑制了目标产物的合成；②使培养基 pH 稳定地维持在目标产物合成的最适 pH 范围；③根据目标产物生物合成的特点，添加特定的元素、前体、诱导物和促进剂等对产物合成有利的物质；④控制原料的质量，避免原料波动对生产造成影响。

（四）补料培养基

在某些微生物药物的发酵生产中，当培养基碳源、氮源、磷源的浓度过高，影响目标产物合成时，或微生物菌体生长和产物合成两个阶段所需的最佳营养条件要求不相同时，常使用补料分批发酵的

方法。在分批发酵的过程中,间歇或连续补加的含各种必要营养物质的新鲜培养基就是补料培养基(Supplemented medium)。

补料培养基可以是单一成分,在发酵过程中各自独立控制加入,也可以按一定比例配制成复合补料培养基。应用补料培养基,可稳定发酵工艺条件,有利于产生菌的生长和代谢,延长发酵周期,提高生产水平。

此外,还有一些特殊用途的培养基,如分离纯化培养基、原生质体再生培养基、鉴别培养基、生物效价检测培养基等。

第三节   培养基的设计、筛选与优化

微生物初级代谢产物和次级代谢产物的生物合成与培养基组成和培养条件密切相关,而在一个高度非线性、非结构化的复杂系统中要获得最佳工艺,培养基的设计、筛选与优化技术具有重要的作用。

一、培养基的设计

培养基设计是微生物药物发酵的实验室研究、中试放大乃至生产的一个重要环节。从理论上讲,微生物的营养需求和细胞生长及产物合成之间存在着化学平衡,即:

$$碳源和能源 + 氮源 + 其他营养需求 \longrightarrow 细胞 + 产物 + CO_2 + H_2O + 热量$$

根据以上方程式,可以推算满足菌体细胞生长繁殖和合成代谢产物的元素需求量,生成一定数量的细胞所需营养物质的最低浓度,生产一定量产物所需的底物浓度,以及维持这一切生命活动所需要的能量。但是,由于不同产生菌菌株生理特性的差异性、代谢产物合成途径(特别是次级代谢产物合成途径)的复杂性、天然原材料营养成分和杂质的不稳定性、灭菌对营养成分的破坏性等原因,目前还不能完全从生化反应来推断和计算出适合某一菌种的培养基配方。

设计一个适合的培养基需要大量而细致的工作。一般来说,在根据生物化学、细胞生物学、微生物学等学科的基本理论,参照前人所使用的较适合某一类菌种的经验配方的基础上,培养基设计要从以下两个方面进行考虑。

(一)确定培养基的基本组成

首先要根据微生物的特性和培养目的,考虑碳源和氮源的种类,注意速效碳(氮)源和迟效碳(氮)源的相互配合。其次,要注意生理酸性物质和生理碱性物质,以及 pH 缓冲剂的加入和搭配。此外,一些菌种不能合成自身生长所需要的生长因子,对这些菌种,要选用含有生长因子的复合培养基或在培养基中添加生长因子。最后,要考虑菌种在代谢产物合成中对特殊成分如前体、促进剂等的需要,以及原材料来源的稳定性和长期供应情况。

(二)确定培养基成分的基本配比和浓度

1. 碳源和氮源的浓度和比例   对于孢子培养基来说,营养不能太丰富(特别是有机氮源),否则不利于产孢子;对于发酵培养基来说,既要利于菌体的生长,又能充分发挥菌种合成代谢产物的能力。碳源与氮源的比例是一个影响发酵水平的重要的因素。因为碳源既作为碳架参与菌体和产物合成,又作为生命活动的能源,所以一般情况下,碳源用量要比氮源用量高。应该指出的是,碳氮比也因碳源和氮源的种类以及通气搅拌等条件而异,因此很难确定一个统一的比值。一般来讲,碳氮比偏小,菌体生长旺盛,但易造成菌体提前衰老自溶,影响产物的积累;碳氮比过大,菌体繁殖数量少,不利于产物的积累;碳氮比合适,但碳源和氮源浓度偏高,会导致菌体的大量繁殖,发酵液黏度增大,影响溶解氧浓度,容易引起菌体的代谢异常,影响产物合成;碳氮比合适,但碳源和氮源浓度过低,会影响菌体的繁殖,同样不利于产物的积累。在四环素发酵中,当发酵培养基的碳氮比维持在 25:1 时,四环

素产量较高。除此以外,对于一些快速利用的碳源和氮源,要避免浓度过高导致的分解产物阻遏作用。如葡萄糖浓度过高会加快菌体的呼吸,使培养基中的溶解氧不能满足菌体生长的需要,葡萄糖分解代谢进入不完全氧化途径,一些酸性中间代谢产物会累积在菌体或培养基中,使 pH 降低,影响某些酶的活性,从而抑制微生物的生长和产物的合成。

2. 生理酸性物质和生理碱性物质的比例　生理酸性物质和生理碱性物质的用量要适当,否则会引起发酵过程中 pH 的大幅度波动,影响菌体生长和产物的合成。因此,要根据该菌种在现有工艺和设备条件下,其生长和合成产物时 pH 的变化情况,以及最适 pH 的控制范围等,综合考虑生理酸碱物质及其用量,从而保证在整个发酵过程中 pH 都能维持在最佳状态。

3. 无机盐浓度　孢子培养基中无机盐浓度会影响孢子量和孢子颜色。发酵培养基中高浓度磷酸盐会抑制次级代谢产物的生物合成。

4. 其他培养基成分的浓度　对于培养基中每一个成分,都应考虑其浓度对菌体生长和产物合成的影响。

二、培养基的筛选与优化

设计后的培养基要通过实验进行筛选验证。大量的培养基筛选,一般采用摇瓶发酵的方法,这种方法筛选效率高,可在短时间内从大量的不同组成的培养基中筛选到较好的培养基组成。但摇瓶的发酵条件与罐上的发酵条件还有较大的不同,故由摇瓶筛选出的培养基,还要通过实验发酵罐的验证,并经过逐级放大实验和培养基成分的调整才能成为生产用的培养基。

培养基筛选有单因素试验法、正交设计试验法、均匀设计试验法、响应面设计法、二次正交旋转组合法、遗传算法和神经网络等。本节介绍前 4 种方法。

(一)单因素试验法

单因素(simple factor)试验法是在假设因素间不存在交互作用的前提下,通过一次只改变一个因素且保证其他因素维持在恒定水平的条件下,研究不同试验水平对结果的影响,然后逐个因素进行考察的优化方法,是试验研究中最常用的优化策略之一。通过单因素试验逐个分析比较发酵培养基中某一营养成分的种类或浓度对菌体生长情况、碳氮代谢规律、pH 变化、产物合成速率等的影响,从中确定应采用的原材料品种和浓度。然而,对于大多数培养基而言,其组分相当复杂,仅通过单因素试验往往无法达到预期的效果,特别是在试验因素很多的情况下,需要进行较多的试验次数和较长的试验周期才能完成各因素的逐个优化筛选,因此,单因素试验法工作量大,筛选效率低,需要时间长,故一般在考察少量因素时使用。单因素试验也经常被用在正交设计试验之前或与均匀设计、响应面分析等结合使用。利用单因素试验和正交设计试验相结合的方法,可用较少的试验找出各因素之间的相互关系,从而较快地确定出培养基的最佳组合。较常见的是先通过单因素试验确定最佳碳源、氮源,再进行正交设计试验,或者通过单因素试验直接确定最佳碳氮比,再进行正交设计试验。

(二)正交设计试验法

正交设计(orthogonal design)试验是利用一套表格,设计多因素、多指标、多因素间存在交互作用而具有随机误差的试验,并利用统计分析方法来分析试验结果,可以大大加速试验进程。正交设计试验法对因素的个数没有严格的限制,而且无论因素之间有无交互作用,均可使用。利用正交设计表可在多种水平组合中,挑出具有代表性的试验点进行试验,它不仅能以全面试验大大减少试验次数,而且能通过试验分析把好的试验点(即使不包含在正交设计表中的)找出来。利用正交设计试验得出的结果可能与传统的单因素试验法的结果一致,但正交设计试验设计考察因素及水平合理、分布均匀,不需进行重复试验,误差便可估计出来,因而计算精度较高,特别是在试验因素越多、水平越多、因素之间交互作用越多时,优势表现得越明显。例如,考察某个发酵培养基中 4 个组分、3 个浓度的试验,如采用单因素试验法,需作 $4 \times 4 \times 4 = 64$ 次试验,如每次试验需要 7 天,需要相当长的时间才能获得试验结果。而采用正交设计表 $L_9(3^4)$ 安排试验（表5-3），只需9次试验就能选出最佳的发酵培养基配方。正交设计试验方法的优点不仅表现在试验的设计上，更表现在对试验结果的处理上。它能分析、推断、优化培养基的组成和浓度，还可以考察各因素之间的交互作用。

表5-3　四因素三水平 $L_9(3^4)$ 正交设计表

试验号	因素			
	1	2	3	4
1	1	1	1	1
2	1	2	2	2
3	1	3	3	3
4	2	1	2	3
5	2	2	3	1
6	2	3	1	2
7	3	1	3	2
8	3	2	1	3
9	3	3	2	1

有报道称，研究人员利用正交设计试验对传统乳制品中产 γ-氨基丁酸（γ-GABA）乳酸菌培养基进行了优化，获得了满意结果，采用优化后的培养基于32℃发酵培养96小时，产物含量高达10.78g/L。也有研究者采用 $L_{16}(4^5)$ 正交设计表对红螺菌科光合细菌液体培养基组成进行了优化，利用优化培养基在光照 3 000lx、（32±2）℃条件下培养3天，细菌总数由 1.63×10^9 CFU/ml 增殖至 3.68×10^9 CFU/ml。如以角蛋白酶为考察指标，采用正交设计试验对枯草芽孢杆菌菌株 KD-N2 生产角蛋白酶培养基进行优化研究，产物酶活力可达到（66.5±2.04）U/ml。在正交设计试验中，如果所考察的指标涉及模糊因子时，不能直接使用正交设计试验法，可以把正交设计试验结果模糊化，然后用模糊数学的理论和方法处理试验数据。模糊正交法通过把正交设计试验结果模糊化，然后用模糊数学的理论和方法处理试验数据，不仅能估计因素的主效应，还可以估计因素的最佳搭配，能在同样试验工作量情况下获得更多的信息。

（三）均匀设计试验法

均匀设计（uniform design）试验法是一种考虑试验点在试验范围内充分均匀散布的试验设计方法，其基本思路是尽量使试验点充分均匀分散，使每个试验点具有更好的代表性，但同时舍弃整齐可比的要求，以减少试验次数，然后通过多元统计方法来弥补这一缺陷，使试验结论同样可靠。

均匀设计试验中每个因素每一水平只进行一次试验，因此，当试验条件不易控制时，不宜使用均匀设计试验法。对波动相对较大的微生物培养试验，每一试验组最好重复2~3次以确定试验条件是否易于控制，此外，适当地增加试验次数可提高回归方程的显著性。均匀设计试验法与正交设计试验法相比，试验次数大为减少，因素、水平容量较大，利于扩大考察范围，如当因素数为5，各因素水平为31的试验中，如果采取正交设计来安排试验，则至少要做 $31^2=961$ 次试验，而用均匀设计只需要做31次试验。在试验数相同的条件下，均匀设计试验法的偏差比正交设计试验法小。

在使用均匀设计试验法进行条件优化时，应注意几个问题：①正确使用均匀设计表，每个均匀设计表都应有一个试验安排使用表，要注意变量、范围和水平数的合理选择；②不要片面追求过少的试验次数,试验次数最好是因素的 3 倍;③要重视回归分析,为了避免回归时片面追求回归模型的项数、片面追求大的 R^2 值和误差自由度过小等问题,可通过选择 n 稍大的均匀设计表,误差自由度≥5,回归模型最好不大于 10,在已知实际背景时少用多项式,在采用多项式回归时尽量考虑二次多项式;④善于利用统计图表,在均匀设计中,各种统计点图,如残差图、等高线图、正态点图、偏回归图等,对数据特性判定和建模满意度的判断非常有用;⑤均匀设计软件包的使用,如 DPS、SPSS、Sigmaplot、SAS 等。均匀设计试验结果的分析可以通过计算机对试验数据进行多元回归系统处理,求得回归方程式,通过此方程式来定量预测最优的条件和最优的结果。研究人员曾利用均匀设计、二次多项式逐步回归分析对烟管菌(*Bjerkandera adusta* WZFF.W-Y1 1)产漆酶液态发酵培养基进行优化,在优化条件下进行液态培养可稳定获得 9 672U/L 的漆酶活力。

（四）响应面设计法

响应面设计法是一种寻找多影响因素系统中最佳条件的数学统计方法。它用来对受多个变量影响的响应问题进行建模与分析,并可以对该响应进行优化;它能拟合因素和响应之间的全局函数关系,有助于快速建模,缩短优化时间和提高应用可信度。响应面设计法以回归方法作为函数估算的工具,将多因素试验中,因素与试验结果的相互关系,用多项式以函数的形式近似地表达出来,依此可对函数进行分析,研究因素与响应值之间,因素与因素之间的相互关系,并进行优化。响应面具有试验周期短、求得回归方程精度高、能研究几个因素间交互作用等优点。近年来有越来越多关于利用响应面设计法来优化微生物发酵培养基并取得良好效果的报道,响应面设计法已逐渐成为微生物培养基优化方法的主流。

响应面设计法主要有 Box-Behnken 设计(BBD)和中心复合设计(CCD)2 种形式。

图 5-1 以三维空间立方体的形式展示了一个三因子 Box-Behnken 设计试验点分布图。整个试验由下面两部分试验点构成:A. 边中心点(side center point),用白色点表示。除了一维自变量坐标为 0 外,其余维度的自变量坐标为 +1 或者 –1。在三个因子情况下,共有 12 个边中心点。B. 中心点(center point),用黑色点表示。各点的三维坐标皆为 0。

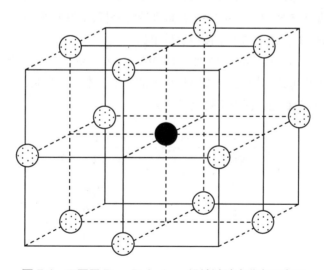

图 5-1　三因子 Box-Behnken 设计试验点分布示意图

图 5-2 以三维空间立方体的形式展示了一个三因素中心复合设计试验点分布图,整个试验由下面三部分试验点构成:A. 立方体点(cube point),用黑色点表示。各点坐标皆为 +1 或 –1,这是与全因素试验相同的部分。B. 中心点(center point),用白色点表示。各点的三维坐标皆为 0。C. 轴点(axial point),用灰色点表示,分布在轴向上,除一个坐标为 + α 或 – α 外,其余坐标皆为 0。在 k 个因素的条件下,$\alpha = 2^{k/4}$,即当考察因素 $k = 2$ 时,$\alpha = 1.414$,当 $k = 3$ 时,$\alpha = 1.682$。

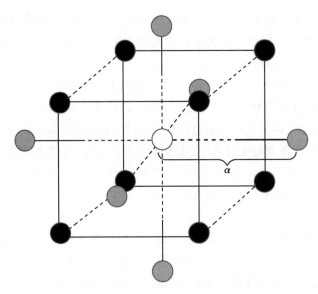

图 5-2   三因素中心复合设计试验点分布示意图

下面以阿卡波糖发酵培养基的优化为例,以发酵液阿卡波糖含量为响应值,介绍一下响应面设计法的应用。

1. 阿卡波糖初始发酵培养基   麦芽糖 80.0g/L,葡萄糖 20.0g/L,大豆饼粉 20.0g/L,玉米浆 2.0g/L,谷氨酸 1.0g/L,磷酸二氢钾 1.5g/L,三氯化铁 1.0g/L,氯化钙 3.0g/L,碳酸钙 4.0g/L,pH 7.0。

2. 通过 Plackett-Burman 试验得到培养基各组分对发酵结果的影响力   Plackett-Burman(PB)试验是一种筛选设计试验,主要应用于影响因子较多且各因子对响应值的影响力未确定的情况。PB 试验虽然不能区分因子间的交互作用,但是可以确定显著性影响因子,从而避免之后的优化试验由于因子数太多或部分因子不显著而浪费试验资源。对培养基每个组分各取高低两个水平(高低两个水平不可差异过大,一般以初始培养基中各组分浓度为中心,高水平为低水平的 1.5~3.0 倍为宜),试验设计见表 5-4,试验结果见表 5-5。对试验结果进行数理统计分析,结果见表 5-6。得到多元回归方程:

Sqrt(HPLC 方法测得阿卡波糖发酵单位)

$$= 3\,623.83 - 161.33 \times A + 246.33 \times B + 287.50 \times C - 355.67 \times D - 158.33 \times H$$

由表 5-6 和回归方程可知,对发酵结果影响最大的 3 个因素为玉米浆、大豆饼粉和葡萄糖,其中玉米浆为负效应,大豆饼粉和葡萄糖为正效应。

表 5-4   PB 试验因素水平设计   单位:g/L

成分	编号	低水平(-1)	高水平(+1)
麦芽糖	A	60.0	100.0
葡萄糖	B	10.0	30.0
大豆饼粉	C	10.0	30.0
玉米浆	D	1.0	3.0
谷氨酸	E	0.5	1.5
KH_2PO_4	F	1.0	2.0
$FeCl_3$	G	0.5	1.5
$CaCl_2$	H	2.0	4.0
$CaCO_3$	I	3.0	5.0

表 5-5　PB 试验设计及结果

试验号	A	B	C	D	E	F	G	H	I	响应值 /（mg/L）
1	−1	−1	1	−1	1	1	−1	1	1	4 207
2	1	1	−1	−1	−1	1	−1	1	1	3 461
3	−1	1	1	1	−1	−1	−1	1	−1	3 766
4	−1	−1	−1	1	−1	1	1	−1	−1	3 660
5	−1	−1	−1	−1	1	1	1	−1	1	3 018
6	1	−1	1	1	1	−1	−1	−1	1	3 130
7	1	1	1	−1	−1	−1	1	−1	1	4 381
8	−1	1	−1	1	1	−1	1	1	1	3 109
9	−1	1	1	−1	1	1	1	−1	−1	4 951
10	1	−1	1	1	−1	1	1	1	−1	3 217
11	1	−1	−1	−1	−1	1	−1	1	−1	3 033
12	1	1	−1	1	1	1	−1	−1	−1	3 553

表 5-6　PB 试验结果效应及显著性分析

类型	偏差平方和	自由度	均方	F 值	P 值 Pr>F	显著性
模型	3.851E + 006	5	7.702E+005	17.30	0.001 7	显著
A	3.123E + 005	1	3.123E+005	7.01	0.038 1	
B	7.282E + 005	1	7.282E+005	16.35	0.006 8	
C	9.919E + 005	1	9.919E+005	22.28	0.003 3	
D	1.518E + 006	1	1.518E+006	34.09	0.001 1	
H	3.008E + 005	1	3.008E+005	6.76	0.040 7	
残差项	2.672E + 005	6	44 527.89			
总计	4.118E + 006	11				

注：科学计数法，E 代表指数。

3. 通过最陡爬坡试验可快速逼近响应面响应值中心区域，由试验结果（表 5-7）得到阿卡波糖发酵单位在 0 + 2△（玉米浆 1.6g/L、大豆饼粉 24.0g/L 和葡萄糖 24.0g/L）水平附近最高。

表 5-7　最陡爬坡试验设计及结果

步幅	玉米浆 /（g/L）	大豆饼粉 /（g/L）	葡萄糖 /（g/L）	响应值 /（mg/L）
△	−0.2	2.0	2.0	
0	2.0	20.0	20.0	2 973
0+1△	1.8	22.0	22.0	3 191
0+2△	1.6	24.0	24.0	3 340
0+3△	1.4	26.0	26.0	2 813
0+4△	1.2	28.0	28.0	2 693

4. Box-Behnken 设计（BBD）试验方案与试验结果见表 5-8。拟合建立描述响应量与自变量关系的多项式回归模型，运用 Design-Expert 7.1.6 Trail 软件对试验数据进行回归拟合，得到以下回归方程：

Sqrt（HPLC 阿卡波糖发酵单位）=3 934.60–254.12×D+231.00×C–207.88×B+56.00×D×C+169.75×D×B–21.50×C×B–271.43×D²–621.68×C²–599.93×B²

回归方程的方差分析见表 5-9、表 5-10。

表 5-8　BBD 试验设计及结果

试验号	B	C	D	响应值/（mg/L）
1	–1	0	1	2 765
2	0	1	1	2 936
3	0	0	0	3 830
4	–1	–1	0	2 571
5	1	1	0	2 812
6	0	–1	1	2 680
7	1	–1	0	2 075
8	0	0	0	4 141
9	–1	0	–1	3 654
10	0	1	–1	3 291
11	0	0	0	3 910
12	0	0	0	3 967
13	0	0	0	3 825
14	1	0	–1	3 022
15	–1	1	0	3 394
16	0	–1	–1	3 259
17	1	0	1	2 812

表 5-9　BBD 试验方差分析

类型	偏差平方和	自由度	均方	F 值	P 值 Pr>F
模型	5.224E+006	9	5.804E+005	13.40	0.001 2
D	5.166E+005	1	5.166E+005	11.93	0.010 6
C	4.269E+005	1	4.269E+005	9.85	0.016 4
B	3.457E+005	1	3.457E+005	7.98	0.025 6
DC	12 544.00	1	12 544.00	0.29	0.607 2
DB	1.153E+005	1	1.153E+005	2.66	0.146 9
CB	1 849.00	1	1 849.00	0.043	0.842 2
D²	3.102E+005	1	3.102E+005	7.16	0.031 7
C²	1.627E+006	1	1.627E+006	37.56	0.000 5
B²	1.515E+006	1	1.515E+006	34.98	0.000 6
残差项	3.032E+005	7	43 320.21		

续表

类型	偏差平方和	自由度	均方	F 值	P 值 Pr>F
失拟项	2.360E+005	3	78 677.42	4.68	0.085 0
纯误差	67 209.20	4	16 802.30		
总计	5.527E+006	16			

注：科学计数法，E 代表指数。

表 5-10　BBD 试验误差统计分析

统计项目	值	统计项目	值
Std. Dev.	208.14	变异系数 /%	6.44
R-Squared	0.945 1	Pred R-Squared	0.297 7
Mean	3 232.00	PRESS	3.882E+006
Adj R-Squared	0.874 6	Adeq Precision	10.267

注：科学计数法，E 代表指数

　　由方差分析表 5-9 可以看出，模型 P 值等于 0.001 2，表明拟合方程模型是高度显著的。同时模型中的参数 D、C、B、D^2、C^2 和 B^2 是显著的（$P<0.05$）。模型失拟项的 P 值为 0.085 0，模型失拟不显著。同时软件分析得到模型的 F 值为 13.40，多元相关系数 R^2 为 0.945 1，说明模型拟合较好。变异系数（CV）为 6.44%，说明模型方程能够很好地反映真实的试验值。

　　通过回归方程绘制分析图，考察拟合的响应曲面形状，响应面立体分析图和响应面等高线图见图 5-3 至图 5-8。

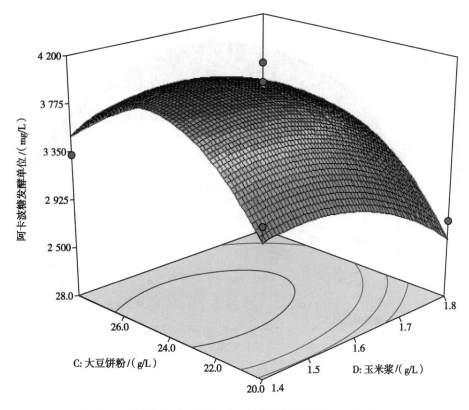

图 5-3　玉米浆和大豆饼粉对阿卡波糖发酵影响的响应曲面图

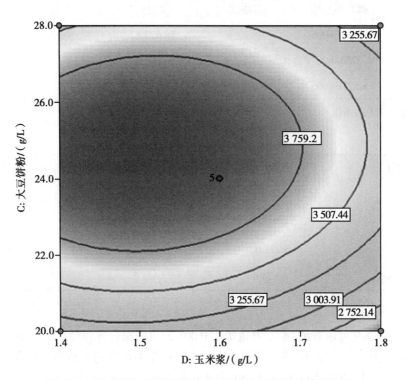

图5-4   玉米浆和大豆饼粉对阿卡波糖发酵影响的等高线图

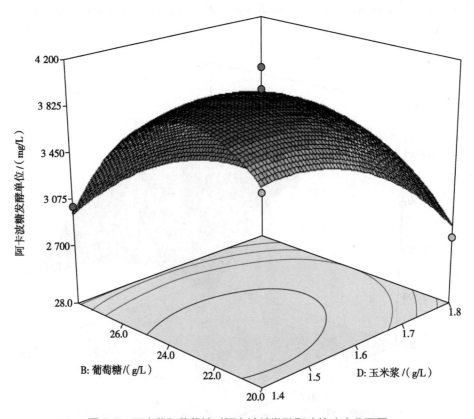

图5-5   玉米浆和葡萄糖对阿卡波糖发酵影响的响应曲面图

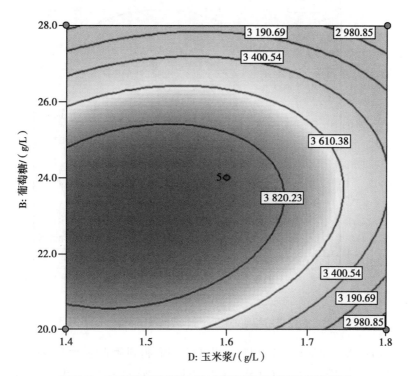

图 5-6　玉米浆和葡萄糖对阿卡波糖发酵影响的等高线图

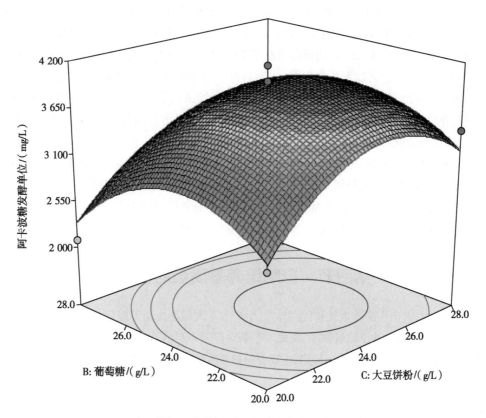

图 5-7　大豆饼粉和葡萄糖对阿卡波糖发酵影响的响应曲面图

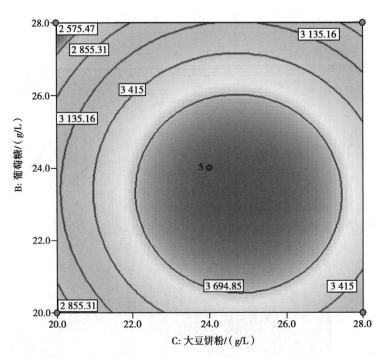

图5-8　大豆饼粉和葡萄糖对阿卡波糖发酵影响的等高线图

运用 Design-Expert 7.1.6 Trail 软件对回归方程进行分析,得到葡萄糖、大豆饼粉和玉米浆的最佳取值(葡萄糖23.0g/L、大豆饼粉24.7g/L、玉米浆1.5g/L)与阿卡波糖发酵单位最大响应值(4 047mg/L)。

响应面设计法有许多优点,但它仍有一定的局限性。首先,如果将因素水平选得太宽,或所选的关键因素不全,将会导致响应面出现吊兜和鞍点。因此事先必须进行调研,进行查询和充分的论证或者通过其他试验设计如 Plackett-Burman(PB)设计法得出主要影响因子;其次,通过回归分析得到的结果只能对该类试验作估计;最后,当回归数据用于预测时,只能在因素所限的范围内进行预测。

培养基的优化通常包括以下几个步骤:①影响因子的确认;②影响因素的筛选,确定各因素的影响程度;③根据影响因素和优化的要求,选择优化方法;④试验结果的数学或统计学分析,得到最佳条件;⑤最佳条件的验证。实际工作中,可以通过几种试验设计方法的结合,既可以减少试验工作量,又能得到比较理想的结果。

最后,在筛选和优化培养基过程中应综合考虑各因素的影响以及成本因素,得到一个比较适合该菌种的培养基配方。培养基中原材料质量的稳定性是连续、高产的关键。在工业化的发酵生产中,所有的培养基成分,要建立和执行严格的质量标准。特别是大部分有机氮源为农副产品,应特别注意原料的来源、加工方法和有效成分的含量。若原料来源发生变化,应先进行试验,一般不得随意更换原料。

第四节　影响培养基质量的因素

在工业发酵中,常出现菌种生长和代谢异常、生产水平大幅度波动等现象。产生这些现象的原因有很多,如产生菌的不稳定、种子质量波动、发酵工艺条件控制不严格等,其中培养基质量也是一个重要的影响因素。影响培养基质量的因素也较多,主要有原材料质量、水质、培养基的灭菌和培养基的黏度等。

一、原材料质量

工业发酵中使用的培养基绝大多数是天然培养基,所用的原材料成分复杂,由于品种、产地、加工方法和贮藏条件的不同而造成其内在质量有较大的差异,常常引起发酵水平的波动。

有机氮源是影响培养基质量的主要因素之一。有机氮源大部分是农副产品,所含的营养成分受品种、产地、加工方法和贮藏条件的影响较大。例如,在链霉素的发酵生产中,培养基使用东北大豆加工成的大豆饼粉比用华北大豆或江南大豆加工成的大豆饼粉发酵单位要高而且稳定,这是因为东北大豆中半胱氨酸和甲硫氨酸的含量比华北大豆和江南大豆的高。大豆饼粉有冷榨(压榨温度<70℃)和热榨(压榨温度>100℃)2种制作方法,这2种不同加工方法得到的大豆饼粉中主要成分有很大的不同(表5-11)。在土霉素、红霉素发酵中使用热榨大豆饼粉的效果好,而在链霉素发酵时采用冷榨大豆饼粉的效果好。热榨大豆饼粉储藏时易霉变,因此最好用新鲜的大豆饼粉,否则会引起发酵单位波动。玉米浆对很多品种的发酵水平有显著影响。玉米的品种、产地不同及加工工艺的不同,使制得的玉米浆中营养成分不同,特别是磷的含量有很大的差异,对微生物药物的发酵影响很大。

表 5-11　冷榨大豆饼粉和热榨大豆饼粉的主要成分含量　　　单位:%

加工方法	水分	粗蛋白	粗脂肪	碳水化合物	灰分
冷榨	12.12	46.65	6.12	26.64	5.44
热榨	3.38	47.94	3.74	22.84	6.31

因此,配制培养基时应重视有机氮源的品种和质量。在原材料的质量控制时,要检测各种有机氮源中蛋白质、磷、脂肪和水分的含量,注意酸价变化。同时,重视它们的贮藏温度和时间,以免霉变和虫蛀。

碳源对培养基质量的影响虽不如有机氮源那样明显,但也会因原材料的品种、产地、加工方法不同,而影响其成分及杂质的含量,最终影响发酵水平。例如,不同产地的乳糖,由于其含氮物不同,可引起灰黄霉素发酵水平的波动。甘蔗糖蜜和甜菜糖蜜在糖、无机盐和维生素的含量上有所不同;不同产地的甘蔗用碳酸法和亚硫酸法2种工艺制备的糖蜜,其成分也是有所不同的(表5-12);废糖蜜和工业用葡萄糖中总糖、还原糖、含氮物、氯离子、无机磷、重金属、水分等含量差异更大,这些都会严重影响发酵水平。

表 5-12　甘蔗糖蜜的主要成分含量

产地/加工方法	相对密度	蔗糖/%	转化糖/%	全糖/%	灰分/%	蛋白质/%
广东/亚硫酸法	—	33.0	18.1	52.0	13.2	
广东/碳酸法	1.49	27.0	20.0	47.0	12.0	0.90
四川/碳酸法	1.40	35.8	19.0	54.8	11.0	0.54

工业发酵常用的豆油、玉米油、米糠油等油脂中的酸度、水分和杂质含量差异较大,对培养基质量有一定的影响。不同生产厂家的生产工艺不同,油脂的质量有很大的差异。即使是同一个生产厂家,由于原料品种和生产批次的不同,质量也有一定的差异。此外,这些油的贮藏温度过高或时间过长,容易引起酸败和过氧化物含量的增加,对微生物产生毒性。

此外,培养基中用量较少的无机盐和前体,也要按一定的质量标准进行控制,否则,有的培养基成分如碳酸钙,由于杂质含量的变化会影响培养基的质量。

由于各种原材料的质量都影响培养基的质量,因此有的工厂会直接采购原料,然后自行加工或委托代加工,以严格控制所用原材料的质量。在更换原材料时,先进行小试,甚至中试,不随意使用不符合质量标准和生产工艺要求的原材料。

二、水质

水是培养基的主要组成成分。发酵工业所用的水有深井水、地表水、自来水和蒸馏水等。深井水的水质可因地质情况、水源深度、采水季节及环境的不同而不同;地表水的水质受环境污染的影响更大,同时受到季节的影响;不同地方的自来水质量也有所不同。水中的无机离子和其他杂质影响着微生物的生长和产物的合成。在微生物药物的发酵工业中,有时会遇到一个高产的产生菌菌种在异地不能发挥其生产能力的情况。其原因纵然很多，但时常会归结为水质的不同。因此，对于微生物发酵来说，恒定的水源是至关重要的。

在发酵生产中应对水质定期进行检验。水源质量的主要考察参数包括 pH、溶解氧、可溶性固体、污染程度以及矿物质组成和含量。有的国家为了避免水质变化对抗生素发酵生产的影响，提出配制抗生素工业培养基的水质要求：浑浊度 <2.0、色级 <25、pH 6.8~7.2、总硬度 100~230mg/L、铁离子 0.1~0.4mg/L、蒸馏残渣 <150mg/L。

三、培养基的灭菌

大多数培养基均采用高压蒸汽灭菌法，一般在 121℃条件下灭菌 20~30 分钟。如果灭菌的操作控制不当，会降低培养基中的有效营养成分，产生有害物质，影响培养基的质量，给发酵带来不利的影响。其原因是：①不耐热的营养成分可能发生降解而遭到破坏。灭菌温度越高或灭菌时间越长，营养成分被破坏越多。②某些营养成分之间可能发生化学反应。灭菌温度越高或灭菌时间越长，化学反应越强，导致可利用的营养成分损失越多。③产生对微生物生长或产物合成有害的物质。

糖类物质高温灭菌时会形成氨基糖、焦糖；葡萄糖在高温环境下易与氨基酸和其他含氨基的物质反应，形成 5- 羟甲基糠醛和棕色的类黑精，导致营养成分减少，并生成对微生物生长发育不利的毒性产物，甚至影响正常的发酵过程。因此含糖培养基宜在 112℃灭菌 15~30 分钟。葡萄糖最好和其他成分分开灭菌，避免发生化学反应。磷酸盐、碳酸盐与钙盐、镁盐、铁盐之间在高温下也会发生化学反应，生成难溶性的复合物而产生沉淀，使可利用的离子浓度大大降低，因此可以分开灭菌然后再混合，以免形成沉淀。

四、培养基的黏度

培养基中一些不溶性的固体成分，如淀粉、大豆饼粉、花生饼粉等，可使培养基的黏度增加，直接影响氧的传递和微生物对溶解氧的利用，给灭菌控制和产品的分离提取也带来不便。因此，在微生物药物的发酵生产中宜使用"稀配方"，并通过中间补料方式补足营养成分，或将基础培养基液化（如用蛋白酶水解各种饼粉，用淀粉酶水解淀粉），或采取补加无菌水的方法，来降低培养基的黏度，以保证培养基质量，提高发酵水平。

思 考 题

1. 孢子培养基、种子培养基、发酵培养基与补料培养基各自的作用是什么？
2. 配制孢子培养基、种子培养基和发酵培养基时，应注意哪些问题？
3. 培养基有多种组成成分，如何获知哪些组分对发酵产品的产量影响大？
4. 发酵培养基不能满足生产需求，如何进行培养基优化？
5. 哪些因素影响培养基质量？如何获得高质量的培养基？

第五章
目标测试

（倪现朴）

第六章

灭菌与除菌

第六章
教学课件

目前绝大多数工业发酵属于需氧的纯种发酵,即在整个发酵系统内存活的生物体只有需要培养的微生物。如果在发酵系统内除了需要培养的微生物以外,还有其他微生物存活,这种现象称为染菌。发酵过程中染菌会带来很多负面影响:营养物质和产物会因杂菌的消耗而损失;杂菌能产生一些有毒副作用的物质和某些酶类,它们或抑制产生菌株生长,或改变培养液的性质(如溶解氧、黏度、pH),或抑制产物的生物合成,或破坏所需的产物等。结果,轻者影响产物的产量,或使产物的提取变得困难,造成产品质量下降或收率降低;重者导致产物全部损失。所以,污染杂菌对工业发酵是极大的威胁。发酵培养使用的培养基、发酵设备、空气过滤器、附属设备、管路、阀门,以及通入罐内的空气均须彻底灭菌和除菌,这是防止发酵过程染菌、确保正常生产的关键。

灭菌(sterilization)是指采用物理或化学的方法杀灭或去除物料及容器中所有活的微生物及其孢子的过程。消毒(disinfection)是指用物理或化学的方法杀灭或去除病原微生物的过程,一般只能杀死营养细胞而不能杀死细菌芽胞。灭菌的结果应该是无菌(asepsis),消毒的结果不一定无菌。除菌是指用过滤等方法除去空气或液体中的所有微生物及其孢子。灭菌方法有很多,如高温灭菌(分湿热和干热2种)、化学物质灭菌、射线灭菌和介质过滤除菌等。化学物质灭菌及射线灭菌常用于无菌室、培养室、发酵车间等处的空气杀菌。化学物质灭菌以甲醛、乙醇、漂白粉、新洁尔灭、环氧乙烷、苯扎溴铵等为主,射线灭菌主要指波长为253.7nm的紫外线和γ射线灭菌。高温灭菌分湿热灭菌和干热灭菌2种,干热灭菌是利用热空气进行灭菌,湿热灭菌采用过热蒸汽进行灭菌。湿热灭菌具有经济快速的特点,目前发酵工业广泛采用湿热灭菌方法,主要包括巴氏消毒法、间歇灭菌法和高压蒸汽灭菌法等,其中又以高压蒸汽灭菌法应用最广。

第一节　主要的灭菌与除菌方法及原理

一、高温灭菌

(一)干热灭菌

干热灭菌是指在干燥高温条件下,微生物细胞内的各种与温度有关的化学反应速率迅速增加,细胞内蛋白质和核酸等物质变性,使微生物的致死率迅速增高的过程。一般利用火焰、干热空气或红外线烤箱等高热烘烤进行干热灭菌,属于物理灭菌法。只要有足够高的温度和足够长的时间,干热处理可以杀死所有的微生物。干热灭菌主要用于需要保持干燥的器械、容器的灭菌,如培养皿、接种针、牙签、吸管等能够耐高温的物品。工业生产中常采用的条件是 160℃,灭菌 1~2 小时。

1. 烧灼法   直接用火焰灭菌,适用于微生物学实验的接种环和试管口等的灭菌。

2. 干烤法   利用电热烘箱的热空气灭菌,一般繁殖体在 80~100℃的烘箱中经 1 小时可以杀死,芽胞需 160~170℃经 2 小时方可杀死。干烤法适用于玻璃器皿、瓷器等的灭菌,但带刻度的器皿不适用该法。

3. 微波灭菌法   微波是一种高频电磁波,其杀菌作用原理:一是热效应,分子内部剧烈运动使物体内外温度迅速升高;二是综合效应如场致力效应、电磁共振效应等。目前已广泛应用于食品和药物的消毒灭菌。微波加热升温快,温度高且均匀,杀菌作用强,热效应特点是由里及表。

4. 红外线灭菌法   红外线是一种波长为 0.7~1 000μm 的电磁波,可产生高热而发挥灭菌作用,多用于器械灭菌。红外线烤箱温度可达 180℃左右,热效应特点是由表及里。

空气传热慢,穿透力不强,故干热灭菌时间长。干热灭菌时烘箱内装入物品应留有空隙,以利空气流动,否则会使箱内温度不均,部分物品灭菌不彻底。

（二）湿热灭菌

湿热灭菌是利用饱和蒸汽直接作用于需要灭菌的物品以杀死微生物的灭菌方法。蒸汽具有强大的穿透力,冷凝时释放大量潜热,使微生物细胞中的原生质胶体和酶蛋白变性凝固、核酸分子的氢键破坏、酶失去活性,微生物因代谢障碍在短时间内死亡。湿热灭菌效果比干热灭菌好,具有经济、快速等特点,广泛用于工业生产,适用于培养基、发酵罐、附属设备(油罐、糖罐等)、管道以及其他耐高温物品的灭菌。蒸汽的价格低廉,来源方便,灭菌效果可靠,湿热灭菌是最基本的灭菌方法。将饱和蒸汽通入培养基中灭菌时,冷凝水会稀释培养基,所以在配制培养基时应扣除冷凝水的体积,以保证培养基在灭菌后达到所要求的浓度。

1. 巴氏消毒法(pasteurization)   由巴斯德首创用于酒类灭菌,采用较低的温度杀灭液体中的病原菌或特定微生物,而保持物品中不耐热成分不被破坏的消毒方法。目前主要用于牛奶等的消毒。巴氏消毒法有 2 种,一种是 61.1~62.8℃持续 30 分钟,另一种是 71.7℃维持 15~30 秒。

2. 煮沸法   将水煮沸至 100℃,保持 5~10 分钟可杀灭繁殖体,持续 1~2 小时可杀灭芽胞。

3. 流通蒸汽消毒法   在标准大气压下,利用 100℃的蒸汽进行消毒,细菌繁殖体经 15~30 分钟可被杀灭,但不能完全杀灭细菌芽胞。实验室常用的是 Arnold 消毒器,与蒸笼具有相同的原理。

4. 间歇灭菌法   流通蒸汽可采用间歇加热方式以达到灭菌的目的。将物体置于流通蒸汽中,持续 15~30 分钟,每日 1 次,连续 3 次。第一次加热可杀灭细菌繁殖体,但尚存芽胞;然后置于 37℃培养箱中过夜,使芽胞发育成繁殖体,次日再加热以杀死新的繁殖体。一般如此 3 次后,可达到灭菌效果。此法适用于不耐高温的营养物质,含有糖和牛奶等的培养基。

5. 高压蒸汽灭菌法   是一种最有效的灭菌方法,灭菌的温度取决于蒸汽的压力。通常在 103.4kPa 高压条件下,温度可达 121.3℃,维持 15~30 分钟,可杀灭包括细菌芽胞在内的一切微生物。是目前发酵工业常用的灭菌方法。

二、过滤除菌

利用物理阻留和静电吸附等原理,采用适当的过滤材料对液体或气体进行过滤,去除污染的微生物以达到无菌要求,这种方法只适用于澄清流体的除菌。工业上主要用于热敏性物质(氨水、丙醇等)的除菌和空气的除菌。处理液体最常用的过滤材料是微孔滤膜。一般情况下,选择孔径为 0.22μm 的滤膜就可达到除菌的目的。对个别情况,如动物细胞血清培养基选用 0.1μm 的滤膜来除去支原体的污染。滤膜材料可以是醋酸纤维、尼龙、聚醚砜、聚丙烯等。对于气体,可用较大孔隙的纤维介质等滤材来去除极微小的悬浮微生物。常用的滤材有棉花、石棉、玻璃纤维、烧结玻璃、粉末烧结金属、聚四氟乙烯薄膜等。

三、化学消毒和灭菌

许多化学物质,如甲醛、乙醇、苯酚、高锰酸钾、环氧乙烷、漂白粉(或次氯酸钠)、硫黄、季铵盐(如苯扎溴铵)等可用于消毒。这些化学物质消毒灭菌的主要机制包括:①使菌体蛋白凝固变性,如高浓度酚类、醇类、重金属盐类(高浓度)、酸碱类和醛类等;②干扰微生物酶活性,抑制代谢和生长,如某些氧化剂、重金属盐类(低浓度)与巯基结合使酶失活;③破坏细胞膜结构,改变其通透性,破坏其生理功能等,从而发挥消毒灭菌作用。生产中使用的培养基里含有蛋白质等营养物质,也容易与上述化学物质发生化学反应,而这些化学物质加入培养基之后很难去除,所以化学物质不适用于培养基的灭菌,只适用于厂房、无菌室等空间、溶氧电极等器具以及皮肤表面的消毒。甲醛最为常用,10%的甲醛溶液称为"福尔马林",是一种古老的消毒剂,有强大的杀菌作用,能杀灭芽胞,对细菌繁殖体效果更好,可直接使用或与空调净化系统配合使用,但使用时需注意它对设备、金属的腐蚀性。

四、其他灭菌方法

(一)辐射灭菌

辐射灭菌是利用紫外线或放射性物质产生的高能粒子来杀灭微生物。辐射有2种类型:一种是电磁波辐射,如紫外线、红外线、微波;另一种是电离辐射,如可引起被照射物电离的X射线、γ射线。波长在210~310nm的紫外线具有杀菌作用,其中最有效的波长是253.7nm,其原理主要是菌体核酸的碱基具有强烈的吸收紫外线的能力,使DNA的同一条链上或两条链上相邻位置的胸腺嘧啶形成胸腺嘧啶二聚体,引起DNA结构的变化,从而干扰DNA复制,造成菌体死亡或变异。紫外线对营养细胞和芽胞均有杀灭作用,但穿透力很低,不能透过玻璃、尘埃、纸张和固体物质;透过空气能力较强,透过液体能力很弱。因此只适用于表面、局部空间和空气的灭菌,如更衣室、洁净室、净化台面的灭菌。紫外线的作用与温度关系不大,因此处理时不必控制温度,但白光具有光复活作用,因此开启紫外灯灭菌时务必关闭日光灯。杀菌波长的紫外线对人体皮肤和眼睛均有损伤作用,使用时应注意防护。

主要用于灭菌的电离辐射有0.006~0.14nm的X射线、由^{60}Co产生的γ射线等,它们含的能量极高,照射后能使环境中水分子和细胞中水分子产生自由基,这些自由基与液体内存在的氧分子作用,产生一些具有强氧化性的过氧化物如过氧化氢(H_2O_2)与超氧化氢(HO_2)等,从而使细胞内某些重要蛋白质和酶发生变化,阻碍微生物的代谢活动而导致细胞损伤或死亡。X射线的致死效应与环境中还原性物质和巯基化合物的存在密切相关。X射线的穿透力极强,但成本较高,其辐射是自一点向四周放射,不适于大生产使用。放射性同位素^{60}Co衰变时可放射出γ射线,其能量高、穿透力强,可使细胞内各种活性物质发生化学变化,从而使细菌损伤或死亡。经^{60}Co辐射灭菌的物品温度升高很少,一般仅约5℃,故又称"冷灭菌"。

(二)臭氧灭菌

臭氧灭菌是新近发展起来的一种消毒方式,利用臭氧的氧化作用杀灭微生物细胞。臭氧在常温、常压下分子结构不稳定,很快自行分解成氧气(O_2)和单个氧原子(O),后者具有很强的活性,对细菌有极强的氧化作用。臭氧氧化分解细菌细胞内部氧化葡萄糖所必需的酶,从而直接破坏其细胞膜,将细菌杀死,多余的氧原子则会自行重新结合成为普通氧分子(O_2),不存在任何有毒残留物,故称为"无污染消毒剂"。臭氧不但对各种细菌(包括大肠埃希菌、铜绿假单胞菌等)有很强的杀灭能力,而且杀死霉菌的能力也很强,具有使用安全、安装灵活、杀菌作用明显的特点,主要用于洁净室及净化设

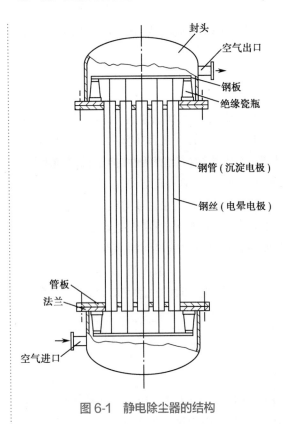

图 6-1   静电除尘器的结构

标注（从上到下）：封头、空气出口、钢板、绝缘瓷瓶、钢管（沉淀电极）、钢丝（电晕电极）、管板、法兰、空气进口

备的消毒。臭氧消毒需要安装臭氧发生器，也可与空调净化系统配合使用。

（三）静电除菌

静电除菌是化工、冶金等工业生产中净化空气所使用的方法，发酵工业亦可应用。这种方法的特点是能耗低（处理 1 000m³ 空气耗电 0.4~0.8kW·h），空气压力损失少（1×10^5Pa 左右），对 1μm 的尘粒的捕集效率达 99% 以上，设备庞大，属高压电技术。

静电除尘器的除菌部分由钢管（正极）和钢丝（负极）组成，钢丝装在钢管的中心线上，钢管与钢丝之间形成高压直流电场（图 6-1）。含有灰尘和微生物的空气通过钢管，当电场强度 >1 000V/cm 时，气体产生电离，产生的离子使灰尘和微生物等成为带电体，被捕集于电极上。钢管由于表面积大，可捕集大部分的灰尘，钢丝上吸附的微粒较少。吸附于电极上的颗粒、油滴、水滴等须定期清洗，以保证除尘效率和除尘器的绝缘程度。

第二节   培养基和发酵设备的灭菌

一、培养基的灭菌方法

工业生产中对于大量的培养基和发酵设备的灭菌，最有效、最常用的方法是蒸汽灭菌（即湿热灭菌）。培养基的灭菌包括分批灭菌和连续灭菌 2 种。

（一）分批灭菌

将配制好的培养基输入发酵罐内，经过间接蒸汽预热，然后直接通入饱和蒸汽加热，使培养基和设备一起灭菌，达到要求的温度和压力后维持一定时间，再冷却至发酵要求的温度，这一工艺过程称为分批灭菌，也称"实罐灭菌"或"实消"。这种灭菌方法不需要专门的灭菌设备，投资少，操作简便，灭菌效果可靠，对蒸汽的要求较低，一般在 2×10^5~3×10^5Pa 就可满足要求，是生产上中小型发酵罐培养基常用的灭菌方法。其缺点是在灭菌过程中蒸汽用量变化大，造成锅炉负荷波动大；加热和冷却时间较长，营养成分有一定的损失；需要反复地加热和冷却，能耗大，罐利用率低；不能采用高温快速灭菌工艺，不适于大规模生产过程的灭菌。

进行分批灭菌前，通常先把空气分过滤器灭菌并用空气吹干。将配制好的培养基送至罐内，开动搅拌以防料液沉淀。排放夹套或蛇管中的冷水，开启排气管阀，在夹套或蛇管内缓慢通入蒸汽预热料液，使物料溶胀并均匀受热。当发酵罐的温度预热至 80~90℃，关闭夹套或蛇管蒸汽阀门，由空气进口、取样管和放料管通入蒸汽，开启排气管阀和进料管、补料管、接种管排气阀。如果一开始不预热就直接导入蒸汽，培养基与蒸汽的温差过大，会产生大量的冷凝水，使培养基稀释；直接导入蒸汽还容易造成泡沫急剧上升，使物料外溢。当发酵罐内温度升至 110℃ 左右，控制进出蒸汽阀门直至温度 121℃、压力 1×10^5Pa 时，开始保温。生产中习惯采用保温时间为 30 分钟。在保温阶段，凡开口在培养基液面以下各管道都应通蒸汽，开口在培养基液面以上的各管道则应排蒸汽，与罐相连通的管道均应遵循蒸汽"不进则出"的原则，才能保证灭菌彻底，不留死角。各路蒸汽进入要均匀畅通，防止短路逆流；罐内液体翻动要激烈；各路排气也要畅通，但排气量不宜过大，以节约蒸汽；维持压力、温度恒定直到保温结束。为了减少营养成分的破坏，多采用快速冷却方式。关闭各排气、进气阀门，并通过空气过滤器迅速向罐内通入无菌空气，维持发酵罐降温过程中的正压，但在通入无菌空气前应注意罐压必须低于空气过滤器压力，否则物料会倒流到过滤器内。在夹套或蛇管中通入冷却水，使培养基的温度降到所需温度。

　　分批灭菌主要是在保温阶段实现，在升温阶段后期也有一定的灭菌作用。灭菌时，蒸汽总管道压力要求不低于 3×10^5Pa，使用压力（通入罐中的蒸汽压力）不低于 2×10^5Pa。

　　分批灭菌的进汽、排汽及冷却水管路系统如图 6-2 所示。

　　培养基分批灭菌时，发酵罐容积越大，加热和冷却时间就越长。这两段时间实际上也有一定的灭菌作用。所以分批灭菌的总时间为加热、维持和冷却所需要的时间之和。如果知道加热和冷却所需要的时间，合理设计维持时间，能够减少灭菌过程中培养基营养成分的破坏。

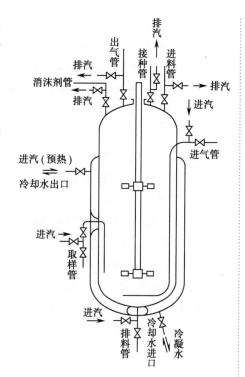

图 6-2　分批灭菌设备示意图

（二）连续灭菌

　　培养基在发酵罐外经过一套灭菌设备连续加热灭菌，冷却后送入已灭菌的发酵罐内，这种工艺过程称为连续灭菌，也称"连消"。连续灭菌工艺的优点是：可采用高温快速灭菌方法，营养成分破坏少；发酵罐非生产占用时间缩短，容积利用率提高；易于实现管道化和自控化操作；蒸汽用量平稳，但蒸汽压力一般要求高于 5×10^5Pa；避免了反复加热和冷却，提高了热的利用率。缺点是不适用于黏度大或固形物含量高的培养基的灭菌；需增加一套连续灭菌设备，投资较大；增多了操作环节，增加了染菌的概率。

　　培养基采用连续灭菌时，发酵罐应在连续灭菌开始前先进行空罐灭菌，以容纳经过灭菌的培养基。连续灭菌设备如加热器、维持罐和冷却器也应先行灭菌，然后才能进行培养基连续灭菌。连续灭菌设备无泄漏，无堵塞，无死角，保证在管路灭菌过程中总管、支管灭菌彻底。组成培养基的耐热性物料和不耐热性物料可分开在不同温度下灭菌，以减少物料的破坏，也可将糖和氮源分开灭菌，以免醛基与氨基发生反应，防止有害物质生成。

　　连续灭菌以采用的设备和工艺条件分类，有 3 种形式。

　　1. 连续灭菌 - 喷淋冷却连续灭菌流程　此种灭菌流程是最基础的连续灭菌方法，如图 6-3 所示。培养基配制后，从配料罐放出，用泵送入连续灭菌塔底部，与蒸汽直接混合，培养基被加热至灭菌温

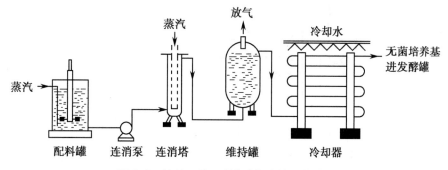

图 6-3　连续灭菌 - 喷淋冷却连续灭菌流程

度；由连续灭菌塔顶部流出，进入维持罐，保温 10 分钟左右；由维持罐上部流出，维持罐内最后剩余的培养基由底部排尽，经喷淋冷却器冷却到发酵温度，送到发酵罐。

　　灭菌时，要求培养基输入的压力与蒸汽总压力相接近，否则培养基的流速不能稳定，影响培养基的灭菌质量。一般控制培养基输入连续灭菌塔的速度 <0.1m/min，灭菌温度为 132℃，在连续灭菌塔内停留的时间为 20~30 秒，再送入维持罐保温。

　　该连续灭菌流程的灭菌效果取决于培养基高温处理后在维持罐内的维持时间。在生产实践中，一般维持时间定为 5~7 分钟。

　　2. 喷射加热 - 真空冷却连续灭菌流程　图 6-4 所示为喷射加热 - 真空冷却连续灭菌流程，由喷射加热、管道维持、真空冷却三部分组成。此系统灭菌时，预热后的培养基要连续送入一个特制的喷射加热器中，以较高的速度自喷嘴喷出，与蒸汽混合，将培养基迅速加热至灭菌温度；经过维持管道维持一定时间后，通过膨胀阀进入真空冷却器，真空作用使水分急骤蒸发而冷却，冷至发酵温度后送入灭过菌的发酵罐内。此流程由于受热时间短，可以采取高温灭菌（如 140℃），不致引起培养基营养成分的严重破坏；维持管能保证培养基先进先出，避免过热或灭菌不彻底的现象。缺点是随着蒸汽的冷凝使培养基稀释，由于培养基黏度的变化，使灭菌温度和压力的控制受到影响；如维持时间较长，维持管的长度就很长，安装使用不便。

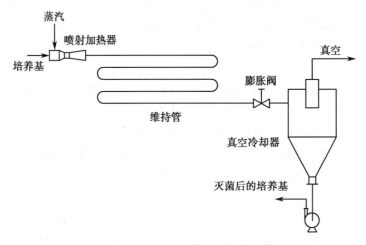

图 6-4　喷射加热 - 真空冷却连续灭菌流程

　　3. 板式换热器连续灭菌流程　图 6-5 是由一系列板式换热器组成的连续灭菌流程，为最先进的灭菌方法。该流程中，新鲜培养基进入热回收器，由灭过菌的培养基在 20~30 秒将其预热至 90~120℃；然后进入加热器，用蒸汽很快加热至 140℃；继续进入维持管内保温 30~120 秒；再进入热

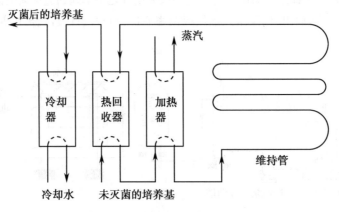

图 6-5　板式换热器连续灭菌流程

回收器的另一端冷却；灭过菌的培养基回收热量后再进入冷却器，用水冷却至发酵要求的温度，冷却时间为 20~30 秒，然后直接送入灭过菌的发酵罐内。由于新鲜培养基的预热是利用灭过菌的培养基的热量完成的，所以节约了蒸汽及冷却水的用量。

含有淀粉的培养基，须用酸水解或酶水解后才能进行连续灭菌，否则黏度大，影响灭菌效果。如果培养基中含有悬浮颗粒时，需要增加灭菌时间。如含 1mm 悬浮颗粒，须增加 1 秒；含 1cm 悬浮颗粒，则须增加 100 秒。所以连续灭菌时，培养基中的悬浮颗粒不能大于 2mm。

二、培养基灭菌的影响因素

（一）湿热灭菌的原理

一般微生物都有自己的最适生长温度范围，还有可以维持生命活动的温度范围，如大多数微生物（指嗜中温菌）生长的最适温度为 25~40℃，而维持生命活动的温度为 5~50℃。当环境温度超过维持生命活动的最高温度时，微生物就会死亡。能够杀死微生物的温度称为致死温度。在致死温度杀死全部微生物所需要的时间称为致死时间。对于同一微生物，在致死温度范围，温度越高，致死时间就越短。同种微生物的营养体、芽胞和孢子的结构不同，对热的抵抗力也不同，不同微生物的致死温度和致死时间也有差别。一般无芽胞的营养菌体在 60℃ 保温 10 分钟即可全部被杀死，而芽胞在 100℃下保温数十分钟乃至数小时才能被杀死，某些嗜热细菌在 121℃ 下可耐受 20~30 分钟。一般说灭菌是否彻底，是以能否杀死热阻大的芽胞为指标的。微生物对热的抵抗力常用"热阻"表示，热阻是指微生物在某一种特定条件下（主要指温度和加热方式）的致死时间。相对热阻是指某一种微生物在某一条件下的致死时间与另一种微生物在相同条件下的致死时间之比。表 6-1 列出某些微生物的相对热阻和对灭菌剂的相对抵抗力。

表 6-1　某些微生物的相对热阻及其对灭菌剂的相对抵抗力（与大肠埃希菌比较）

灭菌方式	大肠埃希菌	霉菌孢子	细菌芽胞	噬菌体和病毒
干热	1	2~10	1×10^3	1
湿热	1	2~10	3×10^6	1~5
苯酚	1	1~2	1×10^9	30
甲醛	1	2~10	250	2
紫外线	1	5~100	2~5	5~10

在灭菌过程中，微生物由于受到不利环境条件的作用而逐渐死亡，其减少的速率与瞬间残留的菌数成正比，服从一级反应动力学，用式（6-1）表示：

$$\frac{\mathrm{d}N}{\mathrm{d}t} = -kN \qquad \text{式（6-1）}$$

式（6-1）中，N 为时间 t 时存在的活菌数（个）；t 为灭菌时间（s）；k 为灭菌速率常数，或称菌死亡速率常数（1/s），与灭菌温度、菌种特性有关；$\frac{\mathrm{d}N}{\mathrm{d}t}$ 为活菌的瞬时变化速率，即死亡速率（个/s）。

将式（6-1）移项积分得：

$$\int_{N_0}^{N_t} \frac{\mathrm{d}N}{N} = -k \int_0^t \mathrm{d}t$$

$$\ln \frac{N_t}{N_0} = -kt \qquad \text{式（6-2）}$$

式（6-2）中，N_0 为灭菌开始时存在的活菌数（个）；N_t 为经过灭菌时间 t 时残留的活菌数（个）。

$$t = -\frac{1}{k} \ln \frac{N_t}{N_0} = -\frac{2.303}{k} \lg \frac{N_t}{N_0} \qquad \text{式（6-3）}$$

式（6-3）表明，菌的残留率的对数与灭菌时间呈线性关系，这就是"对数残留定律"。根据对数残留定律，如果要求达到彻底灭菌，即 $N_t = 0$，则所需的灭菌时间 t 为无限长，这在生产上是不可行的。因此，实际设计时常采用 $N_t = 0.001$（即在 1 000 批次灭菌中允许有 1 批失败）。N_0 可以参考一般培养基中的活菌数，取为 $1 \times 10^7 \sim 2 \times 10^7 /ml$。由式（6-3）得到的是理论灭菌时间，实际设计和操作时可适当延长或缩短灭菌时间。

如以菌的残留率的对数 $\lg \dfrac{N_t}{N_0}$ 与灭菌时间 t 的实测值作图，得出的残留曲线在一定的时间范围内为直线，其斜率为 $-k/2.303$，见图 6-6。k 值随菌株及灭菌温度而异。若温度升高，残留曲线会变得更陡，也就是 k 值增加，表明微生物灭菌时越容易死亡。

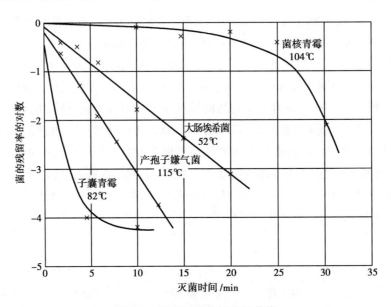

图 6-6　某些微生物的残留曲线

灭菌速率常数 k 是判断微生物受热死亡难易程度的基本依据。各种微生物在相同条件下的 k 值是不同的，k 值越小，说明此种微生物的热阻越大。一般来说，细菌营养体、酵母菌、放线菌、病毒及噬菌体对热的抵抗力较弱，而细菌芽孢、霉菌孢子对热的抵抗力则较强。芽孢热阻极高的原因是：芽孢含有吡啶二羧酸，能增强对热的抵抗力；芽孢厚且结构致密，热不易穿透；芽孢的游离水分少，含水量较营养细胞低。表 6-2 列出几种微生物的 k 值。

表 6-2　不同细菌芽孢的 k 值　　　　　　　　　　　　　　单位：1/s

菌种	k 值	菌种	k 值
枯草芽孢杆菌 FS5230	0.043~0.047	硬脂嗜热芽孢杆菌 FS617	0.049
硬脂嗜热芽孢杆菌 FS1518	0.013	梭状芽孢杆菌 FA3679	0.030

（二）温度和时间对培养基灭菌的影响

用湿热灭菌方法对培养基灭菌，在杀灭微生物的同时，也会对营养成分造成破坏。在高压加热的条件下，会使糖液焦化变色、蛋白质变性、维生素失活、醛糖与氨基化合物反应、不饱和醛聚合、一些化合物水解等。选择既能达到灭菌要求又能减少营养成分破坏的灭菌温度和受热时间，是提高培养基灭菌质量的重要内容。

灭菌时菌体死亡属于一级动力学反应（式 6-1），灭菌速率常数 k 与灭菌温度 T 的关系可用阿伦尼乌斯方程（Arrhenius equation）表示：

$$k = A \cdot e^{-\Delta E/RT}$$

式（6-4）

式（6-4）中，A 为灭菌反应的阿伦尼乌斯常数（1/s）；ΔE 为灭菌反应所需要的活化能（J/mol）；R 为气体常数，此处为 8.314J/（mol·K）；T 为绝对温度。

绝大部分培养基营养成分的破坏属于一级分解反应，其反应动力学方程式为：

$$\frac{\mathrm{d}C}{\mathrm{d}t}=-k'C \qquad \text{式（6-5）}$$

式（6-5）中，C 为反应物浓度（mol/L）；t 为分解反应时间（s）；k' 为分解反应速率常数，与温度和反应物种类有关（1/s）。

化学反应中，在其他条件不变的情况下，反应速率常数 k' 与温度 T 的关系可用阿伦尼乌斯方程表示：

$$k'=A' \cdot e^{-\Delta E'/RT} \qquad \text{式（6-6）}$$

式（6-6）中，A' 为分解反应的阿伦尼乌斯常数（1/s）；$\Delta E'$ 为分解反应所需要的活化能（J/mol）。

式（6-4）、式（6-6）可改写成：

$$\ln k=\ln A-\frac{\Delta E}{RT} \qquad \text{式（6-7）}$$

$$\ln k'=\ln A'-\frac{\Delta E'}{RT} \qquad \text{式（6-8）}$$

根据式（6-7）、式（6-8），以 $\ln k$（或 $\ln k'$）对 $1/T$ 作图，可得到直线，由此直线的斜率和截距分别求得 ΔE（或 $\Delta E'$）和 A（或 A'）值。表6-3列出了杀灭某些微生物和分解某些营养物质的 ΔE（或 $\Delta E'$）值。可以看出，杀灭某些微生物的 ΔE 值比分解某些营养物质的 $\Delta E'$ 值要高。

表 6-3　杀灭某些微生物和分解某些营养物质的 ΔE（或 $\Delta E'$）值　　单位：kJ/mol

微生物或营养物质	ΔE 或 $\Delta E'$	微生物或营养物质	ΔE 或 $\Delta E'$
嗜热脂肪芽孢杆菌	283.5	叶酸	70.3
枯草芽孢杆菌	318.2	泛酸	87.9
肉毒梭状芽孢杆菌	346.3	维生素 B_{12}	96.7
腐败厌气菌 NCA3679	303.1	维生素 B_1 盐酸盐	92.1
葡萄糖	100.5		

当灭菌温度从 T_1 升高至 T_2 时，灭菌速率常数 k 值的变化为：$k_1=A \cdot e^{-\Delta E/RT_1}$（$k_1$ 为温度 T_1 时的灭菌速率常数）；$k_2=A \cdot e^{-\Delta E/RT_2}$（$k_2$ 为温度 T_2 时的灭菌速率常数）。两式相除并取对数，得：

$$\ln \frac{k_2}{k_1}=\frac{\Delta E}{R}\left(\frac{1}{T_1}-\frac{1}{T_2}\right) \qquad \text{式（6-9）}$$

同样，当温度从 T_1 升至 T_2 时，营养成分分解的反应速率常数 k' 值从 k'_1 变为 k'_2，也有相似的关系：

$$\ln \frac{k'_2}{k'_1}=\frac{\Delta E'}{R}\left(\frac{1}{T_1}-\frac{1}{T_2}\right) \qquad \text{式（6-10）}$$

将式（6-9）除以式（6-10），得：

$$\frac{\ln \dfrac{k_2}{k_1}}{\ln \dfrac{k'_2}{k'_1}}=\frac{\Delta E}{\Delta E'} \qquad \text{式（6-11）}$$

由于杀死微生物的活化能 ΔE 大于分解营养成分的活化能 $\Delta E'$，所以 $\ln \dfrac{k_2}{k_1}>\ln \dfrac{k'_2}{k'_1}$，即随着温度的升高，灭菌反应速率常数增加的倍数大于破坏营养成分反应速率常数增加的倍数。温度升高对反应速率常数的影响可用 Q_{10} 来表示（Q_{10} 为温度升高 10℃ 时的反应速率常数与原温度时的反应速率常数的比值）。一般化学反应的 Q_{10} 为 1.5~2.0，杀灭微生物营养体的反应的 Q_{10} 为 5~10，杀死细菌芽胞的反应的 Q_{10} 为 35 左右。在灭菌过程中，当温度升高时，2 种反应过程的速度都在增加，但微生物死亡的速度增加值超过培养基营养成分破坏的速度增加值。采用高温快速灭菌方法,既可杀死培养基中的全部有生命的有机体,又可减少营养成分的破坏。表6-4列出的是达到完全灭菌(以杀灭细菌芽胞为准)的灭菌温度、时间和营养成分维生素 B_1 破坏量的比较,可以清楚地说明这一问题。

表6-4　灭菌温度、灭菌时间和维生素 B_1 破坏量的比较

灭菌温度 /℃	灭菌时间 /min	维生素 B_1 破坏量 /%
100	400	99.3
110	36	67
115	15	50
120	4	27
130	0.5	8
145	0.08	2
150	0.01	<1

（三）影响培养基灭菌的其他因素

1. 培养基的成分　油脂、糖类及一定浓度的蛋白质会增加微生物的耐热性。高浓度有机物会在细胞的周围形成一层薄膜,阻碍热量的传入,所以灭菌温度应升高些。

低浓度(1%~2%)的NaCl溶液对微生物有保护作用;但随着NaCl浓度的增加,保护作用减弱;NaCl浓度达8%~10%以上,则会减弱微生物的耐热性。

2. 培养基的pH　pH对微生物的耐热性影响很大。pH为6.0~8.0时微生物耐热能力最强。pH小于6.0时,氢离子易渗入微生物细胞内,改变细胞的生理反应,促使其死亡。所以培养基pH越低,灭菌所需时间就越短。一般微生物生长对培养基的pH都有一定的要求,在不允许调节pH的情况下,就要考虑适当延长灭菌时间或提高灭菌温度。

3. 培养基的物理状态　培养基的物理状态对灭菌有极大的影响。固体培养基的灭菌时间要比液体培养基的灭菌时间长,如果100℃时液体培养基的灭菌时间为1小时,固体培养基则需要2~3小时才能达到同样的灭菌效果。其原因在于液体培养基灭菌时,热量传递是由传导作用和对流作用完成的,而固体培养基只有传导作用而没有对流作用;此外,液体培养基中水的传热系数要比固体有机物质大得多。

4. 泡沫　在培养基灭菌过程中,培养基中发生的泡沫对灭菌很不利,因为泡沫中的空气形成隔热层,使热量难以渗透进去,不易杀死其中潜伏的微生物。因此,无论是分批灭菌还是连续灭菌,对易起泡沫的培养基可加入少量消泡剂,以防止或消除泡沫。

5. 培养基中的微生物数量　不同成分的培养基的含菌量是不同的。培养基中微生物数量越多,达到无菌要求所需的灭菌时间也越长。天然基质培养基,特别是营养丰富或变质的原料中的含菌量远比化工原料的含菌量多,因此灭菌时间要适当延长。含芽孢杆菌多的培养基,要适当提高灭菌温度和延长灭菌时间。

三、发酵罐与发酵辅助设备

典型的发酵设备应包括种子制备设备,主发酵设备,辅助设备(无菌空气和培养基的制备),发酵液预处理设备,粗产品的提取设备,产品精制与干燥设备,流出物回收、利用和处理设备等。其中主要设备为发酵罐和种子罐,它们各自都附有培养基配制、灭菌和冷却设备,通气调节和除菌设备等。种子罐是以确保发酵罐培养所必需的菌体量为目的,而发酵罐承担产物的生产任务。发酵辅助设备主要包括:无菌空气系统、灭菌系统、发酵车间的管道及阀门以及补料系统、消泡剂系统等。

　　发酵罐又称生物反应器，是为一个特定生物化学过程的操作提供良好环境的容器。对于某些工艺来说，发酵罐是附带精密控制系统的密闭容器，要求杜绝杂菌和噬菌体的污染，为了便于清洗、消除灭菌死角，其内壁及管道焊接部位都要求平整光滑、无裂缝、无塌陷，并且在外压大于内压时，有防止外部液体及空气流入反应器的机制。一个优良的生物反应器应具有严密的结构、良好的液体混合性能、高的传质和传热速率，以及可靠的检测及控制仪表。目前发酵罐主要包括搅拌釜反应器（stirred tank reactor, STR）、鼓泡反应器（bubbling reactor）及气升式反应器（airlift reactor）等几种基本类型。搅拌釜反应器利用机械搅拌器的作用，使无菌空气与发酵液充分混合，促进氧的溶解；具有操作条件灵活，气体运输效率高等优点，并且适应性最强，从牛顿型流体到非牛顿型的丝状菌发酵液，都能根据实际情况，为之提供较高的传质速率和必要的混合速率；已被实际生产证实可广泛用于各种微生物的发酵，是至今使用最广泛的生物反应器。鼓泡反应器中气体由反应器底部的高压引入，利用在通气中产生的空气泡上升时的动力带动反应器中液体的运动，从而达到使反应液混合的目的；其特点是省去了机械搅拌装置，如培养基的浓度合适，且操作适当的话，在不增加空气流量的情况下，基本上可达到搅拌釜反应器的发酵水平；但使用时，气泡在上升过程中会逐渐聚集变大，导致传质速率下降，且会使培养基产生大量气泡，限制了它的使用。气升式反应器分为内置挡板型和外置循环管道型，在通入空气的一侧由于液体密度降低使液面上升，这样在反应器内形成液体环流，使培养基混合；气升式反应器比鼓泡反应器的效率更高，尤其对于需要高密度发酵和黏稠培养基的微生物，其混合效果更好，且不像鼓泡反应器易产生气泡的聚集，影响传质效率。气升式反应器和鼓泡反应器都是通过通入气体进行搅拌，而不采用机械搅拌，所以相比于搅拌釜反应器，具有节能和剪切力小等优点，比较适合于重组微生物发酵，其缺点主要是高密度培养时混合不够均匀。

四、发酵设备的灭菌方法

　　实罐灭菌时，发酵罐与培养基一起灭菌。培养基采用连续灭菌时，发酵罐需在培养基灭菌之前，直接用蒸汽进行空罐灭菌（空消），包括对空罐作系统全面检查（如阀门、焊接和罐顶等）和清理（如挡板积污，易形成死角区域）。为了杀死所有微生物特别是耐热的芽胞，空罐灭菌要求温度较高，灭菌时间较长，只有这样才能杀死设备中各死角残存的杂菌或芽胞。要求蒸汽总管道压力不低于 3.0×10^5~3.5×10^5Pa，使用蒸汽压力不低于 2.5×10^5~3.0×10^5Pa。因空气比重大于蒸汽，灭菌开始时从罐顶通入蒸汽，将罐内的空气从罐底排出。空罐灭菌一般维持罐压 1.5×10^5~2.0×10^5Pa、罐温 125~130℃、时间 30~45 分钟。空罐灭菌之后不能立即冷却，以避免罐压急速下降造成负压。先开排气阀，排除罐内蒸汽，待罐压低于空气压力时，通入无菌空气保压，开冷却水冷却到所需温度，将灭菌后的培养基输入罐内。

　　总空气过滤器灭菌时，进入的蒸汽压力必须在 3.0×10^5Pa 以上，灭菌过程中总过滤器要维持压力在 1.5×10^5~2.0×10^5Pa，保温 1.5~2.0 小时。对于新装介质的过滤器，灭菌时间适当延长 15~20 分钟。灭菌后要用压缩空气将介质吹干，吹干时空气流速要适当，流速太小吹不干，流速太大容易将介质顶翻，造成空气短路而染菌。

　　发酵罐的附属设备有空气过滤器、补料系统、消泡剂系统等。空气过滤器在发酵罐灭菌之前进行灭菌，灭菌后用空气吹干备用。补料罐的灭菌温度视物料性质而定，如糖水灭菌时蒸汽压力为 1.0×10^5Pa（120℃），保温 30 分钟。油罐（消泡剂罐）灭菌时，其蒸汽压力为 1.5×10^5~1.8×10^5Pa，保温 60 分钟。补料管路、消泡剂管路可与补料罐、油罐同时进行灭菌，但保温时间为 1 小时。移种管路灭菌一般要求蒸汽压力为 3.0×10^5~3.5×10^5Pa，保温 1 小时。上述各种管路在灭菌之前，要进行严格检查，以防泄漏和"死角"的存在。

第三节　空　气　除　菌

在微生物产品的生产中,好气微生物的培养占绝大多数。好气微生物培养时,必须不断将无菌空气通入发酵罐内,以满足微生物生理代谢对氧的需求。空气中含有氧气、氮气、氢气、二氧化碳、惰性气体、水分等,还含有灰尘及各种微生物。大气中灰尘和微生物的含量随地域和季节而变化,大城市上空空气中含有的细菌数为 3 000~10 000/m³。要根据空气中的含菌情况,在将空气输送进发酵罐之前进行严格除菌。发酵类型不同,对空气的无菌程度的要求也不同。如酵母培养所用的培养基以糖原为主,能利用无机氮,要求的 pH 较低,一般细菌较难繁殖,而酵母的繁殖速度又较快,能抵抗少量的杂菌影响,因此对无菌空气的要求不十分严格,采用高压离心式鼓风机通风即可。抗生素等多数品种发酵,耗氧量大,对无菌程度要求十分严格,所以空气必须先经过严格的无菌处理后才能通入发酵罐内,以确保生产的正常运转。

好气性发酵过程中需要大量的无菌空气,而空气要做到绝对无菌在目前是不可能的,也是不经济的。发酵对无菌空气的要求是无菌、无灰尘、无杂质、无水、无油、正压等几项指标;发酵对无菌空气的无菌程度要求是只要在发酵过程中不因无菌空气染菌而造成损失即可。在工程设计中一般要求 1 000 次使用周期中只允许有一个细菌通过,即经过滤后空气的无菌程度为 $N = 10^{-3}$。获取无菌空气的方法有多种,如辐射灭菌、化学试剂灭菌、加热灭菌、静电除菌、过滤除菌等。各种辐射和化学试剂灭菌的方法常用于无菌室、培养室、仓库等的空气除菌。工业生产中最常用的制备大量无菌空气的方法为介质过滤除菌。

一、空气过滤除菌的原理

空气中的微生物大多数是细菌和芽胞,还有一定数量的霉菌、酵母和病毒。细菌的大小从零点几微米至几微米(表 6-5)。这些微生物在空气中极少单独游离存在,基本上都是附着于灰尘、液滴等微粒的表面上。介质过滤除菌就是把空气中的各种微粒和游离微生物捕集起来,从空气中除掉。采用空气过滤器来制备大量的无菌空气,滤材要求能耐受高温高压,不易被油水污染,除菌效率高,阻力小,成本低,易更换。常用的介质有棉花、棒状活性炭、玻璃棉、超细玻璃纤维纸、石棉滤板、烧结金属、多孔陶瓷滤材、硝酸纤维酯类、聚四氟乙烯、聚砜物质、尼龙膜等。事实上,除菌方法往往不是单一应用的。例如,空气压缩机放出的热量可使空气的温度从常温骤升至 180~198℃,空气冷却后再经过空气过滤器除菌,这就是加热灭菌和介质过滤 2 种方法的结合。

表 6-5　空气中常见微生物的大小　　　　　　　　　　单位: μm

种	细胞		芽胞或孢子	
	宽	长	宽	长
金黄色小球菌	0.51~1.0			
产气杆菌	1.0~1.5	1.0~2.5		
蜡样芽胞杆菌	1.3~2.0	8.1~25.8		
普通变形杆菌	0.5~1.0	1.0~3.0		
巨大芽胞杆菌	0.9~2.1	2.0~10.0	0.6~1.2	0.9~1.7
枯草芽胞杆菌	0.5~1.1	1.6~4.8	0.5~1.0	0.9~1.8
酵母菌	3~5	5~19	2.5~3.0	
病毒	0.001 5~0.225	0.001 5~0.28		

空气过滤除菌的原理与液体过滤除菌的原理是不同的,后者介质间的空隙小于颗粒直径,而前者介质间的空隙往往远大于颗粒直径。如棉花纤维直径一般为 16~20μm,充填系数(空气过滤器内过滤介质的体积占过滤器总体积的百分率)为 8% 时,棉花纤维所形成的网格空隙为 20~50μm。球菌的直径一般在 0.5~2μm,中等大小的杆菌一般长 1~5μm,宽 0.5~1μm。带微粒的空气流过纤维滤层时,纤维捕集空气中的微粒的机制如图 6-7。当气流为层流时,气体中的微粒随空气作平行运动,接近纤维表面的微粒(指在流动空气宽度 b 内的微粒)被纤维捕获,而宽度大于 b 的气流中的微粒绕过纤维继续前进。因为过滤介质层是由无数的纤维纵横交错组成的,形成的网格阻碍气流前进,使气流无数次改变运动速度和运动方向,这些改变引起空气中微粒的惯性冲击、拦截、扩散、重力沉降和静电吸附等作用,于是大大增加了微粒被纤维捕获的概率。

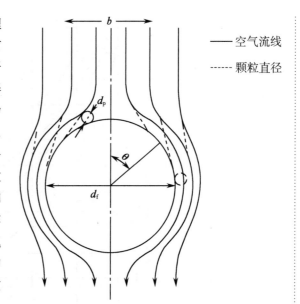

d_f—纤维直径;d_p—颗粒直径;b—气流宽度。

图 6-7 纤维介质截获微粒的机制

灰尘微粒有一定的质量,因而运动时有一定的惯性。当灰尘微粒随气流前进遇到过滤介质时,气流突然改变流向,而微粒由于惯性力的作用仍沿直线向前运动,与纤维碰撞而吸附于纤维的表面上,此微粒就被捕集。这种惯性冲击作用的程度取决于微粒的动能、纤维阻力、气流速度。惯性冲击作用的强弱与气流流速成正比,空气流速大时,惯性冲击就起主导作用。

当气流速度下降,微粒的流动轨迹与空气流线相似。气流改变方向时,微粒的流向随之改变,当与纤维表面接触时就被捕集,这种作用叫拦截。微生物微粒直径很小,质量很轻,当随低速气流流动靠近纤维时,微粒所在的主导气流流线受纤维所阻而改变方向,绕过纤维前进,并在纤维的周边形成一层边界滞留区。滞留区的气流速度更慢,进入滞留区的微粒慢慢靠近纤维并接触纤维而被黏附捕集。微粒被捕集的位置为 $\theta \leqslant 90°$,见图 6-7。空气流速较小时,拦截才起作用。

直径小于 1μm 的微粒,在很慢的气流中往往产生不规则的直线运动,称为布朗运动,结果使较小的微粒凝集为较大的微粒,增加了与纤维的接触机会,当与纤维接触时就被捕集,这种作用称为扩散。

空气中的灰尘微粒所受的重力大于气流对它的拖带力时,微粒就会沉降。大颗粒的沉降作用比小颗粒显著,直径 50μm 以上的颗粒沉降作用比较显著,小颗粒只有在气流速度很慢时才起作用。一般重力沉降是与拦截作用相配合的,即在纤维的边界滞留区内,微粒的沉降作用提高了拦截滞留的捕集效率。

干空气与非导体物质相对运动发生摩擦时,会产生诱导电荷。不少微生物细胞和芽胞都带电荷。有人测定过大肠埃希菌、枯草杆菌的芽胞带电荷情况,约有 75% 的芽胞带负电荷,15% 的芽胞带正电荷,其余 10% 的芽胞是中性的。带电荷的微生物通过过滤介质层时,可被具有相反电荷的纤维介质所吸引,而被吸附捕集;也可能是纤维介质被流动的带电荷的粒子所感应,产生相反的电荷而将粒子吸引。

纤维过滤除菌是几种作用的综合结果,实际过程较复杂。当气流速度较大(0.1m/min 以上)时,以惯性冲击作用为主。当气流速度低于一定值时,以拦截作用和扩散作用为主,并可认为惯性冲击不起作用,此时的气流速度称为临界速度(V_c)。临界速度与纤维直径(d_f)、微粒直径(d_p)以及气体的物理性质有关。空气温度 20℃,微粒重度 $\gamma_p = 1.0g/cm^3$ 时,通过各种直径纤维的空气的临界速度(V_c)见图 6-8。

实践证明,介质过滤除菌不能达到 100% 的效果。在分批发酵过程中,介质过滤除菌的实质是通

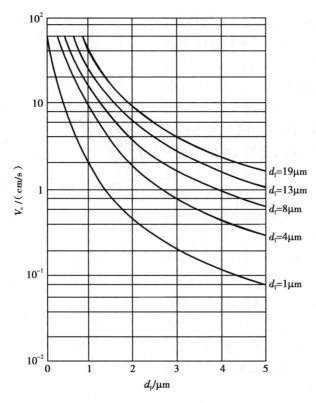

图 6-8   空气的临界速度 V_c

过介质的作用,大大延长了空气中的微生物在过滤介质中的停留时间,在整个发酵周期内不让空气中的杂菌漏进发酵罐内而导致染菌。

空气过滤后的微粒数与过滤前的微粒数的比值称为穿透率 P,则有:

$$P = \frac{N_L}{N_0} \qquad 式(6-12)$$

式(6-12)中,N_0 为过滤前空气中的微粒含量(个);N_L 为过滤后空气中的微粒含量(个)。

介质过滤效率 η 是指被捕集的微粒数与空气中原有的微粒数的比值,是衡量过滤设备过滤能力的指标。

$$\eta = \frac{N_0 - N_L}{N_0} = 1 - \frac{N_L}{N_0} = 1 - P \qquad 式(6-13)$$

空气过滤器的过滤效率与微粒的大小、过滤介质的种类和纤维直径、介质的填充密度、介质层的厚度以及空气通过介质层的气流速度等因素有关。

空气在一定的条件下,通过单位高度介质层后,杂菌数目的减少量与进入此介质层的杂菌数量成正比,即:

$$\frac{dN}{dL} = -KN \qquad 式(6-14)$$

式(6-14)中,N 为进入介质层的菌的数目(个);L 为介质层厚度(m);K 为过滤常数或除菌常数(1/m);$\frac{dN}{dL}$ 为单位高度过滤介质层所除去的菌的数目(个/m)。

将式(6-14)移项积分,得:

$$\int_{N_0}^{N_L} \frac{dN}{N} = -K \int_0^L dL$$

$$L = \frac{1}{K} \ln \frac{N_0}{N_L} \qquad 式(6-15)$$

式（6-15）称为"对数穿透定律"，表示进入过滤介质滤层的菌数与穿透过滤介质滤层的菌数之比的对数与滤层厚度成正比。如果要将杂菌完全除尽，即 $N_L=0$，滤层厚度 L 需要无穷大，事实上是不可能的。这说明介质过滤不能长期获得 100% 的除菌效率，当气流速度达到一定值或过滤介质使用时间长，介质中滞留的杂菌微粒就有可能穿过，所以过滤器必须定期灭菌。

二、空气过滤器

（一）棉花活性炭过滤器

棉花活性炭过滤器为圆筒形，过滤介质由上下两层棉花和中间一层颗粒活性炭组成，由两层多孔筛板将过滤介质压紧并加以固定，见图 6-9。

棉花常用未经脱脂的（脱脂棉花易吸水而使体积变小），压紧后仍有弹性，纤维长度适中（2~3cm）。棉花的纤维直径为 16~20μm，其实密度（或称真密度）为 1 520kg/m³，通常，过滤器内棉花的填充密度为 130~150kg/m³，故其填充率为 8.5%~10%。为了使棉花填放平整，可先将棉花弹成比圆筒稍大的棉垫后再放入过滤器内。常用的颗粒状活性炭是小圆柱体，其直径为 3mm，高度为 10~15mm，密度为 1 140kg/m³，填充密度为（500±30）kg/m³，故填充率为 44% 左右。过滤器用的活性炭要求质地较坚硬，不易被压碎，颗粒均一，吸附能力则不作为主要指标，装填时细粒及粉末要筛去。介质层的高度与纤维性质、直径、填充密度、气流速度和过滤器持续使用时间有关。装填过滤器时，介质层总高度约为 0.3~1.0m，棉花层∶活性炭层∶棉花层高度比为 1∶（1~2）∶1。

通过过滤器的气流速度（以压缩空气通过过滤器筒身的截面积为基准）一般为 0.2~0.3m/s。空气一般从下部圆筒切线方向通入，从上部圆筒切线方向排出，以减少阻力损失。出口不宜安装在顶盖上，以免检修时拆装管道困难。过滤器上方应装有安全阀、压力表，罐底装有排污孔，以便经常检查空气冷却是否完全，过滤介质是否潮湿等。

棉花活性炭过滤器填充层厚，体积大，吸收油水能力强，一般作为空气总过滤器用。但更换介质时劳动强度大；如填装不匀，容易造成空气短路，甚至介质被吹翻，使过滤器失效；此外，压降也较大。

过滤器进行灭菌时，一般是自上而下通入 2×10^5~4×10^5Pa 的蒸汽，灭菌 45 分钟左右，用压缩空气吹干备用。空气总过滤器约每个月灭菌 1 次。为了使总过滤器不间断地进行工作，一般应有一个备用的，以便灭菌时替换使用。

（二）平板式超细纤维过滤器

此种过滤器的结构类似旋风分离器（图 6-10）。作为过滤介质的超细纤维滤纸是由直径 1.0~1.5μm 的玻璃纤维用造纸方法制成的，其孔径为 1.0~1.5μm，厚度 0.25~0.4mm，实密度为 2 600kg/m³，填充密度为 384kg/m³，故填充率为 14.8%。通常以 3~6 张滤纸叠合在一起使用，两面用麻布和细铜丝网保护，同时垫以橡皮垫，再用法兰盘压紧，以保证过滤器的严密度。这种滤纸的除菌效率很高（对粒径≥0.3μm 的颗粒去除效率为 99.99% 以上），阻力很小。缺点是强度不大，特别是受潮后强度更差，因此滤纸常用酚醛树脂、甲基丙烯酸树脂、密胺树脂、含氢硅油等增韧剂或疏水剂处理，以提高其防湿能力和强度。也可在制造滤纸时，在纸浆中混入 7%~50% 的木浆，这样滤纸强度就会得到显著改善。为了使滤纸能平整地置于过滤器内，能经受灭菌时蒸汽的冲击和使用时空气的冲击，在过滤器筒身和顶盖的法兰间夹有两块相互契合的多孔板（板上开有很多直径 8mm 的小孔，开孔面积约占板面积的 40%）以夹住滤纸。安装时还需在滤纸上下分别铺上铜丝网、细麻布和橡皮垫圈。

过滤时，空气从筒身中部切线方向进入，空气中的水雾、油雾沉于筒底，由排污管排出，空气通过下孔板经超细纤维滤纸过滤后，从上孔板进入顶盖经排气孔排出。

空气在过滤器内的流速为 0.2~1.5m/s，而且阻力很小，未经树脂处理过的单张滤纸在气流速度为 3.6m/s 时，压降仅 3mmH₂O（1mmH₂O≈9.8Pa）左右。经树脂处理或混有木浆的滤纸，阻力稍大。

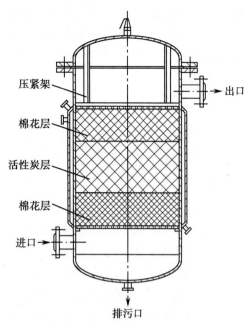

图 6-9　棉花活性炭过滤器

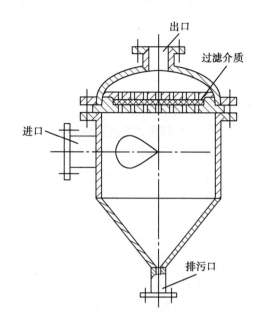

图 6-10　平板式超细纤维过滤器

这种过滤器占地小,装卸方便,主要缺点是过滤介质机械强度差,易破损,广泛用作分过滤器。

（三）烧结金属过滤器

这种过滤器的烧结金属过滤管是采用粉末冶金工艺将镍粉烧结形成单管状,将单根或几十根以至上百根烧结金属过滤管安装在不锈钢过滤器壳体内,用硅橡胶作密封材料。现在已有处理量从每分钟数升到每分钟 100m³ 的系列产品。

压缩空气进入壳程,通过烧结金属过滤管的管壁除去杂菌和颗粒,得到无菌空气,由管程排出。此种过滤器的特点是:介质滤层厚度薄（0.8mm）,能滤除 0.3~0.5μm 的微粒,孔径均匀稳定,机械强度高,使用寿命长,耐高热,气体阻力小,安装维修方便。但烧结过滤管支数较多,在安装和使用过程中易出现密封不良,易被油水污染而失效的情况,导致除菌效果不佳而造成发酵染菌。使用时为了防止空气管道中的铁锈和微粒以及蒸汽管道中的铁锈对烧结金属过滤管的污染,在烧结金属过滤器之前要加装一个与其匹配的空气预过滤器和蒸汽过滤器。

（四）微孔膜过滤器

过滤介质是由耐高温、疏水的聚四氟乙烯薄膜构成,厚度为 150μm。它能滤除所有粒径大于 0.01μm 的微粒,除去几乎所有空气中夹带的微生物,获得发酵用的无菌空气。为了增强膜芯的强度,用不锈钢做中心柱,把附加里衬的滤膜做成折叠型的过滤层,绕在不锈钢中心柱上,外加耐热的聚丙烯外套。微孔膜过滤器体积小、处理量大、压降小、除菌效率高。空气经过滤膜的气速应控制在 0.5~0.7m/s,压降≤100Pa。微孔膜过滤器价格较贵,为了延长过滤器的使用寿命,使用时应配置与过滤器相匹配的空气预过滤器和蒸汽过滤器,除去管道内的铁锈和污垢,避免微粒对微孔膜的污染。预过滤器出口之后的管道应采用不锈钢管。

三、空气过滤除菌的工艺流程

图 6-11 表示的是一种工艺上比较成熟的空气净化流程,常为发酵生产使用。

首先在高空采气。空气中微生物数量因地域、气候、空气污染程度而不同。据报道,吸气口每升高 3.05m,微生物数量就减少一个数量级。因此吸气口高度要因地制宜,一般以距地面 5~10m 高度为好,并在吸气口处装置筛网,防止杂物吸入。

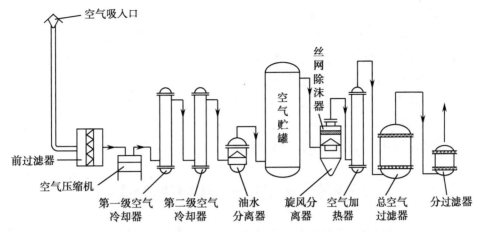

图 6-11　空气净化工艺流程图

供给发酵用的无菌空气,需要克服过滤介质阻力、发酵液静压力和管道阻力,故一般使用空气压缩机输送。从大气中吸入的空气常带有灰尘、沙土、细菌等,在进入空气压缩机前要先经过前过滤器,滤去灰尘、沙土等固体颗粒,以减少往复式空气压缩机活塞和气缸的磨损,保证空气压缩机的效率,也起到一定的除菌作用,减轻总过滤器的负担。

空气经压缩,出口处的压力一般在 2.0×10^5Pa 以上;温度也会升高,往复式空气压缩机出口空气温度达 120℃,而涡轮式空气压缩机出口空气温度达 150℃,能起到一定的灭菌作用。但目前生产中应用的过滤介质难以耐受这样高的温度,所以压缩空气在进入发酵罐前必须先行冷却。一般采用两级空气冷却器串联来冷却压缩空气,第一级空气冷却器可用循环水将压缩空气冷却至 40~50℃,第二级空气冷却器采用 9℃左右的低温水冷却至 20~25℃。

在空气压缩过程中,会混入润滑油或管道中的铁锈等杂质。冷却后的压缩空气含有来自空气压缩机的润滑油;如果冷却温度低于露点,空气中还含有水。冷却出来的油、水必须及时除去,严防带入空气过滤器中,否则会使过滤介质(如棉花)受潮,失去除菌作用。一般采用油水分离器与除沫器相结合的方法,除尘、除油、除水。为减少往复式空气压缩机产生的脉动,流程中须设置一个或数个空气贮罐。空气进入空气贮罐后,大的油滴和水滴沉降下来,50μm 以上的液滴用旋液分离器除掉,5μm 以上的液滴用丝网除沫器捕捉。

除去油污、水滴的空气相对湿度仍为 100%,当温度稍微下降时(例如冬天或过滤器阻力下降很大时)就会析出水,使过滤介质受潮。因此,空气进入过滤器之前尚须加热至 30~35℃,一般采用列管式换热器或套管式加热器,以降低空气相对湿度(要求在 60% 以下),保证过滤介质不致受潮失效。

加热后的空气进入空气过滤器(介质多为棉花活性炭或玻璃纤维)进行除菌。总空气过滤器一般用 2 台,交替使用。每个发酵罐前还需单独配备分过滤器。空气经总过滤器和分过滤器除菌后即能得到洁净度、温度、压力和流量均符合生产要求的无菌空气,送入发酵罐。

提高空气过滤除菌效率通常可采取如下措施。

(1)提高空气采风口位置,采风口上有风帽,下有放水阀,背风向采风,以减少进口空气中的含菌量,采风口位置越高,空气中含菌量越少。要求采风口一是高,二是远(远发酵车间,尤其是远离发酵罐排气口),三是周围要水泥地,干净。

(2)压缩进行空气预过滤。一般可在压缩机前装配旋风式分离器或粗滤器。

(3)空气压缩机改为无油润滑,避免油水带入空气净化系统。最好使用螺杆或涡轮式空气压缩机,无油、高温,利于灭菌。

(4)加强空气的冷却及油水的分离。为提高空气冷却效果,可采用:①加大冷却面(一般应采用两级以上空气冷却器);②加大冷却水流速和降低冷却水温(可采用深井水或冷冻水);③勤检查,确保不漏；④经过冷却后空气中的过饱和水分由气态变成液态。为了充分除去这些油水,可采用加大贮气罐,二级以上油水分离器和去雾器等气 - 液分离设备加以分离,并定时排放油水。

（5）提高进入总过滤器空气的温度。对经冷却和油水分离后的空气进行加热,以降低进入总过滤器的相对湿度,保证过滤介质在干燥状态下工作。

（6）采用两只并联的总过滤器,轮换使用,定期消毒。对于空气无菌要求严格的发酵生产,总过滤器也可采用多级串联使用,以增加空气过滤除菌效果。

（7）分过滤器采用互补的过滤介质,二级串联使用。

第四节   无菌检查与染菌的处理

生产过程中,为了及早发现染菌并进行适当处理,保证生产正常进行,在菌种制备、种子罐和发酵罐的接种前后和培养过程中,须要按工艺规程要求按时取样,进行无菌检查。

一、无菌检查

培养液是否污染杂菌可从培养试验、显微镜检查及培养液的生化指标变化情况等来判断。现在采用的无菌检查方法主要有显微镜检查法、平板划线法、肉汤培养法、斜面培养法这4种。其中以平板划线法和肉汤培养法相结合进行无菌试验用得较多。

（一）无菌检查方法

1. 显微镜检查法   通常用简单染色法或革兰氏染色法,将待检样品涂片、染色后在显微镜下观察,根据产生菌与杂菌的不同特征来判断是否染菌,必要时还可进行芽胞染色和鞭毛染色。此法简单直接,是最常用的无菌检查方法之一。但是污染的杂菌要繁殖到一定的数量才能检出,不利于判断发酵周期较短的产生菌的早期污染,往往需要与其他方法相结合。

2. 平板划线法   是将种子罐样品先放入肉汤培养基中,然后在无菌条件下在平板培养基上面划线,根据可能的污染类型,分别置于37℃、27℃培养；剩下的肉汤培养物在恒温室（箱）内培养6小时后再划线一次。同时发酵罐培养液直接放入空白无菌试管中,于37℃或27℃恒温室（箱）内培养6小时后在双碟培养基上划线。24小时内的平板定时在灯光下检查有无杂菌生长。24~48小时的平板一天检查1次,以防生长缓慢的杂菌漏检。

3. 肉汤培养法   直接用装有酚红肉汤培养基的无菌试管取样,然后分别置于37℃、27℃培养,定时观察试管内肉汤培养基的颜色变化,同时进行显微镜观察。

4. 斜面培养法   用空白的无菌试管取样,然后在无菌条件下接种于斜面培养基上,置于37℃或27℃恒温室（箱）内培养,定时观察有无杂菌菌落生长。

（二）染菌的判断

培养液染菌的情况错综复杂,判断是否染菌需要细致观察、认真分析。对染菌的判断,以无菌检查中的平板培养和酚红肉汤培养的反应为主,以镜检为辅。每个样品的无菌检查,至少用1份平板和2份酚红肉汤同时取样培养。要定量取样或用接种环蘸取法取样,因取样量不同会影响颜色反应和混浊程度。如果平板上连续3段时间样品均长出杂菌,或连续3段时间的酚红肉汤样品发生颜色变化（由红色变黄色）或产生混浊,即判断为染菌。有时酚红肉汤反应不明显,要结合镜检,如确认连续3段时间样品均染菌,即判为染菌。各级种子罐的染菌判断也可以参照上述规定。

对无菌检查的平板和肉汤的观察及保存：发酵培养基灭菌后应取样,以后每隔8小时取样1次,做无菌试验,直至放罐。无菌检查期间应每6小时观察一次无菌试验样品,以便染菌时能及早发现。无菌试验的平板和肉汤应观察并保存至本罐批放罐后12小时,确认为无菌后方可弃去。

二、染菌原因的分析

引起发酵染菌的原因很复杂,染菌后发酵罐内的反应也是多种多样的。因此要准确地分析染菌的原因很困难。发现染菌时需要从多方面查找原因,查出杂菌的来源,采取相应措施予以克服。表 6-6 是某研究所抗生素发酵染菌的原因分析,表 6-7 是某制药厂链霉素发酵染菌的原因分析。种子带菌、空气带菌、设备渗漏、灭菌不彻底、操作失误和管理不善等是造成污染杂菌的普遍原因。

表 6-6　某研究所抗生素发酵染菌的原因分析　　单位:%

染菌原因	占比	染菌原因	占比
种子带菌或怀疑种子带菌	9.64	接种管穿孔	0.39
接种时罐压降至标准大气压	0.19	阀门泄漏	1.45
培养基灭菌不彻底	0.79	搅拌轴封泄漏	2.09
总空气系统带菌	19.96	罐盖泄漏	1.54
泡沫升至罐顶	0.48	其他设备泄漏	10.13
夹套穿孔	12.36	操作问题	10.15
蛇管穿孔	5.89	原因不明	24.94

表 6-7　某制药厂链霉素发酵染菌的原因分析　　单位:%

染菌原因	占比	染菌原因	占比
种子带菌	0.60	设备穿孔	7.60
接种带入杂菌	1.00	蒸汽压力不够	0.60
取样、补料带入杂菌	8.20	操作违反规程	1.60
停电时罐压降至标准大气压	1.60	管理问题	7.09
空气系统带菌	26.00	原因不明	45.71

染菌原因可从下述几个方面进行分析:

（一）染菌的时间

如果是部分发酵罐在发酵早期染菌,可能是培养基灭菌不彻底、种子罐带菌、接种管道灭菌不彻底、接种操作不当或空气带菌等原因造成的。如果是发酵的中后期染菌,可能是补料系统、加消泡剂系统污染或操作问题引起的。

（二）杂菌的种类

发酵过程染菌,多种菌型出现的概率多,单种菌型出现的概率较少。污染耐热芽孢杆菌时,与培养基灭菌不彻底或设备内部有"死角"关系甚大。污染的杂菌是不耐热的球菌或无芽孢杆菌时,原因可能是种子带菌、空气除菌不彻底、设备渗漏或操作问题。若污染的是浅绿色菌落的杂菌,可能是冷却盘管渗漏。若污染的是霉菌,一般是无菌室灭菌不彻底或无菌操作有问题。若污染的是酵母菌,则主要由于糖液灭菌不彻底,特别是糖液放置时间较长而引起的。

（三）染菌的规模

在发酵过程中,如果种子罐和发酵罐同时大面积染菌,而且污染的是同种杂菌,问题一般出在空气净化系统,如空气过滤器失效或空气管道渗漏。其次考虑种子制备工序。如果只是发酵罐大面积染菌,除考虑空气净化系统带菌外,还要重点考查接种管道、补料系统。发酵培养基采用连续灭菌工艺时,要严格检查连续灭菌系统是否带入杂菌。

个别发酵罐连续染菌,应从单个罐体查找杂菌来源,如罐内是否有"死角"或冷却系统有渗漏,还要检查附件。个别罐批的散在性染菌,原因比较复杂,要具体情况具体分析。

三、防止染菌的要点

染菌是发酵生产工艺中最为棘手的问题,同时也是直接影响产品质量、提取收率和成本的关键因素。分析发酵染菌原因,总结防止发酵染菌的经验教训,把发酵染菌控制在生产前,防患于未然是积极防止发酵生产过程中染菌的最重要措施。据已有的防止染菌经验,按照生产要求,对发酵过程中涉及的空气系统、设备、培养基、种子和工艺操作等要严格把关。

(一)空气系统

进入发酵罐的空气必须严格除菌。因空气带菌造成的染菌,可影响许多批次的发酵,对生产危害很大。空气净化系统环节较多,相互制约,倘若一个环节出了问题,就会使整个系统的除菌失败。防止空气净化系统带菌,应该提高空气进口的空气洁净度;除尽压缩空气中夹带的水和油;过滤器定期灭菌和检查,过滤介质定期更换;制备的纯净空气定期做无菌检查,确保去除杂菌和微生物(包括噬菌体)。为防止润滑油混入空气或列管式冷却器穿孔,可采用无润滑油空气压缩机,定期检查列管式冷却器。

(二)设备

发酵设备及其附件一旦渗漏,就会造成染菌。如果冷却水盘管、夹套穿孔,含菌的冷却水会通过漏孔进入发酵罐而染菌。阀门渗漏也会使带菌的空气或水进入发酵罐导致染菌。发酵设备的设计、安装要合理,易于清洗和灭菌。发酵罐及其附属设备要做到无渗漏,无"死角"。凡与物料、空气、下水道连接的管件阀门应保证严密不漏,特别是进罐的阀门,往往采用密封性能好的隔膜阀。蛇管和夹层应定期试漏。连续灭菌设备要定时拆卸清洗。对整个发酵设备要定期维修、保养,一般一年一次大规模检修。

(三)培养基

培养基灭菌不彻底是常见的染菌原因。影响因素主要有三条:一是蒸汽压力不足、蒸汽量不足或灭菌时间不够;二是灭菌时培养基产生大量泡沫、培养基内有不溶解的固体颗粒或发酵罐内有污垢堆积;三是设备制作或安装不合理,存在蒸汽不易到达的"死角"。要做到培养基的彻底灭菌,首先要重视蒸汽质量,一般采用饱和蒸汽,严格控制蒸汽中的含水量,按照不同灭菌工艺要求提供稳定的蒸汽压力,灭菌过程中蒸汽压力不要大幅度波动,以保证灭菌质量。其次,要采用活蒸汽灭菌,蒸汽有进有出,保持畅通。此外,一定要保证灭菌时间。灭菌时从常温升到灭菌温度的时间不要太快(一般为45分钟左右),以防止产生大量泡沫。

(四)种子

种子的无菌情况是直接影响发酵染菌的重要环节。种子制备的许多操作是在无菌室内进行的,所制备的种子不得污染杂菌。因此,对无菌室的洁净度要求较高,一般为万级。应按照 GMP 规范并考虑实际生产经验设计无菌室,合理布局。如:墙壁用耐清洗消毒的壁板,门窗为不锈钢或彩钢板,地面采用水磨石,各种阴阳角均为圆弧状。操作人员需经更衣室并淋浴后进入。定期对无菌室消毒,以保持无菌状态。

(五)工艺操作

要严格按工艺规程操作。发酵罐放罐后,对罐体和附属设备进行全面清洗和检查,清除罐内的残渣,除尽罐壁上的污垢,清除罐内附件处的堆积物;配制培养基时要防止物料结块或带入异物,配料罐和输送料液系统要定时清洗消毒;在实罐灭菌、空罐灭菌、培养基连续灭菌、各种管道的灭菌等操作过程中,要严格执行工艺规程要求,灭菌中要保证蒸汽畅通,保证蒸汽压力与温度的对应关系。要严格按照工艺规程制备生产种子。对进入无菌室的全部物料、器械实行灭菌。坚持无菌室和无菌操作人员的菌落检测制度;发酵过程的无菌检查要严格取样操作,力求减少在取样和平板划线时的操作误差;严格镜检岗位的操作要求,降低无菌检查中的错判与误判;对发酵染菌罐批,要及时查明原因,并采取相应措施予以处理。

四、污染杂菌的处理

发酵生产中污染杂菌的情况比较复杂,从染菌的时间分析有:发酵前期染菌、发酵中期染菌和发酵后期染菌；从染菌的规模分析有：个别罐体染菌、个别罐批的散在性染菌、种子罐和发酵罐小规模染菌和大规模染菌；从染菌的类型分析有：耐热的芽孢杆菌、不耐热的芽孢杆菌、霉菌、细菌、产碱杆菌、噬菌体等。处理时，应根据上述不同的染菌情况采取不同的处理方法，同时对所涉及的设备也要及时处理。

（一）种子罐染菌

种子罐染菌后不能向下道工序移种，要及时用高压蒸汽直接灭菌后，废液放下水道。

（二）发酵罐染菌

发酵罐前期染菌，如果污染的杂菌对产生菌的危害性大，培养液用蒸汽灭菌后放掉；如果危害性不大，培养液可重新灭菌、重新接种、运转；如果营养成分消耗较多，可放掉部分培养液，补入部分新培养基后进行灭菌，重新接种、运转；如果污染的杂菌量少且生长缓慢，可以继续运转下去，但要时刻注意杂菌数量和代谢的变化。发酵的中后期染菌，应设法控制杂菌的生长速度。一是加入适量的杀菌剂，如呋喃西林或某些抗生素；二是降低培养温度或控制补料量。如果采用上述 2 种措施仍不见效，就要考虑提前放罐。

（三）染菌后的设备处理

染菌后的罐体用甲醛等化学物质处理，再用蒸汽灭菌（包括各种附属设备）。在再次投料之前，要彻底清洗罐体、附件，同时进行严密程度检查，以防渗漏。

五、污染噬菌体的处理

噬菌体是感染细菌、真菌和放线菌等微生物的病毒的总称，能引宿主菌的裂解。抗生素、氨基酸、维生素等产品发酵过程中都出现过噬菌体污染，轻者造成生产能力大幅度下降，重者造成停产，带来无法挽回的经济损失。

（一）污染噬菌体的发现

一般噬菌体污染后往往出现发酵液突然转稀，泡沫增多，早期镜检发现菌体染色不均匀，菌丝成像模糊，在较短时间内菌体大量自溶，最后仅残留菌丝断片，平板培养出现典型的噬菌斑，pH 逐渐上升，溶解氧浓度回升提前，营养成分很少消耗，产物合成停止等现象。

污染烈性噬菌体时上述现象比较严重。如果污染温和噬菌体，其反应比较温和，平板培养不出现明显的噬菌斑，只出现部分菌体自溶，生化指标变化不显著，生产能力降低。污染温和噬菌体对生产的危害亦是严重的，且不易被发现，应予以高度重视。

要进一步证实污染噬菌体，必须做各种检查鉴定，常用下面 2 种方法。

1. 双层琼脂平板培养　用 2% 琼脂肉汤培养基作底层铺成平板，然后将产生菌悬液（作为指示菌）0.2ml、待检样品 0.1ml 及冷却至 45℃ 左右的 1% 琼脂肉汤培养基 3~4ml 混合后迅速倾入底层平板上，37℃ 培养过夜。如果存在噬菌体，在双层琼脂上层将出现透明的空斑，即为噬菌斑。观察记录噬菌斑的大小、形态、透明度和边缘等情况。

2. 电子显微镜检查　取感染噬菌体的发酵离心上清液作电子显微镜检查。观察记录噬菌体形态和大小。

依据上述 2 种方法的试验结果，可对污染的噬菌体进行分析归类，为下一步选育抗噬菌体突变株的工作提供依据。

（二）污染噬菌体的处理

1. 发酵早期出现噬菌体的处理　可以采取加热至 60℃ 杀灭噬菌体，再接入抗性产生菌菌种或者在不灭菌条件下直接接入抗性菌种。

2. 发酵中期出现噬菌体的处理　适当补充部分营养物质，再灭菌和接入抗性菌种。在谷氨酸发酵中期污染噬菌体，可采取并罐处理，即将处于发酵中期不染噬菌体的发酵液与感染噬菌体的发酵液以等体积混合，利用分裂完全的细胞不受噬菌体感染的特点，使营养物质得以合成产物。

3. 污染噬菌体的设备和环境的处理　污染噬菌体的发酵液用高压蒸汽灭菌后放掉,严防发酵液任意流失。污染的罐体用甲醛熏蒸,再用蒸汽高温高压灭菌(包括各种附属设备)。再次使用前,彻底清洗罐体、附件等,对空气系统等进行检查。如生产岗位噬菌体污染严重,有必要停产,用漂白粉、石灰、苯扎溴铵、过氧乙酸、废碱液等对大面积的室外路面、广场、屋顶和平台等环境进行全面的清洗和消毒;对于小面积室内环境或器皿,可采用苯扎溴铵、75% 乙醇、苯酚等杀菌;对于种子室和摇床室,可使用甲醛熏蒸杀菌,以断绝噬菌体的寄生基础。

(三)污染噬菌体的防治

1. 添加噬菌体抑制剂　培养液中加入枸橼酸钠、草酸盐、三聚磷酸盐、氯霉素、四环素、聚乙二醇单酯及聚氧乙烯烷基醚等,以抑制噬菌体的生长。使用时,注意控制浓度,避免或减少对正常产生菌株的生长和产物合成的影响。

2. 选育抗噬菌体的突变株　多年的生产实践证明,选育抗噬菌体的突变株,并利用噬菌体对寄主专一性强的特点,更换产生菌菌种,是解决噬菌体污染的有效方法。选育噬菌体抗性突变株可采取下列方法。

(1)直接从污染噬菌体的发酵液中分离:取污染噬菌体的发酵液进行培养、分离,获得噬菌体抗性突变株,对其产量性状进行测定,保留稳定株和高产菌株,用于生产。

(2)生产敏感菌株反复与污染的噬菌体接触:生产敏感菌株与污染的噬菌体多次接触、混合、培养,可从中选择抗噬菌体突变株,经过筛选,保留稳定株和高产菌株,用于生产。

(3)诱变剂处理噬菌体敏感菌株:采用紫外线或亚硝基胍等诱变剂处理敏感菌株,再与污染的相应噬菌体多次接触、混合、培养,从中选择抗噬菌体突变株,经过筛选,保留稳定株和高产菌株,用于生产。

思　考　题

1. 湿热灭菌和干热灭菌,哪种灭菌方式更有效? 为什么?

2. 有一个发酵罐,内装 80m³ 培养基,在 121℃ 实罐灭菌,灭菌速率常数为 0.028 7/s。假定培养基中含的细菌数为 2×10^7/ml,灭菌后残留的活菌数为 0.001 个,求所需的灭菌时间。

3. 简述分批灭菌的流程及注意事项。

4. 何谓连续灭菌? 其优缺点是什么? 发酵工业上进行连续灭菌有哪些方式?

5. 什么是热阻和相对热阻?

6. 哪些因素会影响培养基灭菌质量?

7. 工业生产中采用高温快速灭菌的依据是什么?

8. 空气过滤除菌的原理是什么?

9. 空气过滤除菌过程中需要哪些设备? 这些设备各有什么作用?

10. 空气过滤除菌流程中,空气为什么要降温然后升温?

11. 试述工业发酵过程中染菌的主要原因和防止染菌的措施。

第六章
目标测试

(叶　丽)

第七章

生产种子的制备

学习目标

1. **掌握** 生产种子应具备的条件;生产种子的制备流程。
2. **熟悉** 不同微生物的孢子的制备工艺和要点;摇瓶和种子罐种子的制备;影响孢子和种子质量的因素和控制。
3. **了解** 谷氨酸生产种子的制备工艺。

第七章
教学课件

生产种子(seed)的制备是指由保藏的菌种(沙土管、冷冻干燥管等)开始,经试管斜面活化,经扁瓶或摇瓶及种子罐逐级扩大培养,使菌体数量和质量能达到满足发酵罐接种需要所涉及的生产过程。目前工业规模的发酵罐容积已达到几十立方米或几百立方米,如果按 10% 的接种量计算,就要制备几立方米到几十立方米的种子,因此种子的制备是发酵生产一个重要的环节。

第一节 生产种子应具备的条件与制备过程

生产种子的制备是发酵生产的第一道工序,该工序不仅要使菌体的数量增加,还要使培养出的生产种子具有优良的质量,满足生产指标的要求。因此,提供发酵产量高、生产性能稳定、数量足够而不被其他杂菌污染的生产种子是对种子制备工艺的基本要求。

一、生产种子应具备的条件

种子液质量的优劣对发酵生产起着关键性的作用,优良的种子可以缩短生产周期、稳定产量及提高设备利用率。适于工业化发酵生产的种子必须满足以下条件。

1. 生长活力强,移种至发酵罐后能迅速生长,迟缓期短。
2. 菌体的生理特性及生产能力稳定。
3. 菌体总量及浓度能满足发酵罐接种量的要求。
4. 无杂菌污染。

二、生产种子的制备过程

生产种子的制备方法与培养条件因生产品种和菌种的不同而异。例如细菌、酵母菌、放线菌或霉菌,它们的生长速度、产孢子能力、营养要求、培养温度、需氧量等方面各不相同,因此应根据菌种的生理特性,选择合适的培养条件以获得代谢旺盛、数量足够的种子。

发酵生产上所说的种子制备包括两个不同的概念,广义上的种子制备是指从菌种开始,到发酵罐接种之前的所有生产过程,它包括在斜面上制备孢子(或细胞)、在摇瓶中培养菌(丝)体以及在种子罐培养种子的过程。狭义的种子制备仅是指种子罐种子的培养过程。

以抗生素发酵生产的种子制备过程为例,其种子的制备一般包括在固体培养基上生产大量孢子的孢子制备过程(如图 7-1 中的 1、2、3、5)和在液体培养基中培养大量菌(丝)体(如图 7-1 中的 4、

6、7）的种子制备过程。种子的制备过程大致可分为以下几个步骤：①将沙土管或冻干管保存的种子接种至斜面培养基中培养活化；②将长好的斜面种子移种至扁瓶固体培养基或摇瓶液体培养基中扩大培养；③将扩大培养的孢子或菌丝接种到一级种子罐，制备生产种子，如需要可进一步接种至二级种子罐扩大培养；④将制备好的种子转移至发酵罐进行发酵生产。

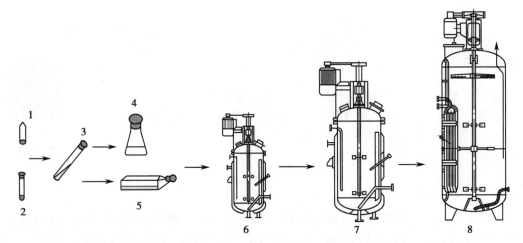

1—冻干管种子；2—沙土管种子；3—斜面种子；4—摇瓶菌丝；5—大米孢子；
6——级种子罐；7—二级种子罐；8—发酵罐。

图 7-1　生产种子制备流程

第二节　孢子的制备

孢子（spore）制备是种子制备的开始，是发酵生产中的一个重要环节。孢子制备一般采用琼脂斜面或其他固体培养基，使菌种经过培养得以活化，并产生数量足够、质量合格的孢子。孢子的质量、数量对以后菌丝的生长、繁殖以及发酵产量均有明显的影响。

一、孢子的制备工艺

保藏的菌种经无菌操作接入适合孢子形成或菌丝生长的斜面培养基上活化（母斜面），培养成熟后挑选菌落正常的孢子再一次接入试管斜面（子斜面）。对于产孢子能力强及孢子发芽、生长迅速的菌种可采用扁瓶固体培养基培养孢子，孢子可直接作为种子罐的种子，操作简便且不易污染。对于产孢子能力不强或孢子发芽缓慢的菌种，可采用摇瓶种子，即将孢子接入摇瓶液体培养基中，恒温振荡培养，获得菌丝，作为种子。对于不产孢子的菌种，可将斜面种子移种至扁瓶斜面扩大培养，或接入摇瓶液体培养基中，培养后即可作为种子罐种子使用。

不同微生物的孢子的制备工艺有所不同。此外，不同生产厂家同一菌种的制备工艺也有所不同。

（一）霉菌

霉菌孢子的制备多数采用大米、小米、麦麸等自然培养基，其优点是培养基简单易得、成本低，这些农产品中的营养成分较适合霉菌的孢子繁殖，而且这类培养基的比表面积大，获得的孢子数量比琼脂斜面多。

其制备过程为：将保存在沙土管中的菌种接种到斜面上，待孢子成熟后制成孢子悬液接入大米等培养基中，25~28℃培养 4~14 天。至孢子长好后，放置 4℃冰箱保存备用；如果将大米孢子在真空条件下除去水分，使其含水量降至 10% 以下，此大米孢子可连续使用更长的时间，有利于生产的稳定。真空干燥适用于能产生大量孢子的菌种，不产生孢子的菌种经真空干燥后容易死亡。

（二）放线菌

放线菌的孢子多采用琼脂斜面培养基来制备,培养基中含有适合产孢子的营养成分,如麸皮、蛋白胨和一些无机盐等。琼脂斜面培养基中的碳源和氮源不宜太丰富（碳源约为1%,氮源不超过0.5%）,碳源太丰富容易形成酸性的营养环境,不利于放线菌孢子的形成,氮源太丰富利于形成菌丝体但不利于孢子的形成。一般情况下,干燥和限制营养可直接或间接诱导孢子的形成。

放线菌发酵生产的工艺流程为:

（1）沙土管→母斜面→子斜面→种子罐→发酵罐。

（2）沙土管→母斜面→摇瓶（菌丝）→种子罐→发酵罐。

采用哪一代的斜面孢子接入液体培养基进行培养,需要视菌种特性而定。采用母斜面接入液体培养基有利于防止菌种变异,采用子斜面孢子接入液体培养基可节约菌种用量。菌种进入种子罐有2种方式:一种为孢子进罐法,见上述流程（1）,即将斜面孢子制成孢子悬液后直接接入种子罐,此方法可减少批与批之间的差异,操作简便,便于控制孢子的质量,节省制备种子的时间、人力、物力,并减少种子污染的机会;另一个方式为摇瓶菌丝进罐法,见上述流程（2）,适用于某些生长缓慢的放线菌,优点是可以缩短种子在种子罐内的培养时间。

放线菌的培养温度一般为28℃,也有一部分放线菌需要37℃培养,经过5~14天培养孢子生长成熟,置4℃冰箱保存备用,使用期限一般为1~2个月。

（三）细菌

细菌一般保存在冷冻干燥的安瓿管内,亦有保存在沙土管中的,如产芽胞的芽孢杆菌。细菌的斜面培养基多采用碳源限量而氮源丰富的配方,常用牛肉膏、蛋白胨作有机氮源。其发酵生产的工艺流程为:

$$安瓿管 \longrightarrow 斜面\ F_1（第一代）\longrightarrow 斜面\ F_2（第二代）\longrightarrow 种子罐 \longrightarrow 发酵罐$$

细菌的培养温度大多为37℃,也有部分为28℃。培养时间随菌种的不同而异,一般为1~2天,也有5~6天,甚至有十多天的,如产芽胞的多黏芽孢杆菌。

二、孢子制备过程中的要点

（一）霉菌

母斜面上的菌落要求分散,以便于挑选理想的菌落。挑选单菌落接入种子斜面时,要挑取菌落中央部位的孢子。由子斜面制备大米孢子时,孢子悬液的浓度要适当;大米等固体培养基灭菌后需置于28~37℃活化2~3天,否则湿度过高不利于孢子形成;接种完毕后,将大米等固体培养基与孢子悬液混合均匀,待孢子生长成熟后,在真空下将孢子水分含量抽至10%以下,密封后置4℃冰箱备用。

（二）放线菌

灭菌后的琼脂培养基,放凉且未凝固时摆成斜面,有些不溶解的原材料,应轻轻摇匀,但不要产生气泡。待斜面凝固后置28~37℃培养2~3天,经检查无杂菌和无冷凝水后,备用。

根据不同品种,取适量沙土管菌种或母斜面上的菌落划线接种到琼脂斜面培养基上,经5~7天培养,待孢子生长成熟后,方可使用。

第一次从沙土管或冻干管接出的菌种往往生长缓慢,菌落稀少。这是由于菌种长期在低温下保藏,尚未完全从休眠中恢复,同时还有一些菌种死亡。可从第一次长好的斜面中（称为母斜面）,挑取形态正常、菌落丰满的单菌落孢子再次接种到新的斜面培养基上（称为子斜面）,经过培养后,斜面上的菌落数量多,孢子丰满,孢子量大。

（三）细菌

灭菌后的琼脂培养基，放凉且未凝固时摆成斜面。待斜面凝固后置 37℃ 培养 2~3 天，经检查无杂菌和无冷凝水后，备用。根据不同品种，取适量菌种直接接种在斜面上，如果要分离单菌落也可制成菌悬液，然后再接种在斜面或平板培养基上。

第三节 种子的制备

种子的制备是将固体培养基上培养好的孢子或菌体转入液体培养基中培养，使其繁殖成大量菌丝或菌体的过程。种子制备所使用的培养基和工艺条件，要有利于孢子发芽和菌丝的繁殖。种子制备方式包括摇瓶种子的制备和种子罐种子的制备。

一、摇瓶种子的制备

某些孢子发芽或菌丝生长速度慢的菌种要经摇瓶培养成菌（丝）体后再转入种子罐。摇瓶[图 7-2（a）]相当于小型的种子罐，其培养基和培养条件与种子罐相近。摇瓶种子可采用母瓶、子瓶两级培养，有时母瓶种子也可直接进种子罐。种子培养要求营养成分比较丰富，易被菌体分解利用，氮源丰富有利于菌丝生长，但原则上各种营养成分不宜过浓。

用于摇瓶种子培养的设备称为摇床[图 7-2（b）]，摇床以一定的转速旋转从而使放置在上面的摇瓶中的培养基振荡。摇床最主要的作用是溶解氧，在摇瓶培养时，空气经瓶口多层纱布过滤至瓶内，通过摇床振荡可以让空气中的氧气溶解于液体培养基中；另外摇床也可以发挥传质作用，使菌丝均匀生长、底物或代谢产物更好地在体系内转移和发挥作用。摇床转速一般是 180~220r/min，一般认为转速越高，溶解氧越多。

（a）摇瓶 （b）摇床

图 7-2 摇瓶与摇床

二、种子罐种子的制备

斜面孢子或摇瓶种子需移种至种子罐进行扩大培养，种子罐的培养基因菌种不同而异，但总的原则是采用易被产生菌菌种利用的营养成分，如葡萄糖、玉米浆、磷酸盐等，同时还需向种子罐提供足够的无菌空气保证氧的需求，使菌体快速生长，并不断搅拌使菌丝体在培养基中均匀分布。

种子罐（图 7-3）的作用是使接入种子罐内数量有限的孢子（或菌体）发芽、生长并繁殖成大量菌体，满足发酵罐接种的需要，并在接入发酵罐培养基后能迅速生长，达到一定菌体量，以利于产物的合成。种子罐种子的制备工艺过程，因菌种不同而异，一般可分为一级种子、二级种子、三级种子（种子罐级数是指制备种子需逐级扩大培养的次数）。

　　孢子（或摇瓶菌丝）接入体积较小的种子罐中，经培养后形成大量的菌丝，该种子称为一级种子，把一级种子转入发酵罐内发酵，称为二级发酵。如果将一级种子接入体积较大的种子罐内，经过培养形成更多的菌（丝）体，这样制备的种子称为二级种子，将二级种子转入发酵罐内发酵，称为三级发酵。同样道理，使用三级种子的发酵称为四级发酵。将孢子直接接入发酵罐进行发酵称为一级发酵。

图 7-3　种子罐

　　在发酵产品的放大生产中，发酵级数的确定是一个非常重要的方面，种子罐的级数主要取决于菌种生长特性、孢子发芽及菌体繁殖速度以及所采用发酵罐的容积。对于生长快的细菌，种子用量比例小，故种子罐相应少。如谷氨酸生产中，采用扁瓶斜面或摇瓶种子接入种子罐于 32℃培养 7~10 小时，菌体浓度达 10^8~10^9/ml，即可接入发酵罐作为种子，这称为一级种子罐扩大培养，也称二级发酵。生长较慢的菌种，如青霉素产生菌菌种，其孢子悬浮液接入一级种子罐于 27℃培养 40 小时，此时孢子发芽，长出短菌丝，故也称发芽罐；再移至含有新鲜培养基的第二级种子罐，于 27℃培养 10~24 小时，菌体迅速繁殖，获粗壮菌体，故又称繁殖罐；此菌体即可移至发酵罐作为种子，这称为二级种子罐扩大培养，也称三级发酵。一般 50m³ 以上的大型发酵罐都可采用三级发酵。在小型发酵罐（5~30L）中进行试验时，也有采用直接孢子或菌体接入罐中发酵的，即为一级发酵。同样的菌种，发酵罐的体积越大，需要的种子也越多，故需要较多级的种子扩大培养，才能达到接种量的要求。级数越大，越难控制，易染菌，易变异，且管理困难，所以一般控制在 2~4 级。

　　此外，次级代谢产物的发酵一般分为菌体生长阶段和产物合成阶段。不同阶段菌体对营养和培养条件的要求也不相同。因此将两个目的不同、工艺要求有差异的生物学过程放在一个罐内进行，既影响发酵产物的产量，又会造成动力和设备的浪费，故需要将种子在不同的罐中进行培养和发酵。种子罐的级数越少，越有利于工艺简化和控制，并可减少因多次移种而染菌的可能性。但也必须考虑尽量延长发酵罐生产产物的时间，缩短因种子发芽、生长而占用的非生产时间，以提高发酵罐的生产率［产物/（ml·h）］。

第四节　生产种子质量控制与分析

　　种子质量是影响发酵生产水平的重要因素。种子质量的优劣，主要取决于菌种本身的遗传特性和培养条件 2 个方面。只有同时具备了优良的菌种和良好的培养条件才能获得高质量的种子。

一、影响孢子质量的因素与控制

　　孢子质量的优劣对发酵产量和产品质量有着决定性的影响。影响孢子质量的因素很多，主要有培养基，培养温度、湿度，培养时间，冷藏时间，接种量等，这些因素相互联系，相互影响。须全面考虑各种因素的作用并对这些影响因素加以控制。

　　（一）培养基

　　生产过程中经常出现种子质量不稳定的现象，其主要原因是原材料质量的不稳定。孢子培养基原材料的产地、品种、加工方法和用量不同，会导致培养基中的微量元素和其他营养成分含量发生变化，对孢子质量产生一定的影响。例如生产蛋白胨所用原材料（如鱼胨、骨胨）及生产工艺的不同，会导致蛋白胨的微量元素含量、磷含量、氨基酸组成发生变化，而这些营养成分对菌体生长和孢子形成有重要影响。琼脂的牌号不同，则会因含有不同的无机离子而对孢子的质量产生影响。例如在四环素、土霉素生产中,配制产孢子斜面培养基用的麸皮,因小麦产地、品种、加工方法及用量的不同会对孢子质量产生很大的影响。原材料质量的波动,起主要作用的是无机离子的含量,如微量元素 Mg^{2+}、Cu^{2+}、Ba^{2+} 能刺激孢子的形成,磷含量太多或太少都会影响孢子的质量。

　　水质的影响也不容忽视,地区不同、季节变化和水源污染,均可造成水质波动,影响孢子质量。为避免水质波动对孢子质量的影响,可在蒸馏水或无盐水中加入适量的无机盐,供配制培养基使用。

　　为保证孢子培养基的质量,要对斜面培养基的主要原材料进行分析(如糖、氮、磷的含量),并经摇瓶发酵试验合格后才能使用。制备培养基时要严格控制培养基的灭菌时间,过长时间会使营养物质损失过多,降低培养基的质量。使用斜面培养基前,需将其在适当温度下放置一段时间,使斜面无明显冷凝水,因为过多的水分不利于孢子的形成。

　　菌种在固体培养基上可呈现多种不同类型的菌落,氮源种类越多,出现的菌落类型也越多,不利于生产的稳定。所以在制备固体培养基时有以下经验可供参考。

　　1. 供生产用的孢子培养基、制备沙土孢子用的斜面培养基以及传代所用的培养基用单一氮源较好,以保持正常菌落类型的优势。

　　2. 作为选种或分离用的平板培养基,采用较复杂的氮源较好,以便于挑选特殊的菌落类型。

　　(二)培养条件

　　1. 温度　微生物的生长有一个较宽的温度范围,但要获得高质量的孢子,其最适温度区间很窄。一般来说提高培养温度,可使菌体代谢活动加快,缩短培养时间。但对孢子的形成,不同的菌株要求不同的最适温度,须经考察确定。如土霉素产生菌龟裂链霉菌斜面的最适培养温度为 36.5~37℃,在高于 37℃ 培养时,孢子成熟较早、易老化,孢子接入发酵罐后出现糖代谢变慢、氨基氮回升提前、菌丝过早自溶、效价降低等现象。培养温度低一些,有利于孢子的形成,因此需严格控制孢子斜面的培养温度。若将斜面先放在 36.5℃ 培养 3 天,再放在 28.5℃ 培养 1 天,所得孢子数量比在 36.5℃ 培养 4 天所得的孢子数量增加 3~7 倍。

　　2. 湿度　制备斜面孢子培养基的湿度对孢子的数量和质量有较大的影响。例如,制备土霉素产生菌菌种龟裂链霉菌的孢子时发现,在北方气候干燥地区孢子斜面长得较快,在含有少量水分的试管斜面培养基下部,孢子长得较好,而斜面上部由于水分迅速蒸发呈干巴状,孢子稀少;在气温高、湿度大的地区,斜面孢子长得慢,这是由于水分多不利于孢子的形成。从表 7-1 中看出相对湿度在 40%~45% 时,孢子数量最多,且孢子颜色均匀,质量较好。

表 7-1　不同相对湿度对龟裂链霉菌孢子形成的影响

相对湿度 /%	斜面外观	活孢子计数 /(亿 / 支)
16.5~19	上部稀薄,下部稠略黄	1.225
25~36	上部薄,中部均匀发白	2.3
40~45	一片白,孢子丰富,稍皱	5.7

　　试验表明,在一定条件下培养斜面孢子时,在北方相对湿度控制在 40%~50%,而在南方相对湿度控制在 35%~42%,如此所得的孢子质量较好。一般情况下,真菌对湿度的要求更高些。

　　在培养箱培养时,如果相对湿度偏低,可在培养箱中放入盛水的平皿,以提高培养箱的相对湿度,为保证新鲜空气的交换,培养箱每天开启几次,以利于孢子的生长。

　　最适培养温度和培养湿度是相对的。培养基成分的改变,会影响到微生物培养的最适温度和湿度。

　　(三)培养时间

　　孢子的培养时间对孢子质量有重要的影响。一般来说,培养时间不足或过长都会降低孢子的质量。斜面的培养时间以产孢子量多、孢子成熟,发酵产量正常为宜,此时显微镜下可见成串孢子或游离的分散孢子;如果继续培养,孢子会变衰老,使发酵产量下降。

（四）冷藏时间

斜面冷藏对孢子质量的影响与孢子的成熟程度有关,其影响随菌种不同而异,总的原则是冷藏时间不宜过长。例如土霉素产生菌菌种孢子斜面培养 4 天左右即于 4℃冰箱保存,发现冷藏 7~8 天菌体细胞开始自溶;而培养 5 天以后冷藏,20 天未发现自溶。冷藏时间对孢子的生产能力也有影响。例如在链霉素生产中,斜面孢子在 6℃冷藏 2 个月后的发酵单位比冷藏 1 个月的降低 18%,冷藏 3 个月后发酵单位降低 35%。

（五）接种量

制备孢子时的接种量要适中,接种量过大或过小均影响孢子的质量。接种量的大小影响斜面培养基中孢子数量的多少,从而影响菌体的生理状态。正常的接种量应使菌落在整个斜面上均匀分布,偶尔见到单个菌落。接种量过小则斜面上长出的菌落稀疏,接种量过大则斜面上菌落密集一片。用于传代的斜面孢子以各个单菌落彼此分开为宜,便于挑选单一菌落进行传代培养。接种摇瓶或进罐用的斜面孢子,则要求菌落稍密,孢子数量较多为宜。

要获得高质量的孢子,还需要对菌种质量加以控制。定期分离和纯化菌种,从中选出形态正常、发酵产量高的菌种。

以下为控制孢子质量的几项措施。

1. 沙土管密封后存于有干燥剂的容器中。安瓿管、液体石蜡封存的斜面菌种等均应放置在 4℃左右的冰箱中。

2. 保存的菌种,应定期进行自然分离。

3. 斜面孢子培养基所用的主要原材料,需经糖、氮、磷含量分析,确定合格才能使用。

4. 用于生产的斜面孢子,应生长丰富,色泽正常,无杂菌污染,没有自溶现象。斜面还需经摇瓶试验后才能用于生产。

5. 斜面孢子,一般放冰箱保存（2~5℃）,保存期为 1~2 个月。

二、影响种子质量的因素与控制

（一）判定种子质量的指标

发酵生产上判定种子的质量,主要根据如下指标:

1. 种子的生长状况　种子培养的目的是获得健壮和足够数量的菌体。因此,菌体形态、菌体浓度以及培养液的外观是判定种子质量的重要指标。菌体形态可通过显微镜观察确定,细菌的种子要求菌形单一、均匀整齐,有一定的排列和形态。霉菌、放线菌的种子要求菌丝粗壮、生长旺盛,菌丝分枝正常,对染料着色力较强。菌体浓度也是判定种子质量的重要指标,常用光密度法进行测定,也可用离心沉淀法、细胞计数法进行测定。种子液外观如颜色、黏度等也可以作为判定种子质量的粗略指标。

2. 营养物质含量及 pH 变化　种子液的糖、氮、磷含量和 pH 变化可反映菌体生长、繁殖及合成代谢产物的状况。这些营养物质的利用代谢状况也可作为判定种子质量的指标。

3. 特殊酶的活力　测定种子液中某种酶的活力,也可作为判定种子质量的标准。如土霉素生产的种子液中,淀粉酶活力与土霉素发酵单位有一定的关系,因此种子液中淀粉酶的活力可作为判定该种子质量的指标。

4. 产物生成量　种子培养阶段是以菌体的生长繁殖为主要目的的,虽然并不产生或仅产生少量的发酵产物,但高产的菌种常常在种子生长繁殖阶段就表现出一定的发酵产量。因此种子液中产物的产量,也可作为判定种子质量的指标。

5. 有无杂菌污染　合格的种子应确保无任何杂菌污染。

（二）影响种子质量的因素

种子的质量是影响发酵产量和产品质量的重要因素之一。种子质量的优劣主要取决于菌种本身的遗传特性和种子的制备过程。影响种子质量的因素主要有：

1. 培养基　种子培养基的营养成分应适应种子培养的要求，一般选择一些容易被菌体直接吸收利用、有利于孢子发芽和菌体生长的培养基成分。种子培养基的营养成分要适当地丰富和完全；氮源和维生素的含量高一些，有利于孢子的萌发，可使菌丝粗壮，并具有较强的活力。另一方面，种子培养基中的营养成分要和发酵培养基的成分相近，这样种子液转入发酵罐后能较快地适应发酵罐的营养环境。种子培养基的浓度以略稀薄为宜，培养基的 pH 要比较稳定，以适合菌体的生长和发育。

2. 培养条件　种子培养应选择合适的培养条件，如营养丰富的培养基、适宜的培养温度和湿度、合理的通气和搅拌等。适宜的培养温度是保证种子质量的重要条件，种子培养的最适温度是根据长期生产实践经验确定的，一般不会轻易改变。通气量的大小与种子罐的级数和各种子罐种子的生长阶段有关。前期菌体浓度低、需氧量少，通气量可低一些；随着菌体浓度增大，需氧量也增大，应适当增加通气量。搅拌对种子质量的影响也较大，搅拌转速低、搅拌效果差容易造成菌丝结团；还会使氧气的传递速率降低，造成供氧不足；充足的通气和搅拌可以提高种子的质量，从而增加发酵的产量。

有的种子培养时间长，为了维持充足的营养供给，使菌体不衰老，还需要在培养过程中进行补料。

3. 种龄　种子的培养时间称为种龄。在种子罐内，随着培养时间的延长，菌体量逐渐增加。但是菌体繁殖到一定程度，由于营养物质消耗和代谢产物积累，菌体量不再继续增加，菌体趋于老化。因此，种龄的控制就显得非常重要。在工业发酵生产中，是以处于代谢最旺盛的对数生长期，菌体量还未达到最大值时的培养时间为最适种龄。此时的种子能很快适应环境，且生长繁殖快，可大大缩短在发酵罐中的延迟期，缩短发酵罐中非产物合成的时间，提高发酵罐的利用率，节省动力消耗。如种龄过长，则菌种趋于老化、生产能力下降，菌体自溶；而种龄过短，过于年轻的种子进入发酵罐后，往往会出现前期生长缓慢、泡沫多、发酵周期延长、前期生长迟缓，以致起步单位较低，甚至因菌丝量过少而在发酵罐中形成菌丝团，引起异常发酵。在土霉素的生产中，一级种子的种龄相差 2~3 小时，接入发酵罐后，菌体的代谢就会有明显的差异。

最适种龄因菌种不同而异，细菌的种龄一般为 7~12 小时，霉菌种龄一般为 16~50 小时，放线菌种龄一般为 21~64 小时。种龄一般需经过多次实验来确定，不同品种的最适种龄不一样。即使是同一品种，不同地区，不同工艺条件，种龄也不完全一致。此外，种子的质量不能单纯用种龄来表示，即使在稳定的工艺条件下，不同罐批以同样时间培养的种子，其质量也并不完全相同。

4. 接种量　接入的种子液体积和接种后培养液体积的比例，称为接种量。各级种子制备过程中的接种量有很大的差别。如以孢子（菌）悬液或摇瓶菌丝对一级种子罐接种时，接种量一般都比较小，常常在 0.1%~1.0%，如果接种量过大，会加重斜面培养或摇瓶菌丝培养的负担，同时对提高种子质量并无明显作用。

一级种子罐种子对二级种子罐接种时，接种量随品种和生产工艺的不同而不同，一般在 5%~10%。接种量小，种子罐种子的培养时间就比较长；反之，接种量大，种子罐种子的培养时间就比较短。适当的接种量和适当的种子培养时间是保证种子质量的重要因素。

由二级种子罐（或三级种子罐）向发酵罐接种的接种量随菌种的类别、菌体的生长速度不同而有较大的差别。大多数放线菌的接种量为 10%~25%；细菌的接种量为 1%~5%；酵母菌为 5%~10%；霉菌为 7%~15%，有时可达 20%~25%；个别生长快的菌种也可以采用更少的接种量，如制霉菌素发酵的接种量一般为 0.1%~1.0%，肌苷酸发酵的接种量为 1.5%~2.0%。

接种量的大小取决于菌种在发酵罐中生长繁殖的速度。采用较大的接种量，种子进入发酵罐后容易适应环境,而且种子液中含有大量的水解酶,有利于对发酵培养基的利用;接种量大还可以缩短发酵罐中菌丝繁殖所需的时间,使产物开始合成的时间提前,并可减少染菌的机会。但接种量过大往往使菌体生长过快、过稠,造成营养物质缺乏或溶解氧不足而不利于发酵。过小的接种量,会使得发酵前期菌体生长缓慢,导致发酵周期延长,降低发酵罐的生产率;接种量少,还可能产生菌丝结团,导致发酵异常等。

为了扩大接种量,有些品种的发酵可采用双种接种,即用两个种子罐接种一个发酵罐。有时因作业计划被打乱,采用倒种,即将适当时期的发酵液倒一部分给另一发酵罐作为种子。有的品种倒种可连续几代,对发酵单位无大影响。若两个种子罐中其中一个染菌,可以采用混种进罐的方法,即以种子液和发酵液混合作为发酵罐的种子。

（三）种子质量控制的措施

种子的质量主要以外观、颜色、效价、菌体浓度、黏度、糖氮含量及 pH 变化为指标。种子质量的最终判定是以发酵罐的生产能力为标准的。在生产过程中,为了控制种子的质量通常采取如下措施。

1. 菌种的分离纯化　要保证菌种具有稳定的生产能力,需要定期考察和挑选菌种,对菌种进行自然分离、摇瓶发酵,并测定其生产能力,从中筛选出具有较高生产能力的高产菌株,防止菌种生产能力下降。

2. 适宜的种子制备条件　确保菌种在适宜的条件下生长繁殖,包括营养丰富的培养基、适宜的培养温度和湿度、合理的通气和搅拌。

3. 种子液的检查　为确保种子无杂菌污染,在种子制备过程中需要进行严格的无菌检查,并对种子液进行生化分析。无菌检查是判定是否染菌的主要依据,通常采用种子液的显微镜观察和无菌试验;种子液的生化分析项目主要是测定其营养基质的消耗速率、pH 变化、溶解氧浓度、种子液的色泽和气味等,通过分析这些指标可以采取相应的措施来控制种子的质量。

（四）种子异常的分析

生产过程中,种子质量受很多因素的影响。种子异常的情况时常发生,给发酵带来很大的影响。种子异常往往表现为:菌种生长发育缓慢或过快;菌丝结团;菌丝粘壁等。

1. 菌种生长发育缓慢或过快　菌种在种子罐生长缓慢或过快与孢子的质量以及种子罐的培养条件有关。生产中,通入种子罐的无菌空气的温度较低或者培养基的灭菌质量较差是种子生长代谢缓慢的主要原因。

2. 菌丝结团　在液体培养条件下,繁殖的菌丝没有分散舒展而聚成团状,称为菌丝团。此时从培养基的外观就能看到白色的小颗粒,菌丝聚集成团会影响菌的呼吸和对营养物质的吸收。如果种子液中的菌丝团少,进入发酵罐后,在好的培养条件下,菌丝团可以逐渐消失,而不对发酵产生影响。如果菌丝团较多,种子液移入发酵罐后往往形成更多的菌丝团,影响发酵的正常进行。菌丝结团与搅拌效果差、接种量小有关。

3. 菌丝粘壁　菌丝粘壁是指在种子的培养过程中,搅拌效果不好,泡沫过多以及种子罐装料系数过小等原因,使菌丝逐渐粘到罐壁上,造成培养液中菌丝浓度减少,最后可能形成菌丝团。以真菌为产生菌的种子培养过程中,发生菌丝粘壁的概率较高。

第五节　生产种子制备实例

以谷氨酸发酵的种子扩大培养为例,目前谷氨酸发酵生产普遍采用生长对数期的生长型细胞作种子,由于其具有活菌数量多、代谢旺盛、活力强、生长快等特点,接入发酵罐后细胞能迅速增殖,发酵迟滞期缩短,谷氨酸发酵产酸率一般可在 12% 左右,发酵糖酸转化率在 60%~62%。

谷氨酸生产种子的制备包括菌种的斜面培养，一级种子培养，二级种子培养（即二级种子扩培工艺）。其工艺流程可表示如下：

斜面菌种 → 一级种子培养 → 二级种子培养 → 发酵罐。

1. 菌种的斜面培养   菌种的斜面培养必须有利于菌种生长而不产酸，并要求斜面菌种无杂菌污染，培养条件应有利于菌种繁殖，培养基中有机氮源的含量要高些，糖的含量要低些。

（1）斜面培养基组成：葡萄糖 1g/L，蛋白胨 10g/L，牛肉膏 10g/L，氯化钠 5g/L，琼脂 20~25g/L，pH 7.0~7.2（传代和保藏时，斜面不加葡萄糖）。

（2）培养条件：33~34℃，培养 18~24 小时。

2. 一级种子培养   一级种子培养的目的在于获得大量繁殖活力强的菌体，培养基组成应少含糖分，多含有机氮，培养条件要有利于菌体的生长。

（1）培养基组成：葡萄糖 25g/L，尿素 5g/L，硫酸镁 0.4g/L，磷酸氢二钾 1g/L，玉米浆 25~35g/L，硫酸亚铁 200μg/L、硫酸锰 200μg/L，pH 7.0。

（2）培养条件：将 200ml 培养基装入 1 000ml 三角瓶，灭菌后置于冲程 7.6cm、频率 96 次 /min 的往复式摇床上振荡培养 12 小时，培养温度 33~34℃。

（3）一级种子的质量要求：一般要求一级种子的种龄为 12 小时左右，pH 为 6.4 ± 0.1，光密度为净增 OD 值 0.5 以上，残糖在 0.5% 以下，无菌检查及噬菌体检查均为阴性。显微镜下观察，菌体生长均匀、粗壮、排列整齐、革兰氏染色阳性。

3. 二级种子培养   为了获得发酵所需的足够数量的菌体，一级种子培养后转接到二级种子罐中培养。二级种子罐容积大小取决于发酵罐大小和接种量。

（1）培养基组成（表 7-2）。

表 7-2   谷氨酸发酵生产的二级种子培养基组成

培养基组成	菌种			
	黄色短杆菌 T6-13	钝齿棒杆菌 B9	谷氨酸棒状杆菌 T738	北京棒杆菌 AS1.299
水解糖 /（g/L）	25	25	25	25
玉米浆 /（g/L）	25~35	25~35	25~35	25
磷酸氢二钾 /（g/L）	1.5	1.5	2	1
硫酸镁 /（g/L）	0.4	0.4	0.5	0.4
尿素 /（g/L）	4	4	5	5
Fe^{2+}/（mg/L）	2	2	2	2
Mn^{2+}/（mg/L）	2	2	2	2
pH	6.8~7.0	6.8~7.0	7.0	6.5~6.8

（2）培养条件：二级种子培养，50L 种子罐的接种量为 0.8%~1.0%（V/V），培养温度为 32~34℃，培养时间为 7~8 小时，通气量为 1 : 0.5［（ V（空气体积）/V（发酵液体积）· min ］，搅拌转速 340r/min。

（3）二级种子的质量要求：要求种龄为 7~8 小时，pH 为 7.2 左右，OD 值净增 0.5 左右，无菌检查及噬菌体检查为阴性。

通过以上生产工艺过程，获得足够数量并符合质量的种子，用于谷氨酸的发酵。

我国谷氨酸发酵经过几十年的发展，年产量已达 10^6t 以上。发酵罐体积也朝大容量发展，一般大于300m³，甚至可达 600m³。因此，也有企业采用三级种子扩培工艺，即：斜面菌种 → 一级种子培养 → 二级种子培养 → 三级种子培养 → 发酵罐。有报道称，采用三级种子扩培工艺并将接种量提高到10% 对提高谷氨酸发酵产酸率、发酵糖酸转化率，以及缩短发酵周期都非常有利。

思 考 题

1. 名词解释：接种量、双种、倒种、混种、种龄、菌丝结团。
2. 生产种子应具备的条件及其基本制备过程是什么？
3. 不同微生物孢子制备过程中应注意哪些要点？
4. 影响孢子和种子质量的因素有哪些？
5. 接种量过大或过小对发酵有何影响？
6. 判定种子质量的指标有哪些？可通过哪些措施提高种子的质量？
7. 试分析种子异常的原因，讨论避免种子异常的方法。

第七章
目标测试

（叶　丽）

第八章

发酵过程与控制

第八章
教学课件

学习目标

1. **掌握** 发酵热、生物热、比生长速率（μ）、比生产速率（Q_p）、摄氧率、呼吸强度、呼吸临界氧浓度、体积氧传递系数 K_La、最适菌体浓度的确定、微生物的发酵类型、好氧发酵与厌氧发酵、发酵终点的判断等基本概念。
2. **熟悉** 发酵过程工艺参数控制、次级代谢产物发酵过程的特点、影响菌体浓度的因素、营养基质的控制、温度对发酵的影响、pH 对发酵的影响、溶解氧控制、氧传递方程、补料控制、影响泡沫形成的因素。
3. **了解** 次级代谢产物发酵各阶段参数变化、常用的消泡剂、溶解氧的测定方法、影响液相体积氧传递系数的因素。

第一节 概 述

一、发酵过程的复杂性

发酵体系是一个非常复杂的多相共存的动态系统,其主要特征在于:①微生物细胞内部结构及代谢反应的复杂性;②所处的生物反应器环境的复杂性,主要是气相、液相、固相混合的三相系统;③系统时变性及涉及参数的复杂性,这些参数互为条件,相互制约。

（一）涉及多种学科及其相关技术

发酵过程是非常复杂的生物化学反应过程,它不同于一般的化学反应过程。在发酵过程中,既涉及微生物细胞的生长、发育、繁殖等生命过程,又涉及生物代谢的合成途径、酶催化反应。同时还涉及传氧、传热等化工过程,涉及营养物质含量、代谢产物含量检测的分析化学知识,此外还涉及控制仪表与自动化领域技术。因此,发酵是微生物、生物化学和工程等学科理论和技术的综合利用。

（二）各种因素相互影响、相互制约

在发酵过程中,微生物细胞的生长繁殖和代谢产物的生物合成都受到菌体遗传物质的控制。总体上,发酵产量的高低是由遗传物质决定的。但是,遗传基因的表达也受发酵条件的影响,发酵液中各种生物、化学、物理的因素对遗传基因的表达都有一定的影响。

此外,微生物细胞内同时进行着上千种不同的生化反应,并受到各种各样调控机制的影响,它们之间相互影响,又相互制约,如果某个反应受阻,就可能影响整体代谢变化。此时,营养因素及环境因素微小的变化,都有可能改变微生物的代谢途径,使代谢产物的生物合成受到影响。

例如,通气量过大,可以使发酵液变得黏稠,导致氧气的传递受阻,溶解氧浓度降低,进而影响到菌体的生长和代谢产物的生物合成。当某一个因素改变时,其他因素也都随之变化,因此发酵过程的控制需要从复杂的代谢参数关系中,抓住主要矛盾进行调控,才能产生预期的效果。

此外,微生物在发酵过程中,由于生物体的变化有着许多不确定性,因而发酵过程的控制也比较困难,特别是对抗生素等次级代谢产物的发酵控制,就更为困难。

（三）生物合成调控机制不完全清楚

到目前为止,除了少数品种的发酵产物的生物合成途径及代谢调控机制比较清楚外,人们对大多数发酵产物的生物合成过程及其代谢调控机制还没有认识清楚。如何调节发酵过程中的各种参数,使微生物的代谢活动向有利于积累代谢产物的方向发展,还是一个在探索的问题。

二、发酵过程控制的必要性

微生物发酵体系是一个复杂的多相共存的动态系统,在此系统中,微生物细胞同时进行着各种不同的生化反应,它们之间相互促进,又相互制约,培养条件的微小变化,都有可能对发酵的生产能力产生较大影响。如果发酵过程控制不当,不仅会导致产量下降,甚至目标产物不能合成。因此,微生物发酵要取得理想的效果,除了选育优良菌种外,还必须掌握发酵工艺条件对发酵过程的影响以及微生物代谢过程的变化规律,并对发酵条件进行严格的控制,从而控制微生物生长和代谢产物的生成,提高发酵生产水平。

以红霉素的发酵为例,采用一次性投料的简单发酵,发酵过程中不对营养物质进行控制,放罐时发酵单位只能达到 4 000U/ml 左右;但如果对发酵过程中的营养物质浓度进行控制,根据需要调整其浓度,则放罐时发酵单位可以达到 8 000U/ml,甚至更高。由此可以看出,对发酵过程进行调控对于提高代谢产物的发酵产量是非常有必要的。

三、发酵过程控制的模式

由于发酵过程是微观的生物化学反应过程,发酵过程的变化难以用肉眼观察到。通常,发酵过程的控制只能对外部因素进行直接控制,所谓控制一般是将环境因素调节到最适条件,使其利于细胞生长或产物的生成。

在对发酵过程采取有效的控制之前,首先需要了解发酵过程各种代谢参数的变化。比如,菌体的数量、菌体的生长速度、菌体对营养基质的吸收利用以及菌体合成代谢产物的情况。由于发酵过程的变化是微观的生物化学反应过程,一般借助于各种分析检测方法测定发酵液样品,获得代谢参数的变化,从而了解发酵过程。一般在一定时间内取样检测的参数和测定次数越多,对发酵过程的认识也就越全面,才有可能对发酵过程进行有效的调节。如当发酵过程中还原糖浓度成为发酵产物合成的限制因素时,就可以通过及时补糖促进代谢产物的生物合成。从这个例子可以看出,发酵过程的控制从某种意义上说,也是一种反馈控制,即根据发酵的结果决定调控的内容和强度。

为了使发酵生产能够取得最佳效果,需要采用不同的方法测定与发酵条件和代谢变化有关的各种参数,以了解产生菌对环境条件的要求和菌体的代谢变化规律,并根据各种参数的变化情况,结合代谢调控的基础理论,有效地控制发酵过程,使产生菌的代谢变化向着所需要的方向进行,达到提高生产水平的目的。

发酵过程的控制模式可用图 8-1 表示。如图所示,当具备了发酵生产所需的基本条件(如菌种、

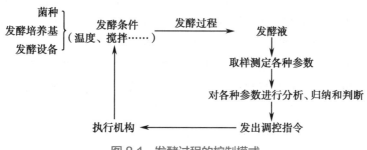

图 8-1　发酵过程的控制模式

发酵培养基、发酵设备）后,首先在一定发酵条件下进行发酵,发酵的直接产物是发酵液。对发酵液样品及其他发酵参数进行取样测定,可以得到与发酵相关的各种信息,然后经过对这些信息进行分析、归纳和判断,给出相应的调控指令调整发酵条件（如补糖、增大通气量等）,并由相应的执行机构（如工作人员或自动装置）执行调控指令。

第二节　微生物的发酵类型

微生物工业发酵有不同的类别,对其可按不同的分类方法进行分类。通常有以下几种分类方法。

一、按投料方式分类

按投料方式的不同可以分为分批发酵、补料分批发酵和连续发酵。

（一）分批发酵

分批发酵指的是一次性投入料液,发酵过程中不补料,一直到放罐。在分批发酵中微生物所处的环境在发酵过程中不断地变化,其物理、化学和生物学参数都随时间而变化,因而是不稳定的过程。这种状况在某种意义上是有好处的,例如由于菌体生长的最适条件与代谢产物形成的最佳条件往往是不同的,因此可以通过代谢参数的变化观察到各种参数变化与菌体生长或产物形成之间的相关性,从而为发酵控制提供依据。分批发酵的优点是:①发酵工艺简单,发酵过程容易控制;②发酵过程中,可以观察到发酵参数与菌体生长或与产物合成的变化关系,从而为确定优化的发酵工艺条件提供依据。

分批发酵的缺点是发酵产量低。

（二）补料分批发酵

补料分批发酵是在发酵过程中一次或多次补入含有一种或多种营养成分的新鲜料液,以达到延长发酵周期,提高产量的目的。

补料分批发酵比分批发酵具有更多的优越性,因而在实际的发酵生产中得到了广泛的应用。由于在补料分批发酵中,可以将基础培养基中的某些营养物质,特别是一些对产物合成有抑制或阻遏作用的营养物质用量减少,而将减少的那部分营养物质,以补料的方式逐渐补入。因而就避免了高浓度营养物质对代谢产物合成的影响,特别是对次级代谢产物合成的抑制作用。此外,通过补料分批发酵还可以有效地控制菌体的浓度和黏度,延长发酵周期,提高溶解氧水平,进而提高发酵产物的产量。补料分批发酵的优点是:①可延长发酵周期,提高产量;②可避免高浓度营养物质对代谢产物生物合成的抑制作用。

补料分批发酵的缺点是发酵工艺复杂。

（三）连续发酵

连续发酵是指以一定的速度向发酵系统中添加新鲜的培养液,同时以相同的速度放出初始的培养液,从而使发酵系统中的培养液的量维持恒定,使微生物能在近似恒定的状态下生长的发酵方式。在连续发酵中,微生物细胞所处的环境可以自始至终保持不变,甚至可以根据需要来调节微生物的比生长速率,从而稳定地、高效地培养微生物细胞或生产目标产物。常见的连续发酵方式有3种:单级连续发酵、带有细胞再循环的单级连续发酵、多级连续发酵。

1. 单级连续发酵　单级连续发酵是最简单的一种连续发酵方式,即在一个发酵容器中一边补加新的培养液,一边以相同的速度放出初始的培养液,放出的培养液不再循环利用。

2. 带有细胞再循环的单级连续发酵　带有细胞再循环的单级连续发酵是将连续发酵中放出的发酵液加以浓缩,然后再送回发酵罐中,形成一个循环系统。这样可以增加系统的稳定性,提高发酵系统中的细胞浓度。

3. 多级连续发酵　多级连续发酵是将几个发酵罐串联起来,第一个发酵罐放出的发酵液作为第二个发酵罐的补料培养基,第二个发酵罐放出的发酵液作为第三个发酵罐的补料培养基,依此类推。

二、按与氧的关系分类

依据发酵与氧的关系不同,可以分为需氧发酵和厌氧发酵。

（一）需氧发酵

在需氧发酵过程中要不断地向发酵液中通入无菌空气,以满足微生物对氧的需求。需氧发酵是由需氧菌在有分子氧存在的条件下进行的发酵过程,氧在微生物的需氧呼吸中作为最终的电子受体。这类发酵包括绝大多数的抗生素、氨基酸以及其他代谢产物的发酵。这些需氧微生物具备较完善的呼吸酶系统,它们的呼吸作用主要是通过脱氢酶和氧化酶进行的,如图 8-2 所示。

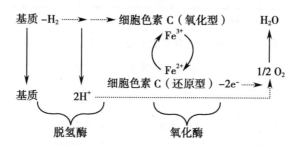

实线表示物质转化;虚线表示物质转移;虚线涉及多个过程。

图 8-2　需氧发酵中营养基质的氧化

营养基质在脱氢酶的作用下,被逐步脱氢形成氧化型基质。在氧化酶的作用下,脱去的电子通过呼吸链的传递,最终以分子氧作为电子受体,并结合氢质子形成水,完成有氧氧化的过程。1mol 葡萄糖经过有氧氧化可以产生 6mol 的二氧化碳、6mol 的水和 2 875kJ 的能量。

（二）厌氧发酵

厌氧发酵是由厌氧菌或兼性厌氧菌在无分子氧的条件下进行的发酵过程,发酵过程应在隔绝空气的条件下进行。厌氧发酵的产品包括乙醇、丙酮、丁醇、乳酸、丁酸等。

在厌氧发酵过程中,只有脱氢酶起作用,而无氧化酶参与。由营养基质脱出的氢经辅酶(递氢体)传递给氧以外的物质,使其被还原。其反应如图 8-3 所示。

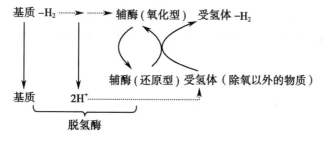

实线表示物质转化;虚线表示物质转移;虚线涉及多个过程。

图 8-3　厌氧发酵中营养基质的氧化

以酵母菌的乙醇发酵为例,葡萄糖经脱氢先形成乙醛、CO_2 和 H^+,然后乙醛再被还原为乙醇。在这种厌氧呼吸中,受氢体是葡萄糖本身分解所产生的乙醛。这种厌氧呼吸实际上是分子内的氧化 - 还原过程。这种厌氧呼吸只有脱氢酶系起作用,而无氧化酶系的参与。

三、按发酵动力学参数的关系分类

在发酵动力学的研究中,主要的参数有菌体比生长速率(μ);基质比消耗速率(v);产物比生产速率(Q_p)。根据这三者之间的关系不同,可以把微生物发酵过程分为 3 种类型,如图 8-4 所示。

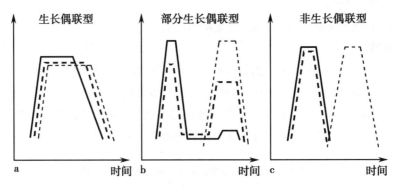

图 8-4 3 种不同的发酵类型

(一)生长偶联型

生长偶联型发酵过程的发酵产物是直接来源于产能的初级代谢。菌体比生长速率(μ),基质比消耗速率(v),产物比生产速率(Q_p)几乎是平行进行的。因而菌体生长期和产物合成期是重叠的,如单细胞蛋白和葡萄糖酸的发酵,见图 8-4(a)。

(二)部分生长偶联型

部分生长偶联型发酵过程的发酵产物也是来自能量代谢所用的基质,但发酵过程呈现两个阶段:第一阶段为菌体生长阶段,菌体生长速率与基质消耗速率成正比,但无产物的合成;第二阶段为产物合成阶段,产物合成速率和基质消耗速率成正比,且基本同步;有少量菌体生长或不生长。枸橼酸发酵是这种类型的典型代表,见图 8-4(b)。

(三)非生长偶联型

非生长偶联型发酵也表现为两个阶段:在第一阶段,菌体生长占主导地位,菌体生长速率和基质消耗速率基本同步且成正比,没有或只有少量产物合成。第二阶段以产物合成为主,只有少量菌体生长或不生长甚至呈负生长,基质消耗很少。菌体主要利用中间代谢产物来合成产物,而不是直接分解碳源来合成代谢产物。这种类型包括了许多抗生素、氨基酸、色素等的生物合成,见图 8-4(c)。

此外,微生物发酵的类别还可以依据代谢产物生物合成与菌体生长的关系分为初级代谢产物发酵和次级代谢产物发酵;依据产品的类别还可以分为抗生素发酵、氨基酸发酵、维生素发酵、有机酸发酵等。

第三节 发酵过程的工艺参数控制

微生物发酵要取得理想的效果,得到高产和优质的发酵产物,就必须对发酵过程进行严格的控制。然而,发酵控制的先决条件是要了解发酵过程进行的状况,进而根据发酵状况做出调整,使发酵过程有利于目标产物的积累和产品质量的提高。发酵罐内进行的状况不能通过肉眼直接观察到,但却能够通过取样分析获得有关发酵进行状况的大量信息。在分析这些信息的基础上,就能够对发酵进行的状况有清楚的了解,进而更好地控制发酵过程。

通过取样分析获得的有关发酵的信息也称为参数,与微生物发酵有关的参数,可分为物理参数、化学参数和生物参数 3 类。这里简要介绍一下各种参数的意义、作用及某些参数的测定方法。

一、物理参数

发酵生产中常常检测的物理参数有下列几个。

（一）温度

温度是指整个发酵过程或不同阶段发酵液所维持的温度。温度对发酵的影响主要表现在：①温度影响酶的活性，因而影响菌体生长和代谢产物的生物合成；②温度影响氧的溶解度；③温度影响发酵液的物理性质。

随着温度的变化，发酵液的黏度、表面张力等物理性质也发生变化，影响到溶解氧的传递速率。

（二）压力

压力是指发酵过程中发酵罐内维持的压力。发酵过程中维持罐内一定的压力，主要有两方面的作用：①可以防止外界空气中杂菌的侵入，以保证纯种培养。这是因为在搅拌轴与罐体之间不可避免地存在着缝隙，罐内只有维持一定的压力，才能保证外界的带菌空气不能进入罐内。②维持一定的罐压还能增加溶解氧饱和度 C^*，有利于氧气的传递。

但需要注意的是，CO_2 的溶解度也会随着罐压的增加而增加，所以罐压不宜过高，目前工业生产上通常将罐压控制在 0.02~0.05MPa。

表示压力的单位有：兆帕（MPa）、标准大气压、kg/cm²。三者之间的关系如下所示。

$$1Pa = 1N/m^2 = 9.869 \times 10^{-6} \text{ 标准大气压}$$
$$1MPa = 10^6Pa = 9.869 \text{ 标准大气压}$$
$$0.1MPa = 0.986\,9 \text{ 标准大气压} = 1kg/cm^2$$
$$1 \text{ 个标准大气压} = 1.013kg/cm^2$$

（三）搅拌转速

搅拌转速是指搅拌器在发酵过程中的转动速度，通常以每分钟的转数来表示。搅拌转速的高低影响发酵液中的液相体积氧传递系数（K_La）；搅拌与发酵液的均匀性有关；此外，搅拌还影响发酵液中泡沫的程度。

发酵罐的搅拌转速与发酵罐的容积有关，一般体积越小的发酵罐其搅拌转速越高，体积越大的发酵罐其搅拌转速越低，见表 8-1。其原理是：发酵罐的放大是以单位体积发酵液所消耗的搅拌功率为基础进行的，无论发酵罐大小，都要维持搅拌功率在 2~4kW/m³。

表 8-1 不同体积发酵罐所需的搅拌转速

发酵罐的容积 /L	搅拌转速 /（r/min）	发酵罐的容积 /L	搅拌转速 /（r/min）
3	200~2 000	200	50~400
10	200~1 200	500	50~300
30	150~1 000	10 000	25~200
50	100~800	50 000	25~160

大的发酵罐搅拌叶直径大，根据搅拌功率的公式 $P = K \cdot d^5 \cdot n^3 \cdot \rho$ 可知，搅拌功率 P 与搅拌叶直径 d 的 5 次方成正比，如果大体积发酵罐（搅拌叶直径大）的搅拌转速高，搅拌功率就会远远超出 2~4kW/m³，就有可能会超出发酵罐所能承受的机械强度。因此，越是大的发酵罐，其搅拌转速越低，越是小的发酵罐其搅拌转速越高。

（四）搅拌功率

搅拌功率是指搅拌器搅拌时所消耗的功率，常指每立方米发酵液所消耗的功率（kW/m³），通常为

$2\sim4\text{kW/m}^3$。它的大小与液相体积氧传递系数 $K_L a$ 有关。

（五）空气流量

空气流量是指每分钟内每单位体积发酵液中通入空气的体积，也称为通风比，是好氧发酵的控制参数之一。空气流量的大小影响液相体积氧传递系数 $K_L a$，也影响微生物产生的代谢废气的排出，此外还与发酵液中泡沫的生成有关。

在发酵生产上表示通气量的单位有 2 种：一种是绝对流量，指单位时间内通入发酵罐中无菌空气的体积，单位用 "L/min" 或 "$\text{m}^3\text{/h}$" 来表示。另一种是相对流量，指每分钟单位体积发酵液中通入无菌空气的体积数，用 $V/(V\cdot\text{min})$ 表示。大多数需氧菌发酵的通气量一般为 $0.8\sim1.5V/(V\cdot\text{min})$。

（六）表观黏度

发酵液的表观黏度是反映发酵液物理性质的一个重要参数。表观黏度的大小与发酵液中菌体的浓度、菌体的形态和培养基的成分有关。菌体浓度越大其表观黏度也越大；丝状菌的黏度大于球菌和杆菌，并且丝状真菌的黏度大于放线菌。培养基中含有较多的高分子物质（如淀粉）时，也会显著增加发酵液的表观黏度。

表观黏度（ η_{app} ）的单位为帕斯卡·秒（Pa·s）。

二、化学参数

发酵过程中检测的化学参数主要包括以下内容。

（一）pH

发酵液的 pH 是发酵过程中各种产酸和产碱的生化反应的综合结果。它是发酵工艺控制的重要参数之一。

pH 的高低与菌体生长和产物合成有着重要的关系。pH 的变化可反映出菌体的代谢状况，长时间的 pH 过低，还可能是发酵染菌的结果。

pH 的测定分为在线测定（由 pH 电极测定）和离线测定（由 pH 计测定）。

（二）基质浓度

基质浓度是指发酵液中糖、氮、磷等重要营养物质的浓度。它们的变化对产生菌的生长和代谢产物的合成有着重要的影响，控制其浓度也是提高代谢产物产量的重要手段。因此，在发酵过程中，需要定时地测定发酵液中的糖（还原糖和总糖）、氮（氨基氮或氨）、磷等营养基质的浓度。

1. 糖浓度的测定　糖浓度是发酵过程中常规的测定项目，了解糖浓度的变化对于发酵过程的控制，具有非常重要的意义。

发酵液中的糖包括总糖和还原糖。总糖指的是所有以各种形式存在的糖的总和，包括多糖、寡糖、二糖和单糖（葡萄糖）。还原糖指的是具有还原能力的糖，也是指分子结构中具有游离醛基的糖，一般指的是葡萄糖；但也包括麦芽糖（麦芽糖分子中有一个游离醛基，具有还原性）。糖的浓度一般用每 100ml 发酵液中含糖的质量表示，即 g/100ml。

总糖的测定：总糖不能直接测定，需要将发酵液中以各种形式存在的糖在酸性条件下加热水解，全部水解成葡萄糖后再按还原糖测定的方法进行测定。

还原糖的测定：还原糖的测定方法有多种，在发酵生产上应用最多的是费林试剂法。

费林试剂法测定糖含量的原理：单糖分子中的醛基在碱性溶液中可将二价铜离子还原为一价铜离子，过量的二价铜离子在酸性溶液中可与碘化钾作用析出碘，用标准硫代硫酸钠溶液滴定析出的碘，即可计算出单糖（还原糖）的量。但二价铜离子在碱性溶液中生成的氢氧化铜沉淀会影响测定。

$$CuSO_4 + 2NaOH \longrightarrow Cu(OH)_2\downarrow + Na_2SO_4$$

加入酒石酸钾钠，可与氢氧化铜络合使其保持溶解状态。

$$\begin{matrix} \text{COONa} \\ | \\ \text{H—C—OH} \\ | \\ \text{H—C—OH} \\ | \\ \text{COOK} \end{matrix} + Cu(OH)_2 \longrightarrow \begin{matrix} \text{COONa} \\ | \\ \text{H—C—O} \\ \qquad\qquad Cu + 2H_2O \\ \text{H—C—O} \\ | \\ \text{COOK} \end{matrix}$$

此络合物不稳定,当 Cu^{2+} 浓度降低时,则逐渐分解,供给反应所需的 Cu^{2+}。为便于保存,以硫酸铜溶液为费林溶液 A,酒石酸钾钠溶液为费林溶液 B,使用前混合。费林溶液与糖的反应如下:

$$2 \begin{matrix} \text{COONa} \\ | \\ \text{H—C—O} \\ \qquad Cu + RCHO + 2H_2O \\ \text{H—C—O} \\ | \\ \text{COOK} \end{matrix} \longrightarrow 2 \begin{matrix} \text{COONa} \\ | \\ \text{H—C—OH} \\ | \\ \text{H—C—OH} \\ | \\ \text{COOK} \end{matrix} + Cu_2O + RCOOH$$

剩余的硫酸铜在酸性溶液中与碘化钾作用生成碘。

$$2CuSO_4 + 4KI \longrightarrow Cu_2I_2 + 2K_2SO_4 + I_2$$

然后用硫代硫酸钠滴定生成的碘。

$$I_2 + 2Na_2S_2O_3 \longrightarrow 2NaI + Na_2S_4O_6$$

2. 氮浓度的测定　氮浓度也是所有发酵过程中必需测定的项目,了解氮浓度的变化对于发酵过程的控制同样具有重要的意义。

发酵液中的氮浓度包括总氮、氨基氮和铵离子浓度。氮的含量一般以每 100ml 发酵液中含有氮元素的质量(mg/100ml)表示。总氮指发酵液中含有的氮元素总量之和,包括了发酵液中所有以各种形式存在的氮元素的总量。总氮不能直接测定,也需要在强酸的作用下先水解,将以蛋白质、氨基酸及其他含氮化合物形式存在的氮元素释放出来,然后以凯氏定氮法测定。

氨基氮指的以氨基酸形式存在的氮元素,一般采用甲醛法测定。用此方法测出的仅仅是以氨基酸形式存在的氮元素的量,而并不代表所有的氮元素的总量。

氨基氮测定的原理:氨基酸为两性化合物,不能直接用酸碱滴定,但与甲醛反应后可使氨基封闭而羧基呈游离状态,显示出酸性,可用碱滴定。根据消耗氢氧化钠标准溶液的量,可以计算出含氮量。氨基酸与甲醛反应生成二羟甲基氨基酸,这个反应是中和法测定氨基酸的依据,称为甲醛滴定法(formol titration)。

$$R—CH—COOH + 2HCHO \longrightarrow R—CH—COO^- + H^+$$
$$\qquad | \qquad\qquad\qquad\qquad\qquad\quad |$$
$$\quad NH_2 \qquad\qquad\qquad\qquad\qquad N(CH_2—OH)_2$$

发酵液中许多铵盐(如硫酸铵、氯化铵)能释放出铵离子,这些铵离子在碱性条件下加热可转变成气态氨(NH_3)。NH_3 呈碱性,收集气态氨,然后用酸滴定,即可测定氮元素的含量,这就是硼酸吸附法测定氮含量的原理。

3. 磷酸盐含量的测定　在许多情况下,还要测定发酵液中的磷酸盐含量,测定的方法是钼酸铵比色法。其原理是:酸性条件下,正磷酸盐与钼酸铵、酒石酸锑钾反应,生成磷钼杂多酸,然后与还原剂——抗坏血酸作用,被还原成蓝色络合物,可在波长 700nm 处用分光光度计进行测定。发酵液中的磷酸盐含量一般用 μg/ml 表示。

4. 产物浓度的测定　发酵产物的产量是重要的代谢参数之一。根据代谢产物产量的变化可以判定生物合成代谢是否正常,同时这也是决定放罐时间的依据。

不同类别的发酵产物,其浓度的表示单位也不相同。氨基酸的浓度常以 g/L 表示;而抗生素的浓度常以效价（U/ml）来表示。

效价单位也简称为单位（unit），常用来表示一些生物活性物质的含量。同时，对于不同的生物活性物质，其单位的定义也不相同。

例如：青霉素的一个效价单位，表示的是在 50ml 肉汤培养基中，完全抑制金黄色葡萄球菌标准菌株生长所需的最低青霉素剂量。这是青霉素发酵生产的早期用来衡量青霉素含量的标准。后来，随着技术的进步，人们可以制得青霉素的纯品时，测得一个青霉素效价单位相当于青霉素钠盐的 0.6μg，也就是 1mg 的青霉素钠盐纯品相当于 1 667 个青霉素效价单位。

在早期，链霉素的一个效价单位定义为：在 1ml 肉汤培养基中，完全抑制大肠埃希菌标准菌株生长所需的最低链霉素剂量。后来当得到链霉素碱的纯品时，经过测定得知，1 个链霉素的效价单位相当于 1μg 链霉素碱的纯品。

目前，许多抗生素都将 1μg 的其游离碱纯品定义为 1 个单位。

5. 溶解氧浓度的测定　溶解氧是需氧菌发酵所必需的物质，测定溶解氧浓度的变化，可了解产生菌对氧利用的规律，发现发酵的异常情况，也可作为发酵中间控制的参数及设备供氧能力的指标。溶解氧浓度可用绝对氧含量（mmol/L 或 mg/L）来表示。

一般在发酵生产中常用相对溶解氧浓度来表示，即以培养液中的溶解氧浓度与在相同条件下未接种前发酵培养基中溶解氧浓度比值的百分数来表示。

6. 废气中氧含量　废气中氧含量与产生菌的摄氧率和液相体积氧传递系数 K_La 有关。测定废气中氧含量可以算出产生菌的摄氧率。

7. 废气中 CO_2 含量　废气中的 CO_2 是由产生菌在呼吸过程中放出的，测定废气中 CO_2 含量和氧含量可以算出产生菌的呼吸熵，从而了解产生菌的代谢规律。

三、生物参数

为了了解发酵过程中微生物菌体的代谢状况，还需要测定一些与发酵相关的生物学参数，主要有下列几个。

（一）菌体浓度

菌体浓度是控制微生物发酵过程的重要参数之一，特别是对抗生素等次级代谢产物的发酵控制。菌体量的大小和变化速度对合成产物的生化反应有着重要的影响，因此测定菌体浓度具有重要意义。菌体浓度与培养液的表观黏度有关，间接影响发酵液的溶解氧浓度。在生产上，常常根据菌体浓度来决定适合的补料量和供氧量，以保证生产达到预期的水平。

根据发酵液的菌体量和单位时间内菌体浓度、溶解氧浓度、糖浓度、氮浓度和产物浓度等的变化值，可分别算出比生长速率、氧比消耗速率、糖比消耗速率、氮比消耗速率和产物比生产速率。这些参数也是控制产生菌的代谢、决定补料和供氧工艺条件的主要依据，多用于发酵动力学的研究。

常用的菌体浓度测定方法有 3 种。

1. 菌体干重（g/100ml）　取 100ml 发酵液，离心后弃去上清液，然后用蒸馏水洗菌体 2~3 次，每次洗后离心。然后将菌体置干燥箱中烘干至恒重，称量干菌体的重量，以 g/100ml 表示。

2. 菌体湿重（g/100ml）　除了不需要干燥外，其余测定过程与测定菌体干重的过程相同。

3. 菌体湿体积（%）　也称菌体沉降体积。准确取发酵液 10ml 于刻度离心管中，4 000r/min 离心 20 分钟后，将上清液倒入另一刻度离心管中，测量上清液的体积。

$$菌体湿体积 = [（10ml - 上清液体积 ml）\div 10ml] \times 100\%$$

这种方法适于生产过程中对发酵样品的检测，其优点是方法简便快速，能很快得到结果，缺点是测量有一定误差。

（二）菌丝形态

丝状菌在发酵过程中,随着菌体的生长繁殖和代谢,菌体由幼龄期进入成熟期,然后进入衰老期,在各个生理阶段其菌丝形态都会发生相应的变化。因此,从菌丝形态的变化可以反映出菌体所处的生理阶段,同时,也能反映出菌体内的代谢变化。

在发酵生产上,可以菌丝形态作为衡量种子质量、区分发酵阶段、制订发酵控制方案和决定发酵周期的依据之一。

丝状菌菌丝形态的变化可通过对发酵液样品进行显微镜观察了解到。此外,除了菌丝形态的显微镜观察外,还可通过菌体的染色的深浅和菌体细胞内脂肪颗粒来判断菌体内的生理状态。

1. 菌丝的形状　菌丝的形状有丝状、分枝状、网状、菌丝团等。菌丝的形状反映了菌体所处的生理阶段和代谢状况。单根的菌丝常见于菌体生长的初期,分枝状的菌丝常是菌体进入对数生长期的特征,网状的菌丝一般由分枝状的菌丝发育而来,并一直延续到发酵的终点。但各个阶段的网状菌丝会在粗细、染色深浅、有无脂肪颗粒、有无空泡以及菌体是否断裂上有很大的不同。菌丝团只是在特殊的情况下才产生的,并非常见现象,其形成的原因常常与接种量少、培养基过于稀薄或搅拌效果差有关。

2. 菌丝的粗细　菌丝的粗细反映了菌体生长代谢是否旺盛,当菌体处于旺盛的生长期,菌丝比较粗;而当菌体进入合成次级代谢产物阶段,菌丝开始变细,表示以菌体生长为特征的生理阶段已经转入以合成代谢产物为特征的产物合成阶段。

3. 染色的深浅　染色的深浅也能反映菌体的代谢状况。目前常用的染色剂是碱性染料,染料与菌体细胞内的核酸分子相结合使菌体着色。因此,染色的深浅也反映了胞内 DNA 含量的高低,当菌体处于对数生长期,DNA 复制活跃、DNA 含量高,此时染色就比较深。当菌体进入产物合成期,DNA合成减弱,染色变浅;当菌体进入衰亡阶段,染色很浅。

4. 脂肪颗粒　脂肪颗粒为菌体细胞内的营养储存物,与菌体的生理阶段有关。一般对数生长期的菌体细胞内常积累较多的脂肪颗粒;到了次级代谢产物的产物合成期,脂肪颗粒逐渐消失。脂肪颗粒的多少也是菌体内营养是否充足的反映。

5. 空泡　空泡的形成与胞内的染色质减少有关,反映了胞内 DNA 含量的变化。

以青霉素产生菌——产黄青霉为例,可以看出其菌丝形态与生理阶段的关系。产黄青霉在发酵过程中,按菌丝形态可以分为 6 个生长阶段,各个阶段菌丝形态的变化如下。

Ⅰ期:分生孢子发芽,孢子膨大,长出芽管。

Ⅱ期:菌丝繁殖呈分枝状,染色深,末期出现脂肪小颗粒。

Ⅲ期:菌丝形成网状,菌丝粗壮、染色深,出现较多脂肪颗粒,无空泡。

Ⅳ期:菌丝变细,染色变浅,出现中小空泡。

Ⅴ期:形成大中型空泡,脂肪颗粒消失。

Ⅵ期:菌丝断裂、模糊、染色很浅。

青霉素的生物合成从Ⅲ期末和Ⅳ期初开始,此时,菌体内的 DNA 合成减少,菌体生长速度减慢。菌体的代谢从以生长为特征的初级代谢,转入以合成次级代谢产物为特征的次级代谢。

第四节　发酵过程中的代谢变化

微生物的代谢产物,按其与菌体生长、繁殖的关系分为初级代谢产物和次级代谢产物。对微生物药物来说,这两类产物都有,特别是抗生素这类次级代谢产物是微生物药物中最重要的一类。下面将分别介绍这两类产物发酵的代谢变化。

一、初级代谢产物发酵

初级代谢指的是生物细胞在生命活动过程中进行的与菌体的生长、繁殖相关的一类代谢活动,其产物即为初级代谢产物。发酵过程中的菌体浓度、营养基质浓度和产物浓度三者变化的基本过程是:菌体进入发酵罐后经过生长、繁殖,并达到一定的菌体浓度。其生长过程表现出延迟期、对数生长期、静止期和死亡期等生长史的特征。但在发酵过程中,即使同一菌种,由于菌体的生理状态和培养条件的不同,各期的时间长短也不尽相同。如延迟期的长短就随培养条件的不同而有所不同,并与接入菌种的生理状态有关。对数期的菌种移植到与原培养基组成完全相同的新培养基中,就不会出现延迟期,仍会以对数期的方式继续繁殖下去。

另一方面,用静止期以后的菌体接种,即使接种的菌全部能够生长,也会出现延迟期。因此,工业发酵中往往要接入处于对数生长期的菌体,以尽量缩短延迟期。

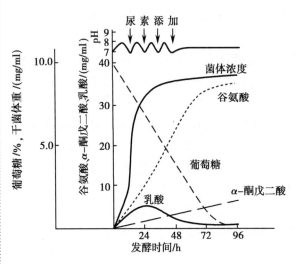

图 8-5 谷氨酸发酵过程的代谢变化

基质(如葡萄糖)浓度的变化一般随发酵时间的延长而不断下降,被用于菌体生长繁殖和产物的形成。溶解氧浓度也随发酵过程的代谢而发生变化。至于产物的形成,因为没有明显的产物形成期,所以它随菌体生长在不断地进行,有的与菌体生长呈平行关系,故产生菌的比生长速率(μ)与产物的比生产速率(Q_p)的顶峰几乎在同一时间出现。图 8-5 表示初级代谢产物谷氨酸发酵过程的代谢变化。

总之,初级代谢产物发酵的代谢变化有如下特点:①菌体的生长分为几个阶段,即延迟期、对数生长期、稳定期和菌体衰亡期;②营养物质的消耗与菌体生长紧密关联;③代谢产物的生物合成与菌体的生长紧密关联,同时进行。

二、次级代谢产物发酵

次级代谢产物包括大多数的抗生素、生物碱和微生物毒素等物质。按发酵动力学特性,这些产物的发酵属于菌体生长与产物合成非偶联的发酵类型,即菌体生长繁殖阶段(又称生长期)与产物合成阶段(又称生产期)是分开的。次级代谢产物的发酵一般分为菌体生长阶段、产物合成阶段和菌体自溶阶段 3 个阶段。

(一)菌体生长阶段

产生菌接种至发酵培养基后,在合适的培养条件下,经过一定时间的适应,就开始生长和繁殖,经过对数生长期,达到稳定期。其代谢活动主要是碳源(包括糖类、脂肪等)和氮源等营养物质的分解代谢和菌体生长的合成代谢。随着碳源、氮源和磷酸盐等营养物质不断被消耗,其浓度明显减少,而新菌体不断被合成,菌体浓度明显增加。

随着菌体浓度不断增加,摄氧率也不断增大,溶解氧浓度不断下降。当菌体浓度达到最大值时,溶解氧浓度降至最小。由于营养基质的分解代谢,pH 也发生一定变化:有时先下降,后上升,这是糖代谢先产生酮酸等有机酸而后被利用的结果;有时先上升,后下降,这是由于菌体先利用培养基中氨基酸的碳骨架作为碳源而释放出氨,使 pH 上升,氨被利用后又使 pH 下降的结果。

当营养物质消耗到一定程度,或菌体达到一定浓度,或供氧受到限制而使溶解氧浓度降到一定水平时,某种营养成分就成为菌体生长的限制性因素,使菌体生长速率减慢。同时,在大量合成菌体期间,积累了相当数量的某些代谢中间体。此时与菌体生长有关的酶活力开始下降,与次级代谢有关的酶开始出现,因而导致菌体的生理状况发生改变,发酵就从菌体生长阶段转入产物合成阶段。这个阶段一般又称为菌体生长期或发酵前期。

(二)产物合成阶段

这个阶段主要合成次级代谢产物。在此期间,产物的产量逐渐增多,直至达到高峰,生产速率也达到最大,直至产物合成能力衰退。如果以菌体 DNA 含量作为菌体生长繁殖的标准来划分菌体生长阶段和产物合成阶段,它们的界限是很明显的,即菌体的生长达到恒定后(即 DNA 含量达到定值)就进入产物合成阶段,开始形成产物。

如果以菌体干重作为划分阶段的标准,它们之间就有交叉,这是由于菌体在产物合成阶段中虽然没有进行繁殖,但细胞内多元醇、脂类等物质仍在积累,使菌体干重增加。图 8-6 表示多烯大环内酯类抗生素杀假丝菌素产生菌菌体干重和 DNA、葡萄糖含量的关系曲线。

在产物合成阶段中,产生菌的呼吸强度一般无显著变化,细胞物质的合成仍未停止,菌体的重量有所增加。该阶段的代谢变化是以碳源和氮源的分解代谢和产物的合成代谢为主的。碳氮等营养物质不断被消耗,产物不断被合成。外界环境的变化很容易影响产物合成阶段的代谢。

为了促使产物不断地被合成,碳源、氮源和磷酸盐等浓度必须控制在一定的范围内,发酵条件也要严格控制。如果这些营养物质过多则菌体就会进行生长繁殖,抑制产物的合成,使产量降低;如果过少,菌体就易衰老,产物合成能力下降,产量减少。发酵液的 pH、培养温度和溶解氧浓度等参数的变化,对该阶段的代谢变化都有明显的影响,也需要严格控制。这个阶段一般也被称为产物分泌期或发酵中期。

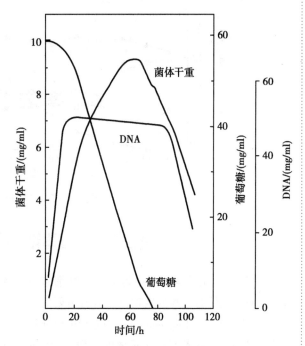

图 8-6　杀假丝菌素分批发酵中菌体干重和 DNA、葡萄糖含量的变化

(三)菌体自溶阶段

这个阶段的菌体衰老,细胞开始自溶,氨氮含量增加,pH 上升,产物合成能力衰退,生产速率下降。发酵到此阶段必须结束,否则不仅产物会受到破坏,还会因菌体自溶而给发酵液过滤和产物提取带来困难。这个阶段一般称为菌体自溶期或发酵后期。

次级代谢产物发酵各个阶段的参数变化规律参见表 8-2。

表 8-2　次级代谢产物发酵各个阶段的参数变化规律

参数	菌体生长阶段	产物合成阶段	菌体自溶阶段
菌丝形态	发芽→分枝状→网状菌丝粗、染色深	网状,菌丝变细,染色变浅	菌丝断裂、模糊、染色很浅
比生长速率	高	低	负数
碳源浓度变化	快速降低	缓慢降低	基本不变
氮源浓度变化	快速降低	缓慢降低	回升
产生生物热	多	少	不产生
代谢产物产量	少量	大量(70%~80%)	停止产生

三、代谢曲线

根据发酵过程中的代谢参数变化绘制出的代谢曲线,可清楚地说明发酵过程中的代谢变化,并反映出碳源、氮源的利用和pH、菌体浓度和产物浓度等参数之间的相互关系。克拉维酸的发酵代谢曲线如图8-7所示。分析研究代谢曲线,还有利于掌握发酵代谢变化的规律和发现工艺控制中存在的问题,有助于改进工艺,提高产物的产量。

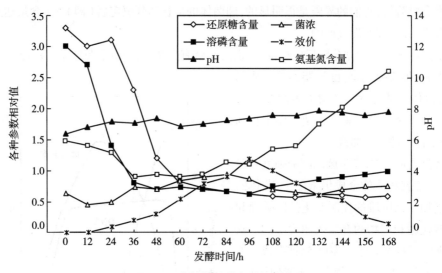

图8-7 克拉维酸的发酵代谢曲线

第五节   菌体浓度的影响及其控制

发酵过程就其本质来说是由微生物细胞参与的生物化学反应过程,因此微生物细胞的数量、状态、代谢情况就对产物的生物合成有着重要的影响。

菌体浓度(cell concentration)是指单位体积培养液中菌体的含量。无论在科学研究上,还是在工业发酵控制上,它都是一个重要的参数。菌体浓度的大小,在一定条件下,不仅能反映菌体细胞的多少,而且可反映菌体细胞生理特性不完全相同的各个分化阶段。在发酵动力学研究中,需要利用菌体浓度参数来算出菌体的比生长速率和产物的比生产速率等相关动力学参数,以研究它们之间的相互关系,探明其动力学规律,所以菌体浓度是一个重要的基本参数。

一、影响菌体浓度的因素

(一)微生物的种类和遗传特性

不同种类的微生物的生长速率是不一样的。它的大小取决于细胞结构的复杂性和生长机制,细胞结构越复杂,分裂所需的时间就越长。细菌、酵母菌和霉菌的倍增时间分别为45分钟、90分钟和180分钟左右。这说明各类微生物的增殖速度有差异。

(二)营养物质种类与浓度

营养物质包括各种碳源和氮源等成分。按照莫诺方程(Monod equation)关系式,生长速度取决于基质的浓度(一般碳源的基质饱和系数 K_s 在 1~10mg/L),当基质浓度 $S>10\,K_s$ 时,比生长速率就接近最大值。所以营养物质均存在一个上限浓度,在此限度以内,菌体比生长速率随浓度增加而增加。但超过此上限,浓度继续增加,反而会引起生长速率下降,这种效应通常称为基质抑制作用。这可能是由于高浓度营养基质形成高渗透压,引起细胞脱水而抑制生长造成的。这种作用还包括某些化合物(如甲醇、苯酚等)对一些关键酶的抑制,或使细胞结构成分发生变化。在实际生产中,常用丰富的培养基和有效的溶解氧供给,促使菌体迅速繁殖,菌体浓度增大,以提高发酵产物的产量。所以,在微生物发酵的研究和控制中,营养条件(包括溶解氧)的控制至关重要。

（三）菌体生长的环境条件

温度、pH、渗透压和水的活度等环境因素也会影响菌体的生长速度。

二、菌体浓度对发酵产量的影响

菌体浓度的大小,对发酵产物的产率有着重要的影响。首先,在一定条件下,发酵产物的产率与菌体浓度成正比。计算公式如下。

$$\text{发酵产物的生产速率 } R_p = Q_p \cdot X$$

式中,R_p 为生产速率,即单位时间单位体积发酵液合成产物的量,单位为 $g/(L \cdot h)$;Q_p 为比生产速率,即单位时间单位重量的菌体合成产物的量,单位为 $g/(g \cdot h)$;X 为菌体浓度,即单位体积发酵液中含有菌体的重量,单位为 g/L。

菌体浓度越大,产物的产量也越大,如氨基酸、维生素这类初级代谢产物的发酵以及抗生素这类次级代谢产物的发酵都是如此。

此外,菌体浓度过高,则降低发酵产物的产量(特别是次级代谢产物发酵),其原因如下。

1. 当菌体浓度过高时,营养物质消耗过快,培养液中的营养成分明显降低,再加上有毒物质的积累,菌体的代谢途径就可能发生改变。

2. 菌体浓度过高,对培养液中溶解氧浓度的影响尤为明显,因为随着菌体浓度的增加,培养液的摄氧速率(oxygen uptake rate, OUR)按比例增加($OUR = Q_{O_2} \cdot X$),表观黏度也增加,流体性质也会发生改变,使传氧速率(oxygen transfer rate, OTR)成对数地减少。

当 OUR>OTR 时,溶解氧就减少,菌体浓度成为限制性因素。菌体浓度增加而引起的溶解氧浓度下降,会对发酵产生各种影响。早期酵母菌发酵时,曾出现过代谢途径改变,酵母菌生长停滞,产生乙醇的现象。在抗生素发酵中,当溶解氧成为限制因素时,也会使产量降低。

三、最适菌体浓度的确定与控制

（一）最适菌体浓度

当菌体浓度低时,摄氧速率低于传氧速率,发酵液中的溶解氧浓度逐渐升高,溶解氧维持在一个较高的水平;当菌体浓度高时,摄氧速率高于传氧速率,发酵液中的溶解氧浓度逐渐降低,使溶解氧成为菌体生长及合成代谢产物的限制因素。

为了获得最高的生产速率,需要采用摄氧速率与传氧速率相平衡的菌体浓度。当菌体浓度适当时,摄氧速率等于传氧速率,且溶解氧维持在高于临界溶解氧浓度的水平,此时的菌体浓度为菌体的呼吸不受抑制条件下的最大菌体浓度,即称为最适菌体浓度(或临界菌体浓度)。所以,最适菌体浓度可定义为:在一定的发酵条件下,使微生物的呼吸不受抑制时的最大菌体浓度。超过此浓度,抗生素的比生产速率和产量都会迅速下降。因此,在抗生素生产中,如何确定最适菌体浓度是提高抗生素生产能力的关键。

（二）最适菌体浓度的确定

为了确定最适菌体浓度,需要了解菌体浓度与其他重要参数的关系。

1. 菌体浓度与摄氧速率的关系　摄氧速率(OUR)也可用摄氧率(r)来表示,因为 $r = Q_{O_2} \cdot X$,当 Q_{O_2} 维持相对不变时,随着菌体浓度(X)的增大,摄氧率也逐渐增加,即 $X\uparrow \rightarrow r\uparrow$,此时在菌体浓度/摄氧率的坐标上,显示为一条上升的直线,如图 8-8 所示。

2. 菌体浓度与传氧速率的关系　传氧速率即 OTR,也称"供氧速率",$OTR = K_L a \cdot (C^* - C_L)$ 因为:$K_L a = K[(P/V)^\alpha \cdot (V_s)^\beta \cdot (\eta_{app})^{-\omega}]$,即 $K_L a$ 与表观黏度(η_{app})成反比,随着菌体浓度的增加,η_{app} 增加,进而引起 $K_L a$ 下降,$K_L a$ 下降导致 OTR 降低,如图 8-9 所示。

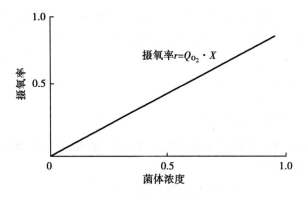

图 8-8 菌体浓度与摄氧速率的关系

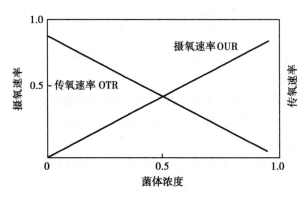

图 8-9 菌体浓度与传氧速率的关系

3. 菌体浓度与比生产速率(Q_p)的关系 比生产速率(Q_p)是指每小时每克菌体所合成产物的重量(g)。在菌体浓度较低的情况下,由于传氧速率大于摄氧速率,菌体的呼吸不受影响,此时菌体能够维持一定的比生产速率(Q_p)。当菌体浓度超过一定的浓度后,由于摄氧速率大于传氧速率,菌体的呼吸受到抑制,此时菌体合成代谢产物的能力显著降低,表现为菌体的比生产速率显著下降,如图 8-10 所示。

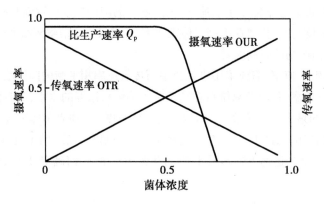

图 8-10 菌体浓度与比生产速率的关系

4. 菌体浓度与生产速率(R_p)的关系 生产速率(R_p)是指单位体积(L)发酵液每小时(h)合成产物的重量(g),生产速率(R_p)= 比生产速率(Q_p)× 菌体浓度(X)。

在菌体浓度较低的情况下,由于传氧速率大于摄氧速率,菌体的呼吸不受影响,此时菌体能够维持一定的比生产速率(Q_p)。此时随着菌体浓度的增加,生产速率也不断增加,当菌体浓度达到一定的数值后,此时的生产速率也达到了最大值,如图 8-11 中所示的 P 点。当菌体浓度超过一定数值后,由于摄氧速率大于传氧速率,菌体的呼吸受到抑制,此时菌体合成代谢产物的能力显著降低,表现为菌体的比生产速率(Q_p)显著下降,此时虽然菌体浓度还在逐渐增加,但比生产速率(Q_p)显著下降,使得菌体浓度与比生产速率两者的乘积下降,即生产速率R_p下降,如图8-11所示。

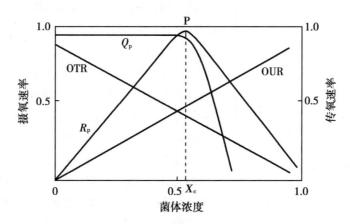

图8-11　菌体浓度与生产速率的关系

最适菌体浓度就是使菌体的摄氧率恰好等于发酵过程中的供氧速率时的菌体浓度,如图中的P点所对应的菌体浓度就是最适菌体浓度X_c。

(三)最适菌体浓度的控制

发酵过程中要设法将菌体浓度控制在合适的范围内。控制菌体浓度的主要措施如下。

1. 在一定的培养条件下,菌体浓度主要受营养基质浓度的影响,所以要调节培养基的营养基质浓度来控制菌体浓度。首先要使基础培养基的配比适当,以避免产生过高(或过低)的菌体浓度。

2. 通过中间补料来控制菌体浓度。当菌体生长缓慢、菌体浓度太低时,可补加一部分氮源或磷酸盐以促进菌体生长,提高菌体浓度;当菌体浓度接近最适菌体浓度时,则要停止补料。

3. 必要时,还可以向发酵罐中补入无菌水,降低发酵液中的菌体浓度。这不但可以降低菌体浓度,还可以降低发酵液的黏度,改善氧的传递效果,从而提高发酵产量。在庆大霉素的发酵过程中,采用此方法,可显著提高庆大霉素的发酵单位和批产量。

第六节　营养基质的影响及其控制

微生物的生长发育和合成代谢产物需要吸收营养物质。发酵培养基中营养物质的种类及含量对发酵过程有着重要的影响。营养物质是产生菌代谢的物质基础,既涉及菌体的生长繁殖,又涉及代谢产物的形成。此外它们还参与了许多代谢调控过程,因而也影响产物的形成。所以选择适当的营养基质并将其控制在适当的浓度,是提高发酵产物产量的重要途径。

一、碳源的影响与控制

按被菌体利用的速度不同,碳源可分为迅速利用的碳源(称为"速效碳源")和缓慢利用的碳源(称为"迟效碳源")。前者能较迅速地参与代谢、合成菌体和产生能量,并产生分解产物(如丙酮酸等),因此有利于菌体生长。但迅速利用的碳源对很多代谢产物(特别是抗生素等次级代谢产物)的生物合成有阻遏作用。迟效碳源可被菌体缓慢利用,有利于延长代谢产物的合成,特别是有利于次级代谢产物的生物合成。蔗糖、麦芽糖、糊精、饴糖、豆油、水解淀粉等分别是青霉素、头孢菌素C、红霉素、维生素B_2等发酵的最适碳源。因此选择最适碳源对提高代谢产物的产量是很重要的。

在青霉素的早期研究中,人们就认识到碳源种类的重要性。在葡萄糖作为碳源的培养基中菌体生长良好,但青霉素合成的量很少;相反,在以乳糖为碳源的培养基中,青霉素的产量明显增加。它们

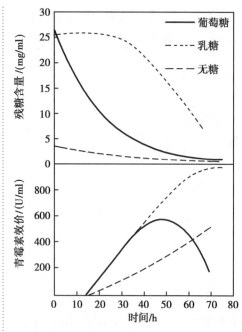

图 8-12　糖的种类对青霉素生物合成的影响

的代谢变化见图 8-12。从图可见,糖的缓慢利用是青霉素合成的关键因素。缓慢滴加葡萄糖以代替乳糖,仍然可以得到良好的结果。这就说明乳糖之所以是青霉素发酵的良好碳源,并不是它起着前体作用,而是它被缓慢利用的速度恰好符合青霉素生物合成的速度,不积累过量的对青霉素合成有抑制作用的葡萄糖。其他抗生素的发酵也有类似情况,如葡萄糖抑制盐霉素、放线菌素等抗生素的合成。因此,控制使用对产物的生物合成有阻遏作用的碳源非常重要。

在工业上,发酵培养基常采用速效碳源和迟效碳源的混合碳源,就是根据这个原理来控制菌体的生长和产物的合成的。此外,碳源的浓度对发酵也有明显的影响。由于营养过于丰富所引起的菌体异常繁殖,对菌体的代谢、产物的合成及氧的传递都会产生不良的影响。若碳源的用量过高,则产物的合成会受到明显的抑制。反之,仅仅供给维持量的碳源,菌体生长和产物合成就都停止了。如产黄青霉 Wis54-1255 发酵中,给以维持量的葡萄糖,菌的比生长速率和青霉素的比生产速率都降为零,所以必须供给适当量的葡萄糖方能维持青霉素的合成速率。因此,控制适当量的碳源浓度,对工业发酵很重要。

控制碳源浓度,可采用经验性方法和动力学法。经验性方法是在发酵过程中采用中间补料的方法来控制。这要根据不同代谢类型来确定补糖时间、补糖量和补糖方式。动力学方法是根据菌体的比生长速率、糖比消耗速率及产物的比生产速率等动力学参数来进行控制的。

二、氮源的影响与控制

如前所述,氮源分为无机氮源和有机氮源两大类,它们对菌体代谢都能产生明显的影响。不同的种类和不同的浓度都能影响产物合成的方向和产量。如谷氨酸发酵,当 NH_4^+ 供应不足时,谷氨酸合成减少,α-酮戊二酸积累;过量的 NH_4^+ 反而促使谷氨酸转变成谷氨酰胺。控制适当的 NH_4^+ 浓度,才能使谷氨酸产量达到最大。又如在研究螺旋霉素的生物合成中,发现无机铵盐不利于螺旋霉素的合成,而有机氮源(如鱼粉)则有利于其合成。

氮源也分为迅速利用的氮源(称为"速效氮源")和缓慢利用的氮源(称为"迟效氮源")。前者指的是氨基(或铵)态的氮,如氨基酸、硫酸铵和玉米浆等;后者指的是一些需要经过微生物胞外酶的消化才能释放出氨基酸或 NH_4^+ 的营养物质,如大豆饼粉、花生饼粉、棉籽饼粉等。

速效氮源容易被菌体利用,促进菌体生长,但对某些代谢产物的合成,特别是对某些抗生素的生物合成有抑制或阻遏作用,会降低产量。如抗生素链霉菌的发酵,采用速效氮源铵盐,能刺激菌丝生长,但抗生素产量明显下降。铵盐还对吉他霉素(又名"柱晶白霉素")、螺旋霉素、依普沙坦等的生物合成有同样的作用。

迟效氮源对延长次级代谢产物的分泌期,提高产物的产量有好处。但一次投入过多,也容易促使菌体的过度生长和养分的过早耗尽,导致菌体过早衰老而自溶,导致产物的分泌期缩短。综上所述,对微生物发酵来说,也要选择适当的氮源种类和浓度。

发酵培养基一般选用速效氮源和迟效氮源组成混合氮源。如链霉素发酵采用硫酸铵和大豆饼粉。为了调节菌体生长和防止菌体衰老自溶,除了基础培养基中的氮源外,还要在发酵过程中补加氮源来控制其浓度。生产上采用的方法有以下几种。

（一）补加有机氮源

根据产生菌的代谢情况,可在发酵过程中添加某些具有调节生长代谢作用的有机氮源,如酵母粉、玉米浆、尿素等。如在土霉素发酵中,补加酵母粉,可提高发酵单位;在青霉素发酵中,后期出现糖利用缓慢、菌体浓度降低、pH下降的现象,补加尿素就可改善这种状况并可提高发酵单位;在氨基酸发酵中,也可补加作为氮源和pH调节剂的尿素。

（二）补加无机氮源

补加氨水或硫酸铵是工业上常用的方法。氨水既可作为无机氮源,又可调节pH。在抗生素发酵工业中,通氨是提高发酵产量的有效措施,如与其他条件相配合,有的抗生素的发酵单位可提高50%左右。当pH偏高而又需补氮时,可补加生理酸性物质硫酸铵,以达到提高氮含量和调节pH的双重目的。还可补充其他无机氮源,但需根据发酵控制的要求来选择。

三、磷酸盐的影响与控制

磷酸盐是微生物菌体生长繁殖所必需的成分,也是合成代谢产物所必需的成分。适合微生物生长的磷酸盐浓度为0.3~300mmol/L,但适合次级代谢产物合成所需的浓度平均仅为1.0mmol/L,提高到10mmol/L就会明显地抑制其合成。相比之下,菌体生长所允许的浓度比次级代谢产物合成所允许的浓度要大得多,两者平均相差几十倍至几百倍。因此控制磷酸盐浓度对次级代谢产物的发酵来说非常重要。

磷酸盐浓度调节代谢产物合成的机制比较复杂。对于初级代谢产物合成的调节,往往是通过促进菌体生长而间接产生的,对于次级代谢产物生物合成的调节来说,有多种可能的机制。

磷酸盐浓度的控制主要是通过在基础培养基中采用适当的磷酸盐浓度来实现的。对于初级代谢产物发酵来说,其对磷酸盐浓度的要求不如次级代谢产物发酵那样严格。对抗生素发酵来说,常常采用生长亚适量的磷酸盐浓度。该浓度取决于菌种特性、培养条件、培养基组成和来源等因素,即使同一种抗生素发酵,不同地区不同工厂所用的磷酸盐浓度也不一致,甚至相差很大。因此磷酸盐的控制浓度,必须结合当地的具体条件和使用的原材料进行实验确定。培养基中的磷含量,还可因配制方法和灭菌条件不同而产生变化。据报道,利用金霉素链霉菌949(*S. aureofaciens* 949）进行四环素发酵,菌体生长最适的磷浓度为65~70µg/ml,而四环素合成的最适浓度为25~30µg/ml;青霉素发酵用0.01%的磷酸二氢钾为好。在发酵过程中,当发现代谢缓慢时,可采用补加磷酸盐的方法进行改善,例如在四环素发酵中,间歇添加微量磷酸二氢钾,有利于提高四环素的产量。

除上述主要基质外,还有其他培养基成分可影响发酵。如在以乙酸盐为碳源的培养基中,Cu^{2+}能促进谷氨酸产量的提高;Mn^{2+}对芽孢杆菌合成杆菌肽等次级代谢产物具有特殊的作用,使用适当的浓度能促进杆菌肽的合成。

总之,在发酵过程中,控制基质的品种及其用量非常重要,是发酵能否成功的关键。必须根据产生菌的特性和各个产品生物合成的要求,进行深入细致的研究,方能取得良好的结果。

第七节　温度的影响及其控制

一、温度对发酵的影响

发酵所用的菌种绝大多数是中温菌,如霉菌、放线菌和一般细菌。它们的最适生长温度一般在20~40℃。在发酵过程中,需要维持适当的温度,才能使菌体生长和代谢产物的生物合成顺利地进行,温度对发酵的影响包括以下几个方面。

（一）温度影响酶的活性

微生物的生长繁殖及合成代谢产物都是在酶催化下进行的生物化学反应,酶活性的发挥和维持都需要合适的温度。因此,温度的变化会影响酶的活性,从而影响菌体的生长与代谢产物的合成。

温度对化学反应速率的影响常用温度系数（Q_{10}）（每增加 10℃,化学反应速率增加的倍数）来表示。在不同温度范围内,Q_{10} 的数值是不同的,一般是 2~3,而酶反应速率与温度变化的关系也符合此规律。也就是说,在一定范围内,随着温度的升高,酶反应速率也增加。超过这个范围,温度再升高,酶的催化活力就下降。

温度对菌体生长的酶反应和代谢产物合成的酶反应的影响是不同的。有人考察了不同温度（13~35℃）对青霉菌的生长速率、呼吸强度和青霉素合成速率的影响,结果表明,温度对这 3 种代谢的影响是不同的。按照阿伦尼乌斯方程计算,青霉菌生长的活化能 E=34kJ/mol,呼吸活化能 E=71kJ/mol,青霉素合成的活化能 E=112kJ/mol。从这些数据得知:青霉素合成速率对温度的变化最为敏感（活化能越高,对温度的变化越敏感）,微小的温度变化,就会引起青霉素生产速率发生明显的改变。偏离最适温度就会引起产物产量明显的降低,这说明了次级代谢产物发酵中温度控制的重要性。

（二）温度影响发酵液的物理性质

温度能对发酵液的物理性质产生影响,如发酵液的黏度、基质和氧在发酵液中的溶解度和传递速率、某些营养基质的分解和吸收速率等,进而影响发酵的动力学特性和产物的生物合成。

（三）温度影响代谢产物合成的方向

如在含氯离子的培养基中利用金色链霉菌 NRRLB-1287 进行四环素发酵时,提高发酵温度有利于四环素的合成。30℃以下时,合成的金霉素多;达到 35℃时就几乎只合成四环素,而金霉素的生物合成停止,较高的温度影响了合成金霉素的氯化反应。

温度的变化还会对多组分次级代谢产物中的组分产生影响,如黄曲霉产生的黄曲霉毒素为多组分,在 20℃、25℃和 30℃温度下,发酵所产生的黄曲霉毒素 G 与黄曲霉毒素 B 的比例分别为 3:1、1:2 和 1:1。又如赭曲霉在 10~20℃发酵时,有利于合成青霉酸,在 28℃时则有利于合成赭曲霉素 A。这些例子都说明温度变化不仅影响酶反应的速率,还影响代谢产物合成的方向。

二、影响发酵温度变化的因素

在发酵过程中,由于整个发酵系统中不断有热能产生,同时又有热能的散失,因而引起发酵温度的变化。

发酵热指的是发酵过程中产生的净热量,是各种产生的热量减去各种散失的热量后所得的净热量。用 $Q_{发酵}$ 表示,其单位为 kJ/（$m^3 \cdot h$）。发酵热是由下列几个因素组成的。即:

$$Q_{发酵} = Q_{生物} + Q_{搅拌} - Q_{蒸发} - Q_{显} - Q_{辐射}$$

产热的因素有生物热（$Q_{生物}$）和搅拌热（$Q_{搅拌}$）;散热的因素有蒸发热（$Q_{蒸发}$）、显热（$Q_{显}$）和辐射热（$Q_{辐射}$）。它们是发酵温度变化的主要因素,现将这些产热和散热的因素分述于下。

（一）生物热（$Q_{生物}$）

生物热是微生物在生长繁殖过程中产生的热能。营养基质被菌体分解代谢产生大量的能量,部分用于合成高能化合物 ATP,供给合成代谢所需要的能量,多余的则以热能的形式释放出来,形成了生物热。生物热因菌种与发酵条件的不同而不同,影响生物热的主要因素如下。

1. **菌种的特性**　不同微生物利用营养物质的速度不同,产生的热量也不同。

2. **菌体的生长阶段**　生物热的大小还与菌体的生长阶段有关。当菌体处在孢子发芽阶段和延迟期,产生的生物热是有限的;进入对数生长期后,菌体生长速度加快,经代谢后释放出大量的热量;

对数期过后,随着菌体逐步衰老,微生物体内新陈代谢减弱,产生的生物热明显减少。因此,在对数生长期释放出来的热量最大。例如,四环素发酵在20~50小时的发酵热最大,最高值达29 330kJ/(m³·h),其他时间的最低值约为8 380kJ/(m³·h),平均为16 760kJ/(m³·h)。

3. 营养物质的种类和浓度　生物热的大小还随培养基成分及浓度的不同而不同。培养基成分越丰富、营养被利用得越快,产生的生物热就越大。

4. 菌体的呼吸强度　生物热的产生本质是碳水化合物在菌体内氧化的结果,因此,生物热的大小与菌体的呼吸强度有明显的对应关系。呼吸强度越大,菌体内进行的有氧氧化越完全,氧化所产生的生物热也越大。在四环素发酵过程中,这两者的变化是一致的。生物热的高峰也是碳源利用速度的高峰。有人已证明,在一定条件下,发酵热与菌体呼吸强度 Q_{O_2} 成正比。而且,抗生素高产量批号的生物热高于低产量批号的生物热,这说明抗生素生物合成的产量与菌体的新陈代谢强度也有着密切的关系。

(二)搅拌热($Q_{搅拌}$)

因搅拌器转动而引起发酵液之间和发酵液与设备之间摩擦所产生的热量,称为搅拌热。搅拌热可根据公式 $Q_{搅拌}=(P/V)\times 3\ 600$ 近似算出来,P/V 是通气条件下单位体积发酵液所消耗的功率(kW/m³),3 600为热功当量kJ/(kW·h)。

(三)蒸发热($Q_{蒸发}$)和显热($Q_{显}$)

空气进入发酵罐与发酵液广泛接触后,引起水分蒸发所吸收的热能,称为蒸发热。显热指的是由排气所带走的热量。

(四)辐射热($Q_{辐射}$)

由于发酵罐外壁和大气间的温度差异而使发酵液中的部分热量通过罐体向大气辐射的热量,称为辐射热。辐射热的大小取决于罐表面温度与外界温度的差值,差值越大,散热越多。

由于 $Q_{生物}$、$Q_{蒸发}$、$Q_{显}$ 在发酵过程中是随时间变化的,因此发酵热在整个发酵过程中也随时间变化,引起发酵温度波动。为了使发酵能在一定的温度下进行,要设法进行控制。

三、发酵温度的控制

(一)最适温度的选择

1. 根据不同的发酵阶段,选择不同的最适温度　最适发酵温度指的是既适合菌体的生长,又适合代谢产物合成的温度。但菌体生长的最适温度与产物合成的最适温度往往是不一致的。如初级代谢产物乳酸的发酵,乳酸链球菌的最适生长温度为34℃,而产酸最多的温度为30℃。次级代谢产物的发酵更是如此,如在2%乳糖、2%玉米浆和无机盐的培养基中对青霉素产生菌产黄青霉进行发酵,测得菌体的最适生长温度为30℃,而青霉素合成的最适温度仅为24.7℃。因此需要选择一个最适的发酵温度。

从理论上讲,整个发酵过程中不应只选一个培养温度,而应根据发酵的不同阶段,选择不同的培养温度。在生长阶段,应选择最适合菌体生长的温度;在产物合成阶段,应选择最适合产物合成的温度。这样的变温发酵所得产物的产量是比较理想的。有人对青霉素变温发酵进行试验,其温度变化过程是:起初5小时维持在30℃,之后降到25℃培养35小时,再降到20℃培养85小时,最后又提高到25℃培养40小时,再放罐。在这样条件下所得青霉素产量比在25℃恒温培养提高14.7%。

又如四环素发酵,在中后期保持稍低的温度,可延长产物分泌期,放罐前24小时,培养温度再提高2~3℃,就可显著提高发酵单位。这些都说明变温发酵产生的结果良好。

2. 根据发酵条件的变化,适当调整发酵的温度　最适发酵温度还要随菌种、培养基成分、培养条件和菌体生长阶段的变化而改变,具体如下。

(1)在通气条件较差的情况下,可适当降低发酵温度。由于氧的溶解度随温度下降而升高,此时降低发酵温度对发酵是有利的,较低的温度可以提高氧的溶解度、降低菌体生长速率、减少氧的消耗量,从而弥补通气条件差所带来的不足。

（2）在培养基营养成分较稀薄时,可适当降低发酵温度。培养基的成分和浓度对培养温度的确定也有影响,在使用较稀薄的培养基时,如果在较高的温度下发酵,营养物质代谢快,过早耗尽,最终导致菌体自溶,使代谢产物的产量下降。适当降低发酵温度,可以延长发酵周期,增加产量。

（3）染菌时,可以降低培养温度。此时降低发酵温度有利于控制杂菌的生长,放线菌的培养温度一般在24~32℃,而细菌的最适生长温度为37℃。染菌后适当降低培养温度,对正常菌的影响较小,而对细菌的影响较大,因而有利于控制杂菌的生长。

（二）发酵温度的控制

在工业化的发酵过程中,发酵罐以产生热量为主,因此发酵过程中一般不需要加热。对发酵过程中产生的大量发酵热,需要采用冷却水来降低发酵温度。通过自动控制或人工控制,将冷却水通入发酵罐的夹层或蛇型管中,通过热交换来降温,保持发酵温度的相对恒定。如果当地气温较高,特别是在我国南方的夏季,冷却水的温度较高,常使冷却效果减弱,达不到预定的温度。此时可采用冷冻盐水进行循环式降温。因此,较大的发酵厂需要建立冷冻站,提高冷却能力,以保证发酵过程可在正常温度下进行。

目前,国内在发酵过程中控制发酵温度的方法,基本上已经淘汰了人工控制的方式,取而代之的是自动化仪表控制,许多发酵车间也已经实现了发酵温度的计算机控制。

第八节　pH 的影响及其控制

一、pH 对发酵的影响

微生物菌体的生长、发育及代谢产物的合成,不仅需要合适的温度,同时还需要在合适的 pH 条件下进行。发酵培养基的 pH 对微生物菌体的生长及产物的合成具有重要的影响,也是影响发酵过程中各种酶及酶活力的重要因素。pH 不当,可能会严重影响菌体的生长和产物的合成。适合微生物生长的 pH 和适合微生物合成产物的 pH 往往不同。适宜大多数微生物生长的 pH 范围是 3~6,最适 pH 的变化范围为 0.5~1.0。多数微生物生长都有最适 pH 范围及其变化的上下限:pH 上限一般在 8.5 左右,超过此上限,微生物将将无法忍受而自溶;pH 下限以酵母菌为最低,在 2.5 左右。但一般认为,菌体内的 pH 是在中性附近。

（一）pH 影响酶的活性

一般认为,细胞内的 H^+ 或 OH^- 能够影响酶蛋白的解离度和电荷状况,改变酶的结构和功能,引起酶活性的改变。但培养基中的 H^+ 或 OH^- 并不是直接作用在胞内酶蛋白上,而是首先作用在胞外的弱酸（或弱碱）上,使之成为易于透过细胞膜的分子状态的弱酸（或弱碱）,它们进入细胞后,再行解离,产生 H^+ 或 OH^-,改变胞内原先的中性状态,进而影响酶的结构和活性。所以培养基中 H^+ 或 OH^- 是通过间接作用来产生影响的。

（二）pH 影响基质或中间产物的解离状态

基质或中间产物的解离状态受细胞内外 pH 的影响,不同解离状态的基质或中间产物透过细胞膜的速度不同,因而代谢的速度不同。

（三）pH 影响发酵产物的稳定性

有许多发酵代谢产物的化学性质不稳定,特别是对溶液的酸碱性很敏感。如在 β- 内酰胺类抗生素甲砜霉素（thiamphenicol）的发酵中,考察 pH 对产物生物合成的影响时发现,pH 在 6.7~7.5 时,抗生素的产量变化不大;高于或低于这个范围,产物的产量就明显下降。当 pH>7.5 时,甲砜霉素的稳定性下降,半衰期缩短,发酵单位也下降。青霉素(在偏酸性的 pH 条件下稳定)在 pH>7.5 的条件下,β-内酰胺环开裂,青霉素就失去抗菌作用,因此青霉素在发酵过程中一定要控制 pH 不能高于7.5,否则发酵得到的青霉素将全部失活。

由于 pH 对菌体生长和产物的合成能产生上述明显的影响,所以在工业发酵中,维持最适 pH 已成为发酵控制的重要目标之一。

二、发酵液 pH 的变化

发酵液 pH 的变化是一系列内因及外因综合作用的结果。在发酵过程中,影响发酵液 pH 变化的主要因素有:菌种遗传特性、培养基的成分和发酵工艺条件。

(一)菌种遗传特性

在产生菌的代谢过程中,菌体本身具有一定的调整 pH 的能力,产生最适 pH 的环境。曾以产利福霉素 SV 的地中海诺卡菌进行发酵研究,采用 pH 6.0、6.8、7.5 三个不同的起始 pH,结果发现 pH 在 6.8、7.5 时,最终发酵 pH 都达到 7.5 左右,菌丝生长和发酵单位都达到正常水平。但起始 pH 为 6.0 时,发酵中期 pH 只达到 4.5,菌体浓度仅为 20%,发酵单位为零。这说明菌体具有一定的自我调节 pH 的能力,但这种调节能力是有一定限度的。

(二)培养基的成分

培养基中营养物质的分解代谢,也是引起 pH 变化的重要原因,发酵所用的碳源种类不同,pH 变化也不一样。如在灰黄霉素发酵中,pH 的变化就与所用碳源种类有密切关系。如以乳糖为碳源,乳糖被缓慢利用,丙酮酸堆积很少,发酵 pH 维持在 6.0~7.0;而以葡萄糖为碳源,丙酮酸迅速积累,使 pH 下降到 3.6,发酵单位很低。此外,随着碳源物质浓度的增加,发酵液的 pH 有逐渐下降的趋势。如在庆大霉素的摇瓶发酵中,观察到随着发酵培养基中淀粉(碳源)浓度的增加,发酵终点的 pH 也逐渐下降,见表 8-3。

表 8-3　庆大霉素发酵培养基中淀粉浓度对终点 pH 的影响

淀粉浓度 /%	终点 pH	淀粉浓度 /%	终点 pH
3.0	8.6	4.5	7.6
3.5	8.2	5.0	7.3
4.0	7.8	5.5	7.0

(三)发酵工艺条件

发酵工艺条件对发酵液的 pH 也能产生显著的影响。如当通气量低,搅拌效果不好时,由于氧化不完全,有机酸积累,会使发酵液的 pH 降低。反之,若通气量过高,大量有机酸被氧化或挥发,则使发酵液的 pH 升高。

综上所述,发酵液的 pH 变化是菌体产酸或产碱等生化代谢反应的综合结果,我们从代谢曲线的 pH 变化就可以推测发酵罐中各种生化反应的进行状况,同时还可以推测 pH 变化异常的可能原因,提出改进意见。在发酵过程中,要选择好发酵培养基的成分及其配比,并控制好发酵工艺条件,才能保证 pH 不会产生明显的波动,维持在最佳的范围内,得到预期的发酵结果。

三、发酵液 pH 的确定与控制

(一)发酵液 pH 的确定

1. 依据不同的发酵阶段,控制不同的 pH　选择并控制好发酵过程中的 pH 是维持菌体的正常生长和取得预期的发酵产量的关键因素之一。微生物发酵的合适 pH 范围一般是在 5~8,如谷氨酸发酵的最适 pH 为 7.5~8.0。但发酵的 pH 又随菌种和产品不同而不同。由于发酵过程是许多酶参与的复杂反应体系,各种酶的最适 pH 也不相同。因此,同一菌种,其生长最适 pH 可能与产物合成的最适 pH 是不一样的。如梭状芽孢杆菌发酵生产初级代谢产物丙酮、丁醇,在 pH 为中性时,菌种生长良好,但产物产量很低。实际发酵的 pH 达到最适 pH,为 5~6 时,代谢产物的产量才达到正常。次级代谢产物抗生素的发酵更是如此,链霉素产生菌生长的最适 pH 为 6.2~7.0,而合成链霉素的最适 pH 为 6.8~7.3。因此,应该按发酵过程的不同阶段分别控制不同的 pH 范围,使产物的产量达到最大。

2. 根据发酵实验的结果确定最适的 pH　最适的 pH 是根据实验结果来确定的。将发酵培养基调节成不同的 pH 进行发酵,在发酵过程中,定时测定和调节 pH,以维持起始的 pH,或者用缓冲液配制培养基以维持一定的 pH,并观察菌体的生长情况,以菌体生长达到最大量的 pH 为菌体生长的最适 pH。以同样的方法,可测得产物合成的最适 pH。

（二）发酵液 pH 的控制

在各种类型的发酵过程中,最适 pH 与微生物生长和产物形成的相互关系有 4 种情况,见图 8-13。第一种情况是菌体的比生长速率(μ)和产物比生产速率(Q_p)的最适 pH 都在一个相似的且较宽的范围内如图 8-13（a）,这种发酵过程易于控制。第二种情况是 μ 的最适 pH 范围很宽,而 Q_p 的最适 pH 范围较窄,如图 8-13（b）所示。第三种情况是 μ 和 Q_p 对 pH 的变化都很敏感,它们的最适 pH 又是相同的,见图 8-13（c）。第四种情况更复杂,μ 和 Q_p 有各自的最适 pH,如图 8-13（d）,此时应分别严格控制各自的最适 pH,才能优化发酵过程。

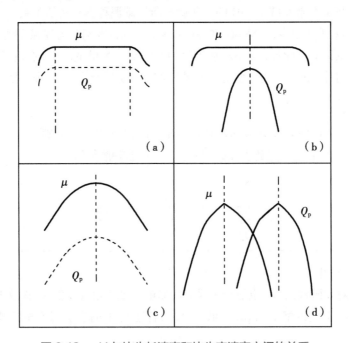

图 8-13　pH 与比生长速率和比生产速率之间的关系

在确定了发酵各个阶段所需要的最适 pH 之后,需要采用各种方法来控制,使发酵过程在预定的 pH 范围内进行。

发酵生产上控制 pH 的方法如下。

1. 调整发酵培养基的组成　首先要调整发酵培养基的基础配方,确保各种成分的配比适当,使发酵过程中的 pH 维持在合适的范围内。培养基中的碳氮比会影响发酵的 pH,当此比例高时,发酵的 pH 就低。生理酸性物质与生理碱性物质的比例也会影响发酵的 pH,如（NH_4）$_2SO_4$、$NaNO_3$ 的含量均对发酵的 pH 有较大的影响。培养基中速效碳源与迟效碳源的比例也影响发酵的 pH,当速效碳源（如葡萄糖）含量多时 pH 就低。

2. 通过补料控制 pH　　在发酵过程中可以通过补料控制发酵的 pH。如补入生理酸性物质如（NH₄）₂SO₄ 或生理碱性物质如氨水,它们不仅可以调节 pH,还可以补充氮源。当发酵的 pH 和氨氮含量都低时,补加氨水,可达到调节 pH 和补充氮源的目的。反之,如果 pH 较高,氮含量又低时,可补加（NH₄）₂SO₄。采用补料的方法可以同时实现补充营养、延长发酵周期、调节 pH 和改变培养液的性质（如黏度）等多个目的。

最成功的例子是青霉素发酵的补料工艺,利用控制葡萄糖的补加速率来控制 pH 的变化,其青霉素产量比用恒定的加糖速率或加酸、加碱来控制 pH 的产量高 25%。实验结果见图 8-14。图中实线是用酸、碱来控制 pH 的（恒速补糖法）,虚线是以控制加糖速率来控制 pH 的（按需补糖法）。两者的加糖量相等,这说明以 pH 作为补糖的依据,采用控制加糖率来控制 pH,正好满足菌体合成代谢的要求,可使产量提高。

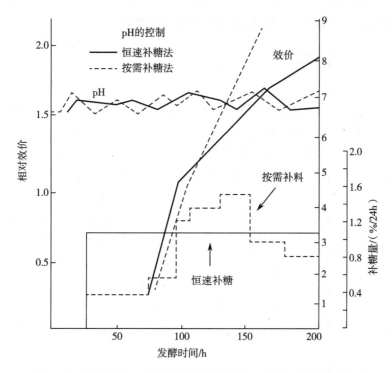

图 8-14　不同补糖方式对青霉素产量的影响（总补糖量均为 9%）

3. 在发酵培养基中加入 pH 缓冲剂　　某些培养基成分具有 pH 缓冲作用,如碳酸钙。碳酸钙可与发酵液中的氢离子结合,变成碳酸,碳酸在碱性的 pH 条件下,可分解为二氧化碳和水。二氧化碳可逸出发酵液,随废气排出。从而起到缓冲酸性物质的作用。此外,培养基中的磷酸二氢钾和磷酸氢二钾也是一对缓冲物质,对稳定发酵 pH 起着重要的作用。

4. 通过改变发酵条件控制 pH　　在发酵培养基中油脂用量较大的情况下,还可采用提高空气流量来加速脂肪酸的氧化,以减少由于油脂分解产生大量脂肪酸引起的 pH 降低。

5. 直接补加酸、碱调节 pH　　用上述方法调节 pH 的能力是有限的,如果达不到要求,就可在发酵过程中直接补加酸、碱来调节 pH。

第九节　溶解氧的影响及控制

目前,发酵产品主要是由需氧微生物和厌氧微生物产生的,其中大多数发酵产品是由需氧微生物产生的。在需氧菌的发酵过程中必须连续不断地向发酵液中通入无菌空气。空气中的氧经过微生物

的呼吸作用,在微生物体内进行物质代谢和能量代谢。葡萄糖在微生物体内的有氧氧化可表示为:

$$C_6H_{12}O_6 + 6O_2 \longrightarrow 6H_2O + 6CO_2 + 能量$$

这表明 1mol(180g)葡萄糖完全氧化需要 6mol(192g)的氧。微生物只能利用溶解在水中的葡萄糖和氧。葡萄糖在水中的最大溶解度可达 70%(W/V)左右。而氧难溶于水,在标准大气压和 25℃ 的条件下,发酵液中氧的饱和溶解度约为 0.2mmol/L(折合 6.4mg/L)。由此可看出,在微生物的能量代谢活动中,氧的供给是十分重要的。如果发酵过程中微生物的需氧量按 20~50mmol/(L·h)计算,培养液中的溶解氧只能维持菌体正常生命活动 20~50 秒,若不继续向发酵液中连续供给氧气,菌体的呼吸就会受到强烈抑制。因此,如何迅速不间断地补充发酵液中的溶解氧,保证菌体的正常代谢活动,是需氧发酵中要解决的重点问题。

在各种代谢产物的发酵过程中,随着生产能力的不断提高,微生物的需氧量亦不断增加,对发酵设备供氧能力的要求越来越高。溶解氧浓度已成为发酵生产中提高生产能力的限制因素。所以,处理好发酵过程中供氧和需氧的关系,是研究最佳发酵工艺条件的关键。

一、发酵过程中氧的需求

(一)微生物对氧的需求

在发酵过程中,微生物对氧的需求量即耗氧量,可用两个物理量表示。

1. 摄氧率(r)　即单位体积发酵液每小时消耗氧的量,单位为 mmol/(L·h)。

2. 呼吸强度(Q_{O_2})　即单位重量的菌体(折干)每小时消耗氧的量,单位为 mmol/(g·h),两个物理量的关系为:$r = Q_{O_2} \cdot X$,其中 X 为发酵液中菌体浓度,单位为 g(干菌体)/L。

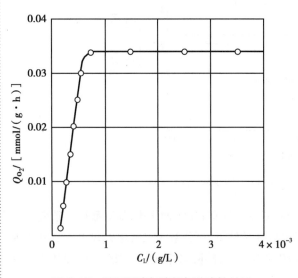

图 8-15　呼吸强度与溶解氧浓度的关系

3. 呼吸临界氧浓度　微生物的呼吸强度(亦称氧比消耗速率)受多种因素的影响,其中发酵液中的溶解氧浓度(C_L)对呼吸强度的影响如图 8-15 所示。从图中可以看出:在溶解氧浓度低时,呼吸强度随溶解氧浓度的增加而增加,当溶解氧浓度达到某一值后,呼吸强度不再随溶解氧浓度的增加而发生变化,我们把此时的溶解氧浓度称为呼吸临界氧浓度,以 $C_{临界}$ 表示。

影响微生物呼吸临界氧浓度的主要因素如下。

(1)微生物的种类与培养温度。不同微生物在不同培养温度的环境中,呼吸临界氧浓度有所不同,如表 8-4 所示。

表 8-4　某些微生物的培养温度与呼吸临界氧浓度

微生物	培养温度 /℃	呼吸临界氧浓度 /(mmol/L)
大肠埃希菌	37	0.008 2
	15	0.003 1
酵母菌	35	0.004 6
	20	0.003 7
产黄青霉	30	0.009
	24	0.022

（2）微生物的生长阶段。次级代谢产物的发酵过程,可分为菌体生长阶段和产物合成阶段,这两个阶段的呼吸临界氧浓度分别以 $C_{长临}$ 和 $C_{合临}$ 表示,由于菌种的生理学特性不同,两者表现出不同关系,一般有 3 种:①$C_{长临}$ 和 $C_{合临}$ 大致相同;②$C_{长临}$ 大于 $C_{合临}$,如卷曲霉素(capreomycin)发酵过程中,$C_{长临}$ 为 12%,而 $C_{合临}$ 为 8%;③$C_{长临}$ 小于 $C_{合临}$,如头孢菌素 C 发酵过程中,$C_{长临}$ 为 5%,而 $C_{合临}$ 为 10%~20%。已知多数菌种的发酵中,$C_{长临}$ 大于 $C_{合临}$。

（二）氧在液体中的溶解特性

1. 溶解氧饱和度(C^*)　氧溶解于水的过程是气体分子的扩散过程。气体与液体相接触,气体分子就会溶解于液体之中,经过一定时间的接触,气体分子在气液两相中的浓度就会达到动态平衡。若外界条件如温度、压力等不再变化,气体在液相中的浓度就不再随时间而变化,此时的浓度即为该条件下气体在溶液中的饱和浓度。溶解氧饱和度(C^*)的单位可用 mmol/L 或 mg/L 表示。

2. 影响溶解氧饱和度的因素　影响溶解氧饱和度的主要因素如下。

（1）温度:随温度的升高,气体分子的运动加快,溶液中的氧饱和浓度下降,见表 8-5。如表所示:纯氧在 1 个标准大气压,25℃时,在纯水中的饱和度 C^*=1.26mmol/L,如表 8-5。

表 8-5　1 个标准大气压下,纯氧在纯水中的溶解氧饱和度

温度 /℃	0	10	15	20	25	30	35	40
O$_2$ 溶解度 /(mmol/L)	2.18	1.70	1.54	1.38	1.26	1.16	1.09	1.03

（2）溶液的性质:一种气体在不同溶液中的溶解程度是不同的,同一种溶液由于其溶质含量不同,溶解氧饱和度也不同。一般而言,溶质含量越高,溶解氧饱和度就越小,见表 8-6。

表 8-6　25℃及 1 个标准大气压下,纯氧在不同溶液中的溶解氧饱和度

溶液浓度 /(mol/L)	HCl 溶液 /(mmol/L)	H$_2$SO$_4$ 溶液 /(mmol/L)	NaCl 溶液 /(mmol/L)	纯水 /(mmol/L)
0.1	1.21	1.21	1.07	
1.0	1.16	1.12	0.89	1.26
2.0	1.12	1.02	0.71	

（3）氧分压:在系统总压力小于 0.5MPa 的情况下,氧在溶液中的溶解氧饱和度只与氧的分压成直线关系,可用亨利(Henry)公式表示:

$$C^* = 1/H \cdot P_{O_2} \qquad\qquad 式（8-1）$$

式(8-1)中,C^* 为与气相 P_{O_2} 达到平衡时溶液中的氧浓度,mmol/L;P_{O_2} 为氧分压,MPa;H 为 Henry 常数(与溶液性质、温度等有关),MPa·L/mmol。

气相中氧分压增加,溶液中溶解氧浓度亦随之增加。

（三）影响微生物需氧量的因素

影响微生物需氧量的因素很多,归纳起来主要有菌种的生理特性、培养基组成、培养液中溶解氧浓度、培养条件、二氧化碳浓度等。

1. 菌种的生理特性　主要体现在微生物的种类和生长阶段。微生物的种类不同,其生理特性不同,代谢活动中的需氧量也不同。例如:需氧菌和兼性厌氧菌的需氧量明显不同;同样是需氧菌,细菌、放线菌和真菌的需氧量也不同,见表 8-7。

表 8-7　某些微生物的呼吸强度 Q_{O_2}　　　　　　　单位: mmol/(g·h)

微生物	呼吸强度 Q_{O_2}	微生物	呼吸强度 Q_{O_2}
黑曲霉	3.0	产气克雷伯菌	4.0
灰色链霉菌	3.0	啤酒酵母	8.0
产黄青霉	3.9	大肠埃希菌	10.8

　　一般来说,微生物的细胞结构越简单,其生长速度就越快,单位时间内消耗的氧就越多。从菌体的生理阶段看:同一种微生物的不同生长阶段,其需氧量也不同。在延迟期,由于菌体代谢不活跃,需氧量较低;进入对数生长期,菌体代谢旺盛,呼吸强度高,需氧量随之增加;到了稳定期,需氧量不再增加。

　　从菌体的生产阶段看:菌体生长阶段的摄氧率大于产物合成期的摄氧率。因此培养液的摄氧率达到最高值时,可以认为培养液中菌体浓度也达到了最大值。

　　2. 培养基组成　微生物对不同营养物质的利用情况不同,因而培养基的组成对产生菌菌种的代谢及需氧量有显著的影响。培养基中碳源的种类和浓度对微生物的需氧量的影响尤为显著,见表 8-8。一般而言,在一定范围内,需氧量随碳源浓度的增加而增加,这是因为碳源物质的分解利用与氧化过程密切相关。碳源物质经过有氧氧化形成 CO_2、水、能量。

表 8-8　各种碳源对点青霉摄氧率的影响　　　　　　　　单位: %

碳源	摄氧率的增加率	碳源	摄氧率的增加率	碳源	摄氧率的增加率
葡萄糖	130	糊精	60	乳糖	30
麦芽糖	115	乳酸钙	55	木糖	30
半乳糖	115	蔗糖	45	鼠李糖	30
纤维糖	110	甘油	40	阿拉伯糖	20
甘露糖	80	果糖	40		

注:表中数值为相较内源呼吸增加的百分数。

　　在补料分批发酵过程中,菌种的需氧量随补入的碳源浓度而变化,一般补料后,摄氧率均有不同程度的增大。容易被微生物分解利用的碳源消耗的氧就比较多;不容易被微生物分解利用的碳源消耗的氧就比较少(取决于微生物体内分解该物质的酶活力的大小)。

　　除了碳源物质会直接影响摄氧率外,其他培养基成分,如磷酸盐、氮源也对微生物的摄氧率有一定的影响。

　　3. 培养液中溶解氧浓度　微生物的需氧量还受发酵液中溶解氧浓度的影响。当培养液中的溶解氧浓度 C_L 高于菌体的 $C_{长临}$ 时,菌体的呼吸就不受影响,菌体的各种代谢活动不受干扰;如果培养液中的 C_L 低于 $C_{长临}$ 时,菌体的多种生化代谢就要受到影响,严重时会产生不可逆的抑制菌体生长和产物合成的现象。

　　4. 培养条件　研究结果表明,微生物呼吸强度的临界值除受培养基组成的影响外,还与培养液的 pH、温度等培养条件相关。一般而言,温度越高,营养成分越丰富,其呼吸强度的临界值也相应地增大。当 pH 为最适 pH 时,微生物的需氧量也最大。

　　5. 二氧化碳浓度　在发酵过程中,微生物在吸收氧气的同时,也呼出 CO_2 废气,它的生成与菌体的呼吸作用密切相关。已知在相同压力下,CO_2 在水中的溶解度是氧溶解度的 30 倍。因而在发酵过程中如不及时将培养液中的 CO_2 从发酵液中除去,势必会影响菌体的呼吸,进而影响菌体的代谢活动。这是由于氧气和 CO_2 的运输都是靠胞内外浓度差进行的被动扩散,由浓度高的地方向浓度低的地方扩散,发酵培养基中积累的 CO_2 如果不能及时地排出,就会影响菌体的呼吸。如混有酵母菌的葡萄糖培养液,当通入不同浓度的 O_2 时,其产生的酒精和 CO_2 的量如图 8-16 所示。a 点时,酒精产生量

与 CO_2 释放量相等,说明此时只进行无氧呼吸。氧浓度为 b、c 时,酵母菌既进行有氧呼吸,又进行无氧呼吸;氧浓度为 d 时,酵母菌只进行有氧呼吸。

二、氧在溶液中的传递

(一)氧传递的过程与阻力

在需氧发酵过程中,气态氧必须先溶解于发酵液中,然后才可能传递至细胞表面,再经过简单的扩散作用进入细胞内,参与菌体内的生物化学反应。氧的这一系列传递过程需要克服供氧和需氧方面的各种阻力才能完成。供氧和需氧方面的各项阻力如图 8-17 所示。

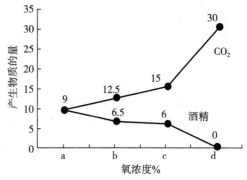

图 8-16 氧浓度对呼吸作用的影响

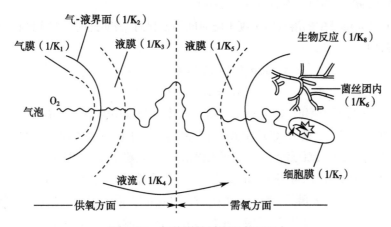

图 8-17 氧传递的过程及各项阻力

供氧方面的阻力有:

$1/K_1$:气体主流与气 - 液界面间的气膜阻力。

$1/K_2$:气 - 液界面阻力。

$1/K_3$:从气 - 液界面至液体主流间的液膜阻力。

$1/K_4$:液体主流中的传递阻力。

需氧方面的阻力有:

$1/K_5$:细胞表面上的液膜阻力。

$1/K_6$:菌丝丛(或菌丝团)内的传递阻力。

$1/K_7$:细胞膜阻力。

$1/K_8$:细胞呼吸酶与氧反应的阻力。

由于氧很难溶解于水,所以供氧方面的液膜阻力($1/K_3$)是氧溶于水时的限制因素。需氧方面,经实验和计算证实,细胞壁上与液体主流中氧的浓度差很小,即 $1/K_5$ 很小;而菌丝丛(或菌丝团)的传递阻力($1/K_6$)对菌丝体的摄氧能力有显著影响。细胞膜阻力($1/K_7$)和细胞呼吸酶与氧反应的阻力($1/K_8$)主要与菌种的遗传特性有关。

氧在上述的传递过程中要克服的总阻力等于上述的各项阻力之和,即:

$$R = 1/K_1 + 1/K_2 + \cdots + 1/K_8 \qquad \text{式(8-2)}$$

当总推动力为 ΔC 时,传氧速率为:

$$N = \Delta C/R = \Delta C_1/(1/K_1) = \Delta C_2/(1/K_2) = \cdots = \Delta C_8/(1/K_8) \qquad \text{式(8-3)}$$

式(8-3)中,N 为传氧速率,$mmol/(L \cdot h)$;ΔC_1,ΔC_2,……ΔC_8 分别为各传递阶段的氧浓度之差。

（二）氧传递方程式

微生物发酵过程中,通入发酵罐内的氧不断溶解到培养液中,以供菌体细胞代谢之用。这种由气态氧转变成溶解态氧的过程与液体吸收气体的过程相同,所以可用描述气体溶解于液体的双膜理论中的传质公式表示:

$$N = K_L a \cdot (C^* - C_L) \qquad\qquad 式（8-4）$$

式（8-4）中, N 为传氧速率, mmol/(L·h) ; C^* 为溶液中溶解氧饱和度, mmol/L ; C_L 为溶液中的溶解氧浓度, mmol/L ; K_L 为以浓度差为推动力的氧传质系数, m/h ; a 为比表面积（单位体积溶液中所含有的气液接触面积 m^2/m^3 ）,因为很难测定,所以将 $K_L a$ 当成一项,称为液相体积氧传递系数, h^{-1} 。

当发酵液中的溶解氧浓度不是菌体生长和产物合成的限制因素时,其摄氧速率为:

$$N = Q_{O_2} \cdot X = r \qquad\qquad 式（8-5）$$

式（8-5）中, N 为摄氧速率, mmol/(L·h) ; Q_{O_2} 为氧的比消耗速率（呼吸强度）, mmol/(g·h) ; X 为培养液中的菌体浓度, g/L ; r 为摄氧率, mmol/(L·h) 。

发酵过程中,当发酵液中的溶解氧浓度不随时间而变化时,表明此时发酵系统的供氧量与耗氧量达到了平衡状态,即:

$$K_L a \cdot (C^* - C_L) = Q_{O_2} \cdot X = r \qquad\qquad 式（8-6）$$

$$K_L a = r / (C^* - C_L) \qquad\qquad 式（8-7）$$

若传氧速率大于摄氧速率时,即 $K_L a (C^* - C_L) > r$,则发酵液中的溶解氧浓度 C_L 随发酵时间的延长而逐渐增加,直至发酵液中的 C_L 趋近于 C^* ；若传氧速率小于摄氧速率,即 $K_L a (C^* - C_L) < r$,则发酵液中的 C_L 随发酵时间的延长而逐渐下降,直至发酵液中的 C_L 趋于零；当微生物的摄氧率不变时, $K_L a$ 越大,发酵液中的 C_L 越高,所以可用 $K_L a$ 的变化来衡量发酵罐的通气效率。实验用的摇瓶,其 $K_L a$ 值为 $10\sim100\text{h}^{-1}$ ；带搅拌装置的发酵罐,其 $K_L a$ 值为 $200\sim1\,000\text{h}^{-1}$ 。以上数据是在非生产状态下用亚硫酸钠法测定的,在实际生产中,液相体积氧传递系数 $K_L a$ 只有上述数值的 $1/5\sim1/3$ 。

三、影响供氧的因素

由于影响发酵过程中供氧的主要因素有氧传递推动力（ $C^* - C_L$ ）和液相体积氧传递系数 $K_L a$,因此,若能改变这两个因素,就能改变供氧能力。下文将对可以改变这两个因素的主要途径进行介绍。

（一）影响氧传递推动力的因素

要想增加氧传递的推动力（ $C^* - C_L$ ）,就必须设法提高 C^* ,或降低 C_L 。

1. 提高溶解氧饱和度 C^* 的方法　本节第一部分曾讲过影响氧在溶液中饱和浓度的因素有温度、溶液的组成、氧分压等。根据这一规律,如果要提高溶解氧饱和度 C^* ,可以从以下几个方面着手。

（1）降低发酵的培养温度:通过降低发酵的培养温度,可以提高 C^* 。但一般情况下,对于一定发酵产物的工业化发酵生产过程,发酵温度已经确定,再降低温度的可能性很小。

（2）增加氧的分压:提高氧的分压有 2 种方式,一是提高发酵罐的罐压,二是向发酵液中通入纯氧气。

提高罐压会减小气泡体积,减少气 - 液接触面积,影响传氧速率,降低氧的溶解度,影响菌体的呼吸强度,同时增加设备的耐压负担。

通入纯氧能显著提高 C^* ,但此种方法既不经济又不安全,同时易出现微生物的氧中毒现象。

（3）改变发酵液的性质:不同的溶液其溶解氧饱和度不同,同一种溶液溶解氧饱和度也会随其溶质含量的不同而不同,溶质含量越高,氧的饱和浓度越低。

减少发酵液中的溶质含量,降低发酵液的黏度,也可以提高发酵液中的溶解氧饱和度。虽然发酵培养基的组成是依据产生菌菌种的生理特性和生物合成代谢产物的需要确定的,不能随意改动,但在发酵的中后期,由于发酵液黏度太大,显著影响了氧气的传递,此时若能降低发酵液的黏度可显著改善供氧的效率,显著提高代谢产物的产量。在庆大霉素的发酵中,针对发酵中后期发酵液过于黏稠的现象,补入发酵液体积 5% 的无菌水,既改善了溶解氧的状况,明显提高了发酵单位,又增加了放罐体积,增加了发酵产量。

2. 降低发酵液中溶解氧溶度 C_L 的方法　降低发酵液中的 C_L,可在溶解氧饱和度 C^* 不变的情况下,提高氧传递的推动力 ΔC($\Delta C = C^* - C_L$)。降低 C_L 可采取减少通气量或降低搅拌转速等方式来实现。但是,发酵液中的 C_L 不能低于 $C_{临界}$,否则就会影响微生物的呼吸。目前在实际发酵生产中,为了增加发酵的产量,采用的较为普遍的方式是增加菌体浓度。在菌体浓度高的情况下,由于摄氧率高,发酵液黏度大,实际的溶解氧已经接近 $C_{临界}$,如果再降低 C_L,则会影响菌体的正常呼吸,造成菌体的缺氧,给生产造成不利的影响。因此在实际生产中,降低发酵液中的 C_L,在一般情况下是不可取的。

（二）影响液相体积氧传递系数 $K_L a$ 的因素

影响 $K_L a$ 的主要因素有搅拌功率、空气流速、发酵液的物理性质、泡沫状态、空气分布器形式和发酵罐结构等。

$K_L a$ 与搅拌功率、空气流速、发酵液理化性质等因素之间的关系,可用下述的经验公式表示:

$$K_L a = K\left[(P/V)^{\alpha} \cdot (V_s)^{\beta} \cdot (\eta_{app})^{-\omega}\right] \qquad 式（8-8）$$

式（8-8）中,P/V 为单位体积发酵液实际消耗的功率（指通气情况下）,kW/m³;V_s 为罐体垂直方向的空气直线速度,m/h;η_{app} 为发酵液表观黏度,Pa·s;α, β, $-\omega$ 为指数,与搅拌器和空气分布器的形式等有关,一般通过实验测定。K 为经验常数。

1. 搅拌功率

（1）搅拌的作用有:①使发酵罐内的温度和营养物质浓度达到均一,使组成发酵液的三相系统充分混合;②把引入发酵液中的空气分散成小气泡,增加气 - 液间的传质面积,提高 $K_L a$ 值;③增强发酵液的湍流程度,降低气泡周围的液膜厚度和流体扩散阻力,从而提高传氧速率;④减少菌丝结团,降低菌丝丛内部扩散阻力和菌丝丛周围的液膜阻力;⑤延长空气气泡在发酵罐中的停留时间,增加氧的溶解量。

应指出的是,如果搅拌速度过快,由于剪切速度增大,菌丝体会受到损伤,影响菌丝体的正常代谢,同时还浪费能源。

（2）影响搅拌功率的因素:当流体处于湍流状态时,单位体积发酵液所消耗的搅拌功率才能作为衡量搅拌程度的可靠指标。实验测得式（8-8）中的指数 α 的值为 0.75~1.0。在搅拌情况下,当发酵液达到完全湍流（即雷诺准数 $R_e > 10^5$）时,其搅拌功率 P 为:

$$P = K \cdot d^5 \cdot n^3 \cdot \rho \qquad 式（8-9）$$

式（8-9）中,d 为搅拌器直径,m;n 为搅拌器转速,r/min;ρ 为发酵液密度,kg/m³;P 为搅拌功率,kW;K 为经验常数,随搅拌器形式而改变,一般由实验测定。

式（8-9）是在完全湍流条件下的搅拌功率计算式,当发酵液通入空气后,由于气泡的作用降低了发酵液的密度和表观黏度,所以通气情况下的搅拌功率仅为不通气时所消耗功率的 30%~60%。

2. 空气流速

（1）空气流速对 $K_L a$ 的影响:从式（8-8）看出,$K_L a$ 随空气流速的增加而增加,指数 β 为0.4~0.72,随搅拌器的形式而异。当空气流速增加时,由于发酵液中的空气增多、密度下降,搅拌功率也随之下降。但当空气流速过大时,搅拌器就会出现"气泛"现象。"气泛"现象指的是在特定条件下,通入发酵罐内的空气流速达某一值时,使搅拌功率下降,当空气流速再增加时,搅拌功率不再下降,此时的空气流速称为"气泛点"（flooding point）,此时 $K_L a$ 也不再增加。

带搅拌器的发酵罐的气泛点,主要与搅拌桨叶的形状、搅拌器的直径和转速、空气线速度等有关。无圆盘的搅拌器或桨叶搅拌器容易产生气泛现象,例如,平桨搅拌器在空气流速为 21m/h 时就会发生气泛现象。

对一定设备而言,空气流速与空气流量成正比,空气流量的改变必然引起空气流速的变化。已知空气流速的变化会引起液相体积氧传递系数 K_La 的改变,当空气流速达气泛点时,K_La 不再增加,如图 8-18 所示。所以,在发酵过程中应控制空气流速(或流量),使搅拌轴附近液面没有大的气泡逸出。

(2)搅拌功率与空气流速对 K_La 作用的比较:虽然搅拌功率与空气流速都影响 K_La,但实验测出搅拌功率对发酵产量的影响远大于空气流速。从图 8-19 青霉素发酵中测得的结果可以看出,

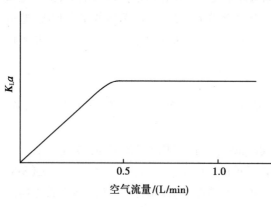

图 8-18　空气流量对 K_La 的影响

空气流速大(22m/h)而搅拌转速低(190r/min)时,青霉素的产率显著下降,而在搅拌转速较高(560r/min)时,即使空气流速降低(降至3.6m/h),青霉素产率也无显著变化。高的搅拌转速,不仅能使通入罐内的空气得以充分地分散,增加气-液接触面积,而且还可以延长空气在罐内的停留时间。空气流速过大,不利于空气在罐内的分散与停留,同时还会导致发酵液浓缩,影响氧的传递。但空气流速如果过低,因代谢产生的废气不能及时排出等,也会影响氧的传递。

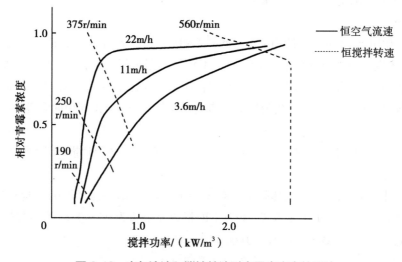

图 8-19　空气流速和搅拌转速对青霉素产率的影响

因此,提高搅拌功率,适当降低空气流速,是提高发酵罐供氧能力的有效方法。

3. 发酵液的物理性质　由式(8-8)可以看出,K_La 与发酵液的表观黏度 η_{app} 成反比,说明发酵液的黏度是影响 K_La 的主要因素之一。发酵液是由营养物质、生长的菌体细胞和代谢产物组成的。微生物的生长和多种代谢作用使发酵液的组成不断地发生变化,营养物质的消耗、菌体浓度、菌丝形态和某些代谢产物的合成都能引起发酵液黏度的变化。

发酵过程中菌体的浓度和形态对黏度有较大的影响,因而影响氧的传递。细菌和酵母菌发酵时,发酵液黏度低,对氧传递的影响较小。霉菌和放线菌发酵时,随着菌体浓度的增加,发酵液的黏度也增加,对氧的传递有较大影响,见图 8-20。

4. 泡沫状态　在发酵过程中,由于通气和搅拌的作用,发酵液出现泡沫。在黏稠的发酵液中形成的流态泡沫比较难以消除,影响气体的交换和传递。如果搅拌叶轮处于泡沫的包围之中,也会影响气体与液体的混合,降低传氧速率。

5. 空气分布器形式和发酵罐结构　在需氧发酵中,除了搅拌可以将空气分散成小气泡外,还可用鼓泡器来分散空气,提高通气效率。试验表明,当空气流量增加到一定值时,有无鼓泡器对空气的混合效果无明显的影响。此时,空气流量较大,造成发酵液的翻动和湍流,对空气起到了很好的分散作用。鼓泡器只是在空气流速较低的时候对空气起到一定的分散作用。此外,发酵罐的结构,特别是发酵罐的高与直径的比值,对氧的吸收和传递有较大的影响。

四、溶解氧浓度、摄氧率和液相体积氧传递系数的测定

为了随时了解发酵过程中的供氧、需氧情况和判断设备的供氧效果,需要经常测定发酵液中的溶解氧浓度、摄氧率和液相体积氧传递系数 K_La,以便有效地控制发酵过程,为实现发酵过程的自动化控制创造条件。

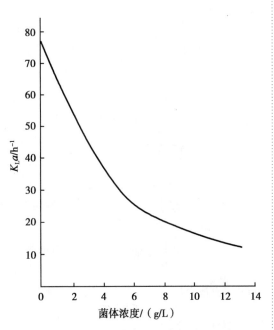

图 8-20　青霉素发酵液菌体浓度与 K_La 的关系

(一)溶解氧浓度的测定

1. 溶氧电极　测定发酵液中溶解氧浓度的方法有几种,最早采用的是亚硫酸钠测定法。亚硫酸钠作为还原剂可与发酵液中的溶解氧发生定量的氧化还原反应,根据消耗亚硫酸钠的量可以计算出溶解氧的量。但由于测定方法是离线测定,发酵液被取出后,发酵罐内的发酵液在溶解氧的含量上发生了显著的变化,因此这种方法误差很大,不能实时反映发酵罐内溶解氧的实际浓度。

近年来,溶氧电极制造技术不断成熟,现在常用的是覆膜氧电极。电极的阴极是银或铂等贵金属,阳极是锡或铅等活泼的金属,醋酸缓冲液为电解质。覆膜溶氧电极已被普遍用来测定发酵液中的溶解氧浓度。目前,经过不断地改进,覆膜溶氧电极已经能够耐受较长时间的高温灭菌,其耐用性和准确度都达到了令人满意的程度,图 8-21 为常见的溶氧电极。

覆膜溶氧电极主要由两个电极、电解质和一张能透气的塑料薄膜构成。目前使用的覆膜溶氧电

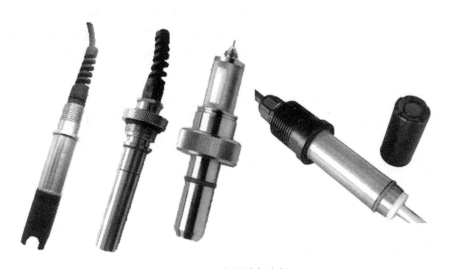

图 8-21　各种溶氧电极

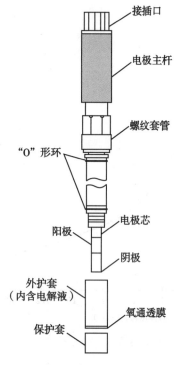

图 8-22　原电池型溶氧电极的
结构示意图

（接插口、电极主杆、螺纹套管、"O"形环、阳极、电极芯、阴极、外护套（内含电解液）、氧通透膜、保护套）

极有极谱型和原电池型 2 种。

极谱型溶氧电极需要外界加给一定的电压才能工作,电极采用贵重金属（如银）制成,其电解质为 KCl 溶液。当接上外接电源时,银表面生成氧化银覆盖层,组成银 - 氧化银参比电极。

原电池型溶氧电极的阴极由贵重金属铂制成;阳极为铅电极。两极之间充满乙酸盐电解液,组成原电池,见图 8-22。

在阴极（Pt）上发生的反应为: $1/2 O_2 + H_2O + 2e^- \longrightarrow 2OH^-$

在阳极（Pb）上发生的反应为: $Pb + 2HAc \longrightarrow Pb(Ac)_2 + 2H^+ + 2e^-$

2. 溶氧电极的标定　测定之前首先需要对溶氧电极进行标定,标定的过程如下。

（1）测定饱和电流值:纯水在一定温度和标准大气压下,其溶解氧饱和度为一定数值,因此可以用纯水的溶解氧浓度对电极进行标定。例如:将溶氧电极插入与标准大气压空气平衡的 25℃纯水中,此时的溶解氧浓度应该是 $C^* = 0.26$ mmol/L,测得此时的电流值 i 为 $i_饱$,如果指示的不是该数值,则需要进行校正。

（2）残余电流值的测定:将饱和亚硫酸钠溶液中的溶解氧浓度看作 0,将电极插入该饱和溶液中,测得此时的电流值 i 为 $i_残$,其代表的是当溶解氧浓度等于 0 时的残余电流。

（3）溶氧电极的标定:根据以上测定结果,可求得此溶氧电极的单位电流值所代表的溶解氧浓度,表示如下:

$$单位电流值所代表的溶解氧浓度 = (C^* - 0)/(i_饱 - i_残) = C^*/(i_饱 - i_残) \qquad 式（8-10）$$

式（8-10）中,C^* 为饱和溶解氧浓度,mmol/L;$i_饱$ 为在饱和溶解氧浓度时的电流值;$i_残$ 为残余电流,即溶解氧浓度为零时的电流值。

3. 溶解氧的测定　将溶氧电极插入发酵液中,测得电流值 $i_测$,此时的溶解氧浓度可由下面公式计算:

$$溶解氧浓度 \; C_L = i_测 \times C^*/(i_饱 - i_残) \qquad 式（8-11）$$

按照上述方法测得的是溶解氧浓度的绝对值,其单位是 mmol/L。在发酵过程中,溶氧电极始终插在发酵液中,可以随时观测到溶解氧浓度的变化。

4. 相对溶解氧浓度　然而,在实际发酵生产中,常常采用相对溶解氧浓度来表示。将标定后的电极插入发酵罐中,向发酵罐内装入发酵培养基后进行高温灭菌,当温度降至培养温度且未接种时,观测此时的电流值,并将此电流值所代表的相对溶解氧浓度定为 100%。接种后溶解氧浓度逐渐降低,发酵过程中溶氧电极所指示的溶解氧浓度即为相对溶解氧浓度,以百分数表示。

（二）摄氧率的测定

摄氧率的测定可根据被测对象的不同分为停气测定法和不停气测定法。

1. 停气测定法　停气测定法一般用于实验发酵罐中摄氧率的测定,其优点是只用一个溶氧电极,既可测定溶解氧浓度,又可测定摄氧率。缺点是在发酵过程中需要停止通气,影响正常的发酵过程。停气测定摄氧率的过程如下。

（1）先测定溶解氧浓度,记录此时的电流值 i_1。

（2）关闭通气阀门,记下时间 t_1,仍保持搅拌;从罐的顶部通入氮气,将罐内的空气排出发酵罐。此时由于菌体耗氧,培养液中的溶解氧浓度不断下降,仪表所指示的电流值也不断降低。

（3）当溶氧电极的电流值下降至最低点时,记下此时的时间 t_2 和此时的电流值 i_2。

（4）求得 $\Delta t = t_2 - t_1$, $\Delta i = i_2 - i_1$

$$摄氧率 = C^* / (i_饱 - i_残) \times (-\Delta i / \Delta t) \qquad 式（8-12）$$

式（8-12）中，Δt 为停止供气后溶解氧浓度下降至最低点所用的时间，h；Δi 为在 Δt 时间内电流的变化值。

计算后得到的是单位时间内溶解氧浓度的变化值，即每小时单位体积发酵液所消耗氧的量，与摄氧率的定义一致，单位为 mmol/（L·h）。

2. **不停气测定法**　停气测定法适用于实验发酵罐的摄氧率测定，而对于工业规模的发酵生产，因为不能停气进行测定，而需要采用不停气测定法。

不停气测定法需要采用顺磁式氧分析仪测定发酵罐尾气中的氧气含量，同时还需要测定通入发酵罐的空气流量。其公式为：

$$摄氧率 = (V_1 - V_2) \div V \qquad 式（8-13）$$

V_1 为单位时间内通入发酵罐中氧气的量；V_2 为单位时间由发酵罐排出氧气的量；V 为发酵液的体积。

（三）液相体积氧传递系数 $K_L a$ 的测定

根据公式 $K_L a = r / (C^* - C_L)$ 可知，如果求得了摄氧率 r 和溶解氧浓度 C_L，就可以求得液相体积氧传递系数 $K_L a$。

但需要注意的是，式中的 C^* 指的是发酵液中的饱和溶解氧浓度，当发酵罐中空气的实际压力为 $1.3 kg/cm^2$ 时，需要将 1 个标准大气压下的 C^*（在 1 个标准大气压、常温下发酵液中的 C^* 定为 0.2 mmol/L，1 个标准大气压 $=1.013 kg/cm^2 \approx 1 kg/cm^2$）折算成在 $1.3 kg/cm^2$ 压力下的 C^*，故此时的 $C^* = 0.2 \times (1+0.3) = 0.26$（mmol/L）。

此外，需要将相对溶解氧浓度 $C_L = 25\%$ 换算成实际的溶解氧浓度。实际溶解氧浓度与饱和溶解氧浓度之比称为相对溶解氧浓度。故实际溶解氧浓度 $C_L = C^* \times 0.25 = 0.26 \times 0.25 = 0.065$（mmol/L）。将 C_L 代入以下公式，即可求得 $K_L a$。

因此，$K_L a = r / (C^* - C_L) = 32.2 / (0.26 - 0.065) = 165 h^{-1}$

五、溶解氧的控制

工业发酵所用的微生物多数为需氧菌，少数为厌氧菌或兼性厌氧菌。对于需氧菌的发酵过程，发酵液中溶解氧浓度是重要的控制参数之一。氧在水中的溶解度很小，所以需要不断通气和搅拌，才能满足微生物对溶解氧的要求。发酵液中溶解氧浓度的高低对菌体生长、产物的合成以及产物的性质都会产生不同的影响。如谷氨酸发酵，供氧不足时，谷氨酸积累就会明显降低，产生大量乳酸和琥珀酸；又如薛氏丙酸杆菌（propionibacterium shermanii）发酵生产维生素 B_{12} 时，维生素 B_{12} 的组成部分钴啉醇酰胺（cobinamide，又称 B 因子）生物合成前期的 2 种主要酶就受到氧的阻遏作用，限制氧的供给，才能积累大量的 B 因子。B 因子又需在供氧的条件下才能转变成维生素 B_{12}。因而采用厌氧和供氧相结合的方法，有利于维生素 B_{12} 的合成。在天冬酰胺酶的发酵中，前期是好气培养，而后期转为厌气培养，酶的活力就能显著提高，掌握好转变时机，颇为重要。据实验研究，当溶解氧浓度下降到 45%（相对饱和度）时，就从好气培养转为厌气培养，酶的活力可提高 6 倍。这就说明了控制溶解氧的重要性。对于抗生素发酵来说，氧的供给就更为重要。如金霉素发酵，在菌体生长期短时间停止通气，就可能影响菌体在生产期的糖代谢，使其由 HMP 途径转向 EMP 途径，导致合成的金霉素产量减少。金霉素 C_6 上的氧直接来源于溶解氧，所以溶解氧水平对菌体代谢和产物合成都有重要的影响。

如上所述，需氧发酵并不是溶解氧越高越好。适当高的溶解氧水平有利于菌体生长和产物合成；但溶解氧浓度太高有时反而抑制产物的合成。因此，为了正确控制溶解氧浓度，有必要考察每一种发酵产物的临界溶解氧浓度和最适溶解氧浓度，并使发酵过程保持在最适溶解氧浓度。最适溶解氧浓度的高低与菌种特性和产物合成的途径有关。据报道,产黄青霉菌的青霉素发酵,其临界溶解氧浓度在 5%~10%,低于临界溶解氧浓度就会对青霉素合成带来不可逆的损失,时间越长,损失越大。而初级代谢的氨基酸发酵,需氧量的大小与氨基酸的合成途径密切相关。不同氨基酸的相对产量与氧满足程度之间的相关性见图 8-23。

由图 8-23 可知,它们在供氧充足的条件下,L-谷氨酸,L-赖氨酸产量达到最大,而 L-亮氨酸产物合成反而受到抑制;在供氧适当受限的情况下 L-亮氨酸能获得最大量的产量,而 L-谷氨酸,L-赖氨酸的产量就会下降。

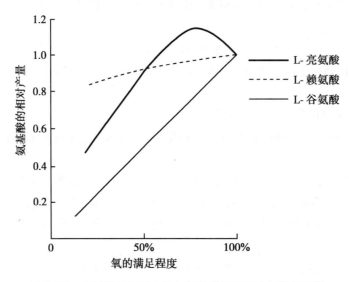

图 8-23   氨基酸的相对产量与氧的满足程度之间的相关性

（一）发酵过程中的溶解氧浓度变化

1. 溶解氧浓度变化的一般规律   发酵过程中,在一定的发酵条件下,每种产物发酵的溶解氧浓度变化都有自身的规律,如图 8-24 和图 8-25 所示。在谷氨酸和红霉素发酵的前期,菌体细胞大量繁殖,需氧量不断增加。此时的需氧量超过供氧量,使溶解氧浓度迅速下降,出现一个低峰;与此同时,摄氧率出现一个高峰。

在谷氨酸发酵过程中,由于菌体的生长繁殖,溶解氧不断降低,在发酵的 10~20h 出现溶解氧的低峰。而在红霉素发酵过程中,溶解氧低峰出现在 20~70h,此时黏度出现高峰。表 8-9 列出了几种抗生素发酵过程中出现溶解氧低峰的时间。

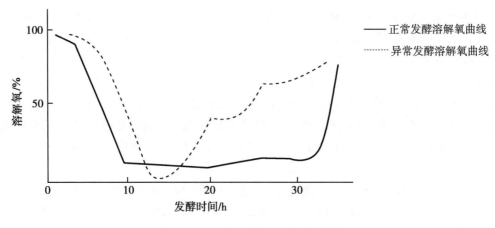

图 8-24   谷氨酸发酵的溶解氧曲线

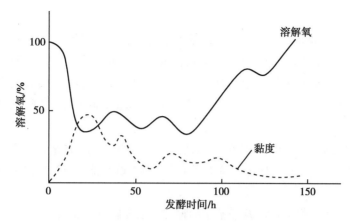

图 8-25　红霉素发酵过程中溶解氧和黏度的变化

表 8-9　几种抗生素发酵过程中出现溶解氧低峰的时间　　　　　　　　单位：h

抗生素	时间	抗生素	时间
红霉素	20~50	头孢菌素 C	30~50
卷曲霉素	20~30	制霉菌素	25~70
土霉素	10~30	利福霉素	50~70
链霉素	30~70	烟曲霉素	20~30

过了生长阶段，进入产物合成期，需氧量有所减少，这个阶段溶解氧水平相对比较稳定，但仍受发酵过程中补料、消泡剂等影响。如补入糖后，摄氧率就会增加，引起溶解氧浓度下降，经过一段时间后又逐步回升并接近原来的溶解氧浓度；如继续补糖，又会继续下降，甚至降至临界溶解氧浓度以下，成为生产的限制因素。

在发酵后期，由于菌体衰老，呼吸强度减弱，溶解氧浓度也会逐步上升，一旦菌体自溶，溶解氧浓度会明显上升。在发酵过程中，有时出现溶解氧浓度明显降低或明显升高的异常变化。其原因很多，但本质上都是由于耗氧或供氧方面出现了变化，引起氧的供需不平衡所致。

2. 引起溶解氧异常下降可能的原因

（1）污染好气性杂菌：大量的溶解氧被杂菌消耗掉，使溶解氧在较短时间内下降到 0 附近，如果杂菌本身耗氧能力不强，溶解氧变化可能不明显。

（2）菌体代谢异常导致需氧量增加，溶解氧下降。

（3）某些设备或工艺控制发生故障。如搅拌速度变慢，影响供氧能力，使溶解氧降低；因自动加油器失灵或人为失误导致消泡剂加量过多，也会引起溶解氧迅速下降。其他影响供氧的工艺操作，如停搅拌、闷罐（关闭排气阀）等，都会使溶解氧发生异常变化。

3. 引起溶解氧异常升高的原因　　在供氧条件没有发生变化的情况下，耗氧量的显著减少将导致溶解氧异常升高。如菌体代谢出现异常，耗氧能力下降，使溶解氧上升。特别是污染烈性噬菌体，影响最为明显，菌体细胞裂解前，呼吸已受到抑制，溶解氧明显上升，菌体破裂后完全失去呼吸能力，溶解氧直线上升。

由上可知，从发酵液中的溶解氧浓度的变化可以了解微生物生长代谢是否正常，工艺控制是否合理，设备供氧能力是否充足等问题，可为查找发酵不正常的原因和控制发酵生产提供依据。

（二）溶解氧浓度的控制

发酵液中的溶解氧浓度是由供氧和需氧两方面决定的。也就是说，在发酵过程中当供氧量大于需氧量时，溶解氧浓度就上升；反之就下降。因此要控制好发酵液中的溶解氧浓度，需从供氧和需氧这两个方面着手。

要提高供氧能力,主要是设法提高氧传递的推动力和液相体积氧传递系数 $K_L a$。氧传递的推动力 ΔC($\Delta C = C^* - C_L$)主要受氧饱和度 C^* 的影响,而氧饱和度主要受温度、罐压及发酵液性质的影响。在优化了的工艺条件下,这些参数已经很难改变。因此,提高供氧能力主要靠提高 $K_L a$ 来实现。$K_L a$ 与搅拌、通气及发酵液的黏度等参数有关,通过提高搅拌转速或通气流速,降低发酵液的黏度等来提高 $K_L a$ 值,可以提高供氧能力。

供氧量的大小还必须与需氧量相协调,也就是要有适当的工艺条件来控制需氧量,使产生菌的需氧量不超过设备的供氧能力,从而使溶解氧浓度始终控制在临界溶解氧浓度之上,使其不会成为菌体生长和合成产物的限制因素。

发酵过程的需氧量受菌体浓度、营养基质的种类与浓度以及培养条件等因素影响。其中以菌体浓度的影响最为明显。摄氧率随菌体浓度的增加而增加,但传氧速率是随菌体浓度的增加呈对数关系减少的。因此可以通过控制菌体的比生长速率控制菌体浓度,使摄氧率小于或等于传氧速率,这是控制最适溶解氧浓度的重要方法。

最适菌体浓度既要保证产物的比生产速率维持在最大值,又不会使需氧大于供氧。最适菌体浓度的控制可以通过控制营养基质的浓度来实现。如青霉素发酵,就是通过控制补加葡萄糖的速率来控制菌体浓度,从而控制溶解氧浓度。在自动化的青霉素发酵控制中,已利用敏感的溶氧电极来控制青霉素发酵,利用溶解氧浓度的变化来自动控制补糖速率,并间接控制传氧速率和 pH,实现了菌体生长、溶解氧和 pH 三位一体的控制。

除控制补料速度外,在工业生产上还可采用适当调节发酵温度、液化培养基、中间补水、添加表面活性剂等工艺措施,来改善溶解氧状况。

第十节 发酵过程的补料控制

一、补料的作用

发酵过程中的补料也称作补料分批培养(fed-batch cultivation, FBC),是指在培养过程中,间歇或连续地向发酵罐中补加一种或多种成分的新鲜料液的培养方式,又称为半连续培养或半连续发酵。它是介于分批发酵和连续发酵之间的一种过渡发酵方式,也是一种控制发酵过程的好方法,现已广泛用于发酵工业。

与传统的分批发酵相比,补料分批发酵具有以下优点:①解除了底物抑制、产物反馈抑制和分解产物阻遏;②可以避免在分批发酵中因一次投料过多而导致的菌体过量生长、发酵液过于黏稠、氧的传递能力下降等;③可为发酵过程的自动控制和最优化控制提供必需的方法。

同连续培养相比,补料分批发酵的产生菌不会因连续多代繁殖产生老化和菌种变异等问题,适用范围也比连续发酵广泛。补料分批发酵由于有这些优点,现已被广泛地用于微生物发酵生产和发酵研究中,如抗生素类、酶类、激素药物类、维生素和氨基酸等产品的工业发酵生产。

补料分批发酵在实际发酵生产中得到了广泛的应用,取得了非常好的效果,显著提高了发酵产物的产量。补料的作用主要有以下几点。

(一)控制抑制性底物的浓度

在许多发酵过程中,微生物的生长受到基质浓度的影响。要想得到高密度的生物量,需要投入几倍的基质。按照米氏方程,当营养基质浓度增加到一定量时,生长就显示出饱和型动力学特征,再增加底物浓度,就可能会发生基质抑制作用,使延滞期延长,比生长速率减小,菌体浓度下降等。所以高浓度营养物对大多数微生物生长是不利的。

在微生物发酵中,有的基质又是合成产物必需的前体,浓度过高,就会影响菌体代谢或产生毒性,使产物产量降低。如苯乙酸、丙醇(或丙酸)分别是青霉素、红霉素生物合成的前体,浓度过大,就会对菌体产生毒性,使抗生素产量减少。

为了在分批培养中获得高浓度菌体或产物,必须防止在基础培养基中有过高浓度的基质或抑制性底物,采用补料的方式既可以确保适当的基质浓度,解除其抑制作用,又可以得到高浓度的产物。

(二)解除或减弱分解产物阻遏

在微生物合成初级或次级代谢产物时,容易利用的碳源或氮源往往对次级代谢产物的某些合成酶有抑制或阻遏作用,例如葡萄糖能阻遏多种酶或产物的合成,如纤维素酶、赤霉素、青霉素等。这种阻遏作用可能不是葡萄糖的直接作用,而是由葡萄糖的分解代谢产物所引起的。通过补料来限制基质的浓度,可解除这些营养基质对酶或其产物合成的阻遏作用,提高产物产量。如缓慢流加葡萄糖,纤维素酶的产量几乎增加 200 倍;将葡萄糖浓度控制在 0.02% 的水平,赤霉素产量可达 905mg/L;采用滴加葡萄糖的技术,可明显提高青霉素的发酵单位等。这些都是利用补料发酵技术解除分解代谢产物阻遏的实际应用。在植物细胞培养中,也采用该技术来提高产物产量。

(三)发酵过程最佳化

分批发酵动力学的研究,阐明了各个参数之间的相互关系。利用分批补料技术,可以使微生物(菌种)保持在最大生产能力状态的时间延长。同时分批补料技术的不断改进,也为发酵过程的优化和反馈控制奠定了理论基础。随着计算机、传感器等技术的发展和应用,计算机优化控制的发酵过程也越来越多地在生产中得到了应用。

二、补料的方式和控制

(一)补料的方式

就补料方式而言,有连续流加和不连续流加。每次流加又可分为快速流加、恒速流加、指数速率流加和变速流加。按补料后发酵液体积的变化,又有变体积补料和恒体积补料之分。按补加培养基的成分多少,又有单组分补料和多组分补料之分。

(二)补料的控制

补料控制可分为反馈控制补料和无反馈控制补料 2 类。

1. 反馈控制补料　反馈控制补料系统是由传感器、控制器和驱动器 3 个单元所组成。根据控制指标的不同,又分为直接控制方法和间接控制方法。

直接方法是直接以限制性营养物(如碳源、氮源)的浓度作为反馈控制的参数。间接控制方法是以溶解氧、pH、呼吸熵、排气中 CO_2 分压及代谢产物浓度等作为控制参数。对间接方法来说,选择与过程直接相关的可检测参数作为控制指标,是研究的关键。这就需要详尽考察分批发酵的代谢曲线和动力学特性,获得各个参数之间有意义的相互关系,来确定控制参数。

对于通气发酵,利用排气中 CO_2 含量作为补料反馈控制参数是较为常用的间接控制方法。如控制青霉素发酵生产所用的葡萄糖流加质量平衡法,就是利用 CO_2 的反馈控制。它是依靠精确测量 CO_2 的逸出速度和控制葡萄糖的流加速度,达到控制菌体的比生长速率和菌体浓度的目的的。

pH 也可作为流加补糖的控制参数,通过在线测定 pH 的变化,控制补糖的速率,可取得较好的效果。近年来还出现了许多类型的生物传感器,可对底物和产物进行在线分析,它们也有可能被用于发酵过程的补料控制。

反馈控制的补料分批发酵,如果依据个别指标进行控制,在许多情况下效果并不理想,如果依据多因素分析的结果进行控制,效果就比较理想。

2. 无反馈控制补料　无反馈控制补料分批发酵是指无固定的反馈控制参数来使操作最优化的

控制。过去是以经验为基础,后来才出现严格的数学模型。如青霉素发酵中,根据建立的数学模型得到了一个最优化的补料操作曲线。在头孢菌素 C 的发酵研究中,采用计算机模拟的办法,考虑到菌丝的分化、产物的诱导及分解产物对产物合成的抑制等多种因素,利用归一法原理,把复杂的多组分补料问题简化成各个单一组分的补料,从而确立了最优化的补料方式。

　　总之,发酵过程总的补料原则是根据微生物的生长代谢、生物合成规律进行调节,控制和引导产生菌的中间代谢过程,使之向着有利于产物积累的方向发展。

第十一节　泡沫的影响及其控制

　　泡沫的控制是发酵控制中的一项重要内容。如果不能有效地控制发酵过程中产生的泡沫,将对生产造成严重的危害。

一、泡沫的性质与类型

　　泡沫是气体被分散在少量液体中的胶体体系,气液之间被一层液膜隔开,彼此不相连通。泡沫分为 2 种类型:一种是存在于发酵液表面上的泡沫,也称为机械性泡沫。该泡沫气相所占的比例特别大,与液体有较明显的界限,如发酵前期的泡沫。另一种是存在于发酵液中的泡沫,又称流态泡沫(fluid foam),分散在发酵液中,比较稳定,与液体之间无明显的界限。

二、泡沫对发酵的影响

　　泡沫会给发酵带来许多不利的影响,如:①影响发酵罐的装料系数,降低发酵产量;②泡沫过多时容易逃液,发酵液从排气管路或轴封处溢出,增加染菌机会;③影响气体的交换和氧的传递;④部分发酵液粘到罐壁上失去作用,影响放罐体积和产量;⑤泡沫严重时,被迫停止搅拌或通气,容易造成菌体缺氧,导致代谢异常。

三、影响泡沫形成的因素

　　泡沫的形成主要受通气和搅拌、培养基原材料、培养基灭菌时间、发酵液物理性质的影响。

（一）通气和搅拌

　　通气和搅拌对泡沫的形成影响很大,泡沫的大小与通气和搅拌的剧烈程度有关,而且搅拌的作用大于通气的作用,如图 8-26 所示。

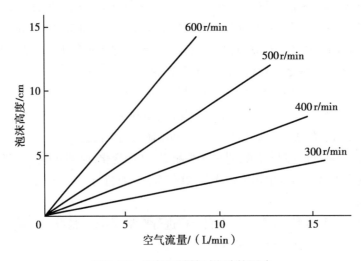

图 8-26　通气和搅拌对泡沫的影响

（二）培养基原材料

培养基的成分,特别是培养基中有机氮源的种类和浓度对泡沫的影响较大。因为有机氮源蛋白质含量较高,如蛋白胨、玉米浆、花生饼粉、大豆饼粉、酵母粉等。蛋白质的存在对泡沫的形成起着重要的作用。同样的原材料,其起泡的能力随品种、产地、储藏和加工方法的不同而异,并与其用量有关。如玉米浆、花生饼粉和大豆饼粉,这3种有机氮源相比较,玉米浆的起泡能力最强,花生饼粉次之。而且,当玉米浆用量为3.5%时起泡能力最强,花生饼粉和大豆饼粉用量为5%时起泡能力最强。

糖类物质的起泡能力较差,但是在丰富培养基中,浓度较高的糖类物质增加了培养基的黏度,从而有利于泡沫的稳定。

（三）培养基灭菌时间

一般来说,培养基灭菌时间越长,在发酵过程中越容易产生泡沫。

（四）发酵液物理性质

发酵液的表面张力和表观黏度也是影响泡沫形成的因素。较低的表面张力和较高的表观黏度有利于泡沫的形成与稳定。而发酵液的表面张力和表观黏度受培养基成分的影响,同时还与菌体分泌的代谢产物种类、发酵时间等有关。在发酵过程中,发酵液的物理性质在不断地变化,因此泡沫的消长也随之变化。在发酵初期,由于发酵培养基中含有较高浓度的蛋白质,这些蛋白质是形成泡沫的重要因素。随着菌体的生长,菌体分泌的蛋白酶逐渐将蛋白质降解,泡沫逐渐消退。在发酵的中后期,由于菌体浓度的增加,发酵液的表观黏度也随之增加,菌体分泌的胞外蛋白也增多,此时容易形成流态泡沫。

四、泡沫的控制

泡沫的控制可从两方面着手,一是设法减少泡沫的产生,二是采取措施消除已经生成的泡沫。

（一）调整培养基的成分,减少泡沫的产生

可采用的方法有:①减少易起泡成分的用量;②更换原材料的品种、产地或加工方法;③将易起泡的培养基成分通过补料的方式逐渐加入;④在发酵培养基中加入一定量的消泡剂,抑制泡沫的产生。

（二）消除已生成的泡沫

可以采用机械消泡或消泡剂消泡这两类方法来消除泡沫。此外,还可以采用菌种选育的方法,筛选不产生流态泡沫的菌种。

1. 机械消泡　这是一种物理消泡的方法,利用机械强烈振动或压力变化而使泡沫破裂。如在发酵罐内安装消泡桨,靠其高速转动将泡沫打碎。该法的优点是节省原料,减少染菌机会。但消泡效果不理想,仅可作为消泡的辅助方法。

2. 消泡剂消泡　这是利用外界加入的消泡剂,使泡沫破裂的方法。消泡剂可以降低泡沫液膜的机械强度或者降低液膜的表观黏度,或者兼有两者的作用,从而达到消除泡沫的目的。

消泡剂都是表面活性剂,具有较低的表面张力。如聚氧乙烯聚氧丙烯甘油（GPE）的表面张力仅为 $33 \times 10^{-3} \mathrm{N/m}$,而青霉素发酵液的表面张力为 $60 \times 10^{-3} \sim 68 \times 10^{-3} \mathrm{N/m}$。理想的消泡剂,应具备下列条件。

（1）在气液界面上具有足够大的铺展系数,即要求消泡剂有一定的亲水性。

（2）在低浓度时仍具有较好的消泡活性。

（3）具有持久的消泡或抑泡性能,以防止形成新的泡沫。

（4）对发酵过程中氧的传递以及对提取过程中产物的分离提取不产生影响。

（5）对微生物、人类和动物无毒性。

（6）在使用、运输中不引起任何危害。

（7）成本低，并能耐高温灭菌。

五、常用的消泡剂

常用的消泡剂，主要有天然油脂类、聚醚类、高碳醇（酯）类以及硅酮类。其中以天然油脂类和聚醚类在微生物药物发酵中最为常用。

（一）天然油脂类

常用的有豆油、玉米油、棉籽油、菜籽油和猪油等。油不仅能用作消泡剂还可作为发酵的碳源。它们的消泡能力和对产物合成的影响也不相同。例如：土霉素发酵，豆油、玉米油较好，而亚麻油则会产生不良的作用。油的质量还会影响消泡效果，碘价或酸价高的油脂，消泡能力差并会产生不良的影响。所以，要控制油的质量，并要通过发酵进行检验。油的新鲜程度也有影响，油越新鲜，所含的天然抗氧剂越多，形成过氧化物的机会少，酸价也低，消泡能力强，副作用也小。植物油与铁离子接触能与氧形成过氧化物，对四环素、卡那霉素等的生物合成不利，故要注意油的贮存。

（二）聚醚类

聚醚类消泡剂的品种很多。由氧化丙烯与甘油聚合而成的聚氧丙烯甘油（GP）是一种重要的聚醚类消泡剂；由氧化丙烯、环氧乙烷及甘油聚合而成的聚氧乙烯聚氧丙烯甘油（GPE）是另一种聚醚类消泡剂，又称"泡敌"。它们的分子结构式如下：

$$
\begin{array}{ll}
CH_2-O(C_3H_6O)_m-H & \qquad CH_2-O(C_3H_6O)_m-(C_2H_4)_n-H \\
| & \qquad | \\
CH-O(C_3H_6O)_m-H & \qquad CH-O(C_3H_6O)_m-(C_2H_4)_n-H \\
| & \qquad | \\
CH_2-O(C_3H_6O)_m-H & \qquad CH_2-O(C_3H_6O)_m-(C_2H_4)_n-H
\end{array}
$$

聚氧丙烯甘油（GP）   　　　聚氧乙烯聚氧丙烯甘油（GPE）

GP 的亲水性差，在发泡介质中的溶解度小，所以用于稀薄发酵液要比用于黏稠发酵液的效果好。其抑泡性能比消泡性能好，适宜用在基础培养基中，抑制泡沫的产生。如用于链霉素的基础培养基中，抑泡效果明显，可全部代替食用油，也未发现不良影响，消泡效力一般相当于豆油的 60~80 倍。

GPE 的亲水性好，在发泡介质中易铺展，消泡能力强，作用又快，而溶解度相应也大，所以消泡活性维持时间短，因此，用于黏稠发酵液的效果比用于稀薄发酵液的好。GPE 用于四环素类抗生素发酵中，消泡效果很好，用量为 0.03%~0.035%，消泡能力一般相当于豆油的 10~20 倍。

（三）高碳醇（酯）类

此类消泡剂有十八碳醇、聚乙二醇等。此外，在青霉素发酵中还用苯乙酸月桂醇酯，苯乙酸月桂醇酯可以被菌体逐步分解释放出月桂醇和苯乙酸。月桂醇可作为消泡剂，苯乙酸则作为青霉素生物合成的前体。

聚乙二醇适用于霉菌发酵液的消泡，其分子量大致相当于 2 000 个乙二醇的聚合物，是一种透明的稍黏稠的液体。

（四）硅酮类

较适用于微碱性的细菌发酵，常用的是聚二甲基硅氧烷。聚二甲基硅氧烷是无色液体，不溶于水，有不寻常的低挥发性和低的表面张力。纯的聚二甲基硅氧烷由于不易溶于水，因而不容易分散在发酵液中，消泡效果较差，因此常加分散剂（微晶二氧化硅）来提高其消泡性能。

$$
CH_3-\underset{\underset{CH_3}{|}}{\overset{\overset{CH_3}{|}}{Si}}-O-\left[\underset{\underset{CH_3}{|}}{\overset{\overset{CH_3}{|}}{Si}}-O\right]_n\underset{\underset{CH_3}{|}}{\overset{\overset{CH_3}{|}}{Si}}-CH_3
$$

聚二甲基硅氧烷的化学结构

六、消泡剂的增效措施

为了克服一些消泡剂的分散性能差、作用时间短等弱点,常常采取一些措施来提高消泡剂的消泡性能。主要包括以下措施。

（一）加载体增效

用"惰性载体"（如矿物油、植物油等）将消泡剂溶解分散,达到增效的目的。如将 GP 与豆油 1∶1.5（*V/V*）混合,可提高 GP 的消泡性能。

（二）消泡剂并用增效

取各个消泡剂的优点进行互补,达到增效。如 GP 和 GPE 按 1∶1 混合用于土霉素发酵,结果比单用 GP 的效力提高 2 倍。

（三）乳化增效

用乳化剂（或分散剂）将消泡剂制成乳剂,以提高分散能力,增强消泡效力。一般只适用于亲水性差的消泡剂。如用吐温 -80 制成的乳剂,用于庆大霉素发酵,其效力提高了 1~2 倍。

第十二节　发酵终点的控制

控制合适的放罐时间,对提高发酵的产量和产品的质量也有较大的作用。在考虑提高发酵产量的同时,还要考虑生产的成本,必须把二者结合起来,既要高产量,又要低成本。

发酵过程中产物的生物合成是特定发酵阶段的微生物代谢活动。有的是随菌体生长而产生的,如初级代谢产物氨基酸等;有的则与菌体生长无明显的关系,生长阶段不合成产物,到了生长末期,才开始合成代谢产物,如抗生素的生物合成。但无论是初级代谢产物发酵还是次级代谢产物发酵,到了末期,菌体的分泌能力都会下降,使产物的生产能力下降或停止。有的产生菌在发酵末期,营养耗尽,菌体衰老自溶,释放出的分解酶还可能破坏已经形成的产物。为此,要控制合适的放罐时间,可以从经济效益和产品质量两个方面进行考虑。

一、从有利于提高经济效益的角度考虑

放罐时间的确定要考虑经济因素,也就是在取得一定经济效益的前提下,尽可能地延长发酵时间。在生产速率较小的情况下,单位体积发酵液每小时产物的增长量很小,如果继续延长发酵时间,虽然总的产量还在增加,但动力消耗、管理费用支出、设备磨损等费用也在增加,所以要权衡总的经济效益,当各项消耗的费用大于产物增加所带来的效益时,就要立刻结束发酵过程。

二、从有利于提高产品质量的角度考虑

发酵时间长短对提取工艺和产品质量有很大的影响。如果发酵时间短,就会有过多的尚未代谢的营养物质（如可溶性蛋白、脂肪等）残留在发酵液中。这些物质对后处理过程如溶剂萃取或树脂交换等有不利的影响。可溶性蛋白容易在萃取中产生乳化,也会影响树脂交换容量。如果发酵时间太长,菌体会自溶,放出菌体蛋白或体内的酶,改变发酵液的性质,增加过滤工序的难度。这不仅导致过滤时间延长,甚至使一些不稳定的产物遭到破坏。所以这些影响都可能使产物的质量下降、产物中杂质含量增加。所以,要考虑放罐时间对产物提取工序的影响。

此外,在正常发酵的情况下可根据长期生产经验和生产计划按时放罐。但在异常情况下,如染菌、代谢异常（糖耗缓慢等）,就应根据不同情况进行适当处理,此时为了得到更多的产物,应该及时采取措施（如改变培养温度或补充营养等）,并适当提前或延迟放罐时间。

因此,从产品质量的角度确定放罐时间主要参考的指标有:产物的生产速率、发酵液的过滤速度、

氨基氮的含量、菌丝形态、pH、发酵液的外观和黏度等。发酵终点的掌握,要综合这些参数来确定。

思 考 题

1. 掌握下列基本概念:发酵热、生物热、机械性泡沫、流态泡沫、比生长速率(μ)、比生产速率(Q_p)、过载(气泛)、摄氧率、呼吸强度、呼吸临界氧浓度。

2. 影响微生物需氧量的因素有哪些?并解释这些因素如何对微生物需氧量产生影响。

3. 发酵液气泡中的氧传递到微生物细胞内,并完成氧化过程都要克服哪些传递阻力?

4. 影响液相体积氧传递系数的因素有哪些?这些因素与$K_L a$有什么关系?

5. 发酵过程中搅拌的作用有哪些?

6. 原电池型溶氧电极测定溶解氧的原理是什么?电极的阴极和阳极上各发生什么样的反应?

7. 如何测定发酵罐上的摄氧率和体积氧传递系数$K_L a$?

8. 发酵过程中的代谢参数主要有哪几类?每类主要有哪些参数?

9. 按操作方式的不同,发酵可分为哪几种类型?

10. 次级代谢产物发酵过程可分为哪几个阶段,每个阶段有什么特点?

11. 发酵中影响菌体浓度的因素有哪些?菌体的浓度与次级代谢产物的产量有什么关系?

12. 什么是最适菌体浓度?从氧的供需关系上说明如何确定发酵的最适菌体浓度。

13. 发酵过程中补入碳源或氮源会对 pH 产生怎样的影响?怎样利用补料控制 pH?

14. 影响生物热的因素有哪些?

15. 温度对发酵有何影响?怎样选择最适的发酵温度?

16. pH 对发酵有何影响?引起 pH 变化的因素有哪些?

17. 控制发酵的 pH 可采用哪些方法?

18. 在发酵过程中,溶解氧控制的原则是什么?控制的方式是什么?

19. 影响泡沫形成的因素有哪些?

20. 常用的消泡剂有哪几类?

第八章
目标测试

（葛立军）

第九章

基因工程菌发酵

学习目标

1. **掌握** 基因工程菌的概念、应用及其构建方法。
2. **熟悉** 基因工程菌的生长周期、发酵控制要点以及放大过程的考虑因素。
3. **了解** 基因工程菌技术的现状与前景。

第九章
教学课件

第一节　基因工程菌概述

一、基因工程菌的特点

基因工程（genetic engineering）又称"基因拼接技术"和"DNA重组技术"，是以分子遗传学为理论基础，以分子生物学和微生物学的现代方法为手段，引入工程学的概念，在体外对核酸分子进行"剪切""拼接"等改造，然后插入病毒、质粒或其他载体中，随后转入受体细胞，并在受体细胞内复制、转录、翻译，表达出新产物或新性状。基因工程技术打破了常规育种难以突破的物种之间的界限，可以使遗传信息在不同生物、物种之间进行重组和转移，为研究基因的结构和功能提供了有力的手段。

基因工程菌（genetically engineered bacteria）是指通过基因工程技术，将外源基因重组到质粒或者基因组后获得的重组菌，从而实现外源基因在细菌体内的过量表达。

科学界曾预言，21世纪是一个基因工程世纪。随着基因工程技术的快速发展，构建基因工程的过程和方法也日益成熟，加快了基因工程菌在人类生活多个领域的应用，如医药、食品和环境等领域。因此，了解基因工程菌的特性，掌握基因工程菌发酵的关键技术，可以更好地利用基因工程菌的优势来解决工业生产中遇到的实际问题，以造福人类。

开发基因工程菌的目的是要实现其工业化应用，因此它们必须具备一些优势。以下是基因工程菌的特点。

1. **安全性** 基因工程菌一般是在一些遗传背景比较清楚的菌株基础上，利用基因重组的方法获得的。因为基因工程菌在工业化的过程中会大批量生产，因此必须保证它们对人体、环境以及牲畜没有危害。

2. **高产性** 构建基因工程菌的目的是实现大规模合成目的产物，满足产业化要求。因此，基因工程菌相对于野生型菌株来说具有高产性。

3. **稳定性** 这里说的稳定性是指其遗传性状的稳定性，在保藏和传代培养的过程中发生基因突变、基因丢失的概率小，不会影响目的产物的产量和质量。

4. **短时性** 基因工程菌一般要求其生长速度快、发酵周期短、蛋白表达快速，这样可以增加年生产批次，使发酵设备等资源得到充分利用，同时也可以增加年产量。

5. **廉价性** 涉及产业化应用的工艺过程一般都会考虑生产成本的问题，同样基因工程菌的发酵成本的廉价性也是其实现广泛应用的条件之一。其廉价性体现在以下几个方面：对培养基的要求低，不需要昂贵的营养物质和活性成分的添加；对生长环境的要求低，一般可在常温、中性 pH 的条件下很好地生长；对发酵设备要求低，不需要特殊设计的、复杂的发酵设备；产品的分离过程简便，不需要烦琐的分离步骤和昂贵的分离设备。

二、基因工程菌在医药领域中的应用

研究基因工程菌的目的是实现外源蛋白的过量表达和批量生产。这些蛋白或多肽往往是治疗重大疾病的关键药物，或者是合成大宗化学品、精细化学品和关键医药中间体过程中的关键酶——生物催化剂，因此它们在医药化工领域有着举足轻重的作用。

基因工程制药开创了制药工业的新纪元，采用基因工程技术研发新药，是通过对致病机制的研究，找到那些可用于治疗疾病的有效成分以及其编码基因，经过基因重组将其转入适当的载体，构建基因工程菌，使用工程菌大量表达其有效成分作为治疗药物。早在 1978 年，首次实现通过大肠埃希菌合成人脑激素和人胰岛素。目前采用基因工程菌发酵生产的药物有抗生素类、活性多肽类（胰岛素、生长素、激素、抗体、溶栓和抗凝血药物）、细胞免疫调节因子（干扰素、白细胞介素、集落刺激因子和肿瘤坏死因子）、单抗制品（嵌合抗体、人源化抗体、完全人源化抗体、单链抗体和双特异性抗体）、疫苗（乙肝表面抗原疫苗、流感疫苗）等，主要用于治疗肿瘤、获得性免疫缺陷综合征、心血管疾病、糖尿病、贫血、基因缺陷疾病和遗传疾病等。

基因工程菌在医药化工领域的另一个应用是制备生物催化剂。研究发现，生物体内的一些酶类可以高效催化某些化学反应过程。酶蛋白的区域选择性、立体选择性和对映体选择性可以弥补一些化学反应过程的不足，简化化学合成过程，为有机化合物的合成提供一条新途径。但是，从生物体内直接提取、分离得到的酶蛋白的数量是有限的，而且直接提取酶蛋白的成本高昂。基因工程菌的应用很好地解决了批量产酶的问题，促进了生物催化与转化过程在有机合成中的应用。目前，已经实现工业化应用的有腈水解酶（制备手性酸）、羰基还原酶（制备手性醇）、酰胺酶（制备手性酰胺）、卤醇脱卤酶（制备手性 β- 取代醇）以及氧化酶（制备手性亚砜氧化物）等。基因工程技术给药品生产技术带来了革命性变化，过去一些生产困难的产品如激素、酶制剂、抗体等生物活性物质，通过基因工程手段可以高质量、高收率地付诸生产。同时生产成本也大幅降低，提高了患者的用药水平和生活质量。利用基因工程技术开展新型药物研究已经成为当前最活跃的领域，是世界各国科研机构和制药企业研究的热点。

第二节　基因工程菌的构建

随着基因工程技术的不断发展，基因工程操作的设备和实验试剂越来越完善，大大提高了构建基因工程菌的成功率。基因工程菌构建的内容一般包括获取目的基因、选择合适的宿主、选择合适的质粒载体、筛选阳性克隆和表达验证，其过程如图 9-1 所示。

一、目的基因的获取

要将外源基因重组到宿主细胞中，首先必须获取目的基因片段（一般指编码蛋白的结构基因，有时也包括信号肽序列）。依据目的基因的基因序列是否已知，获得目的基因的方式也有所不同。

当已知目的基因序列在基因数据库中已有报道时，可以通过基因的人工合成，或者根据目的基因序列设计对应的引物，以宿主的全基因组或者 cDNA（通过 RNA 逆转录合成）作为模板，经过聚合酶链反应（polymerase chain reaction，PCR）获得目的基因片段。人工合成基因是通过 DNA 自动合成仪，利用固相亚磷酸酰胺法合成，按照已知序列将核苷酸一个一个连接上去成为核苷酸序列。目前人工合成基因的技术已经很成熟，合成基因所需的费用也越来越低，给获得目的基因或者引物片段带来了极大的方便，节省了宝贵的时间。

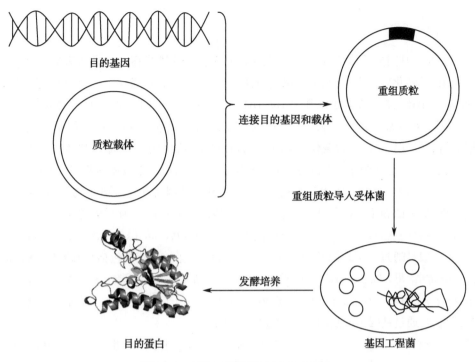

图 9-1 基因工程菌构建过程示意图

当目的基因序列未知时,可以通过以下几种方式获得。

（一）直接分离法

直接分离法也叫"鸟枪法",将供体生物的 DNA 用限制性核酸内切酶切割为大小不同的片段,再用克隆载体将这些片段运载到受体细胞中去,并对其进行筛选。该法适用于原核生物,因为它们的基因组几乎没有内含子,筛选获得的基因片段即为编码蛋白的结构基因。其优点是速度快,简单易行,成本较低,并能获得与天然基因组 DNA 一样的有内含子的真核基因 DNA 片段;缺点是带有很大的盲目性,工作量大,成功率低,且不能将真核生物的基因转移到原核生物中去。

（二）cDNA 文库法

cDNA 文库法也叫"逆转录法",当目的基因片段来自真核生物时,由于其基因组中含有大量内含子,无法直接获取目的基因的编码序列,可以特定组织和细胞的 mRNA（真核生物成熟 mRNA 中已不存在间隔序列和内含子）为模板,在体外经逆转录 PCR 合成 cDNA,再与载体连接后转化受体菌形成重组 DNA 克隆群。这样包含着细胞全部 mRNA 信息的 cDNA 克隆集合称为该组织细胞的 cDNA 文库,然后从 cDNA 文库中直接筛选获得目的基因片段。

（三）全基因组测序法

当携带目的基因的生物体的基因组不庞大时,在经济条件允许的情况下,可以通过全基因组测序对生物体全部基因组进行测序分析。通过对功能基因注释,然后通过序列分析筛选获得目的基因序列,再通过人工合成或者 PCR 技术获得目的基因。

（四）逆向法

通过分离纯化目的基因表达的蛋白、蛋白质测序的方法确定目的蛋白的氨基酸序列,进而可以获知编码蛋白的基因序列。推测出来的基因序列与目的基因可以表达相同氨基酸序列的目的蛋白,但其基因序列可能存在差异。如果需要获得准确的目的基因,可以根据蛋白测序的 N 端和 C 端设计引物,经 PCR 反应获得。一般情况下,如果进行外源表达,只要是翻译的蛋白质氨基酸序列相同的基因片段均可以作为目的基因。在人工合成时,有时为了获得更高的表达量,需要优化目的基因的密码子。

二、宿主的选择

根据接受外源基因的受体菌其用途不同,可以将宿主分为克隆宿主和表达宿主。克隆宿主一般为大肠埃希菌,其转化效率高,有简便的筛选方法,可以大大提高克隆效率。常用的大肠埃希菌克隆宿主有 *E. coli* HB101、*E. coli* JM109 和 *E. coli* DH5α 等。*E. coli* HB101 的遗传性稳定,使用方便,适用于各种基因重组实验。*E. coli* JM109 和 *E. coli* DH5α 宿主在使用 pUC 系列的质粒载体或者 M13 phage 载体进行转染时,可以通过载体 DNA 产生的 LacZα 多肽和宿主菌种的 F′ 编码的 lacZ△M15 相结合,从而显示 β- 半乳糖苷酶活性(α 互补)。利用这一特性,可以很方便地鉴别出重组菌。

表达宿主是指用于目的基因表达的宿主,重组的外源基因将在这个微生物体内完成转录、翻译的过程。目前基因工程菌常用的表达宿主按照其结构的不同可以分为原核类和真核类。其中原核类包括大肠埃希菌(*Escherichia coli*)、枯草芽孢杆菌(*Bacillus subtilis*)和棒杆菌(*Corynebacterium*)等,这类宿主一般是通过携带外源基因的质粒来表达目的蛋白;真核类包括酿酒酵母(*Saccharomyces cerevisiae*)、毕赤酵母(*Pichia pastoris*)、假丝酵母(*Candida*)、米曲霉(*Aspergillus oryzae*)、黑曲霉(*Aspergillus niger*)、青霉(*Penicillium*)和链霉菌(*Streptomyces*)等,这类宿主一般是通过将外源基因重组到其基因组上,通过基因组的复制、翻译表达外源蛋白。

原核宿主一般用于表达来自原核生物的目的基因,原核宿主表达的蛋白没有过多的翻译后修饰。真核细胞偏爱的密码子和原核系统有所不同,当用原核宿主表达真核基因时,真核基因中的一些密码子对于原核细胞来说可能是稀有密码子,从而导致表达效率和表达水平很低,可以选择 *E. coli* Rosetta 2 宿主(已经携带有氯霉素抗性质粒)。Rosetta 2 是携带 pRARE2 质粒的 BL21 衍生菌,补充大肠埃希菌缺乏的 7 种(AUA、AGG、AGA、CUA、CCC、GGA 及 CGG)稀有密码子对应的 tRNA,提高真核外源基因的表达水平。

根据外源基因表达的形式不同,宿主菌也可以分为胞内表达宿主和分泌表达宿主,其中大肠埃希菌一般是胞内表达宿主,枯草芽孢杆菌、酵母菌和链霉菌等一般为胞外表达宿主。在构建基因工程菌时,可以根据表达的目的基因的来源、用途和表达形式选择合适的表达宿主。

三、载体的选择

载体(vector)是用来携带目的基因进入受体细胞的运载工具,其本质上是 DNA 分子。目前构建基因工程菌的过程中常用的载体是质粒(plasmid),其是染色体外能够进行自主复制的遗传单位,包括真核生物的细胞器和细菌细胞中染色体以外的 DNA 分子。现在习惯上用来专指细菌、酵母菌和放线菌等生物中染色体以外的 DNA 分子。除了少数的线性质粒外,绝大多数的质粒都是以共价闭合环状 DNA 分子(简称 cccDNA)的形式存在的。根据相对分子质量的大小,可以把质粒分成大、小 2 类:较大一类的相对分子质量在 40×10^6 以上,较小一类的相对分子质量小于 10^6(少数质粒的相对分子质量介于两者之间)。按照复制时表现出来的差异,又可以分成严紧型质粒和松弛型质粒 2 种。对于严紧型质粒,当细胞染色体复制 1 次时,质粒也复制 1 次,每个细胞内只有 1~2 个严紧型质粒;对于松弛型质粒,当染色体复制停止后仍然能继续复制,每个细胞内一般有 20 个左右的松弛型质粒。一般分子量较大的质粒属于严紧型质粒,分子量较小的质粒属于松弛型质粒。质粒的复制也与宿主细胞有关,某些质粒在大肠埃希菌内的复制属于严紧型质粒,而在变形杆菌内则属于松弛型质粒。

质粒载体是在天然质粒的基础上为适应实验室操作而进行人工构建的,主要用于原核生物和植物的基因转移以及建立基因组文库和 cDNA 文库。与天然质粒相比,质粒载体通常带有 1 个或 1 个以上的选择性标记基因(如抗生素抗性基因)和 1 个人工合成的含有多个限制性内切酶识别位点的多克隆位点序列,并去掉了大部分非必需序列,以便于基因工程操作。质粒载体的大小一般在 1~10kb,一个理想的克隆载体应具有下列一些特性。

（1）分子量小、多拷贝、松弛控制型。

（2）具有多种常用的限制性内切酶的单切点。

（3）具有 2 个以上的遗传标记物，便于鉴定和筛选。

（4）在合适的位置有 1 个或多个克隆位点，供外源 DNA 片段插入克隆载体 DNA 分子，能插入较大的外源 DNA 片段。

（5）必须是安全的，不应含有对受体细胞有害的基因，并且不会任意转入受体细胞以外的其他生物的细胞。

目前已有大量的人工修饰构建的质粒载体用于基因工程菌的构建，按照其用途可以分为克隆质粒、穿梭质粒和表达质粒。克隆载体用来克隆和扩增 DNA 片段，有一个松弛的复制子，能带动外源基因在宿主细胞中克隆、扩增和储存，例如 pUC19 和 pMD18-T 质粒。

穿梭质粒是人工构建的具有两种不同复制起点和选择标记质粒，含有原核生物和真核生物 2 个复制子，可以运载目的基因穿梭往返于两种生物之间，在两类细胞中都能扩增。例如 pPICZα-A/B/C 系列的质粒可作为大肠埃希菌和酵母菌之间的穿梭载体，pHT01 和 pHT43 质粒可作为大肠埃希菌和枯草芽孢杆菌之间的穿梭质粒。

表达载体除具有克隆载体的基本元件（ori、Ampr 和 Mcs 等）外，还具有转录 / 翻译所必需的 DNA 序列，例如在大肠埃希菌中的 pET 系列表达质粒。表达载体是指直接可以在宿主细胞内进行表达的质粒，根据外源基因表达的条件不同，表达载体可以分为诱导表达型和组成表达型。前者是培养的过程中不会表达目的蛋白，只有在加入特定的诱导剂（如乳糖或者 IPTG）时才开始表达目的蛋白，如 pET-28a（+）质粒；组成表达型质粒不需要添加任何诱导物质，在宿主生长的同时也伴随目的蛋白的表达，如 pET-20b（+）质粒。

当获得目的基因后，可以根据目的基因的来源、应用目的等条件选择合适的质粒和宿主，将目的基因与质粒利用限制性内切酶进行连接，然后通过转化过程，将目的基因重组到宿主菌体内。关于不同宿主和质粒的具体信息及其适用情况在其商品使用说明书上都进行了详细的注释，这里不再一一列举说明。具体的连接、重组和筛选过程也因质粒、宿主的不同而存在差异，具体的操作步骤可以参考操作手册。

四、构建重组基因工程菌

当获得了目的基因，选择了合适的载体和表达宿主后，接下来就是要将目的基因与载体相连接，构建重组质粒，再将重组质粒导入宿主细胞获得阳性克隆子。

（一）酶切

将基因与载体进行连接的关键是用相同的限制性内切酶对目的基因和质粒载体进行处理，获得具有相同黏性末端的基因片段和载体片段。在设计目的基因两端的酶切位点时要注意以下几点：①选择的酶切位点必须在载体的克隆位点中存在；②两个酶切位点之间尽量保持一定的碱基距离；③选择的酶切位点在目的基因中不能含有；④在目的基因两端的酶切位点旁边加上几个保护碱基，提高酶切效率；⑤核对碱基位置，当目的基因插入克隆位点后，保证其按照正确的读码框进行翻译；⑥有时根据需要可在基因两端加上蛋白标签基因，选择合适的酶切位点，插入或者删除终止密码子。

（二）连接

酶切后的目的基因片段和载体片段需要经过纯化回收（目前一般采用商业的试剂盒），除去其中的酶蛋白和酶切产生的基因小片段，以及未被完全酶切的质粒载体，然后用 T4 连接酶将基因片段和载体进行连接。由于目前商业化的连接酶试剂盒种类较多，每个试剂盒的连接体系可能会不同，连接的温度和时间也会存在差异。一般而言，连接体系中目的基因的物质的量为载体物质的量的 3~5 倍，总的基因含量不宜过高,一般在 200ng 以下,连接过程通常在 16℃保温过夜。

（三）转化

将连接产物转化到宿主细胞中,通过一定的方法（蓝白斑或者菌落 PCR）筛选阳性克隆子。常用的转化方法有热击法和电击法,前者对连接产物以及转化的条件要求低,但是转化的效率较低;后者对连接产物的纯度和离子强度等条件要求高,其转化效率较高。在构建一些酵母菌、枯草芽孢杆菌等基因工程菌时,常常会用到穿梭质粒,在大肠埃希菌宿主细胞中筛选到阳性克隆,提取重组质粒,经过处理后再转化到表达宿主中。最终构建的基因工程菌需要经过蛋白的表达和活力验证,确定其构建是否成功。

五、外源基因表达常见的问题

（一）目的基因在宿主内无法表达

这个是在基因工程菌表达过程中经常遇到的问题,可能的原因有表达宿主细胞内存在能够降解目的蛋白的蛋白酶类;目的基因在宿主细胞内无法顺利翻译,主要原因是转录的 mRNA 的前端（3~10 氨基酸位置）形成很大的发卡结构;宿主细胞内缺少翻译目的基因的稀有密码子对应的tRNA;重组菌遗传不稳定,出现质粒丢失。

（二）表达的目的蛋白形成包涵体

这种情况一般多发生在原核宿主细胞内表达。当用原核表达系统表达来自真核生物的目的基因时,由于原核生物细胞内没有蛋白修饰过程,导致蛋白不正确折叠,形成包涵体。蛋白的表达量过高也会造成部分目的蛋白形成包涵体。可以尝试优化发酵条件（诱导温度、诱导剂浓度）、增加融合标签、增加信号肽序列和更换表达宿主等方法解决包涵体的问题。

（三）宿主菌无法生长

目的基因的转录产物或者翻译产物对宿主细胞有毒性作用,导致宿主细胞无法生长,这种情况一般可更换宿主细胞,或者选择启动系统较弱的质粒,降低外源基因的表达量。

（四）表达的目的蛋白没有生物活性

这种情况可能是宿主菌内缺乏目的蛋白正确折叠的条件,导致多亚基蛋白不能正确地形成四级结构;也有可能是宿主菌缺乏对目的蛋白必要的修饰环节,例如糖蛋白的糖基化修饰;也有可能是宿主菌的发酵条件（包括 pH 和温度等）破坏了目的蛋白的结构,例如来自低温环境的微生物的基因在宿主菌常温发酵培养时可能会失去活性。

在基因工程菌表达外源蛋白时通常会遇到以上列出的问题,当基因工程构建不成功时,要寻找原因,找出对策,尝试不同的表达系统,或者优化外源基因。

第三节　基因工程菌的生长周期与发酵动力学

常用的基因工程菌是细菌或者是酵母菌,它们都是单细胞微生物,在液体培养基中进行培养时,各个细胞个体因布朗运动或鞭毛运动以及培养基受到通气搅拌等,均匀地分布在液体中,每个细胞的环境十分相似,因而细胞的形态和生理特性比较一致。当细胞不停地运动时,细胞与周围环境的物质交换十分充分,细胞的生长速度也就较快。此外,基因工程菌也可能是一些放线菌或者真菌,虽然它们的菌体呈丝状,但是在液体培养基中因通气搅拌等原因,菌丝体呈絮状存在,故也能看作是均匀地分布于培养基中,其生长繁殖情况类似于单细胞微生物。因此,基因工程菌的群体生长情况一般是相似的。

研究基因工程菌的生长周期与发酵动力学,对于了解外源蛋白表达模式、发酵工艺条件的优化控制、提高外源基因表达产量等方面均具有重要意义。

一、基因工程菌的生长周期

在基因工程菌分批培养过程中,可以通过定期取样测定培养基中细胞的增长情况。若以细胞增长数目的对数值或增长速度为纵坐标、培养时间为横坐标,可以得到其生长曲线,如图9-2所示。可以看出,其生长繁殖过程可分为4个不同的阶段,即延滞期、对数期(或指数期)、稳定期和衰亡期。

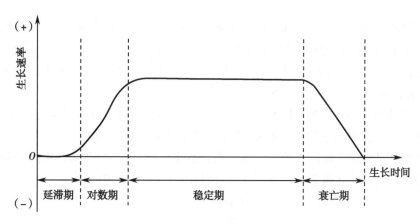

图 9-2 基因工程菌的生长曲线

1. 延滞期 一般是指菌种刚刚转接至营养丰富的培养基中,还未开始大量分裂的时期。这个时期的特点是细胞中核糖体 RNA(rRNA)的含量大量增加,参与各种蛋白的合成,直至达到一个稳定的水平。在这一时期内,细胞的数量没有明显的增加,但是细胞的质量增加,细胞内的各种生理活动明显增强,为细胞大量分裂做好准备条件。基因工程菌的菌种、接种量、生理状态以及培养环境不同,延滞期的长短也不一样。例如在细胞生长旺盛的时期转接至营养相似的新鲜培养基中进行扩大培养时,可以大大缩短延滞期。在基因工程发酵过程中,要尽量缩短延滞期,从而缩短发酵的周期,降低发酵成本。

2. 对数期 这一时期细胞的生理状态活跃,进行大量繁殖,细胞的数量呈几何级数迅速增加。处于这一时期的菌体生长繁殖快、代谢功能十分活跃,其细胞质内的核糖核酸和其他胞内物质相对稳定。在实际发酵生产过程中,对数期的菌体往往是转接扩大培养的最佳时期。因此,搞清楚基因工程菌的对数期出现的阶段,确定种子的培养时间(种龄),对发酵过程有着十分重要的指导意义。

3. 稳定期 进入稳定期的表现是新生的细胞数量与死亡的细胞数量大致持平,细胞的增长速率几乎为零,总细菌数达到最高水平。当菌体经过对数期大量增殖后,培养基中的营养物质越来越少、代谢产物逐渐增多,菌体之间的生长繁殖也出现竞争。在整个发酵周期,稳定期的时间比较长。

4. 衰亡期 当菌体的死亡速率大于细胞的生成速率时,细胞的总数在减少,此时期称为衰亡期。菌体经过大量增殖和生长平衡后,由于培养基中的营养成分耗尽,代谢产物大量积累,这时能够继续繁殖的细胞越来越少,死亡的细胞则越来越多,大量的菌体细胞开始死亡。

二、基因工程菌的发酵动力学

基因工程菌发酵的目的是在保证蛋白活性的基础上,提高目的蛋白表达的产量。依据表达的目的蛋白的性质以及用途的不同,基因工程菌的发酵过程控制也存在差异。因此,对于一个特定的基因工程菌,需要建立1个或者多个指标来调控发酵过程。一般而言,基因工程菌发酵的指标是单位发酵体积获得的有效目的蛋白的量(能够发挥生物活性的蛋白)。在有些情况下,控制副产物的积累,简化目的蛋白的分离纯化过程,也是发酵控制的指标。

基因工程菌的发酵动力学主要是研究细胞表达外源基因的速率以及环境因素对表达的影响规

律,其又可分为宏观发酵动力学和微观发酵动力学,前者是研究群体细胞目的蛋白的表达速率及其影响因素,后者是研究单个细胞中目的蛋白的合成速率及其影响因素。

基因工程菌的宏观发酵动力学研究表明,目的蛋白的表达速率与细胞的比生长速率、细胞浓度以及细胞表达模式存在一定的关系,其动力学模型可以表达为:

$$\frac{\mathrm{d}[P]}{\mathrm{d}t} = (\alpha\mu + \beta)[X]$$ 式(9-1)

式中,$[X]$为细胞浓度,以每升发酵液所含的干细胞质量表示,g/L;μ为细胞比生长速率,h^{-1};α为生长偶联的蛋白表达系数,以每克干细胞表达蛋白量的单位数表示,mg/g;β为非生长偶联的比蛋白表达速率,以每小时每克干细胞表达量的单位数表示,mg/(h·g);$[P]$为蛋白浓度,以每升发酵液中所含的蛋白单位数表示,mg/L;t为时间,h。

根据基因工程菌表达目的蛋白的时期不同,可将其发酵表达模式分为同步表达模式和诱导表达模式;表达模式不同,蛋白表达的速率和细胞生长速率的关系也有所不同。

同步表达模式的基因工程菌,目的蛋白表达与细胞生长相偶联。在平衡期蛋白表达的速率为零,即非生长偶联的比蛋白表达速率为零($\beta=0$)。所以其产酶动力学方程为:

$$\frac{\mathrm{d}[P]}{\mathrm{d}t} = \alpha\mu[X]$$ 式(9-2)

诱导表达模式的基因工程菌通过诱导剂与细胞体内的阻遏蛋白结合,启动目的基因的表达。诱导剂添加的时间往往是在细胞生长的对数期,在细胞生长进入稳定期后,诱导剂的存在仍然可以启动目的基因的表达。因此,诱导表达模式的基因工程菌的蛋白表达速率是生长偶联与非生长偶联表达速率之和。其蛋白表达的动力学方程为:

$$\frac{\mathrm{d}[P]}{\mathrm{d}t} = \alpha\mu[X] + \beta[X]$$ 式(9-3)

基因工程菌蛋白表达的动力学公式中的参数,例如生长偶联的蛋白表达系数α、非生长偶联的比蛋白表达速率β以及细胞比生产速率μ,都是在实验的基础上,运用数学物理的方法对大量实验数据进行分析,再经线性化处理和进行尝试误差等方法估算而得到的。由于实验过程中现象的观察和数据的分析都会受到主观和客观因素的影响,呈现出随机性,因此,必须经过周密的分析和计算才能得到接近实际的参数值。

三、基因工程菌的不稳定性及其控制

在基因工程菌工业化生产过程中,需要通过发酵过程大量生产目的蛋白,而此过程需要基因工程菌多次传代,因而涉及基因工程菌的稳定性。将外源基因整合到宿主菌的染色体上,其稳定性一般较好,而在质粒-宿主表达系统中,常常会出现质粒的不稳定性。质粒的不稳定性是一个极为重要而独特的问题。带有质粒的细胞生长较慢,生长速率与所带质粒的大小成反比。此外,高水平克隆基因产物的生成也会导致生长缓慢或生长异常(表达越高,生长越慢)。

质粒不稳定包括分离性不稳定和结构性不稳定2种类型。前者是细胞分裂过程中质粒没有分配到子细胞中而导致整个质粒的丢失,导致所需产物的产量下降;后者是重组质粒DNA发生缺失、插入或重排而引起的质粒结构变化。影响质粒稳定性的因素有培养基的组成、发酵操作方式和发酵培养条件。为了在工业化生产时使质粒的丢失降低到最低限度,除了构建合适的重组菌外,还应对重组菌进行一系列发酵试验,选择最佳的发酵条件。在发酵过程中可以通过以下方法控制质粒的稳定性。

(一)施加选择压力

通过利用某些培养因素施加选择压力,只让那些具有一定遗传特性的细胞能够生长。在基因

工程菌发酵时,常采取这种方法来消除重组质粒的不稳定性,以提高菌体纯度和发酵生产率。①添加抗生素:因重组菌中一般常含有抗药性标记基因,因此可添加相应的抗生素来限制非重组菌的生长。但由于抗生素的存在往往在一定程度上会影响目标产物的合成,增加产物提取的难度,而且对一些易被酶水解失活的抗生素来说,添加抗生素所造成的选择压力只能维持一定的时间。②筛选抗生素依赖型变异宿主:通过诱变使受体细胞成为某抗生素的依赖型突变株,即只有在该抗生素存在时受体细胞才能生长,而重组质粒上含有该抗生素的非依赖基因,将重组质粒导入后,克隆菌能在不含抗生素的培养基中生长。此方法可节约大量抗生素,但是重组菌容易发生回复突变。③选择营养缺陷型宿主:受体细胞是营养缺陷型的,不能在选择性培养基上生长,而质粒中含有此基因重组菌能在选择性培养基上生长。如构建带有色氨酸操纵子的重组质粒 pBR322-*trp*,在质粒上插入 *ser*B 基因,而受体细胞是 *ser*B 缺陷型的,因此只有重组菌才能在不含 Ser 的培养基上生长。

（二）控制基因过量表达

由于外源基因表达水平越高,重组菌往往越不稳定。因此一般采用两阶段培养法,即在发酵前期控制外源基因过量表达,使重组质粒稳定地遗传;等到发酵后期,通过提高质粒的拷贝或转录翻译效率,使外源基因高效表达。例如在构建基因工程菌时,使用带可诱导启动子的质粒或者稳定敏感型质粒。①采用可诱导启动子:在构建表达质粒时使用可诱导的操纵子（如 *lac*、*trp* 等）,在用含有这些启动子的重组菌进行发酵生产时,可以选择培养条件使启动子受阻遏至一定时期,在此期间质粒稳定地遗传,然后通过去阻遏,使质粒高效表达。例如利用 3-β-吲哚乙酸可以使 *trp* 启动子去阻遏,IPTG 可以使乳糖操纵子去阻遏。②采用温度敏感型质粒:某些质粒在温度较低时质粒拷贝低,温度升高后大量扩增。如 pKN402 和 pKN410 在 30℃时拷贝较低（为 20~50）,而在 35℃时大量复制。

（三）控制培养条件

不同的培养基能影响微生物的代谢活动,也能影响质粒的稳定性。一般认为质粒在丰富培养基中比在最低限量培养基中更加不稳定。此外培养温度也会影响基因工程菌的质粒稳定性。由于重组菌的比生长速率往往低于宿主菌,同样的质粒导入宿主菌后会使其生长温度改变。一般而言,低温有利于重组质粒稳定地遗传。

综上所述,选定一个合适的表达系统对工程菌的稳定性十分重要。为了高效率地生产代谢产物,还应考虑每个细胞质粒拷贝、质粒的稳定性及转录和翻译的效率等。质粒越多,产量越高,但增殖速度越慢,而且质粒越易丢失;如果重组菌的表达水平越高,其重组质粒越不稳定。因此在实际生产中可以考虑将发酵过程分为两个阶段,第一阶段主要考虑增殖,第二阶段主要考虑目的基因的表达;或者通过改变温度,添加或去除药物的方法来提高目的蛋白的产量。

第四节　基因工程菌的发酵过程控制

一、基因工程菌发酵条件的控制

基因工程菌的发酵条件控制是在已获得高产基因工程菌的基础上,在发酵罐中通过操作条件的控制或发酵设备的改型提高目的蛋白的产量、转化率以及生产强度,这是发酵过程优化与控制最基本的 3 个目标。在基因工程发酵过程中,培养基的组成、接种量、温度、溶解氧、pH、诱导条件以及代谢副产物等因素影响基因工程菌的生长和目的蛋白的表达。

（一）培养基的组成

培养基的组成要有充足的碳源、氮源、无机盐等营养成分,既要提高工程菌的生长速率,又要保持工程菌的稳定性,从而使外源基因高效表达。培养基的浓度和配比不但影响菌体的生长,而且影响外源蛋白的表达;一般而言,营养丰富的复合培养基比合成培养基的效果好,缓慢利用的碳源比葡萄糖的效果好。不同的表达系统对营养物质有不同的要求,相同的表达系统在表达不同的外源蛋白时对培养基也有不同的要求。①常用的碳源有葡萄糖、甘油、乳糖、甘露糖、果糖等。不同的碳源对菌体的生长和外源基因表达有较大的影响。使用葡萄糖或甘油作为碳源,对菌体的生长速率及呼吸强度的影响相差不大。但使用甘油作为碳源,菌体收率较大,而使用葡萄糖,菌体产生的副产品较多。葡萄糖对 lac 启动子有阻遏作用,乳糖对 lac 启动子有利。②常用的氮源有酵母提取液、蛋白胨、酪蛋白水解物、玉米浆、氨水、铵盐等。在氮源中,酪蛋白水解物有利于产物的合成与分泌。色氨酸对 trp 启动子控制的基因有影响。③此外,还有无机盐、微量元素、维生素、生物素等。④对营养缺陷型菌株还要补加相应的营养物质。

（二）接种量

接种量是指移入的种子液体积和培养液体积的比例,接种量的大小影响发酵的产量和发酵周期。接种量小,菌体延迟期较长,使菌龄老化,不利于外源基因表达;接种量大,可缩短生长延迟期,菌体迅速繁衍,很快进入对数生长期,适于表达外源基因;接种量过高,使菌体生长过快,代谢物积累过多,反而会抑制后期菌体的生长。

（三）温度

温度对发酵过程的影响是多个方面的。它影响各种酶的反应速率,改变菌体代谢产物的反应方向,影响代谢调控机制。适宜的发酵温度既适合菌体生长,又适合代谢产物合成。高温或低温都会使发酵异常,影响终产物的形成并导致减产。温度还影响蛋白质的活性和包涵体的形成。通常,低温往往有利于重组质粒稳定地遗传,高温时质粒的稳定性较差。

（四）溶解氧

在基因工程菌的发酵过程中保持较高的溶解氧有利于质粒的稳定。溶解氧对基因工程菌发酵的影响取决于工程菌的特性。对于好氧发酵,溶解氧浓度是重要的参数。好氧微生物利用溶解于培养液中的氧气进行呼吸,发酵产率随溶解氧速度和氧的利用率的提高而提高。发酵过程中,随着环境中溶解氧浓度的降低,细胞生长速度减缓。在发酵过程中,为了促进基因工程菌的生长、提高活菌产量和外源蛋白的表达,需要采取措施提高培养液中的溶解氧量。目前工业生产中普遍采用增大通气量和提高搅拌转速的方式来提高溶解氧量。

（五）pH

pH 接近于基因工程菌的最适生长 pH 时质粒的稳定性较高。在其他条件相同的情况下,pH 对不同菌群的生长影响不大,但对外源蛋白表达有一定影响。由于工程菌培养采用两阶段培养工艺,前期为菌体生长阶段,后期为蛋白诱导表达阶段。偏碱性的 pH 对外源蛋白的表达不利,因此表达阶段要调节 pH 在 6.8~7.0,以保证外源蛋白的高水平表达。

（六）诱导

为了增强基因工程菌的稳定性,提高外源蛋白的表达,在发酵培养过程中往往以某种方式进行诱导。外源蛋白的表达对工程菌的生长有抑制作用,故一般在对数生长后期进行诱导;随着诱导时间的延长,外源蛋白的表达量增加,但外源蛋白在细胞内的积累对重组菌产生毒性,合成速率下降,甚至产物被分解;诱导剂量要适当,过量诱导往往对细胞生长和代谢活性以及基因的表达具有抑制作用。使用热诱导时,温度不能过高。

（七）代谢副产物

基因工程菌在发酵培养过程中容易产生少量的代谢副产物,这些副产物的存在可能会对工程菌产生抑制作用。常见的对基因工程菌产生抑制性的代谢副产物有大肠埃希菌产生的乙酸、枯草杆菌产生的乙酸和丙酸、酵母产生的乙醇。解决代谢副产物抑制的方法有控制快速利用碳源（葡萄糖）的浓度,使用缓慢利用碳源,在线分离抑制物质。

综上所述,基因工程菌的发酵条件根据外源基因、载体、宿主、表达产物等因素的不同而异。总之,最佳化的工艺条件是获得最快周期、最高产量、最好质量、最低消耗、最大安全性、最周全的废物处理效果等。

二、基因工程菌的培养方式

目前,基因工程菌的培养方式主要采用补料分批培养、连续培养、透析培养、固定化培养这4种方式培养。

(一)补料分批培养

补料分批培养(fed-batch cultivation),将种子接入发酵反应器中进行培养,经过一段时间后间歇或连续地补加新鲜培养基,但不取出培养物,使菌体进一步生长,待培养到适当时期,将其从反应器中放出,从中提取目的生成物。补料分批培养可将培养基或产物维持在一定的浓度,使基因工程菌生长与目标产物表达处于最佳期。

(二)连续培养

连续培养(continuous cultivation)是在培养器中不断补充新鲜营养物质,并不断排出部分发酵液(包括菌体和代谢产物)的一种培养方式。主要有恒浊连续培养和恒化连续培养两类。恒浊连续培养通过不断调节流速,使培养液浊度保持恒定,因而可不断提供具有一定生理状态的细胞,并可得到以最高生长速率进行生长的培养物。恒化连续培养通过控制恒定的流速使营养物浓度基本恒定,从而使基因工程菌保持恒定的生长速率。

(三)透析培养

透析培养(dialysis cultivation)是指在培养过程中将基因工程菌用透析膜包裹,新鲜培养液在外部流动的一种培养方法。用这种方法,基因工程菌通过透析膜不断地受到新营养的补给,同时也不断地排出老朽废物和代谢产物,因此可以延长对数期的增殖,增加静止期的细胞数。此外,通过透析膜外部的培养液成分的变化,可使营养环境慢慢发生改变,调整基因工程菌的表达。

(四)固定化培养

固定化培养(immobilized cultivation)利用物理、化学或物理化学作用,通过吸附、包埋、偶联、镶嵌等方式,将基因工程菌固定在某种多孔介质的内部或表面孔隙中的一种培养方法。此法可提高基因工程菌的浓度,使其保持较高的生物活性,从而提高外源蛋白的表达。

三、基因工程菌的高密度发酵技术

基因工程菌的发酵与传统的微生物发酵不同,基因工程菌带有外源基因,其发酵的目的是使外源基因高效表达,并有利于产品的分离纯化,因而对发酵工艺有更高的要求。为了提高外源蛋白的表达效率,基因工程菌广泛采用高密度发酵(high density fermentation)。基因工程菌的高密度发酵是一个相对概念,是指微生物在液体培养中的细胞群体密度超过常规培养的10倍,一般菌体密度达到50g DCW/L以上。基因工程菌的目标产物的生产水平取决于发酵液中的菌体密度和外源基因的表达水平。基因工程菌高密度发酵的优点是在维持外源基因表达水平变化不大的前提下,提高了发酵罐内的菌体密度,提高表达产物的水平;提高了发酵设备的空间利用率,提高单位体积设备的生产能力;提高生产效率,缩短生产周期。

(一)大肠埃希菌基因工程菌高密度发酵控制

重组大肠埃希菌在蛋白质生产过程中占有重要的地位,一方面是因为大肠埃希菌是细菌,生产繁殖速度快,发酵过程较易控制;另一方面是大肠埃希菌基因组较小,对其遗传背景了解透彻。目前使用大肠埃希菌高密度发酵生产外源蛋白的产品有很多,如表9-1所示。

表 9-1　重组大肠埃希菌在蛋白质合成方面的应用

蛋白产物	大肠埃希菌宿主菌	菌体密度 /[g DCW/L]	蛋白产量 /(g/L)
人生长激素	MC1061	11	1.75
人干扰素	JE5505	26	1.2
胰蛋白酶	X90	92	0.056
A-β- 半乳糖苷酶	KA197	77	19.2
苯基丙氨酸	AT2471	36	46

在大肠埃希菌高密度发酵过程中,由于氧气的溶解度很小,所以氧的供给通常是一个限制因素,可以通过提高通气量、提高发酵罐内部压力和加大搅拌速率来增加氧的溶解量和传递效率,也可以通入纯氧来解决这个问题。当其分压高于 0.03MPa 时,也会抑制细胞的生长,而且还会加快乙酸的产生。增加发酵罐压力的同时也增加了二氧化碳的溶解量,对菌体的生长产生氧中毒。通过增加搅拌速率,也可以提高罐体内的营养物与菌体的混合效率,避免发酵罐中局部营养的匮乏。在高密度发酵过程中,二氧化碳也会产生对细胞不利的影响。

为了解决以上高密度发酵问题,研究者们也提出了许多发酵策略,其中营养物质的添加对发酵的成败至关重要。高密度发酵是在发酵体积限制的条件下进行的,可以通过补加营养物质实现高密度发酵。补料的方式依据是否使用发酵反馈信息分为非反馈补料和反馈补料,具体的补料方式及其优缺点见表 9-2。通过控制系统反馈的数据进行补料是一种更加有效和精细的补料方式,它是通过实时检测许多参数值(DO、pH、糖浓度、细胞密度和 CO_2 释放速率等)作为补料的依据。常用的有基于溶解氧浓度的 DO-stat 法和基于发酵 pH 的 pH-stat 法,其中前者更加灵敏。

表 9-2　各种补料方式的比较

补料策略	补料方式	特点	优点	缺点
非反馈补料	恒速流加补料	营养物质流以一定的流速加入	设备要求低,操作简单	细胞浓度增长速率递减,比生长速率逐渐下降
	变速流加补料	营养物质流以递增、递减的速度加入,或者是间歇性加入	设备要求低,操作简单	灵活性差;存在一定的盲目性
	指数流加补料	调节限制性底物的流加速度,控制生长速率在预设值	操作简单、省时,易于控制乙酸的积累	灵活性差;存在一定的盲目性
反馈补料	DO-stat	以培养基中的碳源为指标,调节补料的速率	操作方便,保证发酵液中的溶解氧浓度	要求溶解氧浓度检测设备;操作复杂
	pH-stat	以发酵液的 pH 为指标,调节补料的速率	操作简单,反馈及时	要求 pH 检测设备;存在一定的滞后性
	糖浓度	以培养基中的糖浓度为指标,调节补料的速率	反馈及时可靠,可以有效防止碳源过量和乙酸积累	要求葡萄糖浓度在线检测设备
	细胞密度	以发酵生物量为指标,调节补料的速率	反馈及时,工业化适用性强	要求生物量在线检测设备
	CO_2 产率(CER)	以尾气 CER 为指标,调节补料的速率	操作简单、及时	要求尾气在线分析设备

（二）毕赤酵母基因工程菌高密度发酵控制

毕赤酵母是一种能够高效表达外源蛋白的表达系统,其遗传性状稳定,外源蛋白表达水平高且可分泌,可实现蛋白翻译后加工,同时也可进行高密度发酵。利用毕赤酵母高密度发酵生产外源蛋白的应用也十分广泛,目前已经有数百种外源蛋白在该系统中实现工业化应用。影响毕赤酵母高密度发酵的因素及控制策略如表9-3所示。

表 9-3　影响毕赤酵母高密度发酵的因素及控制策略

影响因素	影响方式	控制策略
培养基组分	碳源:甘油或者葡萄糖浓度的高低影响菌体的生长 氮源:氨水,低浓度限制菌体生长,增加蛋白的降解; 高浓度减少蛋白的降解,抑制菌体生长和蛋白表达 基础盐:浓度过高,导致菌体死亡,增加蛋白的释放和降解	优化 BSM 培养基,然后补加基础盐
发酵 pH	不仅影响菌体的生长,而且会影响外源蛋白的表达和活性	一般通过补加氨水调节 pH,若 NH_4^+ 浓度过高,则改用其他碱来调节
发酵温度	高温有利于生长代谢和蛋白表达,但温度过高会使菌体过早进入衰亡期;低温有利于蛋白正确折叠,降低蛋白酶活性,提高外源蛋白产量	菌体生长的最适温度为30℃,诱导表达的最适温度一般为20~28℃
溶解氧	供氧不足,抑制菌体呼吸,限制菌体生长繁殖,降低外源蛋白表达;同时会导致甲醇及其代谢产物的过多积累	提高搅拌转速、通气量、罐压;调节甲醇补料速率;降低发酵液黏度;在培养基或者工程菌中引入血红蛋白
诱导时机	在最适的菌体密度时诱导有利于更多的甲醇向蛋白合成,提高表达产量	优化甘油的初始浓度和补料方式来调控菌体的密度和比生长速率
甲醇诱导方式	甲醇的诱导策略影响菌体的生长和蛋白的表达水平	甲醇限制补料,氧气限制补料

毕赤酵母高密度发酵表达外源蛋白是工业化生产重组蛋白的重要途径,不同的外源蛋白要求不同的发酵工艺条件,一般需要从培养基成分、补料策略、溶解氧、菌体密度、甲醇补料策略等多个方面,有针对性地对特异外源蛋白的发酵工艺进行优化,以期获得外源蛋白表达的最高水平。

第五节　基因工程菌发酵过程的放大

一、发酵过程的优化

开发基因工程菌的目的是面向产业化应用,其生产规模是实验室的几千倍甚至数万倍。产业化的失败直接带来的经济损失是惨重的,因此务必在实验室水平上做好充足的准备,发酵过程的优化是其中的一个必要环节。对于基因工程菌发酵,其优化的因素主要包括培养基的成分、培养方式、接种量、培养温度、诱导剂的浓度、诱导时间、pH 以及溶解氧等。在基因工程菌进行优化时一般考虑以下两个因素。

（一）协同效应与关键因素

优化发酵工艺实质是考察各个变量对优化目标的效应以获得各因素(变量)对目标值的影响关系,进而以此为基础确定最优操作条件。同其他学科一样,在发酵优化时如果能建立各因素对目标的数学表达函数是最为理想的。但由于发酵中微生物性质的复杂性(微生物内部的代谢机制、调控机制等)及发酵环境多样的传递特性(热、质量、动量),要建立一个准确的机制模型十分困难。因此目前常见的发酵模型多为黑箱模型,即拟合模型。因为在发酵时,涉及微生物性质(种类、种龄、活力、接种量)、生长条件(pH、温度)、培养基组成、传递条件(溶解氧量或转速、搅拌速度)等多个变量,所以不仅要考察每个因素的效应,还应考察是否存在不同因素的协同效应。此外,在优化发酵工艺时,一定要有意识地应用统计手段,首先确定关键因素(包括产生重要协同效应的因素),然后再集中精力优化关键因素。

(二)确定有效因素

在需要优化的因素较多时,如果采用单因素试验或正交设计试验,试验的工作量将会非常大。例如如果有 12 个因素需要考察,考虑到因素间的两两协同效应,则要另增加 $12 \times 11 = 132$ 个因素。如果借助适当的统计手段,则可大大减少试验次数。如 Plackett-Burman 试验,进行 n 次的试验可以考察 $n-1$ 个因素,即进行 12 次试验可以考察 11 个因素。虽然 Plackett-Burman 试验有一定的缺陷,但一般而言的确是高效而又实用的。

相同宿主的基因工程菌之间的差异是携带的外源基因不一样,但是它们的目标均是获得高产的目的蛋白,因此它们的发酵过程参数控制有很多相似的地方。在基因工程菌的发酵过程优化前,可以参考相关基因工程菌的发酵过程优化参数,选择需要优化的条件,合理设计优化实验过程。

二、发酵设备的选型

基因工程菌一般都是好氧微生物,因此通常使用好氧发酵罐进行生产。由于氧气在培养基中的溶解度很小,必须不断地通气和搅拌来增加氧的溶解量,满足微生物新陈代谢的需要。好氧发酵罐包括机械搅拌式、气升式和自吸式。基因工程菌发酵常用的好氧发酵罐主要是机械搅拌式发酵罐。

机械搅拌式发酵罐利用机械搅拌作用,使空气和发酵液充分混合,促进氧的溶解和传递,满足微生物代谢对溶解氧的需求。它的适用性能好,适用性强,放大相对容易。虽然它最大的缺点是搅拌产生的剪切力,但是基因工程一般都是耐剪切力的菌体。为了发酵顺利进行,一般机械搅拌式发酵罐必须满足以下几个基本要求。

1. 发酵罐应具有适宜的高径比　发酵罐的高度与直径的比为 2.5~4。罐体的高度尺寸越大,对氧的利用率就越高。

2. 发酵罐应能承受一定的压力　由于发酵罐在消毒和正常工作时,罐体内都会有一定的压力,一方面是为了增加溶解氧量,另一方面是在接种或者取样时形成一个负压,避免染菌。因此,罐体的各个部分要有一定的强度,能够承受一定的压力。

3. 发酵罐的搅拌通风装置　其能使气泡分散细碎,使得气-液混合充分,以保证发酵液的溶解氧量,提高氧的利用率。

4. 发酵罐应具有足够的冷却面积　微生物生长代谢过程放出大量的热量,不同产品的发酵放出的热量也有不同,为了控制发酵过程不同阶段所需的温度,发酵罐应该有足够的冷却面积,以保证可以及时降温。

5. 发酵罐内应抛光　尽量减少死角,避免藏垢积污,使灭菌彻底,避免染菌。发酵罐的死角少便于清洗,提高灭菌的效率,减少发酵过程中染菌的概率。

6. 发酵罐的搅拌器的轴封应严密　防止气体泄漏而发生染菌。

机械搅拌式发酵罐的罐体结构如图 9-3 所示,主要包括通气装置、搅拌装置、冷却装置、监测装置等。罐体一般是由圆柱体及椭圆形封头焊接而成的,材料一般为不锈钢,实验室小型的发酵罐的罐体有时以玻璃为材料。机械搅拌式发酵罐的主要特点是使用搅拌器,其作用是在发酵罐中实现气液混合、分散空气、热量传递和氧传递等,从而维持气-液-固三相的混合传质,同时强化热量的传递。

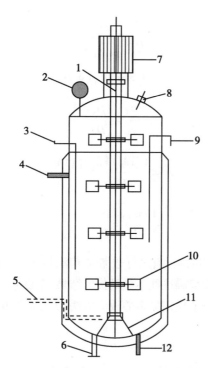

1—搅拌轴；2—压力表；3—温度/pH电极；4—冷却水出口；5—进气口；6—放料口；
7—电动机；8—手孔；9—取样口；10—搅拌器；11—底轴承；12—冷却水出口。

图9-3　机械搅拌式发酵罐示意图

三、发酵过程的放大

发酵过程的放大是发酵工程的一个重要问题，无论在工程层面还是学术层面都有重要意义。一般而言，发酵罐的开发设计前，需要对基因工程菌的培养条件进行优化，确定其最佳培养条件及配方。发酵过程的放大的目的是要使大型发酵罐的性能、生产效率与小型发酵罐接近。发酵过程的放大方法主要有经验放大法、因次分析法和理论放大法。基因工程菌发酵的放大主要采用的是经验放大法。

经验放大法是建立在小型试验或模拟中试试验实测数据和操作经验的基础上的放大方法。由于多种原因，当发酵过程的客观规律掌握不够深刻和完整时，只能靠经验逐级放大。对于基因工程菌的经验放大法，可以遵循以下几个原则：①以单位发酵液体积所消耗的功率为基准的方法；②以氧的容积传质系数相等为基准的方法；③以搅拌器叶端速度相等为基准的方法；④以氧的分压相等为基准的方法；⑤以溶解氧浓度相等为基准的方法。由于溶解氧浓度直接影响微生物细胞的生长，以溶解氧浓度相等为基准的方法是比较完善的方法。

根据文献报道：

$$K_L a \propto \left(\frac{Q_g}{V_L} \right) \cdot H_L^{2/3} \qquad \text{式（9-4）}$$

式中，K_L 为质量传递系数，cm/h；a 为单位体积液体中气液两相的总界面积，cm^2/ml；Q_g 为操作状态通风量，m^3/min；H_L 为液柱高度，m；V_L 为发酵液体积，m^3。

采用 $K_L a$ 相等原则可得：

$$\frac{(K_L a)_2}{(K_L a)_1} = \frac{(Q_g/V_L)_2 H_{L_2}^{2/3}}{(Q_g/V_L)_1 H_{L_1}^{2/3}} = 1 \qquad \text{式（9-5）}$$

进一步可得：

$$\frac{(Q_\text{g}/V_\text{L})_2}{(Q_\text{g}/V_\text{L})_1}=\frac{H_{\text{L}_1}^{2/3}}{H_{\text{L}_2}^{2/3}} \tag{式（9-6）}$$

因为
$$Q_\text{g}\propto v_\text{S}D^2,V\propto D^3$$

所以
$$\frac{v_{\text{S}_2}}{v_{\text{S}_1}}=\left(\frac{D_2}{D_1}\right)^{1/3} \tag{式（9-7）}$$

又因为
$$v_\text{S}\propto\frac{(VVM)V_\text{L}}{pD^2}\propto\frac{(VVM)D}{p}$$

所以
$$\frac{(VVM)_2}{(VVM)_1}=\frac{P_2}{P_1}\cdot\left(\frac{D_1}{D_2}\right)^{2/3} \tag{式（9-8）}$$

由于经验放大发酵对实际的机制没有进行透彻的了解，因而放大比例一般比较小，而且此方法不够精确。按照上述原则设计的发酵罐往往不是最优的结果，需要进一步改善。但是对基因工程菌的发酵放大采用的经验放大法是目前应用较多的放大方法，为其能够快速实现产业化应用节约了宝贵时间。

第六节　合成生物学——工程菌发酵技术发展新引擎

合成生物学（synthetic biology），最初在 1980 年被提出，用于表述基因重组技术。随着分子系统生物学的发展，2003 年国际上定义为基于系统生物学的遗传工程和工程方法的人工生物系统研究，涉及从基因片段、DNA 分子、基因调控网络与信号传导路径到细胞的人工设计与合成的各个领域，类似于现代集成型建筑工程，将工程学原理与方法应用于遗传工程与细胞工程等生物技术领域。

近年来，合成生物学技术快速发展。根据相关报告，全球合成生物学市场预计将从 2021 年的 95 亿美元增长到 2026 年的 307 亿美元，年复合增长率为 26.4%。在生物制造方面，可通过基因工程、代谢工程等技术手段在一些底盘微生物细胞重构代谢合成途径，最终新的代谢途径生产特定目标产物。这些具备新合成代谢的微生物细胞，本质上仍然属于基因工程菌株。利用这些工程微生物细胞可制备一些重要精细化学品：如重大疾病药物、天然产物和香料香精等。但其在发酵技术和发酵生产条件方面与传统简单基因工程菌相比，除了考虑底盘微生物自身因素外，还需考虑特定目标产品因素：如产率、产品的稳定性及产品质量等。

在底盘微生物引入外源，冗长的外源代谢途径，可能会极大增加微生物细胞的生长代谢压力，降低微生物的稳健性。这必然会导致现有的发酵技术条件与这些工程化菌株的某些发酵条件不匹配。可产生如培养基营养成分的配比，在发酵阶段是否需要补充其他营养物质等问题。此外，从工业生产角度来说，我们期望工程菌株发酵获得高浓度的产品，单产品的积累在一定程度上也会对工程菌株的生长形成压力。例如，单萜化合物会引起微生物细胞壁、细胞膜和细胞器膜等结构的破坏，降低某些酶的活性，阻碍细胞生理活动的正常进行，最终导致微生物死亡。与此同时，发酵条件也需和产品的特殊理化性质相适应。例如，一些热敏性产物对基因工程菌株的发酵温度有要求，酸性产品的发酵需考虑 pH 因素及其控制。相同底盘微生物且用于合成同类产品的发酵技术有一定参考价值。但是，相同底盘微生物用于不同产品生产，或者用于同类产品合成，在底盘微生物细胞不同的情况下，其发酵条件往往可能存在较大的差异。简单来说，用于合成特定产品的微生物工程细胞的发酵条件专一性较强。

与传统基因工程菌株相比，采用合成生物学技术构建的工程化微生物细胞具有定向、快速高效、准确可控、高通量和自动化强等许多优点。如何将生物发酵技术与先进的合成生物学技术进行完美融合,是未来工程菌株发酵技术研究与发展的新方向,合成生物学技术将成为促进生物发酵工业发展的新引擎与新动力。因此,合成生物学技术的发展与工业应用对工程菌发酵技术提出了更高的要求,将会给发酵技术带来深刻变革,甚至是带来新一轮的发酵产业革命。

思 考 题

1. 基因工程菌的特点是什么?
2. 基因工程菌在医药领域中的应用有哪些?
3. 简述基因工程菌的构建过程。
4. 目的基因的获取有几种方法? 简述每种方法的优缺点。
5. 叙述基因工程菌的生长周期及每个周期的特点。
6. 简述基因工程菌的不稳定性及其控制方法。
7. 基因工程菌高密度发酵的优点是什么?
8. 简述基因工程发酵过程中的条件控制。
9. 简述发酵过程放大的一般方法及其特点。
10. 基因工程菌的经验放大法,可以遵循的准则有哪些?

第九章
目标测试

(陈永正)

第十章

生 物 催 化

学习目标

1. **掌握** 生物催化的概念、反应类型和合成应用。
2. **熟悉** 生物催化反应体系和生物催化剂的发展。
3. **了解** 工业生物催化的应用与前景。

第一节 生物催化概述

一、生物催化发展史

在人类发展的历史进程中,微生物和酶在社会经济发展和人类进步的过程中起着不可忽视的重要作用。早在几千年前,人类就会使用微生物发酵酿造啤酒、白酒,制作面包等。在春秋战国时期,我国就已经学会制酱和制醋。进入 19 世纪以后,人们采用微生物发酵的方法实现了有机酸、氨基酸和维生素等化工医药产品的生物合成。酶(enzyme)的概念在 1867 年被提出,用于描述微生物酶的催化活性。后来提出了酶的"钥匙学说"来解释酶催化反应的专一性和特殊性。20 世纪以来,人们逐渐意识到活体细胞中含有一些特殊的酶,可以应用于一些化合物的生物转化,合成目标化合物,这些研究孕育了现代生物催化的萌芽,推动了第一次生物催化浪潮。比如在从杏仁中发现的 D- 醇腈酶,可以催化合成手性腈醇。发现黑根霉能催化黄体酮的 11 位亚甲基的羟基化反应直接获得 11α- 羟基黄体酮,大大地简化了原来需要 9 步的化学合成工艺,为甾体类药物的生物合成提供了更为简单的途径。1953 年,DNA 双螺旋结构模型这一具有里程碑意义的发现,为酶的工程化研究建立了重要的基础。1960 年,地衣型芽孢杆菌深层次培养发酵可以大规模地制备蛋白酶,实现了酶的工业化生产。1972 年,DNA 重组技术的建立为最初的蛋白质工程技术奠定了基础。蛋白质工程技术的发展拓宽了酶催化反应的底物类型,使得更多的酶可以通过分子生物学技术进行改造,以便获得更高活性和选择性的生物催化剂,用于许多医药中间体的绿色合成。例如,使用羰基还原酶催化合成他汀类药物的关键中间体,使用腈水合酶催化丙烯腈水合生成丙烯酰胺。这些化工医药中间体的生物制造过程的实现,标志着生物催化领域第二次浪潮的出现。

在 20 世纪末期建立了进化酶和改造酶的方法,即定向进化,借助分子生物学技术手段,根据目标功能进一步地进化酶和改造酶,以便获得更高的催化活性和对映选择性的生物催化剂。这一标志性的研究工作推动了第三次生物催化浪潮的出现,例如通过酶工程改造的羰基还原酶,实现孟鲁司特的生物催化合成;采用氨基转移酶催化,实现降血糖药磷酸西格列汀的生物催化合成以及改变微生物代谢途径生产生物燃料等。通过定向进化等技术改造和获得的新酶还能应用到生物能源、化工医药产品和生物材料之中。基于定向进化的高级蛋白质工程、基因合成和序列分析、生物信息学和蛋白质晶体结构的解析均有助于酶的发现和应用,标志着生物催化领域第三次浪潮的涌现。

进入 21 世纪以来,随着现代分子生物学技术和酶工程技术的进步和发展,更多的酶被发现并应用到化学产品、生物材料、食品添加剂、农业饲料、造纸和生物能源等领域中,更多的化学品和药物将实现更为绿色的生物制造。近年来,许多制药企业、高校和科研院所也逐渐开始重视生物催化在制药工业中的应用,许多集成生物催化的研究与产业化的研发中心也相继成立,比如长三角绿色制药协同创新中心和国家合成生物技术创新中心等研究平台的建立,都极大地推动了生物催化与制药工业的创新发展和产业化进程,许多医药中间体也可以通过工业生物催化进行生产。图 10-1~ 图 10-5 列出了一些代表性的通过生物催化制备的化工医药中间体。

二、生物催化的特点

生物催化(biocatalysis)是指利用酶或有机体(细胞、细胞器等)作为催化剂实现化学转化的途径和过程。尤其是进入 21 世纪以来,在医药工业领域,生物催化与生物转化技术对传统的化学合成技术而言是重要的补充。与传统的化学反应相比,生物催化主要有以下特点:①酶通常具有活性位点中心和特殊的空间结构;②酶催化反应通常对底物具有较高的专一性、立体选择性和区域选择性;③酶催化反应通常在常温、常压等较温和的条件下进行;④酶催化反应通常可以在非活泼性位点引入新的官能团;⑤可以通过定向进化等技术对酶进行改造获得更高活性和选择性的生物酶;⑥可以采用新型材料对酶进行固定化,实现生物催化剂的固定和重复循环使用;⑦酶的来源十分广泛,动植物和各

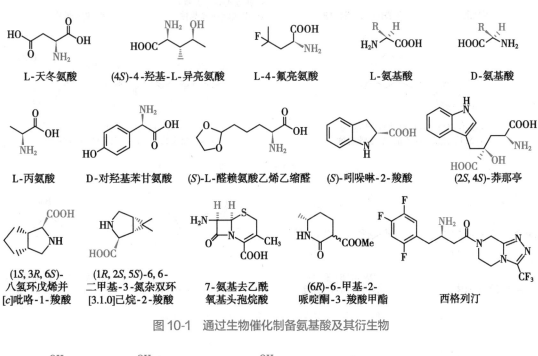

图 10-1　通过生物催化制备氨基酸及其衍生物

图 10-2　通过生物催化制备氨基醇及其衍生物

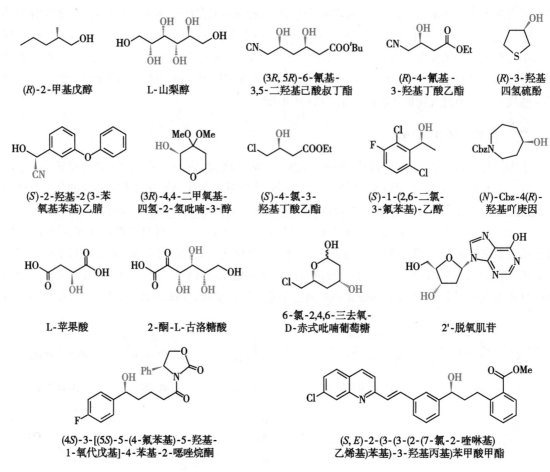

图 10-3　通过生物催化制备手性醇类化合物

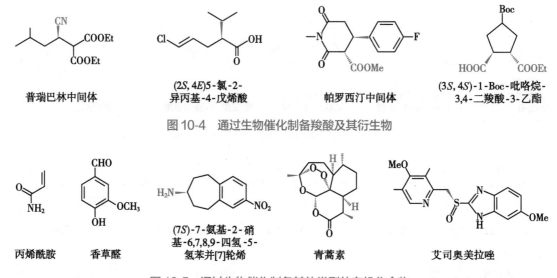

图 10-4　通过生物催化制备羧酸及其衍生物

(7S)-7-氨基-2-硝基-6,7,8,9-四氢-5-氢苯并[7]轮烯　青蒿素　艾司奥美拉唑

丙烯酰胺　香草醛

图 10-5　通过生物催化制备其他类型的有机化合物

种微生物含有丰富的酶系,为发展生物转化工艺提供了丰富的催化剂来源;⑧一些酶催化反应可以实现化学方法较难进行的化学反应或目前尚无法进行的反应;⑨通过构建多酶组合的级联催化体系,实现药物分子的多酶催化合成;⑩酶催化体系不断与电催化、光催化、有机小分子催化和金属催化等催化体系融合,通过优势互补,不断优化药物分子的合成途径。

三、生物催化的常用方法与反应体系

根据生物催化剂的分类,主要分为酶催化和全细胞催化。酶催化是指利用分离酶作为生物催化剂,在有机相或者水相反应体系中实现化学转化的过程。全细胞催化则是利用微生物全细胞(包括野生型菌株和基因工程菌)进行化学转化的过程,通常采用细胞生长培养转化法、静息细胞转化法、分离酶催化法、固定化细胞(酶)转化法进行生物转化。

(一)细胞生长培养转化法

细胞生长培养转化法是指在微生物细胞培养前或者培养一段时间后,将底物直接加入到微生物生长的培养基中,以微生物在生长过程中表达的酶作为催化剂催化底物的转化。这种催化方式一般是在菌体生长达到一定浓度时再将待转化的底物加入。为了保证转化的效率,首先底物能溶于发酵培养基中,除菌后滴入发酵液中,但加入的浓度与加入的时间需经试验摸索,以期获得最大的转化效率。如果底物不易溶于发酵液,则需溶于一些辅溶剂如乙醇、丙酮等,或用表面活性剂增加其溶解度。生物转化反应通常分两个阶段进行,第一阶段为菌体生长阶段,在该阶段主要是供给菌体丰富的营养,选择最适的温度、pH、通气条件,使其充分繁殖发育,使其产酶达到最高水平。培养时间的长短随菌种和环境而异,一般细菌需要 12~24 小时;真菌的培养时间较长,通常需要 24~72 小时;如果使用基因工程菌,则根据酶的诱导表达的时间而定。如转化用的酶属于诱导酶,则需在培养阶段加入适宜的诱导剂。第二阶段为转化阶段,一般在微生物生长到一定的程度或者生长的终点时,将底物加到微生物的悬浮液中。在许多菌株的生长阶段加入转化反应的底物或结构类似的化合物以诱导转化酶的产生,例如加入诱导糖可使大肠埃希菌 $E.\ coli$ 产生的 β-半乳糖苷酶活性提高 100 倍,乳糖和槐糖可诱导瑞氏木霉纤维素酶生成。

(二)静息细胞转化法

静息细胞转化法是指将微生物细胞发酵或者培养到较高的活性状况时,将菌体离心收集洗涤,再将菌体悬浮于含有底物的反应体系中进行生物转化。这种催化方法具有反应产物处理简单、受培养基和菌体代谢产物的影响较小、便于反应后产物的分离纯化等特点。此外,该方法可以有效地控制反应体系的酸碱性,可以使一些对酸碱性敏感的反应能顺利地进行,当前许多生物催化的反应多采用此方法进行。

(三)分离酶催化法

分离酶催化法是指将酶蛋白从微生物菌株(野生型菌株或者基因工程菌)发酵后的细胞、植物细胞或者动物组织细胞中,进行分离纯化后作为催化剂,在水相或者水-有机溶剂两相反应体系中直接催化底物的生物转化过程。分离酶催化反应发生的副反应相对较少,反应后产物的分离过程也较为容易。纯化的酶可以采用多种材料进行固定,实现酶的循环使用。但是纯酶催化反应也有一些不足,比如酶的纯化分离困难、价格昂贵。此外,氧化还原酶通常都需要辅酶的参与才能有效地催化反应的进行,通常还需要添加辅酶和构建辅酶再生循环系统。

(四)固定化细胞(酶)转化法

固定化细胞转化法或者固定化酶转化法主要是指利用不同的功能材料作为载体,通过吸附、共价结合、包埋、微囊化和交联等方法构建固定化细胞或者酶,应用到生物催化的有机合成反应之中。固定化可以增加细胞或者酶的使用循环次数,增加细胞或者酶的稳定性。目前常用的固定化材料是凝胶,比如聚丙烯酰胺凝胶、海藻酸钠和其他多孔材料。固定化细胞转化法通常需要通过摇瓶或者发酵罐将细胞培养好以后,离心、洗涤收集,再用相应的材料进行固定,制备得到固定化的生物催化剂。分离酶的固定化是近年来研究的热点。随着材料科学的发展,许多酶可以被固定在一些特殊材料上。当前酶的固定化方法主要分为 5 类,如图 10-6 所示。

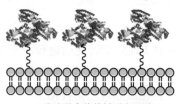
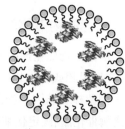

通过吸附进行固定　　　　　　通过形成共价键进行固定　　　　形成中空的管式反应器

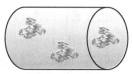
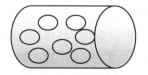

通过包埋进行固定　　　　　　　　通过多孔材料进行固定

图10-6　酶的固定化方法示意图

（五）反应介质工程

　　上述的催化方法通常也需要建立合适的反应介质体系，虽然许多反应可以在单水相中高效地进行，但是许多非水相反应介质也是生物催化反应体系中很重要的组成部分，可以提高生物催化的反应效率，比如采用辅溶剂、水 - 有机溶剂两相反应体系、树脂吸附体系、超临界反应体系、离子液体反应体系等。

　　在生物催化反应体系中，由于一些底物在水中的溶解性不好，加入一定量的辅溶剂可以增加底物的溶解性，与水相体系形成共溶，有机溶剂的加入通常会影响酶催化反应的催化活性或者选择性。此外，两相反应体系也是常常使用的催化体系，因为生物催化的底物大多数是脂溶性的，而酶和全细胞的催化剂通常是在水相中发挥作用，一些底物如果在不添加辅溶剂的情况下很难进行均匀分散，底物与酶催化剂的表面接触的概率就会降低，从而影响催化活性。

　　与单水相催化体系相比，水 - 有机溶剂两相反应体系可以有效控制生物转化过程中的底物浓度和产物浓度。通常来讲，大多数底物和产物在有机溶剂中的溶解度较高，反应完成后，产物也基本停留在有机相中，这样也就实现了水 - 有机溶剂两相反应体系的应用，同时也简化了反应后产物的分离纯化过程。例如：采用苯乙烯单加氧酶催化苯乙烯的环氧化反应，就可以采用长链烷烃作为两相反应体系的有机相，在反应过程中底物苯乙烯和产物环氧苯乙烷基本上均溶解在有机相中。通过两相反应体系的建立，一方面可以减少底物和产物的抑制作用而提高产物浓度，另一方面在反应体系中有机相的加入还降低了环氧化物在水相中的水解反应的产生，提高了产物的收率，如图10-7所示。

　　吸附树脂已经广泛地应用于生物催化的反应过程和产物分离过程之中，可以起到底物和产物的吸附和释放的作用，在反应的初始阶段通过采用树脂吸附底物，可以防止底物浓度过大而产生的底物抑制问题。同样，在反应过程中随着底物的消耗和产物浓度的增加，树脂可以对生物转化过程中产生的产物进行吸附，也降低了产物对酶和全细胞催化剂的抑制影响。这项技术广泛应用于生物催化的反应中，采用以树脂吸附底物或者产物的方式，也使生物催化反应后产物的纯化和分离过程更为容易。比如鲁氏结合酵母菌的全细胞催化 3,4- 亚甲基二氧苯基丙酮的不对称还原而制备（S）-4-（3,4- 亚甲基 - 二氧苯基）-2- 异丙醇，后者是合成治疗癫痫和帕金森病的药物的重要中间体。由于产物对酵母的全细胞催化活性有影响，所以导致产物浓度低，只能达到 6g/L；而采用树脂吸附底物后再加入到全细胞的催化反应体系中，产物的浓度可以达到 40g/L，同时并保持了 96% 的转化率和大于 99% 的对映体过量值（ee 值）。

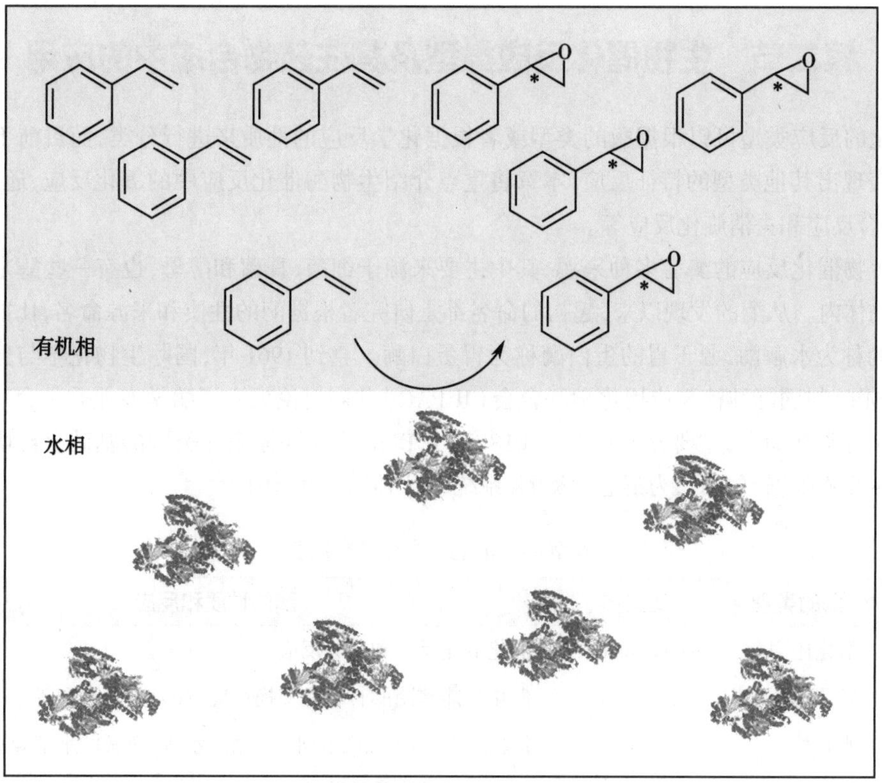

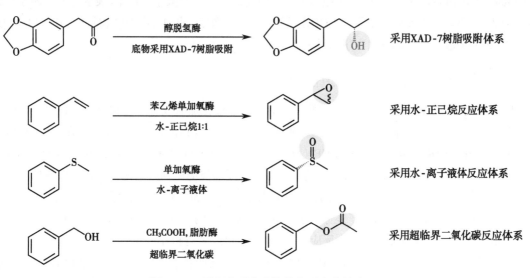

*表示该原子为手性中心原子。

图10-7　苯乙烯单加氧酶催化苯乙烯的两相反应体系

　　近年来,离子液体也不断地应用到生物催化的反应体系中,离子液体由于在室温下是不结晶的盐类化合物,通常可以被有效地重复使用。离子液体因为是环境友好的溶剂,常常作为生物催化反应体系的反应介质。比如在离子液体-水的反应体系中,单加氧酶催化苯甲硫醚合成苯甲亚砜的立体选择性增加。与此同时,超临界二氧化碳也可以作为生物催化反应体系的介质,在脂肪酶催化下,以超临界二氧化碳为反应介质,能催化苯甲醇和乙酸的酯化反应高效合成乙酸苯甲酯。

　　反应介质在生物催化反应中的应用见图10-8。

图10-8　反应介质在生物催化反应中的应用

第二节　生物催化反应类型及其在药物合成中的应用

酶催化的反应类型可以根据酶的类型或者根据化学反应的性质来进行分类,而目前不同类型的酶有时也表现出其他类型的特征反应,本章将重点介绍生物酶催化反应中的氧化反应、还原反应、水解反应、缩合反应和去消旋化反应等。

用于生物催化反应的酶有多种来源,其中主要来源于细菌、真菌和酵母,也有一些酶来源于植物细胞和动物体内。从酶的发现以来,起初的命名都是研究者根据酶的性质和来源命名,比如催化底物分子水解的称为水解酶,源于胃的蛋白酶称为胃蛋白酶。直到 1961 年,国际生物化学与分子生物学联盟(IUBMB)与国际纯粹与应用化学联合会(IUPAC)共同讨论成立了酶学专业委员会(EC),初步对酶进行了分类和命名,主要分为六类。2018 年,IUBMB 宣布在原来六类酶的基础上再增加移位酶(translocase),又称"转位酶",为第七大类酶,系统编号 EC 7(表 10-1)。

表 10-1　酶的分类和基本性质

EC 编号	酶的类别	英文名	酶的性质和反应
EC 1	氧化还原酶	oxidoreductase	催化氧化反应和还原反应
EC 2	转移酶	transferase	催化功能基团的转移和交换反应,如氨基转移酶等
EC 3	水解酶	hydrolase	催化水解反应,如酯的水解、糖的水解、卤素的水解等
EC 4	裂合酶	lyase	催化功能基团的消除反应
EC 5	异构酶	isomerase	催化差向异构化反应、消旋化反应、顺反异构化反应等
EC 6	连接酶	ligase	催化两个分子连接成新的化学键,如 C—C、C—S 和 C—N 键等
EC 7	移位酶	translocase	催化离子或分子跨膜转运或在细胞膜内移位反应的酶

与此同时,酶学专业委员会建立了一套以 4 位数编号为模版来命名酶,用 EC(Ⅰ)、(Ⅱ)、(Ⅲ)、(Ⅳ)来表示。其中第一个(Ⅰ)表示酶的大分类,即上述的七大类酶;第二个数字(Ⅱ)表示亚类,主要指在第一类酶分类下,根据底物的性质和催化反应类型进行定义;第三个数字(Ⅲ)主要代表上述亚类(Ⅱ)按照底物或者共底物进一步分为亚亚类;最后一个数字(Ⅳ)则是一个数字编号或者序列号,通过上述的 4 个数字代码来确定酶的最终命名。比如以来源于嗜热脂肪芽孢杆菌的 L-乳酸脱氢酶(L-lactic dehydrogenase)为例,分类编号为 EC 1.1.1.27。第一个数字(Ⅰ=1)表示为氧化还原酶类;第二个数字(Ⅱ=1)代表氧化基团为 CHOH 基团;第三个数字(Ⅲ=1)代表底物特征,其 NADH 为 H 的受体;第四个数字(Ⅳ=27)代表序列号为 27。

一、氧化酶及其在药物合成中的应用

生物氧化反应(bio-oxidation)是指在酶催化的作用下催化加氧或者催化脱氢的过程,是最常见的生物转化反应之一。生物催化的氧化反应早期常用用在甾体药物的合成上,如 R—CH$_3$→R—CH$_2$OH、R—CH$_2$OH→R—COOH、R^{1}CH$_2$R^2→R^{1}CHR^2(OH)、R—CHO→R—COOH。近年来,随着各种新型氧化酶野生型菌株和基因工程菌的发现,更多的反应类型也逐渐被应用到大宗化工医药中间体的制备中。生物催化氧化反应的酶主要为加氧酶,通常分为单加氧酶和双加氧酶。单加氧酶催化分子氧中的一个氧原子到底物中,另外的一个氧原子还原为水。双加氧酶是将两个氧原子同时加到底物中。

目前对于 C—H 键的选择性氧化反应而言,金属催化或者有机小分子催化都较难控制区域选择性和立体选择性,而且通常伴随着许多副产物或者过度氧化产物的生成。生物酶催化的选择性氧化反应通常显现出较高的区域选择性和立体选择性,这一绿色的合成策略是对有机合成方法学重要的

补充。以下主要介绍拜耳 - 维立格（Baeyer-Villiger）氧化反应、C—H 键的氧化反应、硫醚的氧化反应、醇和醛的氧化反应、胺的氧化反应及氧化脱氢反应等。

（一）拜耳 - 维立格氧化反应

许多单加氧酶都能催化直链酮底物的 Baeyer-Villiger 反应，而且还能对其他环酮类底物进行氧化，如环己酮、环戊酮、环丁酮等类型的底物，并具有较好的对映选择性，形成相应的内酯化合物。图 10-9 列出了一些采用生物催化剂催化不同类型底物的 Baeyer-Villiger 反应及其在药物合成中的应用。比如使用从荧光假单胞菌（*Pseudomonas fluorescens* ACB）中分离出的 4- 羟基 - 苯乙酮单加氧酶（HAPMO），可以使 4- 羟基 - 苯乙酮在氧化时省去羟基的保护，直接氧化生成乙酸 -2- 羟基苯酯。来源于醋酸钙不动杆菌（*Acinetobacter* NCIB9871）的环己酮单加氧酶研究较多，能用于催化环己酮的一系列取代物，比如使用环戊酮单加氧酶可以有效地催化环戊酮类化合物的氧化反应，获得具有高光学活性的手性内酯。而对于环丁酮类的底物，利用醋酸钙不动杆菌的全细胞催化，取代的前手性的环丁酮被氧化为相应的内酯，并有很高的对映选择性。使用单加氧酶催化的 Baeyer-Villiger 氧化，还可以直接合成（*R*）-（+）- 硫辛酸和（*R*）-4- 氨基 -3- 对甲苯基丁酸。由于酶催化的 Baeyer-Villiger 氧化反应的有效性，已经逐步地应用于有机合成之中，也不断推动生物催化的氧化反应成为有机合成中的重要组成部分。

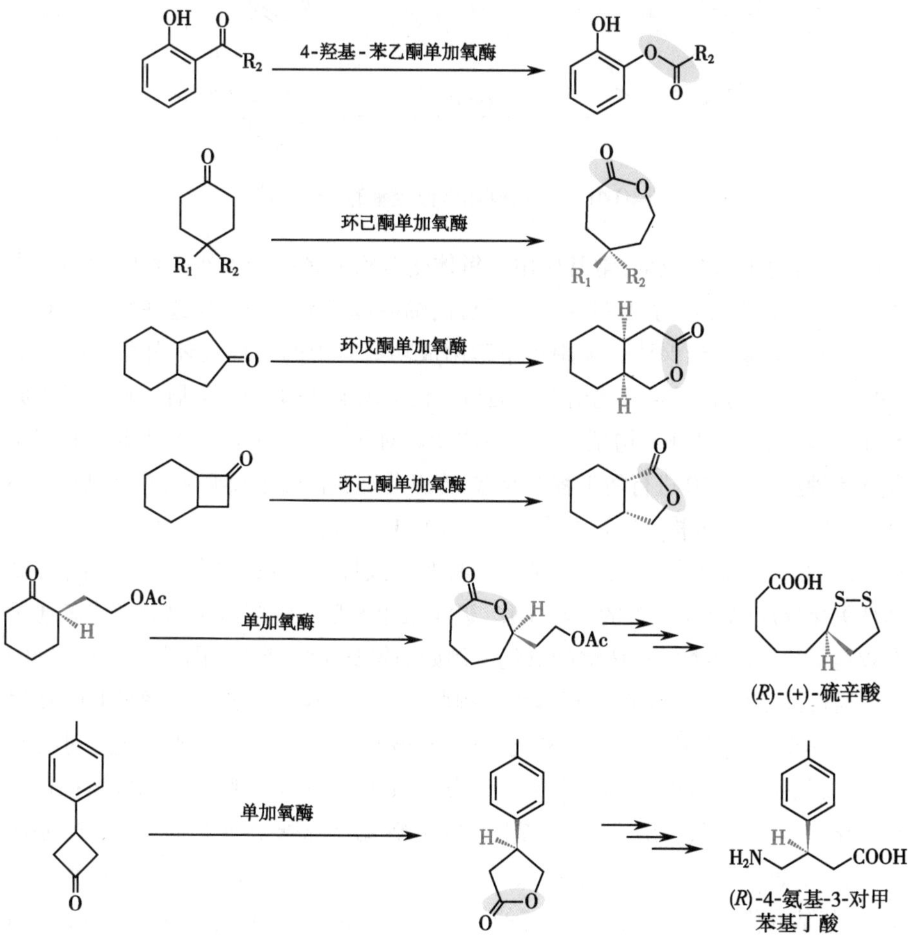

图 10-9　生物催化的 Baeyer-Villiger 氧化反应及其在药物合成中的应用

（二）C—H 键的氧化反应

对于 C—H 键，如果根据 C—H 键的相对活泼性来进行分类，可分为活泼性 C—H 键和非活泼性 C—H 键。相对活泼性的 C—H 键主要包括苄基、烯丙基、α 位含有功能基团取代基的活泼氢；而非活泼性 C—H 键主要是指一些烷烃、环烷烃等化合物的一些甲基、亚甲基和次甲基的非活泼氢，以及芳环上的 C—H 键的氢等。

1. **活泼性 C—H 键的氧化反应**　如图 10-10 所示,采用黑曲霉(*Aspergillus niger*)的全细胞可以催化乙苯苄基位亚甲基 C—H 键的不对称氧化反应,一个氧分子选择性地插入 C—H 键中,获得 *R* 构型的 1- 苯基 -1- 乙醇。采用蒙氏假单胞菌的全细胞也能有效地催化茚满苄基位的羟基化反应,获得 *R* 构型的手性醇。对于 1- 丙烯基苯这一化合物,其苄基位置的亚甲基既是苄位又是烯丙基位,活泼性较高,采用静息细胞转化法,黑曲霉和假单胞菌全细胞催化该反应仍然可以获得 *R* 构型的手性醇产物。

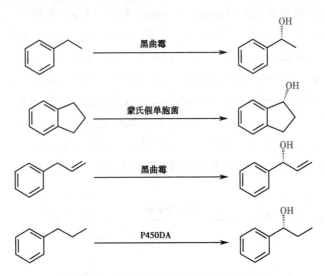

图 10-10　生物催化苄位羟基的氧化反应

　　烯丙基位 C—H 键的氧化反应,常常应用到甾体化合物或者一些天然产物的生物转化之中。比如采用红球菌和可以选择性地对 D- 柠檬烯 3 号位的烯丙基亚甲基进行高选择性的不对称羟基化反应,而 1 号位烯丙基甲得到保留。采用小单孢菌成功地对十四元环大环内酯类抗生素鲁司米星(rustmicin)的 21 位甲基进行了羟基化衍生以提高其化学稳定性和抗真菌活性,而分子中原本存在的不饱和双键和羟基均未受到影响,构型亦未发生改变。对于 α 位含有功能基团取代基邻位发生羟基化反应而言,对细胞色素 P450 进行酶工程的改造,可以分别获得 2 个突变体,并且显示出不同的选择性,可以分别获得 *R* 构型和 *S* 构型的羟基酮。如图 10-11 所示。

　　2. **非活泼性 C—H 键的氧化反应**　对于一些非活泼性 C—H 键的氧化反应而言,要实现较高的区域选择性氧化反应仍然是较难的一项工作,近年来也发现了许多微生物菌株或者通过改造的工程菌也能有效地催化非活泼性 C—H 键的氧化。例如酪氨酸酶能催化苯酚邻位 C—H 键的羟基化得到邻苯二酚。通过细胞色素 P450 酶进行基因工程菌的改造和构建得到突变菌株 CYP153A13a,其全细胞可以催化正辛烷末端甲基的选择性氧化,具有 99% 的区域选择性。如果通过对酶改造产生的突变体可使 α- 氧化受阻,从而实现烷烃的双端氧化。近年来,由于一些特殊的底物往往难以在酶的作用下进行氧化反应,并以此提出了"保护基团"的策略,就是需要将底物的一些活性基团用特定的基团进行保护,一方面让羟化反应得以进行,另一方面可以提高产物的对映选择性和减少副产物的产生。对于 N- 苄基取代的四氢吡咯,以长链的烷烃为诱导碳源,从土壤中筛选得到了鞘氨醇单胞菌(*Sphingomonas* sp. HXN-200)。该菌株的全细胞能选择性地催化 N- 苄基取代的四氢吡咯 3 号位 C—H 键的区域选择性氧化和立体选择性氧化反应,通过对鞘氨醇单胞菌中的单加氧酶进行克隆和表达后,采用定向进化的策略获得了 2 个突变体,可以分别高选择性地合成 *R* 构型和 *S* 构型的 3- 羟基 -N- 苄基 - 四氢吡咯,见图 10-12。此外,碳链氧化降解(oxidized degradation)是降解甾体物质侧链的重要反应。同类反应可用于制备天然芳香物质 γ- 癸酸内酯(主要食品香料)和香草醛等。采用链霉菌转化阿魏酸制备香草醛的产量可达 6.4g/L。

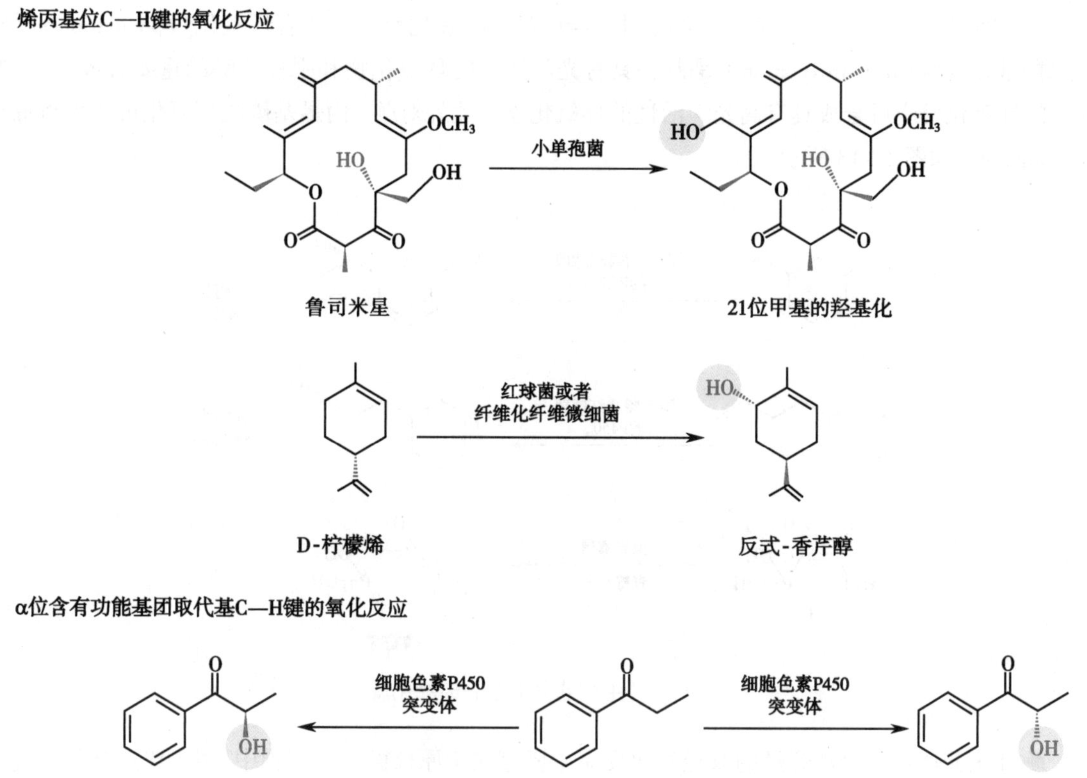

烯丙基位C—H键的氧化反应

鲁司米星 →（小单孢菌）→ 21位甲基的羟基化

D-柠檬烯 →（红球菌或者纤维化纤维微细菌）→ 反式-香芹醇

α位含有功能基团取代基C—H键的氧化反应

←（细胞色素P450突变体）─ ─（细胞色素P450突变体）→

图 10-11　生物催化烯丙基位和 α 位亚甲基的氧化反应

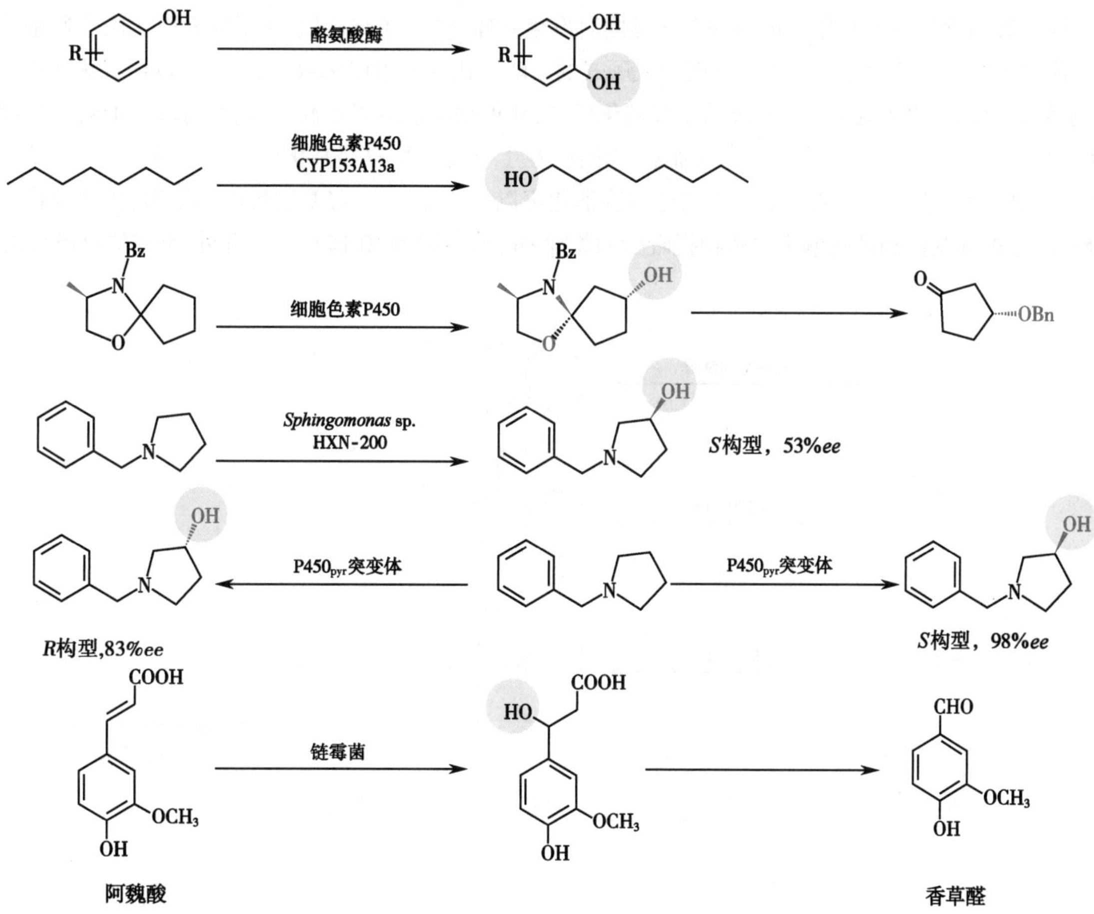

R—苯酚 →（酪氨酸酶）→ R—邻苯二酚

正辛烷 →（细胞色素P450 CYP153A13a）→ HO—辛醇

Bz →（细胞色素P450）→ Bz-OH → OBn酮

苄基吡咯烷 →（Sphingomonas sp. HXN-200）→ 3-羟基 S构型，53%ee

R构型,83%ee ←（P450pyr突变体）─ ─（P450pyr突变体）→ S构型，98%ee

阿魏酸 →（链霉菌）→ → 香草醛

图 10-12　生物催化非活泼性 C—H 键的氧化反应

3. C＝C 双键的氧化反应　生物催化 C＝C 双键的氧化反应主要有环氧化（epoxidation）反应和双羟基化反应（dihydroxylation），是制备具有光学活性的环氧化物和手性二醇的重要合成方式，如烯烃的环氧化反应可合成具有高光学活性的环氧化物。此外对顺 - 丙烯基磷酸环氧化可产生磷霉素（fosfomycin），如图 10-13 所示。

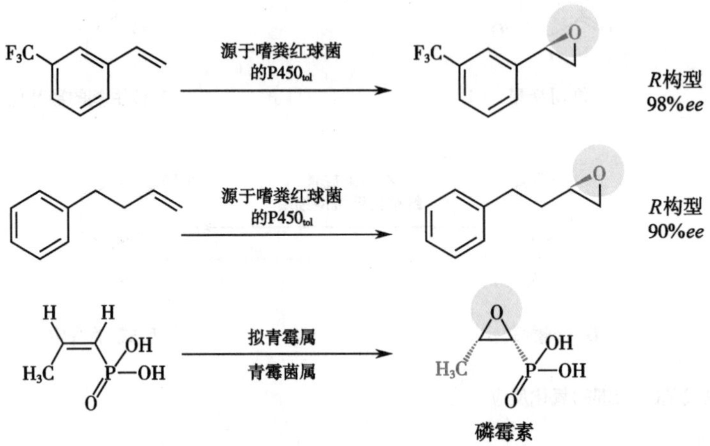

$$\text{F}_3\text{C}\text{—}\bigcirc\text{—CH=CH}_2 \xrightarrow[\text{的P450}_{\text{bsl}}]{\text{源于嗜粪红球菌}} \qquad R\text{构型} \quad 98\%ee$$

$$\xrightarrow[\text{的P450}_{\text{bsl}}]{\text{源于嗜粪红球菌}} \qquad R\text{构型} \quad 90\%ee$$

$$\xrightarrow[\text{青霉菌属}]{\text{拟青霉属}} \qquad \textbf{磷霉素}$$

图 10-13　生物催化烯烃的环氧化反应

酶催化芳环化合物和烯烃的双羟基化反应主要存在于原核微生物细胞中，用于双羟基化反应的双加氧酶主要有甲苯双加氧酶、萘双加氧酶和联苯双加氧酶等，许多在芳环上发生的顺式的双羟基化反应也是微生物代谢途径中降解芳香化合物的重要反应。这一类反应主要由芳基双加氧酶催化发生，在去芳构化反应中氧化苯环的一个双键同时发生立体选择性的双羟基化反应而引入两个羟基基团，通常是在 2，3 位发生羟基化反应而形成顺式的二醇。比如采用甲苯双加氧酶、萘双加氧酶和联苯双加氧酶可以实现芳环 C＝C 双键的双羟基化反应，获得相应的顺式手性二醇，具有较高的对映选择性。与 2，3 位发生双羟基化反应的双加氧酶相比，在 1，2 位发生双羟基化反应的案例较少。以苯甲酸为原料，使用假单胞菌的突变菌株的全细胞催化可以合成 1，2- 二羟基取代的苯甲酸，该化合物是合成治疗癫痫发作和预防偏头痛药物托吡酯的关键中间体。如图 10-14 所示。此外，反式的双羟基化

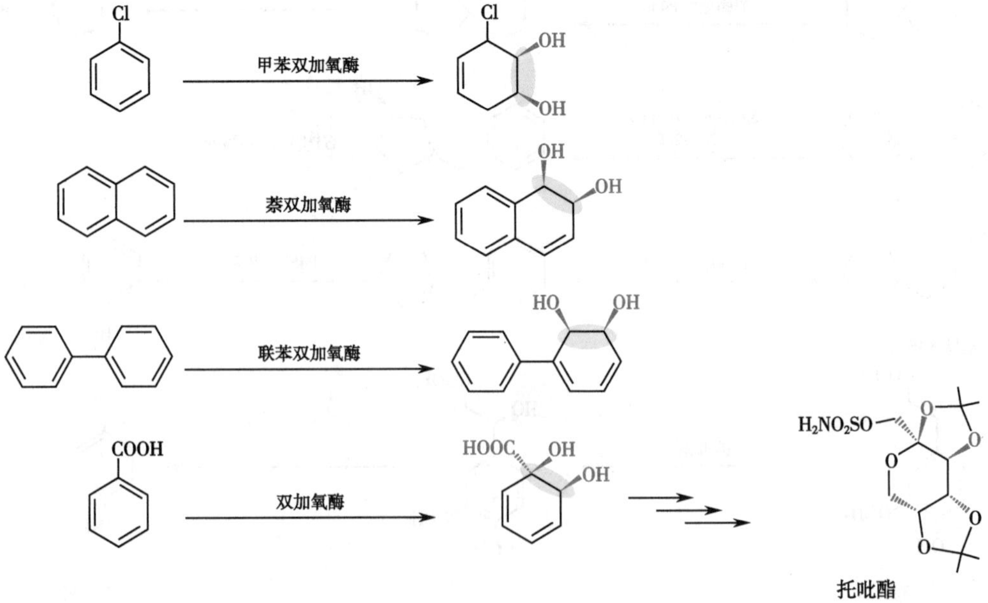

$$\text{甲苯双加氧酶}$$
$$\text{萘双加氧酶}$$
$$\text{联苯双加氧酶}$$
$$\text{双加氧酶} \qquad \cdots \qquad \textbf{托吡酯}$$

图 10-14　双加氧酶催化烯烃的双羟基化反应

反应通常是由烯烃的反式环氧化再接着发生水解反应得到反式的手性二醇。比如采用来源于鞘氨醇单胞菌（*Sphingomonas* sp. HXN-200）的单加氧酶和环氧化物水解酶的级联催化作用,环己烯首先被单加氧酶氧化为环氧化物,然后进一步在环氧化物水解酶的作用下水解为反式的环己二醇。

（三）硫醚的氧化反应

　　杂原子的氧化主要是硫醚的氧化,前体硫醚的不对称氧化反应是近年来研究的热点,有许多微生物菌株和氧化酶均能有效地催化硫醚的不对称氧化反应,比如卤素超氧化物酶和环己酮单加氧酶等(图10-15)。来源于真菌的卤素超氧化物酶可以催化苯甲硫醚的氧化反应,获得 *S* 构型的苯甲亚砜;而使用来源于假单胞菌的单加氧酶具有 *R* 选择性,可催化合成 *R* 构型的苯甲亚砜。除了单硫醚的氧化反应之外,还可以进行二硫化物的生物氧化反应,比如采用环己酮单加氧酶可以催化叔丁基二硫化物的不对称氧化反应得到具有高光学活性的亚磺酸酯,再经过一步的氨解反应,就可以进一步合成重要的手性辅助试剂叔丁基亚磺酰胺。含硫化合物的生物氧化反应也同时逐渐被应用在药物合成之中,比如抗溃疡药物艾司奥美拉唑就可以通过以前体的硫醚为底物直接进行生物氧化反应,获得其单一构型的目标药物。又如采用单加氧酶的重组菌株对前体底物进行生物转化,可以合成制备治疗严重的嗜睡症的精神兴奋药莫达非尼,具有较好的光学纯度和产率。对含 N、Se 等其他杂原子的生物氧化反应也有一些成功的案例,比如采用环己酮单加氧酶可以催化尼古丁的选择性氧化反应,合成氮氧化物。类似的 Se 也有通过生物氧化反应合成硒氧化物的报道。

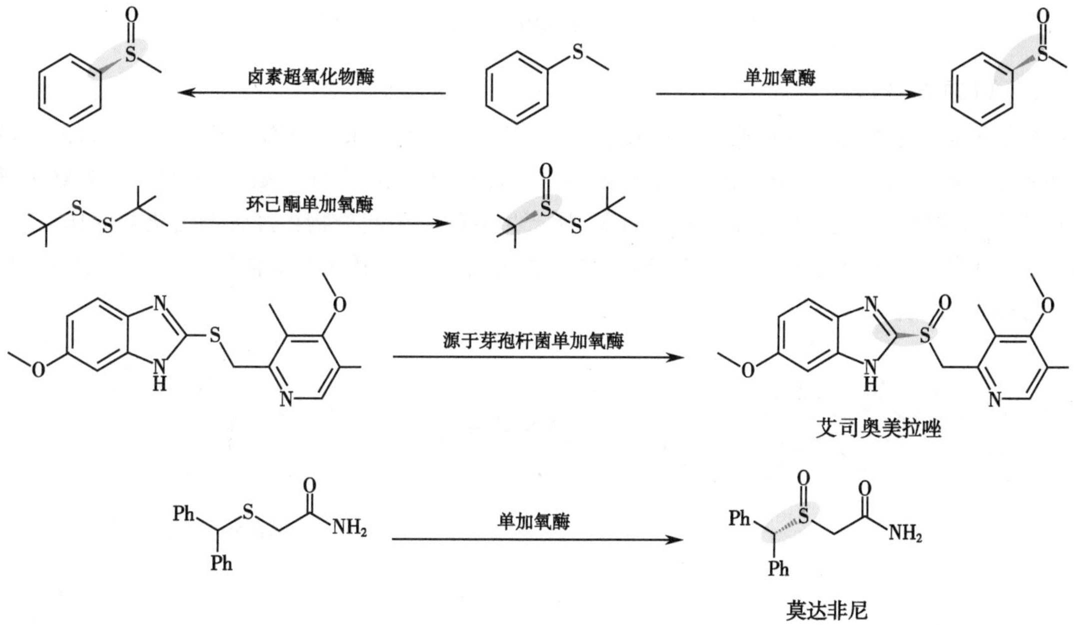

图 10-15　单加氧酶和超氧化物酶催化硫醚的氧化反应

（四）醇和醛的氧化反应

　　生物催化醇和醛的氧化反应条件温和,可以实现对反应进程的控制,醇可以被氧化为醛或者酮。目前研究较多的用于醇的氧化酶有醇脱氢酶、胆固醇氧化酶、芳香醇氧化酶、葡萄糖氧化酶、吡喃糖氧化酶、脂肪醇氧化酶等。目前,对于手性二级醇的选择性氧化研究较多。比如来源于赤红球菌（*Rhodococcus ruber* DSM 44541）的醇脱氢酶可以对消旋的二级醇进行氧化拆分,得到 *R* 构型的二级醇和酮。要实现伯醇和仲醇的选择性氧化则是更为困难的一类反应,但是使用赤红球菌采用 2- 羟基苯乙醇为底物,则可以选择性地氧化为羟基酮,伯羟基则不受反应的影响。

催化醛类底物的氧化反应的酶较多,反应也相对较容易控制。如用微生物的氧化反应制备葡萄糖酸,葡萄糖酸可用次氯酸盐溶液氧化葡萄糖来制备,也可用电解氧化葡萄糖进行制备。但微生物转化法制备葡萄糖酸较化学方法简单便宜,所以大规模生产主要用微生物氧化。目前用产黄青霉(*Penicillium chrysogenum*)转化葡萄糖生产葡萄糖酸的产率在80%以上,用黑曲霉(*Aspergillus niger*)转化产率可达97%。发酵既能用表面培养法,也能用深层培养法,但这2种方法均需良好的供氧,发酵形成的葡萄糖酸必须及时用碳酸钙或氢氧化钠中和。如图10-16所示。

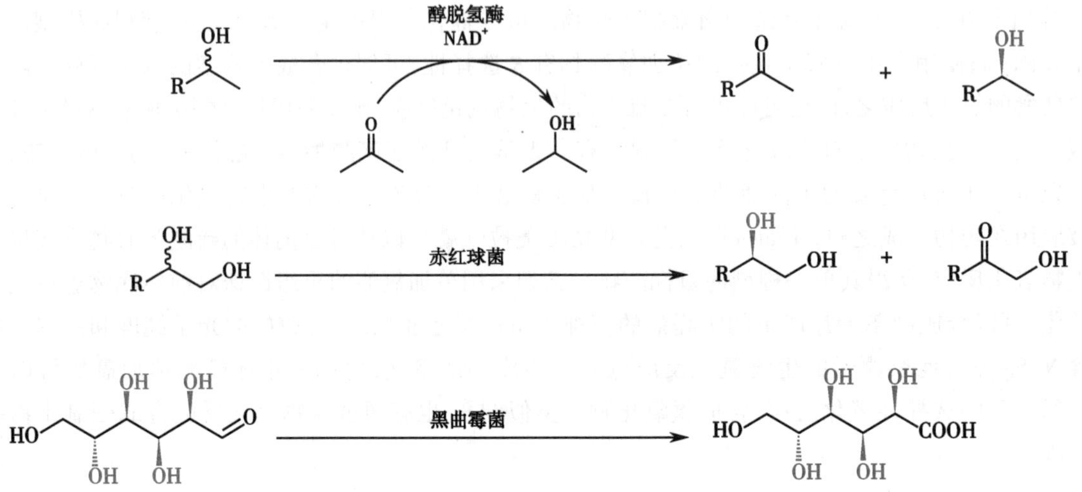

图10-16　生物催化醇和醛的选择性氧化反应

（五）胺的氧化反应

胺的氧化通常由氨基氧化酶或者单胺氧化酶催化进行,近年来在药物合成中也有较多的应用。比如氧化脱氨(oxidative deamination)是酶法转化头孢菌素 C（ CPC ）为7-氨基头孢烷酸（7-ACA）衍生物所采用的反应,包括 D-氨基酸氧化脱氨,所产生的酮基中间产物再经细菌酰化酶的作用产生7-ACA 衍生物。抗丙型肝炎病毒药波普瑞韦的关键中间体可以采用单胺氧化酶催化去消旋化作用制备。如图10-17所示。

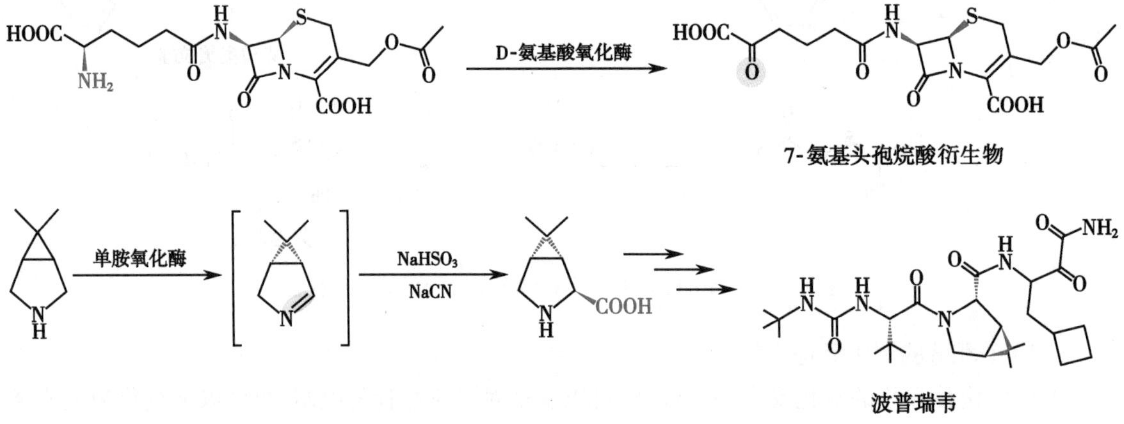

7-氨基头孢烷酸衍生物

波普瑞韦

图10-17　氨基酸氧化酶和单胺氧化酶催化伯胺和仲胺的氧化反应

（六）氧化脱氢反应

脱氢酶催化氢化可的松所得的泼尼松龙具有较好的抗炎活性,该工艺早已应用于工业生产。如图10-18所示。

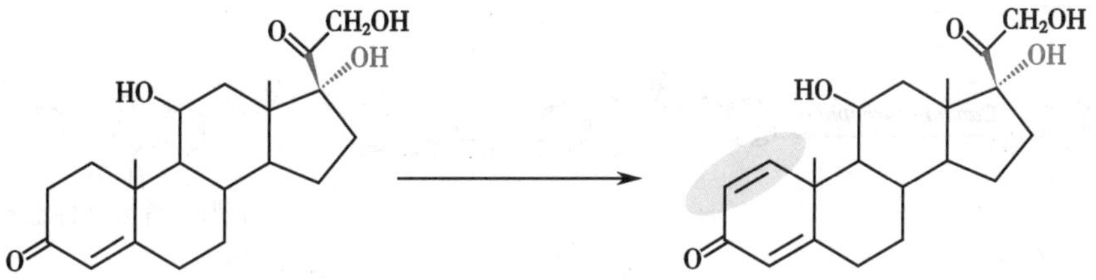

图 10-18　生物催化氢化可的松的脱氢反应

二、还原酶及其在药物合成中的应用

还原反应是药物合成反应中最重要的反应之一。通过生物催化酮类化合物的还原反应,可以获得手性二级醇类化合物,这些手性醇类化合物是许多重要化工医药产品的关键中间体,同时手性的羟基也可以通过化学反应转化为其他功能基团。此外,通过生物酶催化亚胺和烯胺的不对称还原反应,可以实现手性胺类化合物的构建。金属催化的不对称还原反应在制药工业上有一定的应用,就目前而言,越来越多的还原酶产生菌株被发现,通过酶的改造不断提高催化活性,许多手性醇类药物中间体的制造过程完全可以采用生物催化的不对称还原过程进行替代。因为生物催化的不对称还原反应常常具有较高的选择性和催化活性,催化反应后的分离过程也较为便宜。一些生物催化的还原反应甚至不用有机溶剂参与,反应体系直接由底物和水相体系构成,加入少量的还原酶就可以催化酮的高效还原,获得具有高光学活性和转化率的手性醇类化合物。

羰基还原酶通常需要辅酶的参与才能实现有效的转化,辅酶参与了氢的转移过程,当前已经有许多促进辅酶循环的再生体系,比如最常用的就是葡糖脱氢酶和甲酸脱氢酶,以异丙醇、甲酸或者葡萄糖作为氢源用于构建辅酶循环体系。近年来,采用金属络合物和光催化实现辅酶的循环再生也得到快速发展。

(一)酮的还原反应

酮还原酶或者称为羰基还原酶,是生物催化还原反应中一类应用非常广泛的酶,能催化许多含有羰基化合物的选择性还原反应,获得具有高立体选择性的手性醇。不论是对于脂肪酮、芳香酮底物或者是其他含有功能基团的羰基化合物,目前已发现许多羰基还原酶均可以有效地催化不对称还原反应,获得相应的手性醇和手性羟基化合物。而且许多酶已经被克隆表达在大肠埃希菌或者酵母中,通过定向进化等方法改造酶和进化酶,获得了具有更高选择性和高底物耐受性的酮还原酶。

(R)-2-(4-硝基苯乙氨基)-1-(3-吡啶基)乙醇是一种 β_3 肾上腺素受体激动药 L-770644,它是能治疗心血管疾病、高血压的药物。其中重要的中间体就是(R)-氨基醇的构建,它可以通过高对映选择性还原酮制得。用 *Candida sorbophila* 菌株能对底物 2-(4-硝基苯基)-氮-[2-氧代-2-(3-吡啶基)乙基]乙酰胺进行高效的还原,并得到高光学纯度的手性醇(99% *ee*),底物在亲水相中的溶解性差,可加入乙醇作为辅溶剂。

使用生物催化还原前体的酮底物可以合成强效钙通道阻滞药 SQ-31765 的关键中间体。可以使用 *Nocardia salmonicolor* SC6310 的静息细胞催化还原苯并氮杂䓬酮底物得到一种 *cis*-异构体。此外,化合物 MK-0507 是一种糖苷酶抑制药,它能降低体液中的碳酸氢根含量,是治疗青光眼的一种常用药物。MK-0507 药物结构具有两个手性中心,其 6S-甲基的手性可从生物发酵产生的均聚物 Biopol™ 中产生,Biopol™ 经过几步化学转化可以得到前体酮底物,采用粗糙脉孢菌(*Neurospora crassa*)菌株并控制底物浓度低于 200mg/L,可得到 85% 的产率和 99% *ee* 的 *trans*-手性醇产物,此中间体的生产过程已经工业化,再经过 4 步化学转化便可得到糖苷酶抑制药 MK-0507。如图 10-19 所示。

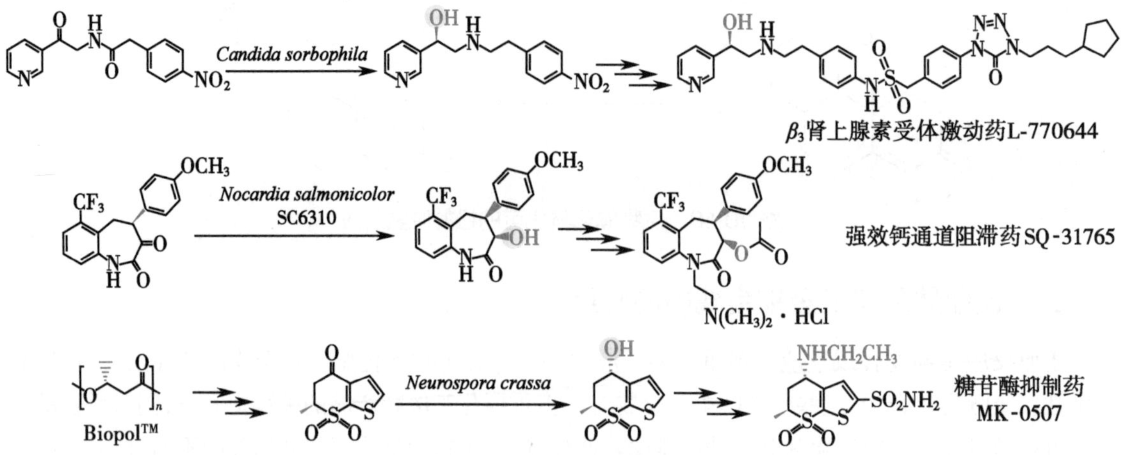

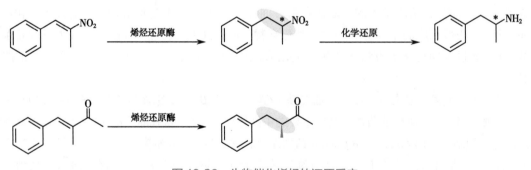

图 10-19   生物催化酮的还原反应

（二）烯烃的还原反应

烯烃的还原反应主要分为烯醇的还原反应和 α,β- 不饱和醛、酮、腈和胺的还原反应等,目前使用较多的烯烃还原酶主要是依赖于 NAD(P)H 的老黄酶,可以选择性地对双键进行还原,得到手性醛、手性酮和手性腈类化合物。许多微生物的全细胞中都含有可以还原 C＝C 双键的还原酶,其中大部分可以选择性地还原不饱和烯烃的 C＝C 双键而对不饱和硝基、羰基等不会产生还原作用。例如黑曲霉（*Aspergillus niger*）、橘青霉（*Penicillium citrinum*）和卷枝毛霉菌（*Mucor circinelloides*）,这些真菌种所含有的烯烃还原酶可以催化 α,β- 不饱和硝基化合物的不对称还原反应,可以获得具有光学活性的手性硝基化合物,硝基化合物经过化学还原,可以制备重要的化工医药中间体手性胺。来源于面包酵母中的依赖于 NADPH 的烯烃还原酶同样可以有效地催化 α,β- 不饱和酮的不对称还原反应,获得 S 构型的 3- 甲基 -4- 苯基 -2- 丁酮。如图 10-20所示:

图 10-20   生物催化烯烃的还原反应

（三）亚胺的还原反应

不对称催化亚胺的还原反应主要集中于化学催化的不对称还原反应,由于多数酮亚胺和醛亚胺在水溶液中不大稳定,通常亚胺的不对称还原反应都是在有机相中进行的,要想实现水相中生物酶催化亚胺的不对称还原反应是难点。近年来随着生物催化技术的进步,亚胺还原酶作为一类新型的还原酶被发现并逐渐地应用到酮亚胺和醛亚胺的不对称还原反应之中。比如厌氧菌 *Acetobacterium woodii* 如果采用咖啡酸酯对菌株进行诱导,诱导出的微生物菌株具有亚胺还原酶的催化活性,可以将 N- 亚苄基苯胺和 N- 亚丁基苯胺还原成相应的胺类化合物。采用 *Candida parapsilosis* ATCC 7330 全细胞作为催化剂,在水相体系中可以催化酮亚胺的不对称还原反应,得到 R 构型的芳香仲胺。采

用 *Saccharomyces bayanus* 全细胞催化的方法也实现了 *β*- 咔啉亚胺类化合物的不对称还原,反应结果随着取代基团的差异而表现出不同的对映体选择性。*Streptomyces* sp. GF3587 和 *Streptomyces* sp. 3546 分别含有 *R* 选择性和 *S* 选择性的亚胺还原酶,可以对 2- 甲基四氢吡咯啉进行不对称还原反应,获得 *R*-2- 甲基四氢吡咯啉和 *S*-2- 甲基四氢吡咯啉。随着蛋白质工程技术的发展,一些亚胺还原酶被分离纯化,并通过克隆表达构建基因工程菌以及通过定向进化等技术提高其底物的适用范围和选择性。如图 10-21 所示。

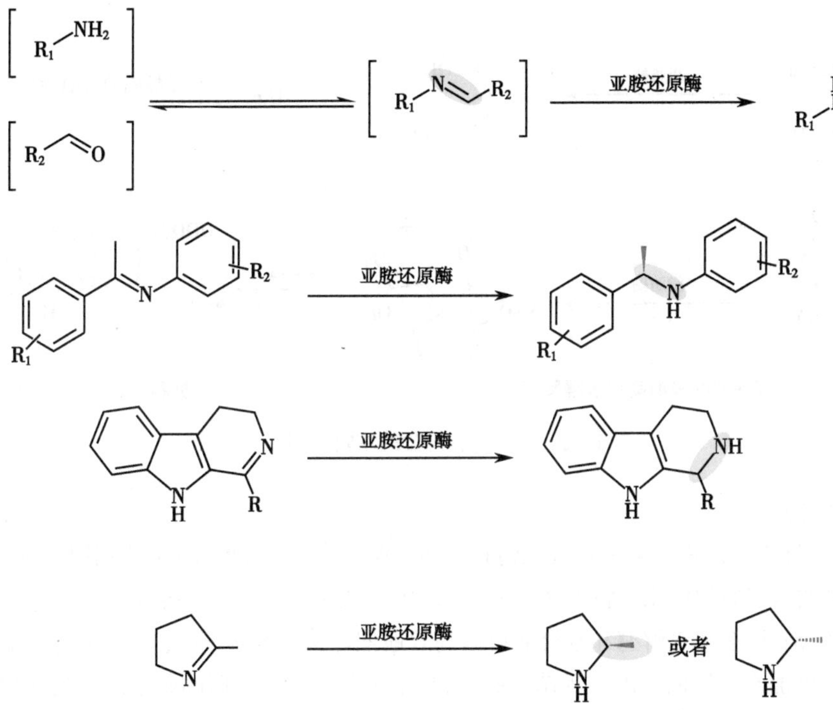

图 10-21 亚胺还原酶催化亚胺的不对称还原反应制备手性胺

三、水解酶及其在药物合成中的应用

水解反应是生物催化反应中研究较多的一类反应,而许多水解酶都能够进行工业化的生产,是在有机合成反应中应用最多的一类酶。水解酶不需要添加昂贵的辅酶,而且许多水解酶在有机溶剂中也具有非常好的耐受性,甚至可以在纯有机溶剂中发生催化反应,对于许多非天然的化合物也显示出了较高的立体选择性,而且具有较为广泛的底物谱。目前,水解反应已经广泛地应用在医药、食品、化工等行业中。本节重点讲述酯类、腈类和环氧化物的水解反应。

(一)酯的水解反应

许多水解酶能有效地催化酯类化合物的水解反应,酯的水解与酯化反应通常是可逆反应,磷酸酯、硫酸酯和羧酸酯均能有效地被水解酶催化水解为相应的酸。采用对硝基苯甲酸酯可以作为理想的模板底物对水解酶和脂肪酶进行筛选,因为对硝基苯甲酸在水溶液中显示出明显可视的黄色,这通常作为水解酶和脂肪酶高通量筛选方法,这个方法尤其在脂肪酶的定向进化中应用较为广泛。近年来,酯的水解反应在制药产业中比较具有优势的是酯的去消旋化反应,选择性地将二酯化合物中的一个酯基进行水解,而另外一个酯基保留,这样就可以通过去消旋化的方式得到手性醇酯或者羧酸酯。例如采用二羧酸酯的底物,在酶催化的作用下,选择性水解其中的一个酯基为羧基,实现了二羧酸酯的动力学拆分获得手性的中间体,后者是合成抗病毒剂(﹣)-virantmycin 的重要中间体。如图 10-22 所示。

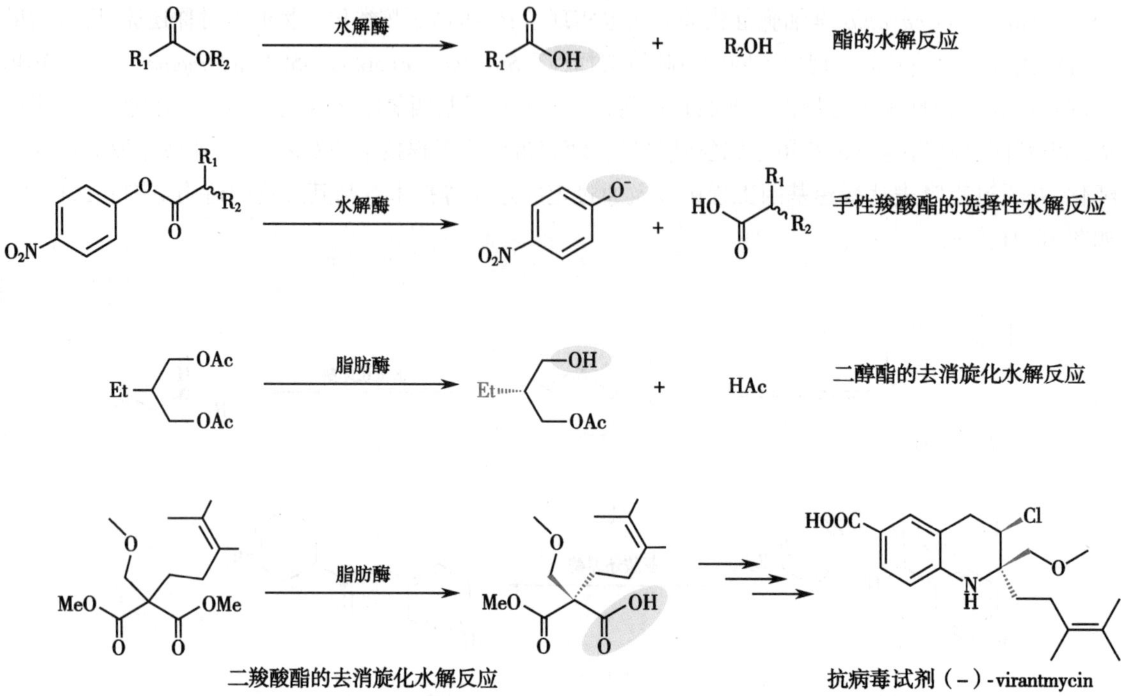

图 10-22　生物催化酯的水解反应

（二）腈的水解反应

腈的水解主要有 2 种方式。第一种方式包括 2 步：第一步是在腈水合酶的作用下将腈水解为酰胺，第二步是在酰胺水解酶的作用下将酰胺进一步水解为羧酸；第二种是直接将腈水解为羧酸并释放氨气的过程。近年来，许多腈水解酶和水合酶可以高效地催化腈的水解，通过定向进化等方式对酶进行改造，可以获得更加高活性的基因工程菌。此外，在来源于大豆根瘤菌的腈水解酶的作用下，1- 氰基环己烷基乙腈能够被有效地选择性水解为 1- 氰基环己烷基乙酸，1- 氰基环己烷基乙酸是合成抗癫痫药加巴喷丁的重要中间体，而且区域选择性达到 100%。又如邻氯扁桃腈可以在腈水解酶的作用下选择性地水解为 S 构型的邻氯扁桃酸，S 构型的邻氯扁桃酸是治疗心脑血管疾病药物氯吡格雷的关键中间体。最近工业上采用腈水解酶催化 3- 羟基戊二腈的去对称化的选择性水解反应，腈水解酶被构建在假单胞菌的表达体系中，以此为高效的催化剂，在反应体系的 pH 为 7.5、温度为 27℃，其底物浓度可以达到 330g/L，转化率和 ee 值均可以达到 99% 以上，最终可以实现 R-4- 氰基 -3- 羟基丁酸的生物催化合成，该化合物是调血脂药阿托伐他汀的重要中间体。通过这些生物催化的过程，可以实现以低成本原料高效地合成重要的化工医药中间体，进而为重大药物的合成提供了绿色合成途径。如图 10-23 所示。

（三）环氧化物的水解反应

环氧化物水解酶存在于许多生物体内，其催化的环氧化物水解反应已经成为合成手性二醇的常见方法。尽管环氧化物水解酶催化反应仅限于以水作为亲核开环试剂，但是目前已发现环氧化物水解酶可以催化多种环氧化物的水解反应。早期环氧化物水解酶的研究主要集中在催化环氧苯乙烯开环获得手性二醇，而近年来的研究多集中于双取代的环氧化物的不对称开环。

比如从土壤中筛选得到的产环氧化物水解酶的巨大芽孢杆菌菌株，其中的环氧化物水解酶基因已被克隆到大肠埃希菌中，并实现了过量表达。通过分离纯化，研究了该环氧化物水解酶的单晶结构及其酶与底物的共结晶结构。基于酶的晶体结构的解析，对该酶的活性中心进行理性设计和重构，获得更高活性和对映选择性的突变体菌株，其活性比野生型菌株提高 400 多倍，可以应用于心血管药物 β 受体拮抗剂的合成。如图 10-24 所示。

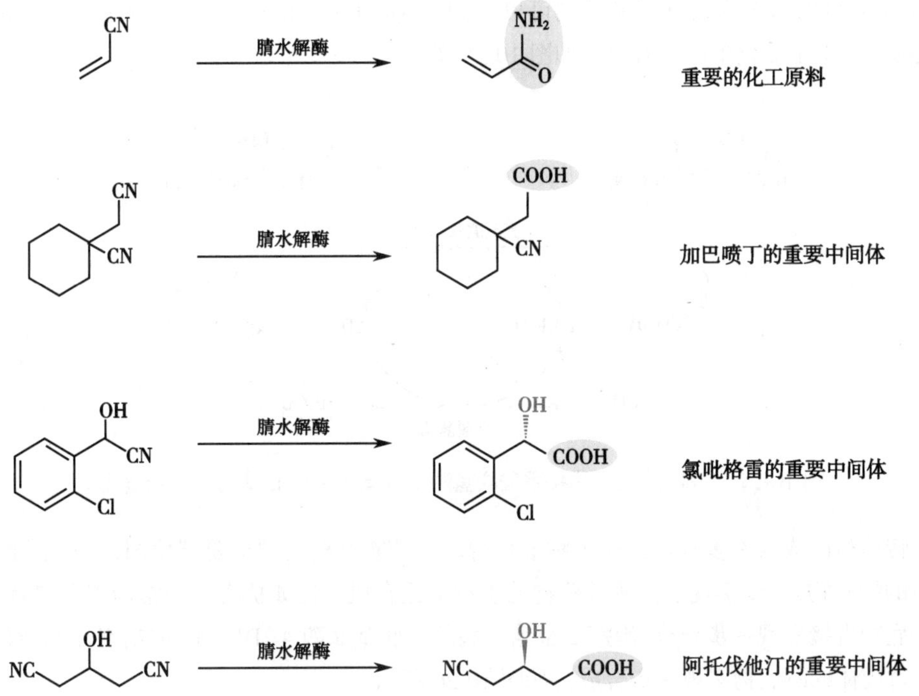

腈水解酶 → 重要的化工原料

腈水解酶 → 加巴喷丁的重要中间体

腈水解酶 → 氯吡格雷的重要中间体

腈水解酶 → 阿托伐他汀的重要中间体

图 10-23 生物催化腈类化合物的水解反应

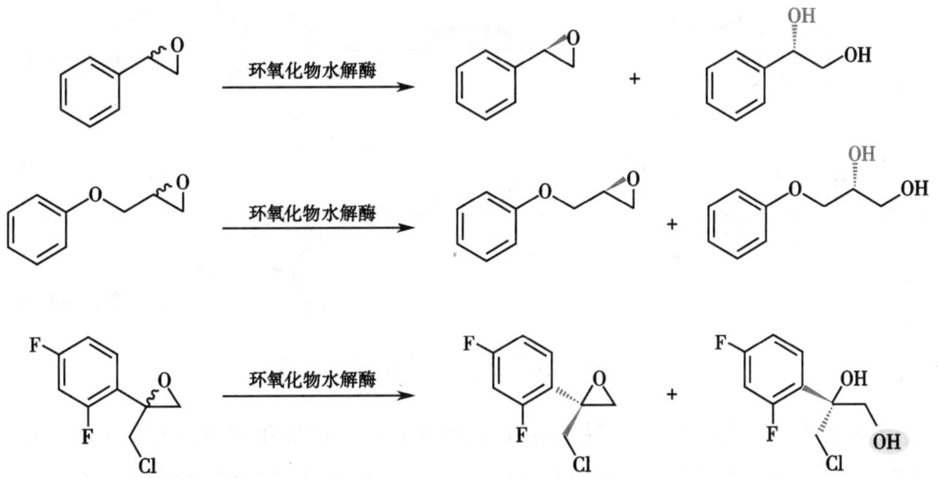

环氧化物水解酶 → +

环氧化物水解酶 → +

环氧化物水解酶 → +

图 10-24 环氧化物水解酶催化的不对称水解反应

四、氨基转移酶及其在药物合成中的应用

氨基转移酶是制药工业近年来研究的热点,因为通过氨基转移酶催化的反应可以实现由酮到手性胺的直接转化,后者是许多药物的重要结构单元,目前许多氨基转移酶已经应用到制药工业之中。由氨基酸脱氢酶介导的前手性 α-酮酸和氨的不对称还原胺化反应广泛存在于生物体的物质代谢过程中,可以利用这种方法用来合成一些必需的氨基酸。采用重组的含有亮氨酸脱氢酶和甲酸脱氢酶基因的工程菌为生物酶催化剂,以新戊基-α-酮酸作为底物,实现了 L-新戊基甘氨酸这种具有较大侧链的非天然氨基酸的合成,其底物浓度可以达到 88g/L,并得到较高的产率和对映选择性。

共表达亮氨酸脱氢酶和甲酸脱氢酶可以实现 L-叔丁基-亮氨酸的高效合成,其中亮氨酸脱氢酶基因来源于乳酸杆菌,甲酸盐的脱氢酶基因则克隆于假丝酵母。实验中为了减轻底物对酶的抑制,采用间歇性添加底物和持续性添加底物,结果显示持续性添加底物的情况下底物浓度最终可以达到

197g/L,而间歇性添加底物的反应模式则可以达到786g/（L·d）的产量,证实该方法在合成L-叔丁基-亮氨酸上具有工业化生产的潜力。如图10-25所示。

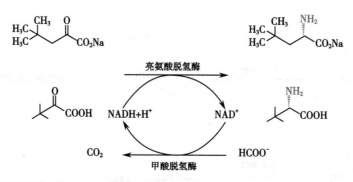

图 10-25   亮氨酸脱氢酶和甲酸脱氢酶偶联催化合成 L- 叔丁基 - 亮氨酸

氨基转移酶已成为许多制药公司生物催化合成手性胺类药物的重要催化剂,一些手性药物可以通过前体的酮底物,一步实现手性胺类药物的生物催化合成。比如抗心律失常药美西律就可以通过前体的酮底物直接实现一步合成,治疗 2 型糖尿病的二肽基肽酶 4（DPP-4）抑制剂,磷酸西格列汀片也可以通过前体的酮底物实现一步合成。如图 10-26 所示。

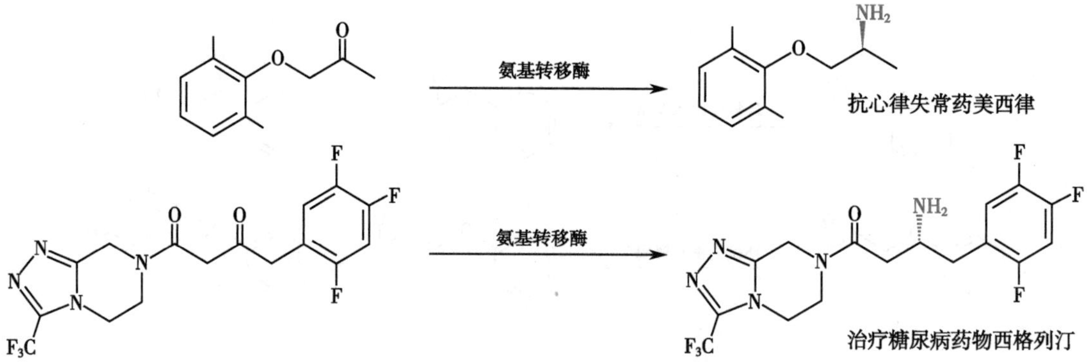

图 10-26   生物催化的直接转氨化反应

利用固定在硅藻土上的苯丙氨酸脱氢酶,在两相体系中可以催化苯丙酮酸的不对称还原胺化反应,以较高的立体选择性合成了苯丙氨酸类衍生物。固定化后的苯丙氨酸脱氢酶仍然显示出了极好的催化活性,而且增强了在一些极性或者非极性的有机溶剂中的稳定性。另外,利用从酿酒酵母中克隆出来的乙醇脱氢酶构建了辅酶循环系统,解决了还原胺化过程中的辅酶的循环使用问题。如图 10-27 所示。

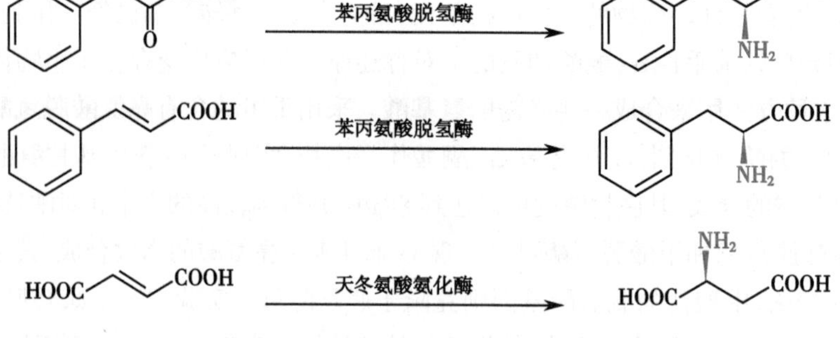

图 10-27   氨基转移酶催化的直接氨化反应

五、醛缩酶及其在药物合成中的应用

C—C 键形成反应是构建复杂目标药物活性分子的关键反应步骤,许多金属催化剂能有效地催化 C—C 单键的形成反应。随着生物催化技术的发展和酶工程技术的发展,以及许多醛缩酶逐渐被发现,而且通过定向进化等技术可以改造酶以提高酶的活性和稳定性,越来越多的醛缩酶应用到 C—C 键的形成反应之中。与此同时,酶催化 C—C 键形成的反应条件温和,一些含有活泼性基团的底物也不需要对这些活泼性基团进行保护,因此有利于在一些复杂性天然产物结构分子和药物分子的构建中实现定点合成。酶催化的 C—C 键形成反应在一定程度上可以说是对金属催化剂催化反应的补充。

目前,从自然界已经发现了数十种醛缩酶用于催化 C—C 键形成反应,其中一些酶实现了较大规模的制备,从一些酶制剂公司也可以购买,极具发展前景。目前,已知大多数可以催化 C—C 键形成或者裂解 C—C 键的酶可以催化羟醛缩合反应,反应时依靠亲核的酮作为供体对亲电试剂醛进行加成反应,因此根据亲核试剂结构的分类主要可以分为丙酮酸依赖型醛缩酶、二羟基丙酮酸醛缩酶和甘氨酸依赖型醛缩酶等。近年来,脂肪酶也可以催化醛和酮的缩合反应。

丙酮酸醛缩酶催化的缩合反应采用 N- 乙酰神经氨基酸醛缩酶为催化剂,以 D 型甘露糖和丙酮酸为底物,采用中试规模的薄膜反应器可以实现 2- 酮基 -3- 脱氧 -D- 甘油 -D- 半乳糖壬酮酸的工业制备,可以获得 375g/(L·d) 的时空产率以及 75% 的总结晶产率。此外,N- 乙酰神经氨基酸醛缩酶和 N- 酰基葡萄糖胺 -2- 差向异构酶的双酶催化系统可以采用价格低廉的 N- 乙酰基葡萄糖胺为原料,合成制备抗病毒药扎那米韦的重要中间体。如图 10-28 所示。

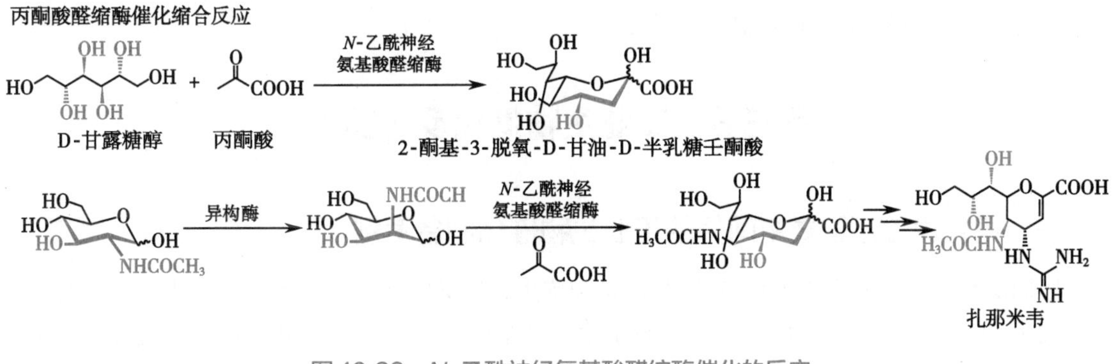

丙酮酸醛缩酶催化缩合反应

图 10-28 N- 乙酰神经氨基酸醛缩酶催化的反应

6- 磷酸醛缩酶催化羟基乙醛的缩合反应,可以有效地合成 L- 脱氧 -D- 木酮糖,再经过简单的转化,可以合成 D- 苏糖。抗肿瘤药埃坡霉素 A 的合成也可以通过羟醛缩合反应作为关键的一步来实现,以 2- 甲基取代的 3- 羟基丙醛与乙醛在 2- 脱氧 -D- 核糖 -5- 磷酸醛缩酶的催化作用下,可以构建吡喃糖的关键骨架,从而实现埃坡霉素 A 的合成。如图 10-29 所示。

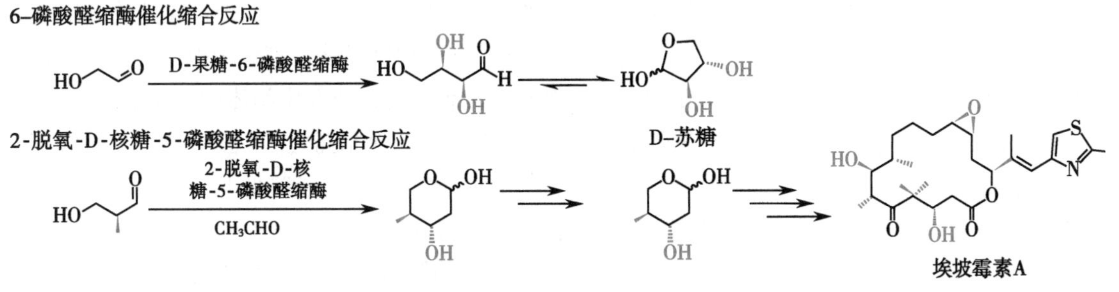

6-磷酸醛缩酶催化缩合反应

2-脱氧-D-核糖-5-磷酸醛缩酶催化缩合反应

图 10-29 醛缩酶催化缩合反应及其在合成 D- 苏糖和埃坡霉素 A 中的应用

甘氨酸醛缩酶是一类重要的醛缩酶,通过甘氨酸醛缩酶催化的缩合反应,可以有效地合成β-羟基氨基酸类化合物。这一类型的酶主要有丝氨酸羟甲基转移酶和苏氨酸醛缩酶,在生物体内这2种酶均可以催化发生可逆的羟醛缩合反应,产生甘氨酸和醛。例如:苏氨酸醛缩酶还可以催化苄氧丁醛与甘氨酸的缩合反应,合成免疫抑制剂类脂质 mycestericin D。如图 10-30 所示。

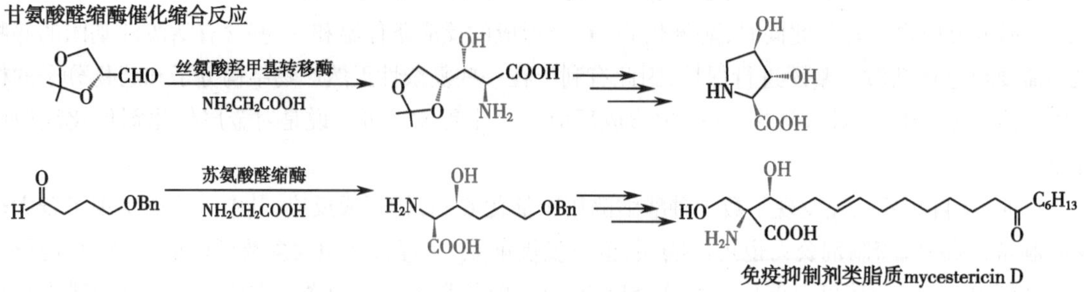

图 10-30　甘氨酸醛缩酶催化缩合反应及其应用

六、其他酶及其在药物合成中的应用

除了上述介绍的一些酶催化反应在药物合成中的应用,还有比如卤化酶、糖苷水解酶、糖基转移酶、环氧合酶等的应用也越来越多。其中卤化酶可以催化区域选择性和立体选择性的卤化反应,虽然许多研究还处于早期,但是已经显示出了较为广阔的前景。糖苷酶可以有效地催化糖苷键的断裂,而糖基转移酶则以活性糖作为供体,合成糖类的衍生物。最近,在螺环乙酰乙酸内酯/内酰胺抗感染抗生素的生物合成中发现了2种不同的酶,可以催化[4+2]环加成反应的发生,该发现为证实 D-A 反应酶的天然存在提供了有力的证据。

第三节　工业生物催化反应实例

一、阿托伐他汀重要中间体的工业生物催化制备案例

胆固醇是一切真核生物细胞膜的组分,是细胞生长所必需的物质。胆固醇虽然是机体重要的营养成分,但人体过多合成则将导致高胆固醇血症和动脉粥样硬化,因此胆固醇的合成必须有所控制。乙酰 CoA 经过多步酶反应,最后合成胆固醇,在其生物合成途径中β-羟基-β-甲戊二酸单酰辅酶 A(HMG-CoA)还原酶是限速酶。从微生物代谢产物中已发现了多种胆固醇生物合成酶抑制剂,其中 HMG-CoA 还原酶抑制剂在临床上已成功应用,主要有阿托伐他汀(atorvastatin)、洛伐他汀(lovastatin)、辛伐他汀(simvastatin)、普伐他汀(pravastatin)。这些还原酶抑制剂的结构中都有一个类似于 HMG-CoA 的基团,因此,可以限制胆固醇的生物合成途径,从而具有降低胆固醇和降血脂的疗效。他汀类药物最初来源于真菌的次级代谢产物,包括辛伐他汀、普伐他汀和洛伐他汀等,后来发现了化学合成的外消旋药物氟伐他汀。随着手性技术的发展,具有高光学纯度的他汀类药物逐渐成为市场的主流,比如阿托伐他汀、瑞舒伐他汀和匹伐他汀等。我们将阿托伐他汀作为他汀类药物最为重要的代表药物进行介绍,并介绍近年来通过工业生物催化如何进行其重要中间体的合成过程。

阿托伐他汀钙片的商品名称"立普妥",是全球销量较高的调血脂药之一(图 10-31)。可以用于高胆固醇血症、冠心病、症状性动脉粥样硬化性疾病的治疗,同时也适用于降低非致死性心肌梗死的风险、降低致死性和非致死性卒中的风险、降低血管重建术的风险、降低因充血性心力衰竭而住院的风险、降低心绞痛的风险。该药物拥有多年的临床使用经验,其疗效和安全性已在临床用药经验中得到证实,安全性良好。

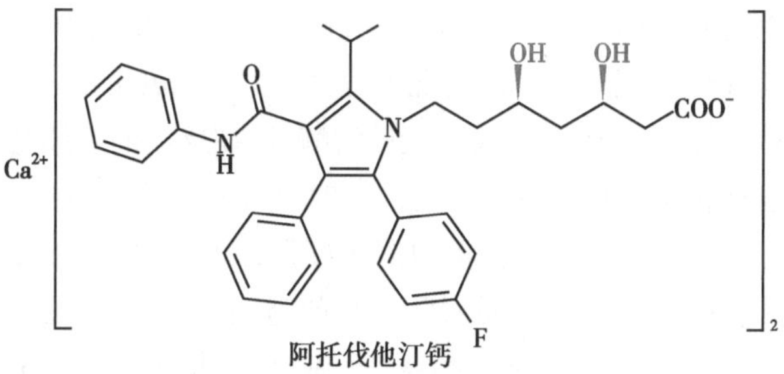

图 10-31　阿托伐他汀钙的化学结构

从阿托伐他汀的结构中可以看出,结构中含有 2 个手性中心,要实现该药物的简便合成和绿色合成,如何构建双手性中心的双手性羟基成为关键。由于药物分子具有 2 个手性中心,应该存在 4 个异构体。因此,不仅仅需要构建具有较高的对映选择性的他汀类药物的侧链中间体,而且还要构建具有较高的非对映选择性的他汀类药物的侧链中间体。只要构建出了关键的阿托伐他汀侧链,后续的反应可以通过简单的化学反应实现阿托伐他汀的合成。目前构建阿托伐他汀的重要中间体主要有(S)-4- 氯 -3- 羟基 - 丁酸乙酯、(R)-4- 氰基 -3- 羟基丁酸乙酯、($4R$, $6R$)-6- 氰甲基 -2, 2- 二甲基 -1, 3- 二氧六环 -4- 乙酸叔丁酯、($3R$, $5R$)-7- 氨基 -3, 5- 二羟基庚酸叔丁酯等。当前生物催化合成这些重要的中间体的酶类主要有 4 类,即羰基还原酶、卤代醇脱卤酶、腈水解酶和醛缩酶。除了上述的化学酶法合成路线中使用的酶以外,还有脂肪酶等也可以实现他汀类药物侧链的合成。

（一）以羰基还原酶催化合成（S）-4- 氯 -3- 羟基丁酸乙酯的路径

第一条合成阿托伐他汀的路线,选择以 4- 氯乙酰乙酸乙酯为原料,通过还原酶催化可以催化还原前手性的 4- 氯乙酰乙酸乙酯,获得（S）-4- 氯 -3- 羟基丁酸乙酯。近年来,许多制药企业通过筛选微生物催化剂,发现了许多菌株可以有效地催化 4- 氯乙酰乙酸乙酯的不对称还原反应。随着分子生物学技术的发展,为了进一步地提高反应的效率和催化活性,构建更高活性、更高底物耐受浓度和稳定性高的基因工程菌,有利于工业生物催化过程的进行。

羰基还原酶和葡糖脱氢酶用于 4- 氯乙酰乙酸乙酯的不对称还原反应,采用葡萄糖作为辅底物,在实现辅酶循环的同时被氧化为葡萄糖酸,在反应的过程中需要采用氢氧化钠溶液中和反应中产生的葡萄糖酸,使其反应体系保持在中性环境以便于反应的顺利进行。采用天然的羰基还原酶和葡糖脱氢酶,在底物浓度为 100g/L 的情况下,需要使用的羰基还原酶的量为 6g/L、葡糖脱氢酶为 3g/L,需要 15 小时才能反应完全。此外,由于酶的量过多,尽管分析的产率达到 99%,但是由于加入了过量的酶作为催化剂,反应后容易引起乳化现象,从而只能获得 85% 的产率和 99% ee 的（S）-4- 氯 -3- 羟基 - 丁酸乙酯。采用 DNA 改组技术对羰基还原酶进行改造,筛选获得优良突变体菌株,在保持羰基还原酶较高的对映选择性（99.9% ee）的基础上,羰基还原酶和葡糖脱氢酶的活性得到了极大的提升。在底物浓度为 160g/L 的情况下,改造后的羰基还原酶的装载量可以减少到 0.57g/L,葡糖脱氢酶的装载量可以减少到 0.38g/L,收率可以达到 95%。如图 10-32 所示。

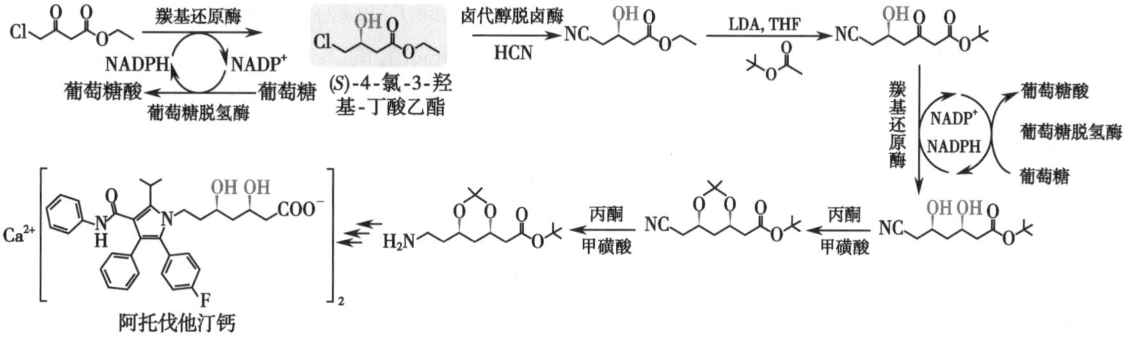

图 10-32　采用羰基还原酶和卤代脱卤酶催化合成阿托伐他汀的路线

在第二步生物催化过程中,卤代醇脱卤酶能够实现(S)-4-氯-3-羟基-丁酸乙酯合成(R)-4-氰基-3-羟基丁酸乙酯,在底物浓度为20g/L的情况下,需要加入30g/L的卤代醇脱卤酶才能完全转化,反应时间为72小时。反应完成后,由于加入了大量的酶量,在反应的后续处理中需要对酶进行过滤和两相分离过程,同样也有乳化的状况发生。此外,产物(R)-4-氰基-3-羟基丁酸乙酯对酶也有一定的抑制作用。因此,为了实现更好的工业生物催化过程,需要对酶进行改造以提高底物和产物的耐受能力。采用DNA改组技术对卤代醇脱卤酶进行改造,相比其活性极大提高,实现底物浓度为140g/L的(S)-4-氯-3-羟基-丁酸乙酯向(R)-4-氰基-3-羟基丁酸乙酯的生物转化过程仅仅需要使用1.2g/L的卤代醇脱卤酶,反应时间也仅仅需要5小时,分离产率可以达到92%。如图10-33所示。

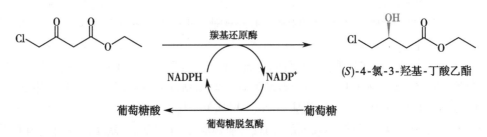

野生型:6g/L羰基还原酶,3g/L葡萄糖脱氢酶,100g/L底物浓度,分离过程困难,乳化现象严重。
突变体:0.57g/L羰基还原酶,0.38g/L葡萄糖脱氢酶,160g/L底物浓度,无乳化现象,直接两相分离。

野生型:30g/卤代醇脱卤酶,20g/L底物浓度,需要过滤,分离过程困难。
突变体:1.2g/卤代醇脱卤酶,140g/L底物浓度,直接分离,分离过程简单。

图10-33　突变前后的羰基还原酶和卤代醇脱卤酶的催化效率比较

(二)以腈水解酶催化合成(R)-4-氰基-3-羟基丁酸乙酯的路径

第二条合成阿托伐他汀的路线是构建高光学活性的(R)-4-氰基-3-羟基丁酸乙酯,使用以3-羟基戊二腈为原料,利用腈水解酶为催化剂实现二取代氰基的选择性水解,其中一个氰基选择性地水解为羧酸,而另外一个氰基保持不变。通过生物酶催化去消旋化过程,获得高光学活性的(R)-4-氰基-3-羟基丁酸。近年来,许多制药企业都筛选获得了大量的微生物菌株,能有效地催化3-羟基戊二腈的水解。为了进一步地提高对映选择性和底物浓度,许多腈水解酶被克隆和过量表达在大肠埃希菌中,并采用分子生物学的技术对酶进行了改造。利用基因定点饱和突变(gene site saturation mutagenesis, GSSM)和基因重组技术成功构建一株腈水解酶的基因工程菌,该重组腈水解酶的基因工程菌对底物的耐受浓度提高到3mol/L,反应规模较原始工艺提高了200多倍。在腈水解酶的催化下,反应15小时后底物浓度为3mol/L的3-羟基戊二腈被选择性地完全转化,产物(R)-4-氰基-3-羟基-丁酸的ee值为98.5%,时空产率为619g/(L·d)。如图10-34所示。

(三)以醛缩酶催化合成(4R,6R)-6-氰甲基-2,2-二甲基-1,3-二氧六环-4-乙酸叔丁酯的路径

第三条合成阿托伐他汀的路线是以氯乙醛或者氰基乙醛为原料,在醛缩酶催化的作用下,与两分子的乙醛发生连续的羟醛缩合反应构建阿托伐他汀的重要中间体。如图10-35所示。

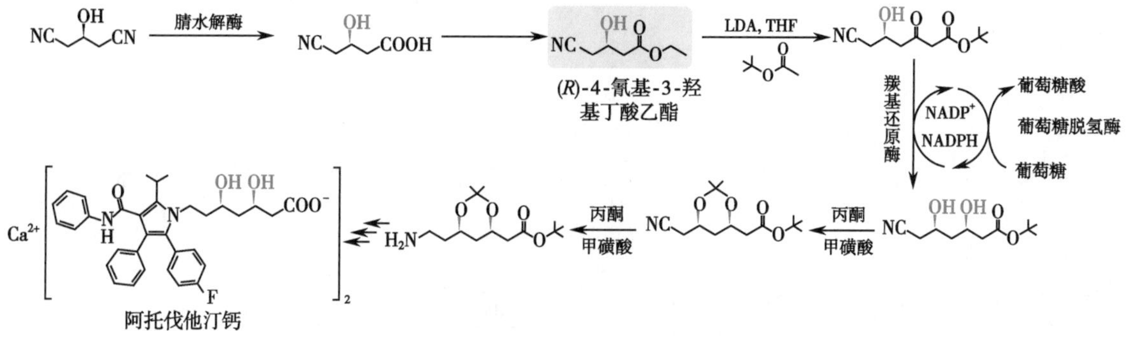

图 10-34 采用腈水解酶催化合成阿托伐他汀的路线

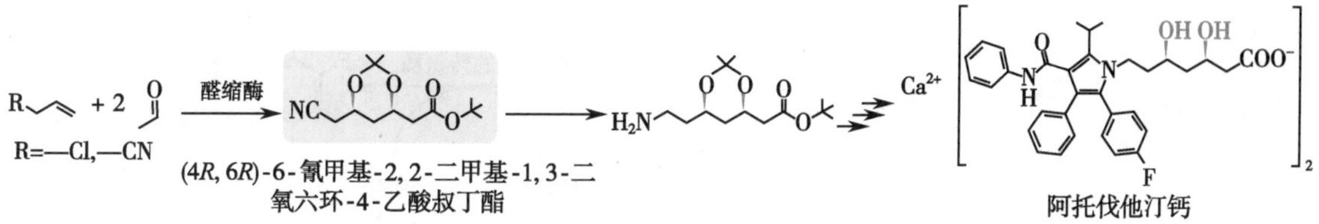

图 10-35 采用醛缩酶催化合成阿托伐他汀的路线

(4R,6R)-6-氰甲基-2,2-二甲基-1,3-二氧六环-4-乙酸叔丁酯

二、西格列汀重要中间体的工业生物催化制备案例

磷酸西格列汀片是第一个批准用于治疗 2 型糖尿病的 DPP-4 抑制剂,可抑制胰岛 β 细胞凋亡,促进胰岛 β 细胞新生,增加 2 型糖尿病患者的胰岛 β 细胞数量,明显降低患者的血糖,并且对磺酰脲类药物失效的患者仍有显著的降血糖作用。磷酸西格列汀片主要通过配合运动和饮食控制实现对 2 型糖尿病患者的血糖控制,其化学结构如图 10-36 所示。

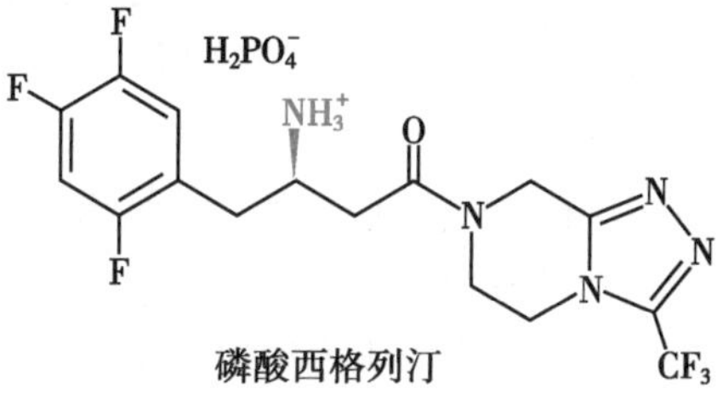

磷酸西格列汀

图 10-36 磷酸西格列汀的化学结构

药物的制备工艺,不仅仅要实现药物的高效合成,而且还要考虑到更为重要的因素,比如过程的安全性、化合物的毒性、污染废弃物的产生、溶剂回收和分离纯化等。从磷酸西格列汀片的制备工艺发展历史可以看出,生物催化在制药工业中扮演的作用日趋重要。西格列汀片最早是采用前手性的 β-酮酸酯为起始原料,通过金属钌(Ru)催化剂催化的不对称氢化反应制备羟基酸酯(这是构建手性中心的关键一步),再通过多步的化学转化,最终实现西格列汀的制备的。后来这一合成路径得到改进,采用 2,4,5-三氟苯乙酸为原料,通过四步反应实现了西格列汀的合成,在这一条路径中的核心步骤是金属铑(Rh)催化剂催化烯胺的氢化反应,最后获得高对映选择性和高纯度的原料药。近年来,随着科学家对氨基转移酶的研究增多,使用以西格列汀前体的酮为底物,在 R 选择性氨基转移酶催化的作用下,直接催化前体底物合成西格列汀。同时,通过对氨基转移酶的改造,底物的耐受浓度从 6g/L 提升到 200g/L,选择的二甲基甲酰胺辅溶剂耐受的体积比达到 50%,反应温度在 40℃为最

佳,获得的产物的光学纯度达到 99.95%。这一方法不仅仅克服了之前化学合成方法中采用重金属催化剂的不足,总产率和产量也得到提升,而且这一方法有利于绿色化制备药物的发展。如图 10-37 所示。

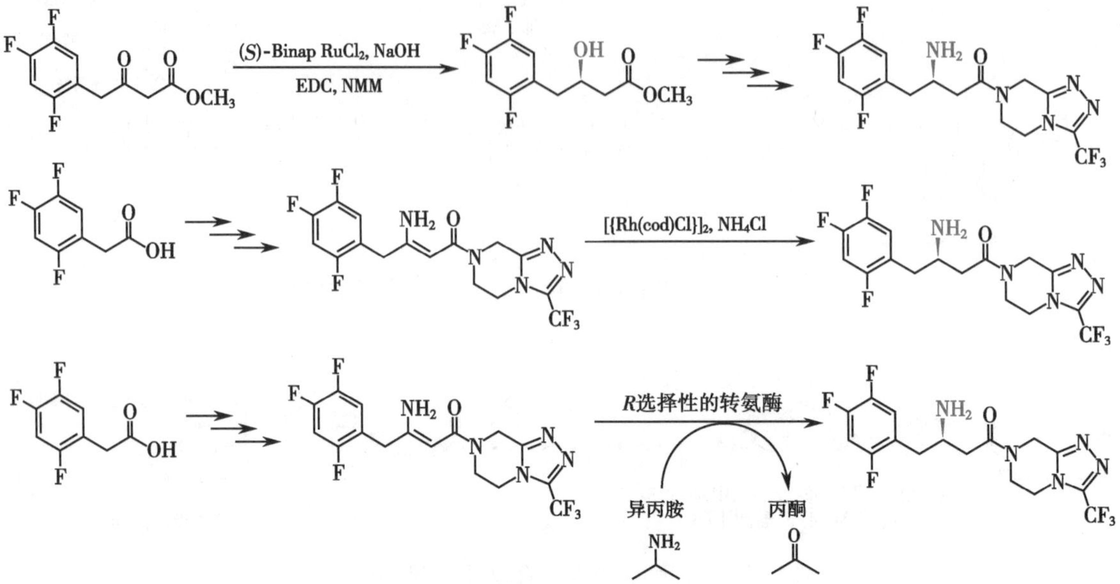

图 10-37　西格列汀合成路线的比较

三、小结与展望

　　生物催化在制药工业和化学工业中起着越来越重要的作用,许多酶已经成功地应用在工业制造重要的化工医药中间体领域,科学家和制药企业对未来工业生物催化的发展前景都充满信心,认为生物催化在化工医药产品、生物材料、食品添加剂、农业饲料、纸张和生物能源等领域均有非常广阔的发展前景。本章重点介绍了一些生物酶催化反应的主要类型,同时也介绍了一些以生物催化作为关键步骤,构建一些药物分子的重要结构单元,尤其是酶在极其温和的反应条件下,可以高效地合成一些具有较高光学活性的甚至对映体纯的手性分子。蛋白质工程技术的发展进一步为高效生物催化剂的创制提供了强有力的技术支撑。随着越来越多生物酶的晶体结构被解析以及蛋白质结构预测技术的发展,我们能够更好地对酶的改造进行理性设计。新的分子生物学技术和新合成方法学仍在不断丰富和完善生物催化的研究体系,这些事实将进一步推动生物催化在制药工业中的更广泛和更大规模的实际应用。

思　考　题

　　1. 简述生物催化的发展史。

　　2. 生物催化的特点有哪些?

　　3. 常见的生物催化反应的类型有哪些?

　　4. 叙述酶的分类和基本性质。

　　5. 简述生物催化的常用方法与反应体系。

　　6. 水 - 有机溶剂两相反应体系的优势是什么?

　　7. 简述氧化酶与还原酶的催化特点及其反应类型。

　　8. 简述氨基转移酶及其在药物合成中的应用。

9. 简述水解酶的催化特点与合成应用。

10. 通过阿托伐他汀与西格列汀工业生物催化制备案例的学习,谈谈生物催化对于制药工业和化学工业的意义。

第十章
目标测试

（陈永正）

第二篇
生物制药分离纯化工艺

第十一章

生物制药的分离纯化概论

第十一章
教学课件

学习目标

1. **掌握** 生物制药分离纯化技术的特点和一般工业过程;生物制药分离纯化方法的选择依据。
2. **熟悉** 生物制药分离纯化的主要单元操作及原理。
3. **了解** 生物制药分离纯化的发展方向。

第一节 生物制药中分离纯化的重要性与技术特点

分离纯化是通过物理、化学或生物等手段,将某混合物系分离纯化成两个或者多个不同产物的过程。通俗地讲,是在复杂的混合物中获得某种或某类物质,使其以相对纯的形式存在。在生物制药领域,其原料多为生物代谢产物,这些产物通过微生物发酵过程、酶反应过程或动植物细胞大量培养而获得。所以生物制药分离纯化的目的就是从上述发酵液、反应液或培养液中分离并纯化产生对人体有用的、符合质量要求的各种生物药物和生物制品。

一、生物制药中分离纯化的重要性

在生物药物的生产中,分离纯化过程所需的费用在产品总成本中所占的比例很大,蛋白和酶类生物制药分离纯化的费用占整个生产费用的 80%~90%,抗生素类药物的分离纯化费用是发酵部分费用的 3~4 倍,而且随着人们对环保要求的进一步提高,国家对制药行业的废水、废渣处理要求越来越高,加之人工成本的提高,大量更先进的、效率和自动化程度更高的绿色分离纯化技术逐渐被采用,分离纯化成本增高的趋势也越来越明显。可见生物制药的分离纯化技术直接影响着药物的生产成本,是制约药物工业化进程的关键因素。因此,开发高效的分离技术、设计合理的生物分离过程、大幅降低生物加工过程成本、提高产品的质量及市场竞争力是生物制药产业化必不可缺的环节。

二、生物制药中分离纯化的技术特点

生物制药的分离纯化是一个复杂的系统工程,生物合成的发酵液是复杂的多相系统,含有微生物细胞、菌体、代谢产物、未消耗的培养基以及各种降解产物等,所以生物制药的分离纯化过程有着和其他分离纯化过程不同的特点。

1. 目标产物的含量低 除了少数特定的生化反应系统如有机相酶催化体系外,在绝大多数的生化反应中溶剂都是水。生物活性物质的浓度通常很低,其主要原因包括:①生物自身合成目标产物能力的限制,这种能力是因生物体不同而不同的。一般来讲,结构越复杂的目标产物,其在体内生物合成步骤就越多,则含量也就越低。②物理和生产条件的限制。在发酵过程中,细胞的密度堆积范围物理上限是固定的。一般而言,生物细胞的体积分数是其质量分数的 3 倍,球状的细胞,其浓度绝对限度为 200~250g/L;丝状生物体,这个浓度限度会由于细胞间的相互作用而下降。③微生物细胞受其反馈抑制作用而使目标产物产量降低,如埃博霉素的发酵等。虽然反馈抑制可以通过基因工程技术

或者发酵偶联分离等方法使其减弱,但并不能完全消除。所以大多数抗生素的含量为0.1%~5%,个别维生素如维生素B_{12}的含量仅约为0.002%。农用抗生素阿维菌素发现的初期,发酵液中的主要活性成分阿维菌素B_{1a}只有约9μg/ml,后经过菌种诱变提高发酵单位以及现代生物技术降低类似物含量,即使如此,目标产物的含量也只占发酵液的1%左右。

2. 杂质的含量高、种类多　培养液中的杂质含量很高,绝大多数情况下是远远大于目标产物的含量。这些杂质主要包括:①细胞的成分,据测定细菌的细胞组成中蛋白占40%~70%、核酸占13%~34%、类脂物占10%~15%,而丝状真菌的细胞组成中蛋白占10%~25%、多糖占15%左右、类脂物占2%~9%。由于细胞在发酵液中所占的比例很大,提取过程中会进入提取液中成为杂质,所以也需要通过后续的分离纯化方法去除。②以胶体悬浮液和粒子形态存在的组分,如细胞、细胞碎片、培养基残余成分、沉淀物等。③微生物生物合成的中间产物,这些化合物常常具有和目标产物相近的结构,是分离纯化中最难分离的杂质。例如红霉素(erythromycin)是由红霉素内酯(erythronolide)与一分子碳霉糖(mycarose)和一分子脱氧氨基己糖(desosamine)缩合而成的,其发酵液中主要包括6种分子结构,红霉素A、红霉素B、红霉素C、红霉素D、红霉素E和红霉素F(图11-1),其中主要成分是红霉素A。这些化合物的结构极为相似,理化性质也很相近,多数只有甲基和羟基的数目和位置的区别。国产红霉素中红霉素C是主要的杂质,也含有一定量的红霉素B。红霉素C的抗菌活性仅为红霉素A的50%,但毒性却是红霉素A的2倍。虽然通过现代生物技术如改造菌种和控制发酵条件等可以降低发酵液中的红霉素B和红霉素C的含量,但并不能完全将两种杂质去除,所以在红霉素的生产中,仍然需要通过萃取、层析、结晶等多步分离纯化。④分离纯化过程中需要对发酵液进行预处理,还会添加一些化学品或其他物理、化学和生物方面的因素,进而引起培养液组成成分和流体力学特性的变化。

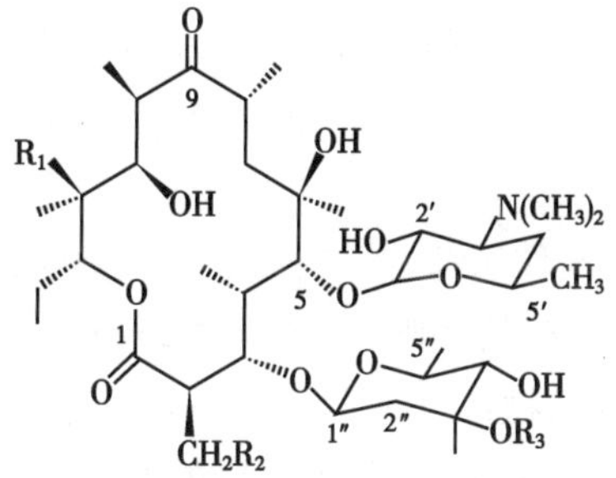

组分	R_1	R_2	R_3	分子式	分子量
红霉素 A	OH	H	CH_3	$C_{37}H_{67}NO_{13}$	733.9
红霉素 B	H	H	CH_3	$C_{37}H_{67}NO_{12}$	717.9
红霉素 C	OH	H	H	$C_{36}H_{65}NO_{13}$	719.9
红霉素 D	H	H	H	$C_{36}H_{65}NO_{12}$	703.9
红霉素 E	OH	通过—O—和2″相连	CH_3	$C_{37}H_{65}NO_{14}$	747.9
红霉素 F	OH	OH	CH_3	$C_{37}H_{67}NO_{14}$	749.9

图 11-1　红霉素 A 及其衍生物的化学结构

杂质不仅种类多、含量高,而且各种杂质的含量还会随着细胞所处的环境变化而变化。所以在大多数情况下,除了目标产物的结构类似物外,对杂质的结构了解一般比较少,最多是一些总蛋白、总糖等的粗略估算,也没有准确的杂质含量测定。

3. 生物药物的稳定性差、易降解失活　生物药物通常稳定性较差,遇热、极端pH、特殊有机试剂等会引起降解和失活。红霉素在 pH6~8 的水溶液中能够保持稳定,但在酸性及碱性溶液中均不稳定。在酸性条件下红霉素发生降解,C_9 位上的羰基和 C_6 位上的羟基反应,并进一步脱水生成红霉素 A-6-9- 烯醇醚,随后可与 C_{12} 位上的羟基反应,产生不可逆的螺环缩酮;在弱碱性环境中红霉素 A 降解为假红霉素 A 烯醇醚。在 pH 高于 7.0 和温度超过 25℃的条件下,阿维菌素 B_{1a} 降解较快,所以要求分离纯化时,应尽量保持低温和在中性与偏酸性条件下操作。每种药物都有一个适合的稳定条件,这个稳定条件的范围有宽、有窄,对药物分离纯化时必须考虑在药物稳定的条件范围下操作,否则会引起药物的降解,进而导致活性的降低。但很多时候为了使药物和杂质分离,以及由于药物理化性质和分离材料的限制,必须在药物稳定和不稳定的边缘条件下操作。例如头孢菌素 C 在 pH4.0~7.0 以盐的形式存在,性质比较稳定,但从发酵上清液中利用大孔树脂进行吸附时,则必须要将溶液的 pH 调到 3 以下才能将其变为游离酸,进而被树脂吸附,所以分离纯化工艺设计时就必须考虑优化 pH 和吸附时间,兼顾药物的稳定性和分离纯化效率。

4. 目标产物的品种繁多、结构复杂　目前利用微生物发酵法进行生产的小分子药物和药物中间体已达数百种,这些化合物的结构多种多样,有 β- 内酰胺类、大环内酯类、蒽醌类、四环类、肽类、氨基糖苷类、核苷类等抗生素,也有氨基酸、维生素等,分子量从几十到几千,化学性质也是千差万别,有亲水性的也有疏水性的,有糖苷类化合物也有非糖苷类化合物。生物药物结构的多样性决定了药物分离中采用的分离纯化原理和方法必须是多种多样的,并经常需要综合利用多种分离纯化方法才能更经济、更有效地达到预期的分离要求。因此从事医药产品生产和科技开发的工程技术人员,需要了解更多的分离纯化方法,同时跟踪各种新型分离纯化技术的最新进展。

5. 发酵液的批间质量不尽相同　生物制药中需要对生物体进行培养,由于生物生长过程中的影响因素较多,即使现代发酵工业中使用各种方法进行控制,以保证其生长条件的一致,但各批发酵液的质量依然不尽相同,这就要求分离条件应有一定的弹性。分离纯化方法应当在尽量宽的范围内,能够保证目标产物的高收率和高质量。同时,发酵过程中的放罐时间、发酵过程中消泡剂的加入对分离都有影响,特别还要考虑发酵异常或染菌罐批的出现。这些都需要在分离纯化工艺研究中充分考虑。

6. 生物药物的质量要求高　用作医药的生物产品与人类生命息息相关,因此对其质量要求是很高的,世界上的大多数国家都有专门的药典对药物质量进行详细的要求,其中《中华人民共和国药典》2020 年版二部针对包括微生物药物在内的化学药物都有详尽的质量要求,检测项目众多,达到全部标准的药物才能进入流通渠道,其目的就是保证药物的安全性。例如发酵法获得的药物的主要检测项目就包括性状、鉴别、检查和含量测定四大类。性状包括外观、理化性质等;鉴别项包括和标准品的多种性质及标准图谱的比对;检查项包括结晶性、酸碱度、吸光度、有关物质、干燥失重、可见异物、不溶性微粒、内毒素、无菌等;含量测定分别采用色谱法或生物法进行测定。以青霉素钠为例,就规定含量不能低于 96.0%,各杂质峰面积和不大于对照品主峰的 1.0%,青霉素聚合物不能超过 0.08%。同时分离纯化过程必须除去热原及具有免疫原性的异体蛋白质等有害人类健康的物质。随着人们对药物质量的要求越来越高,分析水平提高、分析新技术的不断涌现,《中华人民共和国药典》对主成分以及杂质成分质控的要求也越来越高,如《中华人民共和国药典》2020 年版规定,红霉素中红霉素 A 的含量(HPLC)不能低于 93.0%,红霉素 B、C 和红霉素烯醇醚成分的含量不能超过 3.0%,杂质含量的和不能超过 7.0%;而《中华人民共和国药典》2005 年版只要求红霉素的含量不低于 88%。为了达到《中华人民共和国药典》2020 年版的标准,必须在各个生产环节提高技术水平,而分离纯化无疑是其中最重要的环节之一。

7. 生物制药的生产规模大　因为活性物质在发酵液中的含量较低,为了获得大量的活性成分,生产中必须采用较大规模的发酵。同时,根据发酵经济学测算,在一定范围内发酵规模越大,经济性越好。一个容积为 $100m^3$ 的发酵罐所需的成本要低于两个 $50m^3$ 的发酵罐,所以目前很多大宗的药物和药物中间体如青霉素和维生素 C 的发酵罐体积均已经超过了 100m³，相应的分离纯化技术也必须能满足大规模生产的要求。

第二节　生物制药分离纯化的一般工业过程与单元操作

一、生物制药分离纯化的一般工业过程

生物制药分离纯化方案的设计和如下因素有关：目标产物所处的位置（胞内还是胞外）、分子量、极性、溶解性。同时需要考虑产品的价值、纯度要求、产品的生产规模等诸多因素，所以分离纯化步骤有不同组合。对于绝大多数生物制药分离纯化的工业过程有一个基本框架，按照生产顺序，主要有4 个步骤。图 11-2 为生物制药分离纯化的一般工业过程。

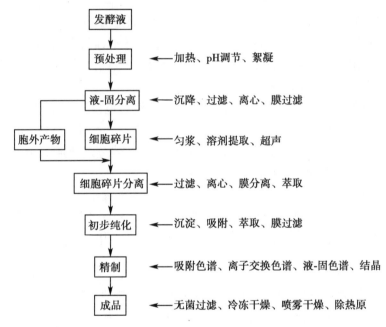

图 11-2　生物制药分离纯化的一般工业过程

1. 培养液的预处理和液 - 固分离　这一步骤的目的是将目标产物和细胞分离，需要处理大量的培养液，所以从经济和技术的原因考虑目前一般主要采用过滤、离心以及膜分离等单元操作。为了加速液 - 固分离的速度以及去除一些蛋白性杂质，可同时采用絮凝技术。如果产物没有分泌到胞外，而在胞内，一般需要将菌体和上清液分离后，再采用溶剂提取的方法把目标产物从胞内提取出来。产物不溶于有机溶剂，或有机溶剂易使其失活，还需要利用研磨、匀浆等方式使目标产物释放出来，再通过第二次液 - 固分离获得目标产物的提取液。

2. 初步纯化　液 - 固分离后，体系的体积还比较大，杂质含量还比较高，所以接下来需要通过初步纯化的步骤去除与目标产物性质有很大差异的杂质，使产物浓度和质量都有显著的提高，为精制做好准备。常用的单元操作包括沉淀、萃取、膜过滤等，所选的单元操作应当具有处理量大的特点。

3. 精制　经过了初步纯化的料液，再经过精制过程，就能够获得质量合格的生物药物，精制也是生物制药分离纯化中的关键步骤。选用的方法应当能够去除目标产物的结构类似物，典型的单元操作包括吸附色谱法、离子交换色谱法、液固色谱法和结晶等，因为经过初步纯化，料液的质量已经提高，体积也大幅减小，选择时可以用一些处理量相对小的单元操作。

4. 成品　成品的最终用途和要求决定着成品的加工方法，可以选择各种干燥技术，同时还需要

考虑对成品的无菌和热原的要求。

二、生物制药分离纯化的主要单元操作及原理

生物制药的分离纯化主要是利用待分离的体系中目标产物和共存的杂质之间在物理、化学和生物学性质上的差异进行分离的。根据热力学原理,混合过程属于自然发生的,而分离则需要外界能量。分离纯化操作通常可分为机械分离、传质分离两大类。

1. 机械分离　机械分离过程的分离对象是非均相混合物,非均相混合物的特点是体系内包含1个以上的相,相界面两侧物质的性质完全不同,如由固体颗粒与液体构成的悬浮液。常根据物质大小和密度的差异进行分离,如过滤、重力沉降、离心分离等。

2. 传质分离　传质分离过程用于各种均相混合物的分离,其特点是有能量传递现象发生。其原理是根据溶质在外力作用下产生的移动速度的差异实现分离。传质分离又包括平衡分离过程和速率分离过程两大类。

(1)平衡分离过程:主要借助分离媒介(如热量、溶剂和吸附剂)使均相混合物系统变成两相系统,再以混合物中各组分在处于相平衡的两相中不同的分配为依据,而实现分离。生物制药中用到的平衡分离过程主要包括:①气传质过程,如蒸馏;②液 - 液传质过程,如萃取;③气固传质过程,如固体干燥;④液固传质过程,如浸提、吸附、离子交换、色谱分离等。

(2)速率分离过程:是在某种推动力(浓度差、压差、温度差、电位差等)的作用下,有时在选择性透过膜的配合下,利用各组分扩散速度的差异实现组分的分离。这类过程所处理的原料和产品通常属于同一相态,仅有组成上的差别。速率分离方法一般包括:①膜分离,如超过滤、反渗透、渗析和电渗析等;②场分离,如电泳、热扩散、超速离心分离等。

由上可知,机械分离和传质分离包含多种单元操作,这些单元操作已经在生物制药领域得到了广泛的应用,如过滤、离心、浸提、液 - 液萃取、蒸馏、膜分离、吸附、离子交换、色谱分离、结晶、干燥和造粒等,是生物制药分离纯化领域重要的技术。在生物制药分离纯化中应用的典型单元操作的原理、选择性、生产能力和应用等方面的信息汇总于表 11-1 中。

表 11-1　生物制药分离纯化的单元操作、分离纯化原理、选择性、收率、生产能力和应用

步骤	方法	单元操作	分离纯化原理	选择性	收率	生产能力	应用
预处理	过滤	过滤	机械分离	低	中 - 高	高	真菌
		微滤	速率分离	中	中 - 高	高	细菌细胞碎片
	离心	低速	机械分离	低 - 中	中 - 高	中 - 高	真菌
		高速	速率分离	中 - 高	中	低	细菌细胞碎片
细胞破壁	—	机械法	—	低	中	中	胞内产品
		酶法	—	低	中 - 高	中	蛋白
		化学法	—	低	中	中	胞内产物
初步纯化	萃取	液 - 液	液 - 液传质	中	高	高	抗生素
		双水相	液 - 液传质	中 - 高	高	中 - 高	酶
		超临界	液 - 液传质	中 - 高	高	中	挥发油
	沉淀	盐析	固 - 液传质	低 - 中	中 - 高	高	酶、抗生素
		溶剂	固 - 液传质	低 - 中	中 - 高	高	除蛋白
		金属络合物	固 - 液传质	低 - 中	中 - 高	高	抗生素

续表

步骤	方法	单元操作	分离纯化原理	选择性	收率	生产能力	应用
初步纯化	吸附	有机吸附剂	固 - 液传质	中 - 高	中 - 高	高	抗生素
		无机吸附剂	固 - 液传质	中 - 高	中 - 高	高	抗生素
	浓缩	蒸馏	气 - 液传质	中 - 高	高	高	溶剂回收
		超滤	速率分离	低 - 中	高	中 - 高	脱盐、除热原
		反渗透	速率分离	低 - 中	中 - 高	中 - 高	脱水、脱盐
		冷冻浓缩	平衡分离	低 - 中	高	低 - 中	热敏药物
精制	离子交换	—	平衡分离	中 - 高	中 - 高	高	抗生素
	吸附色谱	大孔树脂	平衡分离	高	中 - 高	高	抗生素
		硅胶层析	平衡分离	高	低	低	复杂样品中的抗生素
	分配色谱	—	平衡分离	高	低	低	复杂样品中的抗生素
	结晶	—	平衡分离	高	中 - 高	高	抗生素
成品	干燥	冷冻干燥	平衡分离	低	高	低	多数药物
		喷雾干燥	平衡分离	低	高	高	热稳定药物
		真空干燥	平衡分离	低	高	高	多数药物

三、生物制药分离纯化方法的选择依据

在选择、设计生物药物的分离纯化工艺时,主要应当考虑以下因素。

1. **目标产物的理化性质和稳定性**　目标产物在原料中的含量、胞外产物或胞内产物、极性、溶解性等理化性质都是影响工艺条件的重要因素。分离纯化初期需要了解目标产物的结构,根据结构对化合物的理化性质进行初步判断,很多性质还需要通过实验确认。比如了解该生物药物是极性还是非极性化合物,如是极性化合物进一步确定是酸性、碱性或两性;如为酸性,还应决定它是强酸还是弱酸;如为碱性,则应决定其为强碱还是弱碱,并测定其 pK。此外还应知道该生物药物在各种溶剂中的溶解度,以及 pH、温度、其他盐类对其溶解度的影响,它和哪些物质能形成不溶性的盐等。

另外化合物的稳定性也很重要,要了解它在什么样的 pH 和温度范围易受破坏,以及在酸性和碱性条件下的降解产物,测定其分解速度。在整个提炼过程中,要尽量使生物药物保持稳定。

有了这些数据后,就可大体决定采用何种方法。例如对于极性较强的抗生素可考虑用离子交换法,能形成沉淀的可考虑用沉淀法。如以上方法都不适用,或进行小规模新抗生素提炼试验时,也可以用吸附法。究竟选用何种方法,应通过小规模预试验将各种方法比较,并不断改进。现有各种抗生素的分离方法就是这样逐步试验确定的。例如青霉素和链霉素的分离方法,开始时都用吸附法,后来逐渐改用溶剂萃取法和离子交换法。

2. **各种分离纯化方法的适用领域**　分离纯化方法的选择除了考虑要分离对象的性质外,还有很多因素需要考虑,如生物药物的性质、现有条件以及操作者的经验等,是一项综合性的工作。

表 11-2 列出了医药研究生产中常用分离纯化方法选择的一般原则,根据待分离纯化样品的性质和要求,其适用领域可以从样品的极性、电离特性、挥发性和结构复杂程度等方面考虑,这些原则可以作为开展某种生物制药分离纯化时选择方法的依据。需要指出的是,生物药物种类多、结构复杂,很

多药物的特性如亲水性和疏水性、结构的简单和复杂的区别又都是相对的,所以针对某种特定的生物药物还要根据其具体性质综合考虑。

表 11-2　根据样品性质选择各种分离纯化技术的一般原则

单元操作	亲疏水性		电离特性		挥发性		结构复杂程度	
	亲水性	疏水性	离子型	非离子型	挥发性	非挥发性	简单	复杂
过滤	√	√	√	√		√	√	√
离心	√	√	√	√		√	√	√
液 - 液萃取	√		√		√			√
蒸馏		√		√	√		√	
沉淀	√		√			√		√
膜分离	√	√	√	√		√		√
吸附色谱		√		√		√		√
分配色谱		√		√		√		√
离子交换	√		√			√		√
结晶	√	√	√	√		√		√
干燥	√	√	√	√		√	√	√

注:√表示该类样品适合选择的技术。

3. 分离纯化技术的分离效率　分离效率是评价分离纯化技术的重要参数,所选用的分离纯化方法的效果如何、是否达到了分离的目的,可以用一些参数来评价,如回收率、分离因子、富集倍数、重现性。这里重点介绍回收率和分离因子。

（1）回收率（R）:回收率是评价分离纯化效果的一个重要指标,反映了被分离组分在分离纯化过程中损失的量,代表了分离纯化方法的效率,一般将回收率（recovery）R 定义为:

$$R = Q/Q_0 \times 100\% \qquad 式（11-1）$$

式中,Q_0、Q 分别为富集前、后分离组分的量。分离纯化前后结构没有改变时,可以用质量,也可以用物质的量;如果分离纯化过程中结构发生了改变,如成盐等,应用物质的量。R 通常 <100%。

在分离和富集过程中,挥发、分解或分离不完全,器皿、设备的吸附作用以及其他人为的因素都会导致欲分离组分的损失。通常情况下,对回收率的要求是欲分离物质的含量在 1% 以上时,应R>90%;痕量或者类似物较多时,应 R>80%。生物药物的提取效率一般也用总收率来评价,即纯化后组分的量占原料中该组分的比例。

在分离纯化领域,特别是植物中的有效成分提取,还经常用到收率（yield）的概念。但收率和回收率是两个不同的概念,收率一般指通过各种分离纯化手段得到的目标产物的量占原料量的比例,因原料成分复杂,所以一般目标产物的量和原料的量都用质量表示。由此可见,收率不仅和提取效率有关,也和目标产物在原料中的含量有关。

（2）分离因子:分离因子表示两种成分分离的程度,在 A、B 两种成分共存的情况下,A（目标分离组分）对 B（共存组分）的分离因子 $S_{A \cdot B}$ 定义为:

$$S_{A \cdot B} = R_A/R_B = (Q_A/Q_B)/(Q_{0,A}/Q_{0,B}) \qquad 式（11-2）$$

分离因子的数值越大,分离效果越好。分离因子在不同的分离纯化操作中也有一些其特有的名称,如萃取时,经常用分配系数来表征目标产物在不同溶剂中的分配情况。

4. 生产成本　因分离纯化在药物生产过程中所占的比例高,为了提高经济效益,产量和成本是生产企业考虑的首要因素,所以应当选用设备成本低、技术成熟、分离纯化过程中所用的溶剂以及介质价格低的分离纯化技术。具体应用时,操作时间、重现性、介质吸附量、样品在溶液中的溶解性都必须考虑。如果一个工艺操作时间过长,则意味着单位时间内处理的批次较少,将会降低单位时间内的发酵批次,进而增加生产成本。进行离子交换或者吸附色谱分离时,需要考虑介质的吸附量,尽量选用吸附量大的介质,吸附量过小,即使收率高、分配系数高,也会使处理量小,而且会增加后续浓缩的负荷,并增加废液的量,对生产成本的影响不容忽视。同样,萃取时如果药物在所选的溶剂里溶解度小,分离纯化时就需要使用大量的溶剂,并同时增加溶剂回收时的负荷,增加成本。

必须指出的是,废弃物处理的成本也是生产成本的重要组成,随着国家对制药企业环保要求的提高,企业必须把废弃物(废气、废水和废渣等)处理到满足排放标准才可排放到环境中,如果分离纯化方法中选用了一些不能满足环保要求的溶剂和介质,将会在后续的废弃物处理中增加生产成本。

5. 分离纯化的步骤　任何药物的分离纯化都不是一步完成的,一般采用多种技术的组合。而为了提高总收率,采用的策略无非 2 种,一是提高各步的收率,二是减少所需的步骤。提高各步收率主要还是需要依靠对分离纯化参数的优化,减少目标产物在分离过程中的流失。而减少分离纯化步骤一般是采用新型的分离介质或者技术,但新型的分离介质或技术一般原料成本偏高,或者需要新型设备,这时就需要权衡收率和成本,一般对于高附加值的生物药物采用新方法或者新介质,提高生产效率是有益的。而采用一些偶联分离技术,则会在不增加分离介质成本的同时简化操作步骤,是未来的发展方向。

6. 各种分离纯化方法的组合顺序　对生物药物进行分离纯化时,要根据产品和分离纯化技术的特点安排纯化的顺序。例如盐析后采用离子交换色谱,必然会因为离子过多而影响吸附效果,如果增加除盐,又会增加操作的复杂性。但如果把步骤倒过来,即先吸附后盐析就比较合理。又例如采用大孔吸附树脂纯化生物药物时,发酵液中常含有蛋白性的成分,如果将发酵上清液直接上柱,容易出现蛋白成分堵塞层析柱的情况,而且也会降低树脂的吸附量。如果发酵液过滤处理时加入黄血盐等蛋白沉淀剂,并在吸附树脂前加入脱蛋白柱的话,将会大大提高树脂纯化的效率。很多弱极性的生物药物,可以采用以下的顺序进行纯化:液 - 固分离、沉淀法除蛋白、大孔吸附树脂、浓缩、结晶。采用这个程序的原因是沉淀能处理大量杂质蛋白,以减少对色谱的影响,大孔树脂可以显著提高目标产物的纯度,并因为一般洗脱体积远小于上样体积,还能够起到浓缩作用。结晶操作的效率高,但对目标产物纯度也有较高的要求,通常在流程的后阶段使用,而且很多药物对晶型也有专门要求,合适的结晶条件也能满足对晶型的要求。

第三节　生物制药分离纯化的发展方向

20 世纪 80 年代以来,虽然新的分离和纯化技术不断涌现,解决了不少生产实践问题,提供了一大批生物技术药物,但无论是高附加值的药物还是批量生产的传统产品,随着商业竞争的加剧和生产规模的扩大,产品的竞争优势最终归结于低成本和高纯度,所以成本控制和质量控制将是生物制药分离纯化领域发展的动力和方向。同时随着人们环保意识的提高,降低固体、液体和气体废弃物排放的绿色分离纯化技术也越来越受到人们的重视。生物制药的分离纯化领域的发展方向主要体现在以下几个方面。

一、研究、开发、完善新型和经济高效的分离纯化技术

生物制药的分离纯化技术既包括历时一百多年的若干传统的单元操作,如蒸馏、干燥、吸附等,也包括了如膜分离、分配色谱等新的单元操作,其中已经得到工业应用的工业单元操作大体上可以用图 11-3 来表示。

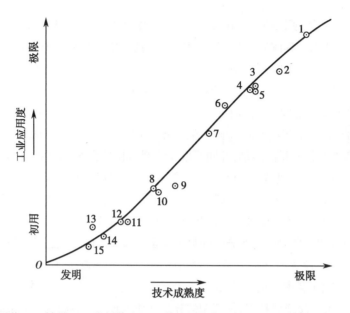

1—精馏；2—吸收；3—结晶；4—溶剂萃取；5—萃取（共沸）精馏；6—离子交换；7—吸附（气固）；
8—膜分离（液相进料）；9—吸附（液固）；10—膜分离（气相进料）；11—色谱分离法；12—超临界
萃取；13—液膜；14—场致分离（电泳等）；15—亲和分离。

图 11-3　分离纯化技术发展现状

可以看出，各种单元操作的"技术成熟度"（横坐标）与"工业应用度"（纵坐标）之间是有一定的正相关性的。处于曲线顶端的精馏、吸附等操作已经比较成熟，但由于它们属于生产领域中量大、面广的技术，技术的提高和改善会给生产带来极为可观的经济效益，不容忽视。处于曲线中间的操作如结晶、萃取、离子交换、吸附等属于迅速发展的新型单元操作或分离技术，需要不断地提高其理论深度并扩展其应用的广度。例如从萃取技术衍生出了双水相萃取、超临界萃取、液膜萃取、离子液萃取等新型的萃取技术，虽然一些技术还处于实验室阶段，但具有很好的应用前景。

二、各种单元操作的结合偶联

当前生物制药的分离纯化发展的一个倾向是多种分离、纯化方法的结合与偶联，也包括新老技术的互相交叉、渗透与融合。例如将吸附和萃取结合的固相萃取技术应用于痕量物质的预处理中；将亲和层析和膜分离结合的亲和膜技术增加了膜分离的选择性，同时又保持了膜分离中的易放大、分离速度快的特点。源自多级萃取逆流色谱（counter current chromatography，CCC）技术，结合离心技术，利用流体静力学原理、公转产生单一力场的技术，先后开发了液滴逆流色谱（liquid-droplet counter current chromatography）、离心分配色谱（centrifugal partition chromatography，CPC）技术，可以使不同物质在所选的两相溶剂中通过多级逆流分溶进行分离，和液相色谱相比，无须固体作为固定相，并实现了操作的连续化。近年来，又和电泳技术以及离子交换色谱技术结合，开发了 pH 区带逆流色谱（pH zone refining CCC）以及离子交换顶替离心分配色谱（ion-exchange displacement CPC）等多种偶联性新技术，这类技术具有选择性好、分辨效率高、分离纯化步骤简化、生产周期缩短、产率增加的特点。

三、新型介质的应用

分离介质的性能对提高分离纯化效率起着关键作用，特别是工业大生产，对目标组分的选择性、吸附量（交换容量）和机械强度是制约介质性能的主要因素。如离子交换树脂在生物制药中应用广泛，但以前普遍使用的凝胶型离子交换树脂浸入水中溶胀现象明显，树脂的强度较弱，易破碎，抗污染能力较弱。后使用大孔树脂键合上离子交换基团，克服了凝胶树脂的缺点，具有机械强度好、抗污染能力强等优点。又如膜分离,目前有很多无机膜出现,如陶瓷膜、金属膜、石墨膜等,这些新型膜材料的很多优点如耐热好、绝缘性强、韧性强、耐磨性好、传热强等都是很多高分子有机膜不具备的,是近年研发的热点,并已经在很多生物医药领域得到了工业化应用。随着手性药物和低含量、多衍生物药物在生物制药中的比例逐渐提高,对介质分辨也提出了更高的要求,以前只在分析中使用的 C_{18} 反相介质也逐渐应用于工业级药物的制备,伴随着径向压缩色谱柱的成熟,目前使用 C_{18} 反相色谱介质的色谱柱直径已经达到了 1.6m 甚至更高,额定压力超过了 100Pa,年生产能力也到了数百千克到吨级,为复杂样品的制备提供了更多的选择。又如利用一些相转移促进剂可以增大相间的传质速率,如渗透蒸发回收乙醇时,可以选用含有—COOH 基的膜,利用—COOH 基与水形成氢键的原理,提高分离的选择性和传质速率。

四、生物工程上游技术和下游技术结合

生物制药过程是一个整体,上、中和下游要互相配合。为了利于目标产物的分离和纯化,上游的工艺设计应尽量为下游分离纯化创造条件。例如菌种选育和工程菌构建是上游的主要工作之一,一般以开发新物质和提高目标产物产量为目标。但现今,除了达到上述目标外,还应转变观念,从整体出发,增加产物的胞外分泌量、减少非目标产物的分泌(如色素、毒素、降解酶和其他干扰性杂质等)。发酵工程环节,应尽量避免使用产色素多的培养基,控制比生长速率、减少消泡剂的用量,使下游加工过程更为经济、方便,进而提高总回收率。

另外,发酵与分离偶合过程的研究也是当今生物工程领域的研究热点之一,该方法从 20 世纪 70 年代开始用于厌氧发酵——乙醇的发酵过程中,取得了令人满意的效果。近年来,逐步也用于好氧发酵中,以解除产物的反馈抑制效应,提高转化率,同时可简化产物提取过程,缩短生产周期,增加产率,产生一举数得的效果。例如由黏细菌发酵生产埃博霉素时,埃博霉素的生成有产物抑制现象发生,在发酵时加入大孔树脂,可以将生成的埃博霉素吸附在树脂上,进而降低发酵液中的埃博霉素浓度,消除了产物反馈抑制现象,发酵结束后,回收树脂就能够进行埃博霉素的精制。

思 考 题

1. 简述分离纯化技术在生物制药中的重要性。
2. 简述生物制药中分离纯化的技术特点。
3. 生物制药分离纯化的一般工业过程包括哪些步骤?每个步骤中有哪些重要的单元操作?
4. 生物制药分离纯化方法选择时应当主要考虑哪些因素?
5. 生物制药分离纯化有哪些新的发展趋势?

第十一章
目标测试

（董悦生）

第十二章

液 - 固分离技术

第十二章
教学课件

第一节 概 述

在生物制药生产工艺中，无论原料药、成药及辅料的生产以及制药废水的处理等都离不开液相与固相的分离。如从发酵液中提取有效成分，结晶体与母液的分离；制药生产中以动植物为药物来源，经液体浸取后，将浸取液与药物来源的固体进行分离；中药药液进一步提纯的精密分离等。目前生物制药过程中液 - 固分离的技术手段主要有过滤和离心两大类。然而在任何实际的液 - 固分离操作中，无法做到将固相颗粒和液相彻底分开，往往是液相产品中夹带着若干细小的固体颗粒，而固相产品中又存有部分液体。这种分离状况用两个参数加以表征：一是分离效率，表示固相的质量的回收率（如在过滤操作中可称作截留率），通常以百分数表示；二是含湿量（质量分数），表示回收的固相的干湿程度。有时为了调整或去除固相中积存的液体，还需对固体进行洗涤，用洗液来置换母液。

第二节 物 料 性 质

在液 - 固分离技术中，了解固体颗粒、液体和悬浮液的性质很重要。固体颗粒的形状、尺寸、密度、比表面积、孔隙度，液体的密度、黏度、表面张力和挥发性，以及悬浮液的固相含量、密度与黏度将会决定液 - 固分离过程中颗粒沉降或过滤速度的快慢、分离效果的好坏及滤饼层的渗透性及滤饼的比阻等性质。

一、固体颗粒的性质

颗粒是固态物质的一种形态，通常小于毫米级的固体粒子才称为颗粒。由于颗粒的几何尺寸微小，所以其物理化学特性不同于一般宏观固态物质，其特性主要包括比表面积、孔隙度、颗粒形状、颗粒尺寸、粒度分布、密度。这些特征会影响到颗粒 - 介质系统的黏度、颗粒的沉降、过滤等分离特性。

（一）比表面积

比表面积是单位体积或质量的多孔颗粒所具有的表面积，单位是 m^2/m^3 或 m^2/g。固体颗粒由于尺寸小，单位体积颗粒具有的表面比一般固体物质大 7~8 个数量级，从而使颗粒体具有许多特性。

（二）孔隙度

孔隙度是颗粒之间的孔隙体积与其表观体积之比，通常用百分数表示。

（三）流动性

颗粒体特别是较大的颗粒,自然堆积时没有团聚效应,孔隙度稳定,表观有明显的流动性,可依容器形状而改变体积形状。

（四）颗粒形状

由于液体具有表面张力,液滴总是成为圆球形,因此液滴的形状是均一的。与此相反,固体颗粒的形状则很少一致。晶体类的物料尽管可形成形状均一的颗粒,但在工业生产中,后续处理方式不同,可造成晶体的破碎,因此绝大多数固体颗粒呈不规则形状。但在做理论计算时,通常又将颗粒作为球形对待,这也成为理论计算与实际情况不符的原因之一。

（五）颗粒尺寸

液 - 固分离的对象是固体颗粒群与液体形成的混合物,其中有许多属于悬浮液,有的则是胶体。从混合物中颗粒群的颗粒尺寸来说,悬浮液所含颗粒的最大直径可达毫米范围,而胶体一般在微米或纳米范围。这些液体中的颗粒群的行为又随颗粒尺寸而有很大差异,有的颗粒分散性好,能形成单个粒子,有的则易形成聚集状态而很难分散。颗粒尺寸的测定应以完全分散后的单个颗粒为准。

1. 粒径定义　颗粒群一般是由尺寸不同、形状不规则的颗粒组成的。对于形状不规则的单个颗粒直径有各种测定方法,根据所测结果是颗粒的线性尺寸还是它的本身特性,基本上可以用 3 类粒径即"当量球径""当量圆径""统计直径"来描述。

当量球径所测的是与颗粒本身特性（包括体积、投影面积和沉降速度等）呈等值的当量球体所具有的直径;当量圆径所测的是与颗粒的轮廓投影呈等值的当量圆所具有的直径;统计直径所测的是对颗粒图像按一定的平行测取（用显微镜）的线性尺寸。

不同意义的粒径来自不同的测定方法,即使同一意义下的粒径也有不同的测定方法,而选择哪种含义的粒径则主要取决于分离过程的要求。例如重力沉降或离心沉降分离过程,由于其控制机制属于固液之间的颗粒运动,因此以采用自由沉降直径 χ_f 或斯托克斯直径 χ_{St} 为宜,两者之间又以后者为常用。又如过滤过程,理论上说用表面积体积直径 χ_{sr} 更符合过滤的分离机制,实际上为方便计算也有采用其他的,如筛分直径 χ_A 等。

2. 粒度分布　当单个颗粒的粒径定义后,求出不同尺寸的粒径在给定的颗粒群中各自所占的比例或百分数即代表该颗粒群的粒度分布。对于给定的颗粒群物料,粒度分布的表达方式可有 4 类:①以个数表示的粒度分布;②以长度表示的粒度分布（实际上不采用）;③以表面积表示的粒度分布;④以质量（或体积）表示的粒度分布。不同类型的粒度分布,正如不同意义的粒径那样,是由不同的颗粒尺寸测定方法给出的。

（六）颗粒密度

不论在重力或离心力条件下,固体颗粒在其穿过的液体内以什么速度沉降都与固液之间的密度差成正比。液体密度较易测定,并能从一般手册中查得。而对于液体中颗粒的密度值,由于其相互黏结成团或包埋少量液体和空气,因此必须根据实际情况认真考察,判断理论计算和实测之间的差异。

（七）黏性（黏附）和散粒性

粒子之间或粒子与物体表面之间存在黏性力,由于这种力的作用,粒子在相互碰撞中导致粒子的凝聚。固相颗粒之间可能存在的黏性力有分子力、毛细管黏附力和静电力,在一定条件下其中的某种力可能起主导作用。

1. 分子力　这是分子间的吸引力。随着分子间距增大,吸引力下降。分子的大小与粒子的尺寸、特性及接触面积有关。在几个分子直径的距离内,分子力有重要影响。

2. 毛细管黏附力　在潮湿的环境中,湿分可在粒子与物体之间的空隙内架桥,产生毛细管吸附力。粒子的粒径越大、表面湿润性能越好,则毛细管吸附力越大。

3. 静电力　各种原因可使粒子带有不同的电荷,因此在载电粒子之间可产生静电力。静电荷使粒子的黏附性增强,但是若离子和物体表面间的空隙潮湿,则电力减弱或消失,可见毛细管力和静电力一般不能同时起作用。粒子的形状、粗糙度、黏度以及潮湿程度都能影响粒子的黏附性。

（八）电性

在粒子的生成和处理过程中都可能使粒子带电,荷电的原因可能是天然辐射、外界离子或电子的附着以及粒子间的碰撞摩擦等。粒子的种类、温度和湿度都影响粒子的荷电性。

二、液体的性质

液体的密度、黏度、表面张力、挥发性等物理性质是直接影响液 - 固分离过程的因素。

（一）密度

液体的密度是指单位体积液体的质量。在沉降分离的过程中,分离推动力与固液两相的密度差成正比,所以液体密度值的大小很重要。一般情况下,升高液体的温度,可以使液体的密度下降;如果液体是溶液,改变溶质的浓度可以改变溶液的密度,从而改变分离过程。

（二）黏度

液体的黏度是指液体分子间在外力作用下相对摩擦的摩擦阻力的大小。通常温度越高,液体的黏度越小,透过过滤介质的阻力就小,有利于提高过滤速度和沉降速度,并使滤饼和沉渣的含湿量降低,所以常利用加温的方法来提高过滤速度。若能测得液体的黏度 - 温度曲线,可以作为选择适宜的液 - 固分离操作温度的依据。

（三）表面张力

表面张力也是液体的一个重要性质,它是指通过液体表面上的任一单位长度,并与之相切的表面紧缩力。从热力学角度讲,表面张力说明增加单位表面积所需做的功。表面张力大小会直接影响液体润湿固体表面的程度,并促成颗粒堆聚;对于过滤介质而言,如果液体不易湿润过滤介质,将妨碍过滤过程。例如以水不润湿的聚四氟乙烯作过滤介质,需要提高过滤压力才可使过滤操作顺利进行;相反不易被液体湿润的疏水性固体颗粒则滤饼（或滤渣）的残余含湿量将较低。

三、悬浮液的性质

当固体颗粒不溶于液体且混合在一起时,就构成悬浮液。悬浮液的性质与两相自身的性质有关,同时还有两相共存所产生的新的性质。这些性质均不同程度地影响着液 - 固分离操作。

（一）密度

由于固体颗粒的掺入,悬浮液的密度不再是原来液体的密度。悬浮液的密度可以根据悬浮液的固相含量、固相和液相的密度用下式计算:

$$\rho = \frac{100}{\dfrac{100-C}{\rho_L} + \dfrac{C}{\rho_S}} \qquad\qquad 式（12\text{-}1）$$

式中,ρ 为悬浮液的密度,g/ml;C 为悬浮液中的固相质量浓度,%;ρ_L 为悬浮液中的液相密度,g/ml;ρ_S 为悬浮液中的固相密度,g/ml。

（二）黏度

若液体中存在分散的固体颗粒,就增大了液体抗剪切变形的能力,悬浮液的黏度随液体中固相浓度的增大而增加。悬浮液的黏度可以根据下式计算:

$$\mu_S = \frac{1+0.5\varphi}{(1-\varphi)^4}\mu_L \qquad\qquad 式（12\text{-}2）$$

式中,μ_S 为悬浮液的黏度,Pa·s;μ_L 为液相的黏度,Pa·s;φ 为悬浮液中的固相容积浓度,以分数表示。

（三）固含量

在悬浮液中固体颗粒与液体是以怎样的比例混合,对其分离过程的影响是十分重要的,为此常需对悬浮液标明其固含量多少。固含量的大小可用固体颗粒的质量占悬浮液总质量的百分数来表示,称作质量百分含量。这在工程应用中最普遍,因为测量质量百分含量的方法最简便精确。再者也可以用体积百分含量来表达固体颗粒在悬浮液中所占的体积百分比,由于颗粒的有效体积不易直接测量,所以不便在工程上应用。但是工程上常常知道的是单位体积的悬浮液中含有固体颗粒的质量是多少,如 g/ml 或 g/L 等。这时如知道液体的密度,进行质量的换算是很容易的。

前面已经提到固含量对悬浮液黏度的影响,因此固含量对液 - 固分离操作的影响是不可忽视的。比如悬浮液的固含量达到一定值后,颗粒间距小,互相制约,将在沉降分离中出现干涉沉降的现象,进而影响沉降速度。

（四）电动现象及 ζ 电位

固体颗粒晶格不完整,会使晶体表面有剩余离子,或是一些低溶解度的离子型晶体,在水中,水的极性就会使颗粒周围有一层电荷所环绕,形成双电子层。双电子层围绕着颗粒,并延伸到含有电解质的分散介质中,双电子层与分散介质之间的电势差称为 ζ 电位。颗粒自身荷有的剩余电荷,还会造成荷有相同电荷的颗粒之间相互排斥。当对分散介质施以外加电场时,荷电颗粒也会产生相应的定方向的运动。这些现象既影响着颗粒间的团聚长大,也影响着过滤介质的过滤性能,因此也是液 - 固分离技术中应以关注的问题。

第三节　过 滤 分 离

一、过滤的基本概念和分类

过滤是利用多孔渗透性介质构成的障碍场来完成液 - 固分离的过程,其基本原理是非均相混合物通过过滤介质从而获得纯净流体。通常过滤中所用到的渗透性介质称为过滤介质,需要分离的悬浮液称为滤浆,滤浆中的固体颗粒称为滤渣,被过滤介质截流后的固体颗粒称为滤饼,过滤后的液体称为滤液。

过滤操作一般可分为两类:滤饼过滤和深层过滤。滤饼过滤是固体粒子在过滤介质表面积累,很短时间内发生架桥现象,此时沉淀的滤饼起到过滤介质的作用,由于过滤是在介质的表面进行的,因此称为表面过滤;深层过滤是固体粒子在过滤介质的孔隙内被截留,液 - 固分离发生在整个过滤介质的内部,因此称为深层过滤。在实际过滤过程中以上两类过滤机制可同时存在或先后发生。

典型的过滤原理如图 12-1 所示。过滤时滤饼和过滤介质对滤液的流动具有一定的阻力,而且随着滤饼的增厚,阻力逐渐变大。要克服这种阻力就需要一定的推动力,即在过滤介质和滤饼两侧之间保持一定的压差。该推动力一般有 4 种类型,即重力、压力、真空度和离心力。因此根据过滤过程中推动力的不同,又可分为常压过滤(利用悬浮液本身液柱的压力)、加压过滤(悬浮液上面通过加压空气产生的压力)、减压过滤(通过在介质下面抽真空所产生的压差)和离心过滤(推动力为离心力)。另外按料液流动方向不同,过滤可分为常规过滤和错流过滤。前者料液流动方向与过滤介质垂直,而后者料液流动方向平行于过滤介质。

一般来说影响过滤速率的主要因素有:①从进料侧至过滤介质另一侧的压差;②过滤面积;③滤液的黏度;④滤饼阻力;⑤过滤介质和初始滤饼层的阻力。

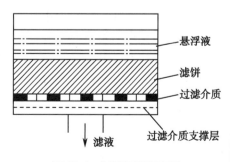

悬浮液
滤饼
过滤介质
过滤介质支撑层
滤液

图 12-1　过滤原理示意图

另外在选择过滤机及过滤操作条件时应考虑以下几点主要因素：①流体的特性，尤其是流体的黏度、密度以及腐蚀性；②固体的特性，颗粒的大小、形状、粒径分布以及可压缩性；③悬浮液中固体颗粒的浓度；④处理量及所处理的物料的价值；⑤有价值的产品是固体，是液体，还是两者都是；⑥是否有必要洗涤滤饼；⑦设备构件对与其接触的悬浮液的轻微玷污是否会对产品产生不利影响；⑧料液是否需要加热；⑨料液所要采用的预处理方式。

过滤操作在医药、化工、食品、轻工以及环境保护中都有着广泛的应用。

二、滤饼过滤

（一）过滤的基本过程

滤饼过滤一般应用织物、多孔固体或孔膜等作为过滤介质，这些介质的孔一般小于颗粒，过滤时流体可以通过介质的小孔，颗粒的尺寸大，不能进入小孔而被过滤介质截留形成滤饼。因此，颗粒的截留主要依靠筛分作用。

实际上滤饼过滤所用过滤介质的孔径不一定都小于颗粒的直径，在过滤开始时，部分颗粒可以进入介质的小孔，有的颗粒还会透过介质使滤液混浊。随着过滤的延伸，许多颗粒一起拥向孔口，在孔中或孔口上形成架桥现象。当固体颗粒浓度较高时，架桥是很容易生成的。此时介质的实际孔径减小，细小颗粒也不能通过而被截留，使滤液变清，此后过滤才能真正有效地进行。由于滤饼是在介质的表面进行的，亦称"表面过滤"。由于介质在稀释悬浮液的过滤中会发生堵塞现象，所以滤饼过滤通常用于处理固体体积浓度 >1% 的悬浮液。稀释悬浮液，可借助人为提高进料浓度的方法，也可以加助滤剂作为掺浆，以尽快形成滤饼过滤，同时由于助滤剂具有很多小孔，所以增强了滤饼的渗透性，从而使低浓度的和一般难以过滤的浆液能够进行滤饼过滤。

（二）过滤的基本方程

过滤过程的主要参数有①处理量：以处理的悬浮液流量或分离得到的纯净的滤液量 $V(\mathrm{m^3/s})$ 来表示；②过滤的推动力：可以是重力、压差或离心力；③过滤面积：是表示过滤机大小的参数；④过滤速度：是单位时间通过单位过滤面积的滤液量。

关于过滤速度 ν 的表达式，可以从流体力学的基本观点出发导出过滤基本式。

$$\nu = \frac{k\Delta p}{\mu l} = \frac{\Delta p}{\mu(l/k)} \qquad \text{式（12-3）}$$

式中，Δp 为滤层两侧的压差，为过滤推动力；μ 为滤液黏度；l 为滤层厚度；k 为过滤常数；l/k 为除黏度之外的过滤阻力。

式（12-3）亦称为过滤的达西（Darcy）公式，但在应用时，还须对它做如下修改。

首先，在间歇过滤时，过滤速度随时间而变，因此须把速度写成微分形式。由式（12-4）的速度定义可知，ν 是单位时间、单位过滤面积上通过的滤液量，即：

$$\nu = \frac{1}{A}\frac{\mathrm{d}V}{\mathrm{d}t} \qquad \text{式（12-4）}$$

式中，V 为滤液体积；t 为时间；A 为过滤面积。

其次，可把式（12-3）中的过滤阻力项（l/k）分为介质阻力 R_M 和滤饼阻力 R_C 两部分，即：

$$\frac{l}{k} = R_M + R_C \qquad \text{式（12-5）}$$

最后，合并式（12-3）、式（12-4）和式（12-5）可得恒压情况下的达西公式——过滤基本方程式。

$$\frac{1}{A}\frac{\mathrm{d}V}{\mathrm{d}t} = \frac{\Delta p}{\mu(R_M + R_C)} \qquad \text{式（12-6）}$$

通常 R_M 是常量，随着过滤的进行，其值恒定不变。但 R_C 是变量，随着过滤时间的推移，由于滤饼逐渐变厚,其值将逐渐增大。滤饼是由滤液中夹带的固体在过滤表面上的堆积所造成的,所以滤饼厚度 l 正比于滤液体积 V。也就是说,通过的滤液量越多,沉积在过滤表面上的固体也就越多,滤饼就越厚。而且过滤表面上固体的沉积量还与滤浆带有的固体量有关,如果滤浆带有的固体量越多,固体沉积量也一定越多。除此之外,滤饼厚度 l 又反比于过滤面积 A,因为过滤面积越大,滤饼就越宽坦,同样量的固体沉积得到的滤饼就越薄。滤饼阻力可表示为:

$$R_C = a\rho_0 \frac{V}{A}$$ 式(12-7)

从而,过滤基本方程可进一步表达为:

$$\frac{1}{A}\frac{dV}{dt} = \frac{\Delta P}{\mu\left(a\rho_0\dfrac{V}{A}+R_M\right)}$$ 式(12-8)

式(12-8)有如下的初始条件:$t=0,V=0$。该条件下表明当过滤开始时没有滤饼。式(12-8)经积分并整理后可得:

$$\frac{At}{V} = K\frac{V}{A} + B$$ 式(12-9)

式(12-9)中,$K = \dfrac{\mu a \rho_0}{2\Delta p}, B = \dfrac{\mu R_M}{\Delta p}$。

由此可见,若将(At/V)对(V/A)作图可得一直线,其斜率为 K,截距为 B。K 是压力降 Δp 及滤饼性质 a 的函数;而 B 则与滤饼性质无关,但正比于介质阻力 R_C。如果介质阻力可以忽略不计,则式(12-9)可简化为如下形式:

$$t = \frac{\mu a \rho_0}{2\Delta p}\left(\frac{V}{A}\right)^2$$ 式(12-10)

这一公式在过滤计算中常被使用,因它关联了 t、Δp、V、A 等重要变量之间的关系。但是该公式只适用于不可压缩滤饼。

滤饼可分为不可压缩滤饼和可压缩滤饼两类。所谓不可压缩滤饼,是指这类滤饼的刚性较大,故在 Δp 的作用下滤饼不会变形,过滤的阻力也无明显的变化,这时滤饼的比阻 a 与 Δp 无关。而可压缩滤饼则比较软,一经受到压力作用,滤饼便被压紧,过滤通道骤减,过滤阻力增加。所以,可压缩滤饼的比阻随压力的变化可用下式表示:

$$a' = a/\Delta p^s$$ 式(12-11)

式中,s 为压缩指数,是反映滤饼压缩性大小的值,从 0(刚性不可压缩滤饼)变到近乎 1.0(极易压缩的滤饼)。实际上的 a' 值在 0.1~0.8。s 及 a 的值可从 a' 对 Δp 的对数表中确定。当 s 值过高时,就应考虑使用助滤剂来进行预处理。发酵液中的固体物大多是柔软的微生物细胞,因此由发酵液过滤获得的滤饼几乎全是可压缩滤饼。这里要指出的是,尽管滤饼可压缩,但由式(12-10)给出的过滤方程的基本形式并不会因此而发生变化,所改变的仅是 K 值与 Δp 之间的关系。由此对可压缩滤饼而言,式(12-10)相应地为

$$t = \frac{\mu a' \rho_0}{2\Delta p^{1-s}}\left(\frac{V}{A}\right)^2$$ 式(12-12)

(三)深层过滤

深层过滤是用粒状介质堆积进行的澄清过滤。介质层一般较厚,在介质层内部构成长而曲折的通道,通道的尺寸大于颗粒粒径,当颗粒随着流体流入介质孔道时,在重力、扩散和惯性等作用下,颗粒在运动过程中趋于孔道壁面,并在表面力和静电力作用下附着在壁面上而与液体分开。这种过滤方式的特点是过滤在过滤介质内部进行,过滤介质表面无固体颗粒层形成,由于过滤介质孔道细小,

过滤阻力较大,一般只用于生产能力大,而流体中颗粒小,且固体体积浓度在 0.1% 以下的场合,例如制药用水的净化等。

在深层过滤中颗粒的运动包括迁移行为（颗粒运动到过滤介质内部孔隙表面的行为）、附着行为（颗粒迁移到过滤介质的滤粒表面时,两者间相互作用力的性质决定能否吸附）和脱落行为（当颗粒或颗粒团与过滤介质表面的结合力较弱时,它们会从介质孔隙的表面上脱落下来）。

深层过滤过程中物料的性质及介质的性能对过滤效率的影响表现在:①过滤效率与物料粒度、密度、形状有关;②过滤介质孔隙越不规则、比表面积越大、弯道越多,过滤效果越好;③流速越高,过滤效率越低;④料浆温度升高,黏度降低,滤液质量随之提高;⑤对于迁移过程中重力起主导作用的过滤,下流式过滤器的效率高于上流式过滤器,但对于迁移行为是以扩散作用力或流体运动作用力起主导作用的过滤,上流式与下流式过滤器的效率无差异。

（四）过滤介质

1. 过滤介质的分类　过滤介质是实现过滤的基本条件,应具有较好的过滤性能。按照过滤原理,过滤介质可分为表面过滤介质和深层过滤介质。对于前者,固体颗粒是在过滤介质表面被捕捉的,如滤布、滤网等,其用途是回收有价值的固相产品;对于后者,固体颗粒被捕捉于过滤介质之中,如砂滤层、多孔塑料等,主要用途是回收有价值的液相产品。有的过滤介质既有表面过滤介质的作用,又有深层过滤介质的作用,借助 2 种过滤原理的综合作用而实现液 - 固分离。

按材质分类,可分为天然纤维（如棉、麻、丝等）、合成纤维（如涤纶、锦纶等）、金属、玻璃、塑料及陶瓷过滤介质等。按结构分类,可分为柔性、刚性及松散性等过滤介质。具体分类见表 12-1。

表 12-1　过滤介质分类

类型	结构	材质
柔性	织物类	金属　丝编织、条状滤网
		非金属　天然合成纤维织物
	非织物类	金属　板块、不锈钢纤维毡
		非金属　滤纸、非织造布、高分子有机滤膜
刚性	多孔类	塑料、陶瓷、金属、玻璃
	滤芯或膜类	高分子滤芯、无机膜
松散性	颗粒状或块状	活性炭、石英砂、磁铁矿、无烟煤等

2. 新型过滤介质

（1）无石棉滤板:无石棉滤板是由极细纤维、细硅藻土及作为电荷载体的合成聚合物（如带正电荷的树脂）精确混制而成的,其三维筛状结构能吸留微小颗粒,继承了石棉 / 纤维素滤板高流量和高精度过滤的优点。

（2）金属过滤介质:包括楔形和圆形金属筛网,材质多为不锈钢、碳素钢、镀锌碳钢、黄铜、紫铜、铝合金及镍、钛等特殊合金和烧结金属过滤介质等（所谓烧结,是指将金属置于真空中,使之受热至温度为熔点温度的 90%,并施加一定时间的压力,使金属各接触点的原子互相扩散而结合在一起）。

（3）多孔陶瓷:多孔陶瓷耐高温、耐腐蚀,所以在过滤工艺中具有特殊价值。它们的形状有矩形、圆形和管形等。

（4）纤维素长带条缠绕滤芯:此类滤芯是由纤维素长带条按螺旋形缠绕而成的,带条的宽度相当于滤芯的壁厚。带条经过酚醛树脂浸渍,并通过热处理而硬化,在带皱纹的带条叠层之间形成了孔隙。流体可以通过这些孔隙从芯的外面流入芯的内腔,也可从芯的内腔透过芯壁上的孔隙向芯外流,污物只被截留在带条叠层的边缘上。由此可知,其过滤机制属于表面过滤,可用流体逆流再生,或用反向带压溶剂和压缩空气使之再生。该滤芯的优点是廉价,强度好,耐热性好,耐酸碱溶剂的腐蚀,沿元件的周边至中心均匀分布着大量的孔隙,容易清洗和刷洗再生。

（五）助滤剂

若流体中所含的固体颗粒很细且悬浮液的黏度较大,这些细小颗粒可能会将过滤介质的孔隙堵塞,形成大阻力。同时细颗粒形成的滤饼阻力大,致使过滤过程难于进行。另一方面,有些颗粒例如细胞或胶体粒子在压力作用下会产生变形,空隙率减小,其过滤阻力随着操作压力的增加而急剧增大。为了防止过滤介质孔道的堵塞或降低可压缩滤饼的过滤阻力,采用加入助滤剂的方法。

助滤剂是一种坚硬呈粉状或纤维状的小颗粒,它的加入可以使结构疏松,而且几乎是不可压缩的滤饼。适于作助滤剂的物质应能较好地悬浮在滤浆中,颗粒大小合适,并能在过滤介质上形成一个薄层。常用作助滤剂的物质有硅藻土、珍珠岩粉、石炭粉、石棉粉、纸浆粉等。

助滤剂的使用方法有2种:①用助滤剂配成悬浮液,在正式过滤前用它进行过滤,在过滤介质上形成一层由助滤剂组成的滤饼,称为预涂。这种方法可以避免细颗粒堵塞介质的孔道,并可在一开始就能得到澄清的滤饼,如果滤饼有黏性,此法有助于滤饼的脱落。②将助滤剂混在滤浆中一起过滤,这种方法得到的滤饼可压缩性小、空隙率增大,有效地降低过滤阻力。

但必须指出,使用助滤剂进行过滤一般是以获得洁净液体为目的,因此助滤剂中不能含有可溶于液体的物质。另外,若过滤的目的是回收固体物质又不允许混入其他物质,则不能使用助滤剂。

（六）过滤设备

1. 板框压滤机　板框压滤机（plate-and-frame filter press）是目前较常用的一种过滤设备。它是由多个滤板和滤框交替重叠排列而组成滤室的一种间歇操作加压过滤机。滤板两面铺有滤布,把滤板和滤框压紧,滤框中的空间构成过滤的操作空间。滤液在压力下通过滤布流入滤板表面的浅沟中,顺浅沟往下流,最后汇集于滤板下端的排液孔道中排出。固体颗粒被滤布截留在滤框中,一定时间后松开滤板和滤框,卸除滤渣（图12-2）。板框压滤机的过滤面积大,能耐受较高的压差,故对不同特性的发酵液适应性强,结构简单,造价较低,动力消耗少等。但该设备笨重,不能连续操作,劳动强度大,非生产的辅助时间长（包括解框、卸饼、洗滤布、重新压紧板框等）,生产能力低,过滤速度为22~50L/（m² · h）。

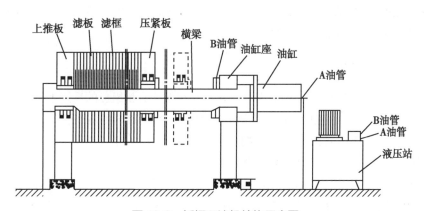

图12-2　板框压滤机结构示意图

自动板框过滤机（automatic board filter press）是一种能自动清除滤饼的板框压滤机。进料过滤时,用泵将悬浮液从滤板上部的加压口压入滤室内,在滤室内的两片滤布进行过滤。待过滤完毕后,即向橡胶压榨隔膜内侧注入2MPa压力的高压水,以使滤饼进行压榨脱水。压榨脱水后,将橡胶隔膜中的水排出,即可卸除滤饼。滤饼卸除后,滤布由上部转轮带动而开始上升,与此同时,由喷嘴喷出2MPa的高压水对滤布进行洗涤,直到滤布升回原位。此设备大大缩短了非生产的辅助时间,并减轻了劳动强度。

2. 转鼓式真空过滤机　转鼓式真空过滤机能连续操作,实现自动控制,其基本原理是普通的真空吸滤。操作过程分为4个阶段:吸滤、洗涤、吸洗液、刮除固形物。但是这种方法压差较小,主要适用于菌丝较粗的真菌发酵液的过滤,如青霉素发酵液的过滤,滤速可达800L/(m²·h)。而对菌体较细或黏稠的发酵液,则需在转鼓面上预铺一层50~60mm厚的助滤剂,在鼓面缓慢移动时,利用过滤机上的一把特殊的刮刀将滤饼连同极薄的一层助滤剂(约1mm)一起刮去,使过滤面积不断更新,以维持正常的过滤速度(图12-3)。例如链霉素发酵液的过滤,当涂的助滤剂为硅藻土,转鼓的转速为0.5~1.0r/min,滤速达90L/(m²·h)。

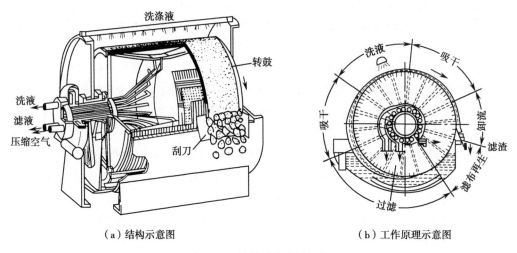

（a）结构示意图　　　　　　（b）工作原理示意图

图12-3　转鼓式真空过滤机

第四节　离心分离

利用离心力作为推动力分离液相非均一系的过程称为离心分离。其设备称为离心机,有时也称离心设备。用作液-固分离的离心机一般可分为两类:①沉降离心机,它要求两相有密度差;②离心过滤装置,固相截留在可渗透隔板表面而允许液相通过。离心分离的适用范围极广,从不同分子量的气体分离到将近6mm的碎煤脱水都适宜。

一、离心分离的原理

在一个旋转的圆形容器中,由一种或多种颗粒悬浮在连续液相组成的系统里,所有的颗粒都受离心力的作用。正是这个力,使得比液体致密的固体颗粒沿半径向旋转的器壁迁移,称为"沉降";而密度低于液体的颗粒则沿半径向旋转的轴迁移直至达到气液界面,称为"浮选"。如果器壁是开孔的或是可渗透的,则液体穿过沉积的固体颗粒的器壁。

上述原理示于图12-4中。其中图12-4(a)中,在静止转鼓中有液体和较液体致密的固体颗粒形成的悬浮液,液体表面是水平的,固体颗粒将或快或慢地沉到转鼓的底部。在图12-4(b)中,转鼓绕其垂直轴旋转,此时液体和固体颗粒都受到两个力的作用,即向下的重力和水平方向的离心力。工业离心机的离心力远大于重力,以至于实际上忽略了重力。液体的位置如图12-4(b)所示,其内表面几乎垂直。固体颗粒水平沉积在转鼓内表面形成致密层。在图12-4(c)中,转鼓壁已经开孔并安装了能阻挡颗粒的过滤介质如金属丝网、滤布等。当转鼓高速旋转时,加入的料浆也随转鼓同时旋转,由于离心力的作用,液体很快滤出并汇集到静止的机壳内,而剩下的较干的固体颗粒则被截留在滤布上。

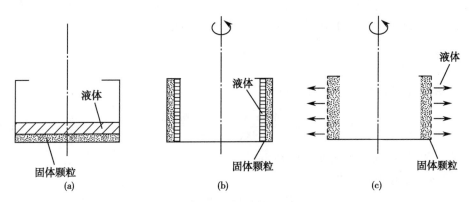

（a）—静止转鼓；（b）—沉降无孔转鼓；（c）—过滤开孔滤鼓。

图 12-4　离心分离和过滤原理

二、离心分离的操作和基本计算

广义而言,离心分离是指在离心惯性力作用下,用沉降方法分离固 - 液、液 - 液、气 - 固、气 - 液等非均相系物料的操作。

当流体围绕某一中心轴做圆周运动时,便形成了离心力场,在离心力场中颗粒所受的离心力较重力场中所受的重力有很大增加,离心力 F 可用式(12-13)表示。

$$F = m\frac{u_{切}^2}{R} = mR\omega^2 \qquad \text{式(12-13)}$$

式中,m 为固体颗粒的质量,kg;R 为旋转半径,m;ω 为旋转角速度,$\omega = u_{切}/R$;$u_{切}$ 为切向速度(m/s)。

固体粒子所受的离心力 F 与重力 G 的比值称为离心分离因子,用符号 a 表示。

$$a = \frac{F}{G} = \frac{m\dfrac{u_{切}^2}{R}}{mg} = \frac{u_{切}^2}{Rg} \qquad \text{式(12-14)}$$

式中,m 为质量;g 为重力加速度;R 为旋转半径;G 为重力。

离心分离因子是离心分离设备的重要性能指标。a 值越大则离心力亦越大,越有助于颗粒的分离。式(12-14)表明,同一颗粒在同种介质中的离心速度要比重力速度大 $u_{切}^2/R$ 倍。重力加速度 g 是定值,而离心力随切向速度变化而变化,增加 $u_{切}$ 可改变该比值,使沉降速度增加。也就是说,影响离心分离的主要因素是离心力的大小。在同样条件下,离心力越大,分离效果越好。在某些高速离心机上分离因子的数值可高达 100 000。

用沉降离心机分离悬浮液有 3 种不同的操作方式:①在离心机运转前,装上一定容积的悬浮液后,在分离过程中不再加料也不排出分离液和沉渣,停车后再分别排出,如管式离心机;②分离过程中同时进料和排出分离液,聚集在转鼓内的沉渣在停车后排出,如三足式沉降离心机;③在分离过程中连续进料和连续排出分离液和沉渣,如螺旋卸料沉降离心机和喷嘴排渣碟式分离机。

虽然操作方式不同,但悬浮液在离心机转鼓内进行离心沉降分离的过程和机制是相通的。

离心过滤所形成的滤饼有固定层状态(如三足式离心机、卧式刮刀卸料离心机、上悬式离心机的滤饼层)和移动层状态(如活塞推料离心机、螺旋沉降式离心机、离心力卸料离心机和各种振动卸料离心机中的滤饼层)两类,不论滤饼厚薄如何,其分离操作都是以滤饼过滤的方式进行的。

在离心机中进行过滤时,推动力是由液体所产生的离心压力,这一压力并不因器壁上沉积有固体粒子而受影响。推动力必须克服流体流经滤饼、滤布、支撑网及孔眼时所产生的摩擦阻力。滤饼的阻力将随固体物的沉积而增加,但其他阻力在整个过程中大致保持不变。

影响离心分离的主要因素是离心力的大小。在同样条件下,离心力越大,分离效果越好。

物料做旋转运动时,固体颗粒所受离心力 F 的大小可用式(12-15)计算。

$$F = m\frac{u_{切}^2}{R} = mR\omega^2 \qquad\qquad 式(12\text{-}15)$$

因为 $u_{切} = 2\pi Rn/60$,代入式(12-15)可得:

$$F = \frac{4m\pi^2 R^2 n^2}{3\,600R} = \frac{m\pi^2 Rn^2}{900} \qquad\qquad 式(12\text{-}16)$$

式中,R 为旋转半径,m;n 为转鼓的转速,r/min。

离心因子 a 可近似地表示为:

$$a = \frac{F}{G} = \frac{(m\pi^2 Rn^2)/900}{mg} \approx \frac{Rn^2}{900} \qquad\qquad 式(12\text{-}17)$$

显然,离心分离因子数值越大,说明离心力越大,越有利于固体粒子的分离。从式(12-17)可以看出,增加转鼓的直径和转速都能增大 a 值,但增加转速比增加转鼓的直径更为有利。因此,为了增大离心机的离心分离因子,一般采用增加机器的转速。考虑到不使转鼓因转速增加、离心力增大而引起过大的应力,在增加转速的同时要适当减小转鼓的直径,以保证转鼓有足够的机械强度。因此,高速离心机转鼓的直径通常都是比较小的。

离心分离因子是用来表示离心机特性的重要参数之一,工程上常根据分离因子的大小对离心机进行分类,凡 $a<3\,500$ 的称为常速离心机,主要用来分离颗粒不太大的悬浮液和物料的脱水等;凡 a 在 $3\,500\sim5\,000$ 范围的称为高速离心机;凡 $a>5\,000$ 的称为超高速离心机。高速离心机和超高速离心机能够分离常速离心机难以分离的物料,适用于分离乳浊液和含固体粒子极少而且固体粒子很细的悬浮液。

三、离心沉降设备

(一)旋风分离器

旋风分离器是一种利用离心力将颗粒从气流中分离出来的气-固分离装置,如图12-5所示。其主要部分是一个带锥形底 2 的垂直圆筒 1,具有切线方向的垂直入口管 3,圆筒顶盖 4 的中央有一气体排出管 5 插在圆筒内,器底装有排出灰尘的除尘管 6 和集尘斗。含尘气体以很大的速度(20~30m/s)沿切线方向进入旋风分离器壳体内进行旋转,悬浮颗粒在离心力的作用下甩向周边,与器壁撞击后,失去动能而沿壁落在灰斗中,由下部除尘管排出。净制后的气体到达底部后,在中心轴附近又形成自下而上的旋流,最后由顶部排气管排出。

分离时所采用的动力既可以是加压,也可以是减压。旋风分离器结构简单,分离效果可达到70%~90%,可以分离出 5μm 的粒子,也可以分离温度较高的含尘气体。但气体在器内的流动阻力较大,对器壁的磨损也比较大。对 <5μm 的粒子分离效率较低,气体不能充分净制;对 >200μm 的粒子,为了减小对器壁的磨损,通常对重力沉降器预处理;对 5~10μm 的微粒,则在分离器的后面用袋滤器或湿式除尘器来捕集。

气体和固体颗粒在旋风分离器中的运动是很复杂的。

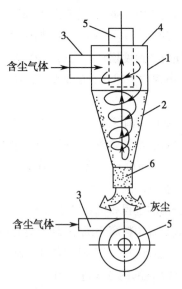

1—圆筒外壳;2—锥形底;3—气体入口管;
4—盖;5—气体排出管;6—除尘管。

图 12-5 旋风分离器

在器内的任一点都有切向、径向和轴向的速度,并随沉降过程的旋转半径 R 而变化。由于气体中有涡流存在,阻碍尘粒的沉降,甚至可以把已经沉降到器壁的尘粒重新卷起,造成返混现象。而细小的粒子由于进入分离器时已经接近器壁,或因互相结聚成较大颗粒而从气流中分离出来。因此,在实际操作中应控制适当的气速。实验表明,气速过小,分离效率不高;但气速过高,返混现象严重,同样会降低分离效率。

（二）液相非均相系的离心沉降设备

对于液固系统,离心沉降设备有一个未开孔的转鼓,悬浮液加入后旋转。液体通过撇液管或溢流堰排出,而固体或是停留在转鼓内,或是间歇或连续排出转鼓。工业用的离心沉降设备按照转鼓结构和固体卸出结构可分为 4 种主要类型。

1. **三足式离心机** 是一种使用最多的间歇操作离心机。为了减轻加料时造成的冲击,离心机的转鼓支撑在装有缓冲弹簧的杆上,外壳中央有轴承架,主轴辊装有动轴承,卸料方式有上部卸料与下部卸料 2 种,可用作过滤（转鼓、壁开孔）与沉降（转鼓壁无孔）用（图 12-6）。三足式离心机构造简单,运行平稳,适用于过滤周期较长、处理量不大的物料,分离因子为 500~1 000。

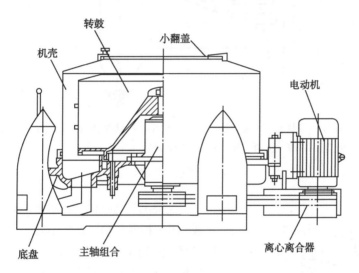

图 12-6 三足式离心机

2. **卧式刮刀卸料离心机** 如图 12-7 所示,悬浮液加入鼓底,分离液从转鼓拦液堰溢流入机壳后,由排液管排出。鼓壁上的沉渣逐渐增厚后,有效容积减少,液体轴向流速增大,分离液的澄清度降低,至不符合要求时停止加料,并用机械刮刀卸出沉渣。如沉渣具有流动性,可用撇液管排出沉渣。这类离心机转鼓壁无孔,且不需要过滤介质。转鼓直径常用的为 300~1 200mm,转鼓的长径比一般为 0.5~0.6。分离因子最大达 1 800,最大处理量可达 18m³/h 悬浮液。一般用于处理固体颗粒尺寸为 5~40μm,固、液相密度差 >0.05g/cm³ 和固相浓度 <10% 的悬浮液。

3. **螺旋沉降离心机** 有立式和卧式 2 种结构,常用卧式结构。转鼓可以是锥筒形或是锥筒、圆筒的组合,图 12-8 所示为锥筒形转鼓结构。悬浮液经加料管进入螺旋内筒后,再经内筒的加料孔进入转鼓,沉降到鼓壁的沉渣螺旋输送至转鼓小端排渣孔排出。螺旋与转鼓同向回转,但具有一定的转速差。分离液经大端的溢流孔排出。

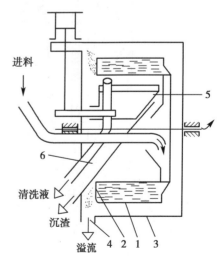

1—转鼓;2—拦液堰;3—机壳;4—排液管;
5—机械刮刀;6—撇液管。

图 12-7 卧式刮刀卸料离心机

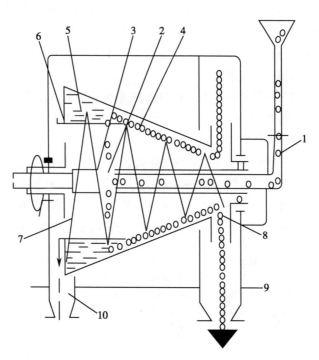

1—加料；2—进料孔；3—螺旋内筒；4—沉渣；5—悬浮液；6—溢流；7—螺旋；
8—沉渣排出口；9—沉渣收集室；10—分离液收集室。

图 12-8　螺旋沉降离心机

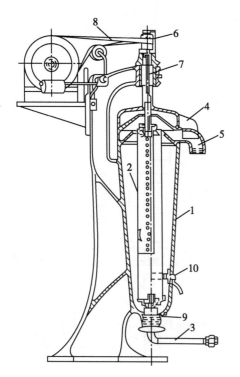

1—机座；2—转筒；3—进入管；4—轻液排出管；
5—重液排出管；6—皮带轮；7—挠性轴；8—平
皮带；9—支撑轴承；10—擎制器。

图 12-9　管式超速离心机

这类沉降离心机是连续操作的，也可用于处理液 - 液 - 固三相混合物。密度不同的 2 种液体混合物分离成轻、重液体层，经大端的轻、重液溢流口分别排出。螺旋沉降离心机的最大分离因子可达 6 000，转鼓与螺旋的转速差一般为转鼓转速的 0.5%~4.0%。这类沉降离心机的分离性能较好，适应性较强，对进料浓度的变化不敏感。

4. 管式超速离心机　其转鼓呈圆锥形，如图 12-9 所示，分离因子可达 15 000~60 000。为保证悬浮液有足够的沉降时间，转鼓做成细长状，料浆从底部送入转鼓，鼓有径向方向安装的挡板，以带动液体迅速旋转。如处理乳浊液，则分轻液、重液两层，由溢流环来控制两液相于适宜的位置上，分别从不同出口流出。如处理悬浮液则只用一个液体出口，微粒附于鼓壁上，待离心停止后取出。

管式超速离心机适合分离稀薄的悬浮液、难分离的乳浊液以及提纯抗生素，广泛应用于生物制药等领域。

第五节　液 - 固分离技术在生物制药过程中的应用

一、发酵液的过滤分离

不论何种类型的原料药（如抗生素和中药柴胡等）都可能有发酵液，因此都需要从中提取有效成分，即对发酵液进行过滤分离。发酵液过滤是抗生素制品提取工艺中非常重要的操作环节，直接影响抗生素制品的收率、质量和劳动生产率。发酵液大部分是多种典型的牛顿流体，含有菌丝体、多糖类、残留培养基及其代谢产物等，主要成分是蛋白质，其黏度和可压缩性也很大，同一种发酵液，不同罐批其过滤速度变化很大。因此对过滤介质和过滤条件的选择带来一定难度，发酵液的过滤也称为制药生产过程中最不稳定的环节。

目前我国的发酵液过滤设备是多为板框压滤机、转鼓式真空过滤机和带式真空过滤机，也有采用螺旋离心机、碟式分离机，由于这些设备采用的方法属于离心沉降分离方法，滤渣无法洗涤，也不能得到干的滤渣，分离效果都不是十分理想。采用在预过滤后再进行深层过滤可得到更清的药液，这可能是这类方法发展的方向，但会延长其分离工艺流程并需增加相应设备。

二、活性炭脱色后药液的过滤

大部分化学合成药、半合成药、微生物发酵类抗生素、辅料、中草药和制剂的生产经常需要采用粉末活性炭进行脱色，脱色液与粉末活性炭的过滤成为影响产品质量的很重要的操作。粉末活性炭的颗粒直径很小，最小仅为 1~2μm。目前国内外制药工业过滤粉末活性炭绝大多数是以滤布为过滤介质，过滤机多采用加压过滤机、多层过滤机或管式过滤机。由于滤布的毛细孔径一般均在 40μm 以上，因此仅对 >10μm 的炭粒有滤除效果，<10μm 的炭粒的易穿滤。

解决办法是对第一次滤液再进行二次或多次复滤，其复滤介质多采用不再生的纤维黏结过滤管与折叠式微孔膜滤芯。多次复滤可保证滤液的质量，但操作复杂，成本高。另外，第一次过滤所排出的活性炭滤渣往往不是干渣，而是湿渣，这就导致废水处理负荷增加。目前国内企业多数是使第一次滤液回到原来的料液中作循环过滤，以逐渐提高滤液的澄清度。这种操作法虽不复杂，但仍难以保证滤液质量。目前活性炭过滤仍为医药工业有待解决的问题，不采用传统的加压过滤而采用其他精密过滤方法以及采用新开发的专用功能性过滤介质来解决活性炭脱色后药液的过滤也是当前发展的方向。

三、结晶体的过滤 / 离心分离

在原料药的生产中，大部分产品是结晶体，结晶体必须先通过过滤机脱水，然后干燥，最后获得最终产品。由于结晶体比较粗，因此采用离心式过滤机就可解决脱水问题。由于药物的性质不同，过滤、分离的要求也不一样，如何选择符合过滤分离精度而又经济有效的技术与设备，并能合理地使用，是当前生物制药行业的一个非常重要的问题。

思 考 题

1. 试述影响液 - 固分离的 3 个基本因素。
2. 简述滤饼过滤和深层过滤的基本特点和区别。
3. 简述离心分离的基本原理和制药工业中几种常用的离心分离设备。
4. 举例说明液 - 固分离技术在生物制药工业中的应用。

第十二章
目标测试

（张会图）

第十三章

膜 分 离 法

学习目标

1. **掌握** 膜及膜分离技术的基本概念与分类。
2. **熟悉** 膜分离技术的原理、影响因素及基本工艺流程。

膜分离是利用具有选择透过性的人工薄膜,在膜两侧浓度、压力和电位差距所产生的外力推动下,实现制药过程中目标成分的浓缩、分离和分级,以及纯化的目的。

早在 19 世纪中叶,用人工方法制备的半透膜业已问世,但由于其透过速度低、选择性差、易于阻塞等原因,未能应用于工业生产。1960 年 Loeb 和 Sourirajan 制备了一种透过速度较大的膜,这种膜具有不对称结构,表面为活性层,孔隙直径在 10^{-9}m,厚度为 $(2~5) \times 10^{-7}$m,它起过滤作用;下面是支持层,厚度为 $(0.5~2.0) \times 10^{-4}$m,孔隙直径为 $(0.1~1.0) \times 10^{-6}$m,它起支持活性层作用。这种具有不对称结构的膜称为非对称膜(asymmetric membrane),而早期的膜其结构与方向无关,称为对称膜,如图 13-1 所示。非对称膜活性层很薄,流体阻力小,孔道不易被阻塞,颗粒被截留在膜的表面。非对称膜的出现是膜制造技术上的一种突破,具有高透过速度的优势,而且脱除的物质大都在其表面,易于清除,它为膜过滤技术走向工业化奠定了基础。非对称膜的过滤作用如图 13-2 所示。随后,将含有固定化配给的微孔膜作为色谱介质的膜色谱技术体系也被逐渐发展起来,并应用于病毒清除、基因治疗载体纯化与超大蛋白质分子(分子量 >250kDa)分离等方面。

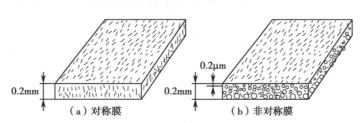

图 13-1　对称膜和非对称膜示意图

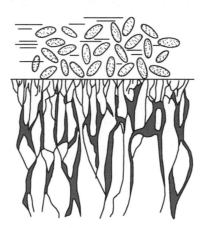

图 13-2　非对称膜的过滤作用

随着基因工程技术的不断发展,由发酵法生产的微生物药物的分离纯化正面临着一系列新的问题,如产物含量低、活性高、易失活、提取收率低等。膜分离技术在制药工业中具有巨大的应用潜力,它可用于酶、活性蛋白、氨基酸、有机酸、甾体、维生素、疫苗、抗生素等物质的分离纯化,同时还可应用于产品中热原的去除。

第一节　分类和定义

膜分离是依靠膜的选择性将液体中的组分进行分离的方法,它包括微滤(microfiltration, MF)、超滤(ultrafiltration, UF)、纳滤(nanofiltration, NF)、反渗透(reverse osmosis, RO)、透析(dialysis, DL)和电渗析(electrodialysis, ED)等。

1. 微滤　是利用筛分原理,分离截留直径为 10~1 000nm 大小的粒子,主要在细胞收集、液 - 固分离等方面使用。

2. 超滤　是利用膜阻滞大分子透过,通过筛分把各种分子量的溶质分开。它可分离的分子量范围为 3 000~1 000 000Da,膜的孔径为 0.5~10nm。主要在蛋白质分离、浓缩、去热原等方面起作用。

3. 纳滤　介于超滤与反渗透之间的一种分子级膜分离技术,可以脱除约 1nm 大小的溶解溶质,故能截留透过超滤膜的那部分分子量较小的成分,而渗滤掉被反渗透膜截留的无机盐,主要用于脱除分子量为 200~400Da 的有机分子、内毒素 / 热原和可溶性盐等。

4. 反渗透　分离范围 <0.5nm,在高于溶液渗透压的压力作用下,只有溶液中的水透过膜,而所有溶液中的大分子、小分子有机物及无机盐全部被截住。理想的反渗透膜被认为是无孔的,它的分离基本原理是溶解 - 扩散学说。反渗透主要用在小分子有机物(如糖、氨基酸及抗生素)的浓缩方面。

5. 透析　它基于分子大小、分子构象与电荷,以浓度梯度为驱动力,通过水与小分子物质扩散达到分离浓缩的目的。透析膜具有反渗透无孔和超滤膜极细孔的特点。根据所用膜的孔径不同,可分离浓缩大分子物质、去除小分子有机物及无机盐。

第二节　表征膜性能的参数

表征膜性能的参数主要有膜孔的性质,如孔径大小、孔径分布、孔隙度、膜的截留分子量(molecular weight cutoff, MWCO)、水通量、抗压能力、pH 适用范围、对热和溶剂的稳定性等。一般来说,各种商品膜都有其制造厂商提供的上述参数,如表 13-1 所示。

表 13-1　各种市售滤膜的性质

聚合物	截留分子量 /Da	水通量 /ms^{-1}	pH 适用范围	最高使用温度 /℃
醋酸纤维	1 000	0.5	4~8	
	1 000 000		2~10	
聚砜	1 500 000	5~10	1~13	80
	100 000	3~7	1~13	80
	25 000	5~10	1~13	80
	2 000	>1	1~13	80
	1 000	1	1.5~13	75
	10 000	2~4	1.5~13	75
	100 000	5~10	1.5~13	75
亲水性聚砜	20 000	5~10	1~13	80
含氟聚合物	30 000	5~10	1~12	80

膜的水通量是指单位时间、单位膜面积透过的水的体积,它一般采用纯水在 0.35MPa、25℃条件下进行实验而得到。膜在使用过程中通量将下降很快,在处理蛋白质溶液时,实际通量为纯水时的 10% 左右。通量取决于膜的表面状态,在实际使用过程中,溶质分子会沉积在膜表面上,从而使通量大大降低。

超滤膜对溶质的截留能力用截留率 σ 来表示,其定义为:

$$\sigma = 1 - C_P / C_B \qquad \text{式（13-1）}$$

式中,C_P 和 C_B 分别表示在某一瞬间透过液和截留液的浓度。当 $\sigma = 1$ 时,表示溶质全部被截留;当 $\sigma = 0$ 时,$C_P = C_B$,表示溶质能自由透过膜。膜通常用已知分子量的各种物质（蛋白质）进行实验,测定其截留率,截留率与分子量之间的关系称为截留曲线,如图 13-3 所示。但是到目前为止,截留曲线的测定方法尚无统一标准。质量较好的膜截留曲线陡直,并可使不同分子量的溶质分离较完全;反之,截留曲线斜坦的膜将会导致溶质分离不完全。

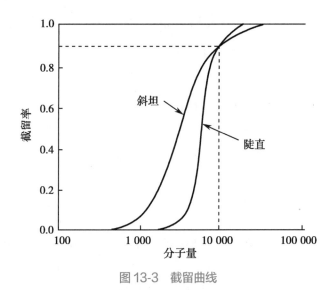

图 13-3　截留曲线

截留分子量（MWCO）定义为相当于一定截留率（通常为 90% 或 95%）时溶质的分子量,可随厂商不同而异。根据截留分子量可估计膜孔道的大小,如表 13-2 所示。

表 13-2　球状蛋白质截留分子量与膜孔径的关系

截留分子量（MWCO）	近似孔径 /nm	截留分子量（MWCO）	近似孔径 /nm
1 000	2	100 000	12
10 000	5	1 000 000	28

由式（13-1）计算膜的截留率时,溶质在膜两侧的浓度应用瞬间浓度。若实验在间歇式超滤器中进行,则很难测定同一瞬间透过液和截留液的浓度,此时可按下式计算截留率 σ。

$$C_F = C_0 (CF)^{\sigma} \qquad \text{式（13-2）}$$

式中,C_F 为最终保留液浓度;C_0 为起始料液浓度;CF 为浓缩倍数,即:

$$CF = V_0 / V_F \qquad \text{式（13-3）}$$

式中,V_F、V_0 分别为最终保留液和起始料液体积。

由式（13-2）和式（13-3）可得截留率的计算式:

$$\sigma = \frac{\ln C_F / C_0}{\ln CF} \qquad \text{式（13-4）}$$

设 Y 为溶质的收率,即:

$$Y=\frac{C_{\mathrm{F}}V_{\mathrm{F}}}{C_0V_0} \hspace{3cm} \text{式（13-5）}$$

由式（13-2）得：

$$Y=(CF)^{\sigma-1} \hspace{3cm} \text{式（13-6）}$$

式（13-2）的推导如下：

假设 C、V 分别表示溶质浓度和溶液体积，N 为溶质粒子数目，则：

$$C=N/V$$

当溶液透过膜的体积为 $\mathrm{d}V$ 时，透过的溶质粒子数为 $\mathrm{d}N$，则：

$$\mathrm{d}V\cdot C(1-\sigma)=\mathrm{d}N$$

即：

$$\frac{\mathrm{d}V}{V}(1-\sigma)=\frac{\mathrm{d}N}{N} \hspace{3cm} \text{式（13-7）}$$

$$\mathrm{d}N=V\mathrm{d}C+C\mathrm{d}V \hspace{3cm} \text{式（13-8）}$$

将式（13-8）代入式（13-7）得：

$$\frac{\mathrm{d}V}{V}(1-\sigma)=\frac{\mathrm{d}C}{C}+\frac{\mathrm{d}V}{V}$$

即：

$$\int_{V_0}^{V_{\mathrm{F}}}\frac{\mathrm{d}V}{V}(-\sigma)=\int_{C_0}^{C_{\mathrm{F}}}\frac{\mathrm{d}C}{C} \hspace{3cm} \text{式（13-9）}$$

将式（13-9）整理即可得到式（13-2）。

影响截留率的因素很多，它不仅与溶质的分子大小有关，还取决于溶质的分子形状。一般来说，线性分子的截留率低于球形分子。溶质分子被吸附在孔道上，会降低孔道的有效直径，因而使截留率增大。有时膜表面上吸附的溶质形成一层动态膜，其截留率不同于超滤膜的截留率。如果料液中同时存在 2 种高分子溶质，此时膜的截留率不同于单个溶质存在时的情况，特别是对于较小分子量的高分子溶质，这主要是由于高分子溶质形成的浓差极化层的影响。一般情况下，2 种高分子溶质的分子量只有相差 10 倍以上，它们才能获得较好的分离。溶液浓度降低、温度升高会使截留率降低，这主要是因为膜的吸附作用减小。同时，错流速度增大，浓差极化作用减小，截留率降低。pH、离子强度会影响蛋白质分子的构象和形状，它们对膜的截留率也有一定影响。

第三节　分离机制

膜分离机制的研究是为了科学地阐述复杂的膜分离现象，提示溶质的分离规律，并且对膜的分离特性进行定量的预测。掌握膜分离机制有助于膜材料的选择与膜的制备。

反渗透和超滤、微滤具有不同的分离机制。超滤和微滤是简单的筛分过程，溶质或悬浮物料按大小不同而分离，比膜孔小的物质和溶剂（水）一起通过膜，而较大的物质则被截留。膜是多孔性的，膜内有很多孔道，水以滞流方式在孔道内流动，因而服从泊肃叶方程。

$$J=\frac{\varepsilon d^2\Delta p}{32\mu L} \hspace{3cm} \text{式（13-10）}$$

式中，J 为水通量；ε 为膜的孔隙度；d 为圆柱形孔道的直径；L 为膜的有效厚度；Δp 为膜两侧的压差；μ 为水的黏度。

式（13-10）适用于圆柱形毛细管，但实际情况比较复杂，孔道可能是死孔道，即一端是封闭的，孔道大小也不是均匀的，因而适用于填充床的 Carman-Kozeny 公式比较符合实际情况。即：

$$J = \frac{\varepsilon^3 \Delta p}{k'(1-\varepsilon)^2 S_0^2 \mu L}$$

式（13-11）

式中，k' 为与孔结构有关的无因次常数；S_0 为单位膜体积的孔道表面积。

式（13-10）和式（13-11）都表示水通量与压差成正比，与黏度成反比。

反渗透存在着多种理论，其中以优先吸附-毛细孔流理论和溶解-扩散理论应用最普遍。两者各有优缺点，各有其适用范围，但目前一般认为前者比较优越。

1963 年，Sourirajan 在吉布斯（Gibbs）吸附公式的基础上，提出了优先吸附-毛细孔流理论，其理论模型如图 13-4 所示。

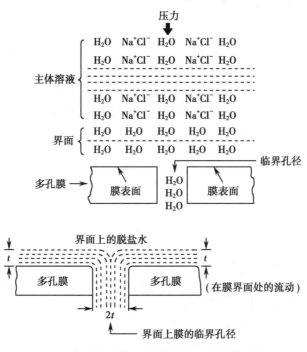

图13-4　优先吸附-毛细孔流理论模型示意图

将吉布斯吸附公式应用在高分子多孔膜上，当水溶液与高分子多孔膜接触时，如果膜的化学性质使膜对溶质负吸附，对水优先吸附，那么在膜与溶液界面附近的溶质浓度会急剧下降，在界面上就会形成一层被膜吸附的纯水层，在外界压力作用下，如果将该纯水层通过膜表面的毛细孔，这就有可能从水溶液中获得纯水。纯水层的厚度（t）与溶液性质及膜表面的化学性质有关。根据计算，纯水层的厚度为 1~2 个水分子层，已知水分子的有效直径约 5×10^{-10}m，则纯水层约 10^{-10}m。当膜表面毛细孔的有效直径为纯水层厚度 t 的 2 倍时，对一个毛细孔而言，能够得到最大流量的纯水，此时毛细孔径称为"临界孔径"。所谓研制最佳的膜就是使孔径为 $2t$ 的毛细孔尽可能多出现。当毛细孔径大于临界孔径，溶液就会从细孔的中心部分通过而产生溶质的泄漏。

需要指出，在现有条件下无法用实验确定溶液-膜界面的水层厚度 t，t 的大小对不同的溶液-膜系统可以得到不同的溶质分离率，但 t 不一定是被分离溶质大小的函数。在膜表面上临界孔径可以比溶质与溶剂分子尺寸大几倍，而溶质仍能进行分离。这种分离不是简单的筛分和超滤作用，而是与溶质溶剂的透过量、膜表面的化学性质和孔结构有关，包括 t 的大小、膜的有效厚度、孔径与孔径分布、孔隙率、设备的操作压力和流动条件等。膜多孔支撑层的孔隙大小与 t 无关。

优先吸附-毛细孔流理论确定了膜材料的选择和反渗透膜制备的指导原则，即膜材料对水要优先选择吸附，对溶质要选择排斥，膜的表面层应当具备尽可能多的有效直径为纯水层厚度 2 倍的细孔，这样的膜才能获得最佳的分离效果和最大的透水速度。在上述理论指导下，Sourirajan 等研究了以醋酸纤维素为膜材料的新的制膜方法,研制出了具有高脱盐率、高透水速度的实用反渗透膜,奠定了实用反渗透发展的基础。

Lonsdale 和 Riley 等提出了溶解-扩散理论来解释反渗透现象。该理论假定膜是无缺陷的"完整的膜",溶剂与溶质透过膜的机制是由于溶剂与溶质在膜中的溶解,然后在化学位差的推动力下,从膜的一侧向另一侧进行扩散,直至透过膜。溶质与溶剂在膜中的扩散服从菲克(Fick)定律。对一定的膜、溶质和溶剂系统,在给定的温度下,溶质与溶剂在膜中的溶解度和扩散系数应当恒定,则溶质与溶剂的透过速度以及溶质的分离率也相当恒定。

溶解-扩散理论运用于均匀的膜,能适用于无机盐的反渗透过程,但对有机物常不能适用,对这方面来说,优先吸附-毛细孔流理论比较优越。

第四节　膜两侧溶液间的传递方程式——浓差极化-凝胶层模型

当溶剂透过膜,而溶质留在膜上时,它使得膜表面上的溶质浓度增大,高于主体中的溶质浓度,这种现象称为浓差极化。浓差极化可造成膜的通量大大降低,对膜分离过程产生不良影响,因此,实际操作过程应尽量减小膜面上溶质的浓差极化作用。为减小浓差极化,通常采用错流过滤,它与传统过滤的区别见图 13-5。

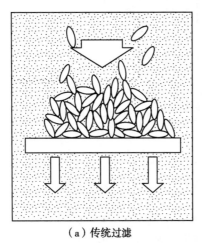
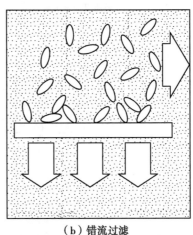

（a）传统过滤　　　　　（b）错流过滤

图 13-5　错流过滤与传统过滤

根据流体力学,在膜面上附近始终存在着一层边界层,当发生浓差极化后,浓度在边界层中的分布见图 13-6。膜面上的浓度 C_s 大于主体浓度 C_b,溶质向主体反扩散。

取膜面上的一单元薄层 dx,对此单元薄层作物料衡算,当达到稳态时,溶质因对流进入单元薄层的速度等于透过膜的速度和反扩散之和。

$$JC = JC_p - D \frac{dC}{dx} \qquad 式（13-12）$$

积分可得:

$$J = \frac{D}{\delta} \ln \frac{C_s - C_p}{C_b - C_p} \qquad 式（13-13）$$

图 13-6　浓差极化示意图

式中,D 为溶质的扩散系数,m^2/s;δ 为边界层厚度,m;C_s 为膜面浓度，mol/L；C_b 为主体浓度，mol/L；C_p 为透过液浓度，mol/L。

设 K_m 为传质系数，由式（13-13）可得，

$$J=K_m\ln\frac{C_s-C_p}{C_b-C_p}\qquad\qquad 式（13-14）$$

如溶质完全被截留，则 $C_p=0$，由式（13-14）可知：

$$J=K_m\ln\frac{C_s}{C_b}\qquad\qquad 式（13-15）$$

由式（13-15）可知，当膜面浓度增大时，通量也随之增大，但是当膜面浓度增大到某一值时，溶质呈最紧密排列，或析出形成凝胶层，此时膜面浓度达到极大值 C_G，如图 13-7 所示。此时，式（13-15）变为：

$$J=K_m\ln\frac{C_G}{C_b}\qquad\qquad 式（13-16）$$

形成凝胶层后，通量 J 随 $\ln C_b$ 增大而线性地减小，然而在形在凝胶层之前，当 C_b 增大时，膜面浓度 C_s 也增大，通量 J 的降低程度较小，如图 13-8 所示。

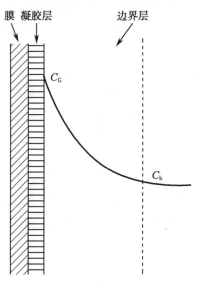

图 13-7　凝胶层的形成

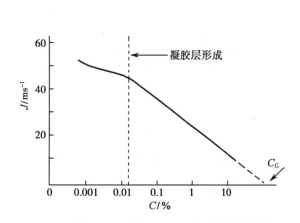

图 13-8　在凝胶层形成前后，通量与主体浓度的关系

浓差极化-凝胶层模型在超滤中被广泛使用，它能很好地解释主体浓度、流体力学条件对通量的影响以及通量随压力增大而出现极限值等现象。但也有一些缺点，如由式（13-17）可知，极限通量只取决于料液性质和流体力学条件，而和膜的种类无关。事实上，不同的膜，其通量可以相差很多倍。又如凝胶层浓度对一定的溶质来说也不为常数，它和膜的种类、主体浓度和料液速度等有关。对聚乙二醇等亲水性物质，求得的凝胶层浓度非常低，仅仅只有 5.3%，而对某些物质超过 100%。

在反渗透中也存在着浓差极化现象，只是不形成凝胶层，但是膜面上浓度增加后，渗透压也增加，因而使通量降低。

第五节　膜分离影响因素及应用

分离纯化技术的发展对生物技术工业化、实用化及生物技术的发展都是至关重要的，因为生物制药工业的一个特点是分离对象复杂。需要分离纯化的产物按生产方式有发酵、酶反应、细胞培养等过

程；产物种类有蛋白质、核酸、抗生素、维生素、激素等生物活性物质，并伴有大量有机和无机的杂质；所含物质的分子大小相差很大，有高分子物质和简单化合物。早在 20 世纪 70 年代初，超滤技术已用于酶发酵工业的纯化和浓缩。随着工业生化技术的发展，超滤和其他膜分离过程已广泛地用于生物制药工业中。

一、影响膜的因素

1. **膜的化学性质**　膜的亲疏水性、荷电性影响膜与不同溶液间相互作用的大小。一般静电相互作用较易预测，而亲疏水性却很难预测。尤其对生物发酵系统，其组成极为复杂，必须对不同对象用各种膜进行实验选择。

2. **蛋白质种类与溶液的 pH**　pH 对蛋白质在水中的溶解性及构象有很大影响，在 pI 时溶解度最低。Fan 等人的实验结果显示，在等电点时吸附量最高，即膜污染最严重。另外，pH 对不同膜与不同蛋白质间的相互作用也产生影响。由于不同膜的亲疏水性、荷电性不同，不同蛋白质的特性也不同，所以较难预测该因素的影响。对于荷电膜而言，当蛋白质的荷电性与膜固定离子电性相同时，污染程度较小。一般认为强疏水性膜和强亲水性膜与蛋白质的相互作用较弱，较耐污染。

3. **无机盐**　无机盐通过两条途径对膜污染产生重大影响：一是有些无机盐复合物会在膜表面或膜孔直接沉积，或使膜对蛋白质的吸附增强而污染膜；二是无机盐改变了溶液离子强度，影响蛋白质的溶解性、构象与悬浮状态，使形成的沉积层的疏密程度改变，因此对膜透水率产生影响。Fan 等人实验时发现，盐的加入会使膜对蛋白质的吸附增加，但透水率则随盐的加入量的增加而提高。初看是矛盾的，实际上这是第二种途径在起作用的缘故。盐的加入影响蛋白质的构象与悬浮状态，所以形成的"凝胶层"较疏松。虽然未加盐的溶液中蛋白质在膜上的吸附量少，但形成的"凝胶层"较致密，质膜透水率反而降低得多。无机盐对膜的影响与膜的化学性质、待分离蛋白质的性质及溶液的 pH 有关，需进行综合考虑。

4. **温度**　温度对膜污染影响的原因尚不是很清楚。根据一般规律，溶液温度升高，黏度下降，透水率应提高。但对某些蛋白质溶液，温度升高反而会导致透水率降低。Dillman 等认为在大多数有意义的应用温度范围内（30~60℃）蛋白质分子的吸附随温度的提高而增加。基因工程产品，由于浓度较稀，有失活问题，一般应在低于 10℃下分离浓缩。

5. **料液浓度、流速与压力**　当流速一定及浓差极化不明显之前（低压力区），膜的透水率随压力增加而近似直线增加。在浓差极化起作用之后，则由于压力增加，透水率提高，浓差极化也随之严重，从而透水率随压力呈曲线增加。当浓差极化使膜表面的溶液浓度达到极限浓度（C_G）时，溶液在膜表面开始形成凝胶层，此时凝胶层阻力对膜的透水率影响起决定性作用。透水率不再依赖于压力，压力再提高，透水率几乎不变（称之为"平衡透水率"）。当流速提高或料液浓度降低时，达到 C_G 时的压力升高，平衡透水率也升高。因此，通过增加压力提高透水率必须考虑采用的料液流速，压力要低于形成"凝胶层"的压力。

当压力较低时，通量 J 较小，膜面上尚未形成浓差极化层，此时 J 与膜两侧的压差 ΔP 成正比。当压力逐渐增大时，膜面上开始形成浓差极化层，J 随 ΔP 而增大的速度开始减慢。当压力继续增大时，浓差极化层浓度达到凝胶层浓度，J 不随 ΔP 而改变。

因为当压力继续增大时，虽暂时可使通量增加，但凝胶层厚度也随之增大；温度升高和料液浓度降低时，极限通量增大进料浓度对通量也有影响，当形成凝胶层后，由式（13-17）可知，J 应该和 $\ln C_b$ 呈线性关系，且当 $J = 0$ 时，$C_b = C_G$，即对某一特定溶质的溶液来说，不同温度和膜面流速下的数据应汇集于浓度轴上一点，该点即为凝胶层浓度，见图 13-9 和图 13-10。

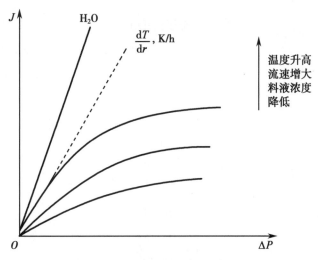

图 13-9　膜两侧压差对通量的影响

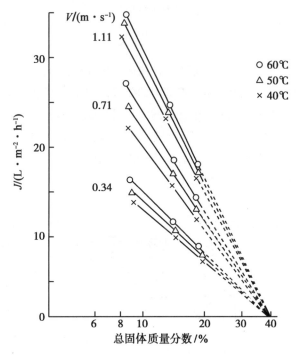

图 13-10　料液流速 V、温度和总固体质量分数对通量的影响

注：料液为脱脂牛奶；超滤模件为 F17-43-PM50 中空纤维。

二、膜分离装置

超滤是最常用的膜分离过程，它借助于超滤膜对溶质在分子水平上进行物理筛分。该过程是使溶液在一定压力下通过一多孔膜，在常压和常温下收集透过液，溶液中的一个或几个组分在截留液中富集，溶质留在膜的高压侧。膜分离过程是根据被分离物质的大小来进行分离的。由于超滤膜上的孔径在 $10^{-9} \sim 10^{-7}$ m，大于该范围的分子、微粒、胶团、细菌等均能被截留在高压侧；反之，则透过膜而存在于渗透液中。生化生产过程中某些常见的粒子大小及分子尺寸见表 13-3。超滤即是根据体系中组分分子量的差别，选择孔径适当的膜，使不同组分的物质分开，以达到浓缩或精制的目的。

表 13-3   几种粒子或分子的大小

种类	分子量 /Da	分子尺寸 /(×10^{-9}m)
悬浮固体		1 000~1 000 000
最小可见微粒		25 000~50 000
酵母和真菌		1 000~10 000
细菌细胞		300~10 000
胶体		100~1 000
乳化油滴		100~10 000
病毒		30~300
多糖、蛋白质	10^4~10^6	2~10
酶	10^4~10^5	2~5
维生素	300~10^4	0.6~1.2
单糖、二糖	200~400	0.8~1.0
有机酸	100~500	0.4~0.8
无机离子	10~100	0.2~0.4

在工业规模生产中,膜分离装置由膜分离组件构成。在各种膜分离组件中,膜的装填密度可达每立方米数百到上万平方米。为了满足不同生产能力的要求,在生产中可使用几个至数百个膜分离组件。在膜分离中,泵可以对流体提供压力。其中,在超滤中常用的是离心泵和旋涡泵。但在对某些具有生理活性物质的超滤分离时,为了防止叶轮高速旋转所造成的生理活性物质的失活,则常选用蠕动泵。

膜分离组件大致可分为 4 种形式,即管式(图 13-11)、中空纤维式(图 13-12)、卷式(图 13-13)和平板式,各种形式的组件的性能比较见表 13-4。

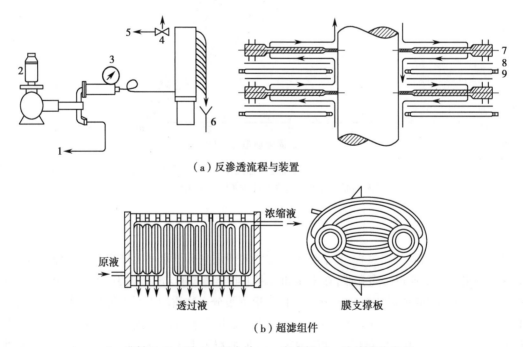

（a）反渗透流程与装置

（b）超滤组件

1—进料口；2—泵；3—压力计；4—安全阀；5—浓缩液取出口；
6—透过液取出口；7—膜隔板；8—膜；9—膜支撑板。

图 13-11   管式膜分离组件示意图

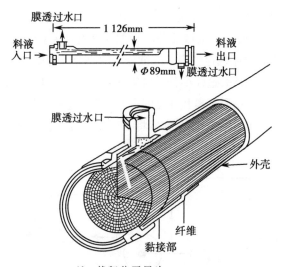

注：截留分子量为 13 000。

图 13-12 中空纤维膜膜分离组件示意图

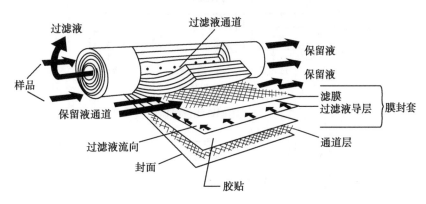

图 13-13 卷式膜分离组件示意图

表 13-4 各种膜分离组件的性能比较

型式	优点	缺点
管式	易清洗,无死角,适宜于处理含固体较多的料液,单根管子可以调换	保留体积大,单位体积中所含的膜面积较小,压力较大
中空纤维式	保留体积小,单位体积中所含的膜面积大,可以逆洗,操作压力较低($<2.53 \times 10^5$Pa),动力消耗较低	料液需要预处理,单根纤维损坏时需调换整个模件
卷式	单位体积中所含的膜面积大,更换新膜容易	料液需要预处理,压力较大,易污染,清洗困难
平板式	保留体积小,能量消耗介于管式和卷式之间	死体积较大

三、超滤过程的操作方式

超滤系统可以采用间歇操作或连续操作,如图 13-14(a)和图 13-14(b)所示。连续操作的优点是产品在系统中的停留时间短,这对热敏或存在剪切力敏感的产品是有利的。连续操作主要用于大规模生产(如乳制品工业)中。它的主要缺点是在较高的浓度下操作,故通量较低。间歇操作的平均通量较高,所需的膜面积较小,装置简单,成本也较低,主要缺点是需要较大的储槽。在药物和生物制品的生产中多采用间歇操作。生产中经常用超滤来除去体系中的溶剂(水),浓缩其中的大分子溶质,这称为超滤的浓缩模式。在浓缩模式中,通量随着浓缩的时间延长而降低,所以要使小分子达到一定程度的分离所需的时间较长。如果超滤过程中不断加入水或缓冲液,则浓缩模式即成为渗滤(diafiltration)模式,如图13-15所示。水或缓冲液的加入速度和通量相等,这样可保持相同的通量。一次简单的超滤过程,截留液中还残存一定量的欲分离的小分子物质,若要分离完全,就要不断向体系中加入溶剂,不断地超滤,即渗滤,这样小分子物质继续随同溶剂滤出而进入透过液中,使其在残留液中的含量逐渐减小,直至达到物质分离和纯化的目的。但是这样会造成处理量增大,影响操作所需时间,而且会使透过液稀释。在实际操作中,常常将2种模式结合起来,即开始时采用浓缩模式,当达到一定浓度时转变为渗滤模式。

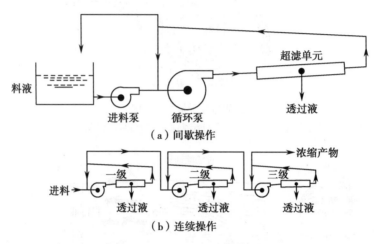

（a）间歇操作

（b）连续操作

图 13-14　间歇操作和连续操作模式

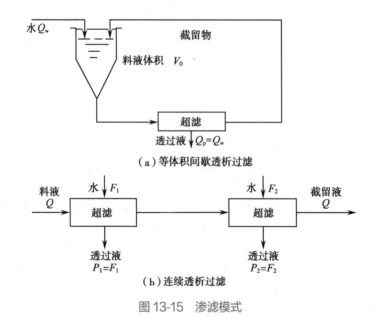

（a）等体积间歇透析过滤

（b）连续透析过滤

图 13-15　渗滤模式

四、膜的污染与清洗

超滤器的使用性能除了与其工艺参数有关外,还与膜的污染(fouling)程度有关。也就是说,膜在使用过程中,尽管操作条件保持不变,但其通量仍逐渐降低。膜污染的主要原因是颗粒堵塞和膜表面的物理吸附,膜的污染被认为是超滤过程中的最需要克服的问题。为了减轻膜的污染,可将料液经过一个预过滤器,以除去较大的粒子,特别对中空纤维式和卷式超滤器尤为重要。蛋白质吸附在膜表面上常是形成污染的原因,调节料液的pH远离等电点可使吸附作用减弱。但是,如果吸附是由于静电引力导致的,则应将料液的pH调节至等电点。盐类对膜也有很大影响,pH高,盐类易沉淀;pH

低,盐类沉积较少。加入络合剂 EDTA 等可防止钙离子沉淀。在处理乳清时,常采用加热与调 pH 相结合的方法进行预处理。另外,在膜制备时,改变膜的表面极性和电荷常可减轻污染,也可以将膜先用吸附力较强的溶质吸附,则膜就不会再吸附蛋白质,如聚砜膜可用大豆卵磷脂的乙醇溶液预处理、醋酸纤维膜用阳离子型表面活性剂预处理可防止污染。

超滤过程运转一段时间以后,必须对膜进行清洗,除去膜表面的聚集物,以恢复其透过性。对膜清洗可分为物理清洗法和化学清洗法或两者结合起来。

物理清洗法是借助于液体流动所产生的机械力将膜面上的污染物冲刷掉。一般是每运行 1 个短的周期(如运转 2 小时)以后,关闭超滤液出口,这时中空纤维膜的内、外压力相等。压差的消失使得附于膜面上的凝胶层变得松散,这时由于液流的冲刷作用使胶层脱落,达到清洗的目的。这种方法一般称为等压清洗。但超滤运行周期不能太长,尤其是截留物十分复杂,含量较高时,运行时间长了会造成膜表面胶层由于压实而“老化”,这时就不易洗脱了。另外,如加大器内的液体流速、改变流动状态对膜面的浓差极化有很大影响,当液体呈湍流时不易形成凝胶层,也就难以形成严重的污染。同时,改变液体流动方向、反冲洗等也有积极的意义。

物理清洗法往往不能把膜面彻底洗净,这时可根据体系的情况适当加一些化学药剂进行化学清洗。如对自来水净化时,每隔一定时间用稀草酸溶液清洗,以除掉表面积累的无机和有机杂质。又如当膜表面被油脂污染以后,其亲水性能下降、透水性恶化,这时可用一定量的表面活性剂的热水溶液进行等压清洗。常用的化学清洗剂有酸、碱、酶(蛋白酶)、螯合剂、表面活性剂、过氧化氢、次氯酸盐、磷酸盐、聚磷酸盐等。膜清洗后,如暂时不用,应储存在清水中,并加少量醛以防止细菌生长。

五、应用举例

超滤可用于发酵液的过滤和细胞收集。Merck 公司利用截留分子量为 24 000 的 Dorr-olive 平板式超滤器来过滤头霉素(cephamycin)发酵液,收率达到 98%,比原先采用的带助滤剂层的真空鼓式过滤机高出 2%,材料费用下降到原来的 1/3,而投资费用减少 20%。

Millipore 公司对头孢菌素 C 发酵液的过滤也进行了研究,所采用的是 0.2×10^{-6}m 孔径的微孔膜,通量开始时很大,但当保留液浓度逐渐增大,成为浆状时通量逐渐减小而不能继续操作,收率仅为 74%。如欲提高收率,则必须进行渗滤,但会使滤液稀释。当发酵产物在胞内时,则需进行细胞的收集。通量与细胞浓度的关系如图 13-16 所示,它与蛋白质溶液过滤的情况不相同,当细胞浓度比较低时,通量降低较慢;但当细胞浓度增加,接近填充状态时,通量则急速下降。

大多数抗生素的分子量都小于 1 000,而通常超滤膜的截留分子量为 10 000~30 000,因此抗生素能透过超滤膜,而蛋白质、多肽、多糖等杂质被截留,以致抗生素与大分子杂质达到一定程度的分离,这对后继的提取操作是很有利的。Millipore 公司用截留分子量为 10 000 的膜,以卷式超滤器进行头孢菌素 C 纯化的研究表明,不仅透过液中的蛋白质等大分子的含量较低,而且可除去红棕色色素。发酵液中的色素通常为低分子量物质,可能与蛋白质结合在一起,因而能被截留。

经过超滤特别是渗滤以后,产物浓度常常变稀,为便于后道工序的处理,常需浓缩。不仅如此,在目前生产中,很多抗生素经初步提纯后也常需浓缩。传统上采用蒸发浓缩,这对热敏的抗生素很不利,而且能耗较大。一种有希望取代蒸发浓缩的方法是反

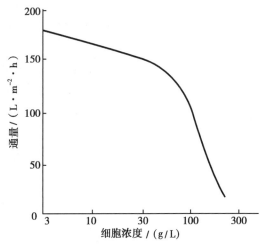

图 13-16　通量与细胞浓度的关系

渗透浓缩,如 Merck 公司进行了抗生素的反渗透浓缩,收率可达 99%。操作时要注意膜的消毒,以免抗生素遭破坏。

　　超滤可用于蛋白质的浓缩和精制、多糖类物质的精制等。采用截留分子量为 6 000 的膜,对硫酸软骨素酶解过滤液进行浓缩,可将体积缩小到原来的 1/3 左右,并可去掉因酸碱中和产生的盐分和效价低的小分子量产物,硫酸软骨素的损失率为 17%~18%。该浓缩液用乙醇易于沉淀析出产品,且沉淀析出的产品颗粒较大。

　　热原是多糖类物质,主要由细菌的细胞壁产生,进入体内会使体温升高。传统的去热原方法是蒸馏、石棉板过滤或活性炭吸附。然而,当产品分子量在 1 000 以下时,用截留分子量为 10 000 的超滤膜除去热原是很有效的。注射用水和药剂也可按此法去热原。

　　膜分离技术的应用范围很广,现将它在抗生素和胞内发酵产物分离纯化中的应用分别表示于图 13-17 和图 13-18 中。

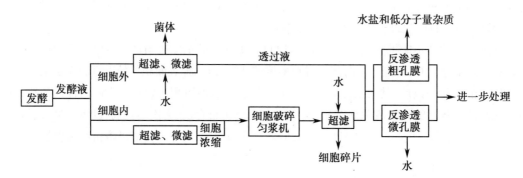

图 13-17　膜分离在抗生素生产中的应用

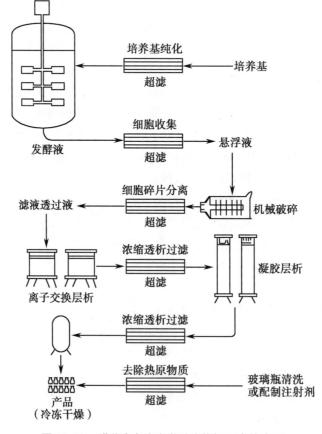

图 13-18　膜分离在胞内发酵产物提取中的应用

思 考 题

1. 膜分离的特点是什么?
2. 什么是微滤、超滤、纳滤、反渗透、透析?
3. 膜分离的原理是什么?
4. 影响膜截流率的因素有哪些?
5. 什么是浓差极化? 影响浓差极化的因素有哪些?
6. 影响膜分离的主要因素有哪些?
7. 膜污染应如何处理?
8. 膜分离技术可应用在哪些方面?

第十三章
目标测试

（生举正）

第十四章

溶剂萃取法

第十四章
教学课件

> **学习目标**
>
> 1. **掌握** 溶剂萃取法的特点；溶剂萃取的分配定律及其应用条件；多级逆流萃取；影响溶剂萃取的因素。
> 2. **熟悉** 单级萃取和多级错流萃取；破乳方法和常用的破乳剂；典型的萃取工艺流程。
> 3. **了解** 超临界萃取法和离子液萃取法。

萃取（extraction）是将样品中的目标化合物选择性地转移到另一相中或选择性地保留在原来的相中（转移非目标化合物），从而使目标化合物与原来的复杂基体相互分离的方法。萃取法包括液-固萃取及液-液萃取两大类。

液-固萃取（liquid-solid extraction），也称浸取，多用于提取存在于细胞内的有效成分，如用水提取甜菜或甘蔗中的糖，用有机溶剂提取菌体中的抗生素，用水或有机溶剂从植物中提取有效成分等。液-固萃取的基本原理除了遵从"相似相溶"原理，选择能够溶解目标产物的溶剂外，也有其特殊性，需遵从扩散边界层理论，即溶剂进入生物体组织溶解有效成分，有效成分以浓度差为动力离开组织或细胞向外扩散。液-固萃取典型的步骤包括：①溶剂与菌体密切接触，使可溶组分转入液相，成为浸出液；②浸出液与不溶菌体（残渣）的分离；③用溶剂洗涤残渣，回收附着在残渣上的可溶组分；④浸出液的浓缩与提纯，取得可溶组分的产品；⑤从残渣中回收有价值的溶剂。其中浸出液与不溶菌体（残渣）的分离多使用板框过滤以及离心法等。

多数情况下，生物活性物质大量存在于胞外培养液中，需用液-液萃取进行萃取。液-液萃取是指用一种溶剂将物质从另一种溶剂（如发酵液）中提取出来的方法，根据所用萃取剂的性质不同或萃取机制的不同，可将液-液萃取分为多种类型。

本章所介绍的溶剂萃取法（solvent extraction method）以液-液萃取为主，即用有机溶剂对非极性或弱极性物质进行的萃取，这是一种利用物质在2种互不相溶的液相中的分配特性不同而进行的分离方法。溶剂萃取法是制药、化工、食品等领域的基本分离方法，与其他分离方法相比，它具有如下特点：①处理能力大、分离效率高、应用广泛、对热敏物质破坏少；②已实现操作连续化和自动化，生产快捷；③采用多级萃取时，溶质浓缩倍数大，纯化度高；④溶剂耗量大，对设备和安全的要求高，需要各项防火、防爆等措施。溶剂萃取法的这些特点使之特别适用于产品生产和精细分离等领域。生物技术生产的药物如抗生素、有机酸、维生素、激素等发酵产物的获得和中药的制备都需要利用溶剂萃取法。近年来又开发了如超临界流体萃取、离子液体萃取等新型的萃取方法，适用于不同类型物质的分离，例如用超临界二氧化碳萃取技术从沙棘籽中提取出沙棘油，并已经成功地实现了工业化。

第一节　溶剂萃取法的理论基础

所谓溶剂萃取法是用一种溶剂将产物从另一种溶剂中提取出来的方法，以达到浓缩和纯化的目的。作为萃取剂的溶剂对样品的溶解性非常重要,直接影响萃取分离的结果。物质的溶解过程与物质之间的结合力有直接关系。物质之间的结合力主要是分子间作用力,其包括溶质 - 溶质、溶剂 - 溶剂和溶质 - 溶剂之间 3 个方面的作用力。当物质溶解时,溶质结构与溶剂结构相似,溶质 - 溶质间的作用力与溶剂 - 溶剂间的作用力相似时,溶解容易进行,这就是"相似相溶"原理。溶剂萃取的关键是溶剂的选择,主要依据是"相似相溶"原理,不同的溶剂有不同的分配系数,通过改变溶剂可以改变分配系数,并且反复萃取即可达到浓缩和提纯的目的。同样,改变溶质的化学状态(如游离酸、碱或盐),其分配系数也会发生改变。

一、萃取体系

溶剂萃取工艺过程一般由萃取、洗涤和反萃取组成。一般将有机相提取水相中溶质的过程称为萃取(extraction),水相去除负载有机相中其他溶质或者包含物的过程称为洗涤(scrubbing),水相解析有机相中溶质的过程称为反萃取(stripping)。

二、溶剂提取的分配定律

(一)能斯特分配定律

在一个多组分两相体系中,溶质自动地从化学位大(μ_1)的一相转移到化学位小(μ_2)的一相。$\mu_2 - \mu_1 = -\Delta\mu_{t,p}$,$\Delta\mu_{t,p}<0$,所以过程是自发进行的。

能斯特(Nernst)在 1891 年提出的分配定律,即在一定温度、一定压力下,某一溶质在互不相溶的 2 种溶剂间分配,达到平衡后,在两相中的浓度之比为一常数。

当温度、压力一定时,
$$\frac{C_L}{C_R} = K \qquad\qquad 式(14\text{-}1)$$

式中,C_L 为萃取相浓度;C_R 为萃余相浓度;K 为分配系数。

只有符合以下条件,才可以使用分配定律:①必须是稀溶液,即适用于接近理想溶液的萃取体系;②溶质对溶剂的相互溶解没有影响;③溶质在两相中不发生缔合或解离,必须是同一分子形式(分子量相等)。此时,分配系数为常数,只与溶质分子在有机相中的溶解度有关,它与溶质的总浓度无关。简言之,分配定律只适用于稀溶液的简单物理分配体系,但是大多数溶剂萃取体系情况比较复杂。首先,溶液中溶质的浓度比较大,此时两相中的溶质只能用活度来表示。其次,萃取过程中溶质在两相的分子形式并不相同,常常伴随着解离、缔合、络合等化学反应。因此这些体系并不完全服从分配定律,但在溶剂萃取的实际研究中,仍然采用类似于分配定律的公式作为基本公式。这时溶质在萃取相和萃余相中的浓度实际上是以各种化学形式进行分配的溶质总浓度,它们的比值以分配比(distribution ratio)或分配系数(distribution coefficient)表示。

$$D = \frac{C_L}{C_R} = \frac{C_{L_1} + C_{L_2} + C_{L_3} + \cdots + C_{L_n}}{C_{R_1} + C_{R_2} + C_{R_3} + \cdots + C_{R_n}} \qquad\qquad 式(14\text{-}2)$$

式(14-2)中 D(或以 K 表示)为分配比,它不是常数,而随被萃取溶质的浓度、体系温度、萃取剂的浓度、萃余相的酸碱度以及其他物质的存在等因素的变化而变化。总之,分配比表示一个实际萃取体系达到平衡后,被萃取溶质在两相的实际分配情况,因此它在萃取研究和生产中具有重要的实际意义。

(二)弱电解质在有机相与水相间的分配规律

能完全符合能斯特分配定律条件的情况在生物药物萃取分离过程中是很少的,多数情况生物药物是以弱电解质的形式出现的,其分配规律和理想状态是有区别的。弱电解质以非离子化的形式溶解在有机溶剂中,而在水中会部分离子化并存在电离平衡,反映在分配系数上,除了热力学常数外,还有表观分配系数（或称分配比），它们之间存在有一定的依赖关系。弱酸与弱碱在有机相与水相间存在 2 种分配平衡，如图 14-1 和图 14-2 所示。

图 14-1　弱酸分配和电离平衡　　　　　　　图 14-2　弱碱分配和电离平衡

弱酸与弱碱在有机相与水相间存在着不同的分子类型，故不遵守能斯特分配定律。如弱酸性抗生素在水溶液中存在离解平衡：

$$AH \underset{}{\overset{K_p}{\rightleftharpoons}} A^- + H^+$$

设 $[AH]$、$[A^-]$ 和 $[H^+]$ 分别为分子型溶质、离子型溶质及氢离子的浓度，K_p 为解离常数。当用有机溶剂萃取弱酸性抗生素的水溶液时，在两相间又存在分配平衡：

$$\overline{AH} \underset{}{\overset{K_0}{\rightleftharpoons}} A^- + H^+$$

设 $[\overline{AH}]$、$[AH]$ 分别为弱酸性抗生素在水相和有机相中的浓度，K_0 为分配系数，那么萃取体系同时存在 2 种平衡。

离解平衡：
$$K_p = \frac{[A^-][H^+]}{[AH]}$$
式（14-3）

$$[A^-] = \frac{K_p[AH]}{[H^+]}$$
式（14-4）

分配平衡：
$$K_0 = \frac{[\overline{AH}]}{[AH]}$$
式（14-5）

$$[\overline{AH}] = K_0[AH]$$
式（14-6）

若以青霉素为例，青霉素属于弱酸性抗生素，存在着如下电离平衡：

$$[\overline{AH}]$$

[有机相]

[AH]　　　　　　　　　　　　[A$^-$]　　　[H$^+$]

[水相]

青霉素在有机相中完全以游离酸分子状态存在，而在水相中可以部分电离成负离子，但是在水相和有机相之间分配的仅仅是青霉素游离酸（不解离的分子）。按照分配定律，分配系数等于两相中的青霉素游离酸的浓度之比，而实际操作中不能分别测出水相中青霉素游离酸分子和负离子的浓度，只能测出青霉素的总浓度，即 $[AH]$ 与 $[A^-]$ 之和，此时测得的分配系数为表观分配系数（apparent distribution coefficient, $K_\text{表}$), 可用下式表示, 推得弱酸性物质的表观分配系数为:

$$K_\text{表}=\frac{\overline{[AH]}}{[AH]+[A^-]}　　　　　　　　式(14-7)$$

将式(14-4)和式(14-6)代入式(14-7)得:

$$K_\text{表}=\frac{K_0}{1+\frac{K_p}{[H^+]}}=\frac{K_0}{1+10^{pH-pK_p}}　　　　式(14-8)$$

同理, 推得弱碱性物质的表观分配系数为:

$$K_\text{表}=\frac{K_0}{1+10^{pK_p-pH}}　　　　　　　式(14-9)$$

由此可知, 在一定的温度和压力下, 弱电解质在有机溶剂中的分配平衡, 其分配系数是水中氢离子的浓度函数, 水相的 pH 对弱电解质的分配系数有显著影响, 弱酸性电解质的分配系数随 pH 降低, 弱碱性电解质则正好相反。因此, 利用表观分配系数和 pH 的关系, 我们可以推定弱电解质的形态, 并由此确定溶剂萃取的工艺条件。例如, 在用乙酸正丁酯提取青霉素时, 我们可以首先测得青霉素在 0℃、pH2.5 时 $K_\text{表}$ 为 30, K_p 为 $10^{-2.75}$, 按式(14-8)可求得 $K_0=47$, 即表观分配系数和水相 pH 有如下关系: $K_\text{表}=\dfrac{K_0}{1+10^{pH-pK_p}}=\dfrac{47}{1+10^{pH-2.75}}$, 由上式可知, 当 pH = 4.4 时, $K_\text{表}=1$。即在此条件下, 水相和乙酸正丁酯相的平衡浓度相等, 萃取不可能进行。当 pH<4.4 时, 青霉素能被萃取到乙酸正丁酯相中。当 pH>4.4 时, 青霉素从乙酸正丁酯相转移到水相, 这个过程被称为反萃取。在抗生素的精制中, 常根据这个特征选择不同的 pH 进行萃取和反萃取, 通过这种反复循环的操作可使产物纯度提高。在青霉素的溶剂萃取的生产工艺中, 青霉素在上相, 能和分布在下相的极性杂质分离, 而在反萃取过程中, 青霉素分配在下相, 又和分布在上相的非极性杂质分离。从理论上讲, pH 越低, 萃取效果越好。但实际上青霉素在酸性条件下是极不稳定的, 故生产上选择酸化 pH 为 2.0~2.2; 反之, 当青霉素在 pH 为 6.8~7.2 时, 以成盐状态转入相应的缓冲液中。应用同样原理纯化的抗生素还包括红霉素、螺旋霉素和麦迪霉素等。红霉素是碱性电解质, 在乙酸戊酯和 pH = 9.8 的水相之间分配系数为 44.7, 而水相 pH = 5.5 时分配系数为 14.3。红霉素在 pH = 9.4 的水相中用乙酸戊酯萃取, 而反萃取则用 pH = 5.0 的水溶液。螺旋霉素在 pH = 9.0、麦迪霉素在 pH 为 8.5~9.0 时可以以游离碱的状态从水相转入乙酸正丁酯中, 在成盐时又分别以 pH 2.0~2.5、pH 2.0~2.5 转入水相。

三、表征溶剂提取的重要参数

（一）萃取因子

萃取因子也称萃取比, 其定义为被萃取溶质进入萃取相的总量与该溶质在萃余相中的总量之比, 通常以 E 表示。若以 V_1 和 V_2 分别表示萃取相和萃余相的体积, M_1 和 M_2 分别表示溶质在萃取相和萃余相中的平衡浓度。根据定义, 萃取因子(extraction factor, E)为:

$$E=\frac{\text{萃取相中的溶质总量}}{\text{萃余相中的溶质总量}}=\frac{M_1V_1}{M_2V_2}=K\frac{V_1}{V_2}　　　式(14-10)$$

萃取因子不是常数, 其数值与相比、萃取剂浓度、温度、pH、溶质在萃取相和萃余相中的解离情况等因素有关。

（二）萃取率

生产上常用萃取率(percentage extraction)来表示一种萃取剂对某种溶质的萃取能力, 计算萃取效果。其计算公式为:

$$\eta = \frac{萃取相中的溶质总量}{原始料液中的溶质总量} \times 100\%$$

式（14-11）

$$= \frac{M_1 V_1}{M_1 V_1 + M_2 V_2} \times 100\% = \frac{E}{E+1} \times 100\%$$

由式（14-11）可以看出，萃取率与萃取因子有关。

（三）分离因子

在生物活性物质的制备过程中，料液中的溶质并非单一的组分，除了所需的产物（A）外，还存在杂质（B）。萃取时难免会把杂质一同带到萃取液中，为了定量地表示某种萃取剂分离2种溶质的难易程度，引入分离因子（separation factor）的概念，常用 β 表示。其定义为在同一萃取体系内2种溶质在同样条件下分配系数的比值。

$$\beta = \frac{C_{A_1}/C_{B_1}}{C_{A_2}/C_{B_2}} = \frac{K_A}{K_B}$$

式（14-12）

式中，β 为分离因子；C_{A_1}、C_{B_1} 分别为萃取相中溶质 A 和 B 的浓度；C_{A_2}、C_{B_2} 分别为萃余相中溶质 A 和 B 的浓度；K_A、K_B 分别为溶质 A 和 B 的分配系数。

β 值的大小表示出了2种溶质的分离效果。由式（14-12）可以看出，如果溶质 A 的分配系数大于溶质 B，则萃取相中溶质 A 的浓度高于溶质 B。这样，溶质 A 与溶质 B 就能够在一定程度上得到分离。β 值越大（或越小），说明2种溶质的分离效果越好，易达到提纯目的。当 $K_A = K_B$，$\beta = 1$ 时，这2种溶质就难以分开。值得注意的是，当萃取剂的浓度、组成、水相成分、相比以及温度等改变时，β 值会发生变化。

在实际萃取工艺中，总希望分配比较高，分离因子较大。分配比高，意味着有较高的萃取率；分离因子大，意味着2种溶质分离较彻底，但实际操作中产品纯度和回收率常常是矛盾的，通常根据要求对这两个方面进行协调并以此为出发点来制订萃取流程和工艺操作条件。

四、影响溶剂萃取的因素

影响溶剂萃取的因素较多，包括萃取平衡酸度、萃取剂的性能、萃取温度、相比、水相和有机相组成等和萃取工艺有关的因素，也包括萃取设备等非工艺因素，这些因素都会最终影响产品的质量、收率以及经济效益。

（一）萃取剂的性能

不同溶剂对同一溶质有不同的分配系数。选择萃取剂应遵守下列原则：①分配系数越大越好，若分配系数未知，则可根据"相似相溶"的原则，选择与药物结构相近的溶剂；②选择分离因子 >1 的溶剂；③料液与萃取剂的互溶度越小越好；④尽量选择毒性低的溶剂；⑤溶剂的化学稳定性要高，腐蚀性低，沸点不宜太高，挥发性要小，价格便宜，来源方便，便于回收。以上只是一般原则，实际上没有一种溶剂能符合上述全部要求，应根据具体情况权衡利弊选定。

（二）pH

在萃取操作中，正确选择 pH 很重要。pH 对弱酸或弱碱性药物分配系数的影响已在本节论述了，如式（14-8）或式（14-9）所示，而表观分配系数又直接和收率有关。另外，溶液的 pH 也影响药物的稳定性，所以合适的 pH 应权衡这两个方面的因素。

因此，在溶剂萃取法中，不论是萃取还是反萃取，选择最佳 pH 是非常重要的，制订生产工艺时应综合考虑提取收率和产品质量，以期达到最佳提取效果。

（三）盐析作用

在萃取过程中，常把加入水相中、本身不被萃取也不与金属离子络合的无机盐作为盐析剂。由于盐析剂与水分子结合导致游离水分子减少，降低了药物在水中的溶解度，使其易转入有机相。而且盐析剂能降低有机溶剂在水中的溶解度，使萃余相密度增加，有助于分相。同一萃取体系加入不同的盐,可以达到不同的萃取效果,比如萃取维生素 B_{12} 时加入硫酸铵,萃取青霉素时加入氯化钠等。但盐的添加量要适当,以利于目标产物的选择性萃取。

（四）温度和萃取时间

温度对药物萃取有很大的影响。一般药物水解速度与温度的关系服从阿伦尼乌斯方程。

$$\lg K = \frac{E}{2.303RT} + \lg A \qquad 式（14-13）$$

式中, K 为速度常数; E 为活化能; A 为频率因子。

药物在高温下不稳定,故萃取一般应在低温下进行。如青霉素的提炼过程要注意冷却,温度最好保持在 10℃ 以下。

萃取时间也会影响药物的稳定性,如青霉素在乙酸正丁酯中于 0~15℃ 放置 24 小时并不会被破坏,但在室温下放置会被破坏,例如 2 小时损失 1.96%、4 小时损失 2.32%、8 小时损失 2.78%、24 小时损失可达 5.32%。因此,在青霉素萃取过程中,温度要低,时间要短,pH 要严格控制。

（五）接触相比和传质方向

萃取设备及其设定的参数对溶剂萃取也有较大的影响,按工艺要求确定水相和有机相的流量后,两相在混合室内的接触时间会随混合室内的两相接触比的变化而缩短,并降低溶剂萃取效率。从两相在混合室内的接触表面积对萃取效率的影响角度考虑,接触相比为 1 时,两相接触面积最大,传质效果最好。接触相比对溶剂萃取的影响与萃取体系有关。多数体系中,以有机相为连续相和较大的有机相对水相的体积比时,相分离速度较快。

第二节　工业上常用的萃取方法

工业上的萃取操作包括 3 个步骤。①混合:料液和萃取剂在混合设备中充分混合,使溶质自料液转入萃取剂中;②分离:混合液通过离心分离设备或其他方法分成萃取相和萃余相;③溶剂回收。

工业上的萃取方法按操作方式可分为单级萃取和多级萃取,后者又可分为多级错流萃取和多级逆流萃取。下面介绍各种萃取操作及其理论收率的计算公式。在计算中假定萃取相和萃余相能很快达到平衡,而且两相不互溶,能完全分离。

一、单级萃取

单级萃取只包括 1 个混合器和 1 个分离器。料液 F 和溶剂 S 先经混合器混合,达到平衡后,用分离器分离得到萃取液 L 和萃余液 R,如图 14-3 所示。

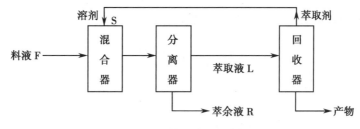

图 14-3　单级萃取示意图

溶质经萃取后,萃取因素 E 为:

$$E = \frac{C_1 V_S}{C_2 V_F} = K \frac{V_S}{V_F} = K \frac{1}{m} \qquad 式（14-14）$$

式中, V_F 为料液的体积; V_S 为萃取剂的体积; C_1 为溶质在萃取液中的浓度; C_2 为溶质在萃余相中的浓度；K 为分配系数；m 为浓缩倍数。

萃余率：
$$\varphi = \frac{\text{萃余液中的溶质质量}}{\text{原始料液中溶质总量}} \times 100\% = \frac{1}{E+1} \times 100\% \qquad \text{式（14-15）}$$

理论收率：
$$1 - \varphi = 1 - \frac{1}{E+1} \times 100\% = \frac{E}{E+1} \times 100\% \qquad \text{式（14-16）}$$

例如赤霉素在 10℃ 和 pH2.5 时的分配系数（乙酸乙酯/水）为 35，用等体积的乙酸乙酯单独单级萃取 1 次，则：

$$E = K\frac{1}{m} = 35 \times \frac{1}{1} = 35, \text{萃取率 } 1 - \varphi = E/(1-E) = 35/(35+1) = 97.2\%$$

这种流程比较简单，但由于只萃取 1 次，所以萃取效率一般不高，产物在水相中的含量仍然很高。增加萃取剂的用量会降低产品浓度、增加萃取剂回收和处理过程中的消耗以及工作量。为改善上述过程，可使用多级错流萃取流程。

二、多级错流萃取

料液经萃取后的萃余液再用新鲜萃取剂进行萃取的方法称多级错流萃取。图 14-4 示三级错流萃取过程。

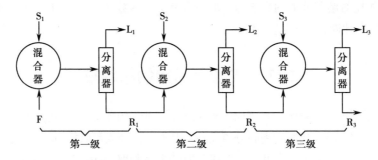

图 14-4　三级错流萃取示意图

由图 14-4 中可以看出，第一级的萃余液（R_1）进入第二级作为料液，并加入新鲜萃取剂进行萃取；第二级的萃余液（R_2）再作为第三级的料液，也同样用新鲜萃取剂进行萃取。同理还可进行 4、5 级以至 n 级萃取。此法与单级萃取相比，溶剂消耗量大，而得到的萃取液平均浓度较稀，但萃取较完全。经 n 级萃取后，萃余率为：

$$\varphi_n = \frac{1}{(E_1+1)(E_2+2)\cdots(E_n+1)} \times 100\% \qquad \text{式（14-17）}$$

用同一种溶剂，各级萃取因素 E 值皆相同，则萃余率为：

$$\varphi_n = \frac{1}{(E+1)^n} \times 100\% \qquad \text{式（14-18）}$$

n 级萃取后，理论收率为：

$$1 - \varphi_n = 1 - \frac{1}{(E+1)^n} \times 100\% = \frac{(E+1)^n - 1}{(E+1)^n} \times 100\% \qquad \text{式（14-19）}$$

例如赤霉素二级错流萃取时 K 为 35，第一级用 1/2 体积的乙酸乙酯，第二级用 1/10 的体积乙酸乙酯，则：

$$E_1 = 35 \times \frac{1/2}{1} = 17.5, \quad E_2 = 35 \times \frac{1/10}{1} = 3.5$$

$$1 - \varphi = 1 - \frac{1}{(17.5+1) \times (3.5+1)} = 98.79\%$$

由上可见,当乙酸乙酯用量为 3/5 体积时的二级错流萃取的收得率为 98.79%,比乙酸乙酯用量为 1 体积的单级萃取的收得率 97.2% 要高。

多级错流萃取由于溶剂分别加入各级萃取器中,故萃取推动力较大,萃取效果较好,需要消耗较多能量。

三、多级逆流萃取

在第一级中加入料液(F),萃余液顺序作为后一级的料液,而在最后一级加入萃取剂(S),萃取液顺序作为前一级的萃取剂。料液移动的方向和萃取剂移动的方向相反,故称为多级逆流萃取(图 14-5)。此法与多级错流萃取相比,萃取剂耗量较少,因而萃取液的平均浓度较高。n 级萃取后,萃余率为:

$$\varphi = \frac{E-1}{E^{n+1}-1} \times 100\% \qquad \text{式(14-20)}$$

理论收率为:

$$1-\varphi = 1 - \frac{E-1}{E^{n+1}-1} \times 100\% = \frac{E^{n+1}-E}{E^{n+1}-1} \times 100\% \qquad \text{式(14-21)}$$

式(14-20)也可用图 14-6 表示。

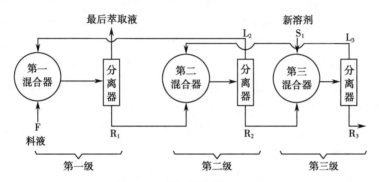

图 14-5　多级逆流萃取示意图

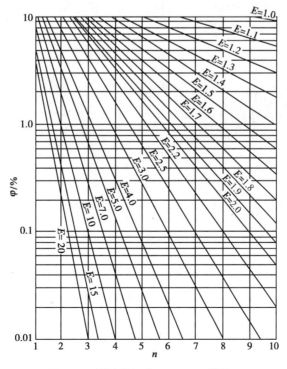

图 14-6　逆流萃取中 φ、n 及 E 的关系

例如赤霉素二级逆流萃取时 K 为 35，乙酸乙酯的用量为 1/2 体积，则：

$$E = 35 \times \frac{1/2}{1} = 17.5, \quad n = 2, \quad 1 - \varphi = \frac{(17.5)^3 - 17.5}{(17.5)^3 - 1} = 99.7\%$$

以上收率的计算系根据分配定律的概念得出的理论收率。但实际生产情况较为复杂，收率不仅取决于分配系数的大小和萃余液中的残留量，还取决于提取过程中产物的局部破坏，以及蛋白质造成提取过程乳化所带来的损失等。因此实际收率要比理论收率低。

在单级萃取、多级错流萃取、多级逆流萃取 3 种萃取方法中以多级逆流萃取收率最高、溶剂用量最少，这在工业上是经济的也是普遍采用的流程。

第三节　乳化与破乳

发酵液经预处理和过滤后，虽能除去大部分非水溶性和部分水溶性的杂质，但是如果残留的杂质（蛋白质等）具有表面活性，当溶剂萃取时，在有机相与水相的界面上往往形成乳化现象（emulsification），使有机相与水相难以分层，即使用离心机也不能将两相完全分离。有机相中夹带水相，会使后续操作困难，还造成收率下降和溶剂消耗增加。因此，在萃取过程中防止乳化和破乳是一个极为重要的步骤。乳化属于胶体化学范畴，是指一种液体以细小液滴（分散相）的形式分散在另一个不相溶的液体（连续相）中，这种现象称为乳化现象，生产的这种液体为乳状液或乳浊液。发生乳化的主要原因如下：①植物药的水提液和生物发酵液中通常含有大量蛋白质，它们分散成微粒，呈胶体状态；②萃取体系中含有呈胶粒状态和极细微的颗粒或杂质；③发酵液染菌后料液中的成分发生改变，其中蛋白质变性则造成乳化；④有机相的理化性质影响，如有机相的黏度过大、化学性质不稳定发生分解产生易发生乳化的物质等；⑤为了两相的充分混合，人们往往进行过度的搅拌（输入能量过大）而造成分散相液滴的过细分散而导致乳化。

根据分散相与连续相的性质，乳状液有 2 种类型：一类是油分散在水中，简称水包油型乳状液，用 O/W 表示；另一类是水分散在油中，简称油包水型乳状液，用 W/O 表示。由于表面活性剂具有亲水、亲油两个性质，所以能够把本来互不相溶的油和水连在一起，在两相界面亲水基伸向水层、亲油基伸向油层，处于稳定状态（图 14-7）。

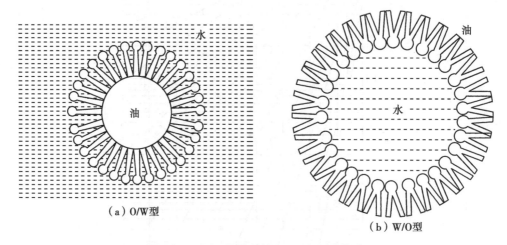

（a）O/W 型　　　（b）W/O 型

图 14-7　O/W 型乳状液和 W/O 型乳状液

在微生物制药工业中，发酵液中含有大量蛋白质，它们分散成微粒，呈胶体状态。而很多蛋白质是疏水性的（亲油基强度大于亲水基），故发酵液和有机溶剂产生的乳状液大多属于 W/O 型。这种界面乳状液可放置数月不凝聚，一方面是由于蛋白质分散在两相界面所形成的无定形黏性膜起保护作用；另一方面发酵液中存在着一定数量的固体粉末，对于已产生的乳化层也有稳定作用。

为了保证溶剂萃取操作的正常进行，一方面要加强溶剂萃取之前的预处理和过滤操作，使蛋白质含量达到最低浓度；另一方面在溶剂萃取过程中采用一些措施进行破乳（demulsification）。

乳状液的破乳作用与乳状液的转换是密切相关的。乳状液的转型首先是原乳状液的破坏，然后形成新乳状液，所以去乳化作用实际上是转型的第一步。因此乳状液的去乳化作用可采用乳状液转换的方法，但需控制到旧相液滴破坏而新相液滴还未形成的临界点。破乳方法有下列几种。

一、化学破乳法

化学破乳法主要利用化学剂改变油水界面的性质或膜强度来实现破乳。该法应用最广，由于破乳剂的选择性较强，化学破乳法的研究主要集中在开发不同种类和结构的破乳剂以及破乳剂与其他试剂的复配等以适应各种复杂的乳液。表面活性剂是主要的破乳剂。

表面活性剂可改变界面的表面张力，促使乳浊液转型。在吸附有表面活性剂的界面区，界面两侧的表面张力是不同的，对于 O/W 型乳状液中加入亲油性乳化剂，则乳状液有从 O/W 型转变成 W/O 型的趋向，如控制条件不允许形成 W/O 型乳状液，则在转变过程中乳状液就被破坏。同样，对于 W/O 型乳状液中加入亲水性乳化剂，也会使乳状液破坏。另外，若选择一种能强烈吸附于油-水界面的表面活性剂，用以顶替在乳状液中生成牢固膜的乳化剂，产生一种新膜，则其强度较低，有利于破乳。目前应用较多的化学破乳剂主要有以下几类。

（一）阳离子型表面活性剂

1. 十二烷基三甲基溴化铵 十二烷基三甲基溴化铵（twelve-alkyl-trimethyl-ammonium-bromide，TMB）的结构式为 $[CH_3(CH_2)_{10}CH_2(CH_3)_3N^+]Br^-$，易溶于水，为浅黄色浆状液体，含量为 50% 左右，一般兼具有杀菌、破乳的双重效果。TMB 在酸性条件下不溶于有机溶剂，因此适用于破坏 W/O 型乳状液。其作为去乳化剂破乳的机制为由于 TMB 的离子带正电荷，能中和溶液中蛋白质的负电荷，形成沉淀。其特点是在破乳离心时，能使蛋白质留在水相底层，相界面清晰，不仅去乳化效果好，而且能提高产品质量。当 TMB 浓度低时，不足以中和蛋白质上所有的负电荷并将其沉淀，而且因其提高了蛋白质的等电点，使得蛋白质更容易成为中性并进入有机相，此时乳化反而加剧，所以使用时应当注意其使用量。

2. 溴代十五烷吡啶 溴代十五烷吡啶（PPB）是一种棕褐色的稠厚浆状半固体，在水中的溶解度约为 7%，使用时先加热溶解，然后再稀释，其用量为 0.01%~0.05%。在有机溶剂中的溶解度较小，因此适用于破坏 W/O 型乳状液。目前广泛用于青霉素等抗生素的提取，因为 PPB 中含有尚未反应的棕榈酸和其他羟基脂肪酸等，在酸性条件下亦转入乙酸正丁酯相中，对成品的浑浊度有一定影响。

该破乳剂国内广泛应用于青霉素、林可霉素的提取，去乳化效果较好，但用量较大，成本高。其破乳效果随 PPB 用量的增加而改善，当加入量 >0.3% 时，不用离心机两相也能分离，但其沉淀不完全在水底而有一部分聚于界面之间。其作用机制可解释为由于 PPB 的功能基的碱性较 TMB 弱，其分子构型也和 TMB 不同，它和蛋白质不易形成像 TMB-蛋白质那样的复合物。其破乳作用只是表现为中和蛋白质上的负电荷，消除其表面活性及降低界面水侧的界面张力，浓度高时也不形成可以沉到水底的大分子复合物。

（二）阴离子型表面活性剂

脂肪酸钠盐、烷基硫酸钠和烷基萘磺酸钠是常用的 3 种，阴离子型表面活性剂作为破乳剂使用得最早，脂肪酸钠盐由于其表面活性较弱，故其效果不好，但与 TMB 配合可减少 TMB 的用量，改善青霉素发酵液的破乳效果。

代表性的阴离子型表面活性剂是十二烷基硫酸钠，是一种淡黄色的透明液体，也是一种洗涤剂，易溶于水，微溶于有机溶剂，因此，适用于破坏 W/O 型乳状液，目前广泛用于红霉素的提取。因为它是酸性物质,在碱性条件下留在水相,不随红霉素转入乙酸正丁酯萃取液中,有利于成品质量的提高。

(三)非离子型表面活性剂

这类破乳剂的疏水基原料是具有活泼氢原子的疏水化合物,如高碳脂肪醇、脂肪酸、高碳脂肪胺等。具有优异的表面活性及易于生物降解的性能,近年发展迅速,已超过了阴离子型表面活性剂的应用。如作为纺织助剂以及石油破乳剂的脂肪醇聚氧乙烯醇(醚),用作抗生素提取工艺过程的破乳剂使用,具有优良的破乳效果。非离子型表面活性剂分子的亲水基在界面展开,使蛋白表面吸附膜变薄、破裂,达到破乳的目的。

(四)复合型破乳剂

目前也有不少厂家研制了复合型破乳剂,由破乳剂、絮凝剂、助破乳剂以及润湿剂按照不同的比例配制而成,解决了破乳剂的适应性问题。如采用絮凝剂 Exgofloc-112、去乳化剂 Nadar-100、润湿剂 Linquad16/S28 三剂合用,总加量约 0.05%。我国自主研发的 D925m 等在应用中都起到了较好的效果。

二、物理破乳法

该法主要是采用物理方法破坏乳液界面膜而实现破乳。目前的研究一方面是对已有破乳方法的改进或将已有的方法进行组合,另一方面是开发出新的物理破乳方法。可以分成以下几种。

1. 机械破乳法　产生乳化后,如果乳化现象不严重,可采用过滤或离心沉降的方法。分散相液滴在重力场或离心力场的作用下会加速碰撞而聚合,适度搅拌也可以起到同样的促聚作用。

2. 加热破乳法　温度升高,乳状液液珠的布朗运动增加,絮凝速度加快,同时还能降低黏度,使聚结速度加快,有利于膜的破裂。如果所需的产物对热稳定,则可采用此法。

3. 稀释破乳法　在乳状液中加入连续相,可使乳化剂的浓度降低而减轻乳化。在实验室的化学分析中有时用此法较为方便。

4. 吸附破乳法　乳状液经过一个多孔性介质,由于该介质对油和水的吸附能力的差异,也可以引起破乳。例如碳酸钙或无水碳酸钠易为水所润湿,但不能为有机溶剂所润湿,故将乳状液通过碳酸钙或无水碳酸钠层时,其中的水分被吸附。生产上将红霉素的一次乙酸正丁酯提取液通过装有碳酸钙的小板框压滤机,以除去微量水分,有利于后续的提取。

5. 超滤破乳法　选择适当孔径的超滤介质,将蛋白质截留滤除,而抗生素分子可以顺利通过超滤膜,从而使物料得到净化。超滤介质的孔径,一般选用能去除分子量在 10 000 以上孔径的超滤膜进行过滤。

6. 超声波破乳法和微波破乳法　超声波破乳法是利用超声波自身具有的机械振动及热作用进行破乳,而微波破乳法是利用其热效应和非热效应破乳。目前的研究主要集中在破乳条件的探索和优化,虽然两类破乳方法具有破乳率高、加热均匀和环保节能等优点,但其工业应用还有许多理论和技术问题需要解决。

三、其他破乳方法

1. 生物破乳法　该法主要是利用微生物细胞破乳或者利用微生物代谢过程产生的表面活性破乳。近年来该领域研究主要集中在微生物的筛选以及影响其破乳能力的因素考察等方面。

2. 联合破乳法　由于乳液的破乳难度增加和各种破乳方法自身的局限性,采用单一的破乳方法有时得不到理想的结果,因此采用多种破乳方法联合成为发展趋势。目前研究并应用的联合破乳法有破乳剂和反渗透法联合、破乳剂与磁处理联合、超声波与破乳剂联合、化学絮凝剂与生物破乳法联合、微生物表面活性剂与破乳剂联合、盐 - 高分子联合微波辐射和化学破乳法联合。

第四节　溶剂回收

在药物生产过程中,溶剂的消耗量比较大,在成本中所占的比例很高,应尽量加以回收,供生产循环套用以减少生产成本。溶剂回收是生产中一道必不可少的工序,通常溶剂萃取法操作的最后一个步骤就是溶剂回收。需回收的溶剂除用过的萃取剂、萃余水相中所含的溶剂外,结晶母液中的溶剂、洗涤结晶所用的溶剂等也都应回收。

按回收溶剂的体系可分为完全互溶和部分互溶等类型,按其组成又可分为二元溶液和三元溶液。除一些质量好的母液溶剂和反萃取后的萃余液可在提取时直接套用外,其他溶剂的回收都需经过蒸馏来实现。生产中常见的有 4 种情况:①单组分溶剂,此类溶剂可以采用简单蒸馏的方法,仅需除去其中的不挥发性杂质(如色素等)。如仅含少量水、有机酸和色素等杂质的废乙酸正丁酯,由于乙酸正丁酯与水能形成二元恒沸混合物,废乙酸正丁酯中的水分很快随共沸物逸出,故蒸馏釜内的温度可保持在乙酸正丁酯的沸点(124℃)进行回收。②低浓度溶剂,此类溶剂的回收一般采用精馏法。例如用乙酸正丁酯萃取青霉素和红霉素后的废水中含少量乙酸正丁酯,就属于这种情况,回收时一般采用精馏法。③回收与水部分互溶并形成恒沸混合物的溶剂,这类溶剂回收可采用简单蒸馏和精馏,例如对四环素碱和盐酸盐结晶母液中所含的丁醇进行回收时,先采用简单蒸馏,此时蒸出来的是丁醇-水恒沸混合物,经冷凝后即分层,上层为含水丁醇层,可并入下批回收溶剂反复蒸馏,使蒸出来的丁醇含水量在 3% 以下,该丁醇再蒸馏 1 次,收集 118℃以上的馏分,得到的丁醇的含水量在 0.5% 以下。④回收完全互溶的混合溶剂并不形成恒沸混合物,如丙酮-丁醇混合溶剂,由于其沸点相差较大,一般采用精馏方法很易得到纯组分。但是如果混合溶剂要反复使用,则不需要将它们分成纯组分,只需经过简单蒸馏除去不挥发物质,然后测定混合溶剂的比例,再添加不足的溶剂使其达到要求即可。

溶剂回收过程中必须了解溶剂的性能及毒性,注意安全与防火问题并制定安全制度。

第五节　溶剂萃取法的应用

随着科学的发展,溶剂萃取已成为一项得到广泛应用的分离提纯技术。由于它具有选择性高、分离效果好、易于实现大规模连续化生产的优点,所以很早就得到先进国家的重视。经过数十年的科研与应用实践,现在它已在医药、有色金属湿法冶金、化工、原子能等领域中得到大规模的应用。在医药领域,溶剂萃取法在抗生素的提取分离中应用最为持久、最为广泛。下面列举一些溶剂萃取法提取抗生素的应用实例。

一、溶剂萃取法提取克拉维酸

克拉维酸(CA)是 β-内酰胺类抗生素中的重要一员,是由 Brown 等和 Napier 等分别于 1976 年和 1981 年发现的。它可以作为辅剂与其他广谱抗生素联用,尤其是对 β-内酰胺酶较为敏感的抗生素,可以有效地增强抗生素的抗菌效果。

克拉维酸及其盐的提取通常是先通过过滤或者离心的方法将菌体从发酵液中去除,然后再进行提取。克拉维酸及其盐的萃取过程通常包括一个初级的分离过程以及进一步的纯化过程。初级分离过程为溶剂抽提游离的克拉维酸,在溶剂抽提过程中,萃取剂首先将冷的发酵滤液用盐酸、硫酸、硝酸等调节至 pH 为 1~2,再加入一种与水不能大量互溶的有机溶剂如正丁醇、乙酸乙酯、乙酸正丁酯和甲基异丁基酮以及其他类似的溶剂。萃取结束后,克拉维酸分布在有机相中。克拉维酸可以从有机相中重新萃取至水相中,或者萃取到缓冲液如碳酸氢钠、磷酸氢钾缓冲液中。两相分离后,水相萃取液可以通过减压的方法浓缩,浓缩液冻干后即可得到粗品。粗品保存 -20℃的干燥条件下是稳定的,还可以通过进一步的纯化工艺得到纯度更高的产品。

二、溶剂萃取法提取红霉素

红霉素是目前临床上常用的大环内酯类抗生素,它是 McGuire 于 1952 年从红色链霉菌(*Streptomyces erythreus*)的代谢物中首次分离获得的一种碱性多组分抗生素,红霉素 A 被大量生产供临床应用。抗菌谱与青霉素相似,对革兰氏阳性菌有较强的抗菌活性,对革兰氏阴性菌中的淋球菌、脑膜炎双球菌、流感杆菌等也敏感。此外,对支原体、立克次体、衣原体等也有抑制作用。

红霉素 A 的常用提取方法为溶剂萃取法:发酵液加入 0.1% 甲醛和 3% 硫酸锌溶液,用氢氧化钠调 pH 至 7.8~8.2,过滤,用乙酸正丁酯作二级逆流萃取,一级 pH10.0~10.2、二级 pH10.4~10.6,离心分离,用乙酸缓冲液作二级逆流萃取,一级 pH5.0、二级 pH4.6,再用乙酸正丁酯作二级逆流萃取,得到的萃取液加 10% 丙酮溶液于 −5℃ 静置结晶,真空干燥后得红霉素成品。红霉素的提取流程如图 14-8 所示。

红霉素发酵液 ──→ 过滤 ──→ 发酵滤液 ──→ 加NaOH液调pH至碱性 ──→ 乙酸丁酯萃取 ──→ 酸反萃 ──→ 加NaOH液调pH至碱性 ──→ 结晶 ──→ 过滤 ──→ 干燥 ──→ 产品

图 14-8　红霉素的提取流程

三、溶剂萃取法提取替考拉宁

替考拉宁(teicoplanin)又称"肽可霉素(teicomycin A2)",是 Parenti 等于 1978 年发现的一种新的糖肽类抗生素,由游动放线菌(*Actinoplanes teichomyceticus*)产生。它是继万古霉素之后的又一新的糖肽类抗生素,是目前临床上治疗多重耐药的金黄色葡萄球菌和肠球菌感染性疾病的首选药物之一。鉴于替考拉宁易溶于水、丙酮水溶液,在甲醇、乙醇等有机溶剂中能溶解的特性,可采用溶剂萃取法从发酵液中提取替考拉宁,用非水溶性有机溶剂如氯化的 C_1–C_4 碳氢化合物或 C_2–C_6 链烷醇萃取替考拉宁。发酵液先过滤,滤液用 10% 盐酸(加少量氯化钠)调 pH 至 3.5 后用丁醇萃取,再经高速离心、浓缩、冷却沉淀得粗品。其菌丝先水洗,用 10% 盐酸调 pH 为 3.5,再用丙酮水溶液(8∶2)提取,蒸去丙酮,维持 pH = 3.5 不变。再经丁醇萃取,离心、浓缩、冷却沉淀出粗品。合并粗品,经 HPLC 及微生物检定法检测纯度为 64.8%。另有专利报道了稍加改进的提取方法,即用水溶性有机溶剂如丙酮、乙腈、正丙醇、甲基乙基酮、二甲亚砜等直接加入酸化的发酵液中(pH 为 3~4),富集替考拉宁,经离心或过滤除去菌丝体,其溶液部分再经浓缩、冷却,沉淀出替考拉宁粗品,收率达 64.5%~88.7%。该法与上述两步法相比,操作简单且提高了收率。

四、溶剂萃取法提取利福霉素 S 和利福霉素 SV

利福霉素 S 和利福霉素 SV 是地中海链丝菌产生的一类大环内酰胺类抗生素,因其对结核分枝杆菌具有较好活性,本身可以作为抗结核药或作为中间体合成其他抗结核药。工业上利福霉素及其钠盐的制备通常经过发酵、过滤、氧化、乙酸乙酯萃取、破乳、洗涤、结晶、干燥等一系列步骤。当萃取 pH 较低时,影响利福霉素的稳定性。同时萃取时乳化现象严重,造成利福霉素的收率较低。将萃取 pH 优化为 4.2,萃取温度优化为 45℃,并采用离心萃取及多级萃取的新方法,减轻了乳化现象,收率也得到了提高。

五、溶剂萃取法提取麦考酚酸

麦考酚酸(mycophenolic acid,MA)是一种低分子量的生物活性物质,对革兰氏阳性菌、皮肤真菌和病毒具有生物活性,并具有选择性免疫抑制作用。在热水中形成针状晶体,在冷水中几乎不溶,pK_a

为 4.5。麦考酚酸主要用溶剂萃取法进行提取。固态培养发酵物用有机溶剂（环己烷、甲苯、苯、乙酸乙酯、乙酸正丁酯）抽提出麦考酚酸，浓缩有机溶液，用硫酸调节溶液 pH 至 2.0，静置 3 小时，结晶麦考酚酸，加入助滤剂过滤，用水不溶性的有机溶剂溶解含有助滤剂的滤饼，并加入氯化铝脱色。过滤有机溶液，并真空浓缩至干。将固体溶解在醇（甲醇、乙醇、异丙醇）中，将此醇溶液分散在水中，并且过滤得到粗晶。将粗晶溶解在有机溶剂中，加入另一种有机溶剂，冷却混合液至 –20~4℃，可得到纯的麦考酚酸晶体。

第六节　新型溶剂萃取技术

在 21 世纪，溶剂萃取作为提取、分离和提纯技术，必然会得到发展。超临界流体萃取和离子液体萃取等技术已经在工业化的进程中取得了巨大进展，在医药领域，初步实现了工业化。微波萃取、电泳萃取、超声萃取、预分散萃取等一系列新的萃取方法也正走在工业化的路上，本节介绍两种相对成熟的萃取新技术。

一、超临界流体萃取技术

超临界流体萃取（supercritical fluid extraction，SCFE 或者 SFE）技术是利用处于临界压力和临界温度以上的一些溶剂流体所具有的特异性增加物质溶解的能力来进行分离纯化的技术。该技术是 20 世纪 60 年代兴起的一种绿色分离技术。1978 年，第一家利用超临界流体萃取技术从咖啡豆中萃取咖啡因的工厂在德国设立，随后在英国与法国也先后设立了利用 CO_2 超临界流体萃取啤酒花的工厂。在医药工业中，超临界流体萃取技术可用于提取植物药中的有效成分、精制热敏性生物制品药物、分离脂质类混合物。

（一）超临界流体

物质的存在状态与温度变化有着密切的关系，对任一物质来说，都存在某一特定温度，当温度超过这一数值时，无论压力提得多高，也不可能再使它液化，这个温度称为"临界温度（T_c）"，即临界温度是该物质可能被液化的最高温度。相对应，在临界温度能使该物质液化的最小压力称为"临界压力（P_c）"（图 14-9）。在临界点（临界温度 T_c 和临界压力 P_c 状态）附近，压力和温度的微小变化都会引起物质密度的较大变化。超过临界点后，物质即使处于很高的压力，也不会凝缩为液体，只是密度增大，它既有类似于液态的某些性质，又保留着气态的某些性质，性质介于气体和液体之间，所以称为超临界流体（supercritical fluid，SCF）。

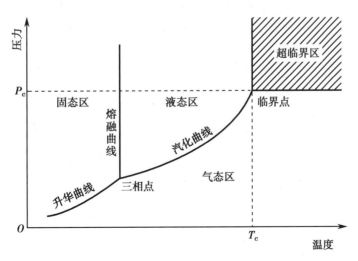

图 14-9　物质的存在状态与温度变化的关系

超临界流体表现出若干特殊的性质：①超临界流体的密度比气体大数百倍，与液体相当；②其黏度接近于气体，比液体要小 2 个数量级；③扩散系数介于气体和液体之间，比液体要大数百倍。因此，超临界流体既具有液体对溶质有比较大的溶解度的特点，又具有气体易于扩散和运动的特性，可以比液体溶剂更快地进行传质，并在短时间内达到平衡，从而高效地进行分离。

（二）超临界流体萃取流程

超临界流体萃取流程是将溶剂（如 CO_2 气体）经热交换器冷凝成液体，用加压泵将压力升至工艺所需的某一超过临界的压力，同时调节温度，使其成为超临界流体溶剂并进入装有被萃取原料的萃取釜，经与被萃取原料充分接触后，选择性地溶解出所需的化学成分，然后含有溶解萃取物的高压流体输入分离釜。通过调节压力或温度，使溶质的溶解度急剧下降而析出，从而与溶剂分离，达到萃取分离的目的。

（三）超临界流体萃取技术的特点

1. 萃取效率高，过程易于调节　超临界流体兼具气体和液体的特性，既有液体的溶解能力，又有气体良好的流动性、挥发性和传递性能，因而萃取效率较单一相溶剂高。由于在临界点附近，轻微改变压力和温度就可能显著改变流体的溶解能力，从而易于调节和控制分离过程。

2. 广泛的适应性　由于超临界流体溶解度特异增高的现象普遍存在，只要选择适当的溶剂、超临界压力及温度，利用不同物质溶解度的差异，超临界流体萃取就可作为一种高效的萃取分离方法。超临界流体具有良好的渗透性和溶解性，能从固体或黏稠的原料中快速提取有效成分。

3. 分离工艺流程简单　超临界流体萃取设备主要由萃取器和分离器两部分组成，不需要溶剂回收设备。超临界流体萃取与传统分离工艺相比不但流程简化、节省能耗，而且能消除溶剂残留物的污染，兼有蒸馏和萃取双重功能，可用于有机物的分离和精制。

4. 适用于化学不稳定性物质的分离　有些分离过程可在接近室温下完成（如采用 CO_2、乙烷等溶剂时），特别适用于热敏性和化学不稳定性天然成分的分离。

5. 设备技术要求高　分离过程必须在高压下进行，设备及工艺技术要求高，投资比较大，普及应用较为困难。

6. 利于溶剂回收　降低超临界相的密度，很容易使溶剂从产品中分离出来，无溶剂污染，且回收溶剂无相变过程，能耗低。

（四）超临界 CO_2 萃取

CO_2 作为超临界流体，应用最为广泛。CO_2 作为萃取剂有以下特点：①CO_2 的超临界温度（ $T_c = 31.06℃$ ）是所有溶剂中最接近室温的，可在 35~40℃ 下进行提取，防止热敏性物质的变质和挥发性物质的逸散；②在 CO_2 气体笼罩下进行萃取，由于完全隔绝了空气中的氧，萃取物不会因氧化而变质；③CO_2 无味、无臭、无毒、不可燃、价格便宜、纯度高、容易获得，使用相对安全；④CO_2 是较容易提纯与分离的气体，萃取物几乎无溶剂残留，也避免了溶剂对人体的毒害和对环境的污染；⑤CO_2 的扩散系数大而黏度小，大大节省了萃取时间，萃取效率高。

（五）超临界 CO_2 萃取的典型流程

超临界 CO_2 萃取的典型流程由萃取阶段与分离阶段组成，前者由萃取釜和加压装置组成，后者由分离釜和减压装置组成，如图 14-10 所示，将被萃取物料放入萃取釜中密封，设定好萃取釜的温度和压力。CO_2 增压后进入萃取器，与其中的原料接触、传质，节流膨胀后进入分离器。这时由于溶质在 CO_2 中的溶解度降低而凝聚析出，汇集在分离器底部，而 CO_2 溶剂则从分离器顶端引出，循环使用。装置设计要遵循安全、可靠、可连续运转以及适用范围广的原则，以适应不同产品萃取过程的需要。

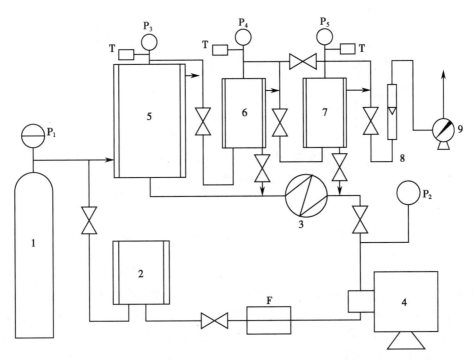

1—二氧化碳气瓶；2—冷凝器；3—换热器；4—高压柱塞泵；5—萃取器；6—分离器1；
7—分离器2；8—转子流量计；9—湿式气体流量计。

图 14-10　超临界 CO_2 萃取工艺流程简图

（六）超临界流体萃取技术在医药领域中的应用

超临界流体萃取技术在食品、医药、香料和天然色素等领域的天然产物提取分离中的应用研究，一直是最活跃的研究领域。受历史和传统习惯的影响，国外这方面的研究主要集中在天然香料、调味品有效成分和天然色素的提取上，而国内则多集中在传统中药的有效成分的提取上，以适应中药现代化的发展要求，其中植物精油的提取占据了主导地位。

传统的植物精油或其他有效成分的提取方法有水蒸气蒸馏法和有机溶剂萃取法，它们都有明显的缺陷。水蒸气蒸馏法由于温度较高，会引起精油中热敏性成分的热分解和易水解成分的水解。所提取的精油还必须除去所夹带的水分，以防止霉变，延长产品的储存和保质期。有机溶剂萃取法除了面临大量的溶剂筛选工作外，萃取所得的产品还必须经过一系列的脱溶剂操作才能得到最终产品。而且，产品中不可避免地会含有残余的有机溶剂，产品的使用范围受到很大的限制。大量的实验研究证实超临界流体萃取技术在传统的植物精油或其他有效成分提取上优于传统的提取方法，所以，超临界流体萃取在传统的植物精油或其他有效成分提取上有取代上述2种方法的趋势。

除此以外，超临界流体萃取技术还在黄花蒿中提取青蒿素、大蒜中提取大蒜素、丹参中的有效成分提取中取得良好效果，减少了热敏性有效成分的损失，并已经完成了中试，进入了生产应用的阶段。

二、离子液体萃取技术

（一）离子液体

离子液体（ionic liquid）一般是由含氮和磷的有机阳离子和无机阴离子组成的在室温时呈液态的液体。通过改变阴、阳离子组成，可以合成不同性质的离子液体，因此离子液体又是一种新型的"可设计"的绿色溶剂。离子液体从20世纪90年代兴起到现在，走过了一条与其他新技术培育、成长和发展极其相似的S形曲线（图14-11），经过了"兴起"、"探索"和"准备"的阶段，已经步入了"应用"阶段。

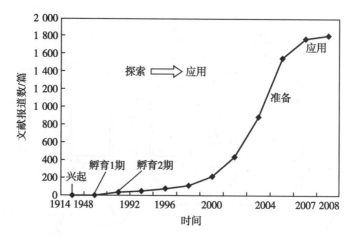

图 14-11　离子液体培育、成长和发展的 S 形曲线

（二）离子液体的特点

离子液体具有特殊的物理化学性质,与传统的挥发性有机溶剂相比具有一系列突出的优点:①离子液体具有超低蒸气压、不挥发、不易燃、无色、无臭,毒性小、不易爆炸的特点;②离子液体具有较大的稳定温度范围、较好的化学稳定性;③离子液体具有较宽的电化学稳定电位窗;④离子液体可溶解固体无机物、有机物、合成或天然高分子材料等物质,还可以溶解某些气体如 H_2、CO 和 O_2 等,且溶解度相对较大;⑤离子液体表现出 Franklin 酸性和超酸性,其酸碱性实际上由阴离子的本质决定,且酸性可调;⑥绝大多数离子液体常压下的密度比水大,在 $1\sim1.6g/cm^3$ 范围;⑦离子液体的黏度比一般有机溶剂或水的黏度高 1~2 个数量级,但仍具有良好的流动性;⑧离子液体的表面张力比一般有机溶剂高,比水低,使用时可以加速相分离的过程。因为以上特点,离子液体代替传统有机溶剂进行萃取分离在工业上得到了广泛应用。

（三）离子液体萃取的原理及流程

离子液体萃取的机制较为复杂,但归纳起来都是离子液体的离子与萃取物质发生相互作用导致溶剂的萃取能力、萃取行为发生改变。如用离子液体萃取青霉素时,用冷冻蚀刻结合透射电镜技术(freeze etching and transmission electron microscope, FF-TEM)研究萃取相的微观结构表明,萃取青霉素前、后的[Bmim]PF_6 相和离子液体双水相上相都有聚集体存在。傅里叶变换 - 红外光谱(FT-IR)和核磁共振(NMR)分析表明,在[Bmim]PF_6 相和离子液体双水相上相中青霉素和离子液体的咪唑阳离子存在相互作用。萃取机制研究表明,青霉素酸根在上相和离子液体阴离子发生了交换,交换出的离子液体阴离子转移到了下相。

离子液体萃取流程与传统溶剂萃取相似,只是用离子液体代替了传统的有机溶剂。

（四）离子液体萃取技术在萃取分离领域中的应用

近年来离子液体迅速地在萃取抗生素、有机物、生物分子等方面得到应用。如利用离子液体[Bmim]PF_6 萃取四环素类抗生素,萃取率能达到 95% 以上;利用[Btmsim]PF_6 萃取细胞色素 C,其萃取效率为 85%。目前,最为成功的是制备烷氧基苯基膦的 BASIL(biphasic acid scavenging utilizing ionic liquid,一种合成光引发剂的重要前体)工艺。该工艺利用 N- 甲基咪唑作为酸(HCl)的捕获剂,生成熔点为 75℃的[Hmim]Cl(氯化 1- 甲基 -3- 氢咪唑盐,操作温度下为液体),生成的[Hmim]Cl 与产物烷氧基苯基膦不混溶而分层,克服了传统工艺采用三乙胺作为捕获剂除去酸而需要大量的有机溶剂和设备复杂的缺点。目前该工艺已达到数吨级生产规模,利用离子液体选择性溶解以及较低温度下呈液体的特性,针对制备烷氧基苯基膦开发的 BASIL 工艺具有产物分离简便、体系传热性能好、可连续化操作等优点。相信未来会有更多的能够规模生产的离子液体出现,为抗生素的生产提供更多的选择。

思 考 题

1. 掌握下列基本概念：萃取剂、萃余液、萃取相、反萃取、分配定律、分配比、萃取因素、分离因素、萃取率、表观分配系数、单级萃取、多级错流萃取、多级逆流萃取、乳状液、乳化剂、水包油型乳状液（O/W）、油包水型乳状液（W/O）。

2. 溶剂萃取法具有哪些特点？

3. 简述溶剂萃取的分配定律及其应用条件。

4. 试叙述单级萃取、多级错流萃取和多级逆流萃取的工艺过程。以红霉素为代表，说明各种萃取操作及其理论收率的计算实例。

5. 影响乳状液类型的因素有哪些？

6. 破乳方法有哪几种？

7. 常用的去乳化剂有哪些？

8. 影响溶剂萃取的因素有哪些？

9. 工业生产中回收溶剂的简单方法有哪些？

10. 简述工业中溶剂萃取的应用实例。

11. 简述超临界流体萃取技术的基本原理。

12. 简述离子液体萃取技术的基本原理。

第十四章
目标测试

（董悦生）

第十五章

双水相萃取法

第十五章
教学课件

学习目标

1. **掌握** 双水相萃取法的基本概念与萃取理论。
2. **熟悉** 双水相萃取的影响因素、相关指标与一般应用过程。
3. **了解** 双水相萃取的发展趋势及其在制药工艺中的应用。

双水相萃取（aqueous two-phase extraction）技术始于 20 世纪 60 年代，经过几十年的发展，在现代制药过程中已广泛应用于蛋白质、多肽、核酸以及细胞器和病毒颗粒的大规模分离纯化，具有条件温和、可连续操作等优点。

第一节 概 述

用传统的溶剂萃取法来分离生物大分子——基因工程产品（如蛋白质和酶）是有困难的。这是因为蛋白质遇到有机溶剂易变性失活，而且有些蛋白质有很强的亲水性，不能溶于有机溶剂。双水相萃取法是近年来出现的引人注目、极有前途的新型分离技术。

双水相萃取法的特点是不仅能保留产物的活性，整个操作可连续化，在除去细胞或细胞碎片的同时，还可以将目标蛋白浓度提升 2~5 倍，与传统的过滤法或离心法去除细胞碎片相比，无论在收率还是成本上都优越得多，与传统的盐析或沉淀法相比也有很大优势。如以 β-半乳糖苷酶为例，用沉淀法和双水相萃取法纯化的结果比较见表 15-1。

表 15-1 β-半乳糖苷酶不同纯化方法的比较

方法	步骤数	流量 /（kg/h）	酶收率 /%	纯化倍数	总纯度 /%
沉淀法	3	0.77	63	3.5	23
双水相萃取法	1	10~15	77	12.8	43

目前双水相萃取法已应用于几十种酶的中间规模分离。近年来，还报道了对小分子生物活性物质的亲和双水相萃取法的研究，如头孢菌素 C、红霉素、氨基酸等，大大地扩展了双水相萃取法的应用范畴并提高其选择性，使双水相萃取法具有更广阔的应用前景。

一、水溶性高聚物相系统

双水相萃取法又称"水溶液两相分配技术（partition of two aqueous phase system）"，是不同的高分子溶液相互混合产生两相或多相系统，进而利用物质在互不相溶的两水相间分配系数的差异来进行萃取的方法。许多高分子混合物的水溶液都可以形成多相系统。如葡聚糖（dextran）与聚乙二醇（PEG）按一定比例与水混合，溶液混浊，待静置平衡后分成互不相溶的两个水相，上相富含 PEG，下相富含葡聚糖（图 15-1）。

事实上,当2种高聚物水溶液相互混合时,它们之间的相互作用可以分为3类:①互不相溶(incompatibility),形成两个水相,2种高聚物分别富集于上、下两相;②复合凝聚(complex coacervation),也形成两个水相,但2种高聚物都分配于同一相,另一相几乎全部为溶剂水;③完全互溶(complete miscibility),形成均相的高聚物水溶液。离子型高聚物和非离子型高聚物都能形成双水相系统。根据高聚物之间的作用方式不同,2种高聚物可以产生相互斥力而分别富集于上、下两相,即互不相溶;或者产生相互引力而聚集于同一相,即复合凝聚。高聚物与低分子量化合物之间也可以形成双水相系统,如聚乙二醇与硫酸铵或硫酸镁水溶液系统,上相富含聚乙二醇,下相富含无机盐。

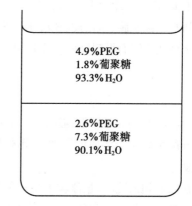

图 15-1　5% 葡聚糖 500 和 3.5% PEG60 系统所形成的双水相的组成(W/V)

表 15-2 和表 15-3 列出了一系列高聚物 - 高聚物、高聚物 - 低分子量化合物之间形成的双水相系统。2 种高聚物之间形成的双水相系统并不一定是液相,其中一相可以或多或少地呈固体或凝胶状,如 PEG 的分子量 <1 000 时,葡聚糖可形成固态凝胶相。

表 15-2　高聚物 - 高聚物系统

高聚物	高聚物
PEG	葡聚糖;聚乙烯醇(PVA);FiColl[①]
聚丙二醇	PEG;聚乙烯醇;葡聚糖;甲氧基聚乙二醇
聚乙烯醇	甲基纤维素;葡聚糖
FiColl	葡聚糖
葡聚糖硫酸钠(Na dextran sulfate)	PEG-NaCl;甲基纤维素 -NaCl;聚乙烯醇 -NaCl;葡聚糖 -NaCl;聚乙烯醇
羧甲基葡聚糖钠	PEG-NaCl;PVA-NaCl;甲基纤维素 -NaCl;甲氧基聚乙二醇 -NaCl
羧甲基纤维素钠	PEG-NaCl;甲基纤维素 -NaCl;聚乙烯醇 -NaCl
DEAE 葡聚糖盐酸盐(DEAE dextran·HCl)	PEG-Li$_2$SO$_4$;聚丙二醇 -NaCl;甲基纤维素;聚乙烯醇
葡聚糖硫酸钠	羧甲基葡聚糖钠;羧甲基纤维素钠
羧甲基葡聚糖钠	羟甲基纤维素钠;DEAE 葡聚糖盐酸盐

注:[①]商品名,一种多聚蔗糖。

表 15-3　高聚物 - 低分子量化合物系统

高聚物(P)	低分子量化合物	高聚物(P)	低分子量化合物
甲氧基聚乙二醇	磷酸盐	聚丙二醇	葡萄糖,甘油
PEG	磷酸盐	葡聚糖硫酸钠	NaCl(0℃)

二、双水相萃取的基本概念

双水相系统形成的两相均是水溶液,它特别适用于生物大分子和细胞粒子的萃取。自 20 世纪

50 年代以来,双水相萃取已逐渐应用于不同物质的分离纯化,如动植物细胞、微生物细胞、病毒、叶绿体、线粒体、细胞膜、蛋白质、核酸等。溶质在两水相间的分配主要由其表面性质所决定,通过在两相间的选择性分配而得到分离。分配能力的大小可用分配系数 K 来表示:

$$K = \frac{C_t}{C_b} \qquad 式(15\text{-}1)$$

式中,C_t、C_b 分别为被萃取物质在上、下相的浓度,mol/L。

分配系数 K 与溶质的浓度和相体积比无关,它主要取决于相系统的性质、被萃取物的表面性质和温度。

在双水相系统中,悬浮粒子与其周围物质具有复杂的相互作用,如氢键、离子键、疏水作用等,同时还包括一些其他较弱的作用力,很难预计哪一种作用占优势。但是,在两水相之间,净作用力一般会存在差异。将一种粒子从相 2 移到相 1 所需的能量如为 ΔE,当系统达到平衡时,萃取的分配系数可用下式表示:

$$\frac{C_1}{C_2} = e^{\frac{\Delta E}{KT}} \qquad 式(15\text{-}2)$$

式中,K 为波尔兹曼常数;T 为绝对温度;C_1 为溶质在相 1 中的浓度,mol/L;C_2 为溶质在相 2 中的浓度,mol/L。

显然,ΔE 与被分配粒子的大小有关。粒子越大,暴露于外界的粒子数越多,与其周围相系统的作用力也越大。故 ΔE 可看作与粒子的表面积 A 或分子量 M 成正比,见式(15-3)和式(15-4)。

$$\frac{C_1}{C_2} = e^{\frac{\lambda A}{KT}} \qquad 式(15\text{-}3)$$

$$\frac{C_1}{C_2} = e^{\frac{\lambda M}{KT}} \qquad 式(15\text{-}4)$$

式中,λ 为表征粒子性能的参数(与表面积或分子量无关)。

如果粒子所带的净电荷为 Z,当两相间存在电位差 $U_1 - U_2$ 时,ΔE 中应包括电能项 $Z(U_1 - U_2)$,即有:

$$\frac{C_1}{C_2} = \exp \frac{\lambda_1 A + Z(U_1 - U_2)}{KT} \qquad 式(15\text{-}5)$$

式中,λ_1 为与粒子大小和净电荷无关而取决于其他性质的常数。

总之,双水相萃取的分配系数由多种因素决定,如粒子大小、疏水性、表面电荷、粒子或大分子的构象等。这些因素微小的变化即可导致双水相萃取的分配系数较大的变化,因此双水相萃取法有较好的选择性。

三、相图

2 种高聚物的水溶液,当它们以不同的比例混合时,可形成均相或两相,可用相图来表示,如图 15-2 所示。高聚物 P、Q 的浓度均以重量百分含量表示,相图右上部为两相区,左下部为均相区,两相与均相的分界线叫双节线。位于 A 点的系统实际上由位于 C、B 两点的两相所组成;同样,位于 A′ 点的系统由位于 C′、B′ 两点的两相所组成,BC 和 B′C′ 称为系线。当系线向下移动时,长度逐渐减小,这表明两相间的差别减小;当到达 K 点时,系线的长度为零,两相间的差别消失,K 点称为临界点。

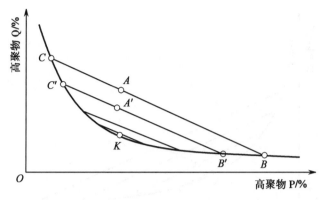

图 15-2 双水相系统相图

假设系统总量为 m_0，高聚物 P 在上、下相的含量分别为 m_t、m_b，则：

$$m_t + m_b = m_0 \qquad 式（15-6）$$

且

$$100m_t = V_t d_t C_t \qquad 式（15-7）$$

式中，V_t 为上相体积；d_t 为上相密度；C_t 为高聚物 P 在上相的浓度（W/W）。

对于下相同样有：

$$100m_b = V_b d_b C_b \qquad 式（15-8）$$

式中，下标 b 表示下相。设 C_0 为高聚物在系统中的总浓度（W/W），则由物料衡算可得：

$$100m_0 = (V_t d_t + V_b d_b) C_0 \qquad 式（15-9）$$

将式（15-7）、式（15-8）和式（15-9）代入式（15-6）得：

$$\frac{V_t d_t}{V_b d_b} = \frac{C_b - C_0}{C_0 - C_t} \qquad 式（15-10）$$

由图 15-2 可得：

$$\frac{C_b - C_0}{C_0 - C_t} = \frac{\overline{AB}}{\overline{AC}}$$

将上式代入式（15-10），得：

$$\frac{V_t d_t}{V_b d_b} = \frac{\overline{AB}}{\overline{AC}} \qquad 式（15-11）$$

双水相系统含水量高，上、下相密度（1.0~1.1）与水接近，因此，如果忽略上、下相的密度差，则由式（15-11）可知，相体积比可用系线上 AB 与 AC 间的距离之比来表示。

双水相系统的相图可以由实验来测定。将一定量的高聚物 P 的浓溶液置于试管内，然后用已知浓度的高聚物溶液 Q 来滴定。随着高聚物 Q 的加入，当试管内溶液突然由均相变混浊时，记录 Q 的滴定量。然后再往试管内加入 1ml 水，溶液恢复澄清，继续滴加高聚物 Q，溶液又变混浊，计算此时双水相系统的总组成。以此类推，由实验测定一系列双节线上的系统组成点，以高取物 P 浓度对高聚物 Q 浓度作图，即可得到双节线（图 15-3）。相图中的临界点是系统上、下相组成相同时由两相转变为均相的分界点。如果制作一系列系线，连接各系线的中点并延长到与双节线相交，该交点 K 即为临界点，见图 15-3。PEG- 磷酸盐系统的相图如图 15-4 所示。

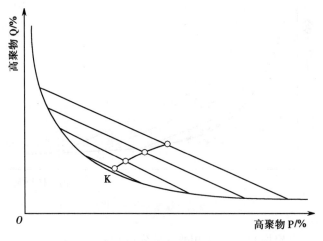

图 15-3　临界点测定图

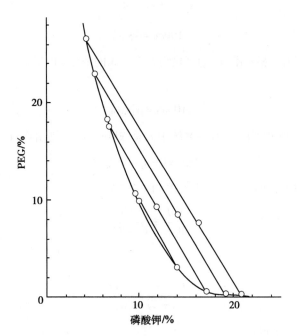

图 15-4　PEG-磷酸盐系统相图（PEG 6000）

第二节　双水相萃取理论

一、布朗运动和界面张力引起的粒子分配

双水相系统中,粒子的分配由 2 种相反的趋势所决定:一种是粒子的热运动,即布朗运动,它使粒子在整个相系统中均匀分配;另一种是作用于粒子的界面张力,它使粒子均匀分配,从而使系统的能量最低。界面自由能是粒子位置的函数。2 种表面性质相反的粒子,因趋向于不同的相而得到分离,而且粒子越大,分离越完全。可以证明,当界面张力符合下列关系时,粒子集中在两相界面上:

$$\left| \frac{\gamma_{p_1} - \gamma_{p_2}}{\gamma_{12}} \right| < 1 \qquad\qquad 式（15\text{-}12）$$

式中,γ_{p_1}、γ_{p_2}分别为粒子与上、下相间的界面张力;γ_{12}为上相与下相间的界面张力。

随着粒子半径的增大,界面吸附也逐渐增强,而且两相张力γ_{12}越大,界面吸附作用也越强。

二、分配系数与活度的关系

双水相系统达到平衡时,组分 i 在上、下两相的化学位应相等,即:

$$\mu_{i,1} = \mu_{i,2}$$ 式(15-13)

式中,下标 1、2 分别表示上、下相。如果两相取相同的标准化学势,则:

$$\mu_i^0 + RT\ln f_{i,1}C_{i,1} = \mu_i^0 + RT\ln f_{i,2}C_{i,2}$$ 式(15-14)

式中,C 为摩尔浓度;f 为活度系数。

整理可得:

$$\frac{C_{i,1}}{C_{i,2}} = \frac{f_{i,2}}{f_{i,1}} = K$$ 式(15-15)

式中,K 为分配系数。由式(15-15)可知,分配系数与物质在上、下相的活度系数成反比。

三、相系统的道南电位

按照道南效应(Donnan effect),双水相萃取体系中大分子或粒子在相界面上产生不均匀电荷从而使相两侧粒子浓度不同,使两水相间产生电位差,这种电位差被称为道南电位(Donnan potential)。

带电分子在两相间达到平衡时,组分 i 的电化学位相等。电化学位用下式表示:

$$\varphi_i = \mu_i + FZU$$

式中,F 为法拉第常数;Z 为分子所带的净电荷;U 为相电位。

因而当达到平衡时:

$$\mu_i^0 + RT\ln f_{i,1}C_{i,1} + FZ_iU_1 = \mu_i^0 + RT\ln f_{i,2}C_{i,2} + FZ_iU_2$$

整理得:

$$\ln K_i^* = \ln\frac{C_{i,1}}{C_{i,2}} = \ln\frac{f_{i,2}}{f_{i,1}} + \frac{FZ_i(U_2 - U_1)}{RT}$$

即:

$$\ln K_i^* = \ln K_i + \frac{FZ_i(U_2 - U_1)}{RT}$$ 式(15-16)

式中,K 为不存在相电位差时的分配系数;K^* 为有相电位差时的分配系数。

如果被分配的物质为盐 $A_{Z^-}B_{Z^+}$,它可解离成正离子 A^{z^+} 和负离子 B^{z^-}(Z^+、Z^- 均为正数)。对正离子 A^{z^+},按式(15-16)有:

$$\ln K_{A^{z^+}}^* = \ln K_{A^{z^+}} + \frac{FZ^+(U_2 - U_1)}{RT}$$ 式(15-17)

同样,对负离子 B^{z^-} 有:

$$\ln K_{B^{z^-}}^* = \ln K_{B^{z^-}} + \frac{FZ^-(U_2 - U_1)}{RT}$$ 式(15-18)

由于上、下两相均为电中性,所以:

$$Z^+ C_{A^{z^+},1} = Z^- C_{B^{z^-},1}$$

$$Z^+ C_{A^{z^+},2} = Z^- C_{B^{z^-},2}$$

即:

$$\frac{C_{A^{z^+},1}}{C_{A^{z^+},2}} = \frac{C_{B^{z^-},1}}{C_{B^{z^-},2}}$$

所以,A^{z^+}、B^{z^-} 和 $A_{Z^-}B_{Z^+}$ 三者的分配系数相等,并令其等于 K^*:

$$K_{A^{z^+}}^* = K_{B^{z^-}}^* = K_{A^{z^-}B^{z^+}}^* = K^* \tag{式（15-19）}$$

由式（15-17）、式（15-18）和式（15-19）得：

$$\ln K_{A^{z^-} \cdot B_{z^+}}^* = \frac{\ln\left[(K_{A^{z^+}})^{Z^-}(K_{B^{z^-}})^{Z^+}\right]}{Z^+ + Z^-} \tag{式（15-20）}$$

$$K_{A^{z^-} \cdot B_{z^+}}^* = \left[(K_{A^{z^+}})^{Z^-} \cdot (K_{B^{z^-}})^{Z^+}\right]^{1/(Z^+ + Z^-)} \tag{式（15-21）}$$

举例来说，如果盐为氯化钠，则：

$$K_{NaCl}^* = \left[K_{Na^+} \cdot K_{Cl^-}\right]^{1/2}$$

对 Na_2SO_4 来说：

$$K_{Na_2SO_4}^* = \left[K_{Na^+}^2 \cdot K_{SO_4^{2-}}\right]^{1/3}$$

对聚电解质 Na_zP 来说：

$$K_{Na_zP}^* = \left[K_{Na^+}^Z \cdot K_{P^{z^-}}\right]^{1/(Z^- + 1)}$$

第三节　影响双水相萃取的因素

双水相萃取受许多因素的制约，被分配的物质与各种相组分之间存在复杂的相互作用力，包括氢键、电荷力、范德华力、疏水作用和构象效应等。因此，构成相系统的高聚物分子量和化学性质、被分配物质的粒径和化学性质对双水相萃取都有直接的影响。被分配物质的粒子表面暴露在外，与相组分相互接触，因而它的分配行为主要依赖于其表面性质。盐离子在两相间具有不同的亲和力，由此形成的道南电位对带电分子或粒子的分配具有很大的影响。

影响双水相萃取的因素很多，很难找到一种统一的标准来设计分离实验或解释实验结果，但是这也意味着双水相萃取可用于很多产品的分离纯化。对影响萃取效果的不同参数可以分别进行研究，也可将各种参数综合考虑以获得满意的分离效果。

分配系数 K 的对数可分解成下列各项：

$$\ln K = \ln K^0 + \ln K_{el} + \ln K_{hfob} + \ln K_{biosp} + \ln K_{size} + \ln K_{conf} \tag{式（15-22）}$$

式中，el、hfob、biosp、size 和 conf 分别表示电化学位、疏水效应、生物亲和力、粒子大小和构象效应对分配系数的贡献，而 K^0 包括其他一些影响因素。另外，各种影响因素也相互联系，相互作用。下面以 PEG- 葡聚糖双水相系统为例，阐述一些影响双水相萃取的主要因素。

一、成相高聚物浓度——界面张力

一般来说，双水相萃取时，如果相系统组成位于临界点附近，则蛋白质等大分子的分配系数接近于 1。高聚物浓度增加，相系统组成偏离临界点，蛋白质的分配系数也偏离 1，即 $K>1$ 或 $K<1$。但也有例外情况，例如高聚物浓度增大，蛋白质等大分子的分配系数先增大，达到最大值后便逐渐降低，这说明在上、下相中 2 种高聚物的浓度对蛋白质的活度系数有不同的影响。

对于位于临界点附近的相系统，细胞粒子可完全分配于上相或下相，此时不存在界面吸附。高聚物浓度增大，界面吸附增强。例如接近临界点时，细胞粒子如位于上相，则当高聚物浓度增大时，细胞粒子向界面转移，也有可能完全转移到下相，这主要依赖于它们的表面性质。成相高聚物浓度增加时，两相界面张力也相应增大，膜泡囊分配系数的对数与界面张力几乎呈直线关系。

二、成相高聚物的分子量

高聚物的分子量对分配的影响符合下列一般原则：对于给定的相系统，如果一种高聚物被低分子量的同种高聚物所代替，将有利于被萃取的大分子物质如蛋白质、核酸、细胞粒子等在低分子量高聚物一侧分配。举例来说，PEG- 葡聚糖系统中，PEG 分子量降低或葡聚糖分子量增大，蛋白质分配系数将增大；相反，PEG 分子量增大或葡聚糖分子量降低，蛋白质分配系数则减小。也就是说，当成相高聚物浓度、盐浓度、温度等其他条件保持不变时，被分配的蛋白质易被相系统中的低分子量高聚物所吸引，而易被高分子量高聚物所排斥。这一原则适用于不同类型的高聚物相系统，也适用于不同类型的被萃取物质。

上述结论表明了分配系数变化的方向，但是分配系数的变化主要由被分配物质的分子量决定，小分子物质如氨基酸、小分子蛋白质的分配系数受高聚物分子量的影响并不像大分子蛋白质那样显著。

以葡聚糖 500（Mw 500 000）代替葡聚糖 40（Mw 40 000），即增大下相成相高聚物的分子量，被萃取的低分子量物质（如细胞色素 C）其分配系数的增大并不明显，而被萃取的高分子量物质（如过氧化氢酶），其分配系数可增大到原来的 6~7 倍。

选择相系统时，可通过改变成相高聚物的分子量以获得所需的分配系数，特别是当所采用的相系统离子组分必须恒定时，改变高聚物的分子量更加适用。根据这一原理，不同分子量的蛋白质也可以获得较好的分离效果。

三、电化学分配——盐类的影响

双水相萃取时，盐类对带电大分子的分配影响很大。例如 DNA 萃取时，离子组分微小的变化可使 DNA 从一相几乎完全转移到另一相。生物大分子的分配主要取决于离子的种类和各种离子之间的比例，而离子强度在此显得并不重要，这一点可以从离子在上、下相不均等分配时形成的电位来解释。表 15-4 列出了各种无机盐、酸和芳香化合物在 PEG- 葡聚糖双水相系统中的分配系数。

表 15-4　各种无机盐、酸和芳香化合物的分配系数[1]

化合物	浓度 /(mol/L)	K	化合物	浓度 /(mol/L)	K
LiCl	0.10	1.05	K_2SO_4	0.05	0.84
LiBr	0.10	1.07	H_3PO_4	0.06	1.10
LiI	0.10	1.11	NaH_2PO_4	混合物，每种	0.96
			Na_2HPO_4	含 0.03	0.74
NaCl	0.10	0.99	Na_3PO_4	0.06	0.72
NaBr	0.10	1.01	枸橼酸	0.10	1.44
NaI	0.10	1.05	枸橼酸钠	0.10	0.81
KCl	0.10	0.98	草酸	0.10	1.13
KBr	0.10	1.00	草酸钾	0.10	0.85
KI	0.10	1.04	吡啶[2]		0.92
Li_2SO_4	0.05	0.95	苯酚[2]		1.34
Na_2SO_4	0.05	0.88			

注：①PEG- 葡聚糖系统（7% 葡聚糖 500，7% PEG 4000，W/W）；②0.025mol/L 磷酸盐（钠盐）缓冲液，pH6.9。

很明显,各种无机盐的分配系数存在着微小的差异,正是这种微小的不均等分配产生了相间电位。对某种盐来说,离子所带的电荷为 Z^+ 和 Z^-,界面电位 $U_2 - U_1$ 可用下式表示:

$$U_2 - U_1 = \frac{RT}{(Z^+ + Z^-)F} \ln \frac{K_-}{K_+} \qquad 式（15-23）$$

式中,R 为气体常数;F 为法拉第常数;T 为绝对温度;K_+、K_- 分别为没有相间电位存在时正、负离子的分配系数。

由式（15-23）可知,K_-/K_+ 越大,界面电位越大。也就是说,某种盐解离出来的 2 种离子在两相间的亲和力差别越大,界面电位差也越大。

荷电蛋白质的分配系数可用下式表示:

$$\ln K_p = \ln K_p^0 + \frac{FZ}{RT}(U_2 - U_1) \qquad 式（15-24）$$

式中,K_p 为蛋白质分配系数;K_p^0 为界面电位为零或蛋白质所带的净电荷为零时的分配系数。

对大多数蛋白质来说,由于 Z 值较大,所以相间电位差 U_2-U_1 对 K_p 的影响十分显著,K_p 与 Z 呈指数关系。如图 15-5 中所示的血清白蛋白于不同 pH 在 4 种相系统中的分配系数,这些相系统由于含不同的盐,因而具有不同的界面电位。盐离子对双水相萃取的影响适用于所有带电大分子和带电细胞粒子。

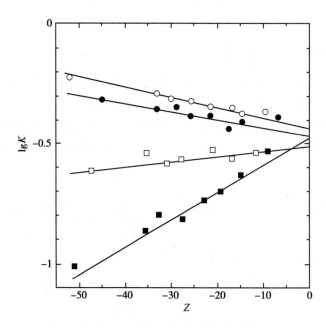

图 15-5　分配系数与蛋白质所带净电荷的关系

值得一提的是,界面电位几乎与离子强度无关,而且在含一定的盐时,离子浓度在 0.005~0.1mol/L 范围,蛋白质的分配系数受离子强度的影响很小。也就是说,对含一定的盐的相系统来说,蛋白质的有效净电荷与离子强度无关。

四、生物亲和分配

成相高聚物偶联生物亲和配基后,它对生物大分子的分配系数影响很显著。图 15-6 表示 Cibachrome-PEG 对磷酸果糖激酶分配系数的影响。磷酸果糖激酶含有 16 个结合位点,根据上述推断,在过量的 Cibachrome-PEG 存在下 lgK 应增大 16 倍,事实上 lgK 只增大 3 倍。从理论上来说,这是由于酶表面暴露出的结合位点并非相互独立,含配基的高聚物与酶结合后可以阻止它与其他位点的进一步结合,而且复合物在上、下相的解离常数也并非完全相同,同时蛋白质与亲和配基结合后与相的接触表面也会减小,所有这些因素都会导致 K 值减小。此外,成相高聚物 Cibachrome-PEG 自身的聚合作用也会降低亲和分配的效果。但不管怎样,生物亲和分配为双水相萃取提供了一种快速、有效、选择性高且易于放大的选择途径。

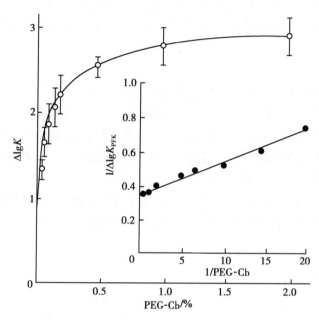

图 15-6　$\Delta\lg K$ 与 PEG-Cb 含量的关系

1977 年 Albertsson 用棕榈酸基共价结合聚乙二醇后,血清蛋白被提到上相,而其他血清蛋白留在下相葡聚糖中。Shanbhag 和 Axelsson 于 1975 年研究了 4 种蛋白质,用脂肪酸共价结合聚乙二醇后对分配系数的影响见图 15-7。

由图 15-7 可看出,至少要含 8 个碳原子的脂肪酸与聚乙二醇结合才可显著提高血清蛋白的分配系数,其中人血清白蛋白和 β- 乳酸球蛋白 2 种生物大分子的分配系数变化尤为显著。

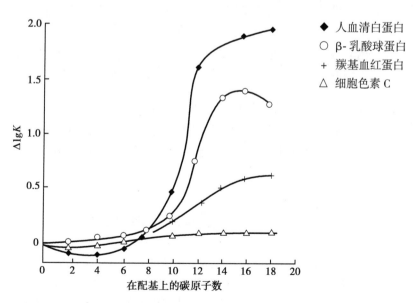

◆ 人血清白蛋白
○ β- 乳酸球蛋白
+ 羰基血红蛋白
△ 细胞色素 C

图 15-7　带有脂肪酸结合的聚二乙醇对几种蛋白质分配系数的影响
注:系统为 7% 葡聚糖 500,7% 聚乙二醇 8 000,0.1mol/L 硫酸钾,2mmol/L 磷酸钾;pH7.0。

五、疏水效应

选择适当的盐组成双水相系统,相系统的电位差可以消失。排除了电化学效应后,决定分配系数的其他因素如粒子的表面疏水性能即可占主要地位。成相高聚物的末端偶联上疏水性基团后,疏水效应会更加明显,此时如果被分配的蛋白质具有疏水性的表面,则它的分配系数会发生改变。可以利用这种疏水亲和分配来研究蛋白质和细胞粒子的疏水性质,也可用于分离具有不同疏水性能的分子或粒子。

六、温度及其他因素

温度在双水相分配中是一个重要的参数,但是温度的影响是间接的,它主要影响相的高聚物组成,只有当相系统组成位于临界点附近时,温度对分配系数才具有较明显的作用。界面电位为零时,蛋白质分配系数与其所带的净电荷无关,即 K 与 pH 无关。但也有例外情况,血清白蛋白在 pH 较低时其构象要随 pH 而变化,溶菌酶分子可形成二聚体,因而这些蛋白质的 K^0 随 pH 而变化,所以可以选择零电位相系统来研究它们的构象变化。

pH 对酶的分配系数也有很大影响,特别是在系统中含有磷酸盐时,如图 15-8 所示。由于 pH 的变化会影响磷酸盐是以一氢化物磷酸盐还是二氢化物磷酸盐存在,而一氢化物磷酸盐对界面电位有明显的影响。

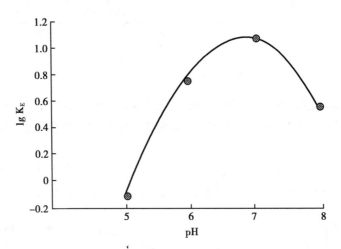

图 15-8   pH 对从乳酸杆菌细胞碎片中分离 L- 羟异癸酸酯脱氢酶的影响
注:相系统,18% 聚乙二醇 8 000,7% 磷酸钾,20% 生物体。

葡聚糖、Ficoll、淀粉、纤维素等高聚物具有光学活性,它们应该可以辨别分子的 D、L 型。因此,对映体分子在上述高聚物相系统中具有不同的分配特征。同样,一种蛋白质对 D 或 L 型能选择性地结合而富集于一相中,可将此用于手性分配。例如在含血清白蛋白的相系统中,D、L 型色氨酸可获得分离。

第四节   双水相萃取技术的应用

双水相萃取技术可应用于蛋白质、酶、核酸、人生长激素、干扰素等的分离纯化,它将传统的离心、沉淀等液 - 固分离转化为液 - 液分离,工业化的高效液 - 液分离设备为此奠定了基础。双水相系统平衡时间短,含水量高,界面张力弱,为生物活性物质提供了温和的分离环境。双水相萃取操作简便、经济省时、易于放大。据报道,系统可从 10ml 直接放大到 $1m^3$ 规模(10^5 倍),而各种试验参数均可按比例放大,产物收率并不降低。这种易于放大的优点在工程中是罕见的。

双水相萃取时,如果被萃取物质的分配系数较大,一步萃取即可满足需要。当被萃取物质的分配系数较小时,根据物质的稳定性,可进行多步萃取或分级萃取。分配系数分别为 K_1、K_2 的 2 种物质,K_1/K_2 越大,分离效率越高。若以 G 表示被萃取物质在上、下相的含量之比,则:

$$G = \frac{C_t V_t}{C_b V_b}$$

即

$$G = K \frac{V_t}{V_b} \qquad\qquad 式(15\text{-}25)$$

式(15-25)表明,除分配系数 K 外,相体积比也影响物质的分离效果。

一、双水相分配进行粒子浓缩

在生物工程领域中,活性物质一般以稀溶液的形式存在,在进行分离纯化时,首先要进行浓缩,双水相萃取可满足这一要求。如果含粒子悬浮液的初始体积为 V_0,粒子浓度为 C_0,加入 2 种成相高聚物溶液,其总量为 V,经混合和分相后,产物集中于下相,其体积为 V_b,由此上相体积为:

$$V_t = V_0 + V - V_b \qquad\qquad 式(15\text{-}26)$$

见图 15-9。并有:

$$V_t C_t + V_b C_b = V_0 C_0 \qquad\qquad 式(15\text{-}27)$$

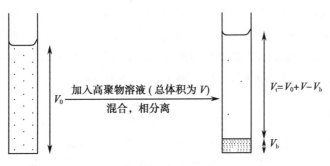

图 15-9　利用双水相分配进行粒子浓缩

产物浓缩效果以浓缩因子 α 表示,即:

$$\alpha = \frac{C_b}{C_0} \qquad\qquad 式(15\text{-}28)$$

由式(15-27)和式(15-28)可得:

$$\alpha = \frac{V_0}{V_b\left(1 + \frac{V_t}{V_b}K\right)} \qquad\qquad 式(15\text{-}29)$$

式中,K 为粒子的分配系数;α 值越大,浓缩效果越好。

浓缩收率 y 为:

$$y = 100 \times \frac{C_b V_b}{C_0 V_0}$$

或者

$$y = 100 \times \alpha \frac{V_b}{V_0}$$

$$y = \frac{100}{1 + \frac{V_t}{V_b}K} \qquad\qquad 式(15\text{-}30)$$

由式(15-29)和式(15-30)可见,当相比 V_t/V_b 保持不变时,产物的分配系数 K 减小,浓缩因子和浓缩收率都增大。但是,当 K、V_0 和 V 一定时,V_b 减小,则收率 y 也减小(式 15-30),而浓缩因子 α 却增大(式 15-29)。所以选择 V_b 值时,必须取折中值。

上述公式适用于将粒子浓缩到下相,如粒子浓缩到上相,则可将 V_b 与 V_t 互换,并以 $1/K$ 代替 K,

上述公式仍适用。

二、双水相系统萃取胞内酶

双水相系统萃取胞内酶时，PEG-葡聚糖系统特别适用于从细胞匀浆液中除去核酸和细胞碎片。系统中加入 0.1mol/L 氯化钠可使核酸和细胞碎片转移到下相（葡聚糖相），产物酶位于上相，分配系数为 0.1~1.0。选择适当的盐组分，经一步或多步萃取，即可获得满意的分离效果。如果氯化钠的浓度增大到 2~5mol/L，几乎所有的蛋白质、酶都转移到上相，下相富含核酸。将上相收集后透析，加入 PEG-硫酸铵双水相系统中进行第二次萃取，产物酶位于下相（硫酸铵相），进一步纯化即可获得所需的产品。

在 PEG-葡聚糖双水相系统中，离子组分的变化可使不同的核酸从一相转移到另一相，核酸的萃取也符合一般的大分子分配规律。例如单链和双链 DNA 具有不同的分配系数 K，经一步或多步萃取可获得分离纯化。据报道，环状质粒 DNA 可从澄清的大肠埃希菌酶解液中分离出来。

如采用 18% PEG 1 550、7% 磷酸钾系统处理 20% 湿细胞碎片时，细胞碎片能全部转入下相，这对处理面包酵母、蜡状芽孢杆菌（*Bacillus cereus*），大肠埃希菌（*Escherichia coli*）和乳酸杆菌（*Lactobacillus* sp.）等微生物都适用。分配在上相中的蛋白质可通过加入适量的盐（也可同时加入少量的 PEG）进行第二步双水相萃取，第二步萃取的目的是除去核酸和多糖，它们的亲水性较强，易分配在盐相中，而蛋白质就会留在 PEG 相中。第三步萃取中，应使蛋白质分配在盐相（例如调节 pH），使其和主体 PEG 分离。色素由于其疏水性，通常分配在上相。主体 PEG 可循环使用，而盐相的蛋白质可用超滤法去除残余的 PEG，以提高产品的纯度。图 15-10 则为胞内酶连续萃取流程，用碟片式离心机分离。典型的三步双水相萃取胞内蛋白（酶）的流程见图 15-11。

三、双水相酶法

Anderson 等从 *Escherichia coli* 中获取的青霉素酰胺酶，用双水相酶法裂解青霉素提取 6-氨基青霉烷酸（6-APA）。双水相酶法系统由 8.9% PEG 20 000 和 7.6% 磷酸氢二钾组成，在 pH 7.8 的条件下反应，青霉素酰胺酶都分布在下层，酶的分配系数 <0.01。在反应过程中不断有苯乙酸生成，所以要连续滴加 7.5mol/L NaOH 溶液，调节维持 pH 7.8，一方面可以保持酶活性，另一方面磷酸氢二钾比磷酸氢二钠的相组成成分更强。

酶分布在下层，可减少因滴加碱而造成的酶活降低，双水相中的酶可重复使用多次。缺点是在高浓度的磷酸盐中酶的活性会受到一些抑制，还有产物在两相中的分配系数几乎相同，如果是分批萃取，有部分酶解产物就会存留在含酶相中，分离不完全。如果能把产物提出到另一相，用连续萃取法就可提高收率。

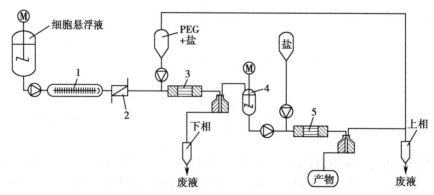

1—玻璃球磨机；2—热交换器；3、5—静态混合器；4—容器。

图 15-10　用双水相萃取法连续萃取胞内酶流程图

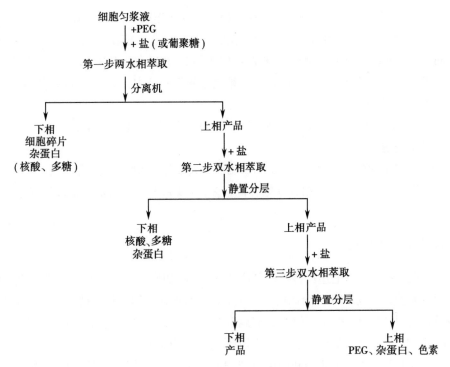

图 15-11　胞内蛋白的三步双水相萃取流程图

四、双水相萃取干扰素的工业规模实例

Menge 等人报道了用双水相萃取法分离纯化干扰素的工业规模实例。适用于提取干扰素的双水相系统很多,如果在成相高聚物 PEG 上共价结合某种配基,则大大提高纯化干扰素的收率和浓缩倍数。如用一般的 PEG-葡聚糖体系,不能将干扰素 β 与杂蛋白分开。Menge 等采用 PEG-磷酸酯与磷酸盐组成的双水相系统来萃取干扰素 β,则杂蛋白完全被分配在下相而分离,并发现分配系数受很多因素影响,如成相组分的浓度、加入的无机盐(氯化钠)量、样品加量和上、下相体积比等。在 PEG-磷酸酯、磷酸盐和氯化钠三者之比为 2%∶19%∶7.5%(*W/W/V*),pH 5.0~5.9 的相系统中,上相中的干扰素可纯化 350 倍以上,收率为 74%~100%,比活达(3~7)× 10^6U/mg。

第五节　双水相萃取技术的发展

双水相萃取技术不但可以进行生物大分子的分离和提取,而且在分离细胞碎片和胞内产物方面显示了可取代高速离心和膜分离技术的潜力,但在纯化生物大分子时与一般色谱法相比,分离度及纯化倍数不高,这也是双水相萃取技术需要改进的地方。经过前人多年的研究,已在双水相萃取技术的基础上又形成了双水相亲和分配、双水相萃取同膜分离技术结合以及液体离子交换剂等。

一、廉价双水相系统的开发

第一节中已经介绍了双水相系统有高聚物-高聚物和高聚物-低分子量化合物 2 种体系,这 2 种体系的比较见表 15-5。

表 15-5　2 种双水相系统的比较

体系	优点	缺点
高聚物(PEG)-高聚物(葡聚糖)	盐浓度低,活性损失小	价格贵,黏度大,分相困难
高聚物(PEG)-低分子量化合物	成本低,黏度小	盐浓度高,活性损失大,界面吸附多

从表 15-5 可见,高聚物 - 高聚物体系对活性物质的变性作用小,界面吸附少,但价格高,因而寻找廉价的高聚物 - 高聚物双水相系统是一个重要的发展方向。目前比较成功的是用变性淀粉 PPT（hydroxypropyl derivative of starch）代替昂贵的葡聚糖。PPT-PEG 体系比 PEG- 盐体系稳定,PPT-PEG 体系和 PEG- 葡聚糖体系的相图非常相似,现已被用于从发酵液中分离 β- 半乳糖苷酶、过氧化氢酶等。该体系具有以下优点。

（1）蛋白质溶解度大:蛋白质在 PPT 浓度 <15% 时没有沉淀,但在 PEG 浓度 >5% 时溶解度显著减小,在盐溶液中的溶解度更小。

（2）黏度小:PPT 的黏度是粗葡聚糖的 1/2,因而大大改善相系统传质效果。

（3）价格便宜:PPT 的价格比粗葡聚糖要低很多,所以 PPT-PEG 双水相系统具有更广阔的应用前景。

二、双水相亲和分配

亲和色谱是在分离介质上连接特殊的基团或化合物（如底物、抑制剂、抗体等）,使其具有很高的选择性,从而提高对目标产物的分离度及纯化倍数。双水相亲和分配法是由 Flanagan 和 Barondes 建立的,它是在双水相分流中的高聚物上连接特殊的基因或化合物,从而形成新的分配系统,即在 PEG 或葡聚糖上接上一定的亲和配基,这样不但使体系具有双水相处理量大的特点,而且具有亲和色谱专一性强的优点。从双水相亲和分配与亲和色谱在分离葡萄糖 -6- 磷酸脱氢酶时的结果对比（表 15-6）中可以看出,无论在处理量上还是在收率上,双水相亲和分配比亲和色谱的效果要好。

表 15-6　双水相亲和分配与亲和色谱的比较

亲和配基	双水相亲和分配			亲和色谱		
	处理量 /（U/ml）	染料浓度 /（μmol/ml）	收率 /%	处理量 /（U/ml）	染料浓度 /（μmol/ml）	收率 /%
Cibacron-Blue3GA	120	20~24	90	20	2	60
Procion-RedHE-3B	100	12~15	95	35	4	85

近年来,这方面的研究进展很快,仅在 PEG 上可接的配基就有十多种,分离纯化的物质达几十种,产物的分配系数成倍提高,并且取得了一定的成果。

从近些年的国外研究可以看出,人们正寻找新的配基来提高分离效果,此法既可应用于发酵液预处理,又可作为进一步分离纯化的手段。

三、液体离子交换剂

液体离子交换剂（liquid ion exchanger）是在组成双水相萃取的高聚物上连接离子交换基团,形成可溶于水的离子交换剂。通常未与高聚物连接的离子交换剂是不溶于水和有机溶剂的,这样在进行双水相萃取时就同时存在 2 种作用——分配作用及交换作用。如 PEG-6000-N$(CH_3)_3^+$、PEG-6000-$(H_2PO_4)_4$ 等。

液体离子交换法应用于生物大分子的分离纯化有很多成功的例子。用 PEG-6000-$(H_2PO_4)_4$ 来分离纯化干扰素时,干扰素的分配系数可高达 170,而杂蛋白的分配系数只有 0.04。β 值为 4 250,这是一般方法所不能达到的。

思 考 题

1. 掌握下列基本概念：双水相萃取法、布朗运动、界面张力、道南电位、生物亲和分配、疏水效应、双水相亲和分配、液体离子交换剂。

2. 双水相萃取的基本概念是什么？

3. 双水相萃取的基本理论有哪些？

4. 双水相萃取的分配系统与哪些决定因素有关？

5. 分配系数与活度的关系有哪些特点？

6. 影响双水相萃取的因素有哪些？

7. 双水相萃取技术的应用有哪些？并举例说明。

8. 试简述双水相萃取法分离纯化干扰素的工业规模实例。

9. 为什么说寻找廉价的高聚物 - 高聚物双水相系统是一个重要的发展方向？

10. 双水相亲和分配与亲和色谱有什么不同效果？

第十五章
目标测试

（生举正）

第十六章

离子交换法

第十六章
教学课件

学习目标

1. **掌握** 离子交换法的原理；离子交换树脂的分类及特点。
2. **熟悉** 离子交换法的基本过程及影响选择性、交换速度的因素。
3. **了解** 离子交换法的发展趋势及其在制药工艺中的应用。

离子交换法（树脂法）是应用合成的离子交换树脂作为吸着剂,将溶液中的物质依靠库仑力吸着在树脂上,然后用合适的洗脱剂将吸着物从树脂上洗脱下来,达到分离、浓缩、提纯的目的。离子交换树脂一般是含有可解离成离子基团的固态物质,一般分为无机离子交换树脂和有机离子交换树脂。

离子交换法的特点是树脂无毒性且可反复再生使用,可少用或不用有机溶剂,因而具有设备简单、操作方便、劳动条件较好等优点,成为提取抗生素类药物的主要方法之一,已在多种抗生素的生产中使用。但离子交换法亦有生产周期长、一次性投资大、产品质量有时稍差,以及不适用于稳定性差的抗生素等缺点。此外,在生产运行中,有些树脂较快破碎或衰退,导致工艺效果下降,所有这些均应在采用离子交换法时注意。所以在小试成功后,再进行中试验证是必要的。

离子交换法还广泛应用于脱色、转盐、去盐以及制备软水、无盐水等。随着新树脂的出现、应用技术的进步,离子交换法已广泛渗透到水处理、金属冶炼、原子能科学技术、海洋资源开发、化工生产、糖类精制、食品加工、医药卫生、分析化学及环境保护等领域中。

第一节　离子交换树脂的基本概念

离子交换体系是由离子交换树脂和与之接触的溶液组成的。离子交换树脂是一种具有网状立体结构、含有高分子活性基团而能与溶液中的其他物质进行交换或吸着的聚合物,其高分子活性基团一般是多元酸或多元碱。因此,从电化学的观点来看,离子交换树脂是一种不溶性的多价电介质。离子交换树脂的单元结构由 3 部分组成:交联的具有三维空间立体结构的网络骨架（通常用 R 表示）、连接在骨架上的功能基［活性基,如$-SO_3^-$、$-N(CH_3)_3^+$］以及和活性基所带的电荷相反的活性离子（即可交换离子,如 H^+、OH^-）。惰性不溶的网络骨架和活性基是连成一体的,不能自由移动。活性离子则可以在网络骨架和溶液间自由迁移。当树脂处在溶液中时,其上的活性离子可以与溶液中的同性离子按与树脂功能基的化学亲和力的不同产生交换过程,这种交换是等当量进行的。高分子活性基团是决定离子交换树脂主要性能的因素。如果活性基释放的活性离子是阳离子,这种离子交换树脂能和溶液中的其他阳离子发生交换,就称为阳离子交换树脂;如果活性基释放的活性离子是阴离子,则这种离子交换树脂能和溶液中的其他阴离子发生交换,就称为阴离子交换树脂。离子交换树脂的构造模型和交换过程示意图见图 16-1 和图 16-2。

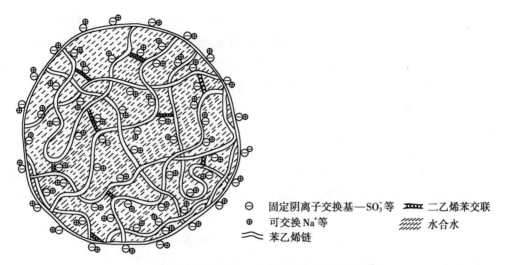

图 16-1 聚苯乙烯型离子交换树脂构造模型示意图

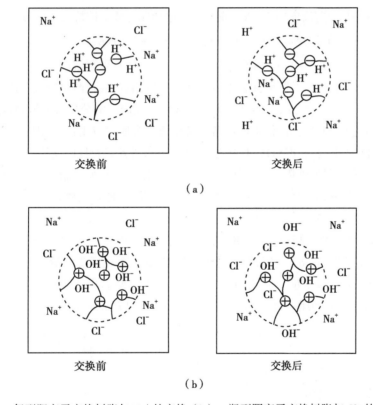

（a）—氢型阳离子交换树脂与 Na⁺ 的交换；（b）—羟型阴离子交换树脂与 Cl⁻ 的交换。

图 16-2 离子交换树脂的交换过程示意图

第二节 离子交换树脂的分类、命名及理化性能

一、分类

离子交换树脂有多种分类方法，主要有 4 种。第一种系按树脂骨架的主要成分分类，如聚苯乙烯型树脂（001×7）、聚丙烯酸型树脂（110×4）、环氧氯丙烷型多烯多胺型树脂（330）、酚-醛型树脂（122）等；第二种系按聚合的化学反应分为共聚型树脂（001×7）和缩聚型树脂（122）；第三种系按

骨架的物理结构分类,可分为凝胶型离子交换树脂(201×7)亦称微孔树脂、大网格树脂(D201)亦称"大孔离子交换树脂",以及均孔树脂(亦称等孔树脂,如 Zeolite P 型分子筛);第四种系按活性基团分类,分为含酸性基团的阳离子交换树脂和含碱性基团的阴离子交换树脂,由于活性基团的电离程度强弱不同又可分为强酸性和弱酸性阳离子交换树脂及强碱性和弱碱性阴离子交换树脂。此外还有含其他功能基团的整合树脂、氧化还原树脂以及两性离子交换树脂等。下面按第四种分类方法讨论各种树脂的功能。

（一）强酸性阳离子交换树脂

这类树脂的活性基团有磺酸基团($-SO_3H$)和次甲基磺酸基团($-CH_2SO_3H$)。它们都是强酸性基团,其电离程度大而不受溶液 pH 变化的影响,在 pH1~14 均能进行离子交换反应。以 001×7 树脂为例,其交换反应有:

中和：
$$RSO_3^-H^+ + Na^+OH^- \longrightarrow R-SO_3^-Na^+ + H_2O$$
式（16-1）

中性盐分解：
$$RSO_3^-H^+ + Na^+Cl^- \rightleftharpoons R-SO_3^-Na^+ + H^+Cl^-$$
式（16-2）

复分解：
$$RSO_3^-Na^+ + K^+Cl^- \rightleftharpoons R-SO_3^-K^+ + Na^+Cl^-$$
式（16-3）

应用式（16-3）的复分解反应原理,可将青霉素钾盐转成青霉素钠盐,其反应式如下:

$$RSO_3^-Na^+ + Pen^-K^+ \longrightarrow R-SO_3^-K^+ + Pen^-Na^+$$
　　　　（青霉素钾盐）　　　　　　　（青霉素钠盐）
式（16-4）

强酸性树脂与 H^+ 的结合力弱,因此再生成氢型时比较困难,故耗酸量较大。比较重要的强酸性阳离子交换树脂有 1×4、1×7 和 1×14 等(第一位数字代表产品的分类,乘号后数字代表交联度的差异)。除大量用于水处理外,强酸性树脂在各类抗生素的提取中应用较多,用于链霉素、卡那霉素、庆大霉素、巴龙霉素、新霉素、春雷霉素、利维霉素、去甲万古霉素以及杆菌肽等的提取。

此外,还有一种介于强酸性阳离子交换树脂和弱酸性阳离子交换树脂之间的中间酸性阳离子交换树脂,即含磷酸基团[$-PO(OH)_2$]和次磷酸基团[$-PHO(OH)$]的树脂。

（二）弱酸性阳离子交换树脂

这类树脂的活性基团有羧基($-COOH$)、氧乙酸基($-OCH_2COOH$)、酚羟基($-C_6H_4OH$)及 β-双酮基($-COCH_2COCH_3$)等。它们都是弱酸性基团,其电离程度受溶液 pH 的变化影响很大,在酸性溶液中几乎不发生交换反应,其交换能力随溶液 pH 的下降而降低,随 pH 的升高而增强。以国产 101×4 羧酸阳离子交换树脂为例,其交换容量与溶液 pH 的关系如表 16-1。

表 16-1　国产 101×4 羧酸阳离子交换树脂的交换容量与溶液 pH 的关系

pH	5	6	7	8	9
重量交换容量/*（meq/g）	0.8	2.5	8.0	9.0	9.0

注：* 当量浓度 =mol/L× 离子价数。

因此羧酸阳离子交换树脂必须在 pH>7 的溶液中才能正常工作,对酸性更弱的酚羟基树脂,则应在 pH>9 的溶液中才能进行反应。

弱酸性阳离子交换树脂仅能起中和反应和复分解反应。

中和：
$$RCOO^-H^+ + Na^+OH^- \rightleftharpoons RCOO^-Na^+ + H_2O$$
式（16-5）

$RCOO^-Na^+$ 在水中不稳定,遇水易水解成 $RCOO^-H^+$,同时产生 NaOH,故钠型羧酸树脂不易洗涤到中性,一般洗至出口 pH 9.0~9.5 即可,洗水量也不宜过多。

复分解：
$$RCOO^-Na^+ + K^+Cl^- \rightleftharpoons RCOO^-K^+ + Na^+Cl^-$$
式（16-6）

110-Na 型树脂提取链霉素即应用式（16-6）的复分解原理:

$$R(COO^-Na^+)_3 + Str \cdot 3H^+Cl^- \longrightarrow R(COO^-)_3Str3H^+ + 3Na^+Cl^-$$
式（16-7）

和强酸性阳离子交换树脂的交换性质相反，H^+ 和弱酸性阳离子交换树脂的结合力很强，故易再生成氢型，耗酸量亦少。在抗生素工业中常用的这类树脂有提取链霉素、柔红霉素的 110 树脂，提取博来霉素和用于链霉素脱色的 122 树脂。

（三）强碱性阴离子交换树脂

这类树脂的活性基是季铵基团，有三甲胺基团 $[RN^+(CH_3)_3OH^-]$（Ⅰ型）和二甲基 -β- 羟基乙基胺基团 $[RN^+(CH_3)_2(C_2H_2OH)OH^-]$（Ⅱ型）。和强酸性阳离子交换树脂相似，其活性基团的电离程度较强，不受溶液 pH 变化的影响，在 pH1~14 范围均可使用。其交换反应有：

中和：
$$R-N^+(CH_3)_3OH^- + H^+Cl^- \longrightarrow R-N^+(CH_3)_3Cl^- + H_2O \qquad 式（16-8）$$

中性盐分解：
$$RN^+(CH_3)_3OH + Na^+Cl^- \rightleftharpoons RN^+(CH_3)_3Cl^- + NaOH \qquad 式（16-9）$$

复分解：
$$RN^+(CH_3)_3Cl + Na_2^+SO_4^{2-} \rightleftharpoons R[N^+(CH_3)_3]_2SO_4^{2-} + 2Na^+Cl^- \qquad 式（16-10）$$

这类树脂成氯型时较羟型稳定、耐热性亦较好，因此商品大多以氯型出售。Ⅰ型树脂的热稳定性、抗氧化性、机械程度、使用寿命均好于Ⅱ型树脂，但再生较难。Ⅱ型树脂抗有机污染好于Ⅰ型，Ⅱ型树脂的碱性亦弱于Ⅰ型。由于 OH^- 和强碱性阴离子交换树脂的结合力较弱，再生剂 NaOH 的用量较大。这类树脂主要用于制备无盐水（除去 SiO_2、CO_3^{2-} 等弱酸根）。抗生素生产常用的有 201×4（711），应用于卡那霉素、巴龙霉素、新霉素的精制。

（四）弱碱性阴离子交换树脂

这类树脂的活性基团有伯胺（—NH_2）、仲胺（—NHR）、叔胺 $[—N(R')_2]$ 以及吡啶（C_5H_5N）等基团。基团的电离程度弱，和弱酸性阳离子交换树脂一样交换能力受溶液 pH 的变化影响很大，pH 越低，交换能力越高，反之则低，故在 pH<7 的溶液中使用。其交换反应有：

中和：
$$RN^+H_3OH^- + H^+Cl^- \rightleftharpoons RN^+H_3Cl^- + H_2O \qquad 式（16-11）$$

复分解：
$$R(N^+H_3Cl^-)_2 + Na_2^+SO_4^{2-} \rightleftharpoons R(N^+H_3)_2SO_4^{2-} + 2NaCl \qquad 式（16-12）$$

羟型伯胺树脂还可与—CHO 发生缩合反应：
$$RN^+H_3OH^- + R'CHO \longrightarrow RNH=CR' + H_2O \qquad 式（16-13）$$

应用缩合反应纯化链霉素具有重要意义。

和弱酸性阳离子交换树脂相似，弱碱性阴离子交换树脂生成的盐 $RN^+H_3Cl^-$ 易水解成 $RN^+H_3OH^-$，亦说明 OH^- 结合力很强，故用 NaOH 再生成羟型较容易，耗碱量亦少，甚至可用 Na_2CO_3 再生。常用的弱碱性阴离子交换树脂有吸着头孢菌素 C 及精制博来霉素、多黏菌素 E、链霉素的 330（301）树脂。

以上 4 种类型的树脂性能比较见表 16-2。

表 16-2　4 类树脂的性能比较

性能	阳离子交换树脂		阴离子交换树脂	
	强酸性	弱酸性	强碱性	弱碱性
活性基团	磺酸	羧酸	季铵	伯胺、仲胺、叔胺
pH 对交换能力的影响	无	在酸性溶液中的交换能力很小	无	在碱性溶液中的交换能力很小
盐的稳定性	稳定	洗涤时水解	稳定	洗涤时水解
再生剂用量*	用 3~5 倍的再生剂	用 1.5~2 倍的再生剂	用 3~5 倍的再生剂	用 1.5~2 倍的再生剂，可用碳酸钠或氨水
交换速度	快	慢（除非离子化）	快	慢（除非离子化）

注：*再生剂用量是指该树脂交换容量的倍数。

离子交换树脂活性基团的解离程度强弱即电离常数（pK）不同，引发该树脂酸碱性的有强弱之分。因此，活性基团的 pK 能直接表征树脂的酸碱性的强弱程度。对阳离子交换树脂来说，pK 越小，酸性越强；反之，对阴离子交换树脂来说，pK 越大，碱性越强。表 16-3 是几种常用树脂活性基团的 pK。

表 16-3　常用树脂活性基团的电离常数（pK）

阳离子交换树脂		阴离子交换树脂	
活性基团	pK	活性基团	pK
—SO$_3$H	<1	N（CH$_3$）$_2$（C$_2$H$_4$OH）OH	12~13
—PO（OH）$_2$	pK$_1$ 2~3 pK$_2$ 7~8	—N（C$_6$H$_5$N）OH	11~12
—COOH	4~6	—NHR、—NR$_2$	9~11
—C$_6$H$_4$OH	9~10	—NH$_2$	7~9
N（CH$_3$）$_3$OH	>13	—C$_6$H$_4$NH$_2$	5~6

此外，某些特定离子交换树脂中可含有 2 种及 2 种以上的酸性或碱性基团。如在阳离子交换树脂中，兼含有磺酸基和羧酸基的有 KBU-1、Imac C-19 树脂；兼含有磺酸基和酚羟基的有 FK-Katex 树脂；兼含有磺酸基、酚羟基和羧酸基的有 Gamranityl EPC 树脂；兼含有羧酸基和酚羟基的有弱酸性 122 树脂。阴离子交换树脂中的 330 除含伯胺基、仲胺基、叔胺基外，亦含少量季基团。

此外，还有一些特殊结构的树脂，如两性离子交换树脂、等孔树脂和螯合树脂等，分别应用于某些场合。

1. 两性离子交换树脂（包括热再生树脂、蛇笼树脂）　同时含有酸、碱 2 种基团的树脂叫两性离子交换树脂，有强碱 - 弱酸和弱碱 - 弱酸 2 种类型，其相反电荷的活性基团可以在同一分子链上，亦可以在两条互相接近的大分子链上。

有学者研究得出结论：弱酸 - 弱碱合体的两性离子交换树脂在室温下能吸着氯化钠等盐类。在 70~80℃时盐型树脂的分解反应达到初步脱盐而不用酸碱再生剂的这种树脂叫热再生离子交换树脂，主要用于苦咸水的淡化及废水的处理，商品有 Sirolite TR-10、Sirolite TR-20、Amberlite XD-2、Amberlite XD-4、Amberlite XD-5。其反应式如下：

$$RCOOH + R'NR''_2 + NaCl \underset{70~80℃}{\overset{20~25℃}{\rightleftharpoons}} RCOONa + R'NR''_2 + HCl \qquad 式（16-14）$$

这类树脂之所以能用热水再生是由于当温度自 25℃升至 85℃时，水的解离程度增加，使 H$^+$ 和 OH$^-$ 的浓度增大 30 倍，它们可作再生剂。

蛇笼树脂兼有阴离子、阳离子交换功能基，这 2 种功能基共价连接在树脂骨架上，如交联的阴离子树脂为"笼"、线形的聚丙烯为"蛇"，"蛇"被关在笼中不漏出。这种树脂功能基互相很接近，可用于脱盐，使用后只需用大量水洗即可恢复其交换能力。蛇笼树脂利用其阴离子、阳离子 2 种功能基截留、阻滞溶液中的强电解质（盐）、排斥有机物（如乙二醇），使有机物先漏出到流出液中，这种分离方法称为离子阻滞法，应用于糖类、乙二醇、甘油等有机物的除盐。

2. 等孔树脂　等孔树脂（isoporous resin），又称"均孔树脂"。大部分离子交换树脂在水处理中易被有机物所污染，原因之一是树脂内部的孔道大小不均匀，存在缠结区，有机物被阻流在内部导致解吸不下来。英国人用线形聚合物弗里德 - 克拉夫茨（Friedel-Crafts）反应生成次甲基桥交联合成孔径大小比较均匀的树脂，称为等孔树脂。其交联反应式如下：

3. 螯合树脂　螯合树脂含有螯合能力基团,对某些离子具有特殊的选择力。因为它既有生成离子链又有形成配位键的能力,在螯合物形成后,结构有点像螃蟹,故形象地称为螯合树脂(chelating resin)。以胺基羧酸和胺基磷酸螯合树脂为例,其合成反应式如下:

胺基羧酸树脂螯合 Ca^{2+} 的反应如下(类似于 EDTA),用盐酸可进行再生:

Dowex-1、CR-10、上树751、南大 D401 都属于胺基羧酸螯合树脂,主要用于氯碱工业离子膜法的制碱工艺中的盐水二次精制去除 Ca^{2+}、Mg^{2+}。保护离子交换膜,提高产品浓度和质量,降低能耗,提高电解时的电流效率,是制碱工业的发展方向。胺基磷酸螯合树脂除 Mg^{2+} 优于胺基羧酸螯合树脂。除上述 2 种外还有对 UO_2^{2+}、Fe^{3+}、Pb^{2+} 结合力很强的磷酸类树脂 $[RPO(OH_2)]$,它与 Al^{3+}、Fe^{3+} 形成络合物,用于饮水除氟;对 Ni^{2+} 结合的胺类 $\left[\begin{array}{c} R-C=NOH \\ | \\ R-C=NOH \end{array}\right]$;除汞的巯基类($R-SH$);多羟基类 $[R-CH_2N(CH_3)C_6H_8(OH)_5]$ 对硼有特殊的选择性;各种多胺弱碱性离子交换树脂均可生成胺的络合物形式,与 Cu^{2+}、Zn^{2+} 亦能形成络合物。

二、命名

国际上迄今还没有统一的离子交换树脂的命名规则,国外是以厂家或商品牌号、代号来表示的。我国早期生产的树脂亦有类似的命名情况,如 732、717 和 724 等,一直沿用至今。20 世纪 60 年代后逐步规范统一的命名法是：1~99 为强酸性阳离子交换树脂（如 1×7）；100~200 为弱酸性阳离子交换树脂（如 101×4、110）；200~300 为强碱性阴离子交换树脂（如 201×7、201×4）；300~400 为弱碱性阴离子交换树脂（如 311×4、300）。离子交换树脂的型号由 3 位阿拉伯数字组成，第一位数字代表产品的分类名称，第二位数字代表骨架名称，第三位数字为顺序号，用以区别基团、交联度等。分类代号和骨架代号都分成 7 种，分别以 0~6 七个数字表示，其含义见表 16-4。

表 16-4　国产离子交换树脂命名法的分类名称代号及骨架名称代号

代号	分类名称	骨架名称
0	强酸性	苯乙烯系
1	弱酸性	丙烯酸系
2	强碱性	酚醛系
3	弱碱性	环氧系
4	螯合性	乙烯吡啶系
5	两性	脲醛系
6	氧化还原	氯乙烯系

对凝胶型离子交换树脂，在型号后面加"×"号连接阿拉伯数字表示交联度；对大孔型离子交换树脂，则在型号前加字母"D"表示之。按上述命名规则可以图 16-3 来表示。

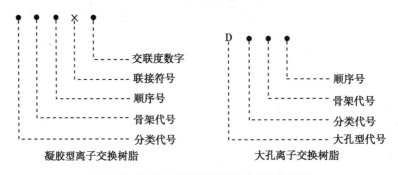

图 16-3　国产离子交换树脂的命名规则图示

例如 001×7 表示的是凝胶型苯乙烯系强酸性阳离子交换树脂（交联度为 7%）；D201 表示的是大孔型苯乙烯系季铵Ⅰ型强碱性阴离子交换树脂。

由于种种原因，上述几种命名法仍交叉使用。实际应用中经常会遇到同一树脂有多种名称，如 001×7、1×7 和 732 都是同一产品。

三、理化性能

离子交换树脂是一种不溶于水及一般酸、碱溶液和有机溶剂，并有良好的化学稳定性的高聚物。有使用价值的离子交换树脂必须具备一定要求的理化性能作为选用时的依据。

（一）外观和粒度（颗粒度）

除因合成方法限制或因特殊用途而制成无定形、膜状、棒状、粉末状的形状外，大多数商品树脂多制成球形，其直径为 0.2~1.2mm（16~70 目）。球形的优点是增大比表面、提高机械强度和减少流体阻力。普通凝胶型离子交换树脂是透明珠球，大孔树脂呈不透明雾状珠球。树脂的色泽随合成原料、工艺条件不同而不同，一般有白、黄、黄褐及红棕等几种色泽。为便于观察交换过程中色带的分布情况，宜选用浅色树脂。树脂使用后色泽逐步深化，但一般不明显影响交换容量。抗生素提取一般使用粒度为 16~60 目的 90% 以上的球形大孔树脂，这是因为料液黏度较大、夹杂物较多的缘故。粒度过小、堆积密度大,容易产生阻塞;粒度过大、强度下降、装填量少、内部扩散时间延长,不利于有机大分子的交换。

（二）交换容量

交换容量是表征树脂活性基团数量——交换能力的重要参数,其表示方法有重量交换容量（meq/g）（干树脂）和体积交换容量（meq/ml）（湿树脂）两种,后一种表示法较直观和实际地反映生产设备的能力,关系到产品质量、收率和设计投资额的可靠性。

工作交换容量也称实用交换容量,即在某一指定的应用条件下树脂表现出来的交换容量,交换基团未完全利用。树脂失效后就要再生才能重新使用。出于经济原因,一般并不再生完全。因此,再生剂用量对工作交换容量的影响很大,在指定的再生剂用量条件下的交换容量就称再生交换容量。一般情况下,交换容量、工作交换容量和再生交换容量三者的关系为再生交换容量 = 0.5~1.0 倍的交换容量;工作交换容量 = 0.3~0.9 倍的再生交换容量。工作交换容量与再生交换容量之比称为离子交换树脂利用率（%）。

由于抗生素产品昂贵,生产中一般要求树脂能较彻底地再生。再生剂用量服从工艺效益、再生交换容量接近交换容量,此时树脂利用率等于工作交换容量与交换容量之比。

离子交换树脂的交换容量和交联度有关。将苯乙烯、二乙烯类树脂的交联度减小,则单位重量的活性基团增多,重量交换容量增大,反之则减小;对体积交换容量的影响则比较复杂,参见图 16-4。

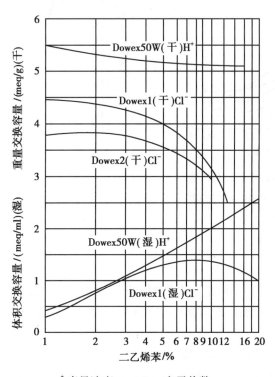

* 当量浓度 =mol/L × 离子价数。

图 16-4　典型树脂的交联度与交换容量

（三）机械强度（不破损率）

测定机械强度的方法一般是将离子交换树脂先经过酸、碱溶液处理后,将一定量的树脂置于球磨机或振荡筛机中撞击、磨损,一定时间后取出过筛,以完好树脂的重量百分率来表示。商品树脂的机械强度通常规定在 90% 以上,抗生素则要求在 95% 以上。

（四）膨胀度（视膨胀率）

干树脂在水或有机溶剂中溶胀,湿树脂在功能基离子转型或再生后水洗涤时亦有溶胀现象,根本原因是极性功能基强烈吸水或高分子骨架的非极性部分吸着有机溶剂所致的体积变化。当树脂浸在水溶液中时,活性离子因热运动可在树脂空隙的一定距离内运动,由于内部和外部溶液的浓度差(通常是内部浓度较高),产生渗透压。这种压力使外部水分渗入内部,促使树脂内部骨架变形,空隙扩大而使树脂体积膨胀;反之则缩小。当树脂骨架的内、外部渗透压达到平衡时,体积便停止变化,此时的膨胀度最大。测定膨胀前后树脂的体积比,即可算出膨胀率。如果渗透压超过树脂骨架的强度极限,大分子链发生断裂,树脂就会出现裂纹甚至破碎。影响膨胀度的因素有如下几条。

1. **交联度**　一般凝胶树脂的膨胀度随交联度的增大而减小,交联度大,结构中线性舒展的活动性小,树脂骨架弹力较大,所以溶胀度亦小;反之则大。干树脂溶胀前后的体积之比称为膨胀系数,以 $K_{膨胀}$ 表示。膨胀系数或溶胀体积与树脂交联度有关,参见图 16-5 和图 16-6。

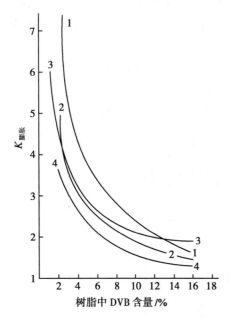

1—磺酸基树脂(H 型);2—磺酸基树脂(Na 型);3—羧基树脂(H 型);4—弱碱性树脂(Cl 型)[—N(CH$_3$)$_3$Cl]。

图 16-5　$K_{膨胀}$与交联度的关系

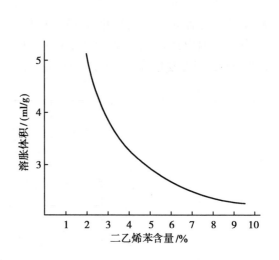

图 16-6　Ⅰ型强碱性树脂的溶胀体积与交联度的关系

2. **活性基团的性质和数量**　树脂上活性基团的亲水性强,则膨胀度较大。如相同交联度的氢型树脂,弱酸性树脂比强酸性树脂的膨胀度小(图 16-5)。对活性基团相同的树脂,其溶胀度随活性基团数量的增加而增大。

3. **活性离子的性质**　活性离子对膨胀度的影响是由于离子水合情况不同而引起的,活性离子的水合程度越大,树脂的膨胀度越小。一般说来,膨胀度随活性离子的价数升高而减小;同价离子的膨胀度则随裸离子半径的增大而减小,但 H$^+$ 和 OH$^-$ 例外。在设计离子交换罐时,树脂的装填系数应以工艺过程中膨胀度最大时的离子型式为上限参数,避免发生装量过多或设备利用率低的现象。

4. **介质的性质和浓度**　经水溶胀后的树脂,如和低级醇或高浓度的电解质溶液(如酸、碱或盐溶液)接触时,水分从树脂内部向外部转移,使树脂体积缩小;反之会膨胀。设计树脂装量时亦应注意。

5. **骨架结构**　无机离子交换树脂因链的刚性不易溶胀;有机离子交换树脂由于碳链的柔韧性及无定形的凝胶性质,膨胀系数较大。大孔离子交换树脂的交联度比较大,所含的空隙又有缓冲作用,故膨胀系数较小。在弱酸性阳离子交换树脂中,聚丙烯酸系的膨胀度大于聚苯乙烯系,这是由于大分子链结构和化学基团的综合效应,聚苯乙烯系大分子链为非极性,刚性较强,起的作用较大。

（五）含水量

每克干树脂吸收水分的数量称为含水量,一般为 0.3~0.7g,交联度、活性基团性质及数量、活性离子的性质对树脂含水量的影响和对树脂膨胀度的影响相似。例如高交联度的树脂含水量就低,反之则高。常用的 1×14 树脂的含水量为 30%~40%,1×7 树脂的含水量为 46%~52%。

干燥的树脂易破碎,故商品树脂均以湿态密封包装,冬季贮运应有防冻措施。干燥树脂初次使用前,应先用盐水浸润后再用水逐步稀释防止暴胀破碎。

（六）视密度

视密度有湿视密度和湿真密度 2 种表示法。湿视密度又叫堆积密度,是指树脂在柱中堆积时,单位体积湿树脂（包括树脂间空隙）的重量（g/ml）,其值一般为 0.6~0.85g/ml。阳离子树脂偏上限,阴离子树脂靠下限,交联度高,湿视密度亦大。凝胶树脂比相应的大孔树脂湿视密度大。

湿真密度是指单位体积湿树脂的重量,用比重瓶法测定。取湿树脂,在布氏漏斗中抽去附着的水分,称取 5g 抽干样品,放入校正的比重瓶中,将比重瓶放入真空干燥器中抽去溶解的空气,取出比重瓶,用冷开水补至刻度,再称重,按湿真密度计算公式:

$$湿真密度 = \frac{W_3}{W_4}$$

式中,W_3 为湿树脂重量,g;W_4 为湿树脂颗粒的体积,cm。

一般树脂的湿真密度为 1.1~1.4g/cm,活性基团越多,其值越大。在应用混合床或叠床工艺时,应尽量选取湿真密度值较大的 2 种树脂,以利于分层和再生。

（七）稳定性

1. 化学稳定性 苯乙烯系磺酸树脂对各种有机溶剂、强酸、强碱等稳定,可长期耐受饱和氨水、0.1mol/L KMnO$_4$、0.1mol/L HNO$_3$ 及温热 NaOH 等溶液而不发生明显的破坏。一般聚苯乙烯型树脂的化学稳定性比缩聚型树脂好;阳离子交换树脂比阴离子交换树脂好;阴离子交换树脂中的弱碱性离子交换树脂最差。低交联阴离子交换树脂在碱液中长期浸泡易降解破坏,羟型阴离子交换树脂的稳定性差,故氯型阴离子交换树脂较宜存放。

2. 热稳定性 干燥的树脂受热易降解破坏。强酸性、强碱性离子交换树脂的盐型比游离酸（碱）性离子交换树脂稳定,苯乙烯系比酚羟系树脂稳定,阳离子交换树脂比阴离子交换树脂稳定。各种树脂的最高操作温度见表 16-5。

表 16-5 各种离子交换树脂的最高操作温度

类型	强酸性		弱酸性		强碱性		弱碱性	
	Na 型	H 型	Na 型	H 型	Cl 型	OH 型	丙烯酸系 OH 型	苯乙烯系 Cl 型
最高操作温度 /℃	100~120	150	120	120	<76	<60	<60	<94

（八）滴定曲线

离子交换树脂是不溶性的多元酸或多元碱,同样具有滴定曲线。滴定曲线能定性地反映树脂活性基团的特征,从滴定曲线图谱便可鉴别树脂酸碱度的强弱。

滴定曲线的测定方法:取数个小三角瓶,各放入氯型或羟型离子交换树脂及含有不同量的 0.1mol/L NaOH 或 0.1mol/L HCl 的 50ml 0.1mol/L 溶液（其中 1 瓶不加 NaOH 或 HCl）,静置和振摇使其达到交换平衡,测定平衡时溶液的 pH,以 pH 为纵坐标,NaOH 和 HCl 的物质的量为横坐标绘制滴定曲线。

如图 16-7 所示,强酸性和强碱性离子交换树脂的滴定曲线开始有一段是水平的,随酸、碱用量的增加而出现曲线的突升和骤降,此时表示活性基团已经达到饱和。而弱酸、弱碱性离子交换树脂的滴定曲线不出现水平部分和转折点的变化而呈渐进的变化趋向（图 16-7、图 16-8 和图 16-9）。

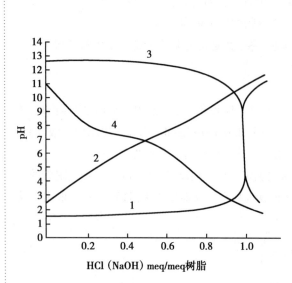

1—强酸性树脂 Amberlite IR-120;2—弱酸性树脂 Amberlite IRC;3—强碱性树脂 Amberlite IRA-400;4—弱碱性树脂 Amberlite IR-45。

图 16-7　各种离子交换树脂的交换曲线

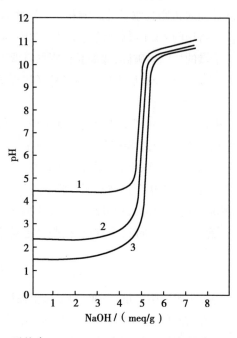

1—无盐水;2—0.01mol/L NaOH;3—1mol/L NaOH。

图 16-8　国产 1×12 阳离子交换树脂的滴定曲线

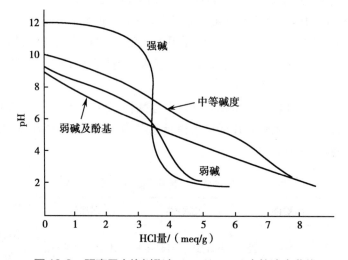

图 16-9　阴离子交换树脂在 1mol/L HCl 中的滴定曲线

（九）孔度、孔径、比表面积

离子交换树脂的多孔性质包括孔度、孔径和比表面积,在应用时有重要意义。孔度是指每单位重量或体积树脂所含有的孔隙体积,以 ml/g 或 ml/ml 表示。树脂的孔径大小差别很大,与合成方法、原料性质等密切相关。凝胶型离子交换树脂的孔径取决于交联度,而且只在湿态时才有几纳米大小。大孔树脂的孔径在干态或湿态时相差不大。通过交联度、致孔剂的变化,其孔径可在几纳米到上千纳米范围变化。孔径大小对离子交换树脂选择性的影响很大,对吸着有机大分子尤为重要。凝胶型离子交换树脂的比表面积不到 1m²/g,大孔树脂的比表面积则由几到几百平方米每克。在合适的孔径基础上,选择比表面较积大的树脂有利于提高吸着量和交换速度。

第三节　离子交换过程的理论基础

一、离子交换平衡方程式

一般公认离子交换过程是按化学当量关系进行的。例如链霉素（以 Str 表示）是三价离子，它能取代 3 个钠离子：

$$3RCOONa + Str^{3+} \rightleftharpoons (RCOO)_3Str + 3Na^+$$

而且交换过程是可逆的，最后达到平衡，平衡状态和过程的方向无关。例如当溶液中链霉素离子的浓度增大或减小时，反应可以向右方或向左方进行，并且当树脂和溶液的接触时间增长最后达到平衡状态时，树脂上和溶液的浓度都为定值，和自左方或自右方达到平衡无关。

由此可见，离子交换过程可以看作可逆的多相化学反应，但和一般的多相化学反应不同，当发生离子交换时，树脂体积常发生变化，因而引起溶剂分子（通常为水）的转移，这些溶剂分子的传递会引起离子自由能或化学位的改变。假定发生离子交换反应时，树脂体积收缩，于是就有水分子从树脂相转入液相中。其离子交换方程式可写成如下形式：

$$\frac{1}{Z_1}\overline{A}_1 + \frac{1}{Z_2}\overline{A}_2 + n_s S \rightleftharpoons \frac{1}{Z_1}A_1 + \frac{1}{Z_2}A_2 + n_s \overline{S} \qquad 式（16-15）$$

式中，A_1、A_2 为液相中的离子；$\overline{A}_1$，$\overline{A}_2$ 为吸着在树脂上的离子；Z_1、Z_2 分别为离子 A_1、A_2 的价数；S，$\overline{S}$ 分别为液相和树脂相中的溶剂（水）；n_s 为当 1mEq 的离子交换时，溶剂自树脂相移入液相的物质的量。

当有 1mEq 的离子发生交换后，化学位的改变等于：

$$\Delta\phi = \frac{1}{Z_1}\overline{\mu}_1 + \frac{1}{Z_2}\mu_2 - \frac{1}{Z_1}\mu_1 - \frac{1}{Z_2}\overline{\mu}_2 + n_s S(\mu_s - \overline{\mu}_s) \qquad 式（16-16）$$

式中，μ_1、μ_2 为溶液中离子的化学位；$\overline{\mu}_1$、$\overline{\mu}_2$ 为吸着在树脂上的离子的化学位；μ_s、$\overline{\mu}_s$ 分别为溶剂分子在液相和树脂相中的化学位。

溶液中离子的化学位与活度的关系为：

$$\mu_i = \mu_i^0 + RT\ln a_i \qquad 式（16-17）$$

可以把树脂上的离子看作固体溶液的一个组分，则对吸着在树脂上的离子，其化学位也可列出类似的方程式：

$$\overline{\mu}_i = \overline{\mu}_i^0 + RT\ln \overline{a}_i \qquad 式（16-18）$$

式中，$\overline{a}_i$ 为吸着在树脂上的离子的活度；a_i 为溶液中离子的活度；μ_i^0，$\overline{\mu}_i^0$ 分别为溶液中和树脂上离子的标准化学势。

当离子交换平衡时，$\Delta\Phi=0$，将式（16-17）和式（16-18）代入式（16-16）中得：

$$\frac{1}{Z_1}(\mu_1^0 + RT\ln \overline{a}_i) + \frac{1}{Z_2}(\mu_2^0 + RT\ln a_2) - \frac{1}{Z_1}(\mu_1^0 + RT\ln a_1) - \frac{1}{Z_2}(\mu_2^0 + RT\ln \overline{a}_2) - n_s(\mu_s - \overline{\mu}_s) = 0$$

上式可改写为：

$$RT\ln \frac{\overline{a}_2^{\frac{1}{Z_1}} a_2^{\frac{1}{Z_2}}}{a_1^{\frac{1}{Z_1}} \overline{a}_2^{\frac{1}{Z_2}}} = \gamma - n_s(\mu_s - \overline{\mu}_s) \qquad 式（16-19）$$

其中常数 γ 的值完全取决于离子的标准化学势。

如为等价离子交换，且假定离子和树脂的化合能全部反映在活度系数中，即 $\mu_1^0 = \overline{\mu}_1^0$，$\mu_2^0 = \overline{\mu}_2^0$，则

式（16-19）成为：

$$RT\ln\frac{\bar{a}_1 a_2}{a_1 \bar{a}_2} = -n_s(\mu_s - \bar{\mu}_s)$$

这个等式的右边表示溶剂分子传递，也就是树脂收缩而引起的自由能的变化，应该等于渗透压所做之功，即：

$$RT\ln\frac{\bar{a}_1 a_2}{a_1 \bar{a}_2} = \pi(\bar{V}_2 - \bar{V}_1) \qquad \text{式（16-20）}$$

此即习知的格雷戈（Gregor）公式。

式中，π 为渗透压；$\bar{V}_1$、$\bar{V}_2$ 分别为离子 1 和离子 2 吸着在树脂上时的偏摩尔体积。

对于非膨胀性树脂，$n_s = 0$，式（16-19）成为：

$$RT\ln\frac{\bar{a}_2^{\frac{1}{z_1}} a_2^{\frac{1}{z_2}}}{a_1^{\frac{1}{z_1}} \bar{a}_2^{\frac{1}{z_2}}} = r \quad \text{或} \quad \frac{\bar{a}_2^{\frac{1}{z_1}}}{\bar{a}_2^{\frac{1}{z_2}}} = K\frac{a_1^{\frac{1}{z_1}}}{a_2^{\frac{1}{z_2}}}$$

对于稀溶液，可以浓度代替活度，则上式成为：

$$\frac{m_1^{\frac{1}{z_1}}}{m_2^{\frac{1}{z_1}}} = K\frac{C_1^{\frac{1}{z_1}}}{C_2^{\frac{1}{z_1}}} \qquad \text{式（16-21）}$$

式中，m_1、m_2 为树脂上离子的浓度，mEq/g（每克干树脂所吸着的毫克当量）；C_1、C_2 为溶液中离子的浓度，mEq/ml；K 为离子交换常数。

式（16-21）中的各个量都可以度量，容易用实验验证，因此具有实际意义。

许多研究证明无机离子的交换确实服从上述方程式，但对有机大分子的吸着需做一些修改。以钠型羧基阳离子交换树脂吸着链霉素为例来说明，因为链霉素离子在中性 pH 时为三价，离子交换平衡方程式有如下形式：

$$\frac{m_1^{\frac{1}{3}}}{m_2} = K\frac{C_1^{\frac{1}{3}}}{C_2}$$

其中下标 1 代表链霉素，下标 2 代素钠离子。但如以 $m_1^{\frac{1}{3}}/m_2$ 对 $C_1^{\frac{1}{3}}/C_2$ 作图，得不到一条直线。

实验表明，当树脂颗粒比较大时，链霉素在树脂内的扩散速度很慢，达到平衡需要很长时间，故存在假平衡。当将树脂颗粒减小时，交换速度和交换容量都增加。但颗粒粉碎到一定程度，交换容量不再增加，说明已达到真平衡，见图 16-10。由图 16-10 可见，即使达到真平衡时，国产弱酸 101×4 树脂对链霉素的吸着量仅为 7.00mEq/g，仍小于对无机离子的总交换量（9.35mEq/g，干氢型；相当于 7.80mEq/g，干钠型）。因此，可以认为树脂内部的活性中心由于其空间排列的关系，并不是全都能吸着链霉素。树脂上的活性中心排列过密，其中一部分被链霉素离子遮住，而后来的链霉素离子就不能到达这些活性中心，因此实际上只有一部分活性中心吸着链霉素。若只考虑能吸着链霉素这一部分活性中心，即不要把离子交换平衡方程式中的 m_2 理解为每克树脂实际吸着的钠离子毫克当量，而把它理解为树脂对链霉素的交换容量减去树脂吸着链霉素的毫克当量，则链霉素在羧基树脂上的交换就服从离子交换平衡方程式。据此，在交换大离子时，式（16-21）具有如下形式：

$$\frac{m_1^{\frac{1}{z_1}}}{(m_1 - m_2)^{\frac{1}{z_1}}} = K\frac{C_1^{\frac{1}{z_1}}}{C_2^{\frac{1}{z_1}}} \qquad \text{式（16-22）}$$

式中，m 为对有机大离子的交换容量。

利用上述方程式测得在国产弱酸 101×4 树脂上，链霉素和钠离子交换的平衡常数为 0.63（25~30℃）。

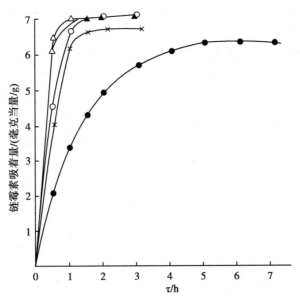

图16-10　不同颗粒度的钠型101×4树脂吸着链霉素的速度曲线

注：温度29℃±0.5℃。

从这个概念出发，为了提高树脂对链霉素的选择性，可在树脂中加入惰性成分，使活性中心之间的距离增大（但仍维持足够的亲水性，使树脂有相当的膨胀度）。这样，虽然树脂的总交换容量减少了，但对链霉素的相对交换容量（树脂吸着大分子交换容量与对无机离子的交换容量之比，用百分率表示）却增大。当相对交换容量达到100%时，树脂就几乎只吸着链霉素，很少吸着杂质，因此，可大大降低洗脱液中的灰分。

目前我国生产上用以提取链霉素的弱酸101×4树脂在合成时加入少量甲基丙烯酸甲酯，后者是惰性的，不起交换作用。

二、离子交换速度

（一）交换机制

设有一粒树脂放在溶液中，发生下列交换反应：$A^+ + RB \rightleftharpoons RA + B^+$。

不论溶液的运动情况怎样，在树脂表面上始终存在着一层薄膜，起交换作用的离子只能借分子扩散而通过这层薄膜（图16-11）。搅拌越激烈，这层薄膜的厚度也就越薄，液相主体中的浓度就越趋向均匀一致。一般说来，树脂的总交换容量和其颗粒的大小无关。由此可知，不仅在树脂表面，而且在树脂内部也具有交换作用。因此和所有多相化学反应一样，离子交换过程应包括下列5个步骤：①A^+离子自溶液中扩散到树脂表面；②A^+离子从树脂表面再扩散到树脂内部的活性中心；③A^+离子与RB在活性中心上发生复分解反应；④解吸离子B^+自树脂内部的活性中心扩散到树脂表面；⑤B^+离子再从树脂表面扩散到溶液中。

众所周知，多步骤过程的总速度取决于最慢的一个步骤的速度（称为控制步骤）。要想提高整个过程的速度，最有效的办法是加快控制步骤的速度。首先应该注意到，根据电荷中性原则，步骤①和⑤同时发生且速度相等。即有1mEq的A^+离子扩散经过薄膜到达颗粒表面，同时必

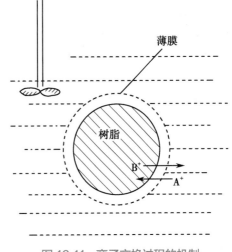

图16-11　离子交换过程的机制

有 1mEq 的 B⁺ 离子以相反方向从颗粒表面扩散到液体中。同样的步骤②和④同时发生,方向相反,速度相等。因此离子交换过程实际上只有 3 个步骤:外部扩散(经过液膜的扩散)、内部扩散(在颗粒内部的扩散)和化学交换反应。一般说来,离子间的交换反应速度是很快的,有时甚至快到难以测定。所以除极个别的场合外,化学反应不是控制步骤,而扩散才是控制步骤。

究竟内部扩散还是外部扩散是控制步骤,要随操作条件而变化。一般说来,液相流速越快或搅拌越激烈,浓度越大,颗粒越大,吸着越弱,越是趋向于内部扩散控制;相反,液相流速越慢,浓度越小,颗粒越小,吸着越强,越是趋向于外部扩散控制。当离子交换树脂吸着抗生素等大分子时,大分子在树脂内的扩散速度慢,故内部扩散为控制步骤。

（二）交换速度方程式

由于交换速度方程式的推导比较复杂,现仅列出如下结果。

当外部扩散控制时:

$$\ln(1 - F) = -K_1 t \qquad 式（16-23）$$

式中,K_1 为外部扩散速度常数,$K_1 = \dfrac{3D^i}{r_0 \Delta r_0 \Gamma}$。

其中,D^i 为液相中的扩散系数;r_0 为树脂颗粒的半径;Δr_0 为颗粒表面薄膜层的厚度;Γ 为吸着常数,是当离子交换达到平衡时的固相浓度与液相浓度之比,在稀溶液中为一常数;F 为当时间为 t 时树脂的饱和度,即树脂上的吸着量与平衡吸着量之比。

当为内部扩散控制时:

$$F = 1 - \frac{6}{\pi^2} \sum_{n=1}^{\infty} \frac{1}{n^2} e^{-D^i n^2 \pi^2 t / r_0^2} \qquad 式（16-24）$$

式中,D^i 为树脂内的扩散系数;其他符号同上。如令:

$$B = \frac{D^i \pi^2}{r_0^2} \qquad 式（16-25）$$

则式（16-24）成为:

$$F = 1 - \frac{6}{\pi^2} \sum_{n=1}^{\infty} \frac{1}{n^2} e^{-Btn^2} \qquad 式（16-26）$$

由 B_t 的值就可求得 F,文献中有 F 与 B_t 的关系表,根据此表就能从实验测得的 F 值求出 B_t。然后将 B_t 与 t 为坐标作图,如得到一条直线,就可证明交换系内部扩散控制。

（三）影响交换速度的因素

1. 颗粒大小　颗粒减小无论是内部扩散控制还是外部扩散控制的场合,都有利于交换速度的提高。比较式（16-23）和式（16-24）,可知对内部扩散的场合影响更为显著。因为式（16-23）中,半径 r_0 是一次方。

由图 16-12 和表 16-6 可看出颗粒大小的影响。交换速度和直线的斜率 B 成正比,可见颗粒小时 B 大,所以速度大,但内部扩散系数基本上是相等的。

2. 交联度　交联度越低树脂越易膨胀,在树脂内部的扩散就较容易。所以当内部扩散控制时,降低树脂交联度能提高交换速度。例如比较图 16-12 中的直线 1 和 3,可见 5% DVB 树脂的交换速度较快,其内部扩散系数 D^i 约为 17% DVB 树脂内部扩散系数的 6 倍(表 16-6)。

3. 温度　比较图 16-12 中的直线 2 和 3,可以看出温度的影响。温度从 25℃升至 50℃,扩散系数 D^i 增大 1 倍,因而交换速度也增加 1 倍(表 16-6)。

4. 离子的化合价　离子在树脂中扩散时,和树脂骨架(和扩散离子的电荷相反)间存在库仑引力。离子的化合价越高,这种引力越大,扩散速度就越小。离子的化合价增加一价,内部扩散系数的值就要减少 1 个数量级。例如在某种阳离子交换树脂上,钠离子的扩散系数为 $2.75 \times 10^{-7} \text{cm}^2/\text{s}$,而锌离子则仅为 $2.89 \times 10^{-8} \text{cm}^2/\text{s}$。

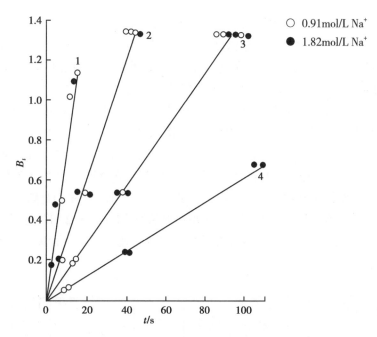

图 16-12　在磺酸基聚苯乙烯树脂上氢离子和钠离子的交换

表 16-6　在磺酸基聚苯乙烯树脂上交换过程 $HR+Na^+ \rightarrow NaR+H^+$ 的速度数据

图 16-12 中的直线号码	DVB/%	r_0/cm	温度 /℃	B_t	$D^i \times 10^6$	半饱和时间 /s
1	5	0.027 2	25	0.082	6.1	3.7
2	17	0.027 3	50	0.29	2.2	10.4
3	17	0.027 3	25	0.014 3	1.08	21.0
4	17	0.044 6	25	0.001 6	1.23	49

5. 离子的大小　颗粒小的离子的交换速度比较快。例如用 NH_4^+ 型磺酸基聚苯乙烯树脂去交换下列离子时,达到半饱和的时间分别为 Na^+ 1.25 分钟、$N(CH_3)_4^+$ 1.75 分钟、$N(C_2H_5)_4^+$ 3 分钟、$C_6H_5N(CH_3)_2CH_2C_6H_5^+$ 1 周。

大分子在树脂中的扩散速度特别慢,因为大分子会和树脂骨架碰撞,甚至使骨架变形。有时可利用大分子和小分子在某种树脂上的交换速度不同而达到分离的目的,这种树脂称为分子筛。

6. 搅拌速度　当液膜控制时,增大搅拌速度会使交换速度增加。但增加到一定程度后再继续增大转速,对交换速度的影响就比较小。

7. 溶液浓度　当溶液浓度为 0.001mol/L 时,一般为外部扩散控制。当浓度增大时,交换速度也按比例增加。当浓度达到 0.01mol/L 左右时,浓度再增大,交换速度就增加得较慢,此时内部扩散和外部扩散同时起作用。当浓度再继续增大时,交换速度达到极限值后就不再增加,此时已转变为内部扩散控制。例如在图 16-12 中,0.91mol/L 和 1.82mol/L 钠离子溶液的交换速度是一致的。

三、离子交换过程的运动学

通常离子交换是在固定床中进行的,在固定床中离子运动的规律称为离子交换运动学。设想有一离子交换柱,原来在树脂上的是离子 2,现在通入离子 1 溶液去取代它。当离子 1 逐渐通入时,离子 2 被取代,在树脂层的上部逐渐形成一层只含有离子 1 的树脂。接着通入的离子 1 溶液通过这层树脂时显然不起交换,而当它继续往下流时就要发生交换,溶液中离子1的浓度逐渐减至零,而离子2的浓度逐渐增至离子1的原始当量浓度 C_0(因离子交换系按当量进行)。再继续往下流时,由于溶液中已不含离子1,故也不发生离子交换。离子1自起始浓度 C_0 降至零的这一段树脂层称为交换带(图16-13),离子交换过程只在这一树脂层内进行。

因为离子交换系按当量进行,所以图16-13中的曲线1和2是对称的,它们互为镜像关系,这2种离子在交换带中互相混在一起,没有分层,见图16-13(a)。当它们继续向下流时,如条件选择适当,交换带逐渐变窄,2种离子逐渐分层,离子2集中在前面,离子1集中在后面,中间形成一条较明显的分界线,见图16-13(b)。这样继续往下流,交换带越来越窄,分界线也就越来越明显,一直到柱的出口。在流出液中,开始出来的是树脂层空隙中的水分,而后出来的是离子2,在某一时刻,流出液中出现离子1,此时称为漏出点,以后离子1增至原始浓度,而离子2的浓度减至零,离子1的流出曲线陡直,见图16-13(c)。但如条件选择得不恰当,交换带逐渐变宽,2种离子就互相重叠在一起,则流出曲线变得平坦。

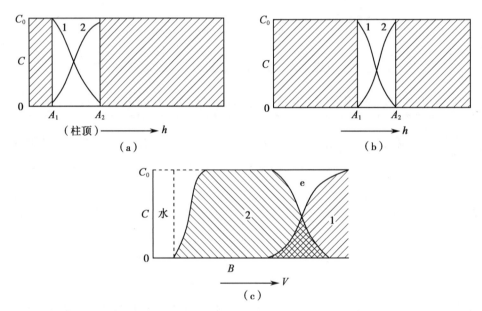

h—柱的高度;C—当量浓度;C_0—原始当量浓度;V—流出液体积;$A_1 \sim A_2$—交换带;B—离子1的漏出点;e—离子1的流出曲线。

图16-13 离子的分层(a、b)和理想的流出曲线(c)

虽然离子在柱中的运动情况我们无法知道,但从流出曲线的形状可以判断离子分层是否明显,因为流出曲线的形状是和将要流出柱的交换带相对应的。有明显分界线的好处不仅可使离子分开,而且在吸着时可以提高树脂饱和度,减少吸着离子的漏出,而在解吸时可使洗脱液的浓度提高。当从发酵液中吸着抗生素时,离子层分界线常会发生某种程度的模糊,因此只有离子交换柱的上部树脂才为抗生素所完全饱和。为使树脂达到最大饱和度,必须采用几根柱串联的系统。只有当有很多抗生素从第一根柱漏出到第二根柱甚至第三根柱时,第一根柱才能为抗生素所饱和,为使工艺系统不过分复杂,必须使这种漏出量减至最小,这只有当离子层分界线清晰时才能实现,所以研究离子在柱中的运动情况和分界线清晰的条件有很大的实际意义。

第四节　离子交换过程的选择性

离子交换树脂的选择性就是某树脂对不同离子交换亲和能力的差别,离子和树脂活性基的亲和力越大,就越易被该树脂吸着。离子交换过程的选择性能集中地体现在交换常数 K 值上,交换常数亦叫交换势或交换系数,可用下式表示:

$$K_A^B = \frac{[R-B][A]_s}{[R-A][B]_s} \qquad \text{式(16-27)}$$

式中,$[R-A]$、$[R-B]$ 分别为结合在树脂上的 A 离子和 B 离子的浓度;$[A]_s$、$[B]_s$ 分别为溶液中 A 离子和 B 离子的浓度。

式(16-27)可改写成:

$$K_A^B = \frac{[R-B]/[R-A]}{[B]_s/[A]_s} \qquad \text{式(16-28)}$$

式中,K_A^B 为树脂上的 A、B 离子浓度比与溶液中的 A、B 离子浓度比的比值。$K_A^B > 1$ 表示树脂上的 B 与 A 离子之相对含量比在溶液中要高,即 B 离子对树脂的亲和力大于 A 离子,K_A^B 值越大,B 离子越易被交换。

选择系数随测定方法和具体条件不同而异,且受多种因素的影响,差别较大,实际应用时应做具体比较和分析。对分子量较大的有机大离子的交换,由于有空间位阻的影响,平衡公式要进行调整,计算比较复杂,生产上一般用小试考察的数据来选择树脂。表 16-7 和表 16-8 列举了几种树脂对各种离子的交换常数。

表 16-7　强酸性树脂对不同阳离子的交换常数

阳离子	Na$^+$	Ba^{2+}	Mg^{2+}	Ca^{2+}	Ni^{2+}	Co^{2+}	Mn^{2+}	Zn^{2+}	Cu^{2+}	H$^+$	Fe^{2+}	Pb^{2+}
磷酸树脂的交换常数	0.2	2.0	2.3	3.0	17.0	23	51	370	890	1 000		5 000
磺酸树脂的交换常数	1.5	8.7	2.5	7.9	3.0	2.8	2.3	2.7	2.9	1.0	2.5	7.5

表 16-8　强碱性树脂对各种阴离子的交换常数

阴离子	C$_6$H$_5$O$_7^{3-}$	OH$^-$	I$^-$	C$_6$H$_5$O$^-$	HSO$_4^-$	ClO$_3^-$	NO$_3^-$	Br$^-$	CN$^-$	HSO$_3^-$
Ⅰ型强碱的交换常数	220	1.0	1.75	110	85	74	65	50	28	27
Ⅱ型强碱的交换常数	23	1.0	17	27	15	12	8	6	3	3

阴离子	BrO$_3^-$	NO$_3^-$	Cl$^-$	HCO$_3^-$	IO$_3^-$	HCOO$^-$	CH$_3$COO$^-$	(C$_5$O$_2$H$_8$)$_n^-$	F$^-$
Ⅰ型强碱的交换常数	27	65	22	6.0	5.5	4.6	3.2	2.6	1.6
Ⅱ型强碱的交换常数	3	8	23	1.2	0.5	0.5	0.5	0.3	0.3

下面讨论影响离子交换过程选择性的各种因素。

一、离子的水化半径（水合离子半径）

对无机离子而言，离子水合半径越小，离子和树脂活性基的亲和力就越大，也就越容易被吸着，这是因为离子在水溶液中都要和水分子发生水合作用形成水化离子，此时的半径才表达离子在溶液中的大小，当原子序数增加时，离子表面的电荷密度相对减小，水化能降低，吸着的水分子减少，水化半径亦减小，离子对树脂活性基的结合力增大。表 16-9 列举了各种阳离子的水化作用和离子半径。

表 16-9　各种阳离子的水化作用与离子半径

项目	一价阳离子					二价阳离子			
	Li^+	Na^+	K^+	Rb^+	Cs^+	Mg^{2+}	Ca^{2+}	Sr^{2+}	Ba^{2+}
原子序数	3	11	19	17	55	12	20	38	56
裸半径 /μm	0.068	0.098	0.133	0.149	0.165	0.069	0.117	0.134	0.149
水化半径 /μm	0.1	0.79	0.53	0.509	0.505	0.108	0.96	0.96	0.88
结晶水 /(mol·mol^{-1})	12.6	8.4	4.0	—	—	13.3	10.0	8.2	4.1

按水化半径次序，各种离子对树脂亲和力的大小有以下序列。①对一价阳离子：$Li^+ \leqslant Na^+ \approx K^+ \approx NH_4^+ < Rb^+ < Cs^+ < Ag^+ < Ti^+$；②对二价阳离子：$Mg^{2+} \approx Zr^{2+} < Cu^{2+} \approx Ni^{2+} \approx Co^{2+} < Ca^{2+} < Sr^{2+} < Pb^{2+} < Ba^{2+}$；③对一价阴离子：$F^- < HCO_3^- < Cl^- < HSO_3^- < Br^- < NO_3^- < I^- < ClO_4^-$。

同价离子中水化半径小的能取代水化半径大的。但在非水介质中，在高温、高浓度下差别缩小，有时甚至相反。

H^+ 和 OH^- 在上述序列中的位置则与树脂功能基的性质有关，H^+ 和强酸性树脂的结合力很弱，其序位和 Li^+ 相当；而对弱酸性树脂，H^+ 具有很强的置换能力，其交换序列在同价金属离子之后。同理，OH^- 的置换位置亦取决于树脂中碱性基团的强弱，对强碱性树脂，其序位在 F^- 之前，对弱碱性树脂则落在 ClO_4^- 之后。强酸性、强碱性树脂较弱酸性、弱碱性树脂难再生，酸碱用量大，原因就在于此。

二、离子的化合价

在常温的稀溶液中，离子交换呈现明显的规律性：离子的化合价越高，就越易被交换，例如 $Tb^{4+} > Al^{3+} > Cu^{2+} > Na^+$。当溶液中 2 种不同价离子溶液加水稀释时，2 种离子的浓度均减小但比值不变，此时高价离子比低价离子更易被吸着。链霉素 - 氯化钠溶液加水稀释后，链霉素的吸着量呈明显上升，表 16-10 为实验结果。

表 16-10　溶液的稀释对弱酸性树脂吸着链霉素的影响

溶液中的离子浓度 /(meq/ml)		链霉素的吸着量 /(meq/g)
链霉素	Na^+	
0.005 17	1.500	0.256
0.002 58	0.750	0.800
0.001 03	0.300	1.93
0.000 52	0.150	2.76

注：苯氧乙酸 - 酚 - 甲醛树脂对链霉素的交换容量为 3.17meq/g。

从发酵滤液中提取抗生素、氨基酸；从硬水中置换 Ca^{2+}、Mg^{2+}，除去无机离子制备软水、无盐水；从电镀废液中优先吸着 Ca^{2+}，以及链霉素饱和树脂可用链霉素溶液交换出树脂上的 Ca^{2+}、Mg^{2+} 等都是应用这个原理。

三、溶液的 pH

各种树脂活性基团的解离度不同（表16-3），离子交换时受溶液 pH 的影响有较大的差别。对强酸性、强碱性树脂来说，任何 pH 条件下都可进行交换反应；弱酸性、弱碱性树脂交换应分别在偏碱性、偏酸性或中性溶液中进行（表16-2）。弱酸性、弱碱性树脂不能进行中性盐分解反应即与此有关。氢型弱酸性树脂在中性介质中的交换容量很小，由于链霉素在碱性下易破坏，所以采用钠型羧基树脂在中性溶液中交换（复分解反应）。另外，对弱酸性、弱碱性或两性的被交换物质来说，溶液的 pH 会影响甚至改变离子的电离度或电荷性质（如两性化合物转变成偶极离子），使交换发生质的变化。

四、交联度、膨胀度、分子筛

本章第二节已经介绍了膨胀度和交联度的关系，这里着重讨论交联度、膨胀度对树脂选择性的影响。对凝胶型离子交换树脂来说，交联度大、结构紧密、膨胀度小、树脂筛分能力强，则吸着量增加，其交换常数亦增大；相反交联度小、结构松弛、膨胀度大，吸着量减少，交换常数 K 值亦减小，表16-11 中列举了不同离子对强酸性阳离子交换树脂的交换常数。

表 16-11 不同离子对强酸性阳离子交换树脂的选择性系数（交换常数）

交联度/%	Li^+	H^+	Na^+	NH_4^+	K^+	Rb^+	Cs^+	Ag^+	Mg^{2+}
4	1.00	1.32	1.58	1.90	2.27	2.46	2.67	4.73	2.95
8	1.00	1.27	1.98	2.55	2.90	3.16	3.25	8.51	3.29
16	1.00	1.47	2.37	3.34	4.50	4.62	4.66	22.90	3.51

交联度/%	Zn^{2+}	Co^{2+}	Cu^{2+}	Mn^{2+}	Ni^{2+}	Ca^{2+}	Sr^{2+}	Pb^{2+}	Ba^{2+}
4	3.13	3.23	3.29	3.42	3.45	4.15	4.70	6.56	7.47
8	3.47	3.74	3.85	4.09	3.93	5.16	6.51	9.91	11.5
16	3.78	3.81	4.46	4.91	4.06	7.27	10.10	18.0	20.8

离子交换反应是在树脂颗粒内外部表层上的功能基进行的，因此要求树脂溶胀后有一定的孔度、孔道（一般要比扩散离子大 3~5 倍），以便于离子的进出反应。无机离子的水化半径一般在 1nm 以下，凝胶树脂溶胀态下的孔径在 2~4nm，所以无机离子容易进出，交换选择性遵循前面所述的规律。对于有机大分子的离子交换却有 2 种对立的影响，一种是选择性的影响，即膨胀度增大时树脂交换容量减小、K 值减小；另一种是"空间效应"（空间位阻）的影响，即膨胀后树脂的孔度、孔径达不到大离子自由进出的空间要求，树脂的交换容量很小（仅表面交换），但在降低交联度、提高膨胀度后，适应了离子进出交换的空间要求，K 值反而明显增大即交换容量增大，此时"空间效应"占主导地位，交换容量随膨胀度的增大而增加。然而当膨胀度增大到一定值时，树脂内部为适应大分子进出所达到的变化程度不大，此时"空间效应"不再占主导地位而选择性影响起主要作用，交换容量也就随膨胀度的增大而减小，于是出现了有最高点的曲线（图16-14）。

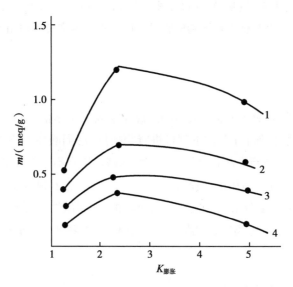

1—0.1mol/L HCl；2—0.25mol/L HCl；3—0.5mol/L HCl；
4—1.0mol/L HCl。

m—对土霉素的吸附量，meq/g。

图 16-14　磺酸基树脂 CBC 从 HCl 溶液中
吸附土霉素的量与树脂膨胀度的关系
注：原溶液中，土霉素的浓度为 0.4mg/ml。

提高树脂交联度使树脂具有分离大分子离子和无机小离子的能力，这种方法叫"离子筛"法。在链霉素、庆大霉素、去甲万古霉素的生产中，利用高交联度的 $1×14$ 树脂除 Ca^{2+}、Mg^{2+}，就能得到降低灰分和减少抗生素损失的效果。

五、树脂和交换离子之间的辅助力

无机离子的交换常数多在 1~10；而在有机离子交换时发现分子量越大，交换常数亦越大，甚至高达数百到数千（表 16-7），这种现象单纯用静电吸着力无法解释，实际上是存在着一些辅助力。

氢原子具有和其他原子不同的特点，即当它交出唯一的电子构成键后便成为无电子的原子核状态，没有电子的氢原子因此不被其他原子或离子的电子层所排斥，相反地更容易被吸引，这就使氢原子能趋近其他原子并和它们的电子相互作用。例如氢原子和负电性很强的 N、O、S 等原子很容易形成氢键。有学者提出，四环素族抗生素分子中的酰胺基上的 H 和磺酸树脂的功能基—SO_3H 上的氧易形成氢键，所以 K 值明显增大。CamcoHob 亦认为含—SO_3H、—$PO(OH)_2$ 功能基的阳离子交换树脂之所以能吸着青霉素阴离子，并非离子交换作用，而是青霉素的肽基团和树脂功能基的氧原子之间生成氢键的结果。

尿素是一种中性物质，因能形成氢键，常用来破坏蛋白质中的氢键，所以尿素溶液很容易将青霉素从磺酸树脂上洗脱下来。

除氢键外，树脂与被交换离子间也存在着范德华力。例如骨架内含有脂肪烃、苯环和萘环的树脂，它们对芳香化合物的吸着能力依次相应增强；酚 - 磺树脂对一价季铵盐类阳离子的亲和力随离子的水化半径增大而增加，这种现象与无机离子的交换情况相反，这是由于吸着大分子时起主导作用的是范德华力而不是静电力。

一些研究工作还表明，树脂吸着大离子后，在被吸着离子间相互存在着辅助力，树脂上吸着的大离子越多，辅助力亦越大。

六、有机溶剂的影响

离子交换树脂在水和非水体系中的行为是不同的。有机溶剂的存在会使树脂收缩、结构变紧密、降低吸着有机离子的能力而相对地提高吸着无机离子的能力,原因有两个:①有机溶剂使离子的溶剂化程度降低,易水化的无机离子降低程度大于有机离子;②有机溶剂会降低物质的电离度,对有机物的影响更明显。这 2 种因素都导致当体系中存在有机溶剂时不利于有机离子的吸着。利用这个特性,常在洗涤剂中加适当的有机溶剂来洗脱难洗脱的有机物质。例如金霉素对 H^+ 或 Na^+ 的交换常数很大,用盐或酸很难洗脱,在 95% CH_3OH 溶液中交换常数降到 1/100,因此用 $HCl-CH_3OH$ 溶液就能较容易地进行洗脱。

第五节　大孔离子交换树脂

20 世纪 60 年代,在凝胶型离子交换树脂(gel ion exchange resin)的基础上开发了一个新品种——大孔离子交换树脂,又称"大网络树脂(macroreticular resin)",它的发明和应用大大拓展了离子交换技术。大孔离子交换树脂和大孔吸着剂(macroporous adsorbent)具有相同的骨架,在合成大孔吸着剂后再引入化学功能基便可制成大孔离子交换树脂。

普通凝胶型离子交换树脂具亲水性,含有水分,呈溶胀状态,分子链间距拉开,形成"孔隙",这种"孔隙"孔径很小,一般在 2~4nm,称为微孔。它随外界条件的变化而变化,且失水后孔隙闭合消失,由于是非长久性、不稳定性的,所以称为"暂时孔"。因此凝胶型离子交换树脂在干裂或非水介质中没有交换能力,这就限制了离子交换技术的应用。在水介质中,凝胶型离子交换树脂吸着有机大分子比较困难,而且有的被吸着后亦不容易洗脱,产生不可逆的有机"污染"使树脂交换能力下降。降低交联度,使"孔隙"增大,交换能力和抗有机污染有所改善,但交联度下降,机械强度相应降低,易造成树脂破碎,严重的根本无法使用。使用大孔离子交换树脂可避免或减少上述缺点。

大孔离子交换树脂的基本性能和凝胶型离子交换树脂相似,但其"孔隙"是在合成时由于加入惰性的致孔剂,待网络骨架固化和链结构单元形成后,用溶剂萃取或水洗蒸馏将致孔剂去掉,就留下了不受外界条件影响的孔隙,因此叫"永久孔",其孔径远大于 2~4nm,可达到 100nm 甚至是 1 000nm 以上,故称"大孔"。由于大孔对光线的漫反射,从外观上看大孔离子交换树脂呈不透明状,而凝胶型离子交换树脂则呈透明状。在大孔离子交换树脂制备中致孔剂主要有 3 种化合物:①能与单体互溶而不能使聚合物溶胀的不良溶剂,如 C_4~C_{10} 的醇、庚烷、异辛烷、烷烃酯。最常用的是 200 号溶剂汽油。②和单体互溶并能溶胀共聚物的良溶剂,如甲苯、乙苯、二氯乙烷、四氯化碳等。③高聚物,如聚苯乙烯、聚丙烯酸酯等。以聚苯乙烯较常用,其分子量是影响永久孔隙度的重要因素。

用良溶剂致孔,孔径较小,比表面积较大;用不良溶剂致孔,孔径较大,比表面积较小;用聚苯乙烯致孔,孔径更大,比表面积更小。因此合成大孔共聚物时可以通过选择交联度、致孔剂种类和搭配(配成混合致孔剂)人为地调控合成所需要的大孔离子交换树脂。

大孔离子交换树脂的孔结构、孔径分布以及和凝胶型离子交换树脂孔结构、物理性质的比较见表 16-12、图 16-15 及表 16-13。

和凝胶型离子交换树脂相比,大孔离子交换树脂有以下特点:①交联度高,溶胀度小,有较好的理化稳定性。②有较大的孔度、孔径和比表面积,给离子交换提供良好的接触条件,交换速度快,有较好的抗有机污染性能;其永久性孔隙在水化作用时起缓冲作用,而胀缩时不易破碎。③适于吸着有机大

表 16-12　大孔离子交换树脂和凝胶型离子交换树脂的相关参数

树脂类型		比表面积 / （m²/g）	平均孔径 / nm	孔径（范围①）/ nm	假密度 / (g/ml)	骨架密度② / (g/ml)	孔体积③		总交换容量 / (meq/g)	水分 / %
							ml/ml 树脂	ml/ml 树脂		
大孔离子交换树脂										
Amberlite	200	54.8	10	60~300	0.982	1.527	0.357	0.363	4.8	49
Amberlyst	XN-1005	125.5	8	20~400	0.795	1.359	0.416	0.523	3.5	44
Amberlite	IRA-93	32.4	37.5	170~750	0.576	1.096	0.475	0.826	4.8	50
Amberlite	IRA-900	18.4	17.5	140~220	0.891	1.135	0.216	0.242	4.4	62
Amberlite	IRA-904	46.9	37.5	210~1 200	0.555	1.114	0.502	0.906	2.6	60
Amberlite	IRA-911	71.3	8	70~300	0.836	1.237	0.324	0.388	2.7	44
Amberlite	IRC-50	1.8	80	200~2 000	1.263	1.369	0.171	0.152	10.2	45
凝胶型离子交换树脂										
Amberlite	IR-120	<0.1	无	无	1.463	1.488	0.003	—	4.6	46
Amberlite	IRA-401	<0.1	无	无	1.136	1.313	0.004	—	4.0	56

注：①指孔体积的 5.0%~95.0% 范围的孔径；②即真密度，指骨架本身的密度，不包括颗粒内部结构孔隙；③由假密度和骨架密度计算而得。

—表示无法获得。

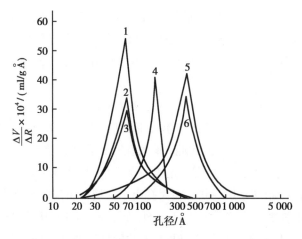

1—Amberlite 200；2—Amberlyst XN-1005；3—Amberlite IRA-911；
4—Amberlite IRA-900；5—Amberlite IRA-904；6—Amberlite IRA-93。

图 16-15　大孔离子交换树脂的孔径分布

表 16-13　大孔离子交换树脂与凝胶型离子交换树脂的孔结构、物理性质比较

树脂类型	交联度 / %	比表面积 / （m²/g）	孔径 / nm	孔隙度 ml 孔隙 /ml 树脂	外观	孔结构
大孔离子交换树脂	15~25	25~150	8~1 000*	0.15~0.55	不透明	大孔、凝胶孔
凝胶型离子交换树脂	2~10	<0.1	<30	0.01~0.02	透明（或半透明）	凝胶孔

注：*美国 AIR-93 的孔径达到 2 500~25 000nm。

分子和非水体系中的离子交换,容易进行功能基反应,在有机反应中可作催化剂。④流体阻力小,工艺参数比较稳定。

大孔离子交换树脂亦有装填密度小、体积交换容量小、洗脱剂占用量多以及价格高和一次性投资较大等缺点,因此并不能全部取代凝胶型离子交换树脂。

第六节　树脂和操作条件的选择及应用实例

一、树脂和最适操作条件的选择

在离子交换法中,树脂的种类、功能基离子形式、交换容量、膨胀度、使用寿命等的选定都是应用中必须考虑的因素,对非离子化的抗生素来说,不宜采用离子交换树脂而宜采用大孔吸着剂提取。对于多数能离子化的生物活性物质可考虑采用离子交换树脂提取。具体选择时的通则如下。

（一）根据离子的性质、电荷强弱及洗脱的难易来选择树脂

1. 不同的生物活性物质需使用不同的离子交换树脂　带正电荷的碱性生物活性物质用阳离子交换树脂,带负电荷的酸性生物活性物质用阴离子交换树脂。强碱性和强酸性生物活性物质宜选用弱酸性和弱碱性树脂而不使用强酸性和强碱性树脂,这是因为强酸性、强碱性树脂和强碱性、强酸性生物活性物质结合不易洗脱,而弱酸性、弱碱性树脂和强碱性、强酸性生物活性物质结合既能吸着且容易洗脱。另外弱酸性、弱碱性树脂较强酸性、强碱性树脂又有交换容量大、节约再生剂的优点。对弱碱性和弱酸性生物活性物质则需用强酸性和强碱性树脂,若用弱酸性和弱碱性树脂则吸着后容易水解,使吸着能力降低。

2. 树脂可交换离子的型式　可供使用的阳离子交换树脂有酸型（氢型）和盐型（Na⁺、K⁺等）,阴离子交换树脂有碱型（羟型）和盐型等。一般来说,为使树脂可交换离子解离以提高吸着能力,弱酸性和弱碱性离子交换树脂应采用盐型,而强酸性和强碱性离子交换树脂则根据用途任意使用。对于在酸、碱性条件下易被破坏的生物活性物质,亦不宜使用氢型或羟型树脂。

3. 树脂的体积交换容量和使用寿命　在工业化生产中这些因素关系到工艺技术的可行性、设备生产能力和经济效益。因此必须尽可能选用体积交换容量大、选择性好、使用寿命长的树脂,对生物活性物质的提取主要选择交联度、孔度、比表面积适中的树脂。交联度小、溶胀度高的树脂有装填量小、机械强度差、设备罐批产量少、寿命短等缺点;反之,交联度大、结构紧密的树脂,难于交换大分子,生产能力差,用前要综合考虑。

（二）最适工艺条件的选择

1. 溶液交换时的pH　选择的pH应满足生物活性物质能离子化、树脂功能基能离子化及在生物活性物质稳定的pH范围内等条件。

2. 洗涤剂　饱和后的树脂要选择合适的洗涤剂如水、稀酸、盐或其他络合剂等洗净交换废液及夹带的杂质。所用的洗涤剂应能使杂质从树脂上洗脱下来,而不会使有效组分洗脱下来,也不应和有效组分产生化学反应。如吸着链霉素后的饱和树脂不能用氨水洗涤,因为NH₄⁺和链霉素反应生成毒性很大的链霉二糖胺,亦不能用硬水洗涤,因为水中的Ca^{2+}、Mg^{2+}被羧酸树脂吸着而置换链霉素,生产上目前使用的是软水。

3. 洗脱条件的选择　洗脱过程是吸着的逆过程,因此洗脱条件一般和吸着条件相反。如酸性吸着应碱性洗脱,碱性吸着应酸性洗脱。洗脱流速一般为吸着流速的1/10。为防止洗脱过程中的pH变化过大,可选用缓冲液洗脱剂。有时使用含有机溶剂的洗脱剂可提高洗脱效果。

二、应用实例

（一）链霉素的提取

链霉素为一强碱性抗生素,在 pH 4~5 时稳定,强酸性离子交换树脂虽可吸着但很难洗脱,故选用弱酸性离子交换树脂。链霉素在 pH>8 和 pH<4 时不稳定。氢型弱酸性离子交换树脂在酸性溶液中不起交换作用,故采用钠型弱酸性离子交换树脂吸着。吸着前用水稀释发酵液,目的是提高链霉素高价离子的交换,选择性减少。其他低价杂质离子的吸着量饱和后用大量软水正、反洗涤树脂至流出水澄清,方可洗脱。羧酸树脂和 H^+ 的亲和力很强,用 5% 硫酸即可洗脱完全,采取数罐串联洗脱和提高硫酸浓度的办法可以提高洗脱液浓度,减少杂质含量。图 16-16 为不同浓度盐酸的洗脱曲线。

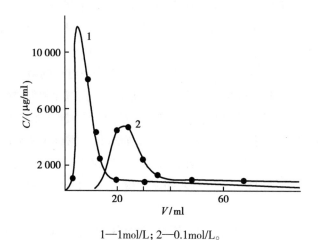

1—1mol/L；2—0.1mol/L。
C—洗脱液浓度；V—流出液体积。

图 16-16   用 HCl 自羧基树脂上链霉素的洗脱曲线

（二）庆大霉素的提取

庆大霉素是由小单孢菌产生的一族氨基糖苷类抗生素的总称,目前临床上用的庆大霉素是 C_1、C_2 和 C_{1A} 三个主要组成的复合物,它们为碱性抗生素。庆大霉素对广泛 pH 及热都稳定,因此采用 1×12 或 1×7 强酸性树脂（氢型、钠型均可）在 pH 7.0~7.5 吸着,饱和树脂先用稀 HCl-NH_4Cl 溶液或 0.02mol/L 氨水洗涤,去除组分杂质及色素,再用无盐水洗至无 Cl^-（避免洗脱时生成 NH_4Cl 灰分含量不合格）,然后用 1mol/L 氨水溶液洗脱,在碱性条件下庆大霉素从阴离子转变为游离碱,故容易完全洗脱。

（三）四环素类抗生素的提取

四环素类抗生素为两性化合物,当 pH<pK_1 时呈正离子,可用磺酸基树脂吸着。在中性条件下,四环素类以不解离的形式存在,此时吸着量很小。氢型磺酸基树脂与一价金属离子的交换常数接近 1,而与金霉素交换时交换常数可达 1 000 以上,可见树脂对四环素类抗生素的吸着选择性较其他一价离子大得多。当树脂由氢型转为钠型时,吸着选择性就减小,例如苯乙烯 - 丁二烯磺酸基树脂吸着四环素,氢型的交换常数为 410,钠型的交换常数仅为 220。

洗脱时如用 H^+、Na^+ 等离子,其交换常数均小于 1,因此很难洗脱,用 HCl-CH_3OH 溶液洗脱情况虽有所改善,但洗脱高峰不集中。土霉素、四环素在碱性条件下较稳定,而且会转变成负离子,因此可以用 NH_4Cl-$NaOH$ 碱性缓冲液作洗脱剂。

在土霉素、四环素的工业生产中,沉淀法较离子交换法更为简便有效,所以除脱色用 122 树脂外,不采用磺酸树脂提取工艺。

（四）青霉素的提取

青霉素为弱酸性抗生素，在溶液中可阴离子化，曾用弱碱性树脂吸着，以进行洗脱，洗脱率仅65%~70%。此法周期长、易染菌。青霉素又是抗生素中较不稳定的化合物，对热、酸、碱及参与微生物代谢的酶都敏感，易被破坏，所以工业上至今没有用树脂法而是用溶剂萃取法提取。

第七节 软水和无盐水制备

纯水几乎不含任何离子，软水含 Na^+ 而不含 Ca^{2+}、Mg^{2+}，普通的井水、自来水等都是含有 Ca^{2+}、Mg^{2+} 的硬水，不能直接供给锅炉和原药生产用水，必须进行软化。软化的方法很多，本节除讨论应用离子交换树脂法制备软水和无盐水外，还介绍离子交换膜电渗析法制备无盐水。

水的硬度通常用度（H）表示，1 度系指 1L 水中含有相当于 10mg CaO 的硬度。

一、软水制备

利用钠型磺酸基树脂除去水中的 Ca^{2+}、Mg^{2+} 等碱金属离子后即可制得软水，其交换反应式为：

$$2RSO_3Na + \begin{cases} Ca^{2+} \\ Mg^{2+} \end{cases}(HCO_3)_2 \longrightarrow (RSO_3)_2 \begin{matrix} Ca^{2+} \\ Mg^{2+} \end{matrix} + 2NaHCO_3$$

失效后的树脂用 10%~15% 的工业盐水再生成钠型，即可重复使用。再生反应式为：

$$RSO_3H + NaX \longrightarrow RSO_3Na + HX \qquad\qquad 式（16-29）$$

$$ROH + HX \rightleftharpoons RX + H_2O \qquad\qquad 式（16-30）$$

式（16-29）中，X 代表阴离子。

国内制软水一般采用磺化煤或 1×7 磺酸基树脂，前者的交换容量小、易破碎，已逐步被淘汰。

二、无盐水制备

（一）阴、阳离子交换树脂组合制备无盐水

是利用氢型阳离子交换树脂和羟型阴离子交换树脂的组合，除去水中绝大部分的离子得到合乎一定质量标准的无盐水（去离子水）。其反应式为：

$$(RSO_3)_2 \begin{matrix} Ca^{2+} \\ Mg^{2+} \end{matrix} + 2NaCl \longrightarrow 2RSO_3Na + \begin{cases} Ca^{2+} \\ Mg^{2+} \end{cases}Cl_2$$

国内的制药系统一般采用强酸性离子交换树脂，阴离子交换树脂则视水质要求不同而采用强碱性离子交换树脂或弱碱性离子交换树脂。弱碱性离子交换树脂的交换容量大、再生剂耗量少，但不能除去磺酸、碳酸等离子，水质劣于用强碱性离子交换树脂制得的水。实际应用时依水质要求和原水质量可选用不同的树脂组合，如采取两个单床串联成的复床组合，可以是强酸 - 强碱组合，亦可以是强酸 - 弱碱组合；水质要求比较高时可采用强酸 - 弱碱 - 强酸 - 强碱或强酸 - 强碱 - 强酸 - 强碱的两次复床组合，效果较好的是采用复床 - 混合床组合。当原水中的重碳酸盐、碳酸盐含量高时，在强酸床或弱碱床后加除气塔，排出 CO_2 以减小后面碱床的负担。

强酸 - 强碱复床制得的无盐水的比电阻为 $6×10^5\ \Omega\cdot cm$。混合床将阳、阴 2 种树脂均匀混合装

填在同一床内,犹如多级复床组合,等于将式(16-29)和式(16-30)合并,反应式可写成:

$$RSO_3H + ROH + MeX \rightleftharpoons RSO_3Me + RX + H_2O \qquad \text{式(16-31)}$$

由式(16-31)可知反应物是水,没有复床中存在的可逆反应和泄漏的离子,因此水质的比电阻可以提高到$2 \times 10^7 \Omega \cdot cm$甚至达到$2 \times 10^8 \Omega \cdot cm$。

应用混合床除盐具有pH变化很小的优点,在链霉素生产中采用1×14磺酸树脂和比重差较大的弱碱性离子交换树脂组成混合床去盐,避免链霉素的酸、碱性破坏,效果很好。

图16-17为混合床操作图解:混合床的操作比固定单床复杂,见图16-17。操作说明如下:(a)制水;(b)制水结束,用水逆流冲洗,利用2种树脂的比重差分层,阳离子交换树脂在下、阴离子交换树脂在上;(c)上、下部同时分别通入碱、酸再生剂再生,废液自中间排出;(d)洗涤;(e)再生结束,下部通入空气搅拌,使2种树脂充分混匀备用。

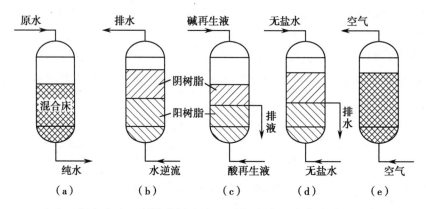

(a)—制水;(b)—树脂分层;(c)—再生;(d)—洗涤;(e)—混合。

图16-17 混合床的操作

(二)电渗析制备无盐水

1. 离子交换膜　将离子交换树脂制成薄膜的形式就得到离子交换膜,它们的性质基本上是相似的。和离子交换树脂一样,按功能团不同,离子交换膜可以分为阳离子交换膜和阴离子交换膜。前者(阳离子交换膜)能交换或渗过阳离子,后者(阴离子交换膜)则能交换或渗过阴离子。

按构造组成,离子交换膜又可以分为异相膜和均相膜2种。异相膜系将离子交换树脂磨成粉末,借助于惰性黏合剂(如聚氯乙烯、聚乙烯或聚乙烯醇等),由机械混炼加工成膜,粉末之间充填着黏合剂,因此膜的组成是不均匀的。均相膜系以聚乙烯薄膜为载体,首先在苯乙烯、二乙烯苯溶液中溶胀,并以偶氮二异丁腈为引发剂,在加热、加压条件下,在聚乙烯主链上接枝聚合而生成交联结构的共聚体。然后用浓硫酸作磺化剂制得阳离子交换膜;用氯甲醚使共聚体氯甲基化,再经胺化而得阴离子交换膜。异相膜的电阻较大,电化学性能比均相膜差,机械强度较好。在水处理中一般都用异相膜。除了上述2种膜外,近年来又生产了1种新产品——半均相膜,这种半均相膜已在国内生产,在抗生素工业中亦有试用。

离子交换膜在电渗析中的应用主要在于它具有选择透过的性能,即阳离子交换膜能透过阳离子(不能透过阴离子),而阴离子交换膜能透过阴离子(不能透过阳离子)。将阳离子交换膜浸入溶液中,如膜上的阳离子和溶液中的阳离子不同,则发生离子交换;如膜上的阳离子和溶液中的阳离子相同,则由于膜的骨架带强的负电荷,因此只有阳离子能进入膜内,而阴离子则被排斥在膜外。当然这种排斥也不是绝对的,当外部溶液较浓时,也有少量阴离子能进入膜内。膜内外离子浓度的分配服从于道南(Donnan)平衡,当在膜的两侧通上电流时,则阳离子能透过阳离子交换膜而趋向阴极,阴离子

则受阻而留在溶液中。以食盐电解槽为例,见图 16-18,阳极室产生氯气:

$$Cl^- \longrightarrow \frac{1}{2}Cl_2 + e$$

阴极室产生氢气:

$$H_2O + e \longrightarrow OH^- + \frac{1}{2}H_2$$

钠离子穿过阳离子交换膜到阴极室而形成 NaOH:

$$Na^+ + OH^- \Longleftrightarrow NaOH$$

而氯离子则不能扩散到阴极室,因此可以得到低盐分的氢氧化钠。这种离子交换膜优于一般食盐电解槽使用的石棉隔膜。

2. 电渗析制备无盐水的原理　　电渗析制备无盐水的原理以三槽电渗析池为例(图 16-19)来说明。如果开始时三槽中都有氯化钠溶液,则当通直流电流后,中间的 Cl^- 通过阴离子交换膜(阴膜),趋向阳极,在阳极上发生电极反应产生 Cl_2;中间室的 Na^+ 通过阳离子交换膜(阳膜),趋向阴极,在阴极上发生电极反应,产生 H_2 和 NaOH。这样通电的结果,中间的氯化钠越来越少,而得到无盐水。

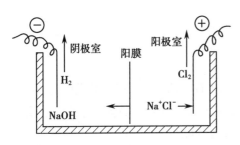

图 16-18　离子交换膜用于食盐电解

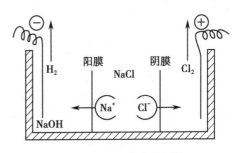

图 16-19　三槽电渗析池

和通常用离子交换树脂制备无盐水不同,用离子交换膜时不需要再生,脱盐系连续地靠电能来实现的。因而操作方便,节省酸、碱用量,避免排放大量废酸、废碱,有利于环境的整治。

在三槽电渗析池中,电极反应消耗电能很大。为节省电能,工业上多用多槽式装置。因为电极反应所消耗的能量,不论层数多少都为定值,故工业上电渗析装置多由几百对膜组成。目前某些抗生素工厂已采用渗析制备无盐水,例如在头孢菌素的生产中使用。

(三)有机物污染问题

离子交换树脂的交换作用是在整个树脂的多孔结构内部的功能基上进行的,离子必须扩散进入树脂内部,到达功能基,才能进行离子交换。如果孔径被杂质堵塞、功能基被屏蔽,必然要影响树脂的交换能力。水源若为泉水或深井水,通常不含有机物,可直接用于制水;水源若为江、河、湖等地表水,含有大量有机杂质,主要为腐殖酸(humic acid)和富里酸(fulvic acid)两类,都是分子量较大的有机物,一旦经阴离子交换树脂吸着,便结合牢固,污染及表现为淋洗水耗量增大,水质和出水量下降甚至导致树脂失效。

阴离子交换树脂被有机物污染后,可用 10%NaCl+(1%~2%)NaOH 再生,NaOH 能使有机物在碱性条件下解离和扩散移动,能去除色素,每个月处理 1 次,虽不能使树脂复原,但可以作为经常性保护措施,有良好的效果。对中毒较深的树脂,一般用有效氯 1%~2%NaOCl 的盐水浸泡 12~24 小时,可使污染成深褐色甚至黑色的树脂恢复到原色,但此法只在其他方法都无效时才使用,因为 NaOCl 对树脂是有氧化破坏作用的。

除选用大孔树脂、均孔树脂等抗有机污染性能较好的树脂外,采用高效再生树脂也是解决途径之一。交联的丙烯酸酯经胺解即酰胺化后制得的丙烯酸系阴离子交换树脂,特别是季铵化后亲水性大,对水中污染物的吸着能力较小,容易洗脱而且作用速度快,交换容量大。如上海树脂厂生产的702、703 树脂和 732 阳离子交换树脂配合已在制备高纯水中应用。

第八节　离子交换法分离蛋白质

生物工程的发展在近年来达到惊人的程度,故生物工程产品的分离与纯化也成为一个重要的课题。以固定床操作及色谱操作的离子交换技术是生物工程产品重要的分离方法之一。与凝胶过滤法、分配色谱法、亲和色谱法及电泳法等相比,离子交换法最主要的优点是具有较大的交换吸着容量及分离容量,也就是说处理量最大,洗脱的控制条件最精确。

虽然从 20 世纪 60 年代开始蛋白质的分离和纯化已经应用了离子交换色谱法,但 20 世纪 80 年代以来随着人们对高纯度蛋白质的需求日益增长,离子交换色谱法才得到了高速发展。这种方法不仅用于工业规模的制备,还用于分析测定蛋白质。这种分离和纯化蛋白质的方法成功的关键在于作为物质基础的适用于蛋白质分离纯化的离子交换剂的获得,以及作为理论基础的蛋白质的离子交换平衡及动力学研究的进展。

一、蛋白质的离子交换平衡及动力学

（一）蛋白质的离子交换平衡方程式

蛋白质与离子交换剂之间的相互作用是十分复杂的,不仅仅依靠离子间的静电引力,还有氢键、疏水作用、范德华力等。本章第三节已叙述过离子交换过程可以看作可逆的多相化学反应,是按化学当量关系进行的。考虑到蛋白质与无机离子的差别,需做适当修改。

蛋白质的质量作用定律假定,电荷数为 Z 的蛋白质 P 以 Z 个相同的键与具有相反符号电荷的 Z 个交换剂的固定交换位置相结合,同时从离子交换剂上取代了 Z 个一价反离子 C,忽略质子及同离子的影响,可计算出交换反应的选择系数 K_S。

$$K_S = \frac{\overline{m_P}}{m_P}\left(\frac{m_C}{\overline{m_C}}\right)^Z \qquad 式（16\text{-}32）$$

式（16-32）中,m_P 和 m_C 分别表示蛋白质和离子的浓度,浓度符号上的横线表示交换剂相,没有横线表示溶液相。式（16-32）在形式上与无机离子没有差别,实际上,差别主要反映在 Z 的意义及数值上。因为不但蛋白质有相当大的体积和一定的形状,而且离子交换剂也有一定的"地形"以及其上的固定交换位置分布不均匀,所以蛋白质的净电荷并没有全用来与交换剂相结合,交换剂上也有一部分固定位置并不与蛋白质生成键。因而在同一交换剂上,同一蛋白质的价键数是不相同的,式（16-32）中的 Z 值是指平均值。

（二）蛋白质的离子交换动力学

前面已讨论过离子交换反应速度和粒内的互扩散系数。一般说来,通常测到的是蛋白质在离子交换剂中浓度很低的情况下的互扩散系数。与无机离子一样,互扩散系数不是一个常数,是随交换剂的组成而改变的。与无机离子相比,蛋白质的互扩散系数的复杂性来源于蛋白质的体积大、扩散速度慢,还有筛分效应;蛋白质在不同的 pH 条件下可以带有不同数目及符号的电荷,蛋白质与离子交换剂之间有可能形成氢键等弱键;同时存在的无机盐对蛋白质和交换剂的电荷有屏蔽作用。因此,蛋白质在离子交换剂内的扩散要复杂得多。

二、适用于分离纯化蛋白质的离子交换剂

（一）分离纯化蛋白质的离子交换剂的特殊性能

蛋白质是高分子量化合物，它的体积比无机离子大得多；蛋白质是带有许多可解离基团的多价的两性电解质，在不同的 pH 条件下可以带有不同数目的正电荷或负电荷；蛋白质有四级结构，只有在温和条件下才能维持高级结构，否则将遭到破坏而变性。因此，除一般树脂具备的性能外，适用于蛋白质分离纯化用的树脂还需有特殊的性能。

1. 亲水性　一些亲水性的大分子骨架如多糖类、纤维素、聚丙烯酰胺等高聚物均含有大量的亲水基团，在水中可充分溶胀而成为"水溶胶"类物质。

2. 孔度　必须具备均匀的大网结构，以容纳大体积的蛋白质。

3. 电荷密度　高电荷密度和高交联度不仅使蛋白质的吸着容量减小，而且可能使其发生空间构象变化而导致失活变性。同时由于结合较牢固，难以洗脱造成不可逆性吸着。因此，必须有适当的电荷密度才有利于对大分子分离。

4. 粒度　粒径越小，理论塔板值越高，分辨率也越高，一般分为粗、中粗、细、超细等不同规格。粒径越均匀越能提高柱效，增大分离容量，而大分子专用树脂的粒径分布范围尽可能要小。

5. 纯度　根据应用目的不同对树脂纯度的要求也不同，依据不同的纯度标准，可分以下几类：①工业级；②分析级；③生物级；④分子生物级。此外，还有色谱级及高效液相色谱级，要求粒径均一为重要特征。

（二）常用的树脂种类及牌号

1. 多糖类　以多糖为母体的离子交换剂是经典的分离生物大分子的材料。纤维素、交联葡萄糖、交联琼脂糖树脂均为具有网状结构的亲水性骨架，可允许生物大分子透过而不发生变性。

（1）纤维素骨架：具有松散的亲水性网络，有较大的表面积及较好的通透性，交换容量通常为 0.2~2mmol/g，主要型号有 DEAE-Sephacel、Cellex D、DEAE 基、Cellex P、Cellex CM、CM 基。

（2）交联葡聚糖：主要牌号为 Sephadex。交联葡聚糖凝胶上引入 DEAE-、QAE-、CM-、SP- 等功能基成为强酸、强碱、弱酸、弱碱 4 类离子交换树脂。

（3）交联琼脂糖：琼脂糖凝胶是由精制过的琼脂糖经交联制备而成的（表 16-14）。

表 16-14　琼脂糖离子交换树脂的性能

牌号	功能基	交换容量 /（mmol/ml）	血红蛋白的吸着量 /（mg/mol）
DEAE-Sepharose CL-B	$—OC_2H_4N(C_2H_5)_2$	0.15 ± 0.02	110
CM-Sepharose CL-6B	$—O—CH_2—COOH$	0.12 ± 0.02	—
DEAE Bio-GelA	$—O—C_2H_4N(C_2H_5)_2$	0.02 ± 0.005	45 ± 10
CM Bio-GelA	$—O—CH_2—COOH$	0.02 ± 0.005	45 ± 10

2. 聚乙烯醇类　这类树脂的骨架为聚乙烯醇亲水多孔骨架，聚乙烯醇经交联后得到不溶的母体。其网状结构具有分子筛作用，除优良的机械强度外，还有抗微生物腐蚀的优点，易于保存，这是糖类树脂所不及的。

3. 聚丙烯酸羟乙酯类　由甲基丙烯酸乙酯与双甲基丙烯酸乙二醇酯共聚而成的大孔珠体的离子交换树脂。

4. Mono 系离子交换树脂　这是新型的,具有粒径均匀及耐高压的优良性能,由 Pharmacia-LKB 公司生产,适用于高效液相色谱填料,但价格昂贵。大规模生产上应用的 Sepharose FF 其交联度更高,能使机械强度增大,能在较高的流速下应用,FF 表示快速(fast flow)之意。

三、应用实例

(一)血清蛋白的 DEAE 纤维素柱色谱

将适量的干 DEAE 纤维素用蒸馏水洗涤 3 次,相继用下列溶液洗涤:0.5mol/L NaOH- 蒸馏水 –0.3mol/L NaH_2PO_4- 蒸馏水 –0.5mol/L NaOH- 蒸馏水 –0.005mol/L Na_2HPO_4。装柱,血清蛋白上样(从柱床的顶端加入,不使纤维素搅动),然后以缓冲液梯度洗脱,各活性蛋白质的含量于 280nm 处读数。

血清蛋白也可在磷酸纤维素(phospho-cellulose)柱上分级分离;或在 CM 纤维素柱上分级分离;或在 DEAE 葡聚糖凝胶柱上分级分离。

(二)从大肠埃希菌周质中高效提取重组人生长激素(hGH)

经硫酸铵分级沉淀得到的溶液用 DEAE-Sepharose 快流阴离子交换和第二次凝胶过滤色谱进行再分离。从 Sephacryl S-100 洗脱下来的溶液含有 hGH 单体的混合物,上 DEAE-Sepharose 快流柱(已用 0.01mol/L 乙酸铵,pH8.0,0.05mol/L 氯化钠缓冲液平衡至少 2 个柱体积)。线性梯度在 2.5 小时内以 200ml/h 的速度将氯化钠的浓度增加到 0.2mol/L。从 DEAE-Sepharose 快流分离得到的含有 hGH 的成分再上 Sephacryl S-100 柱分离。

上述溶液用阴离子交换色谱 Q-Sepharose 快流(Q-FF)和疏水交换树脂 Phenyl-Sepharose CL-4B(Phenyl-CL 4B)进一步纯化。

思 考 题

1. 掌握下列基本概念:离子交换、离子交换树脂、两性树脂、蛇笼树脂、等孔树脂、螯合树脂、交换容量、膨胀度(视膨胀率)、交联度、视密度、孔度、孔径、比表面积、内部扩散控制、外部扩散控制、漏出点、离子的水化半径、大网络树脂、混合床。

2. 离子交换法有什么特点?

3. 离子交换树脂的分类方法主要有哪 4 种?

4. 按活性基团分类离子交换树脂可分为哪几种类型?试各举例说明之。

5. 试比较 4 种类型的树脂的性能。国产离子交换树脂命名的分类代号原则是什么?

6. 影响树脂膨胀度的因素有哪些?

7. 为什么说离子交换过程可以看作可逆的多相化学反应?以三价链霉素离子与一价钠离子为例,说明其怎样进行等价离子交换。

8. 离子交换过程包括哪 5 个步骤?

9. 影响离子交换速度的因素有哪些?

10. 工业生产中为保证树脂可被抗生素完全饱和,往往采用几根层析柱串联的形式,试以离子在床中的运动规律阐述之。

11. 讨论影响离子交换过程选择性的各种因素。

12. 和凝胶型离子交换树脂比较,大孔离子交换树脂有哪些特点?

13. 阐述制备无盐水的方法。举例说明阴、阳离子交换树脂组合制备无盐水、离子交换膜电渗析法制备无盐水。

14. 适用于蛋白质分离纯化的树脂还需有哪些特殊的性能?

15. 举个实例说明离子交换色谱法在蛋白质分离、纯化中的应用。

第十六章
目标测试

（生举正）

第十七章

吸附分离法

第十七章
教学课件

学习目标

1. **掌握** 物理吸附与化学吸附的特点；吸附力的本质；影响吸附过程的因素；大孔树脂的分类及其分离过程。
2. **熟悉** 影响大孔树脂分离效果的主要因素；大孔树脂在微生物药物分离中的应用。
3. **了解** 硅胶、活性炭和氧化铝的分离方法及其应用。

吸附分离法（absorption separation），也常被简称为吸附法，是利用适当的吸附剂（adsorbent），在一定的 pH 条件下，吸附生物样品中的生物药物，然后再以适当的洗脱剂将吸附的药物从吸附剂上解吸下来，达到浓缩和提纯的目的。

吸附剂按其化学结构可分为两大类：一类是有机吸附剂，如活性炭、淀粉、聚酰胺、纤维素、大孔吸附树脂等；另一类是无机吸附剂，如白土、氧化铝、硅胶、硅藻土、碳酸钙等。在生物制药工业生产中常用的吸附剂有活性炭、白土、氧化铝、硅胶、大孔吸附树脂等。

早期青霉素的提取、链霉素的精制、维生素 B_{12} 的提取和精制、林可霉素的分离、庆大霉素的精制、大环内酯类抗生素的分离和纯化、氨基酸发酵的脱色等都需分别用活性炭、酸性白土、氧化铝、弱酸性离子交换树脂和大孔吸附树脂等进行吸附。在新抗生素的筛选中，吸附法的应用也很广泛。

吸附法具有以下特点：①可不用或少用有机溶剂；②操作简便、安全、设备简单；③生产过程中的 pH 变化小，适用于稳定性较差的微生物药物。但吸附法选择性差，收率不高，特别是无机吸附剂性能不稳定，不能连续操作，劳动强度大，活性炭等吸附剂影响环境卫生，所以曾有一段时间吸附法几乎已被其他方法所取代。但随着大孔吸附树脂的合成和发展，吸附法又重新被生物制药工业所重视和应用。

第一节 吸附过程的理论基础

一、基本概念

吸附是指当固体（或液体）处于气体或液体中时，气体或液体中的某些成分在固体（或液体）表面富集但并不进入固体（或液体）内部的现象。

吸附是一种界面现象，固体或液体中的分子或原子都是处在其他分子或原子的包围之中，分子或原子之间的相互作用是均等的。但在界面上的分子同时受到不相等的两相分子的作用力，因此界面分子的力场是不饱和的、不对称的，作用力总和不等于零，合力方向指向固体内部（图 17-1），吸附就是由这种剩余力所引起的。吸附力可以是静电力，即表面分子带正（或负）电荷的部分与其他分子带负（或正）电荷的部分相互吸引；也可以是氢键吸附，即连接在氧、氮等原子上的氢原子，出现容易裸露的、带正电荷的原子核与其他分子中电负性比较强的氧、氮等原子互相吸引，形成氢键。即使是表面上的非极性分子，在某些因素的扰动下也会产生瞬时偶极矩，从而引起互相吸引。

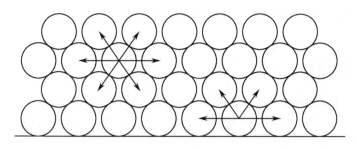

图 17-1　界面上分子和内部分子所受的力

二、吸附的类型

按照吸附剂和吸附物之间的作用力不同,吸附可分为 2 种类型。

(一)物理吸附

如果吸附剂和吸附物之间的作用力是通过分子间引力(范德华力)产生的,这种吸附作用被称为物理吸附(physical adsorption)。这是最常见的一种吸附现象,它的特点是吸附不局限于一些活性中心,而是整个自由界面都起吸附作用。

分子被吸附后,一般动能降低,故吸附是放热过程。物理吸附的吸附热较少,一般为 $20.9\sim41.8kJ/mol$。物理吸附在低温下也可进行,不需要较高的活化能。物理吸附类似于凝聚现象,因此吸附速度和解吸速度都较快,易达到平衡状态。有时吸附速度很慢,由吸附剂颗粒孔隙中的扩散速度所控制。

物理吸附是可逆的,即在吸附的同时,被吸附的分子由于热运动会离开固体表面,分子脱离固体表面的现象称为解吸。物理吸附可以是单分子层吸附,也可以是多分子层吸附。由于分子间引力的普遍存在,一种吸附剂可吸附多种物质,故物理吸附的选择性较差。但由于吸附物的性质不同,吸附的量有所差别。物理吸附与吸附剂的表面积、孔分布和温度等因素有密切的关系。

(二)化学吸附

所谓化学吸附(chemical adsorption),是固体表面与被吸附物质分子之间相互作用具有化学键性质的一种吸附。化学吸附在吸附剂和吸附物之间有电子的转移,发生化学反应而产生化学键,这种化学键一般是共价键,该键的形成是由于固体表面原子的价未完全被相邻原子所饱和,还有剩余的成键能力,它与通常的化学反应不同,即吸附剂表面的反应原子保留了原来的格子不变。同时化学吸附放出的热量很大,一般在 $418.6\sim4\,186kJ/g$($1kcal\approx4.186kJ$)范围。但化学吸附需要的活化能较高,需在较高的温度下进行。化学吸附的选择性较强,即一种吸附剂只对某种或特定的几种物质有吸附作用。因此化学吸附只能是单分子层吸附,吸附后较稳定,不易解吸,平衡慢。这种吸附与吸附剂的表面化学性质以及吸附物的化学性质直接相关。

物理吸附与化学吸附虽有根本区别,但有时很难严格划分,2 种吸附的比较见表 17-1。

表 17-1　物理吸附与化学吸附的特点

项目	物理吸附	化学吸附
作用本质	范德华力	共价键
吸附力	较小,接近液化热	较大,接近反应热
选择性	几乎没有	有选择性
吸附速度	较快,需要的活化能很小	慢,需要较高的活化能
吸附分子层	单分子或多分子层	单分子层

有些吸附剂主要是高分子吸附剂,兼有物理吸附和化学吸附的双重作用,这对提高吸附分离的能力是十分有利的。

三、吸附力的本质

吸附作用的最根本的决定因素是吸附物和吸附剂之间的作用力,也就是范德华力,它是一组分子引力的总称,具体包括 3 种力:定向力、诱导力和色散力。范德华力与化学力(库仑力)的主要区别在于它的单纯性,即只表现为互相吸引。

在描述质点(原子或分子)的相互作用时,往往用它们的能量 U(即质点彼此分开所必须消耗的功)来表示,因此分子引力的总能量可表示为:

$$U_{范德华} = U_{定向} + U_{诱导} + U_{色散}$$

(一)定向力

它是极性分子之间产生的作用力,由极性分子的永久偶极矩产生的分子间的静电引力称为定向力(orientation force)。

(二)诱导力

极性分子与非极性分子之间的吸引力称诱导力(induction force)。极性分子产生的电场作用会诱导非极性分子极化,产生诱导偶极矩,因此两者之间互相吸引,产生吸附作用。

(三)色散力

非极性分子之间的吸引力称色散力。由于外围电子运动及原子核在零点附近振动,分子正负电荷中心出现瞬时相对位移时,就产生快速变化瞬时偶极矩。这种瞬时偶极矩还能使外围非极性分子极化;反过来,被极化的分子又影响瞬时偶极矩的变化,这样产生的引力叫色散力(dispersion force)。

对于各种物质是不同的,上述各种力的能量大小取决于吸附物的性质。例如固体吸附剂表面的极性如果不均匀而吸附物分子具有永久偶极矩,那么在吸附过程中起主要作用的是定向力,而色散力的能量相对较小;相反,如果吸附物是非极性分子,那么定向力等于零,而在吸附过程中起主要作用的是分子间的色散力。换句话说,在分子间相互作用的总能量中,各种力所占的相对比例是不同的。这种比例主要取决于分子的两个性质,即极性和极化度。极性越大,定向力作用越大;极化度越大,色散力的作用越大,诱导力是次级效应。

(四)氢键力

另一种特殊的分子间作用力是氢键力(hydrogen bond force),它是一种介于库仑力与范德华力之间的特殊定向力,比诱导力、色散力都大。

氢键力是在分子结构中,当 H 原子与电负性较强的 F、O、N 等原子构成共价键时,电子对偏离中心,H 原子显正电性,所以有多余的正电荷能吸附另外一个电负性较强的 F、O、N 等原子,而形成的一种有一定方向性的作用力。

$$
\begin{array}{cccc}
\delta^- & \delta^+ & \delta^- & \delta^+ \\
R{-}O: & H\cdots & O: & H \\
\end{array}
$$

$$\nearrow\!\!\!\!\searrow 氢键$$

$$
\begin{array}{cccc}
\delta^- & \delta^+ & \delta^- & \delta^+ \\
R{-}O: & H\cdots & N: & H \\
& & | & \\
\delta^- \ \delta^+ \ \delta^- & & R' & \\
\end{array}
$$

上式可用 X∶H……Y 表示,显然 X、Y 两种原子的电负性越大,半径越小,H 键就越能形成,作用也就越大,越有利于吸附。

不同元素原子所形成的氢键力大小次序为 FH……F > OH……N > NH……O > NH……N > NC……N。

四、吸附等温线

当固体吸附剂从溶液中吸附溶质达到平衡时,其吸附量与溶液浓度和温度有关。在等温情况下,吸附剂的吸附量与吸附质的浓度的函数关系称为吸附等温线(adsorption isotherm)。由于吸附剂与吸附物之间的作用力不同,吸附剂的表面状态不同,则吸附等温线也相应不同。

Langmuir 首次建立了吸附等温线方程式。在推导吸附等温线方程式时提出下列假定,即吸附是在吸附剂活性中心上进行的,这些活性中心具有均匀的能量,而且相隔较远,因此吸附物分子间无相互作用力;每一个活性中心只能吸附一个分子,即形成单分子吸附层。由于气体吸附和溶液中吸附是相似的过程,可以认为吸附速度应该与溶液浓度 C 和吸附剂表面未被占据的活性中心数目成正比;而解吸速度应该与吸附剂表面被该溶质所占据的活性中心数目成正比。

设 m 为每克吸附剂吸附的溶质量,m_∞ 为每克吸附剂的所有活性中心都吸着 1 个分子时的吸附量(最大吸附量),($m_\infty - m$)为吸附剂空白位置即吸附剂表面未被占据的活性中心数。

则:吸附速度 $= K_1(m_\infty - m)C$,解吸速度 $= K_2 m$

当达到平衡时:$K_1(m_\infty - m)C = K_2 m$

令 $b = K_1/K_2$ 则:

$$m = m_\infty bC/(1 + bC)　　　　　　式(17-1)$$

式(17-1)称为 Langmuir 方程式。当溶液浓度很稀时,$1 + bC \approx 1$,$m = m_\infty bC$ 为直线方程;当浓度很高时,$1 + bC \approx bC$,$m = m_\infty$ 是恒定值。因此在稀溶液中,吸附量与浓度的一次方成正比;而在浓溶液中,吸附量与浓度的零次方成正比;在中等浓度时,吸附量与浓度的 $1/n$ 次方成正比($n>1$)。则公式为:

$$m = K'C^{1/n}　　　　　　式(17-2)$$

式(17-2)中 K' 为常数。式(17-2)恰是 Freundlich 经验方程式。若将(17-2)式取对数,可得:

$$\log m = \log K' + 1/n \log C$$

若以 $\log m$ 对 $\log C$ 作图应得一直线,其斜率为 $1/n$、截距为 $\log K'$,即可求出 n 和 K'。

例如红霉素在 ED-D 型大孔吸附树脂上的吸附等温线服从式(17-2),求得 $K' = 440.6$、$n = 1.376$;而赤霉素在 XAD-2 型大孔吸附树脂上的吸附等温线也服从式(17-2),求得 $K' = 0.86$、$n = 4$。

五、影响吸附过程的因素

固体在溶液中的吸附比较复杂,影响因素也较多,主要有吸附剂的性质、吸附物和溶剂的性质、吸附剂和吸附物的数量关系以及吸附过程的操作条件等。

(一)吸附剂的性质

吸附剂的结构决定其理化性质,理化性质决定吸附效果。一般要求吸附剂的吸附容量大,吸附速度快,机械强度高,容易解吸。吸附容量除外界条件外主要与比表面积有关,比表面积越大,空隙度越高,吸附容量就越大。吸附速度主要与颗粒度和孔径分布有关,颗粒度越小,吸附速度越快,孔径分布适当,有利于吸附物向空隙中扩散。所以要吸附分子量大的物质时,应选择孔径大的吸附剂;反之,要吸附分子量小的物质,则选择比表面积高及孔径较小的吸附剂。极性吸附剂易吸附极性溶质,非极性吸附剂易吸附非极性溶质。例如欲除去废水中的苯酚,现有 Amberlite XAD-4(比表面积为 750m²/g,孔径为 50×10^{-10}m)和 Amberlite XAD-2(比表面积为 330m²/g,孔径为 90×10^{-10}m)2 种非极性大孔树脂,应选择哪种吸附剂更合适? 根据其比表面积和孔径应选择 Amberlite XAD-4 更合适,因为 Amberlite XAD-4 既有大的比表面积,又有足够大的孔径,可供酚分子出入骨架。又如活性炭在水中吸附脂肪酸同系物时,吸附量随酸的碳原子数增加而增加;而吸附剂改为硅胶,介质仍为水,则吸附顺序就完全相反,如丁酸<乙酸<甲酸,这是因为酸性强的优先被吸附,酸性弱的后被吸附。

(二)吸附物的性质

吸附物的性质包括:吸附物的分子结构,吸附物在溶液中的溶解度,吸附物在介质中的解离情况,以及吸附物与溶剂形成氢键的情况。

1. 吸附物的分子结构　一般芳香化合物较脂肪族化合物易吸附;不饱和链化合物较饱和链化合物易吸附;在同系物中,大分子有机化合物较小分子有机化合物易吸附。

2. 吸附物在溶液中的溶解度　溶解度越小越易被吸附。有机化合物引入取代基后,由于其溶解度的改变,则吸附量也随之改变。

3. 吸附物在介质中的解离情况　吸附物若在介质中发生离解,其吸附量必然下降。例如两性化合物的吸附,最好在非极性或低极性介质内进行,这时离解甚微;若在极性介质内吸附,则必须在其等电点附近的 pH 范围内进行。

4. 吸附物与溶剂形成氢键的情况　吸附物若能与溶剂形成氢键,则吸附物极易溶于溶剂之中,这样吸附物就不易被吸附剂所吸附;如果吸附物能与吸附剂形成氢键,则可提高吸附量。

(三)吸附条件

1. 溶剂的作用　单溶剂与混合溶剂对吸附作用有不同的影响。一般吸附物溶解在单溶剂中易被吸附,而溶解在混合溶剂(无论是极性与非极性混合溶剂或者是极性与极性混合溶剂)中不易被吸附。所以一般用单溶剂吸附,用混合溶剂解吸。

2. 溶液 pH 的影响　溶液的 pH 可控制某些化合物的解离度,使溶液中的化合物呈分子状态,有利于吸附。各种溶质吸附的最佳 pH 可通过实验确定。如有机酸类溶于碱、胺类溶于酸,所以有机酸在酸性条件下、胺类在碱性条件下较易被非极性吸附剂所吸附。

3. 温度的影响　吸附热越大,温度对吸附的影响越大。物理吸附一般吸附热较小,温度变化对吸附的影响不大。对于化学吸附,低温时吸附量随温度升高而增加。温度对吸附物的溶解度有影响,吸附物的溶解度随温度升高而增大但不利于吸附;反之则有利于吸附。

4. 其他组分的影响　当溶液中存在 2 种以上的溶质时,根据溶质的性质,可能出现互相促进、互相干扰或互不干扰的情况。一般来说,当存在其他溶质时,往往会引起一种溶质易吸附而另一种溶质的吸附量降低,混合溶质的吸附较纯溶质的吸附效果差。但也有例外,混合溶质反而较单一组分的吸附好。

(四)吸附物浓度与吸附剂用量

一般情况下吸附物浓度大时,吸附量也大。但同时由于杂质的存在,浓度升高后吸附的杂质量也上升,吸附选择性下降。因此在使用吸附法时,为提高吸附选择性,常将料液进行适当稀释。如在用吸附法对蛋白质或酶进行分离时,常要求其浓度在 1% 以下;用活性炭脱色和去热原时,为了避免对有效成分的吸附,往往将料液稀释后再进行。

第二节　大孔吸附树脂

一、大孔吸附树脂的吸附机制

大孔吸附树脂(macroporous adsorption resin)是一种非离子型共聚物,作为吸附剂家族的一员,大孔吸附树脂无论是应用规模还是应用领域均超过了老一代吸附剂。我国南开大学的何炳林教授等早在 1956 年就制成了多孔性阴离子交换树脂，目的是改善树脂的性能。实际上多孔性树脂的合成技术就是吸附树脂的生产基础。

　　大孔吸附树脂能够借助范德华力从溶液中吸附各种有机物质。大孔吸附树脂的吸附能力不但与树脂的化学结构和物理性质有关，而且与溶质及溶液的性质有关。根据"类似物容易吸附类似物"的原则，一般非极性吸附剂适用于从极性溶剂（例如水）中吸附非极性物质；相反，强极性吸附剂适用于从非极性溶剂中吸附极性物质；而中等极性的吸附剂则对上述 2 种情况都具有吸附能力。

　　大孔吸附树脂的吸附作用可用图 17-2 表示。非极性吸附剂从极性溶液中吸附时，溶质分子的疏水性部分优先被吸附，而它的亲水性部分在水相中定向排列［图 17-2（a）］。相反，中等极性吸附剂从非极性溶剂中吸附时，溶质分子以亲水性部分吸着在吸附剂上［图 17-2（c）］；而当它从极性溶剂中吸附时，则可同时吸附溶质分子中的极性和非极性部分［图 17-2（b）］。

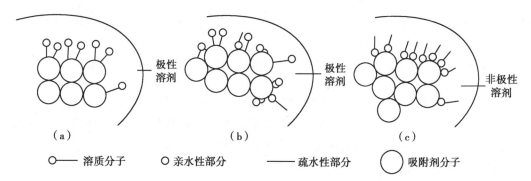

（a）—在极性溶剂中，非极性吸附剂之吸附；（b）—在极性溶剂中，中等极性吸附剂之吸附；（c）—在非极性溶剂中，中等极性吸附剂之吸附。

图 17-2　大孔吸附树脂的吸附作用示意图

二、大孔吸附树脂的类型和结构

　　大孔吸附树脂有许多种，吸附能力和所吸附物质的种类也有区别，但其共同之处是具有多孔性，并具有较大的表面积（主要是孔内的表面积）。几种大孔吸附树脂的结构如图 17-3~图 17-6 所示。

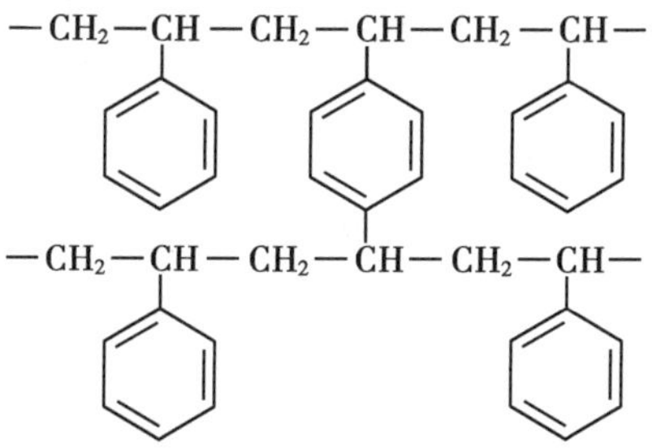

图 17-3　XAD-2,4 的结构

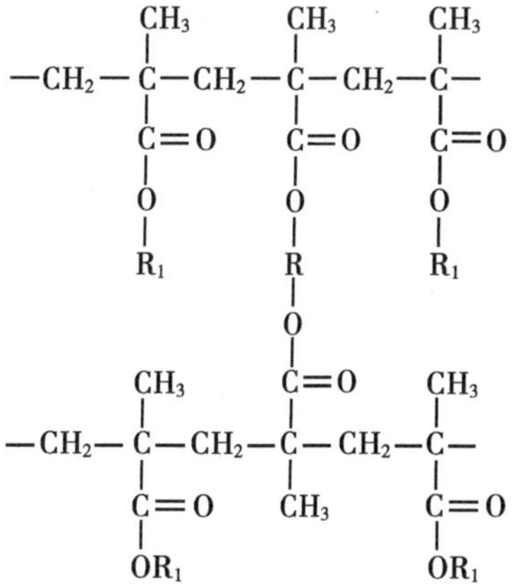

图 17-4　XAD-7 的结构

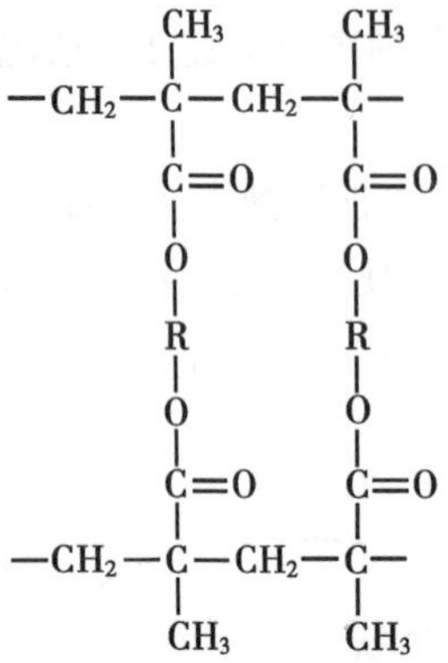

图 17-5　XAD-8 的结构

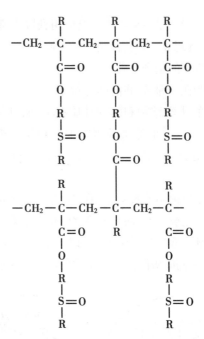

图 17-6　XAD-9 的结构

早期,大孔吸附树脂是根据骨架的极性强弱进行分类的,主要有以下几种。

1. 非极性大孔吸附树脂　由苯乙烯为单体、二乙烯苯为交联剂聚合而成,故称为芳香族大孔吸附树脂或聚苯乙烯 - 二乙烯苯类大孔树脂。此类树脂通常电荷分布均匀,在分子水平上不存在正、负电荷相对集中的极性基团。

2. 中等极性大孔吸附树脂　以具有中等极性的甲基丙烯酸酯作为单体和交联剂聚合而成,也称为脂肪族大孔吸附树脂。

3. 极性大孔吸附树脂　此类树脂含有硫氮、酰胺、氮氧等基团,这些基团的极性大于酯基。

4. 强极性大孔吸附树脂　此类树脂含有最强的极性基团,如吡啶基、氨基等。

一些代表性的大孔吸附树脂的性能指标见表 17-2。

表 17-2　代表性的大孔吸附树脂的性能指标

极性类型	型号	结构	比表面积 /(m²/g)	孔径 /nm
非极性	Amberlite XAD-2	PS-DVB	330	4.0
	Amberlite XAD-3	PS-DVB	526	4.4
	Amberlite XAD-4	PS-DVB	750	5.0
	AB-8	PS-DVB	140	25.0
	X-5	PS-DVB	550	30.0
	H-103	PS-DVB	1 000	10.0
中等极性	Amberlite XAD-6	丙烯酸酯型	498	6.3
	Amberlite XAD-7	丙烯酸酯型	450	8.0
极性	Amberlite XAD-9	亚砜型	250	8.0
	Amberlite XAD-10	丙烯酸酯型	69	35.2
强极性	Amberlite XAD-11	氧化氮型	170	21.0
	Amberlite XAD-12	氧化氮型	25	130
	ADS-7	季铵型	200	25.0

注: PS-DVB 全称为 Poly(styrene-divylbenzene),聚苯乙烯 - 二乙烯苯。

　　按照大孔吸附树脂的极性分类只能粗略地反映出大孔吸附树脂的性能差别,并不能从树脂的类型了解吸附性能的特点。特别是近年的一些新发展(表17-3),从大孔吸附树脂的制备原料、结构、用途和吸附机制都突破了原来的范围,上述分类方法已不太适用。若从吸附机制上来分,可有范德华吸附(非极性大孔吸附树脂)、静电吸附(极性大孔吸附树脂)、氢键吸附、离子-偶极吸附、络合吸附、筛分吸附等。这些吸附机制都有各自的特点和规律,对于天然化合物的提取分离是非常重要的理论基础。若结合吸附机制来分类也许对使用者更为方便。

表17-3　国外近年的一些较新的大孔吸附树脂

型号 (AMBERLITE)	结构	比表面积/ (m²/g)	平均孔径/ nm	平均粒径/ μm	应用
XAD-16N	PS-DVB*	800	150	700	小分子抗生素的回收
XAD-18	PS-DVB	800	150	425	抗生素、天然产物、氨基酸、蛋白质的回收与纯化
XAD-1180N	PS-DVB	500	400	530	植物提取、大分子物质吸收
XAD-1600N	PS-DVB	800	150	400	抗生素回收、色谱分离
XAD-7HP	脂肪酯	500	450	560	植物提取肽及酶的纯化
XAD-761	酚醛型	200	600	700	植物提取肽及酶的纯化
HP-21	PS-DVB	570	80	500	天然产物、小分子蛋白质吸附,脱盐、脱色
HP-2MG	脂肪酯	470	170	500	高极性有机物的脱盐、脱色
SP-825	PS-DVB	1 000	57	500	吸附量大,脱盐、脱色
SP-850	PS-DVB	1 000	38	500	吸附量大,脱盐、脱色
SP-700	PS-DVB	1 200	93	450	头孢菌素C的吸附量>70g
SP-207	PS-DVB	630	105	500	含Br,比重大,能够使用密度较高的洗脱剂

注:*聚苯乙烯型。

三、大孔吸附树脂法的分离过程

(一)大孔吸附树脂法的操作步骤

　　在运用大孔吸附树脂色谱进行分离精制时,其操作步骤为大孔吸附树脂的预处理、大孔吸附树脂装柱、待分离成分上柱吸附、大孔吸附树脂的解吸、大孔吸附树脂的再生。

　　1. 大孔吸附树脂的预处理　由于商品大孔吸附树脂在出厂前没有经过彻底清洗,常会残留一些致孔剂、小分子聚合物、原料单体、分散剂及防腐剂等有机残留物。因此,大孔吸附树脂使用之前必须进行预处理,以除去大孔吸附树脂中混有的这些杂质,保证生产过程中使用了大孔吸附树脂的药品的安全性。此外,商品大孔吸附树脂都是含水的,在储存过程中可能因失水而缩孔,使大孔吸附树脂的性能下降,合理的预处理方法还可以使大孔吸附树脂的孔得到最大限度的恢复。

　　可将新购入的大孔吸附树脂用乙醇浸泡24小时,充分溶胀,然后取一定量的大孔吸附树脂湿法装柱。加入乙醇在柱上以适当的流速清洗,洗至流出液与等量水混合不呈白色混浊为止,然后改用大量水洗至无醇味且水澄清后可使用(必须洗净乙醇,否则影响吸附效果)。通过乙醇与水交替反复洗脱,可除去大孔吸附树脂中的残留物,一般洗脱溶剂的用量为大孔吸附树脂体积的 2~3 倍,交替洗脱 2~3 次,最终以水洗脱。必要时用酸、碱,最后用蒸馏水洗至中性,备用。

2. 大孔吸附树脂装柱　通常以水为溶剂湿法装柱,在大孔吸附树脂中加少量水,搅拌后倒入保持垂直的色谱柱中,使大孔吸附树脂自然沉降,让水流出。如果把粒径大小分布较大的大孔吸附树脂和少量水搅拌后分几次倒入,则吸附柱上、下部的大孔吸附树脂粒度经常会不一致,影响分离效果,故最好一次性将大孔吸附树脂倒入。在装柱过程中不要干柱,以免气泡进入色谱柱,同样影响分离效果。实际操作中,在大孔吸附树脂经过预处理或者再生处理后,色谱柱通常已经装好,无须再装。

3. 待分离成分上柱吸附　待分离溶液上柱前应为澄清溶液,如有较多悬浮颗粒杂质,一般需经过滤,以避免大孔吸附树脂被污染堵塞。这样既能提高纯化率,也能延长大孔吸附树脂的使用寿命。然后将吸附柱中的水放至与吸附柱床平面相同时,在色谱柱上部加入待分离溶液(多数为水溶液),一边从柱中放出色谱柱中的原有溶剂,一边以适当流速从色谱柱上部加入溶液。流速太慢,时间过长;流速太快,不利于大孔吸附树脂对样品的吸附,易造成谱带扩散,影响分离效果和上样量。

4. 大孔吸附树脂的解吸　待样品液慢慢滴加完毕后,即可开始洗脱。通常先用水洗,继而以醇 - 水洗脱,逐步加大醇的浓度,回收溶剂,同时配合适当的检测手段(薄层色谱、高效液相色谱等)进行检测,相同者合并。待洗脱液中的洗脱物质浓度极低时,可以更换下一种洗脱剂。但应注意选择适当的洗脱流速,洗脱流速越快,载样量就越小,分离效果越差;洗脱流速越慢,载样量就越大,分离效果越好。但流速太慢会使分离周期延长,提高成本,故一般选用每小时一个半床体积的流速为佳。

5. 大孔吸附树脂的再生　大孔吸附树脂经过多次使用后,其吸附能力有所减弱,会在表面和内部残留一些杂质,颜色加深,需经再生处理后继续使用。再生时先用 95% 乙醇将其洗至无色,再用大量水洗去乙醇,即可再次使用。如果大孔吸附树脂吸附的杂质较多,颜色较深,吸附能力下降,应进行强化再生处理。方法是在柱内加入 2%~3% 盐酸溶液浸泡 2~4 小时,再用同样浓度的盐酸溶液通柱淋洗,所需盐酸溶液的用量约为大孔吸附树脂体积的 5 倍,然后用大量水淋洗,直至洗液接近中性。继续用 5% 氢氧化钠溶液同法浸泡 2~4 小时,同法通柱淋洗,所需氢氧化钠溶液的用量为大孔吸附树脂体积的 6~7 倍,最后用净水充分淋洗,直至洗液 pH 为中性,即可再次使用。大孔吸附树脂经反复多次使用后,色谱柱床挤压过紧或大孔吸附树脂破碎过多,影响流速和分离效果,可将大孔吸附树脂从柱中倒出,用水漂洗除去小的颗粒和悬浮的杂质,然后用乙醇等溶剂按上述方法浸泡除去杂质,再重新装柱使用。一般纯化同一品种所用的大孔吸附树脂,当其吸附量下降 30% 时不宜再使用。

(二)大孔吸附树脂分离效果的影响因素

1. 大孔吸附树脂的选择　大孔吸附树脂是一种非离子型共聚物,它通过范德华力从溶液中吸附各种有机物。根据分离物质的极性,按照"类似物容易吸附类似物"的原则,一般非极性大孔吸附树脂适宜从极性溶剂中吸附非极性物质;相反,强极性大孔吸附树脂适宜从非极性溶剂中吸附极性物质,而中等极性的大孔吸附树脂则对上述 2 种情况都具有吸附能力。选择合适的孔径也很重要。溶质分子要通过孔道而到达大孔吸附树脂内部表面,因此吸附有机大分子时孔径必须足够大,但孔径增大,吸附表面积就会减少。经验表明,孔径等于溶质分子直径的 6 倍比较适宜。因此宜根据吸附物的极性和分子大小,选择具有适当极性、孔径和表面积的大孔吸附树脂。例如吸附酚等分子较小的物质,宜选用孔径小、表面积大的 XAD-4;而吸附烷基苯磺酸钠,则宜用孔径较大、表面积较小的 XAD-2 大孔吸附树脂。

2. 吸附条件选择

（1）溶液 pH 的选择：溶液的 pH 会影响弱电解质的离解程度,故也影响其吸附量。如用 XAD-4 从废水中吸附酚时,pH 3.0 的溶液要优于 pH 6.5 的溶液。当溶质是中性物质时,则 pH 对吸附没有影响。例如大孔吸附树脂吸附维生素 B_{12},在 pH 3.0、pH 5.0 和 pH 7.0 下的吸附量几乎相等,分别为 9 120μg/ml、9 100μg/ml 和 9 070μg/ml。在选择 pH 时还要考虑待分离目标产物的稳定性,如用大孔吸附树脂分离纯化红霉素时,因为红霉素为弱碱性抗生素,随 pH 上升,红霉素解离减少,理论上可增加吸附量,但红霉素在碱性条件下易破坏。因此实际应用中在 pH 8.0~8.2 条件下进行红霉素的吸附。

（2）空间流速的选择：为了使吸附法能用于工业大生产,除了上述吸附和解吸外,还需要其他条件的配合,如空间速度（体积流速 / 大孔吸附树脂体积,h^{-1}）、树脂柱床的几何形状（高度 / 直径的比例）、柱床结构、工作程序等。其中空间速度往往作为主要考察因素,对于非极性大孔吸附树脂,如果吸附亲水性物质,其最适宜的空间速度仅为 $1~2h^{-1}$,而吸附亲脂性物质的空间速度可达 $10h^{-1}$。

（3）无机盐类的存在有利于吸附量增大：大孔吸附树脂从水溶液中吸附时,对同族化合物,一般分子量越大,极性越弱,吸附量就越大。和离子交换不同,无机盐类的存在使吸附量不但未减少,反而增大。因此,用大孔吸附树脂提取有机物时,不必考虑盐类的存在,这也是大孔吸附树脂的优点之一。

3. 洗脱条件选择　最常用低级醇、酮或其水溶液解吸。所选用的溶剂应符合 2 种要求：一是要求溶剂应能使大孔吸附树脂溶胀,这样可减弱溶质与大孔吸附树脂之间的吸附力;二是要求所选用的溶剂应容易溶解吸附物,因为解吸时不仅必须克服吸附力,而且当溶剂分子扩散到吸附中心后,应能使溶质很快溶解。

对弱酸性物质可用碱来解吸,如 XAD-4 吸附酚后,可用氢氧化钠溶液解吸,此时酚转变为酚钠,亲水性较强,因而吸附较差。氢氧化钠的最适浓度为 0.2%~0.4%,如超过此浓度由于盐析作用对解吸反而不利。对弱碱性物质可用酸来解吸。若吸附是在高浓度的盐类溶液中进行,则常常仅用水洗就能解吸下来。

第三节　其他常用吸附剂

一、硅胶

硅胶（silica gel）用 $SiO_2 \cdot xH_2O$ 表示,具有多孔性的硅氧烷交联结构,骨架表面具有很多硅醇（—Si—OH）基团,是硅胶的活性中心,由于硅羟基能与极性化合物或不饱和化合物形成氢键而具有吸附性。因为许多活性羟基存在于硅胶表面较小的孔穴中,所以表面孔穴较小的硅胶吸附性能较强。表面的羟基若与水结合成水合硅醇基则失去活性。此种结合水几乎以游离状态存在,加热到 100℃ 即能被可逆地除去。500℃ 下硅胶的硅醇结构被破坏,失去活性。

由于硅胶易吸水,因此用前要经 120℃ 烘 24 小时活化。与氧化铝相似,硅胶的活性与含水量的关系见表 17-4。硅胶的含水量高则吸附力弱,当游离水含量在 17% 以上时吸附力极低,可作为分配色谱的载体。

硅胶比氧化铝容易再生,可用甲醇或乙醇充分洗涤,再水洗,晾干,120℃ 活化 24 小时。另一种再生方法为加 6 倍体积的 1% 氢氧化钠,煮沸 30 分钟应对酚酞呈显著强碱性,否则应多加些碱,趁热过滤,用水洗涤 3 次,再加 4 倍体积的 5% 乙酸煮沸 30 分钟,过滤,用水洗至中性,活化。

表 17-4　硅胶的活性与含水量的关系

加入水分 /%	活性等级	加入水分 /%	活性等级
0	I	25	IV
5	II	33	V
15	III		

二、活性炭

活性炭（activated carbon）具有吸附力强、分离效果好、价格低、来源方便等优点。但不同来源、制法、生产批号的产品，其吸附力就可能不同，因此很难使其标准化。生产上常因采用不同来源或不同批号的活性炭而得不到重复的结果。另外，活性炭色黑质轻，易污染环境。

（一）活性炭的 3 种基本类型

1. **粉末状活性炭**　颗粒极细呈粉末状，其总比表面积大，吸附力和吸附量也特别大，是活性炭中吸附力最强的一类。但因其颗粒太细影响过滤速度，过滤操作时常要加压或减压。

2. **颗粒状活性炭**　是由粉末状活性炭制成的颗粒，其总比表面积相应地有所减小，吸附力和吸附量仅次于粉末状活性炭。

3. **锦纶 - 活性炭**　是以锦纶为黏合剂，将粉末状活性炭制成颗粒，其总比表面积介于上述 2 种活性炭之间，但吸附力较两者都弱。锦纶不仅起黏合作用，还是脱活剂。用来分离因前 2 种活性炭吸附力太强而不易洗脱的物质，如分离酸性或碱性氨基酸，可取得良好效果。

（二）活性炭的选择

选用活性炭吸附生物活性物质时，应根据被分离物质的特性，选择吸附力适当的活性炭。当欲分离的物质不易被吸附时，则选择吸附力强的活性炭；反之，则选择吸附力弱的。活性炭是非极性吸附剂，在水溶液中吸附力最强，在有机溶剂中吸附力较弱，对不同物质的吸附力也不同，一般遵守下列规律：①对极性基团（—COOH、—NH$_2$、—OH 等）多的化合物的吸附力大于极性基团少的化合物。例如活性炭对羟基脯氨酸的吸附力大于脯氨酸，因为前者比后者多一个羟基。②对芳香化合物的吸附力大于脂肪族化合物。③活性炭对分子量大的化合物的吸附力大于分子量小的化合物。例如对肽的吸附力大于氨基酸，对多糖的吸附力大于单糖。④发酵液的 pH 与活性炭的吸附效率有关，一般碱性物质在中性条件下吸附，在酸性条件下解吸；酸性物质在中性条件下吸附，在碱性条件下解吸。⑤活性炭吸附溶质的量在未达到平衡前一般随温度提高而增加；但在提高温度时应考虑到溶质对热的稳定性，如热稳定性差，则温度高会破坏有效成分。

三、氧化铝

氧化铝（alumina）是一种吸附能力较强的吸附剂，可以活化到不同程度，即活性可以控制，重现性好，且再生容易，故是最常用的吸附剂之一。其缺点是有时会产生副反应。其吸附机制主要是氧化铝表面上的羟基引起的吸附或者是暴露在氧化铝表面上由 Al—O 键束缚着的铝原子引起的吸附。氧化铝有碱性、中性和酸性之分，碱性氧化铝适用于吸附在碱性条件下稳定的化合物，而酸性氧化铝适用于吸附在酸性条件下稳定的化合物，一般情况下中性氧化铝使用最多。

将碱性氧化铝加 3~5 倍量的水，加热 30 分钟，冷却，倾出上清液，如此反复洗 20 次左右，可得中性氧化铝；或加乙酸乙酯，室温下静置数天；或用稀盐酸洗也都可得中性氧化铝。

将碱性氧化铝加水调成浆状，加 2mol/L 盐酸至刚果红显色呈蓝紫色（酸性），倾去上清液，然后用热水洗至刚果红呈弱紫色（弱酸性），过滤，加热活化可得酸性氧化铝。

氧化铝的活性与含水量有很大关系。水分会掩盖活性中心，故含水量越高，活性越低。氧化铝一般可反复使用多次。用水或某些极性溶剂洗净后，铺成薄层，先放置晾干，再放入炉中加热活化。氧化铝通常用作吸附层析剂。

第四节　吸附分离法的应用

一、大孔吸附树脂法的应用

大孔吸附树脂具有许多优点，所以在各个领域中得到广泛的应用，尤其在微生物制药生产上的应用日益增多。如头孢菌素 C、红霉素、麦迪霉素、螺旋霉素、吉他霉素、竹桃霉素、林可霉素、赤霉素、维生素 B_{12} 以及核酸类药物等的分离和纯化都可用 Amberlite XAD-2 或国产大孔吸附树脂。

（一）大孔吸附树脂在大环内酯类微生物药物分离纯化中的应用

1. 那他霉素　属于多烯大环内酯类抗真菌抗生素，是一种高效、低毒的广谱的抗霉菌、酵母菌、某些原生动物和藻类剂的抗生素，可用于医疗、食品、饲料、粮食防霉等方面。该药物可采用 HZ-816 大孔吸附树脂分离纯化，将一定量的那他霉素浸提液 pH 调至 7.0，吸附流速为 1.5~2.5BV/h（BV：树脂床体积），将饱和大孔吸附树脂经过水和 40% 乙醇净化后，利用 pH 为 11 的 80% 乙醇溶液进行那他霉素的解吸，洗脱流速为 0.5BV/h，将浓缩后的洗脱液 pH 调至 5.0~6.6，冷库静置 12 小时，使那他霉素沉淀析出，离心分离，得到那他霉素湿粉，用去离子水洗至中性，干燥后得到那他霉素白色粉末。该方法生产成本低，安全性高，收率稳定，具有较高的应用价值。

2. 阿维菌素　为带二糖支链的十六元大环内酯类抗生素，具有杀虫、杀螨和杀线虫活性，具有高选择性和高安全性，是最受欢迎和具有竞争性的微生物农药之一。研究表明可以采用 XAD1600、LX-11、D312 以及 HZ-816 等大孔吸附树脂作为阿维菌素的吸附载体。将含有阿维菌素的 50% 乙醇溶液上大孔吸附树脂柱，吸附流速为 1.5~2.0BV/h，将吸附饱和的大孔吸附树脂用 50% 乙醇洗涤后，用 90% 的乙醇对阿维菌素进行洗脱。洗脱液经减压浓缩至无乙醇流出后，加入 95% 乙醇至浓缩液中使阿维菌素完全溶解，5℃下放置 8 小时，过滤后真空干燥得到白色阿维菌素粉末。

3. 螺旋霉素　螺旋霉素用 H103 大孔吸附树脂提取。发酵液先经预处理后，滤液调 pH 8.3~8.5，弱碱性吸附，大孔吸附树脂饱和后，先用 2 倍树脂体积的蒸馏水（40℃）洗，再用 1% 氨水洗柱，以 pH8.5 的碱性乙酸正丁酯洗脱，高峰集中，收率达 90.8%。

4. 非达霉素　早期称为"闰年霉素"，是十八环大环内酯类抗生素，其可减少艰难梭菌感染的复发率，综合治愈率显著优于万古霉素和甲硝唑，且具有较低的产生耐药性的倾向，2011 年 4 月获美国 FDA 批准上市，用于治疗艰难梭菌感染。非达霉素可以采用 HDP-100、DA101 以及 HZ-816 等大孔吸附树脂进行分离纯化，采用 2.0BV/h 流速吸附后，先用 40% 的乙醇 - 水溶液洗去色素和极性大的杂质，再用 80% 的乙醇 - 水溶液作为解吸溶剂对非达霉素进行洗脱，洗脱流速为 0.5BV/h。乙酸乙酯萃取后，静置结晶，可得非达霉素结晶粉。

5. 他克莫司（FK506）　是由链霉菌产生的大环内酯类免疫抑制药，该药物的药动学显示，该化合物在肝脏浓度高，并对肝脏具有较强如再生、修复和保护肝脏细胞等作用，是第一个用于肝脏再生和修复的口服药。将他克莫司溶于含量约为 10% 乙腈中，上 XAD1180 大孔吸附树脂。吸附平衡后，先用 33% 四氢呋喃除去杂质，再用 40% 四氢呋喃洗脱，收率为 67%。解吸液加入 85% 磷酸溶液，减压浓缩、结晶，得到他克莫司纯品。

（二）大孔吸附树脂在 β- 内酰胺类抗生素分离纯化中的应用

头孢菌素 C（cephalosporin C，简称"头 C"或"CPC"）是顶头孢霉等真菌产生 β- 内酰胺类抗生素，抗菌作用机制和青霉素相近，也是抑制细菌胞壁肽的合成，对人体安全低毒。其更主要的用途是通过酶法水解去掉侧链，制备 7-ACA，而 7-ACA 是半合成抗生素的重要的药物中间体之一。头孢菌素 C 在生物合成过程中产生了许多性质相近的结构类似物，如 DCPC、DOCPC 和青霉素 N 等，这给头孢菌素 C 的分离纯化带来了较大困难。目前工业上主要采用大孔吸附树脂法和其他分离纯化方法相结合的生产工艺。即先用大孔吸附树脂从发酵液中初步分离出头孢菌素 C，然后经离子交换法纯化，最后采用络合物沉淀法进行结晶。

分离纯化的工艺流程为：

CPC发酵液 ——【酸化】H₂SO₄——> 酸化发酵液 ——【过滤】板框——> CPC滤液 ——【吸附】大孔树脂——> 饱和树脂（Ⅰ）——【解吸】丙酮-水——> 一次CPC解吸液

——【吸附】阴离子树脂——> 饱和树脂（Ⅱ）——【解吸】乙酸钠溶液——> 二次CPC解吸液 ——【沉淀结晶】乙酸锌——> CPC锌盐结晶液 ——【过滤】板框——>

CPC锌盐湿粉 ——【干燥】气流干燥——> CPC锌盐成品

对于大孔吸附树脂的分离，国外常用 Amberlite XAD-2、Amberlite XAD-4 及 Diaion HP-20 等，国产也有用 SKC-02、SIP-1300、D312 等，其性能与 XAD-4 相似。头孢菌素 C 最适吸附 pH 应为 2.5~3.0，XAD-4 的吸附容量为 15~20g/L 树脂。吸附完毕，需用 2~4 倍吸附体积的去离子水洗涤，除去 SO_4^{2-} 等阴离子，然后用 15%~25% 乙醇、丙酮或异丙醇水溶液来解吸，收集解吸液，收率约为 90%。发酵液中的头孢菌素 C 纯度为 60%~65%，经大孔吸附树脂分离的一次解吸液头孢菌素 C 纯度提高至 75%~80%，经过离子交换纯化后的二次解吸液头孢菌素 C 纯度已达 90% 以上。大孔吸附树脂的用量较大，且怕污染，严重时不能再生，故要有严格的预处理。

（三）大孔吸附树脂在他汀类药物分离纯化中的应用

他汀类药物为羟甲基戊二酰辅酶 A（HMG-CoA）还原酶抑制剂。HMG-CoA 还原酶是肝细胞合成胆固醇过程中的限速酶，催化生成甲羟戊酸，抑制 HMG-CoA 还原酶能阻碍胆固醇的合成。常用的微生物来源的他汀类药物为洛伐他汀和普伐他汀，两者均为前药，在体内水解转化为 β- 羟基酸才显效。

1. 洛伐他汀　由红曲霉菌产生，用大孔吸附树脂法分离纯化洛伐他汀可以提高洛伐他汀的成品收率，适应工业化生产的需要。通过对 6 种非极性大孔吸附树脂进行静态、动态筛选试验，确定分离纯化洛伐他汀的吸附剂，进一步优化分离纯化洛伐他汀的最佳条件。洛伐他汀从发酵液中吸附的最佳 pH 为 11。国产 HZ-818 作为分离纯化洛伐他汀的吸附剂，最佳吸附流速为每分钟 1/40BV。解析采用含质量分数为 1% 的氢氧化钠、体积分数为 75% 的乙醇溶液，流速为每分钟 1/100 的树脂床体积。用上述方法纯化洛伐他汀的成品收率可达 70% 以上，产品质量符合《中国药典》的要求。该方法的吸附率和解吸率高，洗脱液中的色素和杂质少，洗脱液质量好，且洗脱高峰集中，洗脱液体积仅为树脂柱体积的 2 倍。此外，该方法与溶媒萃取法相比溶媒的使用量减少，能源和溶媒的损耗降低，浓缩过程对产品的热破坏减少，生产成本显著降低，生产设备简化，生产安全性提高，具有较高的应用价值。

2. 普伐他汀　取普伐他汀的微生物转化液，用氢氧化钠调 pH 为 7.2，然后加入珍珠岩搅拌 15 分钟，过滤并收集滤液，上样 XAD-16 大孔吸附树脂，用水洗涤后，用乙醇洗脱，收集含有普伐他汀的部分，可显著提高普伐他汀的纯度。

（四）大孔吸附树脂在其他微生物药物分离纯化中的应用

1. 去甲万古霉素 去甲万古霉素（其他名称"*N*-去甲基万古霉素"），属于糖肽类抗生素，可用沉淀法、色谱制备法、双水相萃取法、反胶团萃取法等分离纯化，但大孔吸附树脂法操作简单、提取率高、能够有效去除杂质，适合工业化生产。通过大孔吸附树脂筛选，发现 HZ-816 树脂具有最佳的吸附量，通过条件摸索，确定吸附容量为 2.2g/L，吸附流速为 2BV/h，吸附 pH 为 9.0，解吸剂为 15% 乙醇 –0.1% 盐酸 - 水时，纯化效率最高。经过大孔吸附树脂纯化，去甲万古霉素的纯度由 20% 提高到 85%，纯度提升作用明显，可以有效去除色素、蛋白质和多糖等杂质。

知识链接

去甲万古霉素——我国自主研发的第一个抗生素类新药

中华人民共和国成立初期，我国医药资源相对匮乏，特别缺乏抗生素类药物。通过"一五"期间华北制药厂等抗生素生产企业的建设，我国逐步具备了抗生素生产的能力。但生产的品种主要还是靠仿制，生产国外上市的品种。

1953 年美国礼来公司从土壤中分离的诺卡氏菌中发现了万古霉素，对 β- 内酰胺类抗生素耐药的细菌具有独特的作用，1958 年上市，至今仍在被广泛使用，被誉为"抗生素的最后一道防线"。中国医学科学院抗菌素研究所（现中国医学科学院医药生物技术研究所）的科学家从贵州土壤中分离到一株东方诺卡氏菌，能够产生和万古霉素性质类似的抗生素。受当时实验条件和结构解析技术等所限，该抗生素一直被作为万古霉素的相似品开发。后生产任务交给了华北制药厂，该厂经过多年攻关，顺利生产出工业级产品，1968 年开始在国内用于治疗各种耐药菌引起的感染，并出口至其他国家，1972 年收载于部颁标准。1979 年卫生部药品生物制品检定所的技术人员意外发现，国产"万古霉素"比进口万古霉素理论效价高出 10%，1983 年中国药品生物制品检定所的科学家利用当时最新引进的核磁共振仪，测定了国产"万古霉素"的结构，发现国产"万古霉素"不含 *N*- 甲基亮氨酸，只含有亮氨酸，其余结构和万古霉素相同，正确结构为 *N*- 去甲万古霉素，也阐明了国产"万古霉素"比进口万古霉素杀菌效率高的原因（图 17-7）。

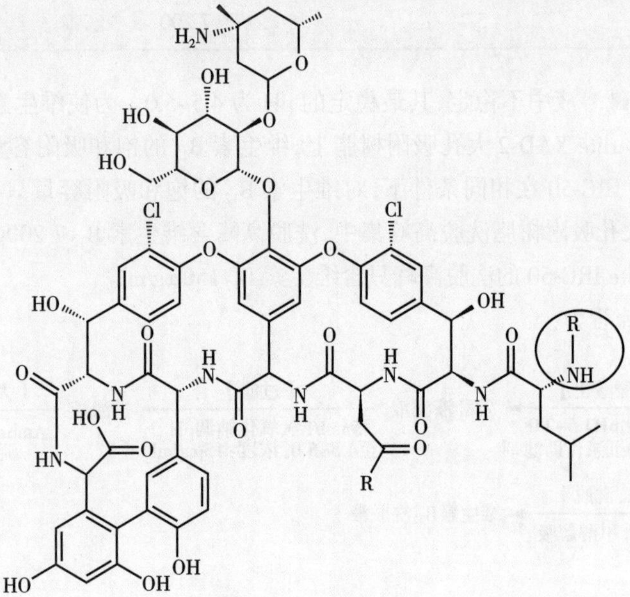

R=CH₃ 万古霉素
R=H 去甲万古霉素

图 17-7 万古霉素和 *N*- 去甲万古霉素的结构

不过,1983 年美国礼来的研究人员也独立地分离了一株东方诺卡氏菌,发现了其次级代谢产物为 N-去甲古霉素,并立即申请了专利。当时我们的专利制度正在酝酿中,我国的去甲万古霉素也没有相应的专利申请。但因我国于 1968 年已开始生产去甲万古霉素,不受此专利的限制。1988 年,卫生部颁布了去甲万古霉素及其注射剂的质量标准,华北制药厂正式以"去甲万古霉素"推向市场。1990 年,盐酸去甲万古霉素及注射剂经国家鉴定后被载入《中华人民共和国药典》。

去甲万古霉素是我国研发的第一个抗生素类新药,虽然因为当时技术条件的限制,未能成为打入世界市场的药品,但该产品的研发,极大地提升了我国创新药物研发的信心,为我国药物研发的策略由仿制到创新的转变做出了贡献。同时,老一辈科学家在当时十分有限的实验条件下取得了如此巨大的成就,其信念和坚持精神也值得我们学习和传承。

2. 麦考酚酸　于 1896 年首次从微生物代谢产物中分离得到 2-吗啉代乙基酯类化合物,后发现在免疫抑制方面有较突出的生物活性。将麦考酚酸发酵液用 NaOH 溶液调 pH 稳定至 8.0,离心弃去菌丝,留上清液,上样至大孔吸附树脂 D312,待树脂吸附饱和后,用少量蒸馏水置换出树脂间夹带的麦考酚酸清液,然后用 85% 乙醇溶液(含少量 2mol/L 盐酸)的解吸液解吸,高效液相色谱法测得的纯度可达到 80% 以上。

3. 维生素 B_{12}　该维生素一般用羧酸型阳离子交换树脂提取,实验证明,用大孔吸附树脂提取,吸附容量高,洗脱高峰集中。大孔吸附树脂 Amberlite XAD-2 与 Amberlite IRC-50 吸附维生素 B_{12} 的比较见表 17-5。

表 17-5　大孔吸附树脂吸附维生素 B_{12} 的比较

吸附剂	饱和吸附容量 /（mg/ml）	洗脱高峰 /（μg/ml）	甲醇用量（树脂床体积）
Amberlite IRC-50	0.14	150	5
Amberlite XAD-2	5.2	7 200	2

维生素 B_{12} 在酸、碱溶液中不稳定,其最稳定的 pH 为 4.5~5.0。为使维生素 B_{12} 能最大限度地被吸附到非极性的 Amberlite XAD-2 大孔吸附树脂上,维生素 B_{12} 的饱和吸附容量可达 5.2mg/ml;而离子交换树脂 Amberlite IRC-50 在相同条件下,对维生素 B_{12} 的饱和吸附容量只有 0.14mg/ml。用甲醇作洗脱剂进行洗脱,大孔吸附树脂洗脱高峰集中,洗脱高峰含维生素 B_{12} 7 200μg/ml;在相同条件下,离子交换树脂 Amberlite IRC-50 的洗脱高峰只含维生素 B_{12} 150μg/ml。

分离纯化的工艺流程为:

发酵液 —【草酸酸化】草酸酸化pH1.5~2.0 加1%(W/V)纸浆作助滤剂→ 发酵液滤液 —【过滤】5mol/L氢氧化钠调pH 至4.5~5.0,浓度:15μg/ml→ 过滤液 —【大孔吸附树脂】Amberlite XAD-2吸附 流速:9.46BV/h→

饱和树脂 —【洗涤、洗脱】水洗涤、甲醇解吸→ 维生素B_{12}洗脱液

二、硅胶吸附法的应用

环孢素(其他名称"环孢菌素 A"),是 1970 年前后从土壤真菌的代谢产物中发现的环状十一肽抗真菌化合物,但抗真菌谱较窄。后发现其具有较强的免疫抑制活性,为首个用于器官移植的微生

物药物。发酵液中环孢素类化合物较多,结构类似物多达 17 种,分离纯化较为困难。经过乙醇浸提、乙酸乙酯萃取后,硅胶吸附法是一种较好的获得环孢素的方法,将含有环孢素的样品上样硅胶柱,上样量为每克硅胶吸附 3 万单位环孢素,用 20%~60% 的乙酸乙酯 - 石油醚混合溶剂洗脱,发现在 50% 的乙酸乙酯 - 石油醚混合溶剂洗脱的条件下,环孢素的收率最高,样品经过丙酮结晶,可得到环孢素纯品。

三、活性炭吸附法的应用

1. 青蒿素 青蒿素(artemisinin)是我国在世界上首先研制成功的抗疟新药,对抗氯喹的恶性疟和脑型疟有特效,且毒性低,被 WHO 评为目前世界上唯一真正有效的恶性疟治疗药物。青蒿素结构较独特,是一种含过氧基的新型倍半萜内酯。青蒿素以前主要从植物黄花蒿中提取、精制,虽然可以人工合成,但成本高、产量低,无法规模化生产。近年来采用生物合成技术,已经能够利用微生物生产青蒿素,再经过半合成方法制备青蒿素。

活性炭吸附法可以用于青蒿素类化合物的提取,工业乙醇与黄花蒿(V/W)的比为 10:1,冷浸提取青蒿素,重复 3 次。随后乙醇浸提液与乙酸乙酯(V/V)为 1:1 萃取,重复 4 次。萃取液用活性炭脱色、结晶及重结晶,干燥得到白色针状的青蒿素晶体,得到的青蒿素产品纯度可达 99%。

2. L- 苯丙氨酸 L- 苯丙氨酸是一种芳香族氨基酸,是人体内必需的八大氨基酸之一,人和动物不能在体内自行合成,必须从外界摄取,可以通过直接发酵法获得。L- 苯丙氨酸可以用作食品、饲料添加剂及某些医药的中间体。

利用活性炭对 L- 苯丙氨酸的选择性吸附性质,活性炭吸附法可用于从发酵液中分离纯化 L- 苯丙氨酸。将发酵液 pH 调至 2~4,上样至活性炭柱,流速为 2.5BV/h。洗脱溶液为 2mol/L 氨水乙醇溶液,洗脱流速为 1.0BV/h。洗脱液再经过 717-OH 离子交换树脂柱纯化后,保温结晶,可获得 L- 苯丙氨酸纯品。

四、氧化铝吸附法的应用

药物阿维拉霉素 A,一般由绿色产色链霉菌发酵产生,属于正糖霉素族的寡糖类抗生素,主要抑制革兰氏阳性菌,是一种新型的抗菌促生长剂和代谢调节剂。在畜禽业中,它具有安全性高、不存在交叉耐药性且具有良好稳定的促生长效果等特点。阿维拉霉素的发酵液中含有多种结构类似物,其中 A 组分和 B 组分活性较好,但分离困难,可以采用氧化铝法分离。

将含有阿维拉霉素的粗提物用甲醇溶解,冰浴下按照甲醇钠与阿维拉霉素粗提物质量比为 1:12 分批添加甲醇钠,搅拌后,加入阿维拉霉素粗提物重量 3~5 倍的碱性氧化铝,减压浓缩得拌样粗品。将拌样粗品干法上样碱性氧化铝柱,用氯仿与甲醇体积比为 96:4 洗脱,收集后可得阿维拉霉素 A 碱性粗品和阿维拉霉素 B 碱性粗品;用甲醇 - 水体系结晶,可获得阿维拉霉素 A 和阿维拉霉素 B 纯品。

思 考 题

1. 本章中的基本概念:吸附法、吸附作用、吸附剂、吸附物、物理吸附、化学吸附、交换吸附、定向力、诱导力、色散力、氢键力、吸附等温线、大孔吸附树脂。
2. 吸附法具有哪些特点?
3. 吸附按其作用本质可分为哪两大类?各举例说明。
4. 简述影响吸附过程的主要因素。
5. 按骨架极性强弱,大孔吸附树脂可分为哪几类?分别举例说明。按照作用机制又分为哪几类?

  6. 大孔吸附树脂的吸附机制是什么?

  7. 大孔吸附树脂通常的解吸方法有哪几种?

  8. 分别叙述大孔吸附树脂在大环内酯类抗生素、β- 内酰胺类抗生素和他汀类药物的分离和纯化中的应用。

  9. 举例说明活性炭、氧化铝、硅胶在生物制药分离和纯化中的应用。

第十七章
目标测试

（董悦生）

第十八章

沉淀分离法

学习目标

1. **掌握** 盐析法和有机溶剂沉淀法的基本原理以及对其沉淀作用的影响因素。
2. **熟悉** 盐析沉淀法的基本操作流程。
3. **了解** 有机酸沉淀法、选择性沉淀法以及高聚物沉淀法的基本原理和应用。

第一节 概 述

生物大分子在水中形成的稳定溶液受溶液本身的各种理化因素的影响,任何参数的改变都可能破坏溶液的稳定性,使某种成分沉淀出来。沉淀法(precipitation method)就是通过改变溶液的理化参数,降低溶液中某些成分的溶解度,从而使其生成固体凝聚物从溶液中沉淀出来,并与其他成分分开的技术,所以沉淀法也称溶解度法。在实际操作过程中有 2 种方式:第一种方式是在目标提取物溶解度较大,而其他成分溶解度相对较小的条件下,沉淀其他成分而将目标提取物保留在溶液中;第二种方式则恰好相反,使目标提取物选择性地沉淀出来,而其余成分保留在溶液中。一般认为,在第一种情况中,应使目标提取物的溶解度 >10g/L;在第二种情况,目标提取物的溶解度应控制在 0.1~0.01g/L。这样可以通过改变各种因素(例如用缓冲液调整溶液的 pH、加入一定浓度的沉淀剂、改变溶液温度等),造成溶液中各种成分溶解度的差异,将其逐一分离。采用沉淀分离技术时有几个问题必须加以考虑:①采用的分离条件是否会破坏待分离成分的结构及活性,这一点对生物活性分子尤为重要;②加入溶液中的沉淀剂和其他物质是否容易得到,另外在后续的加工中是否容易去除;③加入溶液中的沉淀剂和其他物质对人体是否有毒害作用;④沉淀剂在溶液中的溶解度要高,而且外部因素的变化对沉淀剂溶解度的影响要小,这一点主要是考虑溶液中不同组分的分级分离;⑤沉淀剂对环境的污染以及沉淀剂的回收再利用问题。

沉淀法是最经典且应用广泛的分离和纯化生物物质的方法。沉淀法由于成本低、收率高、浓缩倍数高可达 10~50 倍(其浓缩作用常大于纯化作用)和操作简单等优点,因而在生物制药工艺中的初级快速分离中普遍应用。根据所加入的沉淀剂的不同,沉淀法可以分为:①盐析法;②有机溶剂沉淀法;③有机酸沉淀法;④高聚物沉淀法;⑤选择性变性沉淀法。

第二节 盐 析 法

一、基本原理

生物分子的表面有很多亲水基团和疏水基团,这些基团按照是否带电荷又可分为极性基团和非极性基团。在溶液中,各种分子、离子之间的相互作用决定了生物分子的溶解度。盐析法是在溶液中加入中性盐,利用盐离子与生物分子表面带相反电荷的极性基团的互相吸引作用中和生物分子表面的电荷,降低生物分子与水分子之间的相互作用,生物分子表面的水化膜逐渐被破坏,暴露出大量疏水区域,疏水相互作用,使得生物大分子很容易相互聚集而形成沉淀颗粒,从溶液中析出。从以上原理中可以看出,表面疏水基团多的生物分子在较低的盐浓度下就会析出,而表面亲水基团多的生物分子则需要较高的盐浓度才能析出。盐浓度很低时,对生物分子具有促进溶解的作用,即"盐溶"现象;当盐浓度达到某个值后,随着盐浓度的升高,生物分子的溶解度不断降低,这就是我们要讨论的"盐析"现象。对于不同的生物分子来说,"盐溶"与"盐析"的分界值是不同的。不同的生物分子达到"完全盐析"的盐浓度也是不一样的,这就为采用盐析技术分离纯化生物药物活性成分提供了可能。

二、影响因素

(一)盐离子种类

能够造成盐析沉淀效应的盐类很多,其作用效果也大不相同。Hofmeister 理论认为,半径小而带电荷量高的离子的盐析作用较强,而半径大而带电荷量低的离子的盐析作用则较弱。进行盐析时,一般常用中性盐如硫酸铵、硫酸镁、硫酸钠、氯化钠、磷酸钠等,常用的是硫酸铵。它的温度系数小,溶解度大,盐析能力强,饱和液浓度大,一般不会使蛋白质变性,而且价廉易得,分段沉淀效果比其他盐好。但对蛋白质含氮量的测定有干扰,且缓冲能力较差,pH 常在 4.5~5.5,使用前有时需要用氨水调节 pH。不同的盐,其盐析能力是不同的。一般说来,负离子带电荷较多者,盐析能力较强,如硫酸钠的盐析能力大于氯化钠;正离子带电荷较多者,盐析能力较低,如硫酸镁的盐析能力小于硫酸铵。盐析法的优点是成本低,不需要昂贵的设备;操作简单、安全;对许多生物活性物质具有稳定作用。

(二)盐离子饱和度

由于各种生物大分子的结构和性质不同,盐析沉淀要求的离子强度也不同。盐的饱和度是影响生物大分子盐析的最主要的因素,不同生物大分子的盐析要求盐的饱和度不同。分离几种成分的混合组分时,盐的饱和度常由稀到浓逐渐增加,不同的成分也逐步析出,通过分步离心沉淀或膜过滤就可使不同的成分得到初步分离。例如用硫酸铵盐析分离血浆中的蛋白质,饱和度达 20% 时,纤维蛋白原首先析出;饱和度增至 28%~33% 时,有球蛋白析出,假球蛋白析出;饱和度 >50% 时,清蛋白析出。这就是用硫酸铵不同饱和度的分段盐析法。

(三)生物分子浓度

溶液中生物分子的浓度对盐析也有影响。作为分离原料的溶液一般都含有多种成分,某种成分析出时的盐浓度一定,如果溶液中生物分子的浓度过高,其他成分就会有一部分随着要沉淀的成分一起析出,即所谓的共沉淀现象;如果将溶液中的生物分子稀释到过低的浓度,可以大大减少共沉现象,但是必然造成反应体积加大,需要使用更大的反应容器,需要加入更多的沉淀剂,需要配备处理能力更强的液-固分离设备,而且还会造成要沉淀的成分不能完全析出,降低了回收率。所以要想得到理想的沉淀效果,必须将生物分子的浓度控制在一定的范围内。一般认为,蛋白质溶液浓度为 2%~3%,比较合适盐析。

(四)pH

通常情况下,如果生物分子表面携带的净电荷(不论正电荷和负电荷)越多,就会产生越强的排斥力,使生物分子不容易聚集,此时溶解度就很大。因此在盐析时,如果要沉淀某一成分,应该将溶液的 pH 调整到该成分的等电点;如果希望某一成分保留在溶液中不析出,则应该使溶液的 pH 偏离该成分的等电点。此规律适合于大部分蛋白质,但也有例外,如触珠蛋白在偏酸或偏碱的 pH 时才易被盐析出。另外,蛋白质的等电点与介质中盐类的种类和浓度有关,尤其在盐析的情况下,盐的浓度一般较大,会对等电点产生较大影响。同时还要注意 pH 对不同蛋白质共沉淀的影响。在实际生产中,应找出 pH 与溶解度的关系,选择合适的 pH 进行盐析。

（五）温度

多数物质的溶解度会受温度变化的影响。大多数情况下,在纯粹的水溶液或低离子强度的溶液中,在一定的温度范围内,物质的溶解度会随温度的升高而增加;但是溶液的离子强度升高后,可能会出现另一种情况——随着温度的升高溶解度反而降低。一般情况下,盐析在室温就可以完成,但是有些天然药物活性成分（如某些酶类）对温度很敏感,此时需要将盐析反应的温度控制在一定的范围内（如 0~4℃的低温环境）,防止其活性改变。

三、基本操作

（一）硫酸铵沉淀法

硫酸铵是盐析过程中最常用的盐类,也是在大规模生产时唯一可选择的中性盐。它具有如下优点:①硫酸铵在水中的溶解度很高,并且受温度的影响很小;②沉淀后样品中的硫酸铵较易去除;③高浓度的硫酸铵对细菌有抑制作用;④硫酸铵溶解于水中时不产生热量;⑤硫酸铵价格低廉,使用成本低。但是由于硫酸铵中的 NH_4^+ 在碱性环境中（pH>8.0）会发生化学反应释放出氨气,所以一般在碱性条件下不能用硫酸铵作为沉淀剂进行盐析反应。

在生物药物盐析过程中对硫酸铵的纯度要求较高,一般来说二级（即分析纯）或更高的纯度才符合要求,这是因为硫酸铵中的杂质（特别是重金属离子）会破坏生物分子的结构,还会污染分离出来的药物成分。但是高纯度必然带来高价格,工业生产时为了降低成本,一般都选用化学纯（即三级品）的硫酸铵,在使用前进行预处理,通过化学反应将重金属离子沉淀掉,滤去这些重金属盐沉淀后,将硫酸铵重结晶,这样的硫酸铵就能符合药品生产的要求。另外,硫酸铵的饱和水溶液呈酸性,需要用氨水或硫酸将其 pH 调整到所需的值后才能使用。

在进行硫酸铵盐析时,一般用饱和度来表示硫酸铵的浓度,将达到饱和状态的硫酸铵溶液定为饱和度 100%。这里必须注意的是不同温度下相同的饱和度所含的硫酸铵质量有一定的差别,例如为了使 1 000ml 溶液从不含硫酸铵的状态达到饱和状态,在 0℃时需要 697g 硫酸铵,而 25℃时则需要 767g 硫酸铵,所以进行硫酸铵盐析时必须注意温度。调整硫酸铵的饱和度一般有 2 种做法,其一,是直接加入固体硫酸铵,当需要较高的硫酸铵饱和度进行盐析或不希望增大分离体积时,就应该采用此法。具体操作时,必须先将固体硫酸铵研碎成很细小的颗粒,在充分搅拌的条件下缓慢加入溶液中,使进入溶液中的硫酸铵颗粒迅速溶解,避免出现局部浓度过高,影响盐析效果及损伤药物成分活性的情况。其二,为加入饱和度为 100% 的硫酸铵溶液,此法的优点在于将饱和硫酸铵溶液加入待盐析溶液的过程中,很容易将混合溶液搅拌均匀,大大降低了局部浓度过高的可能性;缺点是增加了反应体积。所以这种方法适用于硫酸铵饱和度不高,而且原始溶液体积不大的情况。实际操作时,首先要配制饱和硫酸铵溶液。根据用水量和溶解度计算出所需硫酸铵的重量,称取大于计算重量的硫酸铵,放入溶解水中,用加热的方法使其迅速溶解,然后放置于准备使用的温度环境中,直至有固体硫酸铵析出即可,用氨水或硫酸将 pH 调整到所需要的值后就可以使用了。饱和硫酸铵溶液加入待盐析溶液后,总体积并不等于两者之和,而是有变化,因而影响硫酸铵的饱和度,但这点变化对盐析效果的影响很小,可以忽略不计。另外硫酸铵沉淀的完全进行需要一定的时间,一般来讲,硫酸铵加完后,应放置30 分钟以上才可进行液 - 固分离。

（二）其他盐析法

硫酸钠也可用于生物大分子的盐析分离。因其不含氮元素,因此在蛋白分离过程中具有一定优势,可直接用凯氏定氮法对沉淀样品中的蛋白含量进行检测。目前已成功利用硫酸铵分段沉淀法进行了血清免疫球蛋白的分离纯化。然而硫酸钠在 30℃以下时溶解度较低,而 30℃以上又会造成很多生物大分子失活,因此限制了硫酸钠的广泛使用。此外,氯化钠、硫酸镁等中性盐也可用于生物大分子的盐析分离。在含清蛋白和球蛋白的鸡蛋清溶液中加入氯化钠或硫酸镁就可以使球蛋白沉淀析出,再将溶液的 pH 调到清蛋白的等电点,就会将清蛋白沉淀出来。但是由于种种原因(如价格昂贵、盐析效果较差等),这些盐析法都不如硫酸铵沉淀法应用广泛。

第三节　有机溶剂沉淀法

一、基本原理

向水溶液中加入一定量的亲水性有机溶剂,可降低溶质的溶解度使其沉淀析出的方法被称为有机溶剂沉淀法。其沉淀的原理有两个方面:①有机溶剂的加入会破坏溶质分子周围形成的水化层,使溶质分子因脱水而相互聚集析出;②有机溶剂使整个溶液中的介电常数降低,带电粒子之间的库仑力增强,从而发生凝聚沉淀。一般来说,溶质的分子量越大,越容易被有机溶剂沉淀,发生沉淀所需的有机溶剂浓度就越低。

与盐析法相比,有机溶剂沉淀法有较高的分辨能力,每种溶质发生沉淀的有机溶剂浓度范围比较窄,共沉淀作用较盐析弱,所得产物的纯度较高。另外,有机溶剂可使多种类型的生物活性物质发生沉淀,应用范围较为广泛。然而,有机溶剂沉淀法也有一些不足之处。首先,有机溶剂除了能使生物活性分子聚集沉淀外,还可导致生物活性分子的变性失活,因此,常常需要将料液温度控制在较低的条件下进行沉淀处理,同时,料液输送和液 - 固分离过程也要在低温下进行;其次,有机溶剂通常具有一定的毒性,而且易燃易爆,因此在工作环境及厂房的设计方面必须予以充分的考虑。

二、影响因素

(一) pH

在生物分子的结构不被破坏、药物活性不丧失的 pH 范围内,生物分子的溶解度是随着 pH 的变化而改变的。为了达到良好的沉淀效果,需要获得目标产物溶解度最低时的 pH,一般情况下这个 pH 就是生物分子的等电点(pI)。因此采用有机溶剂沉淀时,溶液的 pH 应尽量在蛋白质的等电点附近,但是 pH 的控制还必须考虑蛋白质的稳定性,例如很多酶的等电点在 pH 4~5,比维持其稳定性的 pH 低,因此 pH 应首先满足蛋白质稳定性的条件,不能过低。

(二)温度

采用有机溶剂沉淀时,温度也是影响沉淀效果的一个重要因素,在有机溶剂存在的条件下,大多数生物大分子的溶解度随温度降低而显著减小,因此在低温条件下(最好低于 0℃)沉淀效果较好,有机溶剂用量也会相应减少。另外在整个沉淀分离过程中,为了防止目标产物变性,也应在低温下完成。一般先将含有目标产物的溶液冷却至 0℃左右,并把有机溶剂预冷到更低温度(一般为 –10℃以下),在充分搅拌下加入冷的有机溶剂,以避免局部浓度过高引起蛋白质变性。某些小分子代谢物,由于其热稳定性好,不易被破坏,因此对温度的要求不必过分严格。但是低温对提高沉淀的效果同样有效,而且低温可以减少有机溶剂的挥发,有利于操作人员的安全。

(三)发酵产物的浓度

一般来说,发酵产物的浓度应控制在一个合适的范围内,既不可过高也不可过低。物料浓度过高会由于共沉淀作用而降低产品的纯度;而物料浓度过低则会增加有机溶剂的使用量,降低目标产物的回收率,同时还可能导致某些蛋白类产品的变性失活。一般认为,蛋白质溶液 0.5%~2% 的起始浓度比较合适,而黏多糖溶液起始浓度以 1%~2% 为宜。

（四）有机溶剂的种类及浓度

不同的有机溶剂对某一溶质分子产生的沉淀作用大小是有很大差异的,其沉淀能力与该有机溶剂的介电常数有关。一般来说,介电常数越低的有机溶剂,其沉淀能力越强;反之则沉淀能力越弱。另外有机溶剂的浓度也会对目标产物的沉淀效果产生重要影响。在溶液中加入有机溶剂后,随着有机溶剂浓度的升高,溶液的介电常数逐渐降低,当降至一定范围时,某一产物的溶解度急剧下降并沉淀析出。由于不同溶质分子的溶解度发生急剧变化的介电常数范围是不同的,因此通过严格控制有机溶剂的加入量便可达到分步沉淀的目的。

（五）离子强度

离子强度是影响溶质溶解度的一个重要因素。在较低的浓度范围内,往往有利于目标产物的沉淀分离,甚至还有保护蛋白质、防止变性以及稳定介质 pH 的作用。因此,在利用有机溶剂沉淀蛋白产物时,可适当加入乙酸钠、乙酸铵、氯化钠等单价离子作为助沉剂。但离子强度不可过高,否则会影响目标产物的纯度和质量。一般来讲离子强度以 0.01~0.05mol/L 为好,通常不应超过 5%。

（六）金属离子的助沉作用

有一些多价阳离子（如 Ca^{2+}、Zn^{2+} 等）在合适的 pH 范围内可与呈阴离子状态的蛋白质形成复合物,并使这些复合物在溶解度降低的同时不影响其生物活性。因此,在进行有机溶剂沉淀的过程中,加入适当的金属离子可进一步提高目标产物的收率,并同时降低有机溶剂的使用量。但在实际运用过程中,还要考虑所选定的金属离子是否与溶液中的某些阴离子形成难溶性盐,以及沉淀反应完成后能否去除这些阳离子。

三、有机溶剂的选择

沉淀剂有机溶剂的选择主要应考虑以下几个方面的因素:相对介电常数小,沉淀作用强;毒性小,挥发性适中;能与水无限互溶;变性作用小;属相对惰性物质,不与目标产物发生化学反应。符合以上原则的有机溶剂中乙醇、丙酮和甲醇最为常用。

（一）乙醇

乙醇的沉淀作用强,沸点适中,毒性低,可在低温中使用,价廉易得,可回收。因此,乙醇广泛用于沉淀蛋白、核酸、多糖等生物大分子以及氨基酸等小分子有机物。早在 20 世纪 40 年代,乙醇就应用于血浆蛋白的制备,目前仍用于血浆制剂（血清白蛋白、球蛋白等）的生产。

（二）丙酮

丙酮的沉淀作用大于乙醇,用丙酮代替乙醇作沉淀剂,一般可减少用量的 1/4~1/3。但丙酮存在沸点较低、挥发损失大、对肝脏有一定毒性、着火点低等缺点,使得它的应用不及乙醇广泛。

（三）甲醇

甲醇沉淀作用与乙醇相当,且对蛋白质的变性作用比乙醇和丙酮都小,但甲醇挥发性较强、毒性较大。因此,甲醇不能广泛应用于医药食品类产品的生产。

（四）其他有机溶剂

其他有机溶剂如二甲基甲酰胺、二甲亚砜和乙腈等也可作为沉淀剂,但由于这些溶剂的生产成本较高,因此应用范围较窄。

第四节　其他沉淀法

一、有机酸沉淀法

含氮有机酸如苦味酸、苦酮酸和鞣酸等能够与有机分子的碱性功能团形成复合物而沉淀析出,但这些有机酸与蛋白质形成盐的复合物沉淀时常常发生不可逆的沉淀反应。工业上应用此法制备蛋白质时,需采取较温和的条件,有时还加入一定的稳定剂,以防止蛋白质变性。

(一)鞣质

鞣质,又称"单宁",广泛存在于植物界,其分子结构可看作是一种 5-双没食子酸酰基葡萄糖,为多元酸类化合物,分子上有羧基和多个羟基。蛋白质分子中有许多氨基、亚氨基和羧基等,这样在蛋白质分子与鞣质分子间就有可能形成较多的氢键,生成巨大的复合颗粒从而沉淀下来。鞣质沉淀蛋白质的能力与蛋白质种类、环境 pH 及鞣质本身的来源(种类)和浓度有关。由于鞣质与蛋白质的结合相对比较牢固,用一般方法不易将它们分开,故多采用竞争结合法。即选用比蛋白质更强的结合剂与鞣质结合,使蛋白质游离释放出来。这类竞争性结合剂有聚乙烯氮戊环酮,它与鞣质形成氢键的能力很强。此外,还有聚乙二醇、聚氧化乙烯及山梨糖醇甘油酸酯。

(二)雷凡诺

雷凡诺(2-乙氧基 -6, 9-二氨基吖啶乳酸盐)是一种吖啶染料,虽然其沉淀机制比一般的有机酸盐复杂,但也主要是通过与蛋白质作用形成盐的复合物而沉淀的。此种染料对提纯血浆中的丙种球蛋白(又称"γ球蛋白")有较好的效果。实际应用时以 0.4% 雷凡诺溶液加到血浆中,调 pH 至 7.6~7.8,除丙种球蛋白外,也可将血浆中的其他蛋白质沉淀下来。然后将沉淀物溶解,再以 5% 氯化钠将雷凡诺沉淀除去(或通过活性炭柱、马铃薯淀粉柱吸附除去)。溶液中的 β 球蛋白可用 25% 乙醇或加等体积的饱和硫酸铵溶液沉淀回收。使用雷凡诺沉淀蛋白质不影响蛋白质的活性,并可通过调整 pH,分段沉淀一系列蛋白质组分。但蛋白质的等电点在 pH 3.5 以下或 pH 9.0 以上,不被雷凡诺沉淀。核酸大分子也可在较低 pH 时(pH 2.4 左右)被雷凡诺沉淀。

(三)三氯乙酸

三氯乙酸沉淀蛋白质迅速而完全,一般会引起变性。但在低温下短时间作用可使有些较稳定的蛋白质或酶保持原有的活力,如用浓度为 2.5% 的三氯乙酸处理胰蛋白酶、抑肽酶或细胞色素 C 提取液,可以除去大量杂蛋白而对酶活性没有影响。此法多用于目标产物比较稳定且分离杂蛋白相对困难的场合。

二、选择性变性沉淀法

选择性变性沉淀法就是根据混合溶液中的各种分子在不同物理化学因子的作用下稳定性不同的特点,选择适当的条件(具有一定的极端性),使欲分离的成分存在于溶液中,而且保持其活性,其他成分(杂质)由于环境的变化而变性,从溶液中沉淀出来,从而达到纯化有效成分的目的。选择性变性沉淀的方法有多种,常用的选择性变性沉淀法如下。

(一)热变性沉淀法

这种变性沉淀法的关键因素是温度。不同生物分子的热稳定性是不同的,当温度较高时,热稳定性差的生物分子将发生变性、沉淀,热稳定性强的生物分子仍稳定地存在于溶液中。例如核糖核酸酶的热稳定性比脱氧核糖核酸酶强,通过加热处理可以将混杂在核糖核酸酶中的脱氧核糖核酸酶变性沉淀后去除。热变性沉淀法简单易行,如果希望分离的目标产物的热稳定性很强,而且待分离的混合溶液中的其他成分均不需要提纯且对热敏感时,就可以考虑采用此方法。特别是在提取小分子物质时,由于小分子物质的热稳定性通常远远高于大分子的蛋白质、核酸等物质,可以用加热的方法将大分子的物质除去。实际应用时还可以用调节 pH、加入一定量的有机溶剂等手段来促进变性沉淀,也可以加入某种能使目标产物更稳定的稳定剂。使用这种方法的前提条件是要对溶液中的各种生物分子的热稳定性有充分的了解。

（二）酸碱变性沉淀法

用酸或碱调整溶液的酸碱度,当达到一定的 pH 时,目标产物不变性,而杂质却由于超出稳定的 pH 范围被变性沉淀,或处于杂质的等电点造成杂质的溶解度急剧降低,从而达到纯化的目的。采用这种方法时,还可以利用一些其他的辅助手段来增强目标产物的 pH 稳定性或扩大其 pH 稳定范围,例如有些酶与底物或竞争性抑制物结合后,在某 pH 范围的稳定性显著增强。

（三）利用某些试剂造成选择性变性

利用蛋白质或其他杂质对某些试剂敏感的特点,在溶液中加入这些试剂（如表面活性剂、有机溶剂、重金属盐等）,使蛋白质或其他杂质发生变性,从而达到与目标产物分离的结果。如三氯甲烷具有能使蛋白质变性沉淀,而不影响核酸的活性的特点,在提取核酸时,往溶液中加入三氯甲烷就可以将核酸与蛋白质分离。

三、高聚物沉淀法

高聚物沉淀属于絮凝现象,即通过高聚物分子吸附多个微粒的架桥作用而使多个微粒形成絮凝团沉淀。相对于盐析法、有机溶剂沉淀等方法而言,聚合物沉淀的体积要大得多,并且沉淀产物的粒度粗、疏松、强度较大,破碎后一般不再成团。

高聚物沉淀法所采用的高分子絮凝剂种类很多,可分为天然和人工合成两类;也可按官能团进行分类,主要有阴离子型、阳离子型和非离子型三大类。天然高分子絮凝剂主要有淀粉、纤维素、硅藻酸钠、鞣质、动物胶和白明胶等,其中很多还可通过各种化学改造和修饰以适应不同需要。通常天然高分子絮凝剂价格低廉,但分子质量相对较低且不太稳定,因此大多数工业应用中都使用人工合成的高分子絮凝剂。常见的人工合成的高分子絮凝剂有非离子型的聚丙烯酰胺、聚氧化乙烯,阴离子型的聚丙烯酸钠、聚苯乙烯磺酸以及阳离子型的聚乙烯吡啶盐、聚乙烯亚胺等。高分子絮凝剂是 20 世纪 60 年代发展起来的一类重要的沉淀剂,最早应用于提纯免疫球蛋白和沉淀一些细菌与病毒,近年来逐渐广泛应用于核酸和酶的分离纯化以及废水、废气和固体废弃物的处理。

影响絮凝效果的因素主要有以下几个方面。

1. 絮凝剂的分子量　分子量越大,链越长,吸附架桥效果就越明显,但是随分子量增大,絮凝剂在水中的溶解度降低,因此应选择适当的絮凝剂分子量。

2. 絮凝剂的用量　当絮凝剂的浓度较低时,增加用量有助于架桥,提高絮凝效果;但是用量过多反而会引起吸附饱和,在胶粒表面上形成覆盖层而失去与其他胶粒架桥的作用,造成胶粒再次稳定的现象,絮凝效果反而降低,残留在液体中的细胞含量反而增多。

3. 溶液的 pH　pH 的变化会影响离子型絮凝剂功能团的电离度,从而影响链的伸展形态。提高电离度可使分子链上同号电荷间的电排斥作用增大,链就从卷曲状态变为伸展状态,因而能发挥最佳的架桥能力。

4. 搅拌转速和时间　在加入絮凝剂时,搅拌能使絮凝剂迅速分散,但是絮凝团形成后,高的剪切力会打碎絮凝团。因此,操作时的搅拌转速和搅拌时间都应注意控制。

思 考 题

1. 简述盐析沉淀的基本原理以及影响盐析沉淀效果的主要因素。
2. 在有机溶剂沉淀过程中,有机溶剂的选择应考虑哪些因素?
3. 试述高聚物沉淀法的基本原理以及影响沉淀效果的主要因素。

第十八章
目标测试

（张会图）

第十九章

色谱分离法

第十九章
教学课件

第一节 概 述

色谱法（chromatography）又称层析法，是俄国植物学家 Tswett 在 1903 年研究植物色素组成时发明的一种分离技术。他将植物色素的石油醚提取液注入碳酸钙吸附柱上，并用石油醚进行洗脱，吸附柱上出现植物色素不同颜色的谱带，于是他首先提出了"色谱法"这一概念。现在"色谱法"有了更深的含义，主要是指多种组分的混合物由于在固定相和流动相中分配系数不同，因此在流动过程中经多次分配后而获得分离。

同其他传统分离纯化方法相比，色谱法具有如下特点：

1. 应用范围广 从极性到非极性、离子型到非离子型、小分子到大分子、无机到有机、热稳定性到热不稳定性等化合物都可用色谱法分离，尤其是在生物大分子的分离和制备方面是其他方法无法取代的。

2. 分离效率高 若用理论塔板数来表示色谱柱的效率，每米柱长可达几千至几十万的理论塔板数，特别适合极复杂混合物的分离，且收率、产率和纯度都很高。

3. 操作模式多样 在色谱分离中，可通过选择不同的操作模式，以适应各种不同的生物样品的分离要求。可选择凝胶色谱、吸附色谱、亲和色谱、分配色谱等不同的色谱分离方法；可选择不同的固定相和流动相状态及种类；可选择连续式和间歇式色谱等。

4. 可进行高灵敏度在线检测 色谱法作为一类迄今人类掌握的对复杂混合物分离效率最高的方法，已成为药品、生化物质和精细化学品生产方面的重要的分离制备手段。就可注射的生化药物所要求的产品纯度而言，其他类型的单元操作是无法与色谱单元操作相媲美的。本章将着重对最常用的凝胶色谱法、亲和色谱法和疏水相互作用色谱法等分离技术进行介绍。

第二节 凝胶色谱法

凝胶色谱法（gel chromatography）又称为凝胶过滤（gel filtration）、分子排阻层析（molecular exclusion chromatography）、分子筛层析（molecular sieve chromatography）等，是指以各种多孔凝胶为固定相，利用流动相中所含的各组分分子大小（M_r）的不同而使其得以分离的一种技术。其突出优点是色谱所用的凝胶不带电荷，吸附力弱，不需要再生处理即可反复使用，操作条件比较温和，可在相当广的温度范围内进行操作,并且对分离成分没有变性作用和破坏作用。对于高分子物质有很好的分离效果,适用于不同分子量的各种物质的分离,尤其适用于高分子物质的分离。

一、基本原理及特点

凝胶色谱柱中装有多孔凝胶,当含有各种组分的混合溶液流经凝胶层析柱时,各组分在层析柱内同时进行 2 种不同的运动:一种是随着溶液流动而进行的垂直向下的移动,另一种是无定向的分子扩

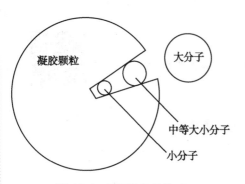

散运动(布朗运动)。大分子物质由于分子直径大,不能进入凝胶的微孔,只能分布于凝胶颗粒的间隙中,以较快的速度流过凝胶柱;较小的分子能进入凝胶的微孔中,不断地进出于一个个颗粒的微孔内外(图 19-1),这就使小分子物质向下移动的速度比大分子的速度慢,使混合溶液中的各组分按照分子量由大到小的顺序先后流出层析柱,从而达到分离的目的。在凝胶色谱中,分子量并不是唯一的分离依据,即使有些物质的分子量相同,但由于分子的形状不同以及各种物质与凝胶间的非特异性的吸附作用,仍可加以分离(图 19-2)。

图 19-1　不同直径的物质
在凝胶微孔中的分布

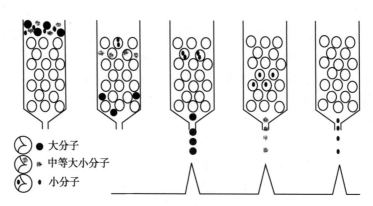

图 19-2　凝胶过滤色谱示意图

凝胶色谱具有许多优点,主要有以下几个方面。

1. 操作条件温和,简便易行　凝胶色谱操作条件比较温和,温度的适应范围广,只要有效地防止微生物的污染,就可连续地进行操作。另外,所使用的洗脱溶剂一般可借蒸发或冷冻干燥除去,因而所得的样品不会残留盐分。凝胶本身不带电,洗脱条件温和,溶质不会产生吸附或其他变化,即使是极不稳定的物质也极少有被破坏的可能性。

2. 分离的分子量范围广　可分离的分子量从数百到数十万,甚至可达上亿,尤其适用于生物物质的分离。其分离范围主要取决于凝胶三维空间网状结构的"网眼"大小,商品凝胶的各种型号即代表"网眼"的不同大小,也就是被分离物质允许自由出入"网格"的分子量范围。因此,根据欲分离物质的分子量就可选择适当型号的凝胶。

3. 分离效果一般不受缓冲液组成的影响　与离子交换色谱或亲和色谱不同,凝胶色谱中的分子不与色谱介质凝胶结合。因此,缓冲液的组成对分离效果不产生直接的影响,缓冲液可以改变以适应样品的性质和下一步纯化、分析或储存的要求而不影响分离度。

4. 每进行一次操作后无须再生处理就可进行下一次的分离　在分离不纯物质时,色谱床表面可能产生少量沉积物,可小心地加以除去,必要时再添加少量新溶胀的凝胶,经适当平衡后就能使用。一般的凝胶色谱床可反复使用数次到数十次,如果使用和保存储藏得当,同一个凝胶可用数年不会改

变其分离特性。

二、凝胶的特性与种类

（一）特性

作为凝胶分离介质必须在性质上满足许多要求，包括惰性、化学性质稳定、带电荷低、分离范围广、颗粒大小适当、机械强度高等。

1. 惰性　作为凝胶分离介质必须与溶质分子不发生任何作用，否则可能会引起溶质分子不可逆的吸附或引起不稳定分子的化学变化，导致凝胶色谱分离行为除受被分离物质分子大小的影响外还受其他诸多因素的影响，使分离结果无法预测，有时还引起被分离物质的变性失活。

2. 化学性质稳定　凝胶分离介质应具有好的化学稳定性，并且稳定的 pH 范围要广。化学性质稳定的凝胶可反复使用数月或数年而不改变其层析性质，广泛稳定的 pH 范围可以在宽的 pH 范围内自由选择实验条件。

3. 带电荷低　为了防止溶质分子和凝胶载体的离子交换效应，在制备凝胶时，必须尽可能地降低它的电荷，否则就会改变层析特性，如电荷高时会出现不对称的洗脱曲线，在低离子强度操作时尤为明显。

4. 分离范围广　在分离、分析中，被分离的物质分子是多种多样的，特别是分子大小。因此，应能针对不同情况，选择有广泛分离范围的凝胶类型。微网孔型凝胶的工作范围主要取决于溶胀性质，以溶胀胶中干物质的含量多少来表示允许溶质分子渗入的范围，一般这种干物质的含量为 5%~50%（*W/V*）（用分子量表明排阻限度时为 1 000~500 000）。大网孔型凝胶的分布范围并非取决于凝胶中的干物质，而是凝胶颗粒本身的结构，相同干物质的凝胶可以出现极其不同的分离性质。

5. 颗粒大小适当　凝胶颗粒大小的分布是限制流速和分辨力的重要因素。通常颗粒小的凝胶分离效果好，随着颗粒度增加，扩散效应增加，进而增加溶质之间重新混合的概率，形成不对称的洗脱曲线；而大颗粒的凝胶阻滞作用比较小，可使流动相的流速增大，也有一定的方便之处。所以在进行色谱分离时，必须选择既有一定流速又有较理想的分离分辨力的适当颗粒大小的凝胶。

6. 机械强度高　凝胶的机械强度是保持色谱分离稳定性的必要条件。在进行色谱分离时，流动相对色谱床总是会产生一定的压力（操作压），这种压力往往会改变凝胶颗粒的形状而使分离特性和流速发生改变，特别是使流速降低，有时对色谱分离造成极大困难。排阻限度大的那些凝胶由于网孔较大，机械强度相对较低，流速最易受压力的影响。另外，凝胶还要有一定的机械稳定性，这样的凝胶，在使用过程中的破碎程度较低，使用寿命可延长。

（二）种类

凝胶的种类很多，其共同的特点是内部具有微细的多孔结构，其孔径的大小与被分离物质的分子量大小有相应的关系。常用的凝胶有聚丙烯酰胺凝胶、葡聚糖凝胶、琼脂糖凝胶、聚丙烯酰胺葡聚糖凝胶、葡聚糖琼脂糖凝胶等。

1. 聚丙烯酰胺凝胶　聚丙烯酰胺凝胶是一种人工合成的凝胶，由丙烯酰胺（$CH_2\text{=}CH\text{—}CONH_2$）与甲叉双丙烯酰胺（$CH_2\text{=}CH\text{—}CONH\text{—}CH_2\text{—}NHCO\text{—}CH\text{=}CH_2$）共聚而成，商品名称为"生物胶 -P（Bio-Gel P）"。聚丙烯酰胺凝胶是完全惰性的，非特异性吸附很低，适宜于各种蛋白质、核苷及核苷酸、寡糖及多糖等的分离。缺点是遇强酸时酰胺键会水解，一般在 pH 2~11 的范围使用。

2. 葡聚糖凝胶　葡聚糖凝胶由分子量为（4~20）× 10^4Da 的葡聚糖交联聚合而成。由 GE 公司生产的商品名称为"Sephadex"的葡聚糖凝胶具有良好的化学稳定性和分离特性，为最常用的该类凝胶之一。Sephadex 耐碱,在 0.01mol/L 盐酸中放置半年不受影响,故广泛用于各种物质的分离纯化。Sephadex 有 G-10、G-15、G-25、G-50、G-75、G-100、G-150、G-200 多种型号和粗、中、细、超细多种规格,G 后面的数字越大,胶粒的孔径越大,越适合于大分子的分离。但颗粒的机械强度随孔径的增大而降低,较高的操作压会使 G-75、G-100、G-150、G-200 等颗粒变形而使洗脱液的流速下降。故用上述型号的 Sephadex 进行层析时,流速慢,时间长。同型号的 Sephadex,颗粒越细,在同样长的柱子中的分离度也越好,但流速也越慢。

3. 琼脂糖凝胶　从琼脂中除去带电荷的琼脂胶,可制成不带电荷的琼脂糖,琼脂糖凝胶为用该琼脂糖制成的颗粒内孔径不等的色谱用凝胶。GE 公司生产的商品名称为“Sepharose”的琼脂糖凝胶,其孔径大、机械强度高、层析时流速较快,但只能分离分子量较大的分子。该公司还推出商品名称为“Superose”的琼脂糖凝胶,主要有含琼脂糖 6% 的 Superose 6 和含琼脂糖 12% 的 Superose 12 及其衍生物。Superose 刚性好、理化稳定性高、在高黏度液体(如 8mol/L 尿素)下能保持较好的流速,适合于糖类、核酸、病毒和在变性剂中的包涵体蛋白的纯化。

4. 聚丙烯酰胺葡聚糖凝胶　GE 公司生产的该类产品的商品名称为“Sephacryl”,是由甲叉双丙烯酰胺交联葡聚糖形成的球形凝胶颗粒。该凝胶反压特别低、机械性能好、分离速度快、分辨率高、理化稳定性好,在十二烷基硫酸钠(SDS)、6mol/L 盐酸胍及 8mol/L 尿素中均可使用。Sephacryl 有 S-100HR、S-200HR、S-300HR、S-400HR、S-500HR 和 S-1000SF 6 种型号,可分离分子量为 $10^3 \sim 10^8$ Da 的蛋白质,也可用于分离多糖和核酸。

5. 葡聚糖琼脂糖凝胶　GE 公司生产的该类产品的商品名称为“Superdex”,是将葡聚糖共价结合到交联多孔琼脂糖珠体上形成的球形凝胶珠。该类凝胶流速快、反压低、非特异性吸附低,因而样品回收率很高,是目前分辨率和选择性最好的凝胶过滤介质。Superdex 的理化稳定性很高,在 0.1mol/L 盐酸及 0.1mol/L 氢氧化钠中 40℃保温 400 小时分辨率保持不变,在 1% SDS、8mol/L 尿素及 6mol/L 盐酸胍中均能保持良好的色谱性能。该类凝胶有多种型号可供选择,适合于生物大分子的精细纯化。

上述凝胶有些是干燥颗粒,使用前必须溶胀;有些是悬浮颗粒,可直接用来装柱。使用后的凝胶冲洗干净后,一般可在 20% 左右的乙醇中保存。

三、参数选择与操作过程

（一）凝胶的选择

1. 根据实验目的不同选择不同型号的凝胶　如果目的是将样品中的大分子物质和小分子物质分开,由于它们在分配系数上有显著性差异,这种分离又称组别分离(group separation)。一般可选用 Sephadex G-25 和 G-50;对于小肽和低分子量(1 000~5 000Da)的物质的脱盐可使用 Sephadex G-10、G-15 及 Bio-Gel P-2 或 P-4。如果目的是将样品中的一些分子量比较近似的物质进行分离,这种分离称为高分辨分级分离(high resolution fractionation separation)。一般选用排阻限度略大于样品中最高分子量物质的凝胶,层析过程中这些物质都能不同程度地深入凝胶内部,由于 K_a 不同,最后得到分离。

2. 柱的直径与长度　根据经验,组别分离时大多采用长度(l)2~30cm 的色谱柱,高分辨分级分离时一般需要长度 80~100cm 的色谱柱,直径(d)在 1~5cm 范围,$d<1$cm 产生管壁效应,$d>5$cm 则稀释现象严重。长度与直径的比值 l/d 一般宜在 7~10,但分离移动慢的物质 l/d 宜在 30~40。

（二）操作过程

1. 凝胶柱的制备　凝胶型号选定后,将干胶颗粒悬浮于 5~10 倍量的蒸馏水或洗脱液中充分溶胀,溶胀之后将极细的小颗粒倾泻出去。自然溶胀耗时较长,加热可使溶胀加速,即在沸水浴中将湿凝胶浆逐渐升温至近沸,1~2 小时凝胶即可达到充分溶胀。加热法溶胀凝胶既可节省时间又可消毒。凝胶装填时,将层析柱与地面垂直固定在架子上,下端流出口用夹子夹紧,柱顶可安装一个带有搅拌装置的较大容器,柱内充满洗脱液,将凝胶调成较稀薄的浆状液盛于柱顶的容器中,然后在微微的搅拌下使凝胶下沉于柱内,这样凝胶粒水平上升,直到所需的高度为止,拆除柱顶装置,用相应的滤纸片轻轻盖在凝胶床表面。稍放置一段时间,再开始流动平衡,流速应低于层析时所需的流速。在平衡过程中逐渐增加到层析的流速,千万不能超过最终流速。平衡凝胶床过夜,使用前要检查层析床是否均匀、有无"纹路"或气泡,或加一些有色物质来观察色带的移动,如色带狭窄、均匀平整说明层析柱的性能良好。色带出现歪曲、散乱、变宽时必须重新装柱。

2. 加样和洗脱　凝胶床经过平衡后,在床顶部留下数毫升的洗脱液使凝胶床饱和,再用滴管或泵加入样品,一般样品体积不大于凝胶总床体积的 5%~10%。样品浓度与分配系数无关,故样品浓度可以提高,但分子量较大的物质,溶液的黏度将随浓度增加而增大,使分子运动受限,故样品与洗脱液的相对黏度不得超过 1.5~2.0。样品加入后打开流出口,使样品渗入凝胶床内,当样品液面恰与凝胶床表面相平时,再加入数毫升的洗脱液冲洗管壁,使其全部进入凝胶床后,将色谱床与洗脱液贮瓶及收集器相连,预先设计好流速,然后分步收集洗脱液,并用一定的方法对洗脱液中被分离的物质进行定性或定量检测。

3. 凝胶柱的重复使用　凝胶柱一次装柱后可以反复使用,不进行特殊处理并不影响分离效果。为了防止凝胶染菌,可在存放时加入 0.02% 的叠氮钠,在下次使用前应将抑菌剂除去,以免污染被分离的样品。

如果凝胶色谱柱不再使用,可将其中的凝胶回收。一般方法是将凝胶用水冲洗干净滤干,依次用 70%、90%、95% 乙醇脱水平衡至乙醇浓度达 90% 以上,滤干;再用乙醚洗去乙醇,滤干,干燥保存。湿态保存方法是在凝胶浆中加入抑菌剂密封保存。

第三节　亲和色谱法

亲和色谱法(affinity chromatography)是蛋白质纯化的一种重要方法,它具有很高的选择性和分离性,以及较大的载量,只需要一步处理即可使某种待分离的蛋白质从复杂的蛋白质混合物中分离出来,达到千倍以上的纯化,并保持较高的活性。目前亲和色谱技术被广泛应用于蛋白质研究和制备领域,是分离纯化以及分析生物大分子尤其是蛋白质的有力工具。

亲和色谱法是利用生物分子间所具有的专一而又可逆的亲和力,而使生物分子分离纯化的色谱技术。具有专一而又可逆的亲和力的生物分子是成对互配的,主要有酶与底物、酶与竞争性抑制剂、酶与辅酶、抗原与抗体、激素与其受体、DNA 与 DNA 结合蛋白等。在成对互配的生物分子中,可把任何一方作为固定相对样品溶液中的另一方分子进行亲和色谱,达到分离纯化的目的。

一、基本原理及特点

亲和色谱法是利用生物大分子与某些对应的专一分子特异识别和可逆结合的特性而建立起来的一种分离生物大分子的色谱方法,也称为生物亲和色谱或生物特异性亲和色谱。这种特异可逆结合的物质很多,如抗原与抗体、底物与酶、激素与受体等,它们间的这种特异亲和能力又叫亲和力(affinity)。亲和色谱中,一对互相识别的分子互称对方为配体(ligand),如激素可认为是其受体的配体,受体也可以认为是相应激素的配体。由于酶与底物、酶与竞争性抑制剂、酶与辅因子、抗原与抗体、RNA 与互补的 RNA 分子或片段、RNA 与互补的 DNA 分子或片段等之间都具有专一而又可逆亲和的生物分子对,故亲和色谱在生物药物的分离纯化中有重要应用。

　　因为生物大分子与其配基之间的结合是专一性的,所以亲和色谱的选择性非常好。亲和介质只选择性地结合亲和物,这些亲和物是固定在亲和介质上的配基的特异亲和分子,其他不产生专一性结合的分子直接流出色谱柱,色谱柱经冲洗去除杂质后便可以利用洗脱剂将吸附在柱中的生物大分子洗脱下来(图 19-3)。亲和色谱技术的特点是可减少提纯步骤,具有高度的专一性,过程简单、快速,是一种理想的有效分离纯化生物大分子的手段。

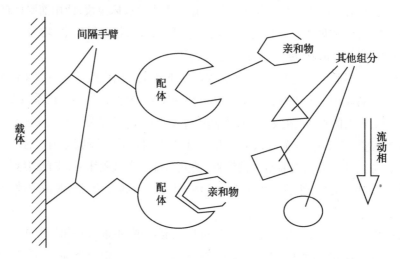

图 19-3　亲和色谱分离原理示意图

二、亲和介质

　　亲和色谱技术是原理是蛋白质可与另一种称为配体的分子发生特异的可逆结合。所谓配体是指能被蛋白质识别并与之结合的原子、原子团和分子。把待纯化的某种蛋白质的特异配体通过化学反应共价连接到载体(carrier)表面的功能基上构成亲和介质(affinity medium)。载体又称为基质或担体。

　　在制备亲和介质层析时,首先要根据欲分离物质的特性选择与之亲和配对的分子作为配体,然后根据配体分子的大小及所分离物质的特性选择适宜的载体,并在一定的条件下使配体与载体偶联制成亲和介质。

(一)载体的选择

　　对于亲和色谱,选择合适的载体是决定分离成败的一个重要因素。理想的载体必须满足的条件包括:①和被分离物质进行的相互作用应尽可能少,以避免非特异性吸附作用。因此,优先选用的是中性亲水聚合物,如琼脂糖或聚丙烯酰胺凝胶。②有大的孔网结构,允许大分子物质自由出入,即使亲和配体键合在它的表面之后也必须保持这种特性;否则生物大分子进不去,即使配体结合率很高,结合生物大分子的量也不会太大。③具有足够量的某些化学基团,这些基团可在不影响载体结构的条件下被活化或衍生。④在结合亲和配体后,机械性能和化学性质必须具有稳定性,即使在改变 pH、离子强度、温度以及变性剂的条件下也应该保持稳定。⑤组成大小应均匀。

　　一般常用的载体有纤维素、葡聚糖凝胶、琼脂糖凝胶、聚丙烯酰胺凝胶、多孔玻璃等,其中琼脂糖凝胶是最常用的优良亲和载体。琼脂糖凝胶结构开放、通过性好、酸碱处理时稳定、物理性质稳定,琼脂糖凝胶上的羟基在碱性条件下极易被溴化氰活化成亚氨基碳酸盐,并能在温和的条件下与氨基等基团作用而引入配体。

（二）配体的选择

正确地选择合适的配体以及合适的结合方式,对获得具有优良分离效果和较大容量的亲和介质也很重要。选择配体有两个条件:①生物大分子与配体间具有合适的亲和力。亲和力太强,洗脱条件剧烈,易造成生物大分子失活;亲和力太小,解离容易,但结合率不高。②配体要有可与载体牢固结合的基团,且结合后又不影响生物大分子与配体间的亲和力。

（三）配体与载体之间的偶联

要使不溶性载体与配体偶联,必须进行载体活化。载体活化即通过某种方法,如溴化氰法、叠氮法、高碘酸氧化法、环氧化法、甲苯磺酰氯法、双功能试剂法等使载体中引入某种活泼基团。载体活化后才能以共价键与配体偶联。已有活化的载体作为商品出售,例如商品名称为"偶联凝胶"的活化载体等。偶联凝胶可以很简单地与配体偶联,不需要特殊的设备和复杂的化学反应,使用时可以根据配体基团和欲分离物质的特性加以选择。

当小分子物质作为配体时,由于空间位阻作用难以与其配对的大分子亲和物吻合,需要在载体与配体之间引入适当长度的间隔臂（space arm）。

三、操作及分类

（一）操作

亲和色谱的分离方法随分离的物质不同而不同,一般程序包括吸附、冲洗、洗脱、平衡 4 步。

1. 吸附　亲和介质制备好后,装入色谱柱中即构成亲和色谱柱（affinity chromatographic column）。色谱柱无特殊要求,常用短而粗的柱子,根据纯化物质的量和亲和介质的吸附能力来选择。亲和介质吸附能力强的常用短柱,吸附能力弱的常用长一些的柱子。装好的色谱柱需要用起始缓冲液平衡后才能上样。

样品为固体时,常用起始缓冲液溶解;若为液体,要通过透析等方法将溶液转换为起始缓冲液。上样量可根据柱子的吸附容量推算,通常为吸附容量的 1/3 或更低;对于吸附力弱的物质,上样量为吸附容量的 1/10 为佳。

2. 冲洗　在样品上完后,使用 10 倍柱体积的上样缓冲液将不结合的杂质清洗掉。

3. 洗脱　目标产物的洗脱是亲和色谱是否成功的关键,通常采用降低目标产物与配体之间的亲和力的方式进行洗脱。可用一步法或连续改变洗脱剂浓度的方式将目标产物洗脱下来。当蛋白质与配体间的作用力过强时可用一步法,甚至可采用先让洗脱剂在柱子中停留半小时的方法。

改变 pH 同样也能改变配体与蛋白质间的作用力,因此通过改变 pH 也是亲和色谱中洗脱目标产物的一种方法。另一种方法是通过改变离子强度来洗脱目标产物。有时也用变性剂来洗脱目标产物。对于吸附得十分牢固的生物大分子,必须使用较强的酸或碱作为洗脱剂,或在洗脱液中加入破坏蛋白质的试剂如脲、盐酸胍。这种洗脱方式往往造成不可逆的变化,使纯化的对象失去生物学活性,对于洗脱得到的蛋白质溶液应立即进行中和、稀释或透析。因此,亲和色谱中洗脱目标产物的方法并不是一成不变的,可根据样品的性质和洗脱目的进行选择。

流速对亲和色谱分离也很重要,以获得最尖锐的洗脱峰和最小的洗脱体积的流速为最佳流速。

4. 平衡　洗脱完成后,用起始缓冲液对亲和色谱柱进行平衡,可用于新一轮的亲和色谱操作。

（二）分类

常规亲和色谱根据配体的来源不同可分为生物特异亲和色谱（biospecific affinity chromatography）和人工配体亲和色谱（artificial ligand affinity chromatography）。

1. 生物特异亲和色谱　生物特异亲和色谱包括免疫亲和色谱（immuno affinity chromatography）、凝集素亲和色谱（lectin affinity chromatography）、核酸亲和色谱（nucleic acid affinity chromatography）,

另外还有以酶或底物为配体的亲和色谱或以黏附蛋白或其受体蛋白为配体的亲和色谱。这类亲和色谱的特点是配体为生物分子。

（1）免疫亲和色谱：免疫亲和色谱利用抗体与其相应抗原的作用具有高度的特异性和高度结合力的特点，用适当的方法将抗原或抗体结合到载体上制成亲和介质，将亲和介质装柱后用于分离和纯化各自互补的免疫分子。影响免疫亲和色谱纯化的因素主要有：①抗原或抗体的初浓度；②两者之间的亲和力；③抗原、抗体是否容易解离。单克隆抗体技术极大地推动了免疫亲和色谱技术的发展，只要得到特定的单克隆抗体，利用其作为配体，通过亲和色谱便可从复杂的混合物中分离、纯化特定的抗原成分。免疫亲和色谱已经广泛应用于药物的分离纯化中。

免疫亲和色谱除了可以采用抗原或抗体作为配体以外，通常还采用蛋白A或蛋白G作为配体使用。蛋白A是从金黄色葡萄球菌（*Staphylococcus aureus*）中得到的一种分子量为42kDa的蛋白质，其分子的6个区域中有5个可与免疫球蛋白G（IgG）结合，通常1分子蛋白A至少可结合2分子IgG。蛋白G是一种细胞表面蛋白，是Ⅲ型Fc接受体，对IgG有很强的亲和力，但对白蛋白的亲和力较弱。蛋白A或蛋白G对于各种来源的IgG的Fc区域都具有高度专一的亲和性，与各种载体（如琼脂糖等）结合后作为亲和色谱介质用于纯化IgG。蛋白A和蛋白G对IgG的专一性有所不同，蛋白A的结合专一性较强，而蛋白G的结合专一性较弱，所以蛋白G可以与更多的IgG亚类结合，更适用于一般抗体的分离纯化。

（2）凝集素亲和色谱：凝集素（lectin）是一类能与糖残基专一而又可逆结合的蛋白质。由于凝集素能与多糖、糖蛋白及红细胞和肿瘤细胞表面的凝集素受体等亲和结合，因此可以用凝集素亲和色谱对一些糖蛋白、糖肽或寡糖进行分离纯化、结构分析。凝集素亲和色谱具有特异、敏感、快速的特点，是糖链结构分析的一种常用工具。目前可用的凝集素有数百种之多，常用于亲和色谱的凝集素主要有麦胚凝集素（WGA）、伴刀豆凝集素A（ConA）和曼陀罗凝集素（DSL）。

（3）核酸亲和色谱：核酸亲和色谱是目前分离多聚核苷酸及其结合蛋白的最有效的方法。用该亲和色谱方法已经纯化了许多DNA结合蛋白，包括转录因子和与DNA修复、重组和转座有关的蛋白质。核酸亲和色谱的应用极大地促进了核酸结合蛋白以及调节蛋白特性的研究，这些蛋白与基因的表达、核酸复制以及基因突变重组有着密切的关系。

（4）其他生物特异亲和色谱：研究者可以根据研究目的不同来设计具体的生物特异亲和色谱，比如，用于受体或结合蛋白纯化及鉴定的亲和色谱，用于纯化酶或相应的抑制剂的亲和色谱等。

2. 人工配体亲和色谱　人工配体亲和色谱也称为通用配体亲和色谱，是指利用一些人工配体对不同的蛋白质有不同亲和性的特点，通过亲和色谱来纯化这些蛋白质的方法，主要包括金属螯合亲和色谱（metal-chelate affinity chromatography）和染料配体亲和色谱（dye-ligand affinity chromatography）等。

（1）金属螯合亲和色谱：金属螯合亲和色谱又称为固定化金属离子亲和色谱（immobilized metal ion affinity chromatography，IMAC），是利用蛋白质表面暴露的一些氨基酸残基与固定在载体上的金属离子之间的相互作用而进行亲和纯化的技术。这些氨基酸残基包括组氨酸、色氨酸、赖氨酸等。目前采用的固定化金属离子螯合剂主要有亚氨基二乙酸（IDA）和次氨基三乙酸（NTA）2种，它们都可以有效地与Cu^{2+}、Zn^{2+}、Ni^{2+}、和Co^{2+}等二价金属离子发生螯合作用，从而将这些金属离子固定在载体上。对于亚氨基二乙酸螯合，金属离子通过氮和两个羧氧原子螯合，其他的配位点可被水或缓冲液分子占据并可以被相应蛋白的功能基团所取代，包括组氨酸的咪唑基团、半胱氨酸的巯基、色氨酸的吲哚基团，从而使蛋白质得以分离。金属螯合亲和色谱的主要特点是可用不同的金属离子结合到螯合载体上，并可用一种更强的螯合剂将所使用的金属离子洗脱下来，从而实现载体的再生；螯合剂较稳定，金属的亲和特性不会大幅下降；通过选择适宜的金属离子可实现蛋白质和配体之间不同的吸附。

金属螯合亲和色谱的分离过程是首先用螯合剂将金属离子（如 Cu^{2+}、Zn^{2+}、Ni^{2+} 或 Co^{2+} 等）螯合到载体（如交联化的琼脂糖、葡聚糖等）的表面上制成金属亲和色谱剂；然后将金属亲和色谱剂装进色谱柱，浸泡平衡、洗涤后，将含有目标分子的样品上柱，与金属配体有亲和力的分子都将被留在柱内，其余组分则流出柱外；最后通过改变盐的浓度或 pH 等以降低金属离子和蛋白质之间的亲和作用将目标蛋白洗脱出来。洗脱也可用竞争性的试剂，如用咪唑、组氨酸、半胱氨酸、色氨酸等将蛋白质置换下来，洗脱时可采用分级洗脱或梯度洗脱方式。

金属螯合亲和色谱用于生物分离有许多优点，包括：①蛋白质吸附容量大，是天然配体结合量的 10~100 倍；②洗脱条件温和，再生后配体恢复完全，一种金属螯合亲和色谱介质可以再生几百次而不损失任何色谱特性；③价格便宜；④具有普遍适用性。

正因为金属螯合亲和色谱具有配体简单、吸附量大、分离条件温和、通用性强等特点，已逐渐成为分离纯化蛋白质等生物工程产品的最有效的技术之一。金属螯合亲和色谱不仅适用于某些蛋白质、酶、肽和氨基酸的分离纯化，也用于能可逆性螯合金属离子的核苷酸、激素、抗体等物质的分离和纯化。另外，由于该方法几乎对蛋白质本身的生物活性没有依赖，所以除了可以在常规的非变性条件下进行纯化外，还特别适合分离纯化变性蛋白质，尤其是带 6 个组氨酸标签的重组蛋白，广泛应用于大肠埃希菌表达包涵体蛋白质的分离及纯化，是分离纯化生物工程蛋白质产品的最有效的工具之一。

金属螯合亲和色谱存在一个问题：其色谱载体大都采用琼脂糖，而琼脂糖颗粒表面较为粗糙，容易产生一些非特异性吸附现象。

（2）染料配体亲和色谱：一些有机染料如蒽醌类化合物、偶氮类化合物等具有类似于烟酰胺腺嘌呤二核苷酸（NAD）的结构，因此一些需要核苷酸类物质为辅酶的酶对这些染料有一定的亲和力。以这些染料作为配体，共价偶联到纤维素或琼脂糖等载体上，制得染料配体亲和介质，以此为介质进行的色谱纯化技术称为染料配体亲和色谱。染料配体亲和色谱已成功地用于多种酶的分离纯化，例如以 NAD^+、$NADP^+$、ATP 为辅酶的各种酶以及激酶、水解酶、转移酶、核酸酶、聚合酶、合成酶和限制性内切酶、tRNA 合成酶、DNA 连接酶等。

常用的有机染料是二羟偶氮化合物。染料与载体偶联的基本过程为取一定量的载体，加入 0.2% 的有机染料，混匀后加入 0.1mol/L 氢氧化钠溶液，在 30℃ 下反应 48 小时，使染料充分与载体偶联，然后依次用水、0.1mol/L 氢氧化钠、25% 乙醇洗涤几次，即制成染料配体亲和色谱剂，置于 0.1mol/L 磷酸盐缓冲液中备用。

染料配体亲和色谱具有蛋白质结合容量大（是天然配体蛋白质结合量的 10~100 倍）、配体偶联方法简单、易于操作、蛋白质洗脱容易、适于大规模应用、廉价易得等优点，具有普遍适用性。但与其他人工配体亲和色谱技术相比，普通的染料配体亲和色谱也存在着非特异性吸附、选择性不够高的缺点，迫切需要新的、选择特异性高的染料的出现。为此，科学家们提出了仿生染料的概念，即模仿天然活性配体染料。借助于生物信息学技术和蛋白质结构分析技术，目前已经能够设计并合成所需要的仿生染料，并成功地分离纯化出包括胰蛋白酶、尿激酶、激肽释放酶、碱性磷酸酶、苹果酸脱氢酶等在内的多种蛋白质。

3. 人工设计小分子配体亲和色谱　传统的单克隆抗体及天然大分子有高度专一的立体结构，是较为理想的亲和配体，但这些大分子本身需要高度纯化，成本昂贵且生物化学性质不稳定，纯化中难以维持结合活性。为克服这些缺点，近年来发展了仿生亲和小分子配体新技术，即用纯化的目标蛋白在组合生物分子库和组合化学分子库中筛选其相应的亲和配体，然后将其固定到支持介质上，这种筛选出来的亲和配体比天然生物分子性质更稳定，特异性及重复性更好。

亲和色谱技术的最大优点在于它可从粗提液中经过一次简单的处理即得到所需的高纯度的活性

物质。该技术不但能分离一些在生物材料中含量极微的物质,而且可以分离那些性质十分相似的生化物质。利用亲和色谱技术成功地分离了单克隆抗体、生长因子、细胞分裂素、激素、血液凝固因子、纤维蛋白溶酶、促红细胞生成素等蛋白质。但亲和色谱也有一些缺点,主要是载体(如琼脂糖)价格昂贵、机械强度低;配体制备困难,有的配体本身需要分离纯化;配体与载体偶联的条件激烈等。因此,新型载体的研究开发和利用分子组合技术建立组合分子库筛选小分子配体将是亲和色谱的重要发展方向。

第四节   疏水相互作用色谱法

疏水相互作用色谱法(hydrophobic interaction chromatographyc,HIC)是近年发展的新的色谱方法。疏水相互作用色谱法是利用蛋白质表面存有的疏水性部位,与带有疏水性配体的载体在高盐浓度时结合,洗脱时将盐浓度逐渐降低,蛋白质因疏水性不同而先后被洗脱得以分离。与离子交换色谱法、亲和色谱法相比,疏水相互作用色谱法中蛋白质与固定相的相互作用力较弱,蛋白质活性在色谱分离过程中不易丧失。此法能分离一些其他方法不易纯化的蛋白质。

一、基本原理及特点

(一)蛋白质的疏水性

蛋白质表面多由亲水性基团组成,也有一些由疏水性较强的氨基酸(如亮氨酸、缬氨酸、苯丙氨酸等)组成的疏水性区域。疏水性区域占总表面的比例越大,疏水性就越强。不同种类蛋白质的表面疏水性区域的多少不同,疏水性强弱也不同;对于同一种蛋白质,在不同介质中其疏水性区域(裂隙)的伸缩程度也不同,从而使疏水性基团暴露的程度呈现出一定的差异。就球形蛋白质的结构而言,其分子中的疏水性残基数是从外向内逐步增加的;一般球形蛋白和膜蛋白的结构稳定,在很大程度上取决于分子中的疏水性作用。

(二)疏水相互作用

虽然疏水相互作用的原理还不十分清楚,但人们对其已经有了一定的认识。一般认为,蛋白质等生物大分子的疏水性区域与疏水配体产生亲和作用,如同分散在水里面的小油滴在相遇时彼此作用变成大油滴一样,具有相同或相似性质的物质或基团在与之不相容的环境里具有相互溶解、相互聚集的性质。

(三)利用疏水相互作用分离物质

疏水相互作用色谱法正是利用盐-水体系中样品组分的疏水性基团和色谱填料的疏水性配体相互作用力的不同而使样品组分得以分离的。

疏水相互作用色谱中,无机盐的存在能使蛋白质分子表面上的疏水区域和介质中的疏水基团之间的相互作用力增强。在高盐浓度时,蛋白质分子中的疏水性部分与介质的疏水基团产生疏水性作用而被吸附;盐浓度降低时蛋白质的疏水性作用减弱,目标蛋白质被逐步洗脱下来,蛋白质的疏水性越强,洗脱时间越长。

实践过程中欲让亲水性强的蛋白质与疏水性固定相有效地结合在一起,一是靠蛋白质表面的一些疏水补丁(hydrophobic patch);二是使蛋白质发生局部变性(可逆变性较理想),暴露出掩蔽于分子内的疏水性残基;三是疏水相互作用色谱的特性,即在高盐浓度下暴露于分子表面的疏水性残基才能与疏水性固定相作用(这与普通吸附色谱和离子交换色谱操作是全然不同的)。据此,亲水性较强的物质一般在 1mol/L(NH_4)$_2SO_4$ 或 2mol/L 氯化钠高浓度盐溶液中会发生局部可逆性变性,并能被迫与疏水性固定相结合在一起,通过降低流动相的离子强度即可将结合于固定相的物质按其结合能力大小依次被解吸。疏水作用弱的物质用高浓度的盐溶液洗脱时会先被洗下来,当盐溶液的浓度降低时疏水作用强的物质才会被洗下来(图 19-4)。对于疏水性很强的物质,则需要在流动相中添加适量的有机溶剂降低极性才能达到解吸的目的,但在此过程中必须注意在流动相极性降低时可能引起的有效成分发生变性。

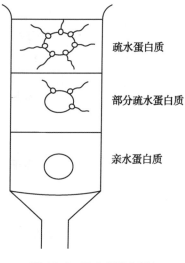

图 19-4　疏水相互作用色谱的分离原理示意图

（四）特点

疏水相互作用色谱用含盐水溶液作为流动相,固定相的疏水性适中,具有分离条件温和、不损伤蛋白质活性、分离效率高以及柱容量大等优点。因此,在生化分离中,特别在活性蛋白的分离中,疏水相互作用色谱正日益成为人们优先考虑的色谱分离手段。

二、疏水分离介质

疏水相互作用色谱所使用的固定相一般由惰性载体(inert support)和共价连接在载体上的配体组成。

（一）载体

多聚糖(如琼脂糖)是疏水相互作用色谱填料最常用的载体,它具有表面基团丰富、较宽的 pH使用范围及与生物大分子良好的相容性等优点,但其机械强度较低不能用于高压疏水相互作用色谱。目前采用其他一些多糖类物质作为疏水相互作用色谱的填料载体。

疏水相互作用色谱的填料载体是硅胶,其最大的优点是机械强度高。近年来,采用表面包被一层高分子材料的硅胶作基质,然后在高分子表层上共价连接疏水配体作疏水相互作用色谱的填料,这样可以兼有 2 种色谱填料基质的优点。目前制备用的 HIC 介质的载体主要有多糖类如琼脂糖、纤维素和人工合成聚合物类如聚苯乙烯、聚丙烯酸甲酯类。其中,半刚性的琼脂糖类凝胶仍是应用最广泛的疏水介质。另外,由于壳聚糖具有良好的生物相容性和化学稳定性,近年来在疏水相互作用色谱中也得到应用。

（二）配体

疏水相互作用色谱分离介质配体的一个重要特征是具弱疏水性,与蛋白质作用温和,从而能保证蛋白质的生物活性不丧失。疏水相互作用色谱分离介质配体的密度一般较低,碳链长度一般在 $C_4 \sim C_8$。用于疏水相互作用色谱分离介质的疏水配体很多,如羟丙基、丙基、苄基、异丙基、苯基、戊基、辛基等。通常,配体通过稳定的非离子键(如醚键)与基质结合,图 19-5 列出了几种常用的配体结构及其与配体的连接方式。迄今为止,广泛使用的商品化制备型疏水相互作用色谱分离介质配体仍是烷基和芳基。

（三）疏水介质

根据载体的亲疏水性质不同所制备的疏水相互作用色谱分离介质有亲水性和非亲水性之分,通常由亲水性或非亲水性载体与疏水性配体构成的疏水相互作用分离介质固定相,又称亲水性吸附剂或非亲水性吸附剂。

1. 亲水性吸附剂　目前,亲水性吸附剂的基质主要是交联琼脂糖(Sepharose CL-4B),配体是苯基或辛基化合物,两者通过共价偶联构成稳定的苯基(或辛基)-Sepharose CL-4B 吸附剂(目前市场有售)。这类吸附剂基本不耐高压,一般仅适用于常压色谱系统。

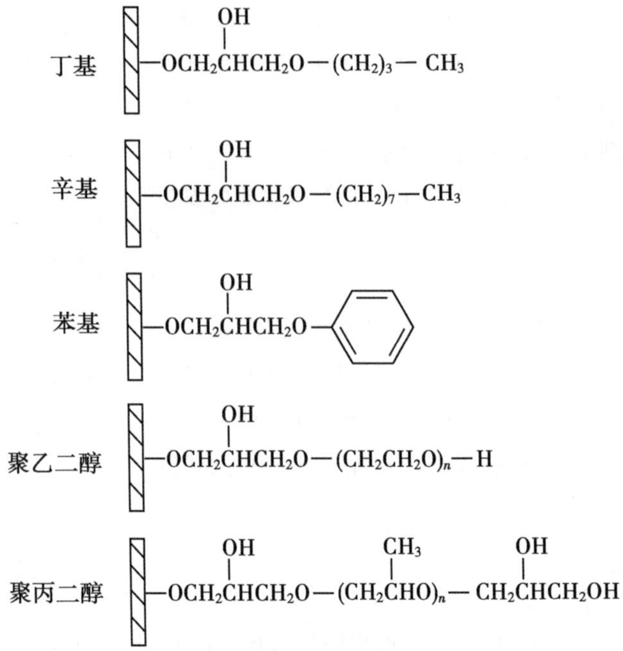

丁基 —OCH$_2$CHCH$_2$O—(CH$_2$)$_3$—CH$_3$ （上方OH）

辛基 —OCH$_2$CHCH$_2$O—(CH$_2$)$_7$—CH$_3$ （上方OH）

苯基 —OCH$_2$CHCH$_2$O— （上方OH，右侧苯环）

聚乙二醇 —OCH$_2$CHCH$_2$O—(CH$_2$CH$_2$O)$_n$—H （上方OH）

聚丙二醇 —OCH$_2$CHCH$_2$O—(CH$_2$CHO)$_n$—CH$_2$CHCH$_2$OH （上方OH、CH$_3$、OH）

图 19-5　疏水相互作用色谱介质的结构示意图

2. 非亲水性吸附剂　非亲水性吸附剂所用的基质有硅胶、树脂（苯乙烯、二乙烯聚合物）等，配体为苯基、烷基（C$_4$、C$_6$ 和 C$_8$）等，两者通过共价结合构成非亲水性吸附剂。这类吸附剂的机械性能好，能耐高压，不仅适用于常压色谱，而且特别适用于高压色谱。需要指出的是，上面所提到的两类基质（硅胶和树脂），当置它们于不同 pH 的溶液中时，其稳定性不同。以硅胶为基质的吸附剂，在高 pH 环境时容易被水解，因此该吸附剂经使用后，残留在吸附剂上的吸附性较强的一些小分子物质是无法用氢氧化钠溶液彻底清洗的；而以树脂为基质的吸附剂，在 pH1~14 范围稳定性较好。

三、影响因素

（一）盐的种类

盐的种类不同，不仅影响蛋白质在色谱柱上的保留行为，同时也影响蛋白质的分离纯化的效果。有些盐［如 Na$_2$SO$_4$、（NH$_4$）$_2$SO$_4$ 等］可以提高蛋白质的稳定性，使其溶解度下降，对蛋白质有盐析效应，使蛋白质与固定相的疏水作用增强；有些盐（如 MgCl$_2$）虽然能增加溶剂的表面张力，但同时也增加蛋白质的溶解度，并不能增强蛋白质与疏水相互作用色谱填料的相互作用。不同种类的盐对蛋白质与疏水相互作用色谱填料的相互作用的影响遵循 Hofmeister 顺序。阴离子顺序：PO$_4^{3-}$>SO$_4^{2-}$>CH$_3$COO$^-$>Cl$^-$>Br$^-$>NO$_3^-$；阳离子顺序：NH$_4^+$>Rb$^+$>K$^+$>Li$^+$>Mg^{2+}>Ca^{2+}>Ba^{2+}（盐析能力强的盐能增加蛋白质与色谱填料的相互作用）。

（二）盐浓度

盐浓度也影响蛋白质在色谱柱上的选择性吸附。在疏水相互作用色谱中，平衡液及样品中的高盐浓度能促进蛋白质与配体的相互作用，在一定的盐浓度范围内，蛋白质的吸附量与盐浓度呈线性关系，被吸附的蛋白质可以通过降低盐浓度而被洗脱下来。

（三）pH

流动相的 pH 是影响蛋白质在色谱柱上的保留行为的一个重要因素。pH 的改变必然改变蛋白质的电荷性质及电荷量，从而影响蛋白质与色谱介质间的静电相互作用，也影响蛋白质在色谱柱上的保留行为。曾有报道增大缓冲液的 pH 至 9.0~10.0，能使蛋白质与配体之间的疏水相互作用力减弱。

在实验中研究人员观察到 pH 在 5.0~8.5 范围，pH 的变化对细胞色素 C 和溶菌酶在色谱柱上的保留行为的影响微乎其微；但当 pH>8.5 或 pH<5.0 时，pH 的变化则能引起蛋白质在色谱柱上的保留行为的剧烈变化。由于每一种蛋白质在某一特定的 pH 条件下其空间构象、所带的电荷情况不一致，因此，pH 对蛋白质在色谱柱上的保留行为的影响具有一定的复杂性。

（四）柱温

疏水相互作用是吸热过程，增加温度可以提高蛋白质与配体间的疏水相互作用力。在一定范围之内，柱温（T）和容量因子（K'）之间的关系满足 $\ln K' = \ln \psi - \Delta G/RT$，其中 R 为气体常数，ψ 为相比，T 为绝对温度，ΔG 为自由能变。因此，增加柱温有利于蛋白质的吸附，但温度上升易使蛋白质变性失活。

（五）添加剂

在疏水相互作用色谱的洗脱液中有时要加入一些添加剂如水溶性醇（乙醇、乙二醇）、去污剂（如 TritonX-100）等，它们可以通过竞争性结合到疏水配体上而使结合在柱上的蛋白质更易被洗脱下来。

四、疏水相互作用色谱法操作

（一）色谱柱的制备

1. 色谱柱的规格　进行疏水相互作用色谱时，所使用的色谱柱的规格包括柱体积、直径（d）、柱长（l）与直径（d）的比值等均与普通色谱的相似。在被分离物质与杂质间的疏水性差异较大时，l/d 的值应 ≤ 3；被分离样品的量较大时，宜选用体积较大的色谱柱。

2. 固定相　在进行常压疏水相互作用色谱时，大多数是选用苯基 -Sepharose CL-4B 吸附剂作固定相，这种固定相能够吸附与吩噻嗪和苯二氮䓬类的衍生物、萘取代化合物以及其他杂环或多环等化合物相互作用的物质，也就是说，该固定相适合于分离纯化与芳香化合物具有亲和力的物质。而辛基 -Sepharose CL-4B 则适用于分离纯化亲脂性较强的物质。

3. 装柱　将选定的亲水性吸附剂如苯基 -Sepharose CL-4B 悬浮于乙醇溶液中，浸泡一段时间后，离心（或过滤），收集沉淀物，并以 50%（W/V）的浓度悬浮于样品缓冲液中，然后按常规方法装入色谱柱，经洗涤、平衡，即可加样。

（二）加样与洗脱

加样前，在样品溶液中要补加适量的盐类。如上所述，加 1mol/L（NH_4）$_2SO_4$ 或 2mol/L 氯化钠，以促进蛋白质与固定相更好地相互吸附。加盐的样品溶液混匀，放置片刻后即可上柱。当把此样品溶液缓缓加入固定相（使有效成分与固定相之间作用 0.5~1.0 小时）后，先用平衡缓冲液洗涤，再用降低盐浓度的缓冲液洗脱，分段收集洗脱液，并对收集的每部分溶液进行检测。洗脱完毕的色谱柱欲重复使用时，需对其固定相进行再生处理，即用 8mol/L 尿素溶液或含 8mol/L 尿素的缓冲溶液洗涤色谱柱（以除去固定相吸附的杂质），然后用平衡缓冲液平衡。采用此程序处理过的疏水相互作用色谱柱即可重复使用。

五、疏水相互作用色谱法应用

经过多年的发展，疏水相互作用色谱法已成为分离纯化蛋白质和多肽等生物大分子的重要手段，在实验室和工业化生产中得到了广泛应用。疏水相互作用色谱介质的重要特点是疏水性弱，与蛋白质的作用比较温和，能更好地保持生物大分子的天然结构和生物活性。此外，其"高盐吸附、低盐洗脱"的特点使得疏水相互作用色谱能直接与其他分离技术如盐析、离子交换色谱联合使用，并已成功地对多种蛋白质进行了分离纯化。

随着基因工程的飞速发展,下游技术中分离纯化已显得越来越重要,疏水相互作用色谱在重组蛋白的纯化中应用越来越多。天然状态的核酸的疏水基团(碱基)包埋在分子中心,与色谱填料的疏水相互作用较弱;变性核酸由于其碱基暴露在外部,可与色谱填料形成疏水相互作用。利用这一特性,疏水相互作用色谱成功地用于基因工程核酸产物(如质粒、基因疫苗等)的分离纯化。另外,变性蛋白质经过疏水相互作用色谱柱以后可以得到一系列连续的复性中间体,从而疏水相互作用色谱也可以用于蛋白质的折叠机制和结构研究。因此,疏水相互作用色谱作为一种有效的分离纯化手段,必将在生物大分子的分离纯化领域得到广泛的应用。未来疏水相互作用色谱的发展方向是:①在现有固定相的基础上研制出分离效果接近于分析柱的制备柱;②继续研究新的疏水相互作用色谱固定相,特别是分离效率高、样品回收率高和活性回收率高以及负载量大、应用范围广、价格低的疏水固定相;③将疏水相互作用色谱作为一个有效的手段进行蛋白分子构象变化研究,并将变性蛋白的复性这一新的研究成果进一步用于生物大分子的制备中。

第五节　其他色谱技术

色谱技术是目前生物制药分离纯化中最常用的技术之一,在基因工程药物的下游处理中占有主要的地位。传统的色谱具有分离效率高、柱容量大等特点,但也存在以下缺点:①流速慢,生产效率低,长时间的分离过程易导致目标产物变性失活;②压降大,对分离系统要求高;③不易放大,在放大规模时需要逐级摸索分离条件。因此,为了满足不同分离目的的需要,近年来发展了一些新的色谱技术。

一、制备型超临界流体色谱法

超临界流体色谱法(supercritical fluid chromatography,SFC)是一种以超临界流体作流动相的色谱分离技术。所谓超临界流体是指在高于临界压力和临界温度时的一种物质的状态,它兼有气体和液体的某些性质,即兼有气体的低黏度、液体的高密度以及介于气液之间较高的扩散系数等特征。CO_2作为被广泛采用的超临界流体是由它自身的特点决定的。它的临界点性质温和(临界温度$T_c=31.05℃$),成本低,安全,且工业易得,纯度高。

超临界流体色谱具有可获得良好色谱分离的多种特性,更重要的是通过改变流动相温度或压力即可改变其密度,以此可控制溶质的迁移率和溶质间的选择性。因此,SFC既具有气相色谱的主要优点(溶质在流动相中的高扩散系数),又具有液相色谱的主要优点(流动相对溶质的良好溶解能力)。从理论上说,无论化合物是极性的、热不稳定性的、化学活泼性的,还是低挥发性的,超临界流体色谱都能将它们快速地分离开。

超临界流体色谱的主要优点有:①一种单一的流动相就可以用于多种用途的分离,而无须为柱平衡浪费时间,而这是靠改变流动相组成来改变分离效果的液相色谱难以做到的;②容易去除所收集的洗脱组分中的流动相,简单地降压足以将超临界流体CO_2汽化而去除;③流动相的回收十分简便,只需收集气相CO_2,净化后可使其重返超临界流体状态;④CO_2易于回收,成本低廉,使制备型超临界流体色谱对工业极具吸引力;⑤超临界流体兼有气体的低黏度和液体的高密度以及扩散系数介于气液之间的特性,所以它比液相色谱有更高的分离效率。然而,超临界流体色谱也存在缺点,如技术实施过程相当昂贵(设备必须承受数百万帕以上的压力),操作超临界流体不像液体那样简单,通常需要加入改性剂以解决CO_2不能溶解所有物质等缺点。但是,超临界流体色谱在各种生物制品以及药物及其代谢物的分析和制备等领域已有广泛应用。

二、逆流色谱法

逆流色谱法（counter current chromatography, CCC）是一种基于多级逆流液-液萃取的无固体载体的连续液-液色谱技术。溶质依靠在离心力场下旋转的空心螺旋管中逆向流动的两个不相混溶液体间的分配系数的不同而实现分离。这种色谱不需要通常填充色谱中的固体固定相。用保留于空心管内的一相液体作固定相，另一相液体作流动相，得到的谱图通常包含一些各溶质相互分离的谱峰。逆流色谱的适用范围日益扩大，凡可形成萃取分离体系的对象原则上都可以用逆流色谱进行分离。由于逆流色谱的分离级数非常多（色谱的共同特点），有些不能用普通萃取法进行分离的体系（比如分离对象的分离系数不够大）也可在逆流色谱上取得满意的结果。而且，逆流色谱的发展对于目前尚无满意的简便方法的生物物质的分离也是一个有效的选择。已经发展的双水相逆流色谱体系具有对蛋白质等生物物质的保护作用，操作又相对简便，因此特别受生化研究者的青睐。

近年来发展的以高分辨率和快速分离为特征的高速逆流色谱法（high-speed countercurrent chromatography, HSCCC）设备能够实现比制备高效液相色谱仪更有效的制备量型分离纯化。高速逆流色谱是一种无载体的液-液分配色谱，在色谱过程中样品在一对互不混溶（或很少混溶）的溶剂相中分配、传递，各组分依据它在这两相中的分配系数的差异实现分离。

逆流色谱技术有许多优点，包括：①没有固相载体。在分离柱体内不加入任何固态载体或支持体，因而完全排除了载体对分离过程的影响。②收率高。由于分离过程是在空心塑料管内进行的，所以一般不会发生不可逆吸附之类的样品损失，理论上的收率为100%。③效率高。由于装置的分离级数很大（几百上千），谱峰容易达到基线分离，分离出来的谱峰一般都只包含一种纯物质。④过程的条件温和，对溶剂和设备的要求较低。一般都是在常温下操作的，相对安全。⑤适应能力强。⑥可达到制备规模。

逆流色谱技术已经成功用于许多抗生素的分离纯化，这些抗生素的类型有肽类、大环内酯类、四环素类、蒽环类、放线菌素类、多烯类、核苷类、糖类和头孢菌素类等。随着仪器设备的不断改进和完善，设备的保留能力和分离性能显著提高，双水相系统逆流色谱技术已应用于生物大分子如蛋白质和核酸的分离和纯化。

三、置换色谱法

置换色谱法（displacement chromatography）又称"顶替色谱法"，其原理是样品输入色谱柱后，用一种与固定相作用力极强的置换剂（displacer）通入色谱柱去替代结合在固定相表面的溶质分子，样品在置换剂的推动下沿色谱柱前进，使样品中的各组分按与固定相作用力强弱的次序形成一系列前后相邻的谱带被依次洗脱下来，且各谱带皆为各个组分的纯品。与其他色谱技术相比，置换色谱明显的优点有上样量大、产率高、分辨率好、易于操作，并且被分离样品在分离过程中会自行浓缩。因此，置换色谱技术在生物分子的制备分离与纯化中有着其他色谱技术不可替代的优势。

置换色谱法的操作程序包括色谱柱的平衡、上样、加置换剂、洗脱、分步收集和色谱柱再生一系列过程。影响置换色谱分离的因素有置换剂、固定相和流动相，其中置换剂的选择是置换色谱能否成功地分离和纯化目标产物的关键因素之一。理想的置换剂必须符合的条件有：①与样品中的其他组分相比，对固定相的吸附力最强；②化学稳定性好，不与样品中的任何组分发生反应；③易溶于流动相，且能快速完成色谱柱的再生；④易得到高纯度的产品，因为置换剂中的杂质可能污染样品且增加色谱柱再生的难度；⑤若分离后的产物混有置换剂，置换剂应较易除去；⑥无毒，需符合药用及食用生物产品的法规要求；⑦高效、廉价。

置换色谱既适合于制备分离又能用于较稀的生物样品或痕量组分的直接分离，因此在生物样品的分离分析领域得到了广泛的应用。其已成功地应用于肽、抗生素、蛋白质、异构体、痕量组分的分离。

四、径向色谱法

传统的色谱柱是管式结构,流体在色谱柱内按轴向从一端流向另一端,色谱填料是软的或硬的多孔颗粒填料,这类色谱柱具有分离效率高、柱容量大的特点,但存在流速慢、易变性、压降大、对分离系统要求高、不易放大等缺点。而径向色谱法(radial chromatography)在技术上解决了上述传统色谱技术存在的问题。众所周知,膜分离具有处理量大、效率高等优点,但是膜分离过程选择性低、对样品的分辨力差。如果选用具有高选择性和高分辨力的色谱填料(如离子交换色谱填料或亲和色谱填料),并制成膜的形式,再结合径向流动的原理,则可做成处理量大、速度快、选择性好、分辨力高的分离技术,这就是径向色谱技术。

径向色谱具有以下特点:①速度快、处理量大、压降小。膜介质与流动相的接触面积大,流动相流程短,比同体积的凝胶轴向柱快4~5倍,因而效率高。②易放大生产。可以按实际生产需要进行线性放大而不影响分离性能,而且可进行多柱串联或并联来提高分离性能和处理量。因此,径向色谱非常适合大体积原料如基因工程、发酵工程产生的大体积低浓度的蛋白质、核酸等生物大分子的富集纯化。③成本低、使用寿命长、易于再生。较快的分离速度可大大缩短分离时间,避免或减少不稳定蛋白质或酶在分离过程中的降解或失活,提高回收率,从而降低成本。膜色谱柱可原位再生,无须重新装柱,既省时省力又可避免重新装柱造成的介质流失。

根据配体与目标分子的相互作用方式,径向色谱可分为4类:亲和膜色谱(affinity membrane chromatography, AMC)、离子交换膜色谱(ion exchange membrane chromatography, IMC)、疏水作用膜色谱(hydrophobic interaction membrane chromatography, HIMC)、多级膜色谱(multistage membrane chromatography, MMC)。

思 考 题

1. 掌握下列基本概念:色谱法、凝胶色谱法、高分辨分级分离、亲和色谱法、亲和介质、配体、载体、免疫亲和色谱法、凝集素亲和色谱法、核酸亲和色谱法、金属螯合亲和色谱法、染料配体亲和色谱法、疏水相互作用色谱法。

2. 凝胶色谱法的基本原理是什么?其特点有哪些?

3. 凝胶色谱法具有哪几方面的优点?

4. 凝胶分离介质在特性上必须满足哪些要求?

5. 凝胶色谱分离方法中常用的凝胶种类有哪些?

6. 试举例说明凝胶色谱法在生物制药分离和纯化中的应用。

7. 亲和色谱法的基本原理是什么?其特点有哪些?

8. 理想的亲和色谱载体必须满足哪些条件?

9. 常规亲和色谱根据配体的来源不同可分为哪几类?

10. 金属螯合亲和色谱法用于生物分离有哪些优点?

11. 举例说明亲和色谱法在生物活性物质分离和纯化中的应用。

12. 疏水相互作用色谱法的基本原理是什么?其特点有哪些?

13. 疏水相互作用色谱分离介质配体的重要特征是什么?

14. 根据载体的亲疏水性质不同,疏水相互作用色谱分离介质有哪些?

15. 影响疏水相互作用色谱分离效果的因素有哪些？

16. 举例说明疏水相互作用色谱法在分离纯化蛋白质等生物大分子中的应用。

17. 近年来发展的一些新的色谱技术有哪些？分别简述其特点。

第十九章
目标测试

（张会图）

第二十章

结　晶

第二十章
教学课件

学习目标

1. **掌握**　影响结晶过程的因素；提高晶体纯度的方法；工业生产中常用的结晶方法。
2. **熟悉**　过饱和度；影响晶型的因素；共沸蒸馏法结晶的原理。
3. **了解**　晶体成核的方式。

　　结晶（crystallization）是制备纯物质的有效方法。溶液中的溶质在一定条件下因分子有规则排列而结合成晶体（crystal）。结晶的过程是在溶有溶质的溶液中制备一定纯度、晶型、粒度及粒度分布的晶体的过程，结晶过程伴随着相变的复杂的传热、传质过程，遵循一定的热力学和动力学规律。晶体的化学成分均一，具有各种对称的晶状，其特征为离子和分子在空间晶格的结合点上呈有规则的排列。较纯的固体一般有结晶和无定形沉淀 2 种状态，两者的区别就是构成单位（原子、离子或分子）的排列方式不同，前者有规则，后者无规则。在条件变化缓慢时，溶质分子具有足够时间进行排列，有利于晶体形成，称为结晶；相反，当条件变化剧烈时，溶质分子来不及排列就析出，则会形成无定形沉淀。

　　通常只有同类分子或离子才能排列形成晶体，所以结晶过程有很好的选择性。通过结晶，溶液中的大部分杂质会留在母液中，经过滤、洗涤可得到纯度高的晶体。许多抗生素、氨基酸、维生素等就是利用多次结晶的方法制取高纯度的产品。但是结晶过程是复杂的，有时会出现晶体大小不一、形状各异，甚至形成晶簇等现象，因附着在晶体表面及空隙中的母液难以完全除去，需要重结晶，否则将直接影响产品质量。作为获得纯物质的方法，结晶过程中杂质的含量越低越容易达到目的。晶体的性质与药物的生物利用度、稳定性、压缩性能等密切相关，是药物质量控制的重要因素。结晶物质的性质除用常规的理化特性如密度、堆密度、纯度、吸湿性、结块能力等表征外，还可以用颗粒特性与晶体特性表征。颗粒特性包括晶体颗粒的大小即粒度，以及颗粒的均一程度即粒度分布。晶体特性包括晶体的晶型或晶习等。

　　由于结晶过程成本低、设备简单、操作方便，所以目前结晶广泛应用于生物药物的精制过程。据统计，85% 的医药产品在生产过程中含有结晶过程。

第一节　结晶过程及理论基础

一、结晶过程是表面化学反应过程

　　结晶过程不仅包括溶质分子凝聚成固体，还包括这些分子有规律地排列在一定的晶格中。这种有规律的排列与表面分子的化学键力变化有关，因此结晶过程又是一个表面化学反应过程。

　　溶液浓度等于溶质溶解度（solubility）时，该溶液称为饱和溶液（saturated solution）。溶质在饱和溶液中不能析出。溶质浓度超过溶解度时，该溶液称为过饱和溶液。溶质只有在过饱和溶液中才有可能析出，过饱和度（supersaturation degree）是结晶的推动力。溶解度又与温度有关，一般物质的溶解度随温度升高而升高,也有少数例外,温度升高溶解度降低,如红霉素在水中的溶解度,7℃时为14.20mg/ml,而在40℃时则降为1.28mg/ml。溶解度还与溶质的分散度有关,即微小晶体的溶解度要比普通晶体的溶解度大。用热力学方法可推导出溶解度与温度、分散度之间的定量关系式,即Kelvin公式。

$$\ln \frac{C_2}{C_1} = \frac{2\sigma M}{RT\rho}\left(\frac{1}{\gamma_2} - \frac{1}{\gamma_1}\right) \qquad \text{式(20-1)}$$

式中,C_2为小晶体的溶解度;C_1为普通晶体的溶解度;ρ为晶体的密度;M为晶体的质量;σ为晶体与溶液间的界面张力;r_2为小晶体的半径;r_1为普通晶体的半径;C_2/C_1为S的半过饱和度;R为饱和气体常数;T为绝对温度。

由式(20-1)看出,因为$2\sigma M/RT\rho>0$,$r_1>r_2$,当r_2变小时,溶解度C_2增大,即小晶体具有较大的溶解度。形成新相(固相)需要一定的表面自由能,因为要形成新的表面,就需要对表面张力做功。因此溶质浓度达到饱和浓度时尚不能使晶体析出。当浓度超过饱和浓度达到一定的过饱和程度时,才可能析出晶体。过饱和度通常用小晶体的溶解度C_2与普通晶体的溶解度C_1之比或过饱和溶液的浓度C_2与饱和溶液的浓度C_1之比S来表示。

最先析出的微小颗粒是之后结晶的中心,称为晶核。如上所述,微小的晶核具有较大的溶解度,因此在饱和溶液中晶核是要溶解的。只有达到一定的过饱和度时,晶核才能存在。晶核形成后,靠扩散而继续成长为晶体。因此结晶包括3个过程:①过饱和溶液形成;②晶核形成;③晶体生长。

二、结晶过程

(一)过饱和溶液的形成

溶液处于过饱和状态是溶质发生结晶的前提。在一个体系中可以不改变溶质的浓度,而是通过改变体系的环境条件使体系达到过饱和,也可以通过浓缩溶液的方法提高溶质的浓度达到过饱和。在过饱和溶液的形成过程中,溶解度是重要的因素,所以能改变溶解度的因素如温度、杂质等都会影响过饱和溶液的形成。

晶体作为新相形成的过程,主要取决于相变发生在过饱和的哪个区域内。溶液体系的状态可能至少存在3种:稳定态、介稳态和不稳态。溶解度与温度的关系还可以用饱和曲线和过饱和曲线表示,见图20-1。

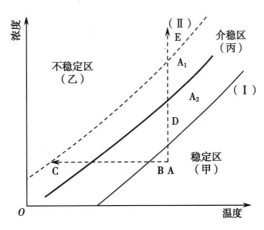

图 20-1 饱和曲线和过饱和曲线

图20-1中的实线(Ⅰ)代表饱和曲线,虚线(Ⅱ)代表开始有晶核形成的过饱和曲线。饱和曲线与过饱和曲线根据实验大体上是相互平行的,这样就把浓度-温度图分成3个区域:(甲)稳定区(即不饱和区),不会产生沉淀结晶;(乙)不稳定区(即过饱和区),沉淀结晶能自动产生;(丙)介稳区(即稳

定区与不稳定区之间的区域）。在稳定区的任一点溶液都是稳定的,不管采用什么措施都不会有结晶析出。在介稳区的任一点,如不采取措施,溶液也可以长时间保持稳定,沉淀结晶也不能自动产生;如在介稳区中加入晶体,则能诱导产生结晶,晶体能生长,这种加入的晶体称为晶种。晶种可以是同种物质也可以是相同晶型的物质,有时惰性的无定形物质也可以作为结晶中心,例如尘埃有时也能诱导结晶,但这是生产中力求避免的。介稳区中各部分的稳定性并不一样,接近实线（Ⅰ）的区域较稳定,而接近虚线（Ⅱ）的区域极易受刺激而结晶。因此介稳区可以再一分为二,上半部为刺激结晶区（A_1）,下半部为养晶区（A_2）。

目前测定溶液介稳区的方法分为 3 类:直接法、间接法、诱导期法。直接法则是通过目测法、coulter 计数法、激光法直接观测溶液中晶核的数目,来确定溶解度曲线。间接法是通过测定折射率、电导率、浊度等相关的理化性质来确定晶核开始出现的时间从而确定介稳区的大小。诱导期法是通过测定成核诱导期来确定溶液的超溶解度,最终确定溶质的介稳区。

在溶剂量保持不变的情况下,冷却 A 点所代表的溶液沿直线 ABC 越过 C 点时,才能自动产生沉淀结晶。另一方面,在等温下蒸发溶液,沿直线 ADE 越过 A1 点时方能自动产生沉淀结晶。在不稳定区的任一点溶液能立即自发结晶,而且结晶生成很快,来不及长大浓度即降至溶解度,结果就会形成大量的细小晶体,这是工业结晶所不希望的。为得到颗粒较大而又整齐的晶体,通常需加入晶种并把溶液浓度控制在介稳区的养晶区,让晶体缓慢长大,因为养晶区自发产生晶核的可能性很小。一般进入不稳定区的情况很少发生,因为蒸发表面的浓度一般超过主体浓度,在这种表面上首先形成晶体,这些晶体能诱导主体溶液在达到 C 点或 E 点前就发生沉淀结晶。在实际操作中,有时将蒸发和冷却合并使用。例如在生产制霉菌素的过程中,就是先将含有制霉菌素的乙醇提取液进行真空浓缩（通过蒸发减少溶液中的乙醇溶剂）,然后将浓缩液冷却至 5℃左右,静置 2 小时后,制霉菌素则呈晶体析出。

过饱和溶解度曲线与溶解度曲线不同,溶解度曲线是恒定的,而过饱和溶解度曲线的位置受很多因素的影响而变动,例如有无搅拌、搅拌强度的大小、有无晶种、晶种的大小与多少、冷却速度的快慢等。一般来说,冷却和蒸发的速度（即产生过饱和的速度）越慢,晶种越小,机械搅拌越激烈,则过饱和曲线就越向饱和曲线靠近。

晶体产量取决于固体与溶液之间的平衡关系。固体物质与其溶液相接触时,如果溶液未达到饱和,则固体溶解;如果溶液饱和,则固体饱和溶液处于平衡状态,溶解速度等于沉淀速度。只有当溶液浓度超过饱和浓度达到一定的过饱和程度时,才有可能析出晶体。由此可见,过饱和度是结晶的推动力,是结晶必须考虑的一个极其重要的因素。

（二）晶核的形成

晶体均是由晶核生长而成的。结晶器中成核是影响产品纯度、聚集情况和外观形状的主要因素之一。晶核形成是一个新相产生的过程,由于要形成新的表面,就需要对表面做功,所以晶核形成时需要消耗一定的能量才能形成固 - 液界面。

成核过程在理论上主要分为两大类:初级成核和二次成核（图 20-2）。初级成核是过饱和溶液在无晶体存在的条件下的自发成核;而二次成核是在有晶体存在的条件下由各种流体力学和热力学因素导致的成核。

1. 初级成核　根据初级成核时物系中是否存在外来的物体（如大气中的尘埃等）,初级成核又可以分为初级均相成核和初级非均相成核。

（1）初级均相成核:初级均相成核是指在完全洁净的过饱和溶液中发生的成核过程。在结晶过程中,随结晶物系过饱和度的产生,溶液中溶质的分子、原子或离子等运动单元开始形成有序的结合体,这种有序的结合体称为线体,而线体的结合过程可以认为是可逆的链式化学反应,其结合过程如下所示。

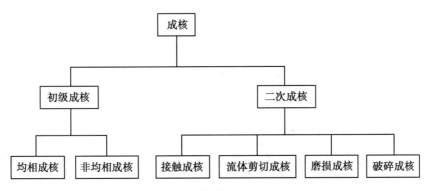

图 20-2　晶体成核的主要方式

$$a + a = a_2$$

$$a_2 + a = a_3$$

$$a_3 + a = a_4$$

$$a_2 + a_2 = a_4$$

……

$$a_{c-m} + a_m = a_c$$

式中,下标 n 表示线体中的单元数。当 n 增大到一定程度时,线体成为晶胚,晶胚继续长大到能与溶液建立热力学平衡时,就成为晶核。这种晶核处于不稳定的平衡,如果晶核失去一些运动单元,则降级为晶胚,甚至溶解;反之,如果得到一些运动单元,则生长为稳定的晶核而继续长大。总之,晶核的生成主要经历了以下步骤:

运动单元 ⟷ 线体 ⟷ 晶胚 ⟷ 晶核 ⟷ 晶体

在实际结晶过程中,真正的初级均相成核是很难做到的,但可以作为模型研究结晶的成核规律。根据化学动力学理论,可以推得初级均相成核的速率方程为:

$$B_0 = A \exp\left[-\frac{16\pi r_{sl}^3 V_m^2}{3k^3 T^3 (\ln S)^2}\right] \qquad 式（20-2）$$

式中, B_0 为成核速率; A 为频率因子; r_{sl} 为表面张力; V_m 为分子体积; k 为 Boltzmann 常数; S 为过饱和度; T 为绝对温度。

由上式可见,成核速率随过饱和度和温度的增大而增大,随表面能的增大而减小。一旦达到临界过饱和度,成核速率将呈指数型增大。但实际上成核速率并不是按理论曲线进行的,而是按图 20-3 中的虚线进行的,即在某一过饱和度成核速率达到最大值之后,随过饱和度增大成核速率反而降低,这是因为式（20-2）没有考虑黏度影响。因为温度降低,过饱和度增大,黏度增大,使分子从液相平衡位置到晶核固相表面的跃迁(与扩散类似)比调温更困难,同时扩散活化能增大,阻碍了晶核形成,所以出现了过饱和度增大、成核速率降低的现象。

在过饱和度不变的情况下,从式（20-2）看出温度升高,成核速率也会加快。但温度又对过饱和度有影响,一般当温度升高时,过饱和度降低。所以温度对成核速率的影响要从温度与过饱和度相互消长的方面来考虑。根据实验,一般成核速率开始时随温度升高而上升,当达到最大值后,温度再升高,成核速率反而降低。因此,在实际生产中要根据结晶时是放热还是吸热反应以及所需的晶体大小、结晶时间等因素来选择适宜的结晶温度。

（2）初级非均相成核:当溶液达到过饱和度时,一般来说,真正自动成核的机会很少,均需靠外来因素(如机械振动、摩擦器壁或搅拌等)促使其形成晶核,即初级非均相成核。初级非均相成核形成的晶核靠不断地扩散而继续成长为晶体。初级非均相成核由于外来物质的存在,成核的能力大大降

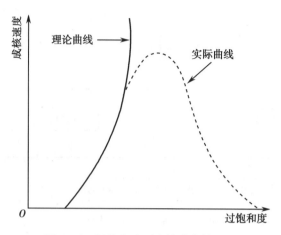

图 20-3　过饱和度对成核速率的影响

低。工业操作过程中,初级成核现象多指初级非均相成核,其成核速率也可以用与公式(20-2)相似的方式表示。但工业结晶中,初级成核速率(B_0)一般用如下经验方程来关联。

$$B_0 = k_j S^b \qquad\qquad 式(20-3)$$

式中,k_j 为速率常数;S 为溶液的过饱和度;b 为成核指数。其中,k_j 和 b 的值与具体的物理环境和流体力学环境相关。

根据经验公式可得,初级成核速率对过饱和度变化很敏感,极容易发生暴发成核现象,在实际工艺操作过程中很难控制成核速率适合结晶工艺的要求,因此应最大限度地避免发生初级成核。

2. 二次成核　在绝大多数工业结晶器中,为得到粒度分布比较理想的晶体,往往控制二次成核为晶核的主要来源。

对二次成核的来源及其形成机制,人们进行了大量研究,并提出了许多观点。归纳起来,在结晶过程的二次成核中,起决定作用的主要是以下几种机制。

(1)接触成核(contact nucleation):在有搅拌桨的结晶器中,当生长中的晶体与结晶器内表面、搅拌桨或其他晶体之间发生碰撞时会产生大量的碎片,其中粒度较大的成为新的晶核。接触成核被认为是工业结晶过程中获得晶核的最简单的方法,同时也是最好的方法。接触成核的主要影响因素有过饱和度、碰撞的能量、搅拌桨的构型及结构参数和晶体的粒度等,掌握这些因素的影响规律对在工业结晶器中控制晶核的生成速率有十分重要的意义。

(2)流体剪应力成核(fluid shear stress nucleation):当过饱和溶液以较大的流速流过正在生长中的晶体表面时,在流体边界层中存在的剪应力能将一些附着在晶体上的粒子扫落,如果被扫落的粒子的粒度大于临界粒度,则该粒子就可以生存下来而成为新的晶核。

(3)液层中核的移出(removal of nuclei from the liquid layer):此种机制的二次核来源于晶体吸附层或晶体附近的溶液。即晶体附近的溶液中的杂质浓度梯度而导致的二次成核,所以也称为"杂质浓度梯度成核"(nucleation in an impurity concentration gradient)。

(三)晶体的生长

在过饱和溶液中已有晶核形成或加入晶种后,以过饱和度为推动力,晶核或晶种将长大,这种现象称为晶体生长。晶体生长理论是固体物理理论的一个重要组成部分,近年属于一个十分活跃的科学领域,但至今还未能建立统一的晶体生长理论。本节就得到普遍应用的扩散学说(diffusion theory)进行简单介绍。

按照晶体生长的扩散学说,晶体生长过程是由 3 个步骤组成的:①结晶溶质借扩散穿过靠近晶体表面的一个滞流层,从溶液中转移到晶体的表面;②到达晶体表面的溶质长入晶面,使晶体增大,同时放出结晶热;③放出来的结晶热传递回到溶液中(大多数物质结晶热不大,可忽略)。

第一步扩散过程：溶质经过滞流层只能靠分子扩散，扩散的推动力是液相主体浓度 C 和晶体表面浓度 C_i 的差即（$C-C_i$）。第二步表面化学反应过程，即溶质长入晶面的过程：溶质借助于晶体表面浓度和饱和浓度 C^* 的差即（C_i-C^*）达到晶体表面完成长入晶面的过程，也就是说（C_i-C^*）表示表面化学反应的推动力。扩散学说如图 20-4 所示。

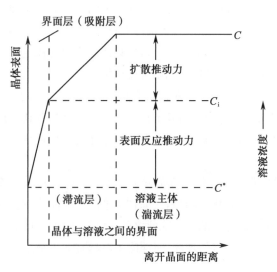

图 20-4　结晶过程的浓度差推动

按图 20-4 可以写出下列方程式：

扩散过程：

$$\frac{\mathrm{d}m}{\mathrm{d}t} = k_d A(C - C_i)$$

式（20-4）

表面反应过程：

$$\frac{\mathrm{d}m}{\mathrm{d}t} = k_r A(C_i - C^*)$$

式（20-5）

式中，$\mathrm{d}m/\mathrm{d}t$ 为方程质量传递速度；k_d 为扩散传质系数；k_r 为表面反应速度常数；A 为晶体表面积；m 为晶体质量；C 为溶液主体浓度；C_i 为溶液界面浓度；C^* 为溶液饱和浓度；t 为饱和时间。

合并式（20-4）及式（20-5）得：

$$\frac{\mathrm{d}m}{\mathrm{d}t} = \frac{A(C - C^*)}{1/k_d + 1/k_r}$$

式（20-6）

式中，（$C-C^*$）为总推动力，为以浓度差表示的过饱和程度。

令 k 为总的传质系数：

$$\frac{1}{k} = \frac{1}{k_d} + \frac{1}{k_r}$$

式（20-7）

当表面反应速度很快时，k_r 很大，其倒数很小，则 k 近似等于 k_d，此时结晶过程由扩散速度控制；若扩散速度很高时，k_d 值较大，其倒数很小，则 k 近似等于 k_r，此时结晶过程由表面反应速度控制。

三、影响结晶过程的因素

结晶过程是一个复杂的传质和传热过程，不仅是自发进行的，还受到体系内很多因素的影响。虽然物质的结晶过程各有不同，影响其结晶的因素也不同，但是根据结晶的热力学和动力学基本原理，影响结晶的因素具有一定的共同点。

（一）浓度

溶质的结晶必须在超过饱和浓度达到不稳定区时才能实现，所以目标产物的浓度是影响结晶的首要因素。溶质浓度越高，溶液的稳定性越差，晶体越容易析出。而成核后晶体的生长速率随溶质的浓度升高而加快,最后结晶收率也会因为浓度增加而提高。但浓度太高时容易引起黏度增加,结晶速度受阻而且易生成无定形沉淀。对于晶体的速度和过饱和度的关系,不同的溶质也不完全相同。可以通过控制溶质的浓度和溶质的饱和浓度两个方面进行溶质浓度的控制。

（二）温度

温度对结晶的影响是复杂的,溶质的溶解度会随温度的变化而变化,同时温度改变后溶液的过饱和程度也会发生变化。温度还会影响晶核的成核与生长过程阶数;温度还会影响黏度、粒子运动能和溶剂结构的变化,从而影响传质过程和活化能。对生物活性物质的稳定性而言,一般要求在较低的温度下结晶,这样不易变形失活。在许多场合低温可使溶解度降低而有利于溶质的饱和,所以通常生物大分子的结晶温度多控制在0~20℃范围,对富含有机溶剂的结晶体系则要求更低的温度。但是,过低的温度使介质的黏度增加,对大分子的结晶干扰较大。温度升高有利于扩散,也有利于提高表面化学反应速度,因而使结晶速度加快。例如卡那霉素 B 就采用高温快速结晶。

（三）纯度

结晶是相同的物质相互堆砌的过程。杂质影响晶体生长速度的途径各不相同,在晶核的形成中杂质的存在阻碍了溶质分子的规则化排列,阻碍晶核的形成。在晶体成长过程中,杂质能吸附在晶体的表面改变各个面的生长速度而影响晶型。除此之外,杂质还影响晶体的纯度、粒度。所以在溶质结晶之前要保证溶质在溶液中达到一定的纯度,而纯度越高越有利于结晶。

（四）搅拌

搅拌能加速晶核形成,同时也能促进扩散、加速晶体生长。对于成核的影响,在一定的过饱和浓度范围内搅拌对于成核速率的影响才有意义。当溶液处于介稳区且靠近实线,若搅拌不把结晶活性中心带进溶液则搅拌不会影响成核;当处于介稳区且接近虚线,搅拌会加速成核过程;当溶液处于不稳定区,搅拌会促进生成大量的结晶中心,提高成核速率。对于二次成核,搅拌起到极其重要的作用。搅拌强度与液体相对于固体向离子表面运动的速度都会影响生长速率。晶体的生长速率会随搅拌转速的提高而加快,但是当搅拌转速达到一定的值之后,提高搅拌转速对提高生长速率的作用变小直至消失。

（五）溶剂

结晶时溶剂系统的选择至关重要。好的溶剂能使结晶易于生成、长大,收率高,纯度也好。溶剂选择时需要考虑的主要因素包括:①溶剂对目标产物应完全惰性,对其活性没有影响;②对目标产物有相当的溶解能力,而对杂质的溶解能力应很大,使大部分的杂质在结晶完成时仍留在母液中;③溶剂对溶质的溶解度有足够大的可调性,这样既便于晶体的形成、生长,也能得到较高的收率;④对于混合溶剂要求呈均相,且对溶质溶解度的差异大,以便于通过添加其中一种组分来调整溶质的饱和度;⑤溶剂应容易从结晶体上除去;⑥溶剂系统中的某种无机离子的存在有时对结晶有促进作用。

除了以上介绍的几个因素外,还有一些因素影响结晶,包括结晶时间和在结晶过程中加入晶种等。

第二节　提高晶体质量的途径

晶体的质量主要是指晶体的大小、形状和纯度等 3 个方面。工业上通常希望得到粗大而均匀的晶体,这种晶体比细小、不规则的晶体更便于过滤和洗涤,在储存过程中也不易结块。但对有些物质,药用时有特殊要求。例如非水溶性抗生素,药用时需做成悬浮液,为使人体容易吸收,粒度要求较细。普鲁卡因青霉素是一种混悬剂,直接注射到人体,要求晶体在 5μm 以下,如颗粒过大,不仅不利于吸收而且注射时易阻塞针头,或注射后产生局部红肿疼痛,甚至发热等症状。但晶体过分细小,有时粒子会带静电,相互排斥,四处跳散,会使比容过大,给成品分装带来不便。

一、晶体大小

影响晶体大小的主要因素有过饱和度、温度、搅拌转速、晶种等。

(一)过饱和度

达到过饱和度是结晶的前提,过饱和度的增加一般会使结晶速度增大,因为过饱和度增加能使成核速率 N(即单位时间内在单位体积溶液中生成新晶核的数目)和晶体生长 $\mathrm{d}m/\mathrm{d}t$ 速率快,但是成核速率比晶体生长更快,因此过饱和度增加时,得到的晶体会比较细小(图 20-5)。例如青霉素钾盐结晶,由于青霉素钾盐难溶于乙酸正丁酯造成过饱和度过高,而形成较小的晶体。采用共沸蒸馏法结晶时,在结晶过程中始终维持较低的过饱和度,可得到较大的晶体。

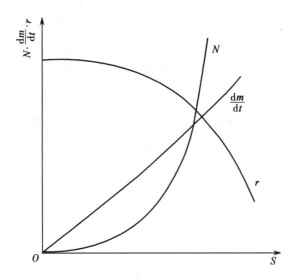

N—成核速率;$\mathrm{d}m/\mathrm{d}t$—晶体生长速率;r—晶体平均半径。

图 20-5 过饱和度(S)对晶体成核速率、生长速率、最终平均半径的影响

(二)温度

一般情况下当溶液冷却时,会增加溶液的过饱和度,而冷却的速度会影响结晶的大小和形状。当冷却的速度较快时,得到的晶体较细小而且常导致生成针状晶(针状结晶容易散热),反之缓慢冷却常得到较粗大的晶体。例如土霉素的水溶液以氨水调 pH 至 5.0,温度从 20℃降低至 5℃,使土霉素碱结晶析出,温度降低速度越快,得到的晶体比表面积就越大,即晶体越细。又如普鲁卡因青霉素结晶时,加入的晶种粒度要求在 $2\mu m$ 左右,所以制备这种晶种时温度要保持在 -10℃左右。此外温度对溶液的黏度还有影响,一般在低黏度条件下能得到较均匀的晶体。温度对粒度也有影响,例如图 20-6 中的地塞米松在反应结晶的过程中,于 15℃、25℃和 30℃ 3 个温度下随结晶温度的升高,地塞米松磷酸钠晶体产品的主粒度增加,且粒度分布也趋于集中。在实际的结晶过程中,并不是温度越高结晶越好,而是应该综合考虑温度对产品粒度分布和产品纯度的影响情况,将其控制在一个合理的范围内。

(三)搅拌转速

搅拌能促进成核和加快扩散,并且能加快晶体生长。搅拌带来的影响不是单方面的,所以不能通过加强搅拌得到大晶体,在加快搅拌转速的同时还能加快成核速率,成核速率的增加会减小晶体的大小。经验表明,当搅拌转速超过某一值(不同物质这个值不同)时,晶体就会越细。例如普鲁卡因青霉素微粒结晶的搅拌转速为 1 000r/min,制备晶种时则采用 3 000r/min 的转速。又如地塞米松磷酸钠用反应结晶时转速不同晶体的粒径范围不同(图 20-7),当转速在 230r/min 时,产生晶体的主粒度最

大,但是粒度分布的范围大;随着转速提高(330r/min 和 430r/min),主粒度大小减少,但是粒度分布的范围变小。

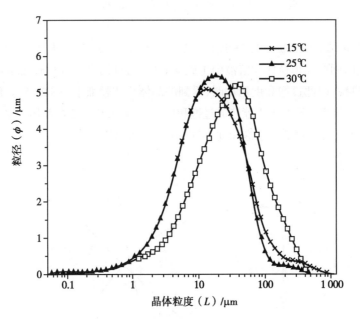

图 20-6　温度对地塞米松磷酸钠晶体粒度分布的影响

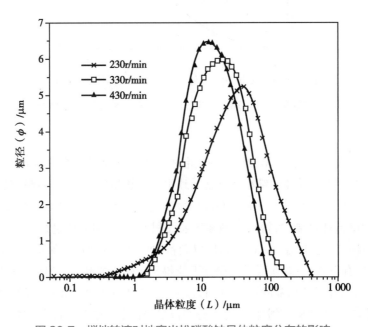

图 20-7　搅拌转速对地塞米松磷酸钠晶体粒度分布的影响

(四)晶种

溶液中加入晶种能诱导结晶,而且在加入晶种后通过控制温度、晶种加入量和晶种形状等还能控制晶体的形状、大小和均匀度,所以结晶时是否加入晶种对结晶过程是有影响的,如图 20-8 所示。

图 20-8(a)表示不加晶种时结晶,溶液需迅速地冷却,此时溶液的状态很快穿过介稳区而到达不稳定区的某一点,溶液很快变成过饱和溶液,一边在晶种上生长,出现初级成核现象,一边又在溶液中有大量的微小晶核骤然产生,在这种过程中成核速率和晶体生长速度都不能控制,所得的晶体颗粒参差不齐,属于无控制结晶。

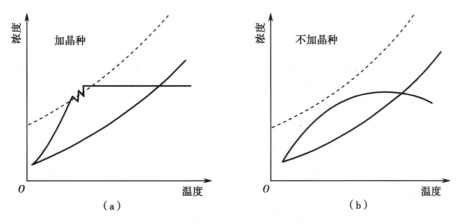

图 20-8　晶种对结晶速度的影响

图 20-8（b）表示结晶时加入适量晶种,溶液可以缓慢冷却,由于溶液中有晶种存在,且降温速率得到控制,在操作过程中结晶溶液始终处于介稳区中,而晶体的生长速率完全由冷却速率加以控制,因为溶液不致进入不稳定区,所以不会发生初级成核现象,不会自动形成晶核,这样就能借助加入晶种来诱导结晶,控制晶体的形状、大小和均匀度,这种"控制结晶"操作方法能够产生预定粒度的、合乎质量要求的均匀晶体。例如普鲁卡因青霉素微粒结晶获得成功,加适宜晶种是一个关键。所用晶种为 2μm 左右的椭圆形晶体,这样不仅能保证晶体大小均匀一致,符合《中华人民共和国药典》规定的细度要求,而且在结晶过程中加入晶种会使晶核提早在介稳区域内形成。也就是说所需结晶溶液的过饱和程度可以远比不加晶种时要低得多。在实际生产中结晶浓度较低结晶有困难时,可考虑适当地加入晶种使结晶能顺利进行。

从生产实际考虑,通常希望得到颗粒大而均匀的晶体,因此在结晶时,一般温度不宜太低、搅拌不宜太快,主要控制晶核形成速率远远小于晶体生长速率,最好将溶液控制在介稳区,而且在低的过饱和度下,在较长时间内只能产生一定量的晶核,而使原有晶种不断长成晶体,这样得到的晶体颗粒粗大而整齐。

二、晶体形状

晶型简单来说就是晶体形状,同种物质用不同的结晶方法会产生不同的晶体形状,这种现象是一种普遍存在的自然现象。晶体形状会影响药物的临床疗效、影响药物的储存等,因此在结晶的过程中不仅要考虑结晶还要考虑结晶的形状,对于晶体要控制其产生某种药效更好的晶型,同时还要控制晶型的一致性。

晶体外形的变化是由于在一个方向生长延续受阻,或在另一个方向生长加速所致。通过一些途径可以改变晶体外形,例如控制晶体生长速度、过饱和度、结晶温度,选择不同的溶剂,调节溶液的 pH 和有目的地加入某种可以改变晶型的杂质等。

在结晶过程中,对于某些物质来说,过饱和度对其各晶面生长速度的影响不同,所以提高或降低过饱和度有可能使晶体外形受到显著影响。如果只有在过饱和度超过介稳区的界限后才能得到所要求的晶体外形,则需采用向溶液中加入抑制晶核生成的添加剂。

在不同的溶剂中结晶常得到不同的外形,如普鲁卡因青霉素在水溶液中结晶得到方形晶体,而在乙酸正丁酯中结晶得到方棒形晶体。又如普卡霉素在乙酸戊酯中结晶得到微粒晶体,而在丙酮中结晶则得到长柱状晶体。

杂质的存在会影响晶型,例如在普鲁卡因青霉素结晶的过程中,作为消泡剂的丁醇的存在会影响晶型,乙酸正丁酯存在会使晶体变得细长。

三、晶体纯度

在结晶的过程中杂质的存在不可避免，而杂质的存在对晶体的成核、生长、团聚等都有一定的影响，并最终影响晶体的形状、粒径及粒度分布等。因此，探寻结晶过程中杂质的影响成为结晶过程的一个重要问题。杂质对结晶过程的影响主要影响溶液的状态（溶液的过饱和度和溶液的稳定性）、晶体成核、晶体生长、晶体形状、团聚等。杂质对晶体生长的影响有多种情况，有的杂质能完全制止晶体生长，有的则能促进生长，还有的能对同一种晶体的不同晶面产生选择性的影响，从而改变晶体外形。杂质对结晶过程的影响取决于杂质的性质和结晶物质的性质，虽然杂质会影响晶体的质量，但是对某些结晶过程可以加入杂质进行控制。

结晶过程中，母液中的杂质是影响产品纯度的一个重要因素。由于晶体表面具有一定的物理吸附能力，因此表面上有很多母液和杂质黏附在晶体上。晶体越细小，比表面积越大，表面自由能越高，吸附杂质越多。

（一）洗涤剂的选择

抗生素结晶后要进行过滤分离母液，同时还用一些有机溶剂或水来洗涤晶体表面残留的母液以及所附着的色素等杂质，通过晶体洗涤的方法可以改变成品颜色和提高纯度。表面吸附的杂质一般可通过晶体洗涤加以去除，故加强洗涤有利于提高产品质量。

对于非水溶性晶体，可用水作为洗涤剂以除去水溶性杂质。例如红霉素是从乙酸正丁酯 - 丙酮中析出的结晶，可用蒸馏水（或乙醇）洗涤其晶体，效果良好；又如制霉菌素（nystatin）晶体可分别用氯化钠的水溶液及乙酸乙酯进行洗涤。为便于干燥，最后常用易挥发的溶剂（如乙醚、丙酮、乙醇、乙酸乙酯等）进行顶洗。例如灰黄霉素晶体，先用 50% 的丁醇 - 水洗 2 次（大部分油状物色素可被洗去），再用 50% 的乙醇 - 水顶洗 1 次；又如普鲁卡因青霉素晶体常用蒸馏水、丁醇、乙酸乙酯分别洗涤除去其他有机酸（如青霉酸、青霉噻唑酸等），所得的产品色泽洁白。对非水溶性晶体常可用水洗涤，如红霉素、麦迪霉素、制霉菌素等。灰黄霉素也是非水溶性抗生素，若用丁醇洗涤，其晶体由黄变白，其原因是丁醇将吸附在表面上的色素溶解所致。为了加强洗涤效果，最好采取挖洗的方法。一般把结晶和溶剂一同放在离心机或过滤机中，搅拌后再离心或抽滤，这样洗涤效果好，而边洗涤边过滤效果较差，因易形成沟流，有些晶体洗不到，从而影响洗涤效果。

（二）防止晶簇和同晶的产生

当结晶速度过大时（如过饱和度较高、冷却速度较快），常发生晶体聚结成为"晶簇"的现象，此时易将母液中的杂质包藏在内，或因晶体对溶剂的亲和力大，晶格中常包含溶剂。为防止晶簇产生，在结晶过程中可适度地进行搅拌。为除去晶格中的溶剂，可采用重结晶的方法。如红霉素碱在丙酮中结晶时，每 1 分子的红霉素碱可含 1~3 分子的丙酮，只有在水中重结晶才能除去。

杂质与晶体具有相同的晶型时，称为同晶现象。对于这种杂质需用特殊的物理或化学方法分离除去。

（三）防止晶体结块

晶体结块是一个严重影响晶体质量的特性，指晶体由松散状态相互黏结形成团块，尤其在潮湿环境和长期存放时。结块会影响产品的品相，而在使用之前还要经过破碎处理，这不仅增加生产步骤和成本，在破碎过程中对于易燃易爆的样品还容易爆炸。结块的原因目前公认的有结晶理论和毛细管吸附理论 2 种。

1. 结晶理论　物理或化学原因导致晶体表面溶解并重结晶，于是晶粒之间在接触点上形成了固体连接，即形成晶桥，而呈现结块现象。

（1）物理原因：物理原因是晶体与空气之间进行水分交换。如果晶体是水溶性的，则当某温度下空气中的水蒸气分压大于晶体饱和溶液在该温度下的平衡蒸气压时，晶体就从空气中吸收水分，晶体吸水后,在晶粒表面形成饱和溶液。当空气中的湿度降低时,吸水形成的饱和溶液蒸发,在晶粒相互接触点上形成晶桥而粘连在一起。

（2）化学原因:化学原因是晶体与其存在的杂质或空气中的氧、二氧化碳等发生化学反应,或在液膜中发生复分解反应,由于某些反应产物的溶解度较低而析出,从而导致结块。

2. 毛细管吸附理论　由于细小晶粒间形成毛细管,其弯月面上的饱和蒸气压低于外部饱和蒸气压,这样就为水蒸气在晶粒间的扩散提供条件。另外,晶体虽经干燥,但总会存在一定的湿度梯级。这种水分的扩散会造成溶解的晶体移动,从而为晶粒间的晶桥提供饱和溶液,导致晶体结块。

均匀整齐的粒状晶体结块倾向较小,即使发生结块,由于结构疏松,单位体积的接触点少,结块易弄碎,如图20-9（a）所示。粒度不齐的粒状晶体,由于大晶粒之间的空隙充填着较小晶粒,单位体积的接触点增多,结块倾向较大,而且不易弄碎,如图20-9（b）所示。晶粒均匀整齐但为长柱形,能挤在一起而结块,如图20-9（c）所示。晶体呈长柱状,又不整齐,紧紧地挤在一起,很易结块形成空隙很小的晶块,如图20-9（d）所示。

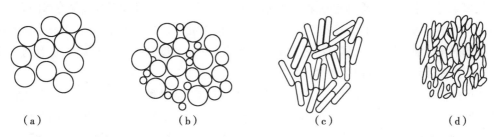

（a）—大而均匀的粒状晶体;（b）—不均匀的粒状晶体;（c）—大而均匀的长柱状晶体;（d）—不均匀的长柱状晶体。

图 20-9　晶粒形状对结块的影响

大气湿度、温度、压力及贮存时间等对结块也有影响。空气湿度高会使结块严重。温度高促进化学反应使结块速度加快。晶体受压,一方面使晶粒紧密接触增加接触面,另一方面对其溶解度有影响,因此压力增加导致结块严重。随着贮存时间延长结块趋于严重,这是溶解及重结晶反复次数增多所致。为避免结块,在结晶过程中应控制晶体粒度,保持较窄的粒度分布及良好的晶体形状,还应贮存于干燥、密闭的容器中。

第三节　结晶方法及应用

结晶的关键是溶液达到过饱和度,所以要获得理想的晶体,必须研究过饱和溶液形成的方法。过饱和溶液形成的方法主要包括蒸发法、温度诱导法、化学反应法、溶析法、等电点法、共沸蒸馏法、复合法等。

一、蒸发法

蒸发法是借蒸发除去部分溶剂的结晶方法,它使溶液在加压、常压或减压下加热蒸发除去一部分溶剂,以达到或维持溶液过饱和度,也就是图20-1中的直线ADE所代表的过程。此法适用于溶解度随温度变化不显著的物系或随温度升高溶解度降低的物系。蒸发法结晶消耗热量最多,加热面结垢问题使操作遇到困难,需采取必要的措施加以解决。

工业维生素的结晶方法常用蒸发结晶。首先维生素溶液通过蒸气加热到具备一定的过热度,然后进入闪蒸器中闪蒸,在闪蒸器中通常保持负压,以保证溶剂在低温状态下闪蒸。溶液在闪蒸器中浓缩,维生素结晶析出。蒸发法还可以用在工业生产灰黄霉素（griseofulvin）中,将其丙酮萃取液真空浓缩去丙酮后,即可得结晶;制霉菌素的乙醇提取液真空浓缩10倍,冷至5℃,放置2小时,即得制霉菌素结晶;丝裂霉素(mitomycin)从氧化铝吸附柱上洗脱下来的甲醇-三氯甲烷溶液,在真空浓缩除去大部分溶剂后即可得到丝裂霉素结晶;卡波霉素(carbomycin)的乙醚提取液将乙醚蒸发即得卡波霉素结晶。除此之外,青霉素V钾,L-苏氨酸都可以通过蒸发法获得结晶。

二、温度诱导法

温度影响溶液的过饱和度,一般来说温度降低会提高溶液的不饱和度。该法基本不除去溶剂,也就是图20-1中的直线ABC所代表的过程。温度诱导的方法中使用最多的是冷却法。

冷却法可分:自然冷却、间壁冷却和直接接触冷却。自然冷却是使溶液在大气中冷却而结晶,由于存在冷却缓慢、生产能力低、产品质量难以控制等缺点,自然冷却在较大规模的生产中已不采用。间壁冷却是被冷却溶液与冷却剂之间用壁面隔开的冷却方式,此法广泛应用于生产。间壁冷却的缺点就在于器壁表面上常有晶体析出,称为晶疤或晶垢,使冷却效果下降,要从冷却面上清除晶疤往往需消耗较多工时。直接接触冷却包括采用已久的以空气为冷却剂与溶液直接接触冷却的方法,采用与溶液互不相溶的碳氢化合物为冷却剂使溶液与之直接接触冷却的方法,以及近年来受到重视的采用液态冷却剂与溶液直接接触,靠冷却剂汽化而冷却的方法。温度升高有利于扩散,也有利于表面化学反应速度提高,因而使结晶速度增快。

氢化可的松是一种糖皮质激素,是激素类药物中产量最大的品种,它具有抗炎、免疫抑制、抗休克等作用。实际生产中氢化可的松也可以通过冷却结晶法获得最终产品。以生物转化的氢化可的松为例,在经过树脂分离除杂后得到的浓缩液用活性炭吸附,然后用甲醇-三氯甲烷洗脱,浓缩至黏稠,加入甲醇,在50℃下搅拌30分钟,再浓缩至黏稠,用丙酮稀释,在50℃下搅拌60分钟,浓缩至黏稠,然后在50℃下搅拌30分钟,最后降温至0~5℃搅拌60分钟,放置过夜结晶。

三、化学反应法

调节溶液的pH或向溶液中加入反应剂,生成新物质,当其浓度超过它的溶解度时,就有结晶析出。例如,青霉素类抗生素结晶可以采用反应结晶,利用其盐类不溶于有机溶剂,而游离酸不溶于水的特性使结晶析出。在青霉素乙酸正丁酯的萃取液中,加入乙酸钾-乙醇溶液,即得青霉素钾盐结晶;在头孢菌素C的浓缩液中加入乙酸钾即析出头孢菌素C钾盐;同样的,在利福霉素S(rifamycin S)的乙酸正丁酯萃取浓缩液中加入氢氧化钠,利福霉素S即转为其钠盐而析出结晶。又如可利霉素易溶于大多数有机溶剂,如乙酸正丁酯、乙酸乙酯、丙酮、三氯甲烷、醇类等。在酸性条件下可利霉素可以转为离子态,所以易溶于酸性溶液,在碱性条件下溶解度降低。可以用酸性溶液将可利霉素萃取到水相,然后往水相中加入氢氧化钠溶液增加溶液的pH,使可利霉素的二甲胺基失去结合的H^+而转变为分子态。分子形态的可利霉素从溶液中析出,然后通过过滤和干燥,得到可利霉素晶体。

四、溶析法

在溶液中添加某种物质,从而使溶质在溶剂中的溶解度降低,也可以形成过饱和溶液。加入的物质可以是和原来溶剂互溶的另一种溶剂或另外一种溶质。该物质被称为稀释剂,它们既可以是液体也可以是气体,最大的特点是极易溶解于原溶液的溶剂中。甲醇、乙醇、丙酮等是常用的液体稀释剂。

溶析法的优点有:①可与温度诱导法结合,提高溶质从母液中的回收率;②结晶过程可将温度保持在较低的水平,有利于热敏性物质结晶;③杂质在溶剂与稀释剂的混合液中有较高的溶解度,这样杂质保留在母液中,从而简化了晶体的提纯。溶析法也有其不足,如常需处理母液、分离溶剂与稀释剂等的回收设备。

红霉素对革兰氏阳性菌有着很强的抗菌作用,对革兰氏阴性菌也有抑制作用。红霉素是一种碱性化合物,易溶于醇类、丙酮、三氯甲烷、乙酸乙酯、乙酸正丁酯、醚等有机溶剂,微溶于水。所以红霉素可以使用溶析法结晶,用第二次乙酸正丁酯提取液,趁热过滤并加入 10%（*V/V*）的丙酮后,随即进行冷冻（温度在 –5℃以下）结晶,经冷冻 24 小时后,红霉素碱就大量析出,其设备流程如图 20-10 所示。

　　同样,短杆菌肽也可以用溶析法结晶,用 1∶1 的丙酮 - 乙醚混合液抽提短杆菌肽（gramicidin）,粗制品浓缩后,溶入热丙酮中,冷却,即有短杆菌肽结晶析出。又如氨基酸水溶液中加入适量乙醇后氨基酸析出;利用卡那霉素易溶于水,在卡那霉素脱色液中加 95% 乙醇至微混浊,加晶种并保温 30~35℃即得卡那霉素晶体。

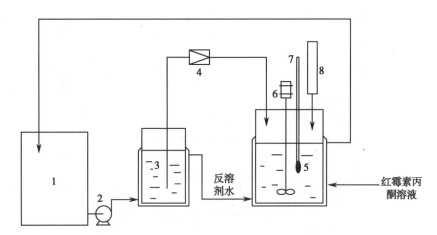

1—超级恒温槽;2—循环泵;3—恒温储水罐;4—恒流蠕动泵;5—结晶釜;6—搅拌器;7—温度计;8—冷凝管。

图 20-10　红霉素溶析结晶设备流程图

五、等电点法

　　某些生物活性物质具有两性化合物的性质,其在等电点（pI）时于水溶液中游离而直接结晶,这种结晶方法称为等电点法。例如四环素类抗生素是两性化合物,其性质和氨基酸、蛋白质很相似。四环素结构中有两个酸性基团和一个碱性基团,在酸性环境下四环素分子上的正电荷比负电荷数目多,带正电;相反,在碱性环境下四环素分子带负电。pH 由小到大或由大到小,其所带的电荷随之发生量变到质变,如图 20-11 所示。图中的圆形可理解为一定量的四环素溶液,"+""–"分别表示正电荷、负电荷。在电荷发生变化的过程中,总能找到某一 pH,其电离的酸、碱基团的正、负电荷达到平衡,这时四环素分子不显电性,即电中性状态,该 pH 称为四环素的等电点。在 pH 5.4 附近,四环素的溶解度最小,即有四环素游离碱沉淀结晶析出。又如氨苄西林的结晶工艺是在一定的温度和搅拌频率下用一定浓度的氨水加入水解后的水相,控制体系的 pH,加入过程中控制氨水的加入速度,随着 pH 的升高,在接近氨苄西林的等电点时,不断有氨苄西林三水酸晶体析出直至结晶。

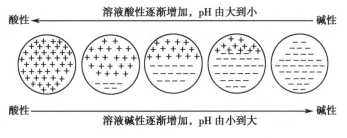

图 20-11　溶液的 pH 对四环素分子所带电荷的影响

六、共沸蒸馏法

共沸蒸馏（azeotropic distillation）是指通过 2 种溶液的共沸，溶液不断蒸发快速达到过饱和，从而引起结晶析出的方法。共沸蒸馏的原理和过程可以通过正丁醇和水共沸体系为例阐明。如图 20-12 所示，纯水的沸点为 100℃，正丁醇的沸点为 117.7℃，2 种溶液只能部分互溶，曲线 CD 表示水溶解于正丁醇的各种溶液的沸点和液相组成，HD 曲线为相应的蒸气组成。在 B、C 间均产生两层饱和溶液，其沸点如 BC 所示，与 BC 相应的蒸气组成为 H，只要有 2 种饱和层存在，物系的沸点是恒定的，产生的蒸气组成也是恒定的。

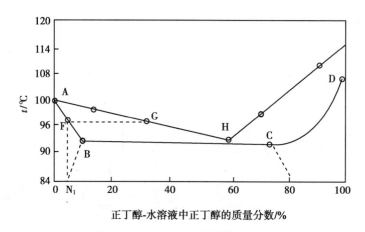

图 20-12　正丁醇和水的沸点组成图

曲线 AB 表示正丁醇溶解于水中的溶液组成与沸点的关系，AH 是相应的蒸气组成。此物系的蒸馏情况先看 AB 间组成的溶液，组成为 N_1 的溶液（即溶有少量正丁醇的水溶液），当温度到达 F 时，即沸腾，最初产生的蒸气为 G，可见气相中的正丁醇含量大，高于液相中的含量。这样液相中水的相对含量增多，曲线沿 B→A 渐渐移动，最后趋于 A 点，液相内只留下水，而没有正丁醇。

在 CD 间的各种浓度的溶液与上述情况相似，沸腾时气相组成沿 HD 变化，这时气相内水的相对含量较液相多，曲线沿 C→D 渐渐移动（即继续进行蒸馏），最后趋于 D 点，液相内只留下正丁醇，而没有水。

总组成在 BC 之间的混合物都有两层饱和溶液如 B 和 C 表示。它们的共沸点是一定的，为 92.6℃（分别低于水和正丁醇的沸点，称之为最低共沸点），而且产生一定组成的蒸气如 H 所示（只有两层液相存在）。假如总组成如 H 所示，显然用蒸馏法是不可能分离出水和正丁醇 2 种组分的，而只能得到它们的共沸物（azeotrope）；假如总组成不如 H 所示，则通过蒸馏法可将水和正丁醇 2 种组分加以分离。因为混合物经过不断蒸馏而改变两液层的相对量，以至于有一层消失、另一层剩余时，再继续蒸馏就可以分离为接近纯的水和正丁醇。

上述为二元系统共沸蒸馏的基本原理，同理，三元系统也有类似的情况。例如正丁醇、乙酸正丁酯、水三者之间也可形成共沸物（其重量百分组成分别为 27.4%、35.3% 和 37.3%），其三元共沸点为 89.4℃。无论二元或三元共沸点，都随真空度的提高而下降。因此，可在真空低温条件下进行共沸蒸馏法结晶，既可缩短结晶的生产周期，又可减少对热敏性抗生素的破坏，有利于提高收率。

共沸蒸馏法结晶的特点是得到的晶体粗大、疏松易过滤、便于洗涤，晶体表面吸附杂质少，产品质量好。

共沸蒸馏法主要用于制备青霉素钾（钠）盐。有的将一次或二次醋酸丁酯萃取液进行共沸蒸馏法结晶，也有的将青霉素的高浓度水溶液加入乙醇进行共沸蒸馏法结晶。现以一次乙酸正丁酯（BA）- 水共沸蒸馏法制备青霉素钾（钠）盐的生产实例来说明。

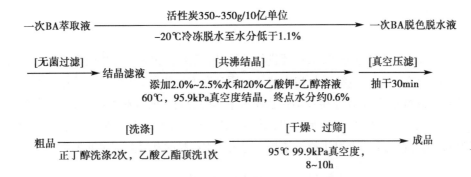

一次乙酸正丁酯的青霉素萃取液无菌过滤后,补加 2.0%~2.5% 的水,再加入 20% 的乙酸钾 - 乙醇溶液,在 0.959×10^5 Pa 条件下间歇搅拌共沸蒸馏约 1 小时。这样体系在共沸蒸馏时先形成乙醇 - 水(96% : 4%)及乙酸正丁酯 - 水(71.3% : 28.7%)两个二元共沸混合物,当馏出温度在 25℃时,为乙醇 - 水共沸混合物;馏出温度在 35℃时,为乙酸正丁酯 - 水二元共沸混合物。当气相温度升至 38~40℃,乙酸正丁酯所含的水分降至 0.6% 时,停止蒸馏。由于该方法的终点水分低、结晶收率高,所以工业上应用效果较好。流程如图 20-13 所示:

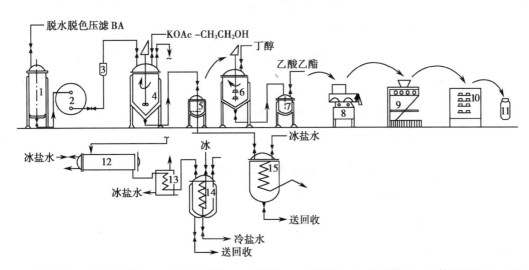

1—压滤罐;2—除菌板框;3—毛点过滤器;4—共沸釜;5—抽滤器;6—洗涤罐;7—晶体抽滤机;8—压粉机;9—颗粒机;10—真空干燥箱;11—成品桶;12—冷凝器;13—冷却器;14—流出液收集罐;15—母液储罐。

图 20-13 一次乙酸正丁酯共沸流程图

七、复合法

在实际生产中,很多产品都是通过 2 种或者 3 种方法复合在一起以达到更好的结晶。例如溶析和温度诱导结晶经常联合使用,加入有机溶剂并降温是其典型的过程。除了在温度诱导结晶和溶析结晶分别介绍的氢化可的松和红霉素的实例外,该方法也可用于丝裂霉素和维生素 B$_{12}$ 的结晶过程。丝裂霉素易溶于甲醇,难溶于苯,利用此性质将其粗品溶于少量甲醇中,加入 2 倍体积的苯,5℃放置过夜,丝裂霉素结晶即析出。又如将维生素 B$_{12}$ 的水溶液以氧化铝层析去除杂质,收集流出浓度在 5 000U/ml 以上的丙酮水溶液(即结晶原液),再加入 5~8 倍量的丙酮,使结晶原液微混浊为止,放置冷库 3 天,即得紫红色的维生素 B$_{12}$ 结晶。冷却和化学反应并用结晶法可用于青霉素钾的结晶,将青霉素钾盐溶于缓冲液中,冷却至 5~8℃,并加入适量晶种,然后滴加盐酸普鲁卡因溶液,在剧烈搅拌下就能得到普鲁卡因青霉素微粒结晶。

八、重结晶

如果一次结晶不能获得合格产品,就要进行重结晶。重结晶也是工业中经常使用的方法,该方法可以显著提高晶体的纯度。重结晶与初次结晶的原理和方法相同,可以用相同的方法,也可以用不同的方法或溶剂进行重结晶,用于生物活性物质重结晶的溶剂一般有蒸馏水(或无盐水)、丙酮、石油醚、乙酸乙酯、低级醇等。如果生物活性物质易溶于某一种溶剂而难溶于另一种溶剂,且该2种溶剂能互溶,则可以用两者的混合溶剂进行重结晶。适用于重结晶的互溶溶剂对见表20-1。

表 20-1　适用于重结晶的互溶溶剂对

重结晶溶剂	重结晶的互溶溶剂对
乙酸	三氯甲烷、乙醇、乙酯、石油醚或水
甲醇	三氯甲烷、乙醚、甘油或水
丙酮	苯、丁酯、丁醇、四氯化碳、三氯甲烷、环己烷、乙醇、乙酯、乙醚、石油醚、水、氨或吡啶
乙酸	三氯甲烷、乙醇、乙酯、石油醚或水
甲醇	三氯甲烷、乙醚、甘油或水
乙醇	乙酸、丙酮、苯、三氯甲烷、环己烷、二氧六环、乙醚、戊烷、甲苯、水或二甲苯
丁醇	丙酮、乙酯
乙酯	乙酸、丙酮、丁醇、三氯甲烷或甲醇
甘油	乙醇、甲醇或水
苯胺	丙酮、苯、四氯化碳、乙醚、正庚烷、甲醇或硝基苯
苯	丙酮、丁醇、四氯化碳、三氯甲烷、环己烷、乙醇、石油醚或吡啶
二硫化碳	石油醚
四氯化碳	环己烷
三氯甲烷	乙酸、丙酮、苯、乙醇、乙酯、己烷、甲醇和吡啶
环己烷	丙酮、苯、四氯化碳、乙醇或乙醚
二甲基甲酰胺	苯、乙醇或水
二甲亚砜	丙酮、苯、三氯甲烷、乙醇、乙醚或水
二氧六环	苯、四氯化碳、三氯甲烷、乙醇、乙醇、乙醚、石油醚、吡啶或水
乙醚	丙酮、环己烷、乙醇、甲醇、甲醛缩二甲醇、戊烷或石油醚
石油醚	乙酸、丙酮、苯、二硫化碳或乙醚
乙烷	苯、三氯甲烷或乙醇
戊烷	乙醇或乙醚
甲醛缩二甲醇	乙醚
甲基乙基酮	乙酸、三氯甲烷、乙醇或甲醇
硝基苯	苯胺

　　例如为了提高红霉素成品的纯度,可以在不同的溶剂中进行重结晶,生产上采用丙酮加水的重结晶方法:将已干燥的红霉素碱以 1 : 7 配比(W/V)的丙酮进行溶解,待溶于丙酮后以硅藻土为介质进行过滤,再用丙酮溶液 1.5~2 倍量体积的蒸馏水加入丙酮溶液中,在室温条件下静置过滤(24 小时左右),即有红霉素精制品析出。通过重结晶的红霉素成品效价一般较原来的产品要提高 50~60U/mg。又例如,青霉素钠盐重结晶是将青霉素钠盐结晶溶于 90% 丙酮中,再加适量无水丙酮,则重结晶的青霉素钠盐就呈晶体析出。

思 考 题

　　1. 掌握下列基本概念:结晶、饱和溶液、过饱和溶液、过饱和度、晶核、晶体生长、重结晶。

　　2. 晶体的成核主要包括哪些方式?

　　3. 影响结晶过程的因素有哪些?

　　4. 影响晶体形状的因素有哪些?

　　5. 有哪些手段可以提高晶体纯度?

　　6. 工业生产上常用的结晶方法有哪几种?

　　7. 共沸蒸馏法结晶的原理是什么?试举一次乙酸正丁酯-水共沸蒸馏法制备青霉素钾(钠)盐的生产实例进行说明。

第二十章
目标测试

(董悦生)

参考文献

［1］白鹏. 制药工程导论［M］. 北京：化学工业出版社，2009.

［2］陈树章. 非均相物系分离［M］. 北京：化学工业出版社，1993.

［3］陈坚，堵国成. 发酵工程原理与技术［M］. 北京：化学工业出版社，2012.

［4］冯淑华，林强. 药物分离纯化技术［M］. 北京：化学工业出版社，2009.

［5］傅强. 现代药物分离与分析技术［M］. 西安：西安交通大学出版社，2011.

［6］何建勇. 生物制药工艺学［M］. 北京：人民卫生出版社，2007.

［7］李淑芬，白鹏. 制药分离工程［M］. 北京：化学工业出版社，2009.

［8］李校堃，袁辉. 药物蛋白质分离纯化技术［M］. 北京：化学工业出版社，2005.

［9］刘俊果. 生物产品分离设备与工艺实例［M］. 北京：化学工业出版社，2009.

［10］邱立友. 发酵工程与设备［M］. 北京：中国农业出版社，2007.

［11］宋航. 制药分离工程［M］. 上海：华东理工大学出版社，2011.

［12］孙志浩. 生物催化工艺学［M］. 北京：化学工业出版社，2005.

［13］陶军华，林国强，安德列亚斯·李斯. 生物催化在制药工业的应用：发现、开发与生产［M］. 许建和，陶军华，林国强，主译. 北京：化学工业出版社，2010.

［14］高向东. 生物制药工艺学［M］. 5版. 北京：中国医药科技出版社，2019.

［15］夏焕章. 生物技术制药［M］. 3版. 北京：高等教育出版社，2016.

［16］安吉斯·李斯，卡斯滕·希尔贝克，克里斯汀·温椎. 工业生物转化过程［M］. 欧阳平凯，林章凛，译. 北京：化学工业出版社，2005.

［17］中国石化集团上海工程有限公司. 化工工艺设计手册：上册［M］. 4版. 北京：化学工业出版社，2009.

［18］夏焕章. 生物制药工艺学［M］. 2版. 北京：人民卫生出版社，2016.

［19］夏焕章. 发酵工艺学［M］. 4版. 北京：中国医药科技出版社，2019.

［20］王凤山，邹全明. 生物技术制药［M］. 3版. 北京：人民卫生出版社，2016.

［21］ZHAO Z M, WANG L, CHEN H Z. A novel steam explosion sterilization improving solid-state fermentation performance［J］. Bioresource Technol, 2015, 192: 547-555.

［22］OBOM K M, MAGNO A, CUMMINGS P J. Operation of a benchtop bioreactor［J］. Journal of Visualized Experiments , 2013（79）: e50582.

［23］DAVIES M, NESBETH D N, SZITA N.Development of a microbioreactor 'cassette' for the cultivation of microorganisms in batch and chemostat mode［J］. Chimica Oggi, 2013, 31（3）: 46-49.